"大国三农"系列规划教材

普通高等学校教材

基础生态学
Foundations in Ecology

第二版

王冲 孙宝茹 赵磊 主编

U0229173

化学工业出版社
·北京·

内 容 简 介

本教材以生态系统为主线，主要介绍了生态系统的组成、结构、功能，重点介绍了生态过程及其调控，同时介绍了现代分子生态学和理论生态学方法与技术的发展及应用，旨在讲解生态学理论知识和方法技术的同时，培养和树立学生正确的社会主义核心价值观，促进生态文明建设和人与自然和谐发展。

本教材具有紧跟现代生态学发展前沿、注重学生应用创新能力和社会主义现代化建设情感与使命的培养、突出重点且形象地讲解知识点、满足农林科研院所生态学专业对基础生态学课程需求等特色，可作为高等学校生态学及相关专业本科生和研究生的教材，也可作为生态环境领域科研人员和管理人员的参考书。

图书在版编目（CIP）数据

基础生态学 / 王冲，孙宝茹，赵磊主编 . —2 版 . — 北京：化学工业出版社，2024.2
普通高等学校教材
ISBN 978-7-122-44565-0

Ⅰ. ①基… Ⅱ. ①王… ②孙… ③赵… Ⅲ. ①生态学-高等学校-教材 Ⅳ. ①Q14

中国国家版本馆 CIP 数据核字（2023）第 236390 号

责任编辑：刘兴春　卢萌萌　　　　文字编辑：丁海蓉
责任校对：李　爽　　　　　　　　装帧设计：王晓宇

出版发行：化学工业出版社
　　　　　（北京市东城区青年湖南街 13 号　邮政编码 100011）
印　　装：北京印刷集团有限责任公司
787mm×1092mm　1/16　印张 26　字数 662 千字
2024 年 3 月北京第 2 版第 1 次印刷

购书咨询：010-64518888　　　　售后服务：010-64518899
网　　址：http://www.cip.com.cn
凡购买本书，如有缺损质量问题，本社销售中心负责调换。

定　　价：86.00 元　　　　　　　版权所有　违者必究

序

FOREWORD

生态学是研究有机体与其周围环境相关关系的科学，是协调和统筹人与自然关系的指导性学科，是引领人类可持续发展的主要理论基础。近年来，随着全球生态环境问题的日益突出，生态学理论知识和研究方法在解决生态环境问题、协调生物与环境关系（尤其是人类与其生存环境关系）以及人类社会生产、生活中发挥的作用日益增强，特别是在我国"绿水青山就是金山银山"理念和"节约资源和保护环境"的基本国策下，国家和社会对生态学教学、科研与普及的重视程度不断加强，对生态学专业人才的培养需求越来越大，要求也越来越高。同时，随着生态学与其他学科的交叉融合和协同创新以及科学技术的不断发展，生态学研究得到了迅速发展和进步，理论知识和研究方法得到了丰富拓展与改进提升。

《基础生态学》（2007年，化学工业出版社第一版）由中国农业大学生态科学与工程系及相关学校教师共同编写完成，强调生态系统的整体观、协调观和调控途径，为高等学校生态学专业学生学习提供了重要的参考资料，而且满足了农林科研院所生态学专业对基础生态学课程的需求。鉴于国家和社会对生态学教学的需求以及现代生态学的发展与进步，该团队对教材进行了修订、更新和完善。

《基础生态学》（第二版）注重思政与生态学教学的有机融合，不仅新增了"人与自然和谐共生"等知识内容，而且在每章总结了相关思政知识点，让学生在教学中感知、培养专业情怀和使命感，树立正确的道德观和价值观，积极主动投入我国新时代生态文明和美丽中国建设实践中。同时，本书根据现代生态学发展需求和趋势，调整了教学重点，增补了前沿理论知识和研究方法，让学生了解和掌握生态学最新知识与技术，顺应时代和社会发展需求。此外，本书在知识讲解中搭配了经典或科研前沿案例和图片，增设了"讨论与自主实验设计"模块，理论推介、案例剖析和创新应用的相结合，更有利于学生对相关知识的理解、掌握和应用。

《基础生态学》（第二版）不仅能让学生紧跟现代生态学发展脚步，掌握经典、前沿的理论知识和方法技术，而且能够培养和提升学生的应用创新能力，使他们有情怀、有使命地践行新时代生态文明建设，促进人与自然和谐共生。相信本书的出版能为高等学校特别是农林科研院所生态学相关专业的教与学注入新鲜血液，促进教育教学的双进步，推动生态学专业人才培养、生态文明建设以及人与自然的和谐发展。

中国农业大学生态学科带头人
中国生态学学会副理事长

2023年5月

前言
PREFACE

　　基础生态学作为普通高等学校生态学相关专业的入门课程，其配套教材应在基础理论基础上，紧跟时代、社会和教育的发展需求，不断更新、完善，结合和反映现代生态学研究的前沿进展，为生态学相关教育教学奠定有力的理论和基础保障。

　　近几十年来，现代生态学的研究对象更进一步向微观与宏观两个方面发展，如分子生态学、景观生态学和全球生态学，而且迅速发展的一个非常重要的特征是应用生态学的发展。随着人们对人口、环境、资源等问题的普遍关注，生态学知识已经不仅仅见于传统的书本，电视、电影、各种 VCD 和 DVD 等视频影像材料为生态学教学提供了极为丰富的素材。同时，和谐的自然与和谐的社会建设的需求也促使人类重新审视自身与自然之间的关系。生态学的教学内容由原来偏重于研究生物与环境之间的关系，转向注意研究人类活动与生物、环境的关系上，成为众所瞩目并具有远大前景的前沿学科。人类迫切需要掌握生态学理论来调整人与自然、资源以及环境的关系，协调社会经济发展和生态环境的关系，促进可持续发展。然而，与一些欧美发达国家的全方位生态学教学方法相比，目前国内高校的生态教育，无论是内容、形式，还是手段、方法，以及最终的教育目标，都显得十分薄弱。

　　本团队编写的第一版《基础生态学》（2007 年，化学工业出版社出版）结合农业院校生态学专业对基础生态学课程的需求，以生态系统作为主线，围绕生态系统的组成、结构、功能、调控等知识点逐步展开介绍，突出生态系统的整体观、协调观和调控途径，介绍不同层次生命系统与环境系统的相互作用原理和生态进化规律。该书此次修订结合现代生态学教学需求和研究领域前沿进展，主要内容如下：

　　（1）落实立德树人根本任务，把"生态文明""人与自然和谐发展"等理念融入教材中，并在每章最后总结思政知识点，向学生渗透社会主义核心价值观，引导和教育学生自觉增强社会责任感，树立人与自然和谐相处的观念，引发学生的知识共鸣、情感共鸣、价值共鸣，并以实际行动投身到"两个一百年"奋斗目标中，报效祖国，服务社会。

　　（2）适当调整教学重点，改变原有的知识体系，从以"种群生态"为中心改变为以"生态系统"为中心，从以"生态结构与功能"为知识框架转变为以"生态过程和调控"为知识框架，并增补生态学领域的最新知识点（包括地上地下反馈、分子进化、全球变化、理论生态学以及人与自然和谐共生等知识点），体现教学与科研无缝对接，理论与实践紧密结合的特色。

　　（3）改变传统的单一且抽象讲解知识点的方式，采用知识点与经典或科研前沿案例相结合、图文并茂的方式进行讲解和呈现，使得教学内容更加形象、易懂，提高学生的理解力、掌握度和应用力，并在每章最后总结知识点和重要术语，强化学生对知识点的把握和巩固。同时，在每章最后增加了"讨论与自主实验设计"，培养和提升学生灵活运用理论知识的能力。

本版教材的修订工作主要由王冲、孙宝茹和赵磊完成；同时，中国农业大学李梦雅、王庆刚和张炜平，河南农业大学张雯雯，内蒙古农业大学王赟博，杭州师范大学袁霞以及东北师范大学常青也参与了本书部分内容的编写，在此表示感谢！

尽管本教材的编者一直从事生态学教学与研究工作，鉴于编者阅读文献和知识以及写作水平的局限性，教材中难免有不足和疏漏之处，敬请使用本教材的教师、学生和科学工作者提出宝贵的修改意见，以帮助我们不断完善和改进。

编者

2023 年 6 月

目录
CONTENTS

第 3 章　种群生态学 ･･･ 087

第 5 章 生态系统生态学 ·· 213

第 **1** 章
绪 论

　　自 1866 年赫克尔（Haeckel）首次提出"生态学"这一概念以来，生态学作为一门学科得到了前所未有的发展。生态学是研究生物有机体与其环境之间的相互关系的科学，其发展大致可分为 4 个时期：萌芽时期（公元 16 世纪以前）；学科概念建立时期（公元 17 世纪至 19 世纪末）；学科体系形成时期（20 世纪初至 20 世纪 50 年代）；现代生态学时期（20 世纪 60 年代开始）。现代生态学逐渐摆脱了其诞生时的狭隘的学科局限，不断突破传统的观念、学科内涵和应用领域，更加紧密地关注人类社会和生产中的实际问题，不断突破其初始时期以生物为中心的学科界限，更重视解决当前人与自然关系，在实现社会的可持续发展中起到越来越重要的作用。近年来，随着人们对人口、环境、资源等问题的普遍关注，生态学改变了长期以来的纯自然主义的倾向，逐渐发展成一门与社会经济发展紧密结合、多学科交叉的综合性基础学科。全球变化研究、可持续发展研究、生物多样性研究、生态系统与生物圈的可持续利用、生态系统服务于生态设计、转基因生物的生态学评价、生态预报、生态过程及其调控、生物入侵、流行病生态学等成为现代生态学研究的热点领域，而湿地生态学、景观生态学、脆弱与退化生态学、恢复与重建及保护生态学、生态系统健康、生态经济与人文生态学等则是以全球变化为起点和主题的新兴研究领域。生态学已经成为国内外大学许多相关专业的必修课程。

　　"生态兴则文明兴，生态衰则文明衰"。鉴于生态学的重要作用和地位，生态学一直是众多高等院校和科研机构优先发展的学科之一。当前，我国的生态学已经进入一个历史上最好的发展时期，它不仅在生态学基础理论和应用研究以及学科发展方面取得骄人的成绩，得到国内学术界的认同和国际生态学领域的瞩目，并且在应用生态学原理和技术解决国家急需的社会问题方面也发挥了积极作用，还在生态知识普及方面取得了重大进展，无论各级政府还是普通国民的生态保护意识空前高涨，生态学的整体、协调、循环、再生等科学理念和知识不仅被应用于指导农业和工业生产，也被融入了政治文明、经济文明和社会文明建设之中。构建以产业生态化和生态产业化为主体的生态经济体系，是将生态文明要求融入经济体系的具体任务，也是解决生态环境问题的根本出路。

1.1 生态学的定义

　　"生态学"（ecology）这个名词出现在 19 世纪下半叶，索瑞（Henry Thoreau，1858）在书信中使用此词，但未对其下具体定义。1866 年，赫克尔（Ernst Haeckel）首先对生态学作了如下定义：生态学是研究动物对有机和无机环境的全部关系的科学。这个定义强调的是相互关系，或叫相互作用（interaction），即有机体与非生物环境（光、温、水、土、营养物等理化因素）相互作用，和有机体之间的相互作用。有机体之间的相互作用又可分为同种生物之间和异种生物之间的相互作用，或叫种内相互作用（如种内竞争、领域行为等）和种间相互作用（如种间竞争、捕食、寄生和互利共生等）。

ecology 一词源于希腊文，由词根"oikos"和"logos"演化而来，"oikos"表示住所，"logos"表示学问。因此，从原意上讲，生态学是研究生物"住所"的科学。此外，值得一提的是 ecology 中的 eco 与经济学（economy）具有同一词根。经济学起初研究的是"家庭管理"，由此可以把生态学理解为有关生物的经济管理的科学，*The Economy of Nature*（《自然的经济学》，Robert Ricklefs，第五版 2001 年出版）就是一本很好的基础生态学教材。由此可见，生态学的定义很广泛，但不同学者对生态学有不同的定义。

英国生态学家 Elton（1927）在最早的一本《动物生态学》中，把生态学定义为"科学的自然史"，认为生态学是研究生物（包括动物和植物）怎样生活和它们为什么按照自己的生活方式生活的科学。苏联生态学家 Кашкаров（1945）认为生态学研究的是"生物的形态、生理和行为的适应性"，即达尔文的生存斗争学说所指的各种适应性。这两个定义虽然指出了一些重要的生态学研究领域，但与生物学这个概念不易区分。

澳大利亚生态学家 Andrewartha（1954）认为，生态学是研究有机体的分布与多度的科学，他的著作《动物的分布与多度》是当时被广泛采用的动物生态学教科书。后来 C. Krebs（1972）认为这个定义是静态的，忽视了相互关系，并修正为"生态学是研究有机体分布和多度与环境的相互作用的科学"。这两位学者是动物生态学家，强调的都是种群生态学。

植物生态学家 Warming（1909）提出植物生态学研究"影响植物生活的外在因子及其对植物……的影响；地球上所出现的植物群落……及其决定因子……"。这里既包括个体，也包括群落。法国的 Braun-Blanquet（1932）则把植物生态学称为植物社会学，认为它是一门研究植物群落的科学。这两位是植物生态学家，强调的是群落生态学。

美国生态学家 E. Odum（1956）提出的定义是：生态学是研究生态系统的结构和功能的科学。他的著名教材《生态学基础》（1953，1959，1971）与以前的有很大区别，它以生态系统为中心，对大学生态学教学和研究有很大影响。Odum 在其后来出版的《生态学：科学与社会的桥梁》一书中对生态学的定义为：研究生物、自然环境和人类社会的综合学科，强调了人类在生态过程中的作用。

我国生态学会创始人马世骏先生（1980）认为生态学是"研究生命系统与环境系统之间相互作用规律及其机理的科学"；同时提出了社会—经济—自然复合生态系统的概念。

由此可见，生态学发展至今，其内涵和外延的关系有了变化，生态学的定义不能局限于当初经典的涵义，结合近代生态学发展动向，归纳各种观点，可将生态学（ecology）定义如下：生态学是研究有机体及其周围环境相互关系的科学。有机体是指植物、动物和微生物。环境包括非生物环境和生物环境，前者如温度、光、水、风，而后者包括同种或异种其他有机体。

1.2　生态学形成及发展

生态学作为一门现代的科学，是在 20 世纪末形成的，它的历史较短。然而从广义上来说，它的发展是逐渐的。当人类出现以后，在与自然的斗争中就注意到生物和环境以及生物和生物之间的关系。生态学发展史证明它是密切结合人类实践，是在实践活动基础上发展起来的。生态学从萌芽、建立、发展至今，究竟划分成几个时期或阶段更符合客观发展实际，不同学者划分方法不尽相同。本书将生态学的发展史大致概括为三个阶段，即生态学萌芽期、生态学形成期和现代生态学发展期。

1.2.1　生态学萌芽期

古人在长期的农牧渔猎生产中积累了朴素的生态学知识，诸如作物生长与季节气候及土壤水分的关系、常见动物的物候习性等，便是生态学思想的萌芽。公元前后出现的介绍农牧渔猎知识的专著，如古罗马公元 1 世纪老普林尼的《博物志》、6 世纪中国农学家贾思勰的《齐民要术》等均记述了朴素的生态学观点。迄今为止，劳动人民在生产实践中获得的动植物生活习性方面的知识，依然是生态学研究的重要来源。

作为有文字记载的生态学思想萌芽，在我国和希腊古代著作与歌谣中都有许多反映。我国的《诗经》中就记载着一些动物之间的相互作用，如"维鹊有巢，维鸠居之"，说的是鸠巢的寄生现象。《尔雅》一书中就有草、木两章，记载了 200 多种植物的形态和生态环境。公元前 200 年的《管子》"地员篇"已经认识到土壤的性质、地下水的质量和埋藏深度等条件都会影响植物的生长，并记述了植物沿水分梯度的带状分布以及土地的合理利用。公元前 100 年前后，我国农历已确立了二十四节气，它反映了作物、昆虫等生物现象与气候之间的关系。这一时期还出现了记述鸟类生态的《禽经》，记述了不少动物行为。

在欧洲，早在公元前 450 年，古希腊的安比杜列斯（Empedocles）就注意到植物营养与环境的关系，亚里士多德（Aristotle，公元前 384～322）在他的《自然史》中，曾粗略描述动物的不同类型的栖居地，还按动物活动的环境类型将其分为陆栖和水栖两类，按其食性分为肉食、草食、杂食和特殊食性等类。亚里士多德的学生，古希腊著名学者获奥弗拉斯图斯（Theophrastus，公元前 370～285）在其著作《植物群落》中曾经根据植物与环境的关系来区分不同树木类型，并注意到动物色泽变化是对环境的适应。但上述古籍中没有"生态学"这一名词，那时也不可能使生态学发展成独立的科学。

1.2.2　生态学形成期

曾被推举为第一个现代化学家的 Boyle 在 1670 年，以蛙、猫、蛇和无脊椎动物为实验材料，研究发表了低气压对动物的效应的试验，标志着动物生理生态学的开端。1735 年法国昆虫学家 Reaumur 以其《昆虫自然史》著述，探讨了许多昆虫生态学资料，探讨了有关积温与昆虫发育生理的关系，成为昆虫生态学的先驱。瑞典博物学家林奈（C. Linnaeus，1707～1778）将生物划分为植物界和动物界，并首先把物候学、生态学和地理学观点结合起来，综合描述外界环境条件对动物和植物的影响。法国博物学家布丰（Buffon，1708～1788）在其 44 卷《生命律》中强调生物变异基于环境的影响，对近代动物生态学的发展具有重要影响。另外，马尔萨斯于 1798 年发表的《人口论》一书造成了广泛的影响。费尔许尔斯特 1833 年以其著名的逻辑斯蒂曲线描述人口增长速度与人口密度的关系，把数学分析方法引入生态学。19 世纪后期开展的对植物群落的定量描述也已经以统计学原理为基础。1859 年达尔文在《物种起源》一书中提出自然选择学说，强调生物进化是生物与环境交互作用的产物，引起了人们对生物与环境的相互关系的重视，更促进了生态学的发展。

1807 年德国植物学家洪堡（A. Humboldt）在《植物地理学知识》一书中，提出植物群落、群落外貌等概念，并结合气候和地理因子描述了物种的分布规律。其研究成就使他成为植物地理学和植物群落学的创始人。1877 年德国的 Mobius 创立生物群落（biocoenose）概念。1890 年 Merriam 首创生命带（life zone）假说。1896 年 Schroter 始创个体生态学（autoecology）和群体生态学（synecology）两个生态学概念。此后，1895 年丹麦哥本哈根大学的 Warming 的《植物分布学》（1909 年经作者本人改写，易名为《植物生态学》）和 1898 年德国波恩大学 Schimper 的《植物地理学》两部划时代著作，全面总结了 19 世纪末以前植物生态学的研究成就，标志着植物生态学已作为一门生物科学的独立分支而诞生。

至于在动物生态学领域，Adams（1913）编著《动物生态学的研究指南》，1925 年美国学者洛特卡（Lotka）提出种群增长数学模型，Elton（1927）在其著作《动物生态学》中提出了食物链、数量金字塔、生态位等生态学的经典概念，美国谢尔福德（Schelford）发表了《实验室和野外生态学》（1929）和《生物生态学》（1939），Chapman（1931）发表了以昆虫为重点的《动物生态学》，Bodenheimer（1938）编著出版了《动物生态学问题》等，为动物生态学的建立和发展为独立的生物学分支做出了重要贡献。我国费鸿年（1937）的《动物生态学纲要》也在此时期出版，是我国第一部动物生态学著作。苏联的首部《动物生态学基础》也于 1945 年由 Кашкаров 完成并出版。但直到 1949 年美国的 Allee、Emerson 等合写的《动物生态学原理》面世才标志着动物生态学进入成熟期。由此可见，植物生态学的成熟大致比动物生态学要早半个世纪，并且自 19 世纪初到中叶，植物生态学和动物生态学是平行且相对独立发展的。

动物生态学在 20 世纪 50 年代以前的主流是动物种群生态学，尤其是关于种群调节和种群增长的数学模型研究。50 年代在美国冷泉港会议上进行了有关种群调节的大论战。生物学派的代表人物有澳大利亚的 Nicholson 和英国的 Lack 等；而气候学派的代表是澳大利亚的 Andre Wartha 和 Birch；此外，也有折中的，如 Milne 等。种群增长模型研究，有 Pearl（1920）再度提出 Verhulst（1838）的逻辑斯蒂模型，到 Lotka-Volterra（1926）的竞争和捕食模型，Gause（1934）的实验种群研究。此外，在 20 世纪 50 年代以前，植物的生理生态、动物的生理生态或实验生态、动物群落、动物行为、湖泊的生产力和能量收支等方面也都有重要的发展。

如果说从个体生态的观察研究转向群体生态的研究是生态学发展的第一步，那么生态学第二步的重大发展就是生态系统研究的开展。"生态系统"一词首先由 Tansley 在 1935 年提出，其强调了生物和环境是不可分割的整体，强调了生态系统内生物成分和非生物成分在功能上的统一，把生物成分和非生物成分当作一个统一的自然实体，这个自然实体——生态系统就是生态学的功能单位。Eloton（1927）强调了食物链的问题，德国的 Thienemann（1939）指出了生产者、消费者和分解者的关系；20 世纪 40 年代，美国的 Birge 和 Juday 通过对湖泊能量收支的研究，发展了初级生产的概念，开创了生态学营养动态研究的先河；1942 年美国学者林德曼（Lindemann）发表的《生态学的营养动态》一文，强调了生态系统的能量流动等。之后，热力学和经济学的概念渗透到生态学理论体系中，信息论、控制论、系统论为生态学带来了自动调节原理和系统分析方法，使得进一步揭示生态系统的物质、能量和信息之间的关系成为可能。生态系统的研究经常涉及农、林、牧、渔、野生生物管理和人类面临的许多重大课题，足见其具有重大的理论意义和应用价值。

到 20 世纪 50 年代，已有不少生态学著作和教科书阐述了一些生态学的基本概念与论点，如食物链、生态位、生物量、生态系统等。至此，生态学已基本成为具有特定研究对象、研究方法和理论体系的独立学科。

1.2.3 现代生态学发展期

现代生态学发展始于 20 世纪 60 年代。随着近代的数学、物理、化学和工程技术向生态学的渗透，尤其是电子计算机、高精度的分析测定技术、高分辨率的遥感仪器和地理信息系统等高精技术，为现代生态学的发展提供了物质基础和技术条件。另外，第二次世界大战以后，人类的经济和科学技术获得史无前例的飞速发展，既给人类社会带来了进步和幸福，也带来了环境、人口、资源和全球性变化等关系到人类自身生存的重大问题。这些问题的解决涉及自然生态系统的自我调节、社会的可持续发展及人类生存等重大问题，探索解决这些问题的实践途径极大地刺激了现代生态学的发展。现代生态学的发展特点和趋势主要如下。

1.2.3.1　现代生态学的研究有越来越向宏观发展的趋势

生态学早期的发展主要是个体生态学，然后向种群生态学、群落生态学方向发展，可以说生态系统生态学、景观生态学、全球生态学的产生和发展是现代生态学的重要标志。20世纪 60 年代"国际生物学计划"（International Biological Programme，IBP）、70 年代的"人与生物圈（Man and the Biosphere，MAB）计划"、80 年代的"国际地圈-生物圈计划"（International Geosphere-Biosphere Programme，IGBP）等一系列国际性研究计划加速了以生态系统生态学为基础的宏观生态学的发展。特别是"国际地圈-生物圈计划"启动以来，全球变化已成为生态学研究的热点。联合国千年生态系统评估报告发现，全球生态系统的服务功能在评估的四大类 24 项中，有 15 项生态服务功能正不断退化，而且生态系统服务功能的退化在未来 50 年内将进一步加剧。生态系统服务功能的丧失和退化将对人类福祉产生重要影响，威胁人类的安全和健康，直接威胁着区域乃至全球的生态安全。

我国生态学家在陆地生态系统碳循环、生物多样性与生态系统功能、生物多样性维持机制、生态系统过程对全球变化的响应等多个领域取得重大突破，成为推动国际上生态学发展的重要力量。服务国家生态保护与生态文明建设是我国生态学的使命。我国生态学家率先提出了社会—经济—自然复合生态系统理论；率先提出生态工程原理并推动其在工农业中的应用与实践；以生态系统服务为基础，确定生态保护目标与关键区，创新生态保护政策；首先提出开展生态省、生态城市与生态县建设，为我国生态文明建设战略的形成与实施奠定了理论和实践基础，也为全球将生态系统服务与生物多样性全面应用于政策制定提供了典范。

展望未来，生态学研究任重而道远。自然界还有许多生态规律需要我们去认识，生物适应环境变化的机制还有待我们去揭示，生物进化与地球上丰富生物多样性形成的机制还需要我们去研究。生态学家仍需不忘初心，继续拥抱自然，深入原始森林、草地、湿地、荒漠、海洋，揭示自然奥秘。同时，全球生态系统退化对人类福祉和经济社会可持续发展的影响得到社会前所未有的重视，研究生物（包括人）与环境相互作用关系的生态学将在全球可持续发展中发挥越来越重要的作用，生态学是将人类认识自然的成果应用于经济政治决策的桥梁，这也是生态学家责无旁贷的使命。我国进入生态文明建设的关键时期，生态文明和美丽中国建设给我国生态学研究提出了新的任务并提供了重大机遇，迫切需要我们将生态文明和美丽中国建设以及满足人民对美好生活的向往作为生态科技创新的使命，围绕人与自然相互作用机制、生态保护与修复、生态安全保障、生态产品与服务价值实现等新课题，增强创新意识和创新能力，增强服务国家、造福人民的理念，为生态文明建设、推进人与自然和谐共生做出新的贡献。

1.2.3.2　分子生态学的兴起是现代生态学发展的重要标志之一

生物与环境之间的相互作用，是地球上的生命出现以来就普遍存在的一种自然现象。但生态学自诞生以来，人类对其规律性的认识则经历了一个由浅入深、由片面到全面的较长历史过程。表现在方法上，从逐渐摆脱直接观察的"猜测思辨法"，到野外定性描述的"经验归纳法"，再到野外定位定量测试与室内实验相结合的"系统综合法"。这些方法虽然有力地推动生态学取得了长足发展，但其研究视野仍局限在宏观水平上，因而表现出：外貌或形态相同的生命有机体，由于所处的环境条件不同，其生理功能也不相同；亲代外貌、形态和生理功能相同的生命有机体，子代却由于所处的环境条件不同而产生新的变异。因此，宏观生态现象的多样性需要用微观的室内实验分析来揭示其生态本质的一致性也就成为生态学宏观与微观相结合发展的必然趋势。分子生态学是应用现代分子遗传和基因组学的原理、技术与方法，研究生态学问题的分子机制的一门新兴综合学科。用分子生物学的方法来研究生态学的现象，显著提高了生态学的科学性。

生态学研究的生物有机体是一个层次复杂的生命系统，个体物种在宏观水平上能够体现出生命有机体新陈代谢、自我繁殖、自我调节、变异进化等生命的基本特征，但不能表征由所处环境的异质性而导致的不同环境中同种个体在新陈代谢、自我繁殖、自我调节、变异进化等方面的差异。事实上，任何一个个体物种都不是以单一个体的形式存在于自然环境中，而是以群体物种的形式存在于自然环境中。生态学上将同种生物在特定空间的个体集群称为种群，它既有数量特征和空间特征，又有遗传特征，即有一定的遗传组成、世代传递基因频率，通过改变基因频率来适应环境的不断变化，它是生态层次的基本结构单位，也是生态系统的基本功能单位。从分子生物学的角度上看，种群是指能自由交配和繁殖的一群同种个体，它在一定的时间内拥有全部基因的总和称为该种群的基因库（gene pool），而携带的全部遗传信息的总和又称为该种群的基因组（genome）。结合生态学和分子生物学对种群的定义与理解，分子生态学也将在分子水平上，从结构研究（分子基础和功能研究）和分子机制两方面来研究种群与环境的相互作用，并将其作为该学科的主流任务。此外，最近几十年来，转基因重组技术及转基因生物或产品，由于其安全性有许多不确定因素，对人类健康、生态环境的潜在危害越来越引起人们的重视，因此转基因生物释放后的生态效益也成为分子生态学研究的热点之一。

1.2.3.3 从描述、解释走向机理的研究是现代生态学的重要特征之一

从人类活动对环境的影响来看，生态学是自然科学与社会科学的交汇点；在方法学方面，研究环境因素的作用机制离不开生理学方法，离不开物理学和化学技术，而且群体调查和系统分析更离不开数学的方法和技术；在理论方面，生态系统的代谢和自稳态等概念基本是引自生理学，而由物质流、能量流和信息流的角度来研究生物与环境的相互作用则可以说是由物理学、化学、生理学、生态学和社会经济学等共同发展出的研究体系。因此和许多自然科学一样，生态学的发展趋势是：由定性研究趋向定量研究，由静态描述趋向动态分析；逐渐向多层次的综合研究发展；与其他某些学科的交叉研究日益显著。

无论是理论生态学还是应用生态学，都特别强调以数学模型和数量分析方法作为其研究手段。著名生态学家皮洛（E. C. Pielou）在其著作《数学生态学引论》（卢泽愚译，1978）前言中曾说"生态学本质上是一门数学"。虽然这句话有其片面的地方，但是却指出数学模型与数量分析方法在生态学中的地位。20 世纪 60 年代以后，有两个重要因素对生态模型的发展起到了至关重要的作用：一个是电子计算机技术的快速发展；另一个是工业化的高速发展。人们日益认识到保护生态环境的重要性，对环境治理、资源合理开发、能源持续利用越来越关心。面对这些复杂生态系统的研究，只有借助于系统分析及计算机模拟才能解决诸如预测系统行为及提出治理的最佳方案等问题。

1.2.3.4　强调生态学的机理、过程与功能研究是现代生态学的重要特点之一

地球表面所发生的许多生态学现象，无不受相关的生态学过程的影响。理论上，几乎所有生态过程在不同程度上都是可调控的，人类如能深入认识许多重要生态过程的发生、发展规律以及了解影响这些过程的生物因素和环境因素，就有可能找到调控这些过程的途径和技术，从而实现科学地管理生态系统乃至整个生物圈的目的。因此，现代生态学更加注重强调研究生态学的机理、过程，注重分析生态系统结构与功能，理解生态学的现象，揭示生态系统中生物与生物、生物与环境之间的关系。

此外，现代生态学重视地上生态学与地下生态学的耦合。2000 年在 *Nature* 杂志上发表的 *Ecology Goes Underground*（Copley）指出陆地生态系统功能与土壤微生物多样性密切相关，研究两者关系是生态学的新方向。因此进入 21 世纪以来，土壤生态学成为生态学研究的前沿方向，尤其是近 10 年来国际土壤生态研究蓬勃兴起，在理论、方法以及研究内容拓展上取得较大进展，研究的系统性也得到进一步增强，土壤生态学逐步成为现代生态学的重要生长点之一。土壤生态学是研究土壤生物之间，以及土壤生物与非生物环境之间相互作用关系的一门边缘学科（Coleman 等，2004）。其着重研究土壤生态系统的结构、功能与调控规律，通过研究土壤生态系统的物理过程、化学过程和生物过程的相互作用，揭示不同尺度土壤生态系统中微生物、土壤动物的分布和演变特征，阐明土壤微生物、土壤动物、根系之间的能量流动、物质循环和信息传递等生态过程，以及其对环境污染和全球变化的反馈机制（国家自然基金委，2016）。土壤生态系统是陆地生态系统存在、演变和发展的物质基础，通过能量传递和物质循环，支撑着陆地生态系统中的生命过程，调节着陆地表层地质作用，保护着人类生存的自然环境（国家自然基金委，2012）。因此，研究土壤生态系统的自调节与自稳定机制，以及人为干扰或管理下土壤生态系统的退化与恢复重建机理，对于合理利用土壤资源，发展农、林、牧各业的生产，防治土壤污染和土地退化，维持和建立良好的地区生态平衡等均有重要的意义。

1.2.3.5　应用生态学的迅速发展也是现代生态学的重要特色之一

生态学与人类环境问题的结合，大约是 20 世纪 70 年代后应用生态学中最重要的领域。1963 年英国生态学会创办的 *Journal of Applied Ecology*，1976 年美国学者 Hinckley 出版的代表作 *Applied Ecology*，以及另一美国学者 Santo 于 1978 年出版的 *Concepts of Applied Ecology* 3 本专著，标志着应用生态学的诞生。国际上应用生态学用于适应、缓解西方发达国家当时日益恶化的环境污染与生态破坏问题。随着该学科的发展，应用生态学一直都把应用生态学原理致力于解决自然资源不断退化与严重的生态环境问题作为其研究的重点。1991 年美国生态学会鉴于国际上应用生态学的迅速发展与该学科发展的需要，也定期出版了 *Ecological Applications* 的学术期刊，标志着应用生态学进入了一个较为成熟的时期。此后，英美等发达国家由于 *Journal of Applied Ecology* 和 *Ecological Applications* 两大刊物对应用生态学研究的宣传与推动作用，产生了大量应用生态学的研究成果。在吸收这些研究成果的基础上，Hayward 和 Newman 等两位英国学者于 1992 年和 1993 年又分别写成并出版了题为 *Applied Ecology* 的学术专著，英国学者 Beeb 于 1993 年甚至还出版了题为 *Applying Ecology* 的学术专著，从而使应用生态学的研究进入了一个新的发展时期。特别值得一提的是，20 世纪 90 年代以来，世界各地用各种文字写成的《应用生态学》专著也纷纷出版，甚至包括在那些不发达的国家以及战事不断的地区，如埃塞俄比亚、喀麦隆、乌干达、以色列、阿富汗等，也有学者从事应用生态学的研究。

2000 年，随着人类进入新世纪，以 Newman 为代表的英美应用生态学者在原有工作基础上又出版了题为 *Applied Ecology: A Scientific Basis for Management of Biological Resources* 的学术专著。这一年，著名生态学家 Ormerod 和 Watkinson 的论文 *The age of applied ecology*（应用生态学时代已经到来）在英国 *Journal of Applied Ecology* 首期首页刊出，指出"人类 21 世纪是金光灿烂的应用生态学时代"，把应用生态学的研究推向了高潮。最值得一提的是生物多样性科学。生物多样性是维护地球生态平衡的主要因素，为全球的物质转换、能量转换、信息传递提供了重要基础和条件，是人类社会赖以生存和发展的基础。人类的衣、食、住、行及物质文化生活的许多方面都与生物多样性的维持密切相关。生物多样性为人类提供了食物、纤维、木材、药材和多种工业原料；生物多样性在保持土壤肥力、保证水质以及调节气候等方面发挥着重要作用；生物多样性在大气层成分、地球表面温度、地表沉积层氧化还原电位以及 pH 值的调控等方面发挥着重要作用；生物多样性的维持，将有益于一些珍稀濒危物种的保存。近年来，不断加剧的经济活动对生物多样性造成了严重的破坏，引起了社会各界的广泛关注。为保护地球生物资源，联合国《生物多样性公约》于1992 年通过并签署，并于 1993 年 12 月 29 日生效，1994 年 11 月召开的缔约方第一次会议建议将 12 月 29 日定为"国际生物多样性日"。2001 年 5 月 17 日，根据第 55 届联合国大会第 201 号决议，国际生物多样性日改为每年的 5 月 22 日。目前《生物多样性公约》已经成为生态环境领域签署国家最多的公约。2021 年在我国昆明召开的《生物多样性公约》缔约方大会第十五次会议（CBD COP15），是联合国首次以"生态文明"为主题召开的全球性会议。大会以"生态文明：共建地球生命共同体"为主题，旨在倡导推进全球生态文明建设，强调人与自然是生命共同体，强调尊重自然、顺应自然和保护自然，努力达成公约提出的到2050 年实现生物多样性可持续利用和惠益分享，实现"人与自然和谐共生"的美好愿景。

1.2.3.6 现代生态学与生态文明建设

20 世纪 60～70 年代，严重的环境危机使生态环境的重要性逐渐为各国政府、学者、民众所认识，世界范围内人们对发展观进行了新的思考和探索。1962 年，美国生物学家雷切尔·卡逊的代表作《寂静的春天》一书出版，深刻揭示出资本主义工业繁荣背后人与自然的冲突，对传统的"向自然宣战"和"征服自然"等理念提出了挑战，敲响了工业社会环境危机的警钟，拉开了人类走向生态文明的帷幕。1972 年，罗马俱乐部发布《增长的极限》，引起了各界的强烈反响，报告指出地球的支撑力将会达到极限。同年召开的联合国人类环境会议通过了《人类环境宣言》，呼吁必须更加审慎地考虑行动对环境产生的后果。1987 年，联合国世界环境与发展委员会在《我们共同的未来》中系统探讨了人类面临的一系列重大经济、社会和环境问题，提出了"可持续发展"概念，标志着人类对环境与发展问题思考的重要飞跃。1992 年召开的联合国环境与发展大会上发布《里约环境与发展宣言》，提出了可持续发展 27 项基本原则；《21 世纪议程》建立了人类活动减少环境影响的各方面行动计划，形成了可持续发展的全球共识。后续，2002 年在南非约翰内斯堡召开的第一届可持续发展世界首脑会议，以及 2012 年在里约热内卢召开的联合国可持续发展大会，进一步明确了全球可持续发展的行动纲领和目标。

新中国成立后，我国历代领导人都关注环境保护，例如：毛泽东同志发出"绿化祖国"的号召，使绿化祖国战略从新中国成立伊始贯穿至新中国 70 年整个生态文明建设历史进程中；邓小平同志指出，植树造林、绿化祖国，是建设社会主义，造福子孙后代的伟大事业，要坚持 20 年，坚持 100 年，坚持 1000 年，要一代一代永远传下去；江泽民同志提出，环境意识和环境质量如何，是衡量一个国家和民族的文明程度的一个重要标志。

党的十七大首次将"生态文明"建设写入党的报告，作为全面建设小康社会的新要求之一。生态文明，是以人与自然、人与人、人与社会和谐共生、良性循环、全面发展、持续繁荣为基本宗旨的社会形态。党的十八大报告首次单篇论述生态文明，指出"生态文明是人类为保护和建设美好生态环境而取得的物质成果、精神成果及制度成果的总和，是贯穿于经济建设、政治建设、文化建设、社会建设全过程和各方面的系统工程，反映了一个社会的文明进步状态"。

生态文明的实现不能离开生态学，尤其是现代生态学的整体进步。现代生态学是生态文明的科学基础。从现代生态学的视角出发，地球上包括人类在内的任何组分都通过能量流动和物质循环方式，与其他的组分构成相互作用、相互影响的整体。因此，现代生态学注重运用控制论、信息论等，对复杂系统的控制调节过程进行分析，并通过数学模型、数量分析、计算机模拟等手段进行预测。同时，现代生态学并不局限于探究自然生态系统的格局、过程、机制，而是将人类社会作为生态系统中的一个活跃要素，从纯自然现象研究扩展到自然—经济—社会复合系统的研究，并发展出"能值分析方法"等一系列研究方法和分析路径，形成了生态经济学、生态工程等一大批交叉学科。现代生态学不仅加深了人类对自然界的认识和理解，从生态文明建设的实践意义来看，也为人类在遵循自然规律的前提下发挥主观能动性提供了理论依据和科技支撑。如果缺乏现代生态学的支撑，生态文明建设将如无本之木、无源之水，最终难以实现。

总之，以生态系统为中心、以时空耦合为主线、以人地关系为基础、以高效和谐为方向、以生态工程为手段、以可持续发展为目标是现代生态学的主要特征。全球变化、生物多样性保护、可持续发展生态学是当前生态学的前沿领域。

1.3　生态学的研究对象和分支学科

生态学是研究有机体与其周围环境（包括非生物环境和生物环境）相互关系的科学。其源于生物学，又高于生物学，属宏观生物学范畴，但现代生态学向微观和宏观两个方向发展，一方面在分子、细胞等微观水平上探讨生物与环境之间的相互关系，另一方面在个体、种群、群落、生态系统等宏观层次上探讨生物与环境之间的相互关系。现在生态学研究对象和内容可从以下几个方面来理解。

1.3.1　生态学的研究对象

生态学是研究生物与环境、生物与生物之间相互关系的一门生物学基础分支学科。其研究对象可以根据生物学的组织层次划分为不同层次（图1-1）：生物大分子→基因→细胞→组织→器官→个体→种群→群落→生态系统→景观→生物圈。但是，生态学研究者对其中 4 个组织层次特别感兴趣，即个体（individual）、种群（population）、群落（community）和生态系统（ecosystem）。

（1）个体

经典生态学研究的最低层次是有机体（个体），按其研究的大部分问题来看，当前的个体生态学应属于生理生态学的范畴，这是生理学与生态学交界的边缘学科。当然，近代一些生理生态学家更偏重于个体从环境中获得资源和资源分配给维持、生殖、修复、保卫等方面的进化与适应对策上，而生态生理学家则偏重于对各种环境条件的生理适应及其机制上。但是更多的学者把生理生态学和生态生理学视为同义的学科。

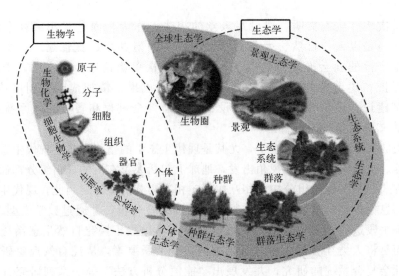

图 1-1　生态学在生命系统研究中的位置及与生物学的关系（方精云，2022）

（2）种群

种群是特定时间内一定空间中同种个体的集合，是物种存在的基本单位，是生物进化的基本单位，也是生命系统更高组织层次——生物群落的基本组成单位。种群是由个体组成的群体，并在群体水平上形成了一系列新的群体的特征，这是个体层次上所没有的。例如，种群有出生率、死亡率、增长率；有年龄结构和性比；有种内关系和空间分布格局等。

（3）群落

群落是栖息在同一地域中的动物、植物和微生物的复合体。同样，当群落由种群组成为新的层次结构时，产生了一系列新的群体特征，诸如群落的结构、演替、多样性、稳定性等。植物群落生态学是 20 世纪 60 年代以前植物生态学的主体（另一个是个体生态学）。动物群落学的研究较植物群落困难，起步也相对较晚，但对近代群落生态学做出重要贡献的一些原理，如中度干扰说对形成群落结构的意义，竞争压力对物种多样性的影响，形成群落结构和功能基础的物种之间的相互关系等许多重要生态学原理，多数是由动物学家研究开始，并与动物群落学的进展分不开。

（4）生态系统

生态系统就是在一定空间中共同栖居着的所有生物（即生物群落）与其环境之间由于不断地进行物质循环和能量流动过程而形成的统一整体。地球上的森林、草原、荒漠、湿地、海洋、湖泊、河流等，不仅它们的外貌有区别，生物组成也各有其特点。20 世纪 60 年代以后，由于世界的人口、环境、资源等威胁人类生存的挑战性问题，许多生态学的国际研究计划均把焦点放在生态系统上。例如国际生物学研究计划（IBP），其中心研究内容是全球主要生态系统（包括陆地、淡水、海洋等）的结构、功能和生物生产力；生态系统保持协作组（ECG），其中心任务是研究生态平衡与自然环境保护，以及维持改进生态系统的生物生产力等。

（5）生物圈

生物圈（biosphere）是指地球上的全部生物和一切适合于生物栖息的场所，它包括岩石圈的上层、全部水圈和大气圈的下层。岩石圈是所有陆生生物的立足点，岩石圈的土壤中还有植物的地下部分、细菌、真菌、大量的无脊椎动物和掘土的脊椎动物，但它们主要分布在土壤上层几十厘米之内。深到几十米以下，就只有少数植物的根系才能达到。在更深（超过 100m）的地下水中，还可发现棘鱼等动物。岩石圈中最深的生命极限可达到 2500～3000m 处，在那里还有石油细菌。在大气圈中，生命主要集中于最下层，也就是与岩石圈的交界处。有的鸟类能飞到数千米的空中，昆虫和一些小动物能被气流带到更高的地方，甚至在 22000m 的平流层中也曾发现有细菌和真菌。但这些地方毕竟不能为生物提供长期生活的条件，所以人们称之为副生物圈（parabiosphere）。水圈中几乎到处都有生命，但主要集中在表层和底层。最深的海洋可达 11000m 以上，就在这样的深处也有深海生物。

随着全球性环境问题日益受到重视，如温室效应、酸雨、臭氧层破坏、全球性气候变化，全球生态学（global ecology）已应运而生，并成为人们普遍关注的领域。

1.3.2　生态学的分支学科

生态学是一门内容广泛、综合性很强的学科，一般分为理论生态学（theoretical ecology）和应用生态学（applied ecology）两大类。

1.3.2.1　理论生态学

理论生态学可以按照以下不同标准加以划分。

① 按研究的生物组织水平划分，分为分子生态学（molecular ecology）、个体生态学（autecology）、种群生态学（population ecology）、群落生态学（community ecology）、生态系统生态学（ecosystem ecology）、景观生态学（landscape ecology）和全球生态学（global ecology）。

② 按生物分类类群划分，分为动物生态学（animal ecology）、植物生态学（plant ecology）和微生物生态学（microbial ecology）。动物生态学又可进一步划分为昆虫生态学（ecology of insects）、鸟类生态学（avian ecology）、鱼类生态学（ecology of fishes）及兽类生态学（mammalian ecology）等。

③ 按栖息环境划分，分为陆地生态学（terrestrial ecology）、水域生态学（aquatic ecology）和湿地生态学（wetland ecology）。其中，陆地生态学又可再分为森林生态学（forest ecology）、草地生态学（grassland ecology）、荒漠生态学（desert ecology）和冻原生态学（tundra ecology）；水域生态学包括淡水生态学（freshwater ecology）、海洋生态学（marine ecology）和河口生态学（estuarine ecology）。

1.3.2.2　应用生态学

生态学的许多原理和原则在人类生产活动诸多方面得到应用，产生了一系列应用生态学分支，包括农业生态学（agriculture ecology）、林业生态学（forestry ecology）、渔业生态学（fishery ecology）、污染生态学（pollution ecology）、放射生态学（radiation ecology）、热生态学（thermal ecology）、野生动物管理学（wildlife management）、自然资源生态学（ecology of natural resources）、人类生态学（human ecology）、经济生态学（economic ecology）和城市生态学（urban ecology）等。

1.3.2.3　生态学相关交叉学科

生态学与其他学科相互渗透产生一系列边缘学科，例如数学生态学（mathematical ecology）、化学生态学（chemical ecology）、物理生态学（physical ecology）、地理生态学（geographic ecology）、生理生态学（physiological ecology）、进化生态学（evolution ecology）、行为生态学（behavioral ecology）和生态遗传学（ecological genetics）等。

总而言之，当今生态学已经冲出学术界，被一些人带进了社会实践活动。随着人们对人口、资源和环境的关注，生态学已经是人人皆知的名词。

1.4 生态学的方法论

生态学是研究自然界中生活有机体与其生存环境间的相互关系及其作用规律的科学。研究主体既包括植物、动物、微生物，还包含人类本身；就客体性质而言，既有自然环境，也有社会环境，大到宇宙环境，小至细胞环境；就研究内容来看，不仅研究自然生态系统的产生、发展和演变规律，受污染生态系统的成因、控制途径和治理方法，还探索社会生态系统的结构、功能与演化，以及能流、物流、价值流、信息流等的相互转换及其规律。由此可见，生态学的研究范围无所不包，生态学问题无处不有，学习生态学知识，掌握生态学基本原理，解决生态学问题，不仅是生态学工作者的义务，而且是所有科学工作者乃至全世界人民共同关心的大事情。生态学是一门综合性强、涉及面广的宏观科学。要学好这门学科，首先必须注意以下几方面的问题：

① 树立正确的指导思想，即层次观、整体观、系统观和协同进化观；

② 掌握生态学基本研究方法；

③ 要具备广博的知识，包括自然科学理论和社会科学知识，尤其生命科学待分支学科的功底要深，地学知识要扎实，在此基础上，要会理论联系实际。

现代科学发展的特点是学科间的相互渗透、相互交错、相互补充、互为促进、共同发展，而生态学则是这些交错区间的交汇和纽带，这给生态学的学习带来了较大的困难，但是，只要我们掌握了学习要领，就会举一反三。

1.4.1 树立生态学的基本观念

1.4.1.1 层次观

生命物质有从分子到细胞、器官、机体、种群、群落等不同的结构层次。研究高层次的宏观现象须了解低层次的结构功能及运动规律，研究低层次的结构功能和运动规律可以得到对高层次宏观现象及其规律的深入理解。传统的生态学主要研究有机体以上的宏观层次，现在生态学向宏观和微观两极发展，虽然宏观仍是主流，但微观的成就同样重大而不可忽视。

1.4.1.2 整体观

每一高层次都有其下级层次所不具有的某些整体特性。这些特性不是低层次单元特性的简单叠加，而是在低层次单元以特定方式组建在一起时产生的新特性。整体论要求始终把不同层次的研究对象作为一个生态整体来对待，注意其整体特征。

1.4.1.3 系统观

生物的不同层次，既是一个整体也同样是一个系统，均可用系统观进行研究。用系统分析的方法区分出系统的各要素，研究它们的相互关系和动态变化，同时又综合各组分的行为，探讨系统的整体表现。系统研究，还必须探讨各组分间的作用和反馈的调控，以指导实际系统的科学管理。

1.4.1.4 协同进化观

各种生命层次及各层次的整体特性和系统功能都是生物与环境长期协同进化的产物。协同进化是普遍的现象。例如：捕食者-被捕食者之间的对抗特性与行为的协同发展；寄生-共生转化的协同适应；生物-环境，植物、高等动物被动或主动对环境进行改造。协同进化的观点应是生态学研究全过程中的一个指导原则。

1.4.2 掌握基本的研究方法

为适应全球变化与人类生存需要,现代生态学在研究方向、内容、尺度、方法上均有较大突破,新研究领域的出现,进一步拓展了现代生态学的研究方法和研究内容。生态学的研究方法可以分为三大类,即野外调查和观测、实验方法以及数学模型。

1.4.2.1 野外调查和观测

自然界是生态学天然的研究场所,种群和群落均与特定自然生境不可分割,生态现象涉及因素众多,联系形式多样,既相互影响又随时间不断变化,观测的角度和尺度不一,迄今尚难以或无法使自然现象全面地在实验室内再现。在野外可以发现所有的生态学现象和生态过程,包括野外调查和定位观测两种。

（1）野外调查

野外调查首先有一个划定生境边界的问题,然后在确定的种群或群落生存活动空间范围内,进行种群行为或群落结构与主要环境因子（如生境的总面积、形状、海拔高度、大气物理、水、土壤、地质、地貌等）相互作用的观察记录。种群生境边界的确定,视物种生物学特性而异。对有定期长距离迁徙或洄游行为的动物种群原地观测往往要包括广大地区,考察动物种群活动可能要用飞机、遥测或标志追踪技术。在大范围内出现群落连续或逐渐过渡性强时,则要借助于群落学统计或航测、遥测技术。此外,野外考察种群或群落的特征和计测生境的环境条件,不可能在原地内进行普遍的观测,只能通过适合于各类生物的规范化抽样调查方法。例如动物种群调查中取样方法有样方法、标记重捕法、去除取样法等。植物种群和群落调查中的取样法有样方法、无样地取样法、相邻格子取样法等。样地或样本的大小、数量和空间配置,都要符合统计学原理,保证得到的数据能反映总体特征。

（2）定位观测

在典型地域设置长期或短期资源定位观测站点,并定时或连续考察某个体、种群、群落或生态系统的结构和功能与其环境关系在时间上的变化,分人工观测和自动观测。定位观测时间取决于研究对象和目的。若是观测微生物种群,只需要几天的时间即可;若观测群落演替,则需要几年、十几年、几十年甚至上百年的时间。特别是研究全球变化,需要较大的时间和空间的尺度,这就需要在大范围里分别建立长期定位观测站。美国首先建立了长期生态研究网络 [U. S. Long-Term Ecological Research (LTER) network]。这个研究网络的主要目的是在较大的地理区域内促进不同学科的合作研究。美国长期生态研究网络覆盖的区域包括热带森林、极地苔原、温带森林和沙漠。这些定位站的海拔高度从海平面一直延伸到4000m 以上,范围从南极到北极。1993 年召开了第一次国际长期生态研究学术研讨会,会议的目的是促进科学家和数据、资料的交流,以及全球尺度上的比较和建模。中国科学院也从 20 世纪 80 年代开始启动了"中国生态系统研究网络"的项目,主要目的是对这些生态系统及其环境因子进行长期监测,研究这些生态系统的结构、功能和动态,以及自然资源的持续利用。目前,该研究网络由 16 个农田生态系统试验站、11 个森林生态系统试验站、3 个草地生态系统试验站、3 个沙漠生态系统试验站、2 个沼泽生态系统试验站、3 个湖泊生态系统试验站、3 个海洋生态系统试验站、1 个城市生态系统试验站,以及水分、土壤、大气、生物、水域生态系统 5 个学科分中心和 1 个综合研究中心所组成。此外,在生态系统长期定位观测方面,自动记录和监测技术、"3S"技术 [全球定位系统（global positioning system, GPS）、遥感（remote sensing, RS）、地理信息系统（geographic information system,

GIS）]、可控环境技术已应用于实验生态，直观表达的计算机多媒体技术也获得较大发展。

1.4.2.2 实验方法

生态学中的实验方法主要有原地实验和人工控制实验两类。原地实验是在自然条件下采取某些措施获得有关某个因素的变化对种群或群落及其他因素的影响。例如，在野外森林、草地群落中，认为去除其或引进某个种群，观测该种群对群落和生境的影响；在自然保护区，人为地对森林进行疏伐，以观测某些阳性珍稀濒危植物物种的生长。人工控制实验是在模拟自然生态系统的受控生态实验系统中研究单项或多项因子相互作用，及其对种群或群落影响的方法技术。例如，所谓的"微宇宙"（microcosm）模拟系统是在人工气候室或人工水族箱中建立自然的生态系统的模拟系统，即在光照、温室、风力、土质、营养元素等大气物理或水分营养元素的数量与质量都完全可控的条件中，通过改变其中某一因素或多个因素，来研究实验生物的个体、种群以及小型生物群落系统的结构、功能、生活史动态过程，及其变化的动因和机理。

在实验方法方面，由于分子生态学的发展，各种分子标记技术越来越多地应用到实验生态学研究中来，20世纪50年代中期，淀粉凝胶电泳技术，以及随之建立的蛋白质组织化学染色方法，使得大规模、快速、定性的蛋白质多态性分析成为可能，从而掀起了自然种群遗传变异研究的一个高潮，即60～70年代的同工酶分析时代。20世纪60年代中后期，分子进化的中性理论的诞生和限制性内切酶的发现，促进了分子生态学的发展。真正推动分子生态学研究（分子群众遗传学研究）走向大众化，得以在众多实验室普遍开展的是，20世纪80年代DNA聚合酶链反应（PCR）的发明和热稳定DNA聚合酶的发现，从此，研究人员不通过分子克隆就可以从微量样品出发，制备大量用于后续操作的DNA样品，并在很短时间内进行大规模样品分析。而20世纪90年代高度可变微卫星位点的大量发现，使得微卫星分子标记成为遗传标记中又一强有力的工具。应用之一就是阐明种群迁移、扩散的路线，例如用线粒体和细胞核DNA标记的序列分析证实，欧洲大陆的沙漠飞蝗种群来自两个不同起源地，即非洲和中东地区，指出了它们的迁移路线和交汇中心。应用之二是研究动物的性行为，例如用分子标记方法研究兔子的性行为，发现下一代成熟的雄性都离窝出走，而雌性多半留在窝里，用这种方式避免了它们之间的近亲交配。

1.4.2.3 数学模型

早在20世纪40年代，就有人应用数学概念和技术整理了生态实验与观察的经验数据，如在物种散布和生态位填充、岛屿地理学和地生态学，以及在营养动态和食物链研究等方面做出了贡献。从20世纪50年代起，系统概念和计算数学的方法渗入生态学研究领域。到了60年代系统工程应用后，系统分析逐步引入了生态学研究。利用计算机进行生态过程模拟实验，标志着系统生态学的开始。环境问题的出现和定量研究生态过程的深入使系统分析和模拟技术在生态学领域发展十分迅速。计算机模拟在性质和规模上都摆脱了原地实验的局限性，很容易利用改变有关参数的方法来分析系统中的因果关系，计算结果可以再拿到现场检验。

一般说来建立数学模型的方法大体上可分为两大类：一类是机理分析方法；另一类是测试分析方法。机理分析是根据对现实对象特性的认识，分析其因果关系，找出反映内部机理的规律，建立的模型常有明确的物理或现实意义。测试分析将研究对象视为一个"黑箱"系统，内部机理无法直接寻求，可以测量系统的输入输出数据，并以此为基础运用统计分析方法，按照事先确定的准则在某一类模型中选出一个与数据拟合得最好的模型。这种方法称为系统辨识。将这两种方法结合起来也是常用的建模方法，即用机理分析建立模型的结构，用系统辨识确定模型的参数。

生物种群或群落系统行为的时空变化的数学概括，统称生态模型。生态数学模型仅仅是实现生态过程的抽象，每个模型都有一定的限度和有效范围。生态学模型主要包括描述模型、机制模型和预测模型三类。

① 描述模型，通常是统计学模型，如动植物的生长函数。

② 机制模型，其模型参数具有较明确的生态学含义，同时具有较强的假设，如 Logistic 模型、Lotka-Volterra 模型以及结构种群的 Leslie 模型等。目前，生态学的复杂性使得这类模型在数学方法上较难实现。

③ 预测模型，是根据生态学概念模型建立的复合模型系统，利用计算机进行数值计算来实现。例如，生态学模型已可以用来模拟蝗虫的飞迁并计算蝗虫群的运动轨迹，从而可以预测蝗虫的出现时间和地点。

1.4.3　学会理论联系实际

① 首先要认真扎实地掌握生态学的基本原理。选择内容丰富、难度适中的生态学教材，以教材为重点，认真阅读，深入理解，归纳总结，系统掌握其基本理论和常规分析方法。在此基础上选择有关参考书，加以选择性阅读，或针对性查阅，从而加深理解，拓宽知识面。

② 脚踏实地开展实践活动，增强独立科研能力，充分利用实验或实习机会，把所学理论与实践密切结合，解决生态学问题，或在老师的指导下，开展一些小型科研活动，逐渐积累生态学的野外或室内工作经验，这样，既提高了科研能力，又丰富了生态学知识。

本章小结

① 生态学是研究有机体及其周围环境（包括非生物环境和生物环境）相互关系的科学，其目的是指导人与生物圈（即自然、资源与环境）的协调发展，发展史经历了生态学萌芽期、生态学形成期和现代生态学发展期三个阶段。

② 生态学的研究对象可以根据生物学的组织层次划分为不同层次，个体、种群、群落和生态系统是生态学研究者特别感兴趣的。生态学一般分为理论生态学和应用生态学两大类，理论生态学和应用生态学又包含不同的分支学科，并与其他学科相互渗透产生一系列的边缘学科。

③ 要学好生态学，首先要树立正确的生态学基本观念，即层次观、整体观、系统观和协同进化观；其次，要掌握生态学基本研究方法，包括野外调查和观测、实验方法以及数学模型三大类；最后，要具备广博的知识，并学会理论联系实际。

 ## 知识点

1. 生态学的定义。

2. 生态学的研究方法。

3. 生态学基本观念。

重要术语

生态学/ecology 　　　　　　　野外调查/field survey
定位观测/localized observation 　原地实验/in-situ experiment
人工控制实验/manual control

 ## 思考题

1. 简述生态学的研究对象及其分支学科。
2. 比较三种生态学研究方法的优缺点。
3. 从生态学发展简史入手，谈谈你对该学科的总体认识。

参考文献

[1] Eugene P O，Gary W B. 2009. 生态学基础. 5版. 陆健健，王伟，王天慧，等译. 北京：高等教育出版社.

[2] Mackenzie A，Ball A S，Virde S R. 2000. 生态学精要速览. 孙儒泳，李庆芬，牛翠娟，等译. 北京：科学出版社.

[3] Michael B. 2016. 生态学：从个体到生态系统. 4版. 李博，张大勇，王德华，等译. 北京：高等教育出版社.

[4] Molles M C. 2016. Ecology：Concepts and applications. 7版. 北京：科学出版社.

[5] Robert E R. 2004. 生态学. 5版. 孙儒泳，尚玉昌，李庆芬，等译. 北京：高等教育出版社.

[6] 方精云. 2022. 重塑生态学学科体系. http://www.news.ynu.edu.cn/info/1103/27670.htm.

[7] 高玉葆，邬建国. 2017. 现代生态学讲座（Ⅷ）：群落、生态系统和景观生态学研究新进展. 北京：高等教育出版社.

[8] 戈峰. 2008. 现代生态学. 2版. 北京：科学出版社.

[9] 李博. 2016. 现代生态学讲座（Ⅰ）：若干生态学前沿问题. 北京：高等教育出版社.

[10] 林育真. 2003. 生态学. 北京：科学出版社.

[11] 牛翠娟，娄安如，孙儒泳，等. 2015. 基础生态学. 3版. 北京：高等教育出版社.

[12] 尚玉昌. 2002. 普通生态学. 2版. 北京：北京大学出版社.

[13] 孙儒泳，李博，诸葛阳，等. 1993. 普通生态学. 北京：高等教育出版社.

[14] 孙儒泳，李庆芬，牛翠娟，等. 2003. 基础生态学. 北京：高等教育出版社.

[15] 孙振钧，王冲. 2007. 基础生态学. 北京：化学工业出版社.

[16] 邬建国，韩兴国，黄建辉. 2018. 现代生态学讲座（Ⅰ）：基础研究与环境问题. 北京：高等教育出版社.

[17] 邬建国. 2007. 现代生态学讲座（Ⅲ）：学科进展与热点论题. 北京：高等教育出版社.

[18] 邬建国. 2009. 现代生态学讲座（Ⅳ）：理论与实践. 北京：高等教育出版社.

[19] 邬建国. 2011. 现代生态学讲座（Ⅴ）：宏观生态学与可持续性科学. 北京：高等教育出版社.

[20] 邬建国. 2013. 现代生态学讲座（Ⅵ）：全球气候变化与生态格局和过程. 北京：高等教育出版社.

[21] 邬建国. 2021. 现代生态学讲座（Ⅸ）：聚焦于城市化和全球变化的生态学研究. 北京：高等教育出版社.

[22] 于振良. 2016. 生态学的现状与发展趋势. 北京：高等教育出版社.

[23] 中国科学技术协会，中国生态学学会. 2010. 2009—2010生态学学科发展报告. 北京：中国科学技术出版社.

[24] 中国生态学学会. 2019. 中国生态学学科40年发展回顾. 北京：科学出版社.

第 **2** 章

个体生态学

个体是生态学研究中重要的组织层次，是种群、群落和生态系统研究的基础。个体生态学的主要研究问题是有机体个体（生物）与环境的相互关系。生物依赖于环境，它们必须与环境连续地交换物质和能量，必须适应于环境才能生存；生物又影响环境，改变了环境的条件。生物与环境在相互作用中形成统一的整体。在这一部分中，主要阐述生物与环境间的相互作用规律和机制、光和温度因子的生态作用及生物对光和极端温度的适应、水的性质和生态作用及生物如何调节体内水和溶质的平衡，以及土壤理化性质及其对生物的影响和生物的适应。

2.1 有机体与环境

生态学涉及有机体与它们的环境，了解它们之间的关系是非常重要的。环境的变化决定了生物的分布与多度，生物不仅可以适应环境的变化，而且其生存还可以影响环境，生物与环境是相互作用、相互依存的。因此，我们首先应该了解和掌握生物与环境的生态作用规律及机制。

2.1.1 有机体的概念和内涵

有机体（organism）是具有生命的个体的统称，包括植物和动物，从最低等、最原始的单细胞生物到最高等、最复杂的人类，都是有机体。

与无机体不同，有机体能利用外界的物质形成自己的身体和繁殖后代，按照遗传的特点生长、发育和运动，在环境变化时表现出适应环境的能力。有机体的生长、发育、繁殖、代谢、应激、运动、行为、特征、结构是生命或生存意识的表现形式，通过观察有机体的表现形式，就可以判断出一个物体是否具有生命或生存意识，是有机体还是无机体。

案例：玉米，受遗传因素影响，能够利用光照、温度以及土壤水分和养分等，历经苗期、拔节期、喇叭口期、抽雄期、灌浆期和收获期，从幼苗生长发育至结实；生长期间，随着环境的变化（如病药害、水分和营养元素缺乏），还会产生一系列的响应特征。玉米整个生育期富有生命力的表现即是有机体的体现。

广义的有机体是指组成一个整体的各个部分按照一定的结构、一定的层次有机地排列在一起的一种结构体，它可以指一个个体，也可以指一个系统、一个群落等。

案例：在草原生态系统中，植物利用光能以及土壤资源（水分和养分）等生长发育，为生活在其中的动物等提供栖息地和食物；一些动物还可以作为其他动物的食物来源；动物的粪便以及植物的残枝落叶等可以被土壤中大量的微生物分解为土壤养分，再次被植物利用。这一切有机、有序地组合在一起，组成草原生态系统这一有机体。

2.1.2　大环境和小环境

2.1.2.1　环境的概念和内涵

环境（environment）指某一特定生物体或生物群体周围一切的总和，包括空间及其直接或间接影响该生物体或生物群体生存的各种因素。环境由许多环境要素构成，这些环境要素称为环境因子。

环境是一个相对概念，它必须有一个特定的主体或中心，离开这个主体或中心，就谈不上环境。研究主体不同时，环境分类及环境因素分类也不同。

案例 1：在环境科学中，人类为主体，环境是指围绕着人群的空间以及其中可以直接或间接影响人类生活和发展的各种因素的总体。在生物科学中，生物为主体，环境是指围绕着生物体或者群体的一切事物的总和。

案例 2：对于一个池塘来说，当以一条鲤鱼为研究主体时，其他鲤鱼、鲤鱼以外的异种生物（如虾、水蚤、其他鱼类、水草等）以及非生物因素（水温、光照、含氧量等）均是其环境因素；当以鲤鱼种群为研究主体时，鲤鱼以外的异种生物和非生物因素是其环境因素；当以池塘群落为研究主体时，仅有非生物因素是其环境因素。

2.1.2.2　环境的分类

生物环境一般可分为大环境（macroenvironment）和小环境（microenvironment）。

大环境是指地区环境、地球环境和宇宙环境。大环境中的气候称为大气候（macroclimate），是指离地面1.5m以上的气候，由大范围因素所决定，如大气环流、地理纬度、距海洋距离、大面积地形等。大环境如不同气候的地理区域，影响到生物的生存与分布，产生了生物种类的一定组合特征或生物群系（biome），例如热带森林、温带森林和苔原。反之，根据这些生物群系的特征，可以区分各个不同的气候区域。大环境直接影响小环境，对生物体也有直接或间接影响。

小环境是指对生物有直接影响的邻接环境，即指小范围内的特定栖息地。小环境中的气候称为小气候（microclimate），是指近地面大气层中1.5m以内的气候。小环境对生物的影响更为重要，它的存在为生物提供了自身所需要的生活条件。小气候受局部地形、植被和土壤类型的调节，变化大，直接影响生物的生活。例如，植物根系接触的土壤小环境，叶片表面接触的气体环境，由温度、湿度、气流的变化而形成的小气候对树冠的影响可以产生局部生境条件的变化。因此，生态学研究更重视小环境。

案例：受大环境如地理纬度、大气环流和洋流、地形、距海洋距离等因素影响，全球形成了热带雨林、地中海、温带海洋、温带季风、亚寒带大陆性、寒带苔原和冰原等气候类型，并影响了生物的分布与生存，形成了与此相适应的植被类型与分布模式。虽然大环境决定了某一区域的整体情况，但是同一区域也会存在小环境差异。例如，同一海岸区域，短短几厘米的距离等足类动物就会经历具有不同温度的多样小环境；岩石缝隙和底部小环境的温度低于岩石表面小环境的温度；太阳照射后，岩石表面小环境的温度高于空气温度。

2.1.3　生态因子及其作用规律

2.1.3.1　生态因子的概念

生态因子（ecological factor）是指环境要素中对生物起作用的因子，如光照、温度、水分、氧气、二氧化碳、食物和其他生物等。

生态因子也可认为是环境因子中对生物起作用的因子，而环境因子则是指生物体外部的全部环境要素。生态因子中生物生存所不可缺少的环境条件，也称生物的生存条件（existence condition），例如二氧化碳和水是植物的生存条件，对于动物而言，食物、热量和氧气是其生存条件。所有生态因子构成生物的生态环境，特定生物体或群体的栖息地的生态环境称为生境（habitat）。

案例：对于草原上的植物来说，影响其生长、发育、繁殖和分布等特征的光照、温度、降水、土壤类型和性质以及牛、马、羊、野兔、老鼠、昆虫等草原动物均是其生态因子。然而，不同类型的草原，草原植物的生境有所不同。例如，湿润或半干旱的气候、充足的降水等生态因子构成草甸草原植物特定的生境；而干旱气候、较少的降水等生态因子构成荒漠草原植物特定的生境。

2.1.3.2　生态因子的分类

在任何一种生物的生存环境中都存在着很多生态因子，这些生态因子在其性质、特性和强度方面各不相同，它们彼此之间相互制约，相互组合，构成了多种多样的生境类型。

生态因子的类型多种多样，按其性质、特征、作用方式，以及稳定性和作用特点划分，主要有 4 种分类。

① 按生态因子性质划分，分为气候因子、土壤因子、地形因子、生物因子和人为因子 5 类。

气候因子也称地理因子，包括光、温度、水分、空气等。根据各因子的特点和性质，还可再细分为若干因子，例如光因子可分为光强、光质和光周期等，温度因子可分为平均温度、积温、节律性变温和非节律性变温等。土壤是气候因子和生物因子共同作用的产物，土壤因子包括土壤结构、土壤的理化性质、土壤肥力和土壤生物等。地形因子如地面的起伏、坡度、坡向、阴坡和阳坡等，通过影响气候和土壤，间接地影响植物的生长和分布。生物因子包括生物之间的各种相互关系，如捕食、寄生、竞争和互惠共生等。把人为因子从生物因子中分离出来是为了强调人的作用的特殊性和重要性。人类活动对自然界的影响越来越大，且越来越具有全球性，分布在地球各地的生物都直接或间接受到人类活动的巨大影响。

案例：以草原生态系统为例，光照、大气、水分等均为气候因子，土壤结构、土壤成分的理化性质以及土壤生物等均为土壤因子，海拔高度、山脉走向与坡度等为地形因子，动物、植物、微生物及其之间的相互作用为生物因子，人类活动如放牧、游览等为人为因子。

② 按生态因子有无生命的特征划分，分为生物因子（biotic factors）和非生物因子（abiotic factors）两大类。

同种或异种生物可能影响所研究生物的生命活动，因此也是一种环境因子，称为生物因子，如猎物对捕食者的影响。环境中的各种物质或物质的属性都可能成为影响所研究生物的环境因子，称为非生物因子，如温度、湿度、风、气、土壤中的各种物质和营养元素以及所在环境的纬度、高度等。

案例：在前面草原生态系统的例子中，动物、植物、微生物以及人类均为生物因子，而光照、水分、大气、土壤（结构、成分、理化性质）以及地形（海拔高度、山脉走向与坡度等）等均为非生物因子。

③ 按生态因子对生物种群数量变动的作用划分，分为密度制约因子（density dependent factor）和非密度制约因子（density independent factor）。

密度制约因子对生物种群数量作用的强度随生物种群密度的变化而变化，因此有调节种群数量、维持种群平衡的作用，如食物、天敌等生物因子。非密度制约因子对生物作用的强度不随其种群密度的变化而变化，如温度、降水和天气变化等非生物因子。

案例：以草原生态系统的食草动物羊为例，捕食者狼对其捕食强度会随羊群密度的增加而提高，随其密度的降低而降低，从而使羊群密度降低或升高，调节了羊群数量，为密度制约因子；而温度、降水、光照等对羊群的影响主要由气候条件决定，不会随其密度的变化而改变，对羊群数量没有调节作用，为非密度制约因子。

④ 按生态因子的稳定性及其作用特点划分，分为稳定因子和变动因子两大类。

稳定因子是指地心引力、地磁、太阳辐射常数等恒定因子，它们决定了生物的分布。变动因子又可分为周期性变动因子和非周期性变动因子，前者如一年四季变化、昼夜变化和潮汐涨落等，主要影响生物的分布；后者如刮风、降水、捕食和寄生等，主要影响生物的数量。

案例：以草原生态系统植物群落为例，影响其分布的海拔高度、太阳辐射常数等生态因子是稳定因子；而四季变化、昼夜时长等因子是周期性变动因子；影响其物种多样性和生产力的降水、放牧强度等生态因子是非周期性变动因子。

2.1.3.3　生态因子的作用特征

生态因子与生物之间的相互作用是复杂的，只有掌握了生态因子的作用特征才有利于解决生产实践中出现的问题。

（1）综合作用

环境中的每个生态因子都不是孤立的、单独存在的，总是与其他因子相互联系、相互影响、相互制约。任何一个因子的变化都会不同程度地引起其他因子的变化，导致生态因子的综合作用。因此，在进行生态分析时，不能片面地只注意到某一生态因子而忽略其他因子。

案例：山脉阳坡和阴坡景观的差异，是光照、温度、湿度和风速综合作用的结果。动物、植物的物候变化是气象变化影响的结果。生物能够生长发育，是依赖于气候、地形、土壤和生物等多种因素的综合作用。温度与湿度可共同作用于有机体生命周期的任何一个阶段（存活、繁殖、幼体发育等），通过影响某一阶段而限制物种的分布。

（2）主导因子作用

对生物起作用的众多因子并非等价的，其中有一个是起决定性作用的，它的改变会引起其他生态因子发生变化，使生物的生长发育发生变化，这个因子称为主导因子。生态因子的主次在一定条件下是可以发生转化的，处于不同生长时期和条件下的生物对生态因子的要求与反应不同，某种特定条件下的主导因子在另一条件下会降为次要因子。

案例：植物进行光合作用时，光照强度是主导因子，温度和 CO_2 是次要因子；春化作用时，温度是主导因子，湿度和通气程度是次要因子。以土壤为主导因子，可以把植物分为多种生态类型，有嫌钙植物、喜钙植物、盐生植物、沙生植物；以生物为主导因子，表现在动物食性方面，可以把动物分为草食动物、肉食动物、腐食动物、杂食动物等。同一个农田生态系统，在降雨量稀少的干旱年份，水分是限制作物产量的主导因子；而同一种作物多年连作造成土壤肥力下降时，土壤养分有效性是限制作物生产的主导因子。

（3）阶段性作用

生态因子规律性变化导致生物生长发育出现阶段性。生物在生长发育的不同阶段往往需要不同的生态因子或生态因子的不同强度。因此，生态因子对生物的作用也具有阶段性。

案例：植物在春化阶段，低温是必不可少的生态因子。例如，拟南芥在幼苗期进行 4℃低温处理 40 天后，可以完成春化作用，进而开花结实；不进行低温处理的拟南芥因不能进行春化作用而不能进行生殖生长。在拟南芥之后的生长阶段中，低温则是有害的。有些鱼类终生定居在某一个环境中，但根据生活史的各个不同阶段，对生存条件有不同的要求。例如，太平洋大马哈鱼大部分时间生活在海洋里，成年的大马哈鱼要游到淡水河流中去产卵。到了繁殖季节，它们沿河而上，基本什么都不吃，到 3200km 的源头去产卵；产卵以后，很快就会死去。产卵的时间一般在夏末秋初，卵在深冬时孵化，时间视水温度而定，60～200 天不等。小鱼苗在自己能够游动觅食之前，主要靠卵黄中的营养来维持生命。与大马哈鱼相反，鳗鲡是在海洋中出生，在江河里长大。每到秋天，成熟的鳗鲡就穿上银白色的婚装，历经几千里，从江河漫游入海，在西沙群岛和南沙群岛附近或其他海区 400～500m 深处的海底产卵；产卵后，生命也到了尽头。孵化后的鳗苗，又能成群结队地竞相逆流而上，游回江河内发育生长。

（4）不可替代性和补偿性作用

对生物起作用的诸多生态因子虽然非等价，但都很重要，一个都不能缺少，不能由另一个因子来替代。但在一定条件下，当某一因子的数量不足时，可依靠相近生态因子的加强得以补偿，从而获得相似的生态效应。当然，生态因子的补偿作用只能在一定范围内作为部分补偿，不能完全以一个因子来代替另一个因子，且因子之间的补偿作用也不是经常存在的。

案例：软体动物生长壳需要钙，环境中大量锶的存在可补偿钙不足对壳生长的限制作用。当光照强度减弱时，植物的光合作用可依靠 CO_2 浓度的增加得到补偿。

（5）直接作用和间接作用

生态因子对生物的行为、生长、繁殖和分布的作用可以是直接的，也可以是间接的，有时还要经过几个中间因子。生态因子的间接作用是通过影响直接因子从而间接影响生物。

案例：光照、温度、水分、二氧化碳、氧等可以直接影响生物的生长发育、类型和分布，对生物的作用是直接的。环境中的地形因子，如山脉的坡向、坡度和高度等对生物的作用不是直接的，它们通过对光照、温度、风速及土壤质地的影响，从而对生物发生作用，是间接作用。例如，四川二郎山的东坡湿润多雨，分布常绿阔叶林，而西坡干热缺水，只分布耐旱的灌草丛。又例如冬季苔原土壤中虽然有水，但由于土壤温度低，植物不能获得水，而叶子蒸发继续失水，导致植物在冬季产生干旱现象，即冬季干旱是由寒冷的间接作用产生的。

2.1.3.4　生态因子的作用规律

（1）利比希最小因子定律（Liebig's law of minimum）

德国农业化学家 Justus von Liebig 是研究各种因子对植物生长影响的先驱。他发现作物的产量往往不是受需要量最大的营养物的限制，例如不受 CO_2 和水的限制，而是取决于土壤中稀少的却为植物所需要的元素，如硼、镁、铁等。因此，利比希在 1840 年提出"植物的生长取决于那些处于最少量状态的营养元素"。其基本内容是：低于某种生物需要的最小量的任何特定因子，是决定该种生物生存和分布的根本因素。进一步研究表明，这个理论也适用于其他生物种类或生态因子。因此，后人称此理论为利比希最小因子定律。

利比希最小因子定律只有在严格稳定状态下，即在物质和能量的输入与输出处于平衡状态时才能应用。如果稳定状态被破坏，各种营养物质的存在量和需要量会发生改变，这时就没有最小成分可言。此定律用于实践中时，还需考虑到各种因子之间的相互作用。例如，如果有一种营养物质的数量很多或容易被吸收，它就会影响到数量短缺的那种营养物质的利用率。另外，当一个特定因子处于最少量状态时，其他处于高浓度或过量状态的物质会补偿这一特定因子的不足，例如环境中缺乏钙而有大量锶时软体动物能利用锶来补偿钙的不足。

案例：南纬 34°以南和北纬高纬度地区的低温不能满足非洲蜜蜂生长发育的需求，成为决定其不能向南北高纬度地区扩散和分布的根本因素。

（2）限制因子定律（law of limiting factors）

因子处于最小量时，可以成为生物的限制因子；但因子过量时，如过高的温度、过强的光或者过多的水，同样可以成为限制因子。Blackman 注意到了这点，于 1905 年发展了利比希最小因子定律，并提出生态因子的最大状态也具有限制性影响。这就是众所周知的限制因子定律。Blackman 指出，在外界光、温度、营养物等因子数量改变的状态下，探讨的生理现象（如同化过程、呼吸、生长等）的变化，通常可将其归纳为 3 个主要点：a. 生态因子低于最低状态时，生理现象全部停止；b. 在最适状态下，显示了生理现象的最大观测值；c. 在最大状态之上，生理现象又停止。

在有机体的生长中，相对容易看到某因子的最小状态、适合状态与最大状态。例如，如果温度或者水的获得性低于有机体需要的最低状态，或者高于最高状态时，有机体生长停止，很可能会死亡。由此可见，生物对每一种环境因素都有一个耐受范围，只有在耐受范围内，生物才能存活。因此，任何生态因子，当接近或超过某种生物的耐受性极限而阻止其生存、生长、繁殖或扩散时，这个因子称为限制因子（limiting factor）。

Blackman 还阐明，进行光合作用的叶绿体受 5 个因子的控制，即 CO_2、H_2O、辐射能强度、叶绿素的数量及叶绿体的温度。当一个过程的进行受许多独立因素所支配时，其进行的速度将受最低量因素的限制。人们把这一结论看作对最小因子定律的扩展。

限制因子定律阐明了生物与环境之间最基本的关系，为分析生物与环境相互作用的复杂关系奠定了一个便利的基点，在生态系统的调控与管理中具有重要意义。同时，有助于把握问题的本质，寻找解决问题的薄弱环节。例如，某种植物在某一特定条件下生长缓慢，或某一动物种群数量增长缓慢，这时并非所有因子都具有同等重要性，只要找出可能起限制作用的因子，通过实验确定生物与因子的定量关系，便能解决增长缓慢的问题。例如，研究限制鹿群增长的因子时，发现冬季雪被覆盖地面与枝叶，使鹿取食困难，食物可能成为鹿种群的限制因子。根据这一研究结果，在冬季的森林中，人工增添饲料，降低了冬季鹿群死亡率，从而提高了鹿的资源量。

案例：根系/根际过程在土壤养分活化和植物养分吸收中具有重要作用，但当土壤养分投入太低或者过量时，根系和根际过程的效率均比养分投入最优时降低，进而使得作物产量和养分利用效率均降低。因此，土壤养分投入是影响根系/根际过程及其对作物产量和养分利用效率作用的限制因子（图 2-1）（Zhang 等，2010）。

（3）谢尔福德耐受定律（Shelford's law of tolerance）

基于最小因子定律和限制因子的概念，美国生态学家 Shelford 于 1913 年提出了耐受定律。其基本内容是：任何一个生态因子在数量上或质量上不足或过多，即当其接近或达到某种生物的耐受限度时，会使该种生物衰退或不能生存。耐受定律的进一步发展，表现在它不仅估计了环境因子量的变化，还估计了生物本身的耐受限度。同时，耐受定律考虑了生态因子间的相互作用。

在 Shelford 以后，许多学者在这方面进行了研究，并对耐受定律作了发展，概括如下。

① 每一种生物对不同生态因子的耐受范围存在差异，可能对某一生态因子耐受性很宽，对另一个因子耐受性很窄，而耐受性还会因年龄、季节、栖息地区等的不同而有差异。对很多生态因子耐受范围都很宽的生物，其分布区一般很广。

② 生物在整个个体发育过程中，对环境因子的耐受限度是不同的。在动物的繁殖期、卵、胚胎期和幼体以及种子的萌发期，其耐受限度一般比较低。

③ 不同的生物种，对同一生态因子的耐受性是不同的。例如鲑鱼对水温的耐受范围为

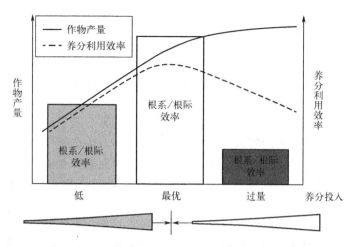

图 2-1　土壤养分投入对根系/根际过程以及作物产量和养分利用效率的限制作用（仿 Zhang 等，2010）

0～12℃，最适温度为 4℃；豹蛙的耐受范围为 0～30℃，最适温度为 22℃。

④ 生物对某一生态因子处于非最适度状态下时，对其他生态因子的耐受限度也下降。例如，陆地生物对温度的耐受性往往与它们的湿度耐受性密切相关。当生物所处环境的湿度很低或很高时，该生物所能耐受的温度范围很窄；所处环境湿度适度时，生物耐受的温度范围比较宽。反之也一样，表明影响生物的各因子间存在明显的相互关联。

2.1.3.5　生态幅

每一种生物对每一种生态因子都有一个耐受范围，即有一个生态上的最低点和最高点。在最低点和最高点（或称耐受性的下限和上限）之间的范围，称为生态幅（ecological amplitude）或生态价（ecological valence）（图 2-2）。

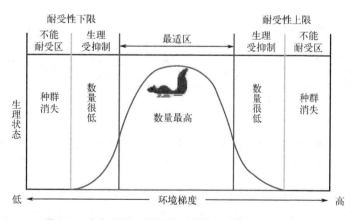

图 2-2　生物种的耐受性限度图解（仿 Smith，1980）

在生态幅中有一最适区，在这个区内生物生理状态最佳，繁殖率最高，数量最多。生态幅是由生物的遗传特性决定的。很多生物的生态幅是宽的，能够在宽范围的盐度、温度、湿度等因子中存活，但生态幅的宽度会随生长发育的不同阶段而变化。例如，美国东部海湾的蓝蟹能够生活在 34‰的海水至接近淡水中，但是它的卵和幼蟹仅能生活在 23‰盐度以上的海水中。

生态学中，常用"广"（eury-）和"狭"（steno-）表示生态幅的宽广，广与狭作为字首与不同因子配合，就表示某物种对某一生态因子的适应范围，例如：广温性（eurythermal）、狭温性（stenothermal）；广水性（euryhydric）、狭水性（stenohydric）；广盐性（euryhaline）、狭盐性（stenohaline）；广食性（euryphagic）、狭食性（stenophagic）；广光性（euryphotic）、狭光性（stenophotic）；广栖性（euryecious）、狭栖性（stenoecious）；广土性（euryedapic）、狭土性（stenoedapic）。

当生物对环境中某一生态因子的适应范围较宽，而对另一因子的适应范围较狭窄时，生态幅往往受到后一个生态因子的限制。生物在不同发育期对生态因子的耐受限度不同，物种的生态幅往往取决于它临界期的耐受限度。通常生物繁殖期是一个临界期，环境因子最易引起限制作用，使繁殖期的生态幅变窄，繁殖期的生态幅是对该物种起决定性限制作用的生态幅。

生物的生态幅对生物的分布具有重要影响。但在自然界，生物种往往并不处于最适环境下，这是因为生物间的相互作用（如竞争）妨碍它们去利用最适宜的环境条件。因此，每种生物的生理最适点与生态最适点往往是不一致的，分布区是由它的生态幅及其环境相互作用所决定的（图 2-3）。

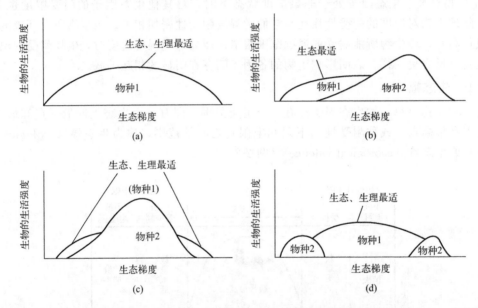

图 2-3 由种间竞争引起的一个物种的生理最适范围与生态最适范围的分离（Barbour, 1980）
注：物种 1 由于物种 2 的存在和种间竞争，生态最适范围与生理最适范围分离。

案例：狭温性生物对温度的要求很严格，必须生活在特定的温度条件下才能正常生长发育，其耐受性下限、上限与最适度相距很近，对广温性生物影响很小的温度变化，对狭温性生物常常是临界的温度变化。狭温性生物可以是耐低温的（冷狭温性），也可以是耐高温的（暖狭温性），或处于两者之间的（图 2-4）。狭温性植物如在低温环境中生存的雪球藻，只能在冰点范围内发育繁殖；而喜欢高温的椰子、可可等植物，只分布在热带高温地区。典型的热带植物椰子，在海南岛南部能生长旺盛、果实累累；但到了海南岛的北部果实就会变小、产量显著降低；如果移栽到了广州，不仅不能开花结实，而且不能存活。广温性植物如松树、桦、栎等植物，能在−5～55℃温度范围内生活。

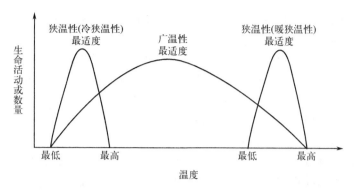

图 2-4　广温性生物与狭温性生物的生态幅比较（仿孙儒泳，1992）

2.1.3.6　生物对生态因子耐受限度的调整

生物对环境生态因子的耐受范围并不是固定不变的。在进化过程中，生物的耐受限度和最适生存范围都可能发生变化，可能扩大，也可能受到其他生物的竞争而被取代或移动位置。即使是在较短的时间范围内，生物对生态因子的耐受限度也能进行各种小的调整。

驯化（acclimatization）是在自然或人为条件下，生物长期生活在最适生存范围偏一侧的环境条件下，导致该种生物的耐受限度改变，适宜生存范围的上、下限也发生移动，并形成一个新的最适点。这种耐受性的变化直接与生物化学的、生理的、形态的及行为的特征等相关。

气候驯化是指有机体对自然环境条件变化产生的生理调节反应，需要的时间较长。实验驯化是指有机体对实验环境条件变化产生的生理调节反应，是对环境条件改变的一种生理上而非遗传上的可逆反应，需要的时间较短。

案例：随着冬季向夏季的转变，水温逐渐升高，鱼可能由于这种季节的驯化而对温度的耐受限度升高，使耐受曲线向右移动，以致鱼在夏季能忍受在冬季使其致死的高温［图 2-5（a）］。这个驯化过程是通过生物的生理调节实现的，即通过酶系统的调整，改变了生物的代谢速率与耐受限度。类似地，在环境温度 10℃ 条件下检测到，5℃ 下驯化的蛙比 25℃ 下驯化的蛙的代谢速率（以耗氧量为指标）提高了 1 倍，所以 5℃ 下驯化的蛙更能耐受低温环境［图 2-5（b）］。

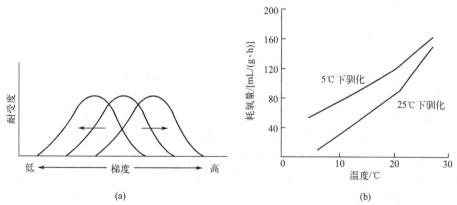

(a)　　　　　　　　　　　　　　　　(b)

图 2-5　生物耐受极限随环境温度的改变（孙儒泳，1992；Randll 等，1997）

内稳态（homeostasis）机制是生物通过内在的调节机制控制体内环境（体温、糖、氧浓度、体液等），使其保持相对稳定性，减少对环境的依赖，从而扩大生物对生态因子的耐受范围，提高了对环境的适应能力。

依据生物对非生物因子的反应或者依据外部条件变化对生物体内状态的影响，可以把生物区分为内稳态生物（homeostatic organisms）和非内稳态生物（non-homeostatic organisms）。这两类生物之间的基本差异是决定其耐受限度的根据不同。对内稳态生物来说，其内稳态机制能够发挥作用的范围就是它的耐受范围。对非内稳态生物来说，其耐受限度只简单地取决于其特定酶系统能在什么温度范围内起作用。

内稳态是通过生理过程或行为的调节而实现的。例如：哺乳动物具有许多种温度调节机制以维持恒定体温，当环境温度在 20～40℃ 范围内变化时，它们能维持体温在 37℃ 左右，因此它们能生活在很大的外界温度范围内，地理分布范围较广；而爬行动物维持体温依赖于行为调节和几种原始的生理调节方式，稳定性较差，对温度耐受范围较窄，地理分布范围也受到限制。需要注意的是，内稳态只是扩大了生物的生态幅与适应范围，并不能完全摆脱环境的限制。此外，生物通过休眠以及日节律和季节节律性变化，也可以在一定程度上改变自身的耐受范围，提高对环境限制的耐受性。

案例：随着环境温度的变化，蜥蜴会通过各种行为调节来保持自身体温。具体来说：太阳东升开始，早上温度较低，蜥蜴使其身体的侧面迎向阳光，身体紧贴在温暖的岩石上使体温升高。白天体温逐渐增加，它们会爬上沙丘顶，面向阳光，利用吹过的微风将皮肤上散发的热带走；或是移动至较阴凉的地方，以降低体温；当这些策略不再有效时，跳舞的时间就到了——蜥蜴会将左前肢及右后肢或是右前肢及左后肢举起，留下另外二附肢，加上尾巴形成三足点地的姿势，如此反复交换二附肢的动作，让肢体的温度降低一些。如果连手舞足蹈都无法解热的话，蜥蜴会以其强壮的四肢掘沙，潜在其中，以微开的口部呼吸来躲避热浪的侵袭。

2.1.4 生物与环境的相互作用

生物与环境的关系是相互的、辩证的。环境作用于生物，生物不仅可以适应于环境的作用，又可以反作用于环境，两者相辅相成。

2.1.4.1 环境对生物的作用

环境对生物的作用是多方面的，可能影响生物的生长、发育、繁殖和行为，生育力和死亡率，以及分布区域。

① 环境可能影响生物的生长、发育、繁殖和行为。

案例：当土壤水分和营养元素不足时，会抑制植物生长，导致植株矮小、生物量降低；自然的季节性变化会导致某些动物的迁徙、脱毛脱羽以及动植物的休眠等。

② 环境可能影响生物的生育力和死亡率，导致种群数量的改变。

案例：在干旱年份，由于水分的缺乏，农作物或者一年生草本植物不能生殖生长，导致颗粒无收；当温度恶劣变化时，会导致生物死亡或停止生殖，种群数量降低。

③ 某些生态因子还能够限制生物的分布区域。

案例：受温度和水分的影响，美洲虎、海牛、貘、红鹿、水豚等野生动物，超过 200 多万种的昆虫，以及常绿树、落叶阔叶树、多气生根植物、藤本植物等植物均可在热带雨林生活，而荒漠地仅有仙人掌、胡杨、柽柳和骆驼等生物生存分布。

2.1.4.2 生物对环境的适应

生物并不是消极被动地对待环境的作用，它可以从自身的形态、行为、生理、营养等方面不断进行调整，形成一些具有生存意义的特征。依靠这些特征，生物能免受各种环境因素的不利影响和伤害，同时还能有效地从其生境获取所需的物质和能量，以确保个体发育的正常进行。

（1）生物对环境的形态适应

为了适应陆地生活，大部分爬行类、哺乳类生物形成了由肺呼吸空气、完善的皮肤保护避免水分失散、便于奔走的四肢等形态适应特征；而鸟类和昆虫则形成了适应飞翔的器官和较小的体形等形态特征。有些动物为了躲避捕食者的捕食或者进行捕食，形成了保护色、警戒色、拟态等适应性特征。面对环境因素的变化，植物会在叶片形状、颜色、大小以及根系形态等方面产生一系列适应特征。

案例：稚鸡与栖息草丛相似的保护色可以有效避敌，而北极熊与栖息树木相似的保护色有利于其捕食；食蚜虻鲜艳的警戒色、沙漠竹节虫与栖息草木相似的拟态均可以有效躲避捕食。随着土壤氮有效性的增加，黄假高粱的根茎比（即根生物量与茎生物量之比）逐渐降低，以高效吸收利用土壤氮素。

（2）生物对环境的行为适应

① 攻击行为、生殖变化等。

案例：雄三棘鱼在繁殖季节求偶过程中，为保卫其领域，争夺配偶和保护鱼卵，特别好斗，其好斗和攻击行为均对个体生存与种群繁衍具有重要的适应意义。为了适应环境的温度，生活在欧洲的淡水鱼欧鳊随着气温由南到北逐渐变冷，其繁殖也由南方的一年连续产卵逐级变成一年产一次卵，并形成遗传固定性特征。

② 迁移和迁徙。迁移和迁徙（migration）也是生物适应环境的重要行为特征。迁移是动物进行一定距离移动的习性，可以分为水平迁移（如昆虫的迁移）和垂直迁移（如水生无脊椎动物的昼夜垂直移动）；植物为扩大分布区而进行的种子、果实传播以及植物本身的传播，也称为迁移。迁徙是动物根据季节不同而变更栖居地区的一种习性，其特点是每次几乎在差不多的时间内进行，往往是成群结队、经过相同的路线长途跋涉、最终达到同一目的地，具有周期性，大都是每年一次。

案例：为了兼并获得南北方的有利气候特征，得到更好的生活环境和繁殖环境，大雁迁徙于南北方之间，即春天由南方迁徙到北方，在温带地区繁殖、哺育幼雏，秋天由北方迁徙到南方，在热带地区过冬。每年暖流到达南非东海岸的时候，数十亿条沙丁鱼会沿海岸洄游，以获取暖流中的浮游生物。这些银色的鱼天生具有统一行动的本能，会形成 6～7km 长的鱼群带，宽度则达到 1～2km。受到攻击时，鱼群带会分割成几个巨大的球形，以迷惑捕食者。

（3）生物对环境的生理适应

① 生理生化变化。

案例：高山低氧是哺乳类生物生存的限制因子，美洲鹿鼠从海平面到 4000m 海拔连续分布形成 10 个亚种，它们的血液氧结合能力随着海拔的升高而增加，即对低氧环境产生了适应性的遗传变异。在干旱时，小麦如萎蔫 4h，会关闭叶片气孔，同时脱落酸含量增加 40 倍，并以不活泼的形式贮存于叶片中；当水分供应充足时又可恢复到正常水平。

② 休眠。休眠（dormancy）是指如果当前环境苛刻，而未来环境预期会更好，生物可能进入发育暂时延缓的休眠状态，是动植物抵御暂时不利环境条件的一种非常有效的生理机制。环境条件如果超出了生物的适宜范围（但不能超出致死限度），虽然生物也能维持生活，但常常以休眠状态适应这种环境，因为动植物一旦进入休眠期，它们对环境条件的耐受范围

就会比正常活动时宽得多。

案例：小池塘一旦干涸时，变形虫就会进入休眠的胞囊期；更高级的甲壳纲的丰年虫，它们的卵可以休眠很多年。蜂鸟是一种小型鸟，会根据花蜜的有效性决定是否在夜晚进入蛰伏状态，即在花蜜稀少时，进入蛰伏状态，降低代谢率；当花蜜充分时，则不进入蛰伏状态。植物中的休眠现象更为普遍，例如苔藓植物在干旱时期可以停止生长并进入休眠状态，等到温暖多雨时可大量生长。种子休眠可长期保持存活能力，直到出现适于种子萌发的条件。目前，休眠时间最长的纪录是埃及睡莲，经过了 1000 年的休眠之后仍有 80% 以上的莲子保持着萌发能力。

③ 生物钟。生物对自然环境的生理适应，还表现在能通过感受外界环境的周期变化从而调节本身生理活动的节律与之适应，即生物钟（biological clock），又称生理钟、时辰节律。

案例：有花植物每年在一定的季节或一定的时间（早晨、傍晚、黑夜）开花；有些植物的花，如太阳花、向日葵等，白天朝向阳光展开，傍晚闭合或下垂；蝶类大多在白天活动，而蛾类则在夜晚活动；海滩动物在潮汐周期的一定时间产卵；光合作用的进行、生长激素的产生、细胞分裂速度等也具有明显的昼夜活动的规律。

（4）生物对环境的营养适应

生物的营养与其食性有关，动物食性在长期适应过程中形成了多种类型的特化，狭食性（stenophagous animal）和广食性（euryphagous animal）代表了动物对不同环境条件的两种适应方向。狭食性动物取食的食物种类较少，特化程度较高，通常是在所取食的一种或一类食物很丰富且其蕴藏量又十分稳定的条件下形成的，主要分布在气候稳定与季节变化不明显的热带和低纬地区，而且种的分布区较小、密度较大。与此相反，在食物缺乏持续稳定有保证的地区，动物的取食种类就必须增加，于是食性特化程度降低，成为广食性或泛食性。因此，广食性动物多分布在食物种类相对较多，但每种食物的蕴藏量较少且季节变化明显的温带和高纬地区。

案例：夹竹桃天蛾的幼虫主要寄生在夹竹桃科的日日春、马茶花、夹竹桃等有毒植物中，匿藏于叶片中取食嫩叶；在欧洲，大蜡蛾是常见的害虫，它们通常把卵产在蜜蜂的蜂巢内，其幼虫仅吃蜂蜡。

（5）生物对环境的适应组合

生物对非生物环境条件的适应通常并不限于一种单一的机制，往往要涉及一组（或一整套）彼此相互关联的适应性。正如前面已经提到过的那样，很多生态因子之间也是彼此相互关联的，甚至存在协同和增效作用。因此，生物对非生物环境条件表现出的一整套协同的适应特性，称为适应组合（adaptive suites）。

案例：为了适应炎热干旱的沙漠环境，骆驼于清晨取食含有露水的植物嫩枝叶或者靠吃多汁的植物获得必需的水分，同时靠尿的浓缩最大限度地减少水分输出。贮存在驼峰中和体腔中的脂肪在代谢时会产生代谢水，用于维持身体的水分平衡。骆驼的身体在白天也可吸收大量的热使体温升高，减少身体与环境之间的温差，从而减缓吸热过程；当需要冷却时，皮下起隔热作用的脂肪会转移到驼峰中，从而加快身体的散热。骆驼的失水主要是来自细胞间液和组织间液，而细胞质不会因失水而受影响；同时，红细胞的特殊结构也可保证其不受质壁分离的损害，还能保证红细胞在血液含水量突然增加时不会发生破裂。因此，骆驼只要获得一次饮水的机会，就可以喝下极大量的水分。对于仙人掌，也有一整套的组合适应特征：叶变成刺状，以减少蒸腾；茎中含叶绿素，不仅能进行光合作用，还能贮水；多肉汁，可以把雨季或水分供应充分时期所吸收的水分大量贮存在植物的根、茎或叶中，从而在整个干旱时间甚至不从环境吸收水分也能维持生命；只在温度较低的夜晚才打开气孔，使伴随着气体交换的失水量尽可能减少，同时吸收环境中的 CO_2，合成有机酸贮存在组织中，白天有机酸脱羧将 CO_2 释放出来，供低水平光合作用使用。

（6）生物适应环境的类型

① 趋同适应（生活型）：指不同种类的生物，由于长期生活在相同或相似的环境条件下，通过变异、选择和适应，在形态、生理、发育以及适应方式和途径等方面表现出相似性的现象。

案例：蝙蝠的前肢不同于一般的兽类，而形同于鸟类的翅膀，适应于飞行活动；鲸由于长期生活在水环境中，体形呈纺锤形，它们的前肢也发育成类似鱼类的胸鳍。蝙蝠与鸟类、鲸与鱼类等是动物趋同适应的典型例子。植物中的趋同现象如生活在沙漠中的仙人掌科植物、大戟科的霸王鞭以及菊科的仙人笔等，分属不同类群的植物，但都以肉质化来适应干旱生境。

② 趋异适应（生态型）：指亲缘关系相近的同种生物，长期生活在不同的环境条件下，形成了不同的形态结构、生理特性、适应方式和途径等。趋异适应的结果是使同一类群的生物产生多样化，以占据和适应不同的空间，减少竞争，充分利用环境资源。

案例：古代一种具五趾的短腿食虫性哺乳动物，由于适应不同环境而演化成当今各种哺乳动物。鹿和羚羊在陆地上奔跑；灵长类适合在树上生活；鼯鼠能滑翔，蝙蝠有翅，能在空中飞翔；鲸和海豚生活于水中，鼹鼠和鼩鼱等则营穴居。同一目、科，甚至同一属生物中，也可能由于适应不同环境而产生适应辐射，如翼手目包括种类繁多的蝙蝠，有的吃花蜜和花粉（如长鼻蝠），有的吃昆虫（如菊头蝠、大耳蝠、蹄蝠等），有的以果实为食（如狐蝠），还有吸血蝠和食鱼蝠。植物中的趋异现象如稗子，生长在稻田中的与生长在其他地方的形成不同的变种，即不同的生物生态型。前者秆直立，常与水稻同高，差不多同时成熟；后者秆较矮，花期也迟早不同。水稻在长期的自然选择和人工培育下，形成许多适应不同地区、不同季节、不同土壤的品种生态型。例如按温度不同的特性可以分为粳稻、籼稻，按照光照条件的不同可以分为早稻、中稻、晚稻，按土壤含水量的不同又可划分为水稻和旱稻。

2.1.4.3　生物对环境的反作用

生物在时刻受到环境作用的同时，也对其生存环境产生多方面的影响。生物对环境的影响，一般称为反作用。生物对环境的反作用可以使环境变得更有利于生物生存，也可对环境资源和环境质量造成不良影响。

（1）森林植被的生态效应

绿色植物是进行光合作用将太阳能转化成生物化学能的主要执行者，森林是生物圈内数量最大的植物群落，故是地球上的最大初级生产者，在陆地生态系统中具有强大的生态效应，对其他植物、动物和人类的生态条件形成与改善具有重要影响。其生态效应主要有：涵养水源；保持水土；调节气候；增加雨量；防风固沙；保护农田；保护环境；净化空气；降低噪声；美化景观；为畜牧业提供产品和燃料，增加肥源。由于森林对环境和经济的良好影响，许多国家都十分重视森林的保护和建造。

案例：据芬兰学者计算，芬兰森林每年生长木材的经济效益是 17 亿芬兰马克（原芬兰货币，1 马克折合约 1.33 元人民币）。据日本计算，日本森林在海洋水源防止泥沙流失、防止土壤崩塌、保健旅游、保护野生动物和供给氧气与净化大气等方面带来的间接经济效益，相当于全国财政支出总额。

（2）海洋生物的生态效应

海洋面积占地球表面积的 70% 以上，由于其分布广阔，类型多样，形成了海洋生物的多样性及与陆地生态系统的多种密切联系。这些海洋生物对陆地生物和整个生物圈都产生重要作用，具有较大的生态效应。大量海洋植物和动物产品补充着生物食物链，在有的地区海洋经济是人类的主要依靠。沿海陆地动物依靠海洋生物生存。例如，红树林是鸟类的重要分布区，海洋的鱼类、贝类、海藻等植物是鸟类和陆地动物的食物源。陆地上产生的各种有机代谢产物和环境释放物都要经江河或大气进入海洋，沉淀于近海底部和溶于水中。海洋生物则是这些物质的捕获者，使海底沉积层稳定，清除水体的富营养化，增加水体的透明度。但是由于人类活动的加快，陆地资源的快速消耗，大量有机物和有毒污染物排入海洋，使近海动物减少，而浮游生物增多，或海草生长过多，导致海洋生物的发展不平衡，因此出现了大区域的赤潮、黄潮现象，从而影响了陆地生物的生存环境。保护海洋生态和海洋生物是 21世纪的又一艰巨任务。

案例： 由于人类活动（如减少含氮、磷的工业污水的排放）和墨西哥湾流的影响，墨西哥海湾营养物质丰富，极大地刺激了藻类的生长，暴发了严重的赤潮，导致数以千计的海洋生物因缺氧或误食有毒藻类而死亡，破坏了海洋生态系统，而且对沿岸居民的生活也产生了一定程度的危害和影响。

（3）淡水生物的生态效应

淡水浮游生物包括浮游植物和浮游动物，其主要生态作用是：浮游植物能吸收水中各种矿质养分和有机物，保持水体一定的清洁度，增加水体的溶氧量，对水质理化特性的变化起主导作用，同时形成水域生态系统的初级生产力。渔业生产上所讲的培养水质或肥水实际上就是繁殖浮游生物。浮游生物生产力的大小预示着池塘鱼类产量的高低。浮游生物是鲢、鳙和罗非鱼的主要饵料，浮游动物是幼鱼的饵料。多种鱼类共同对水体环境发生影响。草食性鱼类的粪便可促进浮游生物的繁殖，为鲢、鳙提供饵料。鲢、鳙等滤食性鱼类取食浮游生物和细菌使水质变清，有利于草食性鱼类的生活。鲤、鲫、罗非鱼等摄食有机碎屑，也可保护水质。这样各种水生生物之间以及水生生物与环境之间就连接成了一个合理的具有良性循环的生态系统，既具有较好的生产性能又有较强的自净能力。在氧化塘中利用水生植物（如凤眼莲）处理污水也是水生生物净化、改造水域环境的实例之一。

案例： 微藻是指那些在显微镜下才能辨别其形态的微小植物群体，既能分解有机物，又能同化氮、磷等营养物，被认为是用于污水处理的理想生物材料。随着研究的不断发展和深入，利用污水培养微藻，可同时实现污水处理、营养物质的回收利用以及高附加值微藻生物质生产等多重目标，使基于微藻培养的污水处理过程具备了可持续性的优点。小球藻（*Chlorella* spp.）、链带藻（*Desmodesmus* spp.）和栅藻（*Scenedesmus* spp.）等藻种已被广泛用于污水处理研究。

（4）土壤生物的生态效应

土壤中的生物是多种多样的，其中土壤微生物（包括细菌、放线菌、真菌、藻类和原生动物）是土壤中重要的分解者，在土壤的形成和发展过程中起着重要的作用。在土壤形成的初级阶段，能利用光能的地衣类微生物参与岩石的风化，再在其他微生物的参与下形成腐殖质，使土壤性质发生变化。同时，植物的根系对改良土壤有重要作用，根系表面能分泌代谢产物，促进矿物质溶解，促进根际微生物活动；根残存于土壤中可增加有机质含量，增加土壤通透性；有些植物（如豆科）根部与固氮微生物共生，增加土壤氮素水平。

案例： 丛植菌根真菌（arbuscular mycorrhizal fungi，AMF）是土壤中重要的真菌，可

以与 74% 的被子植物根系形成共生体。菌根共生体通过菌根菌丝的形成，能够增加土壤养分空间有效性，扩大养分的吸收面积，从而提高植物根系对土壤矿质养分（如磷、锌、铜等）的觅食能力，同时，还能改善土壤团聚体的稳定性，缓解生物或非生物因素引起的胁迫，对植物应对环境变化、改善生长具有重要作用。

（5）草原植被的生态效应

草原植被主要由各种天然杂草或人工牧草及分散生长的树木组成。牧草特别是豆科牧草能改良草原土壤。豆科牧草根部与固氮根瘤菌共生，能将大气中的氮气合成含氮化合物，具有生物固氮功能。例如每年每公顷草木樨能固氮 127.5kg，苜蓿能固氮 330kg。草原植被每年产生的大量有机物残体经微生物分解可增加土壤有机质和腐殖质的积累。草原植被与森林植被一样，具有涵养水分、保持水土、净化美化环境的作用，还有一个重要的作用是固定流沙。据测定，北方牧场、农闲地与庄稼地土壤冲刷比邻地核草地大 40～100 倍。在降水较多地区，牧草地的保土力为作物地的 300～800 倍，保水力为作物地的 100 倍。近年来国家推行草场实行围栏分区轮放，控制适宜的放牧强度和轮放周期，以促进牧草再生，实现持续利用，同时防止水土流失与沙漠化。

案例：湖南南山牧场，23 万亩（1 亩 ≈ 666.7m²）集中连片的草山草坡，像一块碧绿的翡翠，嵌镶在湘桂边陲的崇山峻岭之上。该牧场拥有野生植物近 1200 种，不仅为我国畜牧业生产和发展提供了营养丰富、高产量的牧草，而且在涵养水源、固定流沙、净化美化环境等方面发挥重要作用，被誉为"南方的呼伦贝尔"。

（6）生物之间的协同进化

生物与生物之间的相互关系更为密切。例如，捕食者与猎物、寄生者与宿主，它们的关系很难说谁是作用，谁是反作用，而是相互的，可称为相互作用（或交互作用）。这两对物种在长期进化过程中，形成了一系列形态、生理和生态的适应性特征。这种复杂的相互作用及其伴随的适应性特征，是通过自然选择、适者生存法则形成的，是协同进化（coevolution）的表现。

案例：捕食者猞猁发展了敏锐的视觉、灵活的躯体、锐利的爪子和有力的犬齿，利于捕捉与啃吃猎物；而猎物野兔发展了又长又大、提高听觉灵敏度的外耳以及善于奔跑的四肢，有利于躲避捕食者。猞猁与野兔长期相互作用，协同进化。

本节小结

有机体是具有生命的个体的统称。广义的有机体既可以指一个个体，也可以指一个系统、一个群落等。

环境是指某一特定生物体或生物群体周围一切的总和。环境是一个相对概念，必须有一个特定的主体或中心。大环境影响到生物的生存与分布，产生了生物种类的一定组合特征或生物群系；小环境为生物提供自身所需的生活条件，直接影响生物的生活。

生态因子是指环境要素中对生物起作用的因子，如光照、温度、水分、氧气、二氧化碳、食物和其他生物等。按性质，分为气候因子、土壤因子、地形因子、生物因子和人为因子；按有无生命的特征，分为生物因子和非生物因子；按生态因子对生物种群数量变动的作用，分为密度制约因子和非密度制约因子；按生态因子的稳定性及其作用特点，分为稳定因子和变动因子。

生态因子对生物的作用具有综合作用、主导因子作用、阶段性作用、不可替代性和补偿性作用以及直接作用和间接作用等特征；遵从利比希最小因子定律、限制因子定律和谢尔福德耐受定律。同时，生物可以通过驯化和内稳态机制对耐受限度进行调整。

生物与环境的关系是相互的、辩证的。环境作用于生物，可能影响生物的生长、发育、繁殖、行为乃至分布区域；生物不仅可以通过形态、行为、生理和营养特征变化以及各方面特征的组合适应环境作用，而且可以反作用于环境，影响有利亦有弊。

2.2 光的生态作用与生物的适应

太阳表面以电磁波的形式不断释放的能量，即太阳辐射或太阳光。太阳光是地球上所有生物得以生存和繁衍的最基本的能量源泉，地球上生物生活所需要的能量都直接或间接地来源于太阳光。生态系统内部的平衡状态是建立在能量的基础上的，绿色植物的光合系统是太阳能以化学能的形式进入生态系统的唯一通路，也是食物链的起点。太阳光本身又是一个十分复杂的环境因子，辐射的强度、光谱成分及其周期性变化对生物的生长发育的地理分布都产生着深刻的影响，而生物本身对这些变化的光因子也有极其多样的适应性。

2.2.1 地球上光的分布

2.2.1.1 地球表面的太阳辐射

太阳的辐射能通过大气层时，一部分被反射到宇宙空间中，一部分被大气吸收，其余部分以光的形式投射到地球表面上，其辐射强度大大减弱。而地球截取的太阳能约为太阳输出总能量的 20 亿分之一，地球上绿色植物光合作用所固定的太阳能，只占从太阳接受的总能量的千分之一。太阳辐射的光谱成分（代表辐射的光质）、强度和时间（代表辐射的量）对生物的生长发育与地理分布产生重要的影响。

太阳辐射光谱主要由短波（紫外线，波长 <380nm）、可见光（波长 380~760nm）和红外线（波长 >760nm）组成，三者分别占太阳辐射总能量的 9%、45% 和 46%，大约辐射能的 1/2 是在可见光谱范围内。

地球表面的太阳辐射受以下几个方面主要因素的影响。第一，当太阳光射向地球表面时，因经大气圈内各种成分如臭氧、氧、水汽、雨滴、二氧化碳和尘埃等的吸收、反射与散射，最后到达地球表面的仅占总太阳辐射的 47%，其中直接辐射为 24%，散射为 23%。第二，太阳高度角影响了太阳辐射强度。以平行光束射向地球表面的太阳辐射与地面交角称为太阳高度角。太阳高度角越小，太阳辐射穿过大气层的路程越长，辐射强度越弱（图 2-6）。第三，地球公转时，轴心以倾斜的位置（地球自转的平面与公转轨道平面的交角为 23°27′）接受太阳辐射（图 2-6），这导致地球表面不同纬度在不同季节每天所接受太阳辐射的时间呈周期性变化。第四，地面的海拔高度、朝向和坡度也会引起太阳辐射强度与日照时间的变化。

案例：温带地区、热带地区和高纬度地区三个地区，从夏至日到冬至日一年内太阳辐射的变化完全不同，而且在夏至日和冬至日两天内太阳辐射的日变化也完全不同。

2.2.1.2 地球表面太阳光的分布

地球表面上太阳光的分布是不同的。从光质上看，低纬度地区短波光多，随纬度增加长波光增加，随海拔升高短波光增加；夏季短波光较多，冬季长波光较多；早晚长波光较多，中午短波光较多。

从日照时间上看，除两极外，春分和秋分时，全球都是昼长与夜长相等。在北半球，从

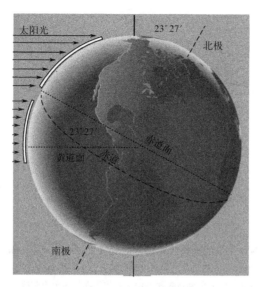

图 2-6　太阳高度角随纬度的变化以及地球接受太阳辐射时的黄赤交角（仿孙儒泳，1992）

春分至秋分，昼长夜短，夏至昼最长，并随纬度的升高昼长增加；从秋分至春分，昼短夜长，冬至昼最短，并随纬度升高昼长变短。北极夏半年全为白天，冬半年全为黑夜。赤道附近，终年昼夜相等。

地表的光照强度也随时间和空间而变化。一年中，夏季光照强度最大，冬季最弱。一天中，中午光照强度最大，早晚最弱。一般来说，随纬度升高光照强度减弱，随海拔升高光照强度增加。例如在海拔 1000m 处可获得全部入射日光能的 70%，而在海拔 0m 的海平面却只能获得 50%。光照强度还随地形而变化。例如北纬 30° 的地方，南坡接受的太阳辐射总量超过平地，而平地大于北坡。由于地表上的总辐射量取决于光照强度和日照时间，所以中纬度地区的总辐射量有时可以超过赤道地区，因而小麦、土豆或其他作物能在较高纬度地区在较短的生长期中成熟。

水体中太阳辐射的减弱比大气中更为强烈，光质也有更大变化。水体中的辐射强度随水深度的增加而成指数函数减弱。在完全清澈的水中，1.8m 深处的光强度只有表面的 50%。在清澈的湖泊中，1% 的可见光可达 5～10m 水深处，而在清澈的海洋中可达 140m 深。根据水体中光的强弱或有无，可将水体分为光亮带、弱光带和无光带，分别对生物产生不同的影响。

红外线和紫外线在水的上层（几米深）即被吸收完，紫光和蓝光易被水面反射和散射，绿光深入水中；红光在 4m 深水中光强度降到 1%，只有 500nm 波长范围内的辐射能到达较深的深度，使海洋深处显示为蓝绿光（图 2-7）。

案例：在低纬度的热带荒漠地区，年光照强度为 $8.37 \times 10^5 J/cm^2$ 以上；位于中纬度地区的我国华南地区，年光照强度大约是 $5.02 \times 10^5 J/cm^2$；而在高纬度的北极地区，年光照强度不会超过 $2.93 \times 10^5 J/cm^2$。随纬度升高，光照强度减弱。

2.2.2　光质的生态作用与生物的适应

尽管生物生活在日光的全光谱下，但不同光质对生物的作用是不同的，生物对光质也产生了选择性适应。

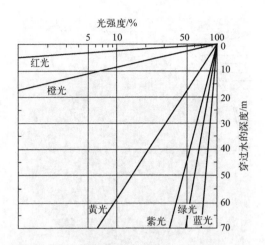

图 2-7　各种波长的光穿过蒸馏水时强度的变化（Kormondy，1996）
注：随着水深的增加，各波长光的光强度均降低。其中，大部分红光在水的上层即被吸收，
蓝光和绿光能到达较深的深度，使水深处显示为蓝绿光。

2.2.2.1　光质与植物的关系

光质不仅影响植物的光合作用强度和产物，光质的不同对植物形态建成、向光性及色素形成的影响也不同；同时，还影响水中藻类的分布和光合色素种类。

案例 1：绿色植物依赖叶绿素进行光合作用，将辐射能转换成具有丰富能量的糖类。然而，光合作用系统只能利用太阳光谱的一个有限带，即 380～710nm 波长的辐射能，称为光合有效辐射（photosynthetically active radiation）。叶绿素吸收最强的光谱部分是 640～660nm 波长的红光和 430～450nm 波长的蓝紫光，吸收最少的是绿光。例如，菜豆在红、橙光下光合速率最快，蓝、紫光下次之，绿光下最差。实验表明，红光对糖的合成有利，蓝紫光有利于蛋白质的合成。当然，其他有机体产生的色素能够利用绿色植物光合有效辐射区之外的光波。例如，海带等红藻的类胡萝卜素吸收最强的是绿色光。光合细菌产生的一种色素——细菌叶绿素，其吸收峰值在 800～890nm 波长之间。

案例 2：蓝紫光与青光能抑制植物伸长生长，使植物呈矮小形态；青蓝紫光能使植物向光性更敏感，促进植物色素的形成。高山上的短波光较多，植物的茎叶富含花青素，发展了特殊的莲座状叶丛，这是避免紫外线损伤的一种保护性适应。由于紫外线抑制植物茎的生长，高山上的植物呈现出茎秆粗短、叶面缩小、绒毛发达的生长型，也是对高山多短波光的适应。

案例 3：由于水体吸收和散射作用强，大部分红外线和紫外线在表层被吸收，蓝紫光散射（水色），绿光深入水中。水中藻类长期适应不同深度光波，在水体分布和光合色素种类上形成一定的差异，从而使光合作用最有效。具体来说，绿藻分布在水中上层，主要含叶绿素 a、b 和类胡萝卜素；褐藻分布在较深水层中，含叶黄素；红藻分布在最深层，可达 200m 左右，含藻红蛋白和藻蓝蛋白。不同水藻水体分布和色素种类的差异，反映了不同植物对其生境中光质的适应。

2.2.2.2　光质与动物的关系

可见光对动物体色变化、迁徙、毛羽更换、生长、发育、生殖等都有影响，红外线和紫外线对动物也有重要影响。

案例 1：将一种蛱蝶分别养在光照和黑暗的环境下，生长在光照条件下的蛱蝶体色变淡；而生长在黑暗环境中的，身体呈暗色。其幼虫和蛹在光照与黑暗的环境中，体色也有与成虫类似的变化。灵长类、鸟类、鱼类、节肢动物等都有很发达的色觉，鱼类对绿、蓝、红光比较敏感。太阳鱼视力的灵敏峰值在 500～530nm 波长，这正是在湖泊和沿海较为透明的水层中的光波长，有利于其在水中觅食。昆虫的可见光范围偏重于短光波，这便是利用黑光灯诱杀农业、林业、水产业等害虫的机制。红光可以促进鸡的繁殖，短光波（蓝光）有助于生长。

案例 2：长波红外线是地表热量的基本来源，对外温动物的体温调节和能量代谢起到决定性的作用。紫外线有杀菌致死作用。波长 360nm 即开始有杀菌作用；在 240～340nm 的辐射条件下，可使细菌、真菌、线虫的卵和病毒等停止活动；200～300nm 的辐射下，杀菌力强，能杀灭空气中、水面和各种物体表面的微生物，这对抑制自然界的传染病病原体是极为重要的。紫外线还可引起人类皮肤产生红疹及皮肤癌。生活在高山上的动物体色较暗，这是因为短波光较多，也是其避免紫外线伤害的一种保护性适应。紫外线是昆虫新陈代谢所依赖的，与维生素 D 的产生关系密切。因此，昆虫对紫外线有趋光反应，而草履虫则表现为避光反应。

2.2.3　光强及其生态效应

光强即光照强度，是指在单位面积上光通量的大小。光强在地球表面及群落内部的分布是不均匀的，对生物的作用也是不同的，生物长期适应一定光照强度形成了一系列的适应性特征。

2.2.3.1　光照强度对生物的生长、 发育和形态建成的作用

① 光照强度影响植物的形态建成；促进植物细胞的增长和分化，对植物组织和器官的生长发育及分化有重要影响；同时，光照强度增加，有利于果实成熟与品质提高。

案例 1：光是影响叶绿素形成的主要因素。一般植物在黑暗中不能合成叶绿素，但能形成胡萝卜素，导致叶子发黄，称为黄化现象（etiolation phenomenon）。黄化植物在形态、色泽和内部结构上都与阳光下正常生长的植物明显不同，表现为茎细长软弱，节间距离拉长，叶片小且不展开，植株长度伸长而重量显著下降。

案例 2：植物体遮光后，由于同化量减少，花芽的形成减少，已经形成的花芽也会因体内养分不足而发育不良或早期死亡。在开花期与幼果期，光照减弱会引起结果不良或结果发育中途停止，甚至落果。因此，对果树进行合理修剪，改善通光透气，有利于提高果实产量。

案例 3：在强光照下，苹果、梨、桃等能增加果实的含糖量与耐贮性，同时由于果实花青素含量升高，具有美好的色彩。强光照能使粮食作物营养物质充分积累、籽粒充实度提高。

② 光照强度不仅影响动物的生长发育，还影响动物的体色。

案例：蛙卵在有光环境下孵化与发育快；而海洋深处的浮游生物在黑暗中生长较快；喜欢在淡水水域底层生活的中华鳖，在黑暗下的生长速率明显比强光下快（图 2-8）。光照对海星卵和许多昆虫的卵的发育有促进作用，但过强的光照又会使其发育延缓或停止。

2.2.3.2　植物对光照强度的适应

植物可以在光合能力、叶片结构和分布，以及叶片生理、植株形态和生育期上对光照强度形成适应性差异。

当传入的辐射能是饱和的、温度适宜、相对湿度高、大气中 CO_2 和 O_2 的浓度正常时，

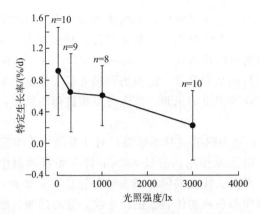

图 2-8　光照强度对中华鳖生长率的影响（周显青等，1998）

注：n 为中华鳖数量。

植物的光合作用速率称为光合能力（photosynthetic capacity）。C_3 植物和 C_4 植物的光合能力、组织结构与分布对光照强度的反应是不同的。C_3 植物光合作用暗反应过程中，一个 CO_2 被一个五碳化合物（1,5-二磷酸核酮糖）固定后，形成两个三碳化合物（3-碳酸甘油酸），其叶绿体仅存在于叶肉细胞中。C_3 植物主要分布在温带地区，大部分植物如树木和藻类都是 C_3 植物。在较普遍的 C_3 植物中，例如小麦和水青冈，光合作用速率曲线随有效辐射强度增强而变平（图 2-9）。C_4 植物的光合作用暗反应过程中，一个 CO_2 被一个含有三个碳原子的化合物（磷酸烯醇式丙酮酸）固定后，首先形成含四个碳原子的有机酸（草酰乙酸），其叶片的结构特点是：围绕着维管束的是呈"花环型"的两圈细胞，里面一圈是维管束鞘细胞，细胞较大，里面的叶绿体不含基粒。外圈的叶肉细胞相对小一些，细胞中含有具有基粒的叶绿体。在 C_4 植物中，例如玉米和高粱，光合作用速率随有效辐射强度增强而增加（图 2-9）。这是由于 C_4 植物能够利用低浓度 CO_2，伴随水的利用效率比 C_3 植物更大，但需要消耗能量，因而 C_4 植物在热带和亚热带植物区系中更为普遍。

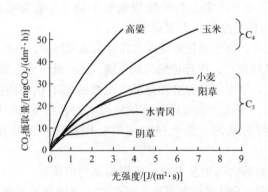

图 2-9　C_3 植物和 C_4 植物在最适温度与正常 CO_2 浓度时，光合作用对光照强度的反应（Mackenzie 等，1998）

光合作用强度和呼吸作用强度相等时的光照强度，称为光补偿点（light compensation point）。当光照强度达到一定水平后，光合作用速率不再随光强增加而增加的点的光照强度，称为光饱和点（light saturate point）。根据植物对光照强度表现出的适应性差异，把植物分为阳性植物、阴性植物和耐阴性植物。

（1）阳性植物

阳性植物对光要求比较迫切，只有在足够光照条件下才能正常生长，其光饱和点、光补偿点都较高，光合作用的速率和代谢速率都比较高（图 2-10）。多生长在阳光充足、开阔的栖息地。叶片角质层较发达，在单位面积上气孔增多，叶脉密，机械组织发达；通常以锐角形式暴露于日午阳光中，导致辐射的入射光在更大的叶面积上展开，降低了光强度。因此，阳地植物的叶子经常排列为多层的冠状，以至于在明亮的阳光中，即使遮阴的叶子也能够对植物的同化作用做出贡献。森林中的上层乔木，草原及荒漠中的旱生、超旱生植物，高山植物及大多数大田作物都属于此类型，如蒲公英、蓟、槐、松、杉和栎等。

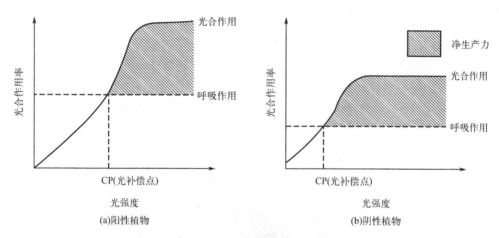

图 2-10　阳性植物和阴性植物光合作用对光照强度的适应性差异（Emberlin，1983）

（2）阴性植物

阴性植物比阳性植物能更有效地利用低强度的辐射光，故对光的需求远低于阳性植物，光饱和点和光补偿点都较低，光合速率和呼吸速率都比较低（图 2-10）。多生长在遮阴的栖息地。叶片没有角质层或很薄，气孔与叶绿体比较少；通常以水平方向和单层排列。常见物种有苔藓类、部分蕨类、连钱草、观音座莲、铁杉、紫果云杉、红豆杉、热带相思树下的咖啡、亚热带地区山林中的茶树等，很多药用植物如人参、三七、半夏和细辛等也属此类型。

（3）耐阴性植物

耐阴性植物也叫中性植物，如党参、沙参，对光照具有较广的适应能力，既能在完全的光照下生长，也能忍耐适度的荫蔽或在生育期间需要较轻度的遮阴。

单株植物叶冠内不同结构的"阳叶"和"阴叶"的产生，是植物对自身存在的光环境的一种回应。通常，阳叶更小、更厚，含有更多的细胞、叶绿体和密集的叶脉，从而增加了每单位叶面积的干重。阴叶更大、更加半透明，干重轻，光合能力可能仅为阳叶的 1/5。

另外，植物苗期和生育后期光饱和点较低，生长旺盛期光饱和点较高。很多种植物叶子的每日运动反映了光照强度和光方向的日变化，而温带落叶树叶子的脱落是对光照度的年周期变化的反映。

2.2.3.3　动物对光照强度的适应

动物可以在视觉器官形态、活动行为以及生长发育和繁殖上对光照强度产生一定的适应性。

案例 1：光照强度使动物在视觉器官的形态上产生了遗传的适应性变化。夜行性动物的眼睛比昼行性动物的大，如枭、懒猴及飞鼠等；有的啮齿类的眼球突出于眼眶外，以便从各个方面感受微弱的光线；终生营地下生活的兽类，如鼹鼠、鼢鼠和鼹形鼠，眼睛一般很小，有的表面为皮肤所盖，成为盲者；深海鱼或者具有发达的视觉器官，或者本身具有发光器官。

案例 2：动物的活动行为与光照强度有密切关系。有些动物适应于在白天强光下活动，称为昼行性动物，例如大多数鸟类，哺乳类中的黄鼠、旱獭、松鼠和许多灵长类，爬行动物中的蜥蜴，昆虫中的蝶类、蝇类和虻类等。有些动物适应于在黑夜或晨昏的弱光下活动，如夜猴、家鼠、刺猬、蝙蝠、壁虎，称为夜行性动物或晨昏性动物。自然条件下，动物每天开始活动的时间常常是由光照强度决定的，当光照强度上升到一定水平（昼行性动物）或下降到一定水平（夜行性动物）时动物才开始活动。因此，在不同季节随着日出日落的时间差异，动物活动也有改变。例如，夜行性的美洲飞鼠，不管在什么季节，均在夜幕来临时开始每日活动，冬季每天开始活动的时间大约是 16 时半，而夏季每天开始活动的时间将推迟到大约 19 时半，即冬季每日开始活动时间早于夏季时间（图 2-11）。又例如，麻雀在光强为 0.4～45lx 时开始鸣叫，一种蚱蝉在夏季气温高于 14℃、光照强度为 0.8～6lx 时开始鸣叫。

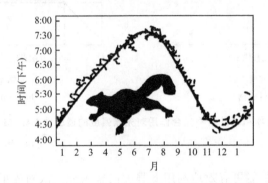

图 2-11　美洲飞鼠在自然光照条件下每天开始活动时间的季节变化（Mackenzie 等，1998）

案例 3：动物生长发育和繁殖对光照强度也有一定的适应性。例如蛙卵和有些鱼卵在有光条件下孵化快，发育也快。在连续有光或无光条件下，蚜虫产生的多为无翅个体；在光暗交替条件下，则产生较多有翅个体。人类及哺乳动物的皮肤在一定强度的光照下才能产生维生素 D，光照不足时则因缺乏维生素 D 影响钙的吸收而患佝偻病。

2.2.4　光照长度与生物的光周期现象

光照有日周期和年周期的变化，光照长短对生物起了信号作用，导致生物出现日节律性（昼夜节律）与年周期性（光周期现象）的适应性变化。在众多的生态因子中，为什么光周期会成为生命活动的定时器和启动器？这是因为日照长短的变化与其他生态因子（如温度、湿度）的变化相比，是地球上最具有稳定性和规律性的变化，通过长期进化，生物最终选择了光周期作为生物节律的信号。

2.2.4.1　生物的昼夜节律

生物的生理活动具有昼夜周期性变化，称为昼夜节律（daily rhythm）。一般认为，生物的昼夜节律受两个周期的影响，即外源性周期（除光周期外，还有温度、湿度、磁场等的昼夜变化）和内源性周期（内部生物钟）。只有光周期使动植物的昼夜节律与外界环境的昼夜变化同步起来。

案例：植物的光合作用、蒸腾作用、积累与消耗等都表现出昼夜节律性。动物的活动行为、体温变化、能量代谢以及内分泌激素的变化等，也表现出昼夜节律性的变化。人体生理功能、学习与记忆能力、情绪、工作效率等也有明显的昼夜节律波动。

2.2.4.2　生物的光周期现象

生物借助于自然选择和进化而形成的对日照长短的规律性变化的反应，称为光周期现象（photoperiodism 或 photoperiodicity）。例如植物的开花结果、落叶及休眠，动物的繁殖、冬眠、迁徙和换毛换羽等。光周期现象是一种光形态建成反应，是在自然选择和进化过程中形成的。它使生物的生长发育与季节的变化协调一致，对动植物适应所处的环境具有很大的意义。

（1）植物的光周期现象

根据植物开花对日照长度的反应，可把植物分成 4 种类型，即长日照植物、短日照植物、中日照植物和日中性植物。

① 长日照植物（long day plant）：日照超过某一数值或黑夜小于某一数值时才能开花的植物。这类植物在全年日照较长时间里开花，人工延长光照时间，可促进植物开花。长日照植物起源和分布在温带与寒温带地区。

② 短日照植物（short day plant）：日照小于某一数值或黑夜长于某一数值时才能开花的植物。这类植物通常在早春或深秋开花，人工缩短光照时间可促进植物开花。短日照植物多起源和分布在热带与亚热带地区，但在中等纬度地区也有分布。

③ 中日照植物（day intermediate plant）：昼夜长度接近相等时才开花的植物。仅有少数热带植物属于这一类型。

④ 日中性植物（day neutral plant）：开花不受日照长度影响的植物。

案例：萝卜、菠菜、油菜、甜菜、小麦、大麦、凤仙花及牛蒡等均为长日照植物，玉米、高粱、水稻、棉花、牵牛花、烟草等均为短日照植物。甘蔗只在 12.5h 的光照下才开花，光照超过或低于这一时数，对其开花都有影响，为中日照植物。蒲公英、四季豆、番茄、黄瓜、辣椒及番薯等植物开花不受日照长度影响，为日中性植物。

植物的光周期现象在农林生产中具有很大的应用价值。

案例：通过调节光照时长，使花期不同的植物同时开花，以便进行杂交或同期观赏等。例如，长日照植物唐菖蒲，在其幼苗长至 2 片叶时，每天延长 7h 光照，并保持 12～18℃ 室温，一个月后即可提前开花。短日照植物菊花，当生长达 10 片叶以上时，若缩短每天光照时数（如保持每天 8h 光照、16h 黑暗），室温保持 20℃ 左右，一个月左右即可开花。如果要让菊花延迟于春节开放，则可延长每天光照时数，如保持每天 14h 以上光照时间，即可使其不现蕾。将南方的黄麻栽种在北方，可以延迟开花，促进营养生长，提高黄麻产量。在夜间给甘蔗短暂的光照，就能抑制其开花，提高产量。采用短日照处理，可以使树木提早休眠，准备御寒，增强越冬能力。

（2）动物的光周期现象

动物在繁殖、迁徙、换毛与换羽、昆虫滞育方面均具有光周期现象。

① 繁殖的光周期现象。根据动物繁殖与日照长短的关系，可以将动物分为长日照动物和短日照动物。在温带和高纬度地区的许多鸟兽，随着春季的到来，白昼逐渐延长，其生殖腺迅速发育到最大，开始繁殖，这些动物为长日照动物（long day animal），如鼬、水貂、刺猬、田鼠和雉等。与此相反，有些动物在白昼逐渐缩短的秋季，生殖腺发育到最大，动物开始交配繁殖，这些动物为短日照动物（short day animal），如羊、鹿、麝等。虽然短日照

动物的交配在秋季，由于孕期较长，产子也在春夏之际。春夏产子具有重要的适应意义，因在温带和高纬度地区，春夏之际是自然界中食物条件最好、温度最适宜的时期，有利于幼子的存活与生长。动物繁殖的季节性变化，是通过下丘脑的光周期反应，使促性腺激素与性激素分泌水平发生变化，从而调控了繁殖。

案例：家畜马、驴等在日照渐长的春夏生殖腺发育到最大、配种，为长日照动物；绵羊、山羊、骆驼等在日照逐渐缩短的秋冬生殖腺发育到最大、配种，为短日照动物。据此可以进行人工光照处理，改变家畜繁殖的季节。例如，可以采取遮光措施，渐渐缩短春季的光照，则绵羊可在夏季配种，达到秋季产羔的目的。日照长度的变化对母鸡的性成熟、产蛋量和受精率有显著影响。例如 12 月份孵化、在逐渐延长的日照条件下培育的新母鸡，较早成熟，开始产蛋日龄较小。

② 迁徙的光周期现象。鸟类的长距离迁徙都是由日照长短的变化引起的。Rowan（1932）在冬天将经过预先长光照处理的美洲小嘴乌鸦放飞，结果这些鸟儿向北迁飞，而同时释放的未经过长光照处理的对照组乌鸦则居留在当地，并有一部分往南飞，从而通过实验证明该种鸟类的迁飞与光周期有关。同一物种在不同年份的迁徙时间是相同的。鱼类的迁徙活动也常常表现出光周期现象，特别是生活在光照充足的表层水中的鱼类。光周期的变化是通过影响内分泌系统从而影响鱼类的迁徙，如三刺鱼。

案例：夏候鸟的杜鹃和家燕，春季由南方飞到北方繁殖，冬季南去越冬；冬候鸟的大雁，冬季飞到南方越冬，春季北去繁殖。两种鸟类的迁徙都是由春秋季节日照长短变化引起的。

③ 换毛与换羽的光周期现象。温带和寒带地区，大部分兽类于春秋两季换毛，许多鸟类每年换羽一次，少数种类换两次。实验证明，鸟兽的换羽和换毛是受光周期调控的，它使动物能更好地适应环境的温度变化。

案例：雷鸟的羽毛颜色是一种保护色，会随着光照时间的周期性变化进行换羽。具体来说，在冬天，光照时间变短，短到一定程度之后，雷鸟受其影响开始慢慢换成白羽，以便在白雪皑皑的环境中不易被发现；夏天，随着光照时间变长，便会刺激雷鸟再次换羽，变成有横斑的灰或褐色，以适应冻原地区的植被颜色。所以，雷鸟换羽的光周期现象属于一种自我保护的适应性行为，有利于捕食和躲避敌害。

④ 昆虫滞育的光周期现象。很多昆虫在它们生命周期的正常活动中，能插入一个休眠期，即滞育（diapause），这经常是由光周期决定的。这种休眠状态为耐受秋天和冬天的严寒做好了准备。

案例：梨小食心虫幼虫全部进入滞育是在光照时间为每天 13~14h 时（图 2-12）。

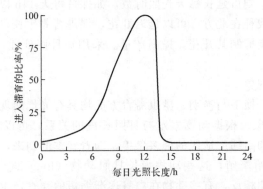

图 2-12　光照长度对梨小食心虫幼虫开始滞育时间的影响（Townsend 等，2000）

🗐 **本节小结**

地球表面上太阳光的分布是不同的，主要受大气层物质、太阳高度角、黄赤交角和地貌的影响，以至于在光质、光照强度和日照时间上均有所不同。

不同光质对生物的作用是不同的。对植物来说，光质既能影响植物的光合作用强度和产物，还能影响植物的形态建成、向光性和色素形成，同时对水中藻类的分布和光合色素种类也有一定影响。对动物来说，可见光对动物体色变化、迁徙、毛羽更换、生长、发育、生殖等都有影响；红外线对外温动物的体温调节和能量代谢起了决定性作用；紫外线既能杀菌抑制病原体，还能促进维生素 D 产生，同时还能引起人类皮肤疾病。

光照强度对生物的生长、发育和形态建成具有重要作用，同时生物形成了一系列的适应性特征。例如，植物在光合能力、叶片结构和生理、植株形态、生育期以及分布上形成了适应性差异，动物在视觉器官形态、活动行为以及生长发育和繁殖上也产生了适应性变化。

光周期是生物昼夜节律和光周期现象的调控因子。根据植物开花对日照长度的反应，可把植物分成长日照植物、短日照植物、中日照植物和日中性植物 4 种类型；动物的繁殖、迁徙、换毛与换羽以及昆虫滞育也具有光周期现象。生物的光周期现象在生产实践中具有很大的应用价值，可以通过人工调节光照时间，调控生物的光周期现象。

2.3　温度的生态作用与生物的适应

温度是一种无时无处不在起作用的重要生态因子，任何生物都是生活在具有一定温度的外界环境中并受着温度变化的影响。地球表面的温度条件总是在不断变化的，在空间上它随纬度、海拔高度、生态系统的垂直高度和各种小生境而变化；在时间上它有一年的四季变化和一天的昼夜变化。温度的这些变化都能给生物带来多方面和深刻的影响，而生物在形态、生理、行为、分子以及地理分布等方面对温度的变化产生了各种适应性特征。

2.3.1　地球上温度的分布

太阳辐射是地球表面的热能来源。一切物体吸收太阳辐射后温度升高，同时又能释放出热能，成为地表大气层的主要热源。地球表面大气温度变化很大，主要取决于太阳辐射量和地球表面水陆分布。

2.3.1.1　地球大气温度的分布与变化

（1）温度的空间分布与变化

低纬度地区太阳高度角大，太阳辐射量也大。随着纬度逐渐增加，太阳辐射量逐渐减少（例如极地地区太阳辐射量只有赤道地区太阳辐射量的 40%），地表气温也逐渐下降。大约纬度每增加 1°，年平均气温降低 0.5℃。因此，从赤道到北极形成了热带、亚热带、北温带和寒带。

案例：我国位于热带的海南岛（北纬 18°～20°），年均气温高于 20℃；位于亚热带的秦岭淮河（北纬 33°）以南地区夏季与热带相似，但冬季明显比热带冷，最冷月平均气温在 0℃以上；位于暖温带的华北平原（北纬 32°～40°）最热月平均气温在 20℃以上，年平均气温低于 20℃；位于中温带的东北平原（北纬 40°～48°）年平均气温约 10℃；而位于寒温带的黑龙江（北纬 43°～53°）年平均气温低于 0℃。

由于陆地和海洋吸收热量的特征不同，陆地表面比水表面升温快，同时降温也快，因而海洋对海岸区域有调节作用，使得同一纬度不同地区的温度有很大差异。

案例： 地中海的沿海和内陆在夏季温度有很大区别。在沿海区域，受冷洋流影响，温度较低，最热月温度在22℃以下，为凉夏型；而在内陆距海较远的区域，海洋调节较小，暖热，最热月温度在22℃以上，为暖夏型。

东西走向的山脉，对南北暖冷气流常具有阻挡作用，使山坡两侧温度明显不同。例如我国的秦岭山脉和南岭山脉能够成为不同生物气候带的分界线，其原因就在于此。封闭山谷与盆地，白天受热强烈，热空气又不易散发，使地面温度增高，夜晚冷空气又常沿山坡下沉，形成逆温现象。例如吐鲁番盆地是我国夏季最热的地方，最高温达到47.8℃。气温还随海拔升高而降低，海拔每升高100m，干燥空气中气温下降1℃，潮湿空气中气温下降0.6℃，这是空气绝热膨胀的结果。

案例： 秦岭是我国南北地区的分界线，对空气的流动有一定的阻挡作用。冬天可以阻挡部分冷空气南下，于是秦岭北方1月均温总是低于0℃，南方高于0℃；夏天可以阻挡湿润的东南季风北上，于是北方气候明显比南方干燥。因此秦岭也是亚热带与暖温带的分界线。

（2）温度的时间变化

温度的时间变化指日变化和年变化，这是由地球的自转和公转引起的。

温度的日变化中，于13～14时，气温达到最高，于凌晨日出前降至最低。最高气温和最低气温之差，称为日较差。日较差随纬度增高而减小，并受地形特点及地面性质等因素的影响。

案例： 一般热带地区气温日较差为12℃左右，温带地区气温日较差为8～9℃，极圈内气温日较差为3～4℃。赤道处的高山，白天气温可达30℃或更高，夜间却降到霜冻的程度。沙漠地带的日较差有时可达40℃。

一年内最热月和最冷月的平均温度之差称为年较差。年较差受纬度、海陆位置及地形等众多因素的影响。一般来说，大陆性气候越明显的地方，温度年较差越大；纬度越高，年较差越大。

案例： 低纬度地区气温年较差较小，高纬度地区可达40～50℃。例如，我国的西沙群岛（16°50′N）气温年较差只有6℃，上海（31°N）为25℃，海拉尔（49°13′N）达到46℃。一般情况下，温带海洋气温年较差为11℃，大陆上年较差可达20～60℃。再例如，我国拉萨与武汉纬度相差不大，但气温年较差相差很大，主要是受海拔和地形因素的影响。具体来说，拉萨位于青藏高原，海拔高，夏季气温较同纬度地区低；冬季不受南下寒冷气流的影响，气温不太低，因此气温年较差小。而武汉地处长江中下游平原，地势低，且夏季受副热带高气压带的影响形成伏旱，气温高；冬季受南下的寒冷气流影响，气温下降幅度大，因此气温年较差大。

2.3.1.2 土壤温度的变化

地球上各地土壤的温度与该地气温有一定的相关性，但土壤的组成及性质特征使其温度又有各自特点。

① 土壤表层的温度变化远较气温剧烈，随土壤深度加深，土壤温度的变化幅度减小。夏季土壤表层的温度远高于气温，但夜间低于气温。在1m深度以下；土壤温度无昼夜变化。一般在30m以下，土壤温度无季节变化。

案例： 美国内华达荒漠能长植物的沙漠地区，晴天时，空气与土壤温度的日变化有很大差异。具体来说，从早上3：30到下午1：30，地表温度从18℃上升到65℃，相差47℃；

120cm 高空的空气温度变化从 15℃左右上升到 38℃；而地下 40cm 深度处土壤温度恒定在 30℃左右。这种情况下，荒漠植物会有不同的适应方式去抵抗地表温度急剧的日变化、空气温度的小变化以及土壤深层的无变化（图 2-13）。

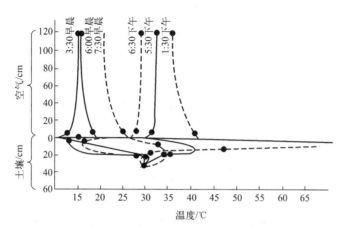

图 2-13　美国内华达荒漠可长植物的沙漠地区晴天时空气与土壤温度的日变化（Kormondy，1996）

② 随土壤深度增加，土壤最高温和最低温出现的时间后延，其后延落后于气温的时间与土壤深度成正比。

案例：土壤表面的最高温度出现在 13 时，10cm 深度可能出现在 16～17 时，更深的地方出现的时间将更晚。而土壤深度每增加 10m，最高温度和最低温度出现的时间将延迟 20～30d。土壤温度的变化特征，有利于地下栖居的动物（如蜥蜴）选择自身需要的外界温度以进行体温调节。

③ 土壤温度的短周期变化主要出现在土壤上层，长周期变化出现在较深的位置。

案例：土壤温度的日变幅减小 1/2，出现在 12cm 深度处；而年变幅减小 1/2，出现在 229cm 深度处。

④ 土壤温度的年变化在不同地区差异很大。

案例：热带地区太阳辐射年变化小，土壤温度变化主要受降雨量控制；中纬度地区由于太阳辐射强度与照射时间变化较大，土壤温度的年变幅也较大；高纬度与高海拔地区，土壤温度的年变化与积雪有关。

2.3.1.3　水体温度的变化

（1）水体温度随时间的变化

水体由于热容量较大，因而水温的变化幅度与大气相比较小。海洋水温昼夜变化不超过 4℃，随深度增加，变化幅度减小。15m 以下深度，海水温度无昼夜变化；140m 以下，无季节性变化。赤道及两极地带海洋的温度年较差不超过 5℃，而温带海洋水温年较差为 10～15℃，有时可达 23℃。

案例：水体温度的日变化与空气相比很小。具体来说，同一天内，相同区域空气的日温变化范围为 2.5～28℃，浅滩的日温变化范围为 9～16℃，而深潭处的日温变化范围为 10～14℃，日温差与大气相比很小。

（2）水体温度的成层现象

在中纬度和高纬度地区的淡水湖中，水体温度的成层分布，于冬夏季节有明显的不同

（图 2-14）。冬天湖面为冰覆盖，冰下的水温是 0℃，随水深增加，水温逐渐增加到 4℃，直到水底，即较冷的水位于较暖的水层之上。随着季节的转变、日照的增强，水面的冰层融化，水面温度上升，一旦超过 4℃，将停留在 4℃ 水的上面。春季的风一般较大，湖水上下翻动较为明显，形成春季环流。环流使上下层水相互交流，把底层的营养物带到上层，加上有合适的温度和光照条件，促进了生物生产力的提高。夏季湖泊上层的水受风的搅动，水温较一致，称为上湖层（epilimnion）。在上湖层以下，水温变化剧烈，每加深 1m，水温至少下降 1℃，这层水称为斜温层或温梯层（thermocline）。斜温层以下的部分称为下湖层（hypolimnion），这层水温接近 4℃，是密度最高的水。由于夏季稳定的水温分层现象，阻碍了上湖层与下湖层水间的交流，湖底沉积的营养物难以带到有阳光的上层，夏季湖泊中的生产力较低。秋季气温逐渐下降，表层水温也逐渐变冷，随着密度加大水往下沉，发生湖水上下对流，形成秋季环流，使湖泊中的温度与营养的分层现象消失。但由于温度低，生物生产力比春季低得多。

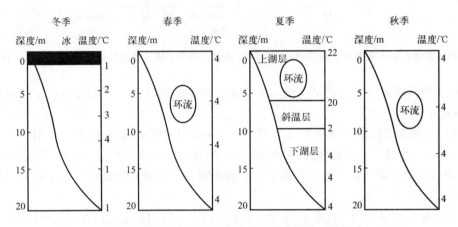

图 2-14　典型温带深水湖水温垂直分布的季节变化（孙儒泳，1992）

低纬度地区的水温也有成层现象，但不及中纬度和高纬度地区水体明显。雨季和干季大致破坏了斜温层，雨季引起表层水变凉，干季导致表层水变暖。

海洋水温的成层现象仅出现在低纬度水域的全年中和中纬度水域的夏季；两极地区的海洋里，自上而下全是冷水层。

案例： 春季，三峡水库香溪河库湾表层 30m 以内水温在 2 月份分层最微弱，5 月份分层最显著。具体来说，1～2 月，水温近似均匀分布，表层出现局部逆温层，水温分层微弱，垂直梯度范围为 $-0.19～0.07℃/m$；自 3 月开始，3～5 月出现明显的水温分层，各月最大水温垂直梯度分别为 $0.66℃/m$、$0.44℃/m$ 和 $0.95℃/m$。但由于缺少斜温层，水温均未呈现典型的三层式垂向分布（刘流等，2012）。

2.3.1.4　温度与动物类型

所有的动物从它们的环境中得到热，也将产生的热散失到它们的环境中。当考察动物和环境温度的相互关系时，通常可将动物划分为"温血动物"和"冷血动物"。然而，这种划分是主观的。

① 根据动物体温随环境温度的变化，将动物划分为常温动物（homeotherm）和变温动物（poikilotherm）。当环境温度升高时，常温动物维持大致恒定的体温，而变温动物的体温随环境温度而变化。这种划分也有一个问题，即典型的常温动物，如哺乳动物和鸟类在冬眠

过程中也降低了体温；而有些变温动物，如生活在恒温环境中的南极鱼，体温只有较小的变化。

案例：翻车鱼是科学家发现的第一种常温鱼类，它们通过持续拍打胸鳍产生热量，通过血液将热量传递至全身，从而能够像鸟类和哺乳动物一样保持身体恒温。变温动物鳄鱼，早上由于体温较低，血液循环缓慢，肢体对神经的指令反应迟钝，眼睛视力模糊，需要通过照射太阳来升高体温，使身体各部恢复正常。这就是鳄鱼喜欢晒太阳的原因。

② 根据动物热能的主要来源，把动物分为内温动物（endotherm）和外温动物（ectotherm）。内温动物是通过自己体内氧化代谢产物来调节体温，如鸟兽；外温动物依赖外部的热源，如鱼类、两栖类和爬行类。对内温动物而言，在某一环境温度范围内，动物代谢率最低，耗氧量不随环境温度而改变，这个最低代谢区的环境温度称为热中性区（the thermoneutral zone）。当环境温度离这个区域越来越远时，内温动物维持恒定体温消耗的能量越来越多。即使在热中性区，内温动物消耗的能量通常也比外温动物多。内温动物由脑控制其产热速率，通常保持体温在 35～40℃，因此趋向于向环境散热。外温动物调节体温的能力是很低的，总是依赖外部热源。这种划分也不是很完善。例如，一些爬行动物和昆虫能够升高体温促进其活动。

案例：外温动物和内温动物在维持体温的程度上不同。随着环境温度的升高，外温动物蜥蜴的体温线性升高；针鼹鼠、鸭嘴兽体温先缓慢升高，当环境温度达到 30℃ 以上时，体温线性升高；有袋类在环境温度为 0～30℃ 时，体温变化很小，30℃ 以上时体温线性增加；内温动物猫的体温始终保持在 38～39℃，变化很小。

2.3.2　温度节律对生物的影响

由于太阳辐射与地球的自转和公转，产生了温度的昼夜变化与季节变化，使生活在其中的生物也产生了这种适应性的变化，周期性变温成为生物生长发育不可缺少的重要因素。

2.3.2.1　温度昼夜变化对生物的影响

对植物来说，昼夜变温可以促进其种子萌发、生长、开花结实及产品质量的提高。大多数植物种子如许多草本植物、木本植物及栽培植物的种子，在昼夜变温中萌发率高；有些需要光萌发的种子，经变温处理后，在暗处也能萌发。植物的净光合作用不仅与一定时间内的温度密切相关，还与这一时间内一定的昼夜温差有关。例如在大陆性气候中的植物，日较差在 10～15℃ 时，植物生长发育更好；在海洋性气候中，以 5～10℃ 的差异最好；而某些热带作物如甘蔗等，在日较差小时生长更好。在昼夜变温中，植物的生长、开花、结实及产品质量均有提高。

案例：水稻栽种到昼夜温差较大的地区，籽粒饱满，米质好；日较差大的高原地区，生长出的马铃薯和甘蓝个体更大，山苍子的柠檬酸含量更高。这是由于白天适当的高温有利于光合作用，夜间适当降温减弱了呼吸作用，增加光合产物的积累。

对动物来说，昼夜变温可以促进其生长发育，在活动节律上形成适应。许多生物在昼夜变温环境中比恒温环境中发育更好。动物对昼夜温差的适应表现在活动节律上，有昼行性的、夜行性的和晨昏性的。

案例：加拿大黑蝗的卵胚在 35℃ 恒温中 5d 完成发育，在昼夜变温环境中 3d 即可完成发育。

2.3.2.2　温度季节变化对生物的影响

植物适应温度及水的年周期变化，形成了春天发芽、生长，夏天开花、结果，秋季落叶，随即进入休眠的生长发育节律。

　　案例：温度的季节变化，有时高温或低温在表面上似乎对植物体不利，但在很多情况下，则是植物完成其生命史的必需条件。例如，水仙鳞茎花芽的分化需要稳定的高温，故在夏季高温休眠期进行；冬小麦必须在 0～2℃环境中经历 5～8d 以上才能开花；春兰，当秋季形成花蕾后，要经过冬季 5～8℃的低温 15～20d，才能在春初正常开花；扦插繁殖的菊花，插穗必须经过冬贮即低温处理，才能在次年深秋或初冬正常开花。

　　动物对季节性变温产生冬眠与夏眠的适应。鱼类的生长随水温的季节变化加快或减慢，使鱼的鳞片及耳石具有像植物茎横切面上那种"年轮"，从而可鉴定鱼类的年龄。动物的换毛换羽、迁徙、洄游以及春夏季繁殖也是对年周期温度节律的适应性表现。

　　案例：蜜蜂冬眠时神经的麻痹深度与温度密切相关。当气温在 7～9℃时，蜜蜂翅和足就停止了活动，但轻轻触动时，翅和足还能微微抖动；当气温下降到 4～6℃时，再触动它已没有丝毫反应，已进入深沉的麻痹状态；当气温下降到 0.5℃时，则进入更深沉的睡眠状态。再如，春夏时节，水温较高，鱼的食饵丰富，正是生长旺季，鱼长得快，鳞片也随之长得快，便产生很亮很宽的同心圈，圈与圈的距离较远，这是"夏轮"。进入秋冬后，水温逐渐下降，水域中食饵减少，鱼的生长放慢，鳞片的生长也随之放慢，产生很暗很窄的同心圈，圈与圈的距离较近，这是"冬轮"。这一疏一密，代表着一夏一冬。等到翌年的宽带重新出现时，窄带与宽带之间就出现了明显的分界线，这就是鱼类的年轮。

2.3.3　温度与生物的地理分布

　　地球上主要生物群系的分布成为主要温度带的反映。相似地，随着海拔高度的增加，物种的变化也反映了温度的变化。一个物种的分布限与等温线之间有紧密的相互关系，等温线是在地图上将一年的特殊时间上有相同平均温度的地方连接起来的线。这表明年均温度、最高温度和最低温度都是影响生物分布的重要因子。

2.3.3.1　温度对植物和外温动物分布的限制

　　低温能够成为致死温度，限制生物向高纬度和高海拔地区分布，从而决定它们水平分布的北界和垂直分布的上限；而高温限制生物向低纬度和低海拔地区分布。

　　案例：橡胶、椰子只能生长在热带，不能在亚热带地区栽种。长江流域地区的马尾松只生长在海拔 1000～1200m 以下。玉米分布在气温 15℃以上的天数必须超过 70 天的地区。野生茜草分布的北界是 1 月等温线为 4.5℃的地区。苹果蚜分布的北界是 1 月等温线为 3～4℃的地区。东北飞蝗的北界是等温线为 13.6℃的地区。北美洲中东部的一种迁徙性鸟——东菲比霸鹟，它的越冬种群生活在 1 月最低温度为 -4℃以上的美国地区。这种鸟冬天的分布范围与这条等温线紧密相关，可能与它们的能量平衡相适应。

　　高温限制生物分布的原因主要是破坏生物体内的代谢过程和光合呼吸平衡，其次是植物因得不到必要的低温刺激而不能完成发育阶段。

　　案例：苹果、梨、桃受高温的限制不能在热带地区栽种，这是因为其在完成发育阶段中需要低温刺激，否则不能开花结果。在长江流域地区，黄山松受高温限制只能生长在海拔 1000～1200m 以上的高山。菜粉蝶的分布南限是 26℃，因为夏季气温超过 26℃时，其卵和幼虫全部死亡。在瑞士巴塞尔，灌丛蜗牛（*Arianta arbustorum*）和森林葱蜗牛（*Cepaea nemoralis*）在 19℃时的孵化率均最高；当温度为 25℃时，灌丛蜗牛的卵不再孵化，而森林葱蜗牛的卵孵化率为 50%。因此，由于高温的限制，灌丛蜗牛只分布在冷凉区域，不能分布在温暖区域，而森林葱蜗牛可以分布在温暖区域。

2.3.3.2　温度对内温动物分布的限制

温度对内温动物分布的直接限制较少，但也常常通过影响其他生态因子（如食物资源的数量或质量）而间接影响其分布。

案例：温度通过影响昆虫的分布而间接影响食虫蝙蝠和高纬度地区鸟类的分布；很多鸟类秋冬季节不能在高纬度地区生活，不是因为温度太低，而是因为食物不足和白昼取食时间缩短。

2.3.3.3　温度与其他生态因子的综合作用

温度和降水共同作用决定了地球上生物群系分布的总格局。温度和溶氧度的关系对水生生物是重要的，氧的溶解度随温度升高而下降，要分开温度和氧浓度的影响是不可能的。

案例：温度与含氧量、养分有效性紧密联系，相互影响，共同作用决定了贫营养湖泊和富营养湖泊各自特有的生物群落分布。具体来说，贫营养湖泊低养分有效性（尤其是磷、氮）只能孕育低密度的浮游植物和维管束植物，低温和高含氧量为鲑鱼、白鲑等鱼类提供了适宜的生存环境，使得需要高含氧量的无脊椎动物成为湖底的优势生物；富营养湖泊高养分有效性（尤其是磷、氮）孕育了高密度浮游植物和维管束植物，高水温及低氧有效性只适合耐性强的鱼类如鲶鱼、弓鳍鱼生存，同时使得耐高水温与低含氧量的生物成为底栖无脊椎动物的优势物种。

2.3.4　温度对生物生长、发育与繁殖的影响

2.3.4.1　温度对酶反应速率和代谢速率的影响

任何一种生物，生命活动中每一生理过程都有酶系统的参与。酶催化反应的速率随温度升高而增大，但是每一种酶的活性都有最适温度范围、低温限与高温限，相应形成生物生长的"三基点"。当环境温度超过生物耐受的高温限和低温限时，酶的活性将受到制约。不同的生物所能忍受的温度范围有很大不同。作物生长发育时期的不同生理过程的三基点温度也不同。

案例：海水动物只能忍受30℃的水温，淡水动物只能忍受40℃左右的水温，生活在温泉中的斑鳉能忍受52℃的水温。兽类一般不能忍受42℃以上的高温；鸟类能忍受46～48℃的高温；爬行动物能耐受45℃左右的高温；哺乳动物在42℃以上会死亡。家蝇在6℃时开始活动，28℃以前活动一直增加，到大约45℃时活动中止，当温度到达46.5℃左右时便会死亡。在植物方面，真核藻类、沉水维管束植物等为热敏感植物，在30～40℃便会受伤；陆生与旱生植物可在50～60℃下生存0.5h。水稻种子的最适温度是25～35℃，最低温度是8℃，45℃时中止活动，46.5℃时就要死亡；雪球藻和雪衣藻只能在冰点温度范围内生长发育。植物光合作用的最低温度为0～5℃，最适温度为20～25℃，最高温度为40～50℃；呼吸作用的分别为10℃、36～40℃和50℃。有人研究，马铃薯在20℃时光合作用达最大值，而呼吸作用只有最大值的12%；温度升到48℃时，呼吸率达最大值，而光合率却下降为0。

在外温动物及植物中，代谢速率在低温下是相对较慢的，当环境变温暖时，代谢速率变得较快。代谢速率随温度增加能够用温度系数（temperature coefficient，Q_{10}）描述，公式为：

$$Q_{10} = t℃体温时的代谢率 / (t-10)℃体温时的代谢率$$

温度每升高10℃，引起反应速率的增加通常大约是2，即Q_{10}大致为2。Q_{10}只有在一定的适宜范围内才是一个常数。当环境温度过高或过低时，生理过程受到温度的严重影响，

Q_{10}会发生变化。

案例：中华鳖在空气中呼吸时的静止代谢率随温度升高而上升，但在不同的温度段 Q_{10} 不同。23～30℃温度范围内，代谢率随温度上升较平缓，$Q_{10}=2.5$；而 30℃以上时，Q_{10} 为 3.4（牛翠娟等，1998）。

2.3.4.2 温度对生物发育和生长速率的影响

温度直接影响了外温动物和植物的发育与生长速率。生物的发育生长是在一定的温度范围内才开始的，低于这个温度，生物不发育，这个温度称为发育阈温度（development threshold temperature），或者称生物学零度（biological zero）。发育的速率随着发育阈温度以上温度的升高呈线性增加，它表明外温动物与植物的发育不仅需要一定的时间，还需要时间和温度的结合（称生理时间，physiological time），即需要一定的总热量，称总积温（sun of heat）或有效积温（sun of effective temperature），才能完成某一阶段的发育。这个规律的描述就是有效积温法则：

$$K=N（T-C）$$

式中　K——生物完成某阶段的发育所需要的总热量，用"日度"表示；

N——发育历期，即完成某阶段的发育所需要的天数；

T——发育期间的环境平均温度；

C——该生物的发育阈温度。

上面的式子可改写成：

$$T=C+K/N=C+KV$$

式中，V 为发育时间的倒数（$1/N$），即发育速率。

案例：菜白蝶卵孵化的发育阈温度为 10.5℃，之后发育速率随温度的升高呈线性增加，从卵孵化到蛹的发育需要有效积温 174 日度。地中海果蝇的发育速率随环境温度的增高呈线性加快，而发育所需时间随温度的增高呈双曲线减少（图 2-15）。

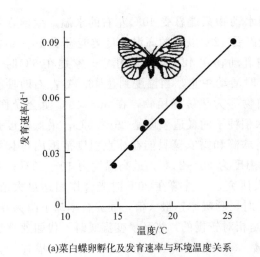

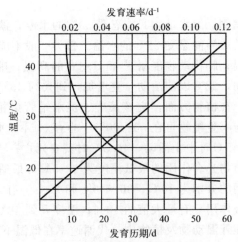

(a)菜白蝶卵孵化及发育速率与环境温度关系　　　(b)地中海果蝇发育历期及发育速率与环境温度的关系

图 2-15　菜白蝶卵孵化及发育速率、地中海果蝇发育历期及发育速率与
环境温度的关系（Mackenzie 等，1998；孙儒泳，1992）

不同物种完成发育所需的积温不同。一般起源于或适应于高纬度地区种植的植物，所需有效积温较少，反之则较多。

案例：小麦、马铃薯大约需要有效积温 1000～1600 日度；春播禾谷类、番茄和向日葵为 1500～2100 日度；棉花、玉米为 2000～4000 日度；柑橘类为 4000～4500 日度；椰子为 5000 日度以上。

有效积温法则在农业上有较广泛的应用，可作为农业规划、引种、作物布局、预测农时及防治病虫害的重要依据。

① 预测生物发生的世代数和地理分布的北界。根据有效积温法则，一种生物发生和分布所在地的全年有效总积温必须满足该种生物完成一个世代所需的 K 值，否则该种生物就不会发生和分布在那里。

② 预测害虫来年发生程度。例如东亚飞蝗只能以卵越冬，如果某年因气温偏高，东亚飞蝗在秋季又多发生了一代（第三代），但该代在冬天到来之前难发育到成熟，于是越冬卵的基数就会大大减少，来年飞蝗发生的程度必然偏轻。

③ 推算生物的年发生历。根据某种生物各发育阶段的发育起点温度和有效积温，再参考当地气象资料，就可以推算出该种生物的年发生历。

④ 可根据有效积温预报农时、制定农业气候区划，合理安排作物生产。依据作物的总积温和当地节令、苗情以及气温资料就可以估算出作物的成熟收刈期，以便制定整个栽培措施。利用有效积温预报农时远比其他温度指标和植物生育期天数更准确可靠。

案例：小地老虎完成一个世代（包括各个虫态）所需总积温 $K_1 = 504.7$ 日度，而南京地区对该昆虫发育的年总积温 $K = 2220.9$ 日度。因此，小地老虎可能发生的世代数为：$K / K_1 = 2220.9 / 504.7 = 4.54$（代）。南京地区小地老虎每年实际发生 4～5 代，与上述理论预测相符。

有效积温法则的应用也有一定的局限性：a. 发育起点温度通常是在恒温条件下测得的，这与昆虫在自然变温条件下的发育有所出入（变温下的昆虫发育较快）；b. 以温度与发育速率呈直线关系为前提，但事实上两者呈 S 形关系，即在最适温的两侧发育速率均减慢；c. 除温度外，生物发育同时受其他生态因子的影响；d. 不能用于有休眠和滞育生物的世代数计算。

案例：对小麦来说，长日照可加快发育，短日照则抑制发育，如果采用积温和光照时数的乘积即光温积来表示小麦的发育速度，比单用积温值稳定、可靠。

2.3.4.3　春化作用和驯化

温度能作为一种刺激物起作用，决定有机体是否将开始发育。很多植物在发芽之前都需要一个寒冷期或冰冻期。例如，冬小麦的种子只有经历了预寒冷后才发育和开花。这种由低温诱导的开花，称为春化（vernalization）。温度也能和其他的生态因子如光照周期相互作用解除休眠。

案例：拟南芥在幼苗期进行 4℃低温处理 40 天后，可以完成春化作用，进而开花结实。然而，不进行低温处理的拟南芥因不能进行春化作用，而不能进入生殖生长。

生物对温度的耐受性与它们曾经受过的温度有关。在自然或人为条件下，生物长期生活在最适生存范围偏一侧的环境条件下，导致该种生物的耐受限度改变，适宜生存范围的上、下限也会发生移动，并形成一个新的最适点。如果这种耐受性的变化过程是由实验诱导的，称为驯化（acclimation），如果是在自然界中产生的则称为气候驯化（acclimatization）。驯化或气候驯化是需要时间的，这是生物机体使自身变化去适应环境变化，以争取生存的生态适应。这种适应可发生在形态结构、生理及生化上。温度驯化在种内产生的变异比种间差异相对要小。例如，一些苔藓和地衣能够经受70℃的温度，而有些细菌能够在100℃以上的温度里生活和繁殖。然而，来自不同区域的同种种群间在温度响应上存在差异，这通常作为基因变异的结果，而不仅仅是气候驯化的结果。

案例： 桦树幼苗在−20～−15℃下即会死亡，但经过一段时间的冷锻炼后，可以经受−35℃的低温；冬季采集的柳嫩枝能在−15℃冻结状态下存活，而夏季于−5℃下死亡。外温动物金鱼饲养在不同温度的水中，致死温度是不同的。在20℃水温中，致死温度为34℃和2.5℃；若逐渐升温饲养，最后生活在30℃水温中，金鱼的致死温度变为38℃和9℃。内温动物经过低温的锻炼后，其代谢产热水平会比在温暖环境中高。

2.3.4.4 温度对生物繁殖和寿命的影响

对外温动物而言，温度除了影响性产物的成熟和交配活动外，还影响产卵数量、速率和孵化率等；对寿命影响的一般规律是在较低温度下生活的动物寿命较长，而且预先经低温驯化的动物寿命更长，随着温度的升高，动物的平均寿命缩短。

案例： 我国危害水稻的三化螟在温度为29℃、相对湿度为90%时产卵最多。粮库害虫米象在小麦相对湿度为14%时，在最适温度（约29℃）下产卵最多，偏离此温度产卵量便下降，偏离越远产卵数越少。

对内温动物而言，温度对繁殖的影响也不易忽视，常与光照同时作用。当温度偏离内温动物的最适温度时，其寿命将会缩短。

案例： 饥饿麻雀在36℃时能活48h，在10℃和39℃条件下分别只能活10.5h和13.6h。

2.3.5 极端温度对生物的影响

2.3.5.1 低温对生物的影响

极端低温对生物的伤害有冻害和冷害两种。

冻害（freeze injury）是指当温度低于−1℃时，很多物种被冻死，这是由于细胞内冰晶形成的损伤效应，使原生质膜发生破裂，蛋白质失活或变性，这种损伤称冻害。当温度不低于−3℃或−4℃时，植物受害主要是由细胞膜破裂引起的；当温度下降到−8℃或−10℃时，植物受害则主要是由生理干燥和水化层的破坏引起的。作物受冻害的程度除了取决于低温强度外，还与低温的持续时间、当时的天气形势、作物品种及受冻前的适应情况等有关。

案例： 早春，气候逐渐转暖，若突来寒潮（也称"倒春寒"），地表温度降到0℃以下，小麦会发生冻害，叶片似开水浸泡过，经太阳光照射后便逐渐干枯。若发生得晚，会影响穗分化，导致麦穗缺粒或畸形，造成严重减产。柑橘在−5℃以下时，易发生冻害，果实容易干瘪，空壳，汁少渣多，味淡，严重时腐烂坏死。葡萄即使在休眠期，气温低于−17℃左右时也易受冻。猕猴桃在冬季热力学低温低于−4℃时，就会造成冻害；低于−5℃的低温，持续1h左右，就会冻死全部芽体。枇杷在秋冬季开花、结果，冬季遇低温天气时易发生冻害，如花芽在−6℃时会受到冻害，幼果在−3℃时会发生冻害，对当年产量有很大的影响。

冷害（chilling injury）是指喜温生物在0℃以上但低于其耐受下限的温度条件下受害或死亡，这可能是通过降低了生物的生理活动及破坏生理平衡造成的，它是喜温生物向北方引种和扩张分布区的主要障碍。

案例： 海南岛的热带植物丁子香在气温降至6.1℃时叶片便受害，降至3.4℃时顶梢干枯，受害严重。当温度从25℃降到5℃时，金鸡纳会因酶系统紊乱导致过氧化氢在体内积累而使植物中毒。热带鱼鳉在水温10℃时就会死亡，原因是呼吸中枢受到冷抑制而缺氧。

2.3.5.2　高温对生物的影响

高温可减弱光合作用，增强呼吸作用，使植物的这两个重要过程失调；还可破坏植物的水分平衡，加速生长发育，促使蛋白质凝固和导致有害代谢产物在体内的积累。

案例： 马铃薯在温度达到 40℃时，光合作用等于零，而呼吸作用在温度达到 50℃ 以前一直随温度的上升而增强，但这种状况只能维持很短的时间。水稻开花期间如遇高温就会使受精过程受到严重伤害，因为高温可伤害雄性器官，使花粉不能在柱头上发育。日平均温度 30℃ 持续 5 天就会使空粒率增加 20% 以上。在 38℃ 的恒温条件下，水稻的实粒率下降为零，几乎是颗粒无收。

高温对动物的有害影响主要是破坏酶的活性，使蛋白质凝固变性，造成缺氧、排泄功能失调和神经系统麻痹等；还可导致有机体脱水，失去降温的能力。

案例： 内蒙古农业大学利用人工气候舱模拟夏季持续日变高温对雄性肉鸡生长发育影响的实验结果表明，与适温条件（23～25℃）相比，雄性肉鸡在高温条件（29～35℃）下的体温、呼吸频率和饮水时间均极显著增加，肢体不对称性显著增加，羽毛质量极显著降低，平均日增重和日采食量均极显著下降，死亡率虽然没有显著差异，但呈上升趋势（方瑞，2009）。

2.3.6　生物对极端温度的适应

长期生活在极端温度环境中的生物，通过气候驯化或进化变异，在形态结构、生理和行为等各个方面表现出明显的适应性。

2.3.6.1　生物对低温的适应

生物对低温的适应性表现在分布于高纬度和高山生境下的植物及生活在这些区域的内温动物身上有较典型的体现。

（1）植物对低温的适应

1）形态适应

高纬度地区和高山植物的芽、叶片常有油脂类物质保护，芽具鳞片，体表有蜡粉和密毛，树干粗短弯曲，枝条常呈匍匐状，树皮坚厚，有发达的木栓层，这些形态与北极及高山严酷的气候条件协调一致，有利于保温。

案例： 雪兔子是菊科风毛菊属植物，茎、叶和花序都密被白色长绒毛，加之植株矮小粗壮，远远望去宛如一个个敦敦实实的兔子，故而得名雪兔子。雪兔子一身蓬松的绒毛使得植物内部空间充满空气，对温度变化有良好的缓冲作用，使得植株无论在太阳辐射强烈的白天还是温度急剧下降的夜晚都能保持相对稳定的小环境，避免极高和极低的温度波动对植物组织的伤害。银白色的绒毛还能反射掉部分紫外线，防止紫外线直射对植物繁殖器官的伤害。同时，这些绒毛还可以防止雨水对花粉的冲刷（雨水会冲走花粉，同时也会使花粉破裂），在一定时间内保证花粉的数量和质量，有利于提高繁殖成功率。正由于有了这一身蓬蓬松松的绒毛，雪兔子才得以适应高山冰缘带的恶劣生境，世代繁衍。

2）生理适应

耐低温的植物细胞内自由水相对含量减少，束缚水相对含量增加；胞质内糖类、脂肪和色素等保护物质含量增加，以降低冰点、增加抗寒防冻能力；细胞膜不饱和脂肪酸指数提高，提高膜的通透性。有些物质在冬季体内激素的种类及比例会发生变化，脱落酸含量增加，生长素、赤霉素含量减少，从而进入休眠状态，是对冬季寒冷的适应。植物种子的休眠现象和后熟作用对寒冷地区的适应也具有重要意义。

案例： 鹿蹄草的叶细胞中贮藏大量的五碳糖、黏液，使其冰点下降到 $-31℃$，从而能够耐受 $-31℃$ 以上的寒冷环境温度。极地和高山植物在可见光谱中的吸收带较宽，能吸收更多的红外线，虎耳草和十大功劳等植物的叶片在冬季时因叶绿素破坏、其他色素增加而变为红色，有利于吸收更多的热量。

3）分子适应

在分子水平上，耐低温植物体内有具热滞活性和重结晶抑制活性的抗冻蛋白，以抑制冰晶生长，保护植物体在结冰或亚结冰条件下不受伤害。

案例： 白菜型冬油菜陇油 7 号是目前我国最为抗寒的冬油菜品种，可抵御 $-30℃$ 极端低温，这是因为其细胞核和细胞质中具有冰晶形态修饰和重结晶抑制活性的抗冻蛋白——β-1,3-葡聚糖酶。常温下白菜型冬油菜叶片绿色平展，株型半直立；低温 $-4℃$ 处理 4d 后，幼苗叶片边缘水浸状卷曲，表现明显冻害。一般而言，抗冻蛋白基因（$BrAFP1$）的表达水平在冷胁迫下呈先增加后减少的趋势。与常温对照相比，低温 $-4℃$ 处理 $0.5\sim4d$，叶片内 $BrAFP1$ 表达量均显著增加，且在低温处理 1 天后基因表达量达到最高（董小云，2019）。

（2）内温动物对低温的适应

1）形态适应

生活在寒冷气候的内温动物，往往比生活在温暖气候的内温动物个体更大，导致相对体表面积变小，使单位体重的热散失减少，有利于抗寒。这种现象称为贝格曼规律（Bergmann's rule）。然而，寒冷地区内温动物身体的突出部分，如四肢、尾巴、鼻和外耳却有变小变短的趋势，以减少散热，这是阿伦规律（Allen's rule），也是对寒冷的一种形态适应。阿伦规律有广泛的应用性；而贝格曼规律较少通用，这可能是由于一些其他的因子影响了身体大小，然而在种内水平上它是有价值的预报器。内温动物的另一形态适应是在寒冷地区和寒冷季节增加羽、毛的密度，提高羽、毛的质量，增加皮下脂肪的厚度，从而提高身体的隔热性。

案例： 东北虎的颅骨长 $331\sim345mm$，而华南虎的仅 $283\sim318mm$ 长，这是典型的贝格曼规律。非洲热带的大耳狐、温带常见的赤狐和北极的北极狐，随栖息地由热到寒，其外耳由小到大，即阿伦规律变化。冬季，北极狐主要依赖毛皮和皮下脂肪的隔热性，生活在 $-30℃$ 以下环境中无需增加产热，即能维持恒定的体温。海豹的皮下脂肪厚度达 60mm，在躯干的横切面上 58% 的面积为脂肪。

2）生理适应

生活在温带和寒带地区的小型鸟兽，在寒冷季节依靠生理调节机制，增加体内产热量来增强御寒能力和保持恒定的体温。通常是靠增加基础代谢产热和非颤抖性产热，而颤抖性产热只在急性冷暴露中起重要作用。非颤抖性产热（nonshivering thermogenesis，NST）是小型哺乳动物冷适应性产热的主要热源，主要发生在褐色脂肪组织（brown adipose tissue，BAT）中。BAT 主要分布在肩胛间、肩胛下、颈部、腋下、心及肾周围等，细胞里有大量线粒体，有丰富的血管分布。NST 是一种不涉及肌肉活动而释放的化学能的热量，即在 BAT 线粒体内膜上，有一个独特的解偶联蛋白质子通道，当受冷应激时此质子通道打开，使氧化磷酸化解偶联，由呼吸链生物氧化所产生的跨膜质子梯度，使质子通过质子通道回到膜内，而全部能量以热的形式释放。这种产热主要受交感神经支配和甲状腺激素的调控。颤抖性产热（shivering thermogenesis，ST）主要产生在骨骼肌中，由肌原纤维非自主地有节律地收缩，由高级神经中枢控制。

案例：布氏田鼠在 5℃下驯化一个月，静止代谢率比在 25℃环境温度下增长 34％，非颤抖性产热增加 91％。阿拉斯加红背䶄冬季的非颤抖性产热是基础代谢产热的 10 倍，在根田鼠中是 3.7 倍。鸟类中目前还没有发现体内有 BAT，其 NST 可能发生在骨骼肌中。

热中性区是指动物的代谢率最低且不随环境温度而变化的环境温度范围，在热中性区的低温一端称为下临界点。热中性区宽的动物，下临界点温度低，下临界点温度以下的代谢率随环境温度下降而增加缓慢，对冷适应能力强。

案例：北极狐与红狐是自然界能耐受冷的动物，它们的热能曲线特征表明，冷适应的主要指标为热中性区宽，下临界点温度低，下临界点以下的代谢率随环境温度下降而增加缓慢，即直线斜率低（图 2-16）。表明北极狐与红狐对冷的适应不依赖于增加很多热量来维持体温，而主要依赖增加毛皮厚度和皮下脂肪等隔热性能以抵御寒冷。飞狐是热带新几内亚的一种大蝙蝠，夜出，食密。在自然界它们不会遇到很冷的环境温度，因而其热中性区窄（33～35℃），环境温度低于 33℃时，其代谢率急剧上升，表明它对冷的适应能力差（图 2-16）。

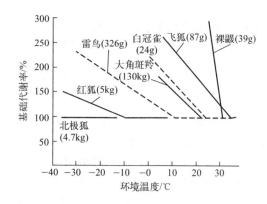

图 2-16　适应于不同气候地带的鸟兽代谢率与环境温度的关系（孙儒泳，1992）

内温动物肢体中动静脉血管的几何排列增加了逆流热交换，减少了体表热散失，有利于动物在寒冷中保持恒定的体温。

案例：银鸥脚和腿的动脉血管与静脉血管间有逆流热交换，脚部（S 点以下）分支血管可收缩，减少了血流和热散失，从而使得鸥在冰上时脚和腿的皮肤温度相差很大，但体温恒定（图 2-17）。

北方小内温动物对寒冷适应的另一种生理表现为异温性（heterothermy）。空间异温性允许有机体局部体温降低，以减少热散失。时间的异温性使动物产生日麻痹（daily torpor）和季节性麻痹——冬眠（hibernation）及夏眠（estivation）。产生冬眠的内温动物又称为异温动物（heterotherm）。异温动物在冬眠之前体内贮存大量低熔点脂肪，冬眠期时，代谢率降低为活动状态下的几十分之一，甚至近百分之一，核体温可降到与环境温度仅相差 1～2℃，心率及呼吸速率都大大降低，从而降低了生物对能量的需求。这是动物对冬季寒冷和食物短缺的适应。但是，当环境温度过低时，内温动物会自发地从冬眠中醒来恢复到正常状态，而不致冻死，这是与外温动物冬眠的根本区别。内温动物的这种受调节的低体温现象又称为适应性低体温（adaptive hypothermia）。从冬眠中激醒的早期热源来自褐色脂肪组织的非颤抖性产热。外温动物在冬眠（或称休眠、滞育）时，代谢率几乎下降到零，体内水分也大大减少，以防冻结。

案例：银鸥体核温为 38～41℃，到无毛的跗趾部时为 6～13℃，使银鸥站在冷水中时减

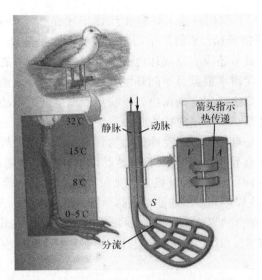

图 2-17 冰上银鸥脚和腿的皮肤温度及其血管解剖结构（Ricklefs 等，2000）

注：箭头表明血流方向，横箭头指热传递。

少通过脚散失的体热。胫神经从脊髓到足部，经受了 41~6℃ 的连续变化。

3）行为适应

内温动物对低温的行为适应主要表现在迁徙和集群方面。迁徙可选择温度适宜的地区生活，躲避不利的低温环境。动物集群能建立一定的小气候，减少体温的散失。

案例： 皇企鹅栖居于最冷的南极地区，于冬季繁殖期 100 天禁食的情况下，需要消耗 25kg 脂肪，这远远超过了它越冬前的脂肪贮存量。然而，在繁殖基地，数千只皇企鹅集聚在一起，身体彼此靠紧，冷暴露面积减少，紧贴部位体温相同，这就减少了热散失和能量的需求。

（3）外温动物对低温的适应

外温动物对极端低温的适应较典型的两种方式是耐受冻结与超冷现象。

耐受冻结（freezing tolerance）是指少数动物能够耐受一定程度的身体冻结而避免冻害的现象。这些动物的身体结冰时冰晶在细胞外形成，从而避免了冰晶对细胞膜的损伤。该现象在高纬度海洋潮间带贝类中较为常见。超冷现象（supercooling）是指动物（昆虫）体液温度下降到冰点以下而不结冰的现象。这些动物由于体内积聚了一些抗冷冻的溶质，降低了体液的冰点，冰晶不能形成。

案例： 小叶蜂越冬时体内分泌的甘油可使它们度过 −30~−25℃ 的环境；南极硬骨鱼血液中的糖蛋白（抗冻蛋白）致使它们能生活在 −1.8℃ 的水温中。

2.3.6.2 生物对极端高温的适应

生物对高温的适应也表现在形态、生理和行为等各个方面。

（1）植物对高温的适应

① 在形态上，有些植物有密绒毛和鳞片，能过滤一部分阳光；有些植物体色呈白色、银白色，叶片反光，可反射大部分阳光，减少植物热能的吸收；有些植物叶片垂直主轴排列，使叶缘向光，可使组织温度比叶片垂直日光排列的低 3~5℃；有的植物如苏木科的某些乔木，在高温条件下叶片对折，叶片吸收的辐射可减少 50%；有的植物树干和根茎生有厚的木栓层，具有绝热和保护作用。

　　案例：沙漠地区的银色扁果菊有两种叶子，冬季的叶子没有软毛；而夏季叶片长满软毛，可反射约 40% 以上的太阳辐射，减少了热能的吸收。长在火山口上的银剑，叶子长而狭窄，上面布满了银白色的针毛，且有一种类似果胶的物质，用来储藏水分；银白色的小毛还能随着风向和阳光入射角的不同而转动，使光线永远不会在叶表面形成焦点，从而使银剑既能耐白天的高温又能耐夜晚的寒冷。

　　② 在生理上，植物对高温的适应主要是降低细胞含水量，增加糖或盐的浓度，这有利于减慢代谢率，增加原生质的抗凝结能力。另外，靠旺盛的蒸腾作用避免植物体过热。

　　案例：可溶性糖是植物体内重要的渗透调节物质之一，具有较高的溶解性，生成迅速且对代谢活动和酶活性影响小，对植物提高抗性具有重要作用。人工气候箱模拟高温胁迫实验表明，随着高温胁迫的加剧，多年生宿根花卉饴糖和花毯叶片中的可溶性糖含量均逐渐增加，且饴糖的可溶性糖含量都要高于花毯，在 43℃ 时，两者的可溶性糖含量均最高（郑素兰等，2021）。

　　③ 在分子水平上，植物在遭遇高温胁迫时会大量表达一种蛋白，对自身蛋白形成保护，称为热休克蛋白（heat shock proteins，HSP）。高温会损坏生物蛋白分子的结构，从而破坏细胞功能。热休克蛋白参与新生肽的折叠，帮助修复结构部分遭到毁坏的蛋白分子恢复原来构造，并将完全毁坏掉的蛋白搬运到特定位置，清除出细胞，从而防止了受损蛋白的累积，维护细胞内环境的稳定。

　　案例：在 40℃ 高温处理下，水稻热休克蛋白基因 $HSP70$ 的相对表达量先升高后降低，之后又上升，随着处理时间的延长，最后又下降。即在高温处理后 0.5h 时，水稻 $HSP70$ 基因相对表达量开始上调；在 3h 时，相对表达量达到峰值，为 79.10；在 6h 时，相对表达量又下调；但在 9h 时相对表达量又升高，持续 3h 之后开始下调，表明水稻 $HSP70$ 基因的上调表达是水稻应对高温胁迫的一种防御机制（杜巧丽等，2021）。

　　（2）动物对高温的适应

　　① 在形态上，主要是利用皮毛起隔热作用，防止太阳的直接辐射。大型兽高温时，皮毛颜色浅，有光泽，反射光，可减少辐射热吸收。再就是利用热窗（heat windows）散热。动物身体上有些皮薄、无毛、血管丰富的部位，利于散热，如兔子耳朵。内温动物的脑和精巢是对高温敏感的组织，还可以通过发育某些特殊的结构适应高温的环境。例如，多数哺乳动物的精巢持久地或季节性地下降到腹腔外，比体核温度低几摄氏度。

　　案例：非洲狐最为突出的特征就是超大的两个翘着的耳朵，而这一对耳朵正是其抗热的主要因素。非洲狐的耳朵里有很多毛细血管，在高温下，能够加快身体热量的散失，从而让身体更快降温，恢复到正常的体温状态。狐蝠的精巢平时在腹腔中，但受高温影响后会下降到腹腔以外，避免高温抑制精子的形成。羚羊类和其他的有蹄动物有特殊的血管结构，可防止脑过热。它们的颈动脉在脑下部形成复杂的小动脉网，包围在从较冷的鼻区过来的静脉血管外，通过逆流热交换而降温，使脑血液温度比总动脉血低 3℃。

　　② 在生理上，动物对高温适应的重要途径是适当地放松恒温性，使体温有较大幅度的波动，在高温炎热的时候，将热量储存于体内，使体温升高，等夜间环境温度降低时或躲到阴凉处后，再通过自然的对流、传导和辐射等方式将体内的热量释放出去。动物将热量贮存在体内，减少了散发热量需要蒸发的水量，这对在干热缺水环境中的生活无疑是一种很好的适应。当水分不构成限制时，动物可通过蒸发冷却降低体温，如出汗或喘气。鼠类可以通过分泌的唾液降温。

　　案例：荒漠中的骆驼，在白天身体可以吸收大量的热使体温升高，减少身体与环境之间的温差，从而减缓吸热过程；当身体需要冷却时，皮下起隔热作用的脂肪会转移到驼峰中，从而加快身体的散热。在饮水时，骆驼体温昼夜变化幅达3℃，缺水时变化幅达7℃，对其适应炎热干旱的沙漠环境具有重要意义。

③ 在分子水平上，动物在遭遇高温胁迫后同样可大量表达热休克蛋白HSP。目前已发现30余种HSP，根据同源程度和分子量大小，可分为HSP110、HSP90、HSP70、HSP60和小分子HSP等家族。HSP从原核生物到真核生物均有表达，且在同一生物不同组织内均表达，其具有很高的保守性，不同生物间氨基酸同源性可达50%以上。哺乳动物HSP主要含2种功能蛋白，其HSP73是哺乳动物细胞结构蛋白，称为结构性HSP70，热胁迫后仅少量增加；HSP72则在正常细胞内低水平表达，应激后表达迅速增加，称为诱导性HSP70。二者序列同源性达95%，生化特性相似。

④ 在行为上，如沙漠中的啮齿动物，行为适应是它们应对高温的重要对策。它们采用"夜出加穴居的适应方式"，避开沙漠白天炎热而干燥的气候。另外，动物夏眠或夏季滞育，也是其度过干热季节的一种适应。

案例：北美洲沙漠地区的白尾黄鼠是在白天活动的，它们依靠体内贮热和行为调节体温。当在地面活动体温升高到43℃时，鼠躲回洞中，伸展躯体紧贴在凉的洞壁上，待体温降低后又出洞活动，称为周期性的体温升降（图2-18）。在干热地区的旱季，动物如黄鼠会出现夏眠，夏眠时体温下降5℃，代谢水平也大幅度下降，从而度过不良的干热季节。长颈龟夏眠时的代谢率可降至正常代谢率的28%。

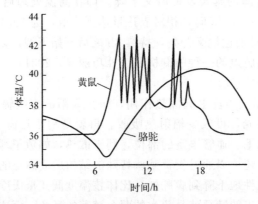

图2-18 白尾黄鼠在高温环境下体温的周期性变化（引自Gordon，1997）

本节小结

① 地球表面的温度总是在不断变化。在空间上它随纬度、海陆分布以及山脉走向、地形和海拔高度的变化而变化；在时间上有一天的昼夜变化和一年的四季变化。土壤和水体因其自身性质与特点，形成了具有各自特点的温度空间和时间变化特征。

② 温度节律对生物的生长发育具有重要影响。昼夜变温可促进植物种子萌发、生长、开花结实及产品质量提高；促进动物生长发育，使动物在活动节律上形成适应特征。季节性变温影响植物的生长发育节律以及动物的生长发育和行为等。

③ 温度是影响生物分布的重要因子。低温能够成为致死温度，限制生物向高纬度和高海拔地区分布，从而决定它们水平分布的北界和垂直分布的上限；而高温限制生物向低纬度和低海拔地区分布。温度对内温动物分布的直接限制较少，但也常常通过影响其他生态因子

（如食物资源的数量或质量）而间接影响其分布。温度变化还可能与其他的环境因素或资源紧密联系，影响生物分布。

④ 温度对生物的生长、发育与繁殖具有重要影响。温度影响酶反应速率和生物的代谢速率、发育与生长速率；能够作为一种刺激物起作用，决定有机体是否将开始发育（春化作用）；能够使生物自身发生生态适应变化，以适应环境变化，争取生存（驯化）；还会影响生物的繁殖和寿命。

⑤ 极端低温和高温对生物均有有害影响。极端低温对生物的伤害有冻害（-1℃以下的低温）和冷害（0℃以上但低于生物耐受下限的温度）两种。极端高温使植物光合作用和呼吸作用失调，破坏其水分平衡，加速生长发育，促使蛋白质凝固和导致有害代谢产物在体内的积累；对动物的有害影响主要是破坏酶活性，使蛋白质凝固变性，造成缺氧、排泄功能失调和神经系统麻痹等；还会导致有机体脱水，失去降温的能力。

⑥ 长期生活在极端温度环境中的生物，在形态结构、生理、行为和分子等各个方面表现出明显的适应性。

2.4 水的生态作用与生物的适应

水是所有生物的基本组成成分，是有机体生命活动的基础，在所有生物的生存中扮演着重要的角色。地球上的降水随纬度、海陆分布、地形等因素在空间上有一定变化，且在时间上有一定的季节变化，影响了地球上生物的分布和物种组成。水具有特殊的理化性质，对生物的生长发育产生了重要影响；长期生活在水环境中的生物在组织形态和结构、生理、行为等方面分别对水平衡、盐度、高压和低氧产生了适应性特征。

2.4.1 陆地上水的分布

潮湿冷空气遇冷形成降雨，降雨量是陆地上最重要的降水量。当高空空气中的水蒸气达到饱和时的温度低于0℃时，水汽直接凝固成雪降落到地面上。在地球上大部分地区，降雨量占降水量的绝大部分，而在较高纬度地区，降雪是主要水分来源之一。当地面物体夜间辐射冷却到露点温度时，空气中水汽在其表面凝结成水，形成露。露占降水量的比例虽少，但对干旱少雨的荒漠地区的植物生长及动物饮水有相当大的作用。

2.4.1.1 降雨量

地球上的降雨量（precipitation）随着纬度变化发生很大变化。在赤道南北两侧20°范围内，湿热空气急剧上升，导致降雨量最大，年降雨量达1000～2000mm，称为低纬度湿润带。再向南北扩展，纬度20°～40°地带，由于空气下降吸收水分，使这一地带成为地球上降雨量最少的地带，一些主要的沙漠如撒哈拉、大戈壁滩都位于这个带上。在南北半球40°～60°地带，由于南北暖冷气团相交，形成气旋雨，致使年降雨量超过250mm，成为中纬度湿润带。极地地区降雨很少，成为干燥地带。

案例：赤道附近的马来群岛、亚马孙平原、刚果盆地和几内亚湾沿岸等地区，年降水量大多在2000mm以上，且全年分配比较均匀；中纬度地区的我国秦岭、淮河以北的东部地区，朝鲜和日本的北部，以及西伯利亚东部沿海地区，年降水量为500～1000mm，主要集中在夏季，冬夏由南向北减少。高纬度地区的格陵兰岛、北冰洋诸岛和南极洲等地的绝大部分地区，降雨很少，终年在冰雪覆盖下。

陆地上降雨量的多少还受到海陆位置、地形和季节的影响。由于海洋蒸发量大，潮湿空气由海洋吹向大陆，遇冷凝结成雨。因此，离海近的地区降雨量多，离海越远，降雨量越少。山脉也影响降雨分布，在迎风坡降雨量多，背风坡降雨量很少。降雨量还随季节而变化，一般夏季降雨量约占全年降雨量的50%，冬季降雨量最少。降雨的季节性特点对生物的繁殖、休眠和迁徙有很大影响。而不同的降雨方式对生物的作用是不同的，如果降雨集中在短时间内，将会出现长期干旱，如热带稀疏草原的形成与温度高、降雨集中有关。

案例： 安第斯山脉是世界上最长的山脉，从北至南贯通南美洲，而该地区受盛行西风带控制，西风带带来了大量太平洋的水汽，受到南北走向高大的安第斯山脉的阻挡，在山脉西侧迎风坡，气流受地形抬升，多地形雨，形成了温带海洋性气候，植被物种丰富且茂密；而位于山脉东侧的背风坡，则形成"焚风效应"，降水稀少，气候干旱，形成温带大陆性气候，植被物种稀少且矮小。

2.4.1.2　大气湿度

大气湿度（atmosphere humidity）反映了大气中气态水含量。通常用相对湿度（relative humidity）表示空气中的水汽含量，即单位容积空气中的实际水汽含量（e）与同一温度下的饱和水汽含量（E）之比，用 RH 表示相对湿度，则 $RH = e/E \times 100\%$。大气湿度也常用饱和差（saturation deficiency）表示，是指某温度下的饱和水汽量与实际水汽量之差（$E-e$）。饱和差值越大，水分蒸发越快；相对湿度越大，大气越潮湿，水分蒸发越慢。在研究生物水平衡中，这是常常采用的两个指标。

相对湿度受到环境温度的影响：环境温度增加，相对湿度降低；环境温度降低，相对湿度增加。因而，相对湿度随昼夜温差的改变，出现白天相对湿度低，夜间相对湿度高的现象。夏天相对湿度低，冬天相对湿度高。然而，相对湿度的季节变化还随各地区的具体情况而变化。例如，我国东南季风地带，冬季受干燥大陆气流控制，夏季受湿热海洋气流影响，因而冬季干燥，夏季潮湿。此外，相对湿度因地理位置而异。热带雨林带相对湿度通常在80%～100%，而在荒漠与半荒漠地带，相对湿度低于20%。

2.4.1.3　我国降水量的地域分布

由于我国纬度与海陆位置的差异，以及地形起伏的不同，各地降水总量很不相同，基本规律是从东南向西北降水逐渐减少。大致可划分出几条雨线：华南降水量为 1500～2000mm；长江流域为 1000～1500mm；秦岭和淮河大约为 750mm；从大兴安岭西坡向西，经燕山到秦岭北坡为 500mm；黄河上中游为 250～500mm；内蒙古西部至新疆南部为100mm 以下。

由于降水量的地域分布不同，影响了我国生物的分布特征。一般降水多的地区植被多，种类丰富；降水少的地区植被少，种类单一。年降水量少于 200mm 时，天然植被为荒漠，有水源处有绿洲农业；年降水量在 200～400mm 之间，天然植被为草原；年降水量在 400～800mm 之间，天然植被为森林草原；年降水量大于 800mm，天然植被为森林。

案例： 在我国，200mm 等降水量线大致通过阴山、贺兰山、祁连山、巴颜克拉山到冈底斯山一线，400mm 等降水量线从大兴安岭西坡经过张家口、兰州、拉萨附近，到喜马拉雅山脉东部，800mm 等降水量线沿着青藏高原东南边缘，向东经过秦岭-淮河一线。植物生长受到降水量的影响，形成了相应的荒漠植被、草原植被和森林植被的分布类型。

2.4.2　水因子的性质和生态作用

2.4.2.1　水因子的性质

① 极性。水分子是由 $105°$ 角的氢-氧-氢组成的，其形状导致有氢的一边显正电性，另一

边显负电性，使得水分子能被吸附到带电的离子上。由于水的这种极性性质，水分子能和其他生物成分结合，也使水成为最好的溶剂，保证了各种营养物质的转运。

案例：根系是植物吸收水分和养分的主要器官，植物生长发育所需要的养分必须溶解在水里面才能到达根系表面被吸收，否则就变成了无效养分，无法被根系吸收。例如，质流是根系吸收养分的重要途径之一，是土壤中养分通过植物的蒸腾作用而随土壤溶液流向根部到达根际的过程。由于蒸腾作用产生了由植物叶片开始沿茎、根到土壤的水势梯度。在这一梯度作用下，水由土壤经根系表面进入根内，溶在水中的养分也随水流进入根表，供植物吸收。土壤中的硝态氮、钠、铁、铜、锌、钙、镁大部分是靠质流由土壤供给植物的。因此，水是根系吸收养分的必需媒介。

② 高热容量。使 1L 水升高 1℃需要 1kcal（1kcal＝4.1868kJ）热量，而 1L 空气需要 0.24kcal 热量，一般金属需要 0.1kcal 或更少。水的高热容量意味着水能吸收大量热，而自身升温很少，从而使水生生物免受温度急剧变化带来的危害。

案例：水体由于热容量较大，因而水温的变化幅度与大气相比较小。具体来说，同一天内，相同区域空气的日温变化范围为 2.5～28℃，浅滩的日温范围为 9～16℃，而深潭处的日温范围为 10～14℃，日温差与大气相比较小。

③ 特殊的密度变化。水的密度随着水温的下降而增加，当降到 4℃时，水的密度最大，也最重。低于 4℃时，体积膨大，密度变小，按 3℃、2℃、1℃和 0℃顺序，密度逐步减小。0℃时液态水的密度比固态冰的密度更大，因此冰漂浮在冷水之上。冬季，水从上向下结冰，冰作为绝热体阻止冰下水进一步降温，从而减少了水体的冻结，保护了水生生物的生存。

案例：在罗斯海保护区冰冷的海底，生活着伯纳奇冰鱼，T. 伯纳奇冰鱼血液中的糖蛋白分子含有一种能阻止血液冰晶生长的糖肽结构，能保持其体内的血液循环，避免其机体被冻结。而这种抗冻特性，确保这种鱼在冰冻环境中得以生存和保持一定的活力，并能穿梭于冰凌缝隙，捕捉它们爱吃的腔肠动物和小型软体动物等。

④ 相变。水有液态（雾、露、云、雨）、气态（构成大气湿度）和固态（霜、雪、冰雹）3 种形态。水蒸发时需要吸收大量热能，当水蒸气转变成液态水或固态水时，同时释放大量热。液态水变成固态水时释放出溶解热，相反过程则吸收相同数量的热能。因此，在水的相变过程中，能量的消耗和释放过程为地球表面提供了大量热的转化机制，对生物系统能量利用起重要作用。

地球上海水与江河湖泊覆盖了地球表面 71%的面积，再加上地下水、大气水与冰雪固态水，构成生物丰富的水资源。但由于 3 种形态的水随空间和时间发生很大的变化，地球上水的分布不均匀。

案例：积雪对农作物生长具有作用。首先，积雪防冻。雪结构松散，中间充满空气，是热的不良导体，有保温作用。积雪像一床御寒的棉被，可以减少土壤热量的散失，阻挡雪面上冷空气的侵入，使冬小麦分蘖节处的土温高于气温，帮助冬小麦等越冬作物越冬，免受冻害。其次，积雪防旱。积雪可以减轻春旱威胁。春季积雪慢慢融化，雪水渗入土壤里，土壤含水量增加，墒情良好，对春播和越冬作物返青与苗期生长极为有利。再次，积雪增肥。雪花结构松散，表面积较大，在空中凝聚和降落的过程中，能吸附更多的杂质。雪水中的氮化物远高于雨水中，积雪融化后被带到土壤中，成为作物的肥料。最后，积雪防虫。积雪融化时从土壤中吸收热量，使土温下降。持续低温可以冻死土壤中的病菌、害虫和虫卵，减少来年虫害的发生。因此，农谚有"瑞雪兆丰年""今冬麦盖三层被，来年枕着馒头睡"之说。

2.4.2.2 水的生态作用

① 水是地球上所有有机体的内部介质，是生命物质的组成成分，没有水，生命就会终止。生物体内一般含水量为 60%～80%，有的水生生物含水量高达 90% 以上。

案例：不同的生物，含水量不同。例如水母含水量为 95%，藻类为 90%，蝌蚪为 93%，鱼类为 80%～85%，青蛙为 74%，哺乳动物为 65%，高等植物为 60%～80%，而在干旱环境中生长的地衣和一些苔藓植物的含水量仅为 6% 左右。生物在不同的生长发育阶段，含水量也不同。例如，人类新生儿含水量为 75%～80%，成年男人为 60%～65%，成年女人为 50%～55%，而老年人为 40%～50%。

② 水是有机体生命活动的基础，生物新陈代谢及各种物质的输送都必须在水溶液中进行。因此，失水将导致生物生理上的失调，直接威胁到生物的存活。

案例：水是植物光合作用的原料之一，是光合作用的必要条件，水的缺乏将导致植物的光合作用降低。例如，玉米遇到干旱胁迫后，叶片光合速率均比正常灌溉条件下极显著降低，平均降幅为 17.58%，最终导致产量极显著降低（裴志超等，2021）。

③ 水作为外部介质，使水生生物获得资源和栖息地场所。

案例：水是鱼类赖以生存的环境，不仅为鱼类提供栖息场所，而且为其提供生长发育所必需的各种食物和资源。各种鱼类由于对食物的需求不同，经常栖息活动在不同的水层。例如，在淡水系统，鲢、鳙主要的食物是水体中的浮游生物，所以经常在水体的上层栖息、活动；草鱼爱吃水草的根、茎、叶，所以经常在水体的中下层栖息、活动；鲤鱼和鲫鱼主要摄食底栖生物，所以在水体的底层栖息和活动。

④ 陆地上水量的多少，又影响到陆生生物的生长与分布。

案例：降水量是影响草原植被类型、生长和分布的重要因子。例如草甸草原分布的地区年降水量为 350～500mm，主要植物有贝加尔针茅、大针茅、羊草等，草丛高度为 40～80 cm，覆盖率为 80%～90%，每公顷可产干草 1600～2400kg，是草原中产量最高的一种类型。典型草原分布的地区降水量为 250～450mm，主要植物由针茅、羊草、隐子草等禾草以及伴生种旱生杂草、灌木和半灌木组成，草丛一般高 30～50cm，与草甸草原相比，草的丰富度明显下降，覆盖率小，生产量降低。荒漠草原分布的地区年降水量 ≤200mm，以荒漠为主，生长的植物主要是一些耐旱、叶小而少且根深的植物。原因是叶小而少可以减少蒸发，根深可以充分吸收地下水分。草的丰富度、草群高度、覆盖率以及生产量等方面，都比典型草原明显降低。

2.4.3 水的理化性质对水生生物的影响

水作为水生生物生活的环境介质，其物理性质，如密度、黏滞性和水的浮力等，对水生生物也有重要影响。

2.4.3.1 密度

水的密度大约比空气大 800 倍，因此对水生生物具有很强的支撑作用。但是蛋白质、溶盐和其他物质的密度都比水大，因此生物体在水中通常还是要下沉的。为了克服下沉的趋势，水生植物和动物发展了多种多样的适应，以便降低身体的密度，减缓身体下沉的速度。

① 充气器官。很多鱼类的体内都有鳔，鳔内充满了气体，使鱼体的密度能大体上等于周围环境水的密度。生活在浅水中的大型海藻也有类似的充气器官，这些海藻用固着器附着在海底，而充满气体的球形物则可使叶子浮在阳光充足的水面。

②　增加体内油滴或脂肪。很多单细胞的浮游植物能够大量地漂浮在湖泊和海洋近表面水层，因为在它们体内含有比水密度更小的油滴，抵消了细胞下沉的倾向。鱼类和其他大型的海洋生物也常利用脂肪增加身体的浮力。大多数脂肪的密度为 $0.90 \sim 0.93 g/mL$（即相当于水密度的 $90\% \sim 93\%$），因此倾向于上浮。

③　减少骨骼、肌肉系统和体液中的盐浓度也能使水生动物减轻体重增加浮力。许多水生脊椎动物低渗透浓度的血浆（是海水渗透浓度的 $1/3 \sim 1/2$）也是对减少身体密度的一种适应。

案例：巨藻是海藻的一种，最长超过 33m，是世界上最大的海洋植物。巨藻具有固着器，使其能够牢牢抓住岩石基底。同时，巨藻的每片叶子底部是一个气囊，像一个充满气体的小囊，为其提供浮力。气囊保持巨藻漂浮，而固着器又能避免它被冲走，因此，巨藻能够垂悬在水中。

2.4.3.2　黏滞性

水的高度黏滞性也有助于水生生物减缓下沉的速度，但同时也对动物在水中的各种运动形成较大的阻力。微小的海洋动物往往靠细长的附属物延缓身体的下沉。在水中能够快速移动的动物，其身体往往呈流线型，这样可以减少运动的阻力。鲭和生活在开阔大洋中的其他鱼群则具有符合流体动力学原理最理想的体型。

案例：人们从鲸身上发明了流线体，流线体通常是前圆后尖，表面光滑，与水滴的形状有些相似，具有这种形状的物体在流体中运动时受到的阻力最小。鲸鱼的外形是一种极为理想的流线体，因而可以在水中快速游行。后来工程师模仿鲸的形体，改进了船体的设计，大大提高了轮船航行的速度；汽车、火车、飞机机身、潜水艇等外形也常做成流线型。

2.4.3.3　浮力

由于水的浮力比空气大，为动物提供了极好的支持，因此重力因素对水生生物大小的发展限制较小。

案例：蓝鲸的身长可达 33m，体重可达 100t，最大的陆地动物与其相比也相形见绌。虽然鲸鱼是靠肺呼吸空气的哺乳动物，但当它在海滩搁浅时也会很快窒息而死，因为它巨大的体重一旦失去了水的支持就会把它的肺压瘪。因此，海水浮力的支持作用对鲸鱼的海洋生活具有重要作用。类似地，鲨鱼的骨骼是由具有弹性的软骨构成的，这种软骨对陆生动物几乎完全不能起支持作用。

2.4.3.4　溶氧

溶氧即水中氧气的溶解量。水生生物是通过溶解在水中的氧气呼吸生存的。所以溶氧量是水中生物生存的关键指标之一，一般来说 $5 \sim 8 mg/L$ 的溶氧量就可以，有一些品种（主要是生存于急流水域的鱼类）需要 $10 \sim 12 mg/L$ 甚至是更高的溶氧量。

案例：溶解氧是鱼类赖以生存的必要条件，而水中溶解氧量的多寡对鱼类摄食、生长、行为、繁育等均有很大影响。溶氧量 5mg/L 以上时，鱼类摄食正常；当溶氧量降为 4mg/L 时，鱼类摄食量下降 13%；当溶氧量下降到 2mg/L 时，其摄食量下降 54%，有些鱼已难以生存；下降到 1mg/L 以下时，鱼类停止吃食，大部分鱼不能生存。大菱鲆在 10mg/L 溶解氧条件下生长速度快，饵料利用率高；罗非鱼在 7mg/L 溶解氧条件下的生长显著高于 4.5mg/L 溶解氧水平；鲤鱼在 6.94mg/L 溶解氧条件下的增重率和饲料利用率显著高于 1.92mg/L 溶解氧条件。在 3mg/L（40%饱和溶解氧）条件下，鳊鱼的临界游泳速度显著下降，游泳能力减弱。底鳉在 1.34mg/L 的氧浓度下饲喂 1 个月后，体内的雄性激素和雌性激素的含量均显著下降，繁殖能力显著降低；鲤鱼胚胎正常发育的水体溶解氧水平为 6.28～6.75mg/L，若水体溶解氧小于 5.01mg/L，孵化率显著降低。

空气中的氧是均匀分布的，而溶解在水中的氧，其分布是极不均匀的。通常位于大气和水界面处附近的氧气最丰富，随着水深度的增加，氧气的含量也逐渐减少。静水中的含氧量一般比流水中的含氧量要少。水生植物的光合作用也是水中溶解氧气的一个重要来源，但在不太流动的水体中，动物和微生物的耗氧过程往往对水体含氧量有更大的影响，因为植物的光合作用只能在水的表层有阳光的区域进行，而动物和微生物的呼吸作用则发生在水体的所有深度，特别是在水底的沉积层中呼吸作用最为强烈。在一个层次十分清楚的湖泊中，位于温跃层（thermocline）以下的下湖层（hypolimnion）中，生物的呼吸作用常常会把氧气耗尽，造成缺氧环境，并可减缓或中止生命过程。在污浊的沼泽地和深海盆地也常常会出现这样的缺氧环境，使有机沉积物难以被微生物分解而形成石油和泥炭层。

案例：藻类作为水体的重要初级生产者，生长代谢对溶解氧变化的影响及响应非常敏感。白天水体藻类进行光合作用释放氧气，溶解氧增加；夜间藻类呼吸消耗氧气，溶解氧降低，造成水体溶解氧较大的昼夜差值。水体中藻类密度降低时，溶氧量降低，当藻类密度处于某一节点时，光合作用产氧和呼吸耗氧能够达到动态平衡，水体溶解氧昼夜变化不显著，基本维持在稳定水平（周莹，2016）。

2.4.3.5 盐分

在水生环境中，盐分是最重要的。水中盐分决定了离子浓度，因而决定了水体的渗透压，这影响到水生生物的吸水或失水。按照盐分与生物的关系，可把水生生物分为两类，即变渗压的和恒渗压的。前者体液的浓度随周围水中盐分浓度的改变而改变；后者则维持一定的渗透压，不受外界盐分浓度的影响。水中盐分的多少对动物的大小与繁殖也有一定影响。

案例：透明溞是一种常见的淡水枝角类，其 24h 和 48h 半致死盐度分别为 4.16 和 2.67，安全盐度为 0.36。试验开始 10d 内，透明溞的存活率随着盐度的增加而显著降低，盐度 0.5 试验组的透明溞存活率最高，依次大于对照组及盐度 1.0、1.5、2.0 试验组。其中，盐度 1.5 试验组透明溞于第 7 天全部死亡，盐度 2 试验组仅 4d 就全部死亡（图 2-19）（杨板等，2019）。

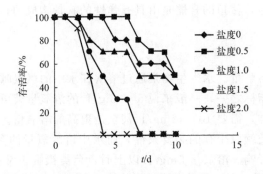

图 2-19　盐度对透明溞存活的影响（杨板等，2019）

像河口这类地方，盐度有一个从海洋到淡水栖息地的明显梯度，对沿海陆地栖息地的植物分布也有重要影响。

案例：山东日照紫菜养殖海域调查研究发现，无机氮、磷酸盐和硅酸盐浓度均表现为自近岸海区到外海区逐渐降低的趋势，浮游植物的生长主要受控于磷酸盐和硅酸盐。盐度的大幅降低和丰富的营养盐、氨氮与磷酸盐浓度的显著变化可能分别是导致 1 月和 3 月浮游植物多样性指数显著降低的主要原因（梁洲瑞等，2019）。

2.4.3.6 酸碱度

水的酸碱度对水生生物有重要影响。深海海水的酸碱度（pH 值）为 8 左右，大面积的淡水水域酸碱度也较稳定，pH 值在 6～9 之间。沼泽地中腐殖质多，水质多为酸性（pH 值低于 5）。大多水生生物都是喜中性或微碱性的水生环境的，所以酸性的沼泽地中除一些嗜酸的植物、动物外，很少有其他生物，也有一些生物能适应宽幅度的酸碱度。海洋和湖泊等水域有较强的调节 pH 值的能力，这是由于水域中存在着碳酸-碳酸盐缓冲系统，但是如果环境污染（酸雨、酸性或碱性废水排放等）超过了水域的调节能力，水域的 pH 值就要发生变化，生物的生存和发育就要受到影响。

案例：长期的酸化海水培养可引起冷水性海水鱼类肝细胞轻微酸中毒以及线粒体能量代谢能力的降低。酸化处理（CO_2 浓度＝$700\mu mol/mol$）4d 后，50％的橙色小丑鱼仔鱼丧失了捕食和躲避等能力，而当 CO_2 浓度达到 $850\mu mol/mol$ 时，只需要在酸化海水中培养 2d，50％的仔鱼便无法正常捕食及躲避敌害。

2.4.4 植物与水的关系

2.4.4.1 陆地植物的水平衡

由于植物光合作用所需的 CO_2 只占大气组成的 0.03％，植物要获得 1mL CO_2 必须和 3000mL 以上的大气交换，从而导致植物失水量增多，使植物生长需水量很大。例如一株玉米一天需水 2kg，一株树木夏季一天需水量是全株鲜叶重的 5 倍。在这么多的耗水量中，只有 1％的水被组合到植物体内，而 99％的水被植物蒸腾掉了。植物在得水（根吸水）和失水（叶蒸腾）之间保持平衡，才能维持其正常生活。因此，在根的吸水能力与叶片的蒸腾作用方面对环境产生了适应性。

对于陆地植物，水主要来自土壤，土壤孔隙抗重力所蓄积的水，称为土壤的田间持水量（field capacity），是土壤储水能力的上限，为植物提供可利用的水。根从土壤孔隙中吸水，根系分支的精细和程度决定了植物是否能接近土壤的储水。在潮湿土壤上，植物生长浅根系，仅在表土下几寸（1 寸≈3.33cm）的土层中，有的植物根系缺乏根毛。在干燥土壤中植物具有发达的深根系，主根可长达几米或十几米，侧根扩展范围很广，有的植物根毛发达，充分增加吸水面积。

案例：沙漠中的骆驼刺（旱生植物），地上部分只有几厘米，根系深达到 15m，扩展的范围达 623m [图 2-20（a）]。冷蒿的根系在干旱的地方深入土壤超过 120cm，而在潮湿的地方只深入土壤 60cm 左右 [图 2-20（b）]。

植物蒸腾失水首先是气孔蒸腾，在不同环境中生活的植物具有不同的调节气孔开闭的能力。生活在潮湿、弱光环境中的植物，在轻微失水时，就减小气孔开张度，甚至主动关闭气孔以减少失水。阳生草本植物仅在相当干燥的环境中气孔才慢慢关闭。另外，叶子的外表覆盖有蜡质的、不易透水的角质层，能降低叶表面的蒸腾量；生活在干燥地区的植物，尽量缩小叶面积，以减少蒸腾量。

案例：沙漠植物巨柱仙人掌的气孔在蒸腾失水最严重的白天是关闭的。在全日照下，由于没有蒸腾作用，巨柱仙人掌内部的温度可以上升到超过 50℃，这是植物的最高温度纪录，其可以减缓再升温的速率。在中午最热时，巨柱仙人掌主要以茎及掌的尖端正对太阳，而这些尖端上有一层具有绝缘效果的绒毛与密刺，可以反射太阳光，并遮住巨柱仙人掌的生长

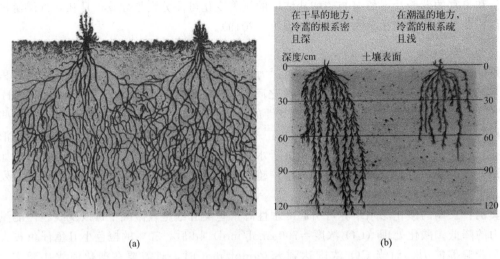

在干旱的地方，冷蒿的根系密且深

在潮湿的地方，冷蒿的根系疏且浅

图 2-20　骆驼刺地下部分（根）与地上部分（茎叶）比，
以及不同土壤湿度下冷蒿根系的发育情况（Coupland 和 Johnson，1965）

锥。墨西哥胡椒叶是一种生长在热带雨林开阔地的植物，叶大如伞。由于生长在开阔地区，这种植物在中午经常面临干旱，其以枯萎的方式来减少暴露在日晒下的叶面积。在中午时段，叶片枯萎，叶面积可以减少 55%，叶温可降低 4～5℃，进而使蒸腾速率降低 30%～50%（Chiariello 等，1987）。

陆生植物按生长环境的潮湿状态分为三大类型，即湿生植物（hygrophyte）、中生植物（mesad）和旱生植物（siccocolous）。各类植物形成了其自身的适应特征。例如阴性湿生植物大海芋（Alocasia macrorhiza）生长在热带雨林下层隐蔽潮湿环境中，大气相对湿度大，植物蒸腾弱，容易保持水分，因此其根系极不发达。湿生植物抗旱能力小，不能忍受长时间缺水，但抗涝性很强。根部通过通气组织与茎叶的通气组织相连接，以保证根的供养。属于这一类的植物有秋海棠、水稻、灯芯草等。

中生植物，如大多数农作物、森林树种和草甸植物，由于环境中水分减少，逐步形成一套保持水分平衡的结构与功能。例如根系与输导组织比湿生植物发达，保证能吸收、供应更多的水分；叶片表面有角质层，栅栏组织较整齐，防止蒸腾能力比湿生植物高。

旱生植物生长在干热草原和荒漠地区，其抗旱能力极强。根据其形态、生理特性和抗旱方式，又可划分为少浆液植物和多浆液植物。少浆液植物体内含水量极少，当失水 50% 时仍能生存（湿生植物与中生植物失水 1%～2% 就枯萎）。这类植物适应干旱环境的特点表现在叶面积缩小，以减少蒸腾量。有的植物叶片极度退化成针刺状（如刺叶石竹）或小鳞片状（如麻黄），以绿色茎进行光合作用。叶片结构有各种改变，气孔多下陷，以减少水分的蒸腾。同时，发展了极发达的根系，可从深的地下吸水。在少浆液的植物中，由于细胞内有大量亲水胶体物质，胞内渗透压高，能使根从含水量很少的土壤中吸收水分。在多浆液的旱生植物中，根、茎、叶薄壁组织逐渐变为储水组织，成为肉质性器官。这是由于细胞内有大量五碳糖，提高了胞汁液浓度，能增强植物的保水性能。由于体内储有水，生境中有充足的光照和温度，能在极端干旱的荒漠地带长成高大乔木。在干旱时，它们中大多数失去叶片，由绿色茎代行光合作用。白天气孔关闭以减少蒸腾量，夜间气孔张开，CO_2 进入细胞内被有机酸固定。到白天光照下，CO_2 被分解出来，成为光合作用的原料。由于其代谢的特殊性，植物生长缓慢，生产量很低。

　　案例：湿生植物灯芯草，能在潮湿的贫瘠土壤中茁壮生长，圆筒形的茎秆中充满了海绵状组织或称为木髓组织，以防止蒸腾。中生植物高粱的茎秆表面被有白色蜡粉，常角质化和硅质化，不易透水，干旱时能防止水分蒸发，增强了抗旱能力；茎部和叶片维管束是根与花、籽粒之间运输水分和养分的重要管道；叶片气孔分布多，在水分多时能引起植株体内水分的蒸腾散失，在土壤水分不足时，气孔关闭减少水分的散失，而且由于泡状细胞的水分散失，体积缩小，使叶片卷曲，也能增强抗旱性。少浆液植物麻黄，具备多项适应干旱、贫瘠土壤环境的特点：根系发达，能充分利用土壤深层水分；根、茎皮层中有结晶体，对保水有一定作用；茎中有石细胞、纤维等机械组织，可防止失水、倒伏；叶片为膜质鳞叶，而且气孔下陷，可以良好地抑制较强的蒸腾作用，防止失水。荒漠中的多浆液植物树形仙人掌，高达 15～20m，巨大的肉质茎与掌储水可达 2t；表面积与体积的比例减小，可减少蒸腾表面积；其致密的浅根网以圆形模式排列，扩展到近似树高的距离，以一棵高为 15m 的树形仙人掌为例，根覆盖的土壤面积超过 700m²，吸水能力极强。

2.4.4.2　水生植物

　　水环境中，水显然是随意可利用的。然而，在淡水或咸淡水（如河流入海处）栖息地有一个趋向，即通过渗透作用水从环境进入植物体内。在海洋中，大量植物与它们所处的环境是等渗的，因而不存在渗透压调节问题。然而，也有些植物是低渗透性的，致使水从植物中出来进入环境，与陆地植物处于相似的状态。因而，对很多水生植物来说，必须具备自动调节渗透压的能力，这经常是耗能的过程。

　　不同物种对盐度的敏感性差异很大，能耐受盐度的植物，是由于它们的细胞质中有高浓度的适宜物质，如氨基酸、某些多糖类、一些甲基胺等，这些物质增加了渗透压，对细胞中酶系统不产生有害影响。除此之外，盐腺将盐分泌到叶子的外表面；很多植物的根排出盐，明显地依赖于半渗透膜阻止盐进入。红树林植物进一步降低盐负荷是通过降低叶子的水蒸腾作用，这种适应相似于干旱环境中的植物。植物渗透压调控的精确机制还不十分清楚，通过观察发现激素在调节中具有重要作用，脱落酸（一种植物激素）启动了产生蛋白渗透的基因，提供了一些抗盐胁迫的保护剂。

　　案例：生长在沿海沼泽地的红树林能耐受高盐浓度，是由于这类植物的根和叶子中有高浓度的脯氨酸、山梨醇、甘氨酸-甜菜苷，增加了它们的渗透压，利于其从海水中吸收水分。此外，有些红树植物（如桐花树）在叶肉内有泌盐细胞（盐腺），能把叶内的含盐水/液排出叶面，干燥后出现白色的盐晶体。

　　水体中氧浓度大大低于空气中的氧浓度，水生植物对缺氧环境的适应，使根、茎、叶内形成一套互相连接的通气系统。例如荷花，从叶片气孔进入的空气通过叶柄、茎进入地下茎和根的气室，形成完整的开放型的通气组织，以保证地下各组织、器官对氧的需求。另一类植物具有封闭式的通气组织系统，如金鱼藻，它的通气系统不与大气直接相通，但能贮存由呼吸作用释放的 CO_2 供光合作用需要，贮存由光合作用释放的 O_2 供呼吸需要。有些植物体内存在大量通气组织，使植物体重减轻，增加了漂浮能力。水生植物长期适应于水中弱光及缺氧的环境，使叶片细而薄，有利于增加采光面积和对营养物质的吸收。大多数叶片表皮没有角质层和蜡质层，没有气孔和绒毛，因而没有蒸腾作用。有些植物能够生长在长期水淹的沼泽地，如丝柏树，它们的地下侧根向地面上长出出水通气根，这些根不仅为地下根供应空气，而且能帮助树牢固地生长在沼泽地中。

　　案例：红树植物白骨壤的指状呼吸根是由土壤下和地面平行横走的根上生出的，垂直露在地面以上，长 15～30cm。呼吸根富含气道，周皮上也有很多的大皮孔，所以能够输导空气。

水生植物可分为三大类型，即沉水植物、浮水植物和挺水植物。

① 沉水植物。整株植物沉没在水下，表皮细胞无角质层和蜡质层，能直接吸收水分、矿物质营养和水中氧气，取代了根的功能，因此根退化或消失；具有封闭式的通气组织系统；叶绿体大而多，适应水中的弱光环境；无性繁殖比有性繁殖发达。例如狸藻、金鱼藻和黑藻等。

② 浮水植物。叶片漂浮于水面上，气孔通常分布在叶的上面；维管束和机械组织不发达；根、茎、叶内形成一套相互连接的通气系统；无性繁殖速度快，生产力高。浮水植物分为两个亚类：一是不扎根水底、植株完全漂浮的浮水植物，又称漂浮植物，如凤眼莲、浮萍和紫萍等；二是根扎在水底、植株部分漂浮的植物，又称浮叶根生植物，如睡莲和眼子菜等。

③ 挺水植物。植物体大部分挺出水面外生长，但由于根部长期生活在水浸的土壤中，植株具有发达的通气系统，如芦苇、香蒲等。

案例： 金鱼藻，多年生沉水性水生植物，具有封闭式的通气组织系统，该通气系统不与大气直接相通，但能储存由呼吸作用释放出的 CO_2 供光合作用需要，储存由光合作用释放出的 O_2 供呼吸需要。荷花，多年生浮水性水生植物，具有完整的开放型通气组织，即从叶片气孔进入的空气，通过叶柄、茎进入地下茎和根的气室，以保证地下各组织和器官对氧的需求。芦苇，多年水生或湿生的挺水植物，根状茎十分发达，叶、叶鞘、茎、根状茎和不定根都具有通气组织，所以在净化污水中起到重要的作用。

2.4.4.3 植物生产力与水的关系

水既是植物细胞的组成要素，又是光合作用的底物。因此，水与植物的生产力有着十分密切的联系。

世界森林的植物生产力往往与降雨量之间存在着相关性。在干燥地区，初级生产力随降雨量的增加有近似的直线增长；而在比较潮湿的森林气候中，生产力上升到平稳阶段后不再升高。有些植物显示出低的生产力，它们的特征表现为潜在的蒸发蒸腾量远大于降雨量，也就是说，干旱是造成低生产力的关键因素。

案例： 甜高粱受到干旱胁迫后，株高、茎秆粗、叶面积和干物质积累均受到影响。方差分析结果表明，与正常水分处理（田间持水量 70%）相比，中度干旱处理（田间持水量 50%）下甜高粱茎秆和地上生物产量的鲜重、干重均没有显著变化，但重度干旱胁迫（田间持水量 30%）显著降低了甜高粱茎秆和地上生物产量的鲜重、干重（谢婷婷和苏培玺，2011）。

一般来说，植物每生产 1g 干物质需要 300～600g 水，但不同植物类型需水量是不同的，具有高光合效率的 C_4 植物（如玉米、狗尾草）比 C_3 植物（如小麦、油菜）需水量少。

案例： 各类植物生产 1g 干物质所需的水量为：狗尾草 285g、苏丹草 304g、玉米 349g、小麦 557g、油菜 714g、紫苜蓿 844g 等。

2.4.5 动物与水的关系

动物与植物一样，必须保持体内的水平衡才能维持生存。水生动物保持体内的水平衡依赖于水的渗透调节作用，陆生动物则依靠水分的摄入与排出的动态平衡，从而形成了生理的、组织形态的及行为上的适应。

2.4.5.1　水生动物

(1) 鱼类的水平衡

水生动物，当它们体内溶质浓度高于环境中的时候，水将从环境中进入机体，溶质将从机体内出来进入水中，动物会"胀死"；当体内溶质浓度低于环境中时，水将从机体进入环境，盐将从环境进入机体，动物会出现"缺水"。解决这一问题的机制是靠渗透调节，渗透调节是控制生活在高渗与低渗环境中的有机体体内水平衡及溶质平衡的一种适应。

1) 淡水鱼类的渗透调节机制

淡水水域的盐度在 $0.02‰\sim0.5‰$（$0.002\%\sim0.05\%$）之间，淡水硬骨鱼血液渗透压（冰点下降 $\Delta-0.7℃$）高于水的渗透压（$\Delta-0.02℃$），属于高渗性。当鱼呼吸时，大量水流流过鳃，水通过鳃和口咽腔扩散到体内，同时体液中的盐离子可通过鳃和尿排出体外。进入体内的多余水，通过鱼的肾排出大量的低浓度尿，保持体内的水平衡。因此，淡水硬骨鱼的肾发育完善，有发达的肾小球，滤过率高，一般没有膀胱或膀胱很小。丢失的溶质可从食物中得到，而且鳃能主动从周围稀溶液中摄取盐离子，保证了体内盐离子的平衡（图 2-21）。鳃主动摄取盐离子的功能主要是由分布于鱼鳃丝上皮的氯细胞中的 Na^+/K^+-ATP 酶来实现的。Na^+/K^+-ATP 酶存在于氯细胞的基底侧膜和微小管系统上，驱动各种离子转运，能量来源于 ATP（三磷酸腺苷）水解。

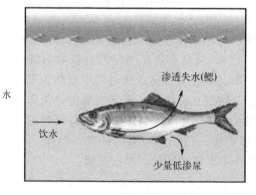
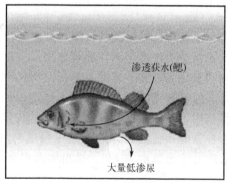
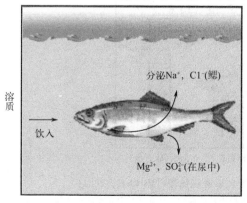
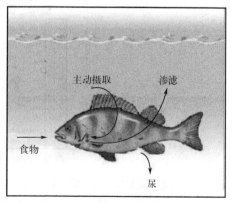

图 2-21　淡水硬骨鱼和海洋硬骨鱼水盐代谢图解 (Ricklefs, 2001)

案例： 鲤鱼的肾小球数量多达 24310 个，葡萄糖和一些无机盐分别在近端小管和远端小管被重新吸收，膀胱也能吸收部分离子。通过众多数量肾小球的滤过作用，增大了泌尿量[5mL/(kg·h)]，而且生成的尿很稀（渗透浓度为30～40mosm/kg）。这样，鲤鱼通过大量地排泄浓度很低、近乎清水的尿液来排出体内多余水分，随大流量尿液丢失的部分盐类主要通过食物摄取和鳃的主动吸收来平衡。

2) 海洋鱼类的渗透调节机制

海水水域的盐度在3.2%～3.8%范围内，平均为3.5%，渗透压为Δ-1.85℃。海洋硬骨鱼血液渗透压为Δ-0.80℃，与环境渗透压相比是低渗性的，这导致动物体内水分不断通过鳃外流，海水中盐通过鳃进入体内。因此，海洋硬骨鱼的渗透调节需要排出多余的盐及补偿丢失的水。它们通过经常吞海水补充水分，同时排尿少，以减少失水，因而它们的肾小球退化，排出极少的低渗尿，主要是Mg^{2+}和SO_4^{2-}，随吞海水进入体内的多余盐靠鳃排出体外（图2-21）。海洋硬骨鱼鳃耗能主动向外排Na^+和Cl^-，也是由Na^+/K^+-ATP酶来实现的。

案例：海水很咸并带有苦味，生活在海洋里的硬骨鱼（如鲛鲢鱼）每天吞饮的海水量可达到体重的7%～35%，吞饮的海水大部分通过肠道吸收并渗入血液中，但这些鱼并不咸。这是因为海洋硬骨鱼具有很强的排盐能力，它们生有专门排盐的器官，位于鳃片中，由"泌氯细胞"组成。这些"泌氯细胞"像一个淡化车间，能将随海水一同吞入的多余盐分（主要为Na^+、K^+和Cl^-等一价离子）排出体外，而且效率非常高。同时，为了弥补体内水分的流失，海洋硬骨鱼采取多吞海水、少泌尿的措施来维持体内的低渗压。海洋硬骨鱼的尿流量很小，一般每天为体重的1%～2%，如杜父鱼由肾脏分泌的尿液量仅为0.13～0.96mL/(kg·h)。

海洋中还生活着一类软骨鱼，其血液渗透压与环境相比基本上是等渗的。海洋软骨鱼体液中的无机盐类浓度与海洋硬骨鱼相似（图2-22），其高渗透压的维持是依靠血液中储存大量尿素和氧化三钾胺。尿素本是蛋白质代谢废物，但在软骨鱼进化过程中被作为有用物质利用起来。但是尿素使蛋白质和酶不稳定，氧化三钾胺正好抵消了尿素对酶的抑制作用。最大的抵消作用出现在尿素含量与氧化三甲胺含量为2:1时，这个比例通常出现在海洋软骨鱼中。海洋软骨鱼血液与体液渗透压虽然与环境等渗，但仍然有有力的离子调节，如血液中Na^+浓度大约为海水的1/2。排出体内多余Na^+主要靠直肠腺，其次是肾。

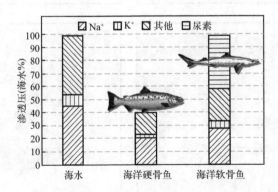

图2-22 海洋硬骨鱼与海洋软骨鱼渗透压比较（Ricklefs, 2001）

注：海洋硬骨鱼的血液渗透压与海水的渗透压相比是低渗性；而海洋软骨鱼血液渗透压与海水的渗透压相比基本上是等渗的，体液中的无机盐类浓度与海洋硬骨鱼相似。

案例：鲨鱼、鳐类和板鳃鱼类的渗透调节通过尿素与少量三甲胺氧化物来保持血液的渗透浓度。典型海洋板鳃鱼类血液中含尿素 $2\% \sim 2.5\%$，三甲胺氧化物的含量约为 $70mmol/L$，仅次于尿素。水分主要通过鳃进入板鳃鱼类，进水量增加后稀释了血液的浓度，排尿量随之增加，因而尿素流失也多；当血液内尿素含量降低到一定程度时，进水量又减少，排尿量相应递减，尿素含量又逐渐升高。所以，尿素是海洋板鳃鱼类保持体内水盐动态平衡的主要因子。盐类主要通过扩散进入和食物摄入，排泄主要通过两条途径：二价离子（如 Mg^{2+} 等）主要通过尿排泄；钠、少量的钾、钙和镁通过直肠腺排出，鳃也能排出少量的钠。

3）广盐性洄游鱼类的渗透调节机制

广盐性洄游鱼类来往于海水与淡水之间，其渗透调节具有淡水硬骨鱼与海水硬骨鱼的调节特征：依靠肾调节水，在淡水中排尿量大，在海水中排尿少，在海水中又大量吞水，以补充水。盐的代谢依靠鳃调节，在海水中鳃排出盐，在淡水中摄取盐。调控广盐性鱼类在海水、淡水中渗透压的激素主要有皮质醇、生长激素和促乳素。

案例：美洲鳗鲡在生活过程中要从淡水迁入海水，尽管外部环境的渗透浓度要发生极大的变化，但其血液渗透浓度却仍能保持稳定，对低渗调节的控制是独具特色的。当美洲鳗鲡接触海水时，由于吞食海水并从海水中摄取钠而使血液的渗透浓度增加。接着便出现一些细胞脱水现象，肾上腺皮质增加皮质甾醇（一种激素）的分泌量。这种激素有两个重要作用：一个是能使分泌氯化物的细胞从鳃内迁移到鳃的表面；另一个是在这些细胞膜内形成大量的 Na^+ 泵和 K^+ 泵。几天之内钠泵排盐机制便可形成，并能把从海水中摄取的钠排出体外，这样就实现了美洲鳗鲡血液浓度的低渗调节（夏保密，2016）。

（2）水生动物对水密度的适应

水的密度大约是空气密度的 800 倍，因此水的浮力很大，对水生动物起了支撑作用，使水生动物可以发展出庞大的体形以及失去陆地动物的四肢，它们利用水的密度推动自己身体前移。很多鱼具有鱼鳔，通过鱼鳔充气调节鱼体的密度，进而调节鱼体内外的水压平衡，控制身体沉浮。在上层水中时，鱼鳔中充气多，使鱼身体密度小，利于漂浮；当鱼下沉中层水时，鳔中气体减少，身体密度加大。

案例 1：鳁鲸科的蓝鲸，是已知的地球上生存过的体积最大的动物，最大质量达 150t，身长可达 33m，使陆生动物相形见绌。由于海洋浮力的作用，蓝鲸不需要像陆生动物那样费力地支撑自己的体重，能在水中自如沉浮，前进的时速高达 28km。

由于水的密度大，水深度每增加 10m，水压就增加 101kPa，水下 50m 深度的水层，净水压力即为 606kPa（加水表面的 101kPa）。适应深海高压环境的鱼类，由于体内也受同样的压力，从深海提升到水面，会因压力迅速改变而死亡，它们皮肤组织的通透性很大，骨骼和肌肉不发达，没有鳔。肺呼吸动物，如海豹与鲸，能在深海中潜泳是因为它们具有相适应的身体结构；即它们的肋骨无胸骨附着，有的甚至无肋骨，缺少中央腱的肌隔膜斜置于胸腔内。当潜入深海中时，海水高压可把胸腔压扁，肺塌扁，使肺泡中气体全部排出，导致血液中无溶解氮气。当从海水中迅速回到水面时，不会因为血液中溶解的大量氮气迅速减压而沸腾形成如同人类的潜涵病（减压病）。

案例 2：抹香鲸以大王乌贼为食，而大王乌贼深居千米深的海底。为了猎取食物，抹香鲸身体各部分结构适应了深海高压的环境：骨骼变得非常薄，而且容易弯曲，韧性较大；肌肉组织变得更加柔韧，里面的纤维组织变得更加细密；鱼皮变成了一层薄薄的膜，使体内的生理组织充满水分，保持与外界压力的平衡。此外，抹香鲸具有独特的肺部结构，即使被压扁、变形、收缩，也不会造成任何伤害，并且可以在短时间内自行恢复。随着下潜深度增加，抹香鲸肺部逐渐变小，气体集中于气管、支气管中，而气管、支气管外面包围着坚硬的骨骼，因此在深潜时不会受到深海高压的损伤。

（3）鱼对水中低氧的适应

水中氧来源于两方面：大气中的氧扩散到水中；水中植物光合作用时释放出氧。水中溶解的氧浓度远低于大气中的氧浓度，溶解氧的数量随气温升高而降低（表 2-1），随气体压力增加而增加。在藻类和水生植物丰富的水体中，炎热的白天植物光合作用可使水中氧达到超饱和状态，而夜间由于植物的呼吸作用可以把氧耗尽，使鱼类因缺氧而大量死亡。所以，夏季鱼灾常发生在夜间。为避免鱼灾的发生，养鱼池需控制鱼类密度。

表 2-1   不同温度下 p（O_2）为 20.20kPa 时空气、蒸馏水与海水内的氧浓度

单位：mL/L

环境	温度		
	0℃	12℃	24℃
空气	209	200	192
蒸馏水	10.2	7.7	6.2
海水	8.0	6.1	4.9

鱼对水中低氧环境可以产生某种程度的适应，例如溪红点鲑在不同低氧程度的水中驯化后，对低氧的耐受力提高了，致死的氧浓度降低（图 2-23）。低氧耐受力的提高可能是由于增加了从水中提取氧的能力，即可能增加了流过鳃的水体积。在鳗鲡、底鳉、鲤鱼等研究中表明，低氧驯化后其血液溶氧量增加。

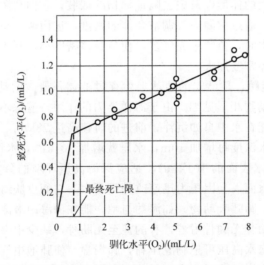

图 2-23   溪红点鲑对低氧驯化的适应（Schmidt-Nielsen，1997）

鱼类在低氧环境中血氧容量增加，可通过 3 方面原因形成：首先，低氧降低了鱼类红细胞中的 ATP，这就减少了 ATP 与去氧血红蛋白（Hb）的优先结合，使更多的 Hb 能与 O_2 结合；又由于 ATP 减少，改变了红细胞 H^+ 平衡，使红细胞 pH 增加，进一步使血氧结合力增加。其次，Hb 比 HbO_2 比率增加，从而增加红细胞碱性，增加 HbO_2 亲和力（Bohr 效应）。最后，低氧刺激导致动物过度通气，使体内 CO_2 排出增加，导致血液 pH 增加，红细胞碱性增加，通过 Bohr 效应，血氧结合力增加。

案例：鳗鲡养在 $p(O_2)$ 为 $5.33 \sim 6.67kPa$ 的水中两周后，血液氧饱和度为 50% 时的氧分压 (p_{50}) 由 $2.27kPa$ 下降到 $1.47kPa$。p_{50} 下降时，表明血氧结合力增加。

有些鱼能忍受缺氧，在这种情况下，动物依赖于厌氧代谢提供的能量。

案例：金鱼在 $4℃$ 下缺氧 $12h$ 后，组织中有很多乳酸与乙醇，乙醇是乳酸在厌氧代谢中形成的，通过鳃扩散到水中（表 2-2）。这可减少血液中的乳酸积累，从而使鱼避免酸中毒。鲫鱼耐受缺氧的程度是惊人的，它们能生活在湖面结冰并且有硫化氢气味（由植物腐败产生）的冰下水中 5 个半月，而体内未积累乳酸，这一定有其他代谢过程发生。

表 2-2　金鱼在 4℃ 下缺 O_2 12h 后体内乳酸与乙醇的浓度

项目	代谢浓度/(mmol/kg)		
	组织乳酸	组织乙醇	水中乙醇
对照	0.18	0	0
缺氧	5.81	4.53	6.63

2.4.5.2　两栖类动物的水平衡

两栖类动物的肾功能与淡水鱼的肾功能相似，而皮肤像鱼的鳃一样，能够渗透水和主动摄取无机盐离子。在淡水中，水渗透入体内，皮肤摄取水中的盐，肾排泄稀尿。在陆地上时，蛙及蟾蜍的皮肤能直接从潮湿环境中吸取水分；但在干燥环境中，由于皮肤的透水会导致机体脱水，蛙通过膀胱的表皮细胞重吸收水来保持体液。咸水两栖类只有食蟹蛙，由于其体液中滞留高浓度尿素（达 $480mmol/L$），其体液渗透压比海水稍高，形成少量进入的渗透水流，比饮水有利。

案例：海陆蛙（又叫食蟹蛙）能够在含盐量 3% 以下的海水中自由自在地生活，而一般的青蛙在浓度为 1% 的咸水中就难以生存了。这是因为海陆蛙体内有一套特殊的生理结构，其肾脏过滤产生的尿素极少，绝大部分的尿素都留在血液中，使其血液里尿素的浓度比海水中盐分的浓度更高，形成了较高的渗透压。在渗透压作用下，海陆蛙身体里的水分不仅不会向外渗透出去，甚至还能够通过皮肤从海水中吸收水分。海陆蛙不仅可以在海水中遨游，而且能在海水中生儿育女。海陆蛙的蝌蚪生命力极强，在含盐量达 8% 的海水中浸泡 $12h$，死亡率也不过 30% 左右。

2.4.5.3　陆生动物

（1）陆生动物水平衡

有机体在陆地生存中面对的最严重的问题之一是连续失水（皮肤蒸发失水、呼吸失水和排泄失水），使有机体有可能因失水而干死，因而陆生动物在进化过程中形成了各种减少失水或保持水分的机制。脊椎动物羊膜卵的产生就代表了一种机制，使脊椎动物在发育过程中能阻止水的丢失而去开拓陆地。

陆生动物要维持生存，必须使失水与得水达到动态平衡。得水的途径可通过直接饮水，或从食物所含水分中得到。有的动物如蟑螂、蜘蛛等昆虫类通过体表可直接从较潮湿的大气中吸水。各种物质氧化产生的代谢水（如 100g 脂肪氧化产生 110g 水，100g 糖类氧化产生 55g 水），也是重要的获水途径，这对生活在荒漠中（如更格卢鼠、沙鼠）和缺水环境中（如黄粉蝶、拟虫盗）的动物是重要的水源。

案例：荒漠中生活的大动物如骆驼，与荒漠中生长的树形仙人掌在水收支平衡中有相似处。当能得到水时，它们都取得大量水，贮存并保持着，骆驼一次可饮水和贮存水达体重的1/3，在酷热的荒漠中不饮水可走 6～8d，此时依赖于组织中贮存的水和贮存在驼峰与体腔中的脂肪代谢时产生的代谢水，能忍受占体重 20% 的失水率而不会受到伤害（人失水10%～12% 就接近死亡限）。

动物减少失水的适应形式表现在很多方面。首先，减少呼吸失水。随着动物呼吸，大量的水分在呼吸系统潮湿的交换表面上丢失。大多数陆生动物呼吸水分的回收包含了逆流交换的机制，即当吸气时，空气沿着呼吸道到达肺泡的巨大表面上，使空气变成核温时的饱和水蒸气；而呼出气在通过气管与鼻腔时，随着外周体温的逐渐降低，呼出气中的水汽沿着呼吸道表面凝结成水，使水分有效地返回组织，减少呼吸失水。因此，呼出气温度越低，机体失水越少。这对生活在荒漠中的鸟兽是一种重要的节水适应机制。

案例：荒漠中啮齿类形成狭窄的鼻腔，使鼻腔表面积增大，降温增多，失水减少；在干燥荒漠气候中的骆驼，通过逆流交换回收了呼出气全部水分的 95%。黄粉蚧幼虫在相对湿度为 0～15% 的环境下，气孔关闭时的失水量比气孔开放时降低数倍，且随干旱时间的延长，气孔关闭时的失水量逐渐降低，与气孔开放时的差距增大（图 2-24）。

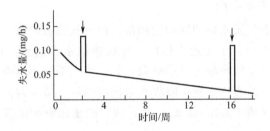

图 2-24　黄粉蚧幼虫在 0～15% 相对湿度下的失水量（孙儒泳，1992）

其次，减少蒸发失水。栖息在干燥环境中的节肢动物体表厚厚的角质层及其上面的蜡膜，以及爬行动物体表的鳞片，兽类与鸟类皮肤角质化、外被毛或羽，都具有阻碍体表水分蒸发的作用。

案例：栖息在湿的、微湿的与干燥环境中龟的失水变化表明，龟在越干燥的环境中丢失的水分越少。生活在干旱环境沙漠中陆龟的失水率仅为生活在湿环境中池龟的 10%。类似地，麦利阿姆更格卢鼠在气候居中地和潮湿地的平均蒸发失水率分别为 $1mg/(g \cdot h^2)$ 和 $1.08mg/(g \cdot h^2)$，而在干旱地区的平均蒸发失水率比气候居中地和潮湿地均降低，为 $0.69mg/(g \cdot h^2)$（Molles，1999；Tracy 和 Walsberh，2001）。

再次，减少排泄失水。在减少排泄失水中，哺乳动物肾脏的保水能力代表了另一种陆地适应性。肾脏通过亨利式襻和集合管的吸水作用使尿浓缩。亨利式襻越长（相应肾髓质越厚），回收水越多，尿浓缩度越高。鸟类与爬行类的大肠和泄殖腔以及昆虫的直肠腺具有重吸收水的作用。兽类虽无泄殖腔，但大肠也能重吸收水，使粪便的含水量随所栖息环境干燥程度的增加而减少。陆生动物蛋白质的代谢产物以尿酸和尿素的形式排泄，以减少失水。

案例：生活在潮湿地区或水中，具短襻的猪、河狸，其尿浓度为血浆浓度的 2 倍，人为4 倍；而生活在干旱环境中的更格卢鼠，其尿浓度为血浆浓度的 14 倍，沙鼠为 17 倍，跳鼠为 25 倍，尿的浓缩，减少了排泄失水。蜥蜴由肾排除尿的 80%～90% 被大肠和泄殖腔重吸收回来，减少了排泄失水。鱼类的蛋白代谢产物主要以氨的形式排出，氨是蛋白质代谢的最终产物，排氨节省能量，但排氨消耗水量大，排 1g 氨需水 300～500mL。陆生动物中两栖类、兽类排泄尿素，爬行类、鸟类及昆虫排尿酸。排泄 1g 尿素与尿酸，需水量分别为 50mL 和 10mL，显示出排泄尿素与尿酸是对陆地环境减少失水的一种成功的适应性。

最后，陆生动物还通过行为变化适应干旱炎热的环境。例如荒漠地带的鼠类、蝉与昆虫，白天温度高而干燥时，它们待在潮湿的地洞中，夜间气温较为凉爽，它们才到地面活动觅食。在有季节性降雨的干燥地区，动物会出现夏眠，如黄鼠、肺鱼，在夏眠时体温大约平均下降 5℃，代谢率也大幅度下降，从而度过干热少雨时期。昆虫的滞育也是对缺水环境的一种适应性表现。

（2）陆生动物与湿度

动物对栖息环境的湿度有嗜好，可通过行为选择其喜好的湿度。例如鼠妇是喜湿的，在干燥环境中不停地运动，以寻找潮湿小环境。动物也可通过迁徙寻找适宜的湿度，通过夏眠和滞育躲过干旱的季节。

案例：非洲肺鱼是最有名的夏眠生物。当雨水充沛的时候，它可以用鳃痛快地呼吸；等到了干旱季节，沼泽地带干涸，非洲肺鱼便钻进烂泥堆里睡眠。它用嘴打开一个"小天窗"，又从皮肤上渗出一种黏液，使泥洞的壁变硬，然后通过洞口，改用肺呼吸外面的新鲜空气。这样，非洲肺鱼就能在泥洞里不吃不喝地夏眠几个月。直至雨季来临，水位上涨，它又会回到水里生活。同样躲在淤泥中度过干旱夏季的，还有生活在多瑙河沿岸水域里的泥鳅。每当夏天河水干枯时，它便钻进泥浆里进入夏眠状态，依靠它特殊的肠子来呼吸空气，从而维持生命。

由于昆虫个体小，相对表面积大，水分丢失快，对空气湿度最敏感。对喜湿的昆虫，随着相对湿度的增加，昆虫发育速度增快，生育力增高，寿命延长，死亡量下降。对喜较旱的昆虫，有一个最适相对湿度，在这个湿度下，昆虫的发育速度最快，生育力最高，死亡率最低，偏离最适湿度的两侧，发育速度变慢，生育力降低，死亡率增加。由于在最适湿度时，昆虫发育快，性成熟早，完成生活史快，故寿命也短。稍偏离最适湿度，其寿命延长。

案例：喜干的蝗虫，在 70% 的相对湿度下，由蛹到成虫的发育速度最快，在 37.8℃ 环境温度下，发育历史大约为 23d，在此湿度下，雌虫产卵量最高，而在此湿度下寿命也最短。相对湿度稍增加或减少，寿命会延长，但当相对湿度低于 40% 或高于 80% 时，蝗虫寿命缩短。

（3）陆生动物与雪被

高纬度地区冬季降雪常形成稳定的积雪覆盖，这就是雪被（snow cover）。在雪被厚的年份，雪下生活的啮齿类动物越冬存活率升高。一方面，雪被给它们提供温暖的筑巢场所；另一方面，为它们提供了丰富的食物（绿色植物）。雪被有良好的隔热性能。雪厚 1～5cm 下的土温比气温高 3～5℃，随雪被加厚，土温与气温间差异加大。因此，雪被对越冬植物具有保护作用，使雪下活动的小啮齿动物如田鼠、鼩鼱易度过严酷的冬天。在食物丰富的年份，它们能在雪下繁殖后代。而雪上活动的动物则相反，过厚的雪被使动物行动不便，取食困难，往往导致鸟类和有蹄类大批死亡。在干旱地区，雪被成了天然的蓄水库。当气温升高时，积雪融化形成灌溉系统，对植物生长起了重要作用。

案例 1：冬季，看似毫无生气的雪被下面，实则非常热闹和繁华。在这里，有草莓、蒲公英、荷兰翘摇、狗牙根和酸模等各式各样的植物，有一种叫繁缕的草本植物，更是翠绿欲滴，而且还能长出小小的花蕾。这些植物的根部极富营养，雪下生活的田鼠和普通老鼠等啮齿类动物可以以其为食，土拨鼠、伶鼬、银鼠之类的小型食肉动物则靠捕食这些啃食草根的鼠类和在雪下过冬的鸟类维持生活。此外，有些老鼠和田鼠，在冬天从夏天居住的地下洞穴搬到地面上来，在雪底下和灌木下部的枝丫上筑巢，并生产幼崽。

案例 2：在北方一些积雪过厚的年份，老虎、猞猁和短尾猫等有蹄类动物都会大量死亡。在俄罗斯远东南部的锡霍特阿林山脉，每年冬季大量有蹄类从高海拔地区迁往低海拔地区，从西坡迁往东坡，就是为了躲避严寒和深雪。

雪被的形成妨碍了动物行走，也妨碍了动物取食，但仍有动物生存。大型动物如驼鹿，依赖长的四肢能在 40～50cm 厚的雪被中行走。而小型和中型兽类，如兔、鼠、貂，依靠增加四肢落地的支撑面积在雪地上奔驰，它们脚底面积的荷重指数较小，一般不超过 10～15g/cm²。增大脚支撑面积的方式是通过增生粗毛、刚毛、羽毛及角质片等实现的。例如驼鹿靠长且有弹性的毛扩大脚的支撑面积。

雪被覆盖了食物，大型动物（如牛）能拨开 20～30cm 厚的雪取食。小型动物无此能力，它们或许迁移，如迁移到居民点附近，依赖于人类；或许改变食性，如松鸡、黑琴鸡，夏季吃种子、昆虫、浆果和草本植物绿色部分，冬季吃树木针叶。有些留鸟，如云雀、雷鸟，与有蹄类形成一种互利共生关系，依靠有蹄类动物拨雪取食。

案例 1：营雪上生活的野兔、松鼠、小家鼠以及有些有蹄动物、食肉动物依靠增加四足落地的支撑面积，从而在雪地上奔驰、取食。例如加拿大猞猁的脚掌比南方的近亲短尾猫大得多，就是为了增加在雪地上的支撑面积。驼鹿靠长且有弹性的毛，使蹄子边缘向外扩展，成为杯状，从而扩大脚底面积。松貂和白鼬也靠密生的粗毛扩大脚底面积，在雪地上行走自如。

案例 2：积雪深厚的冬天，北方虫食性的燕子找不到吃的，必须飞往南方，雪鸮和毛腿鵟也被迫迁往少雪的南方；松鸡、黑琴鸡和榛鸡在夏天以种子、昆虫、浆果和草本植物绿色部分为食，冬季转而以树木的针叶和芽为食；赤狐随雪层加厚而减少田鼠在食物中所占比例；蝙蝠、刺猬等虫食性兽类以及杂食性的食肉动物棕熊，选择休眠以度过这段食物拮据期。

 ## 本节小结

地球上的降水在空间和时间上具有一定的变化。在空间上，随纬度、海陆分布、地形等因素而变化；在时间上，具有一定的季节变化。在研究生物水平衡中，相对湿度、饱和差是常常采用的两个指标。由于我国纬度与海陆位置的差异，以及地形起伏的不同，各地降水总量很不相同，基本规律是从东南向西北降水逐渐减少，进而影响了我国生物的分布特征。

水具有特殊的性质，对生物具有重要的生态作用。水是地球上所有有机体的基本组成成分，是有机体生命活动的基础；同时，为水生生物提供了资源和栖息地场所，又影响到陆生生物的生长与分布。

水作为水生生物生活的环境介质，其理化性质对水生生物有重要影响。水生生物通过充气器官，增加体内油滴或脂肪或者减少骨骼、肌肉系统和体液中的盐浓度，降低身体密度，减缓身体下沉；通过身体呈流线型，减少水的高度黏滞性对其运动产生的阻力。水的浮力为水生动物提供了极好的支持，减小了对水生动物体重的限制；水体溶氧量对鱼类摄食、生长、行为、繁育等均有很大影响。水体盐度影响了水生生物的生长发育和繁殖以及植物的分布与多度。水的酸碱度对水生生物的呼吸、代谢、捕食及躲避敌害等也有重要影响。

陆生植物在得水（根吸水）和失水（叶蒸腾）之间保持平衡，才能维持其正常生活。植物通过根系分支的精细程度调节水分吸收，通过调节气孔开闭和叶子形态变化减少蒸腾失水。按生长环境的潮湿状态分为三大类型，即湿生植物、中生植物和旱生植物。

水生植物对水体高盐、缺氧环境产生了适应性特征。例如通过增加细胞质中高浓度的适宜物质增加渗透压，或者依靠根或叶片降低盐负荷，以提高盐耐受能力。在耐缺氧方面，形成了发达的通气系统、叶片形态和通气根。水生植物可分为三大类型，即沉水植物、浮水植物和挺水植物。

水生动物在保持体内水平衡、耐受水体高密度和低氧环境方面产生了相应的适应性特征。淡水鱼类、海洋硬骨鱼、海洋软骨鱼和广盐性洄游鱼类通过不同的渗透调节作用，保持体内水平衡。水生动物通过庞大的体形以及失去陆地动物的四肢或者形成鱼鳔，调控身体沉浮，以适应水体浮力；通过改变皮肤组织通透性、骨骼和肌肉特征，适应深海高压环境。鱼类通过增加从水中提取氧的能力和血液溶氧量或者依赖厌氧代谢，适应低氧环境。两栖类动物的肾功能与淡水鱼的肾功能相似，皮肤像鱼的鳃一样，能够渗透水和主动摄取无机盐离子。

陆生动物依靠水分的摄入与排出的动态平衡，保持体内水平衡。通过直接饮水或从食物中得到水，或者通过体表直接从较潮湿大气中吸水，或者依靠各种物质氧化产生的代谢水，以增加得水；通过减少蒸发失水、呼吸失水以及排泄和粪便失水，以减少失水。同时，通过行为调节，选择喜好的环境湿度。在高纬度地区，雪被能增加啮齿类动物越冬存活率，但常导致鸟类和有蹄类大批死亡，为此，陆生动物通过四肢发育改善在雪被上的行走，或者通过拨开雪被、迁移、改变食性或者与有蹄类互利共生，改善雪被取食，以适应雪被生活。

2.5 土壤因素及其生态效应

土壤是陆地表面能够生长植物的疏松层，是地表岩石风化作用和生物活动的共同产物。土壤由矿物质、有机物质（生物、生物残体及其分解物等）、水分和空气组成。土壤是生物和非生物环境构成的复合体。土壤是非常重要的生态因子，也是人类重要的自然资源。它是植物的生长基质，是许多动物（蚯蚓、线虫、节肢动物和昆虫等）和微生物的栖息场所，也是生态系统物质循环与转化的主要场所，对消化有机物、净化有毒物质、保持环境平衡有重要作用。

2.5.1 土壤的物理性质对生物的影响

土壤是由固、液和气三相组成的复合系统。固相部分包括有机物和无机颗粒。无机颗粒包括矿质土粒、二氧化硅、硅质黏土、金属氧化物等。土壤固相颗粒是土壤的物质基础，占土壤总质量的 85% 以上。土壤颗粒的组成性质及排列形式，决定了土壤的理化性质与生物特性。土壤物理特性指土壤质地与结构、水分、空气和温度等特征。

2.5.1.1 土壤质地与结构对生物的影响

（1）土壤质地对生物的影响

组成土壤的各种大小颗粒按直径可分为粗砂（0.2～2.0mm）、细砂（0.02～0.2mm）、粉砂（0.002～0.02mm）和黏粒（0.002mm 以下）。这些不同大小颗粒组合的百分比，称为土壤质地（soil texture）。根据土壤质地可将土壤分为砂土、壤土和黏土三类。砂土类土壤黏性小，通气透水性强，蓄水和保肥能力差，土壤温度变化剧烈；黏土类土壤的质地黏重，结构紧密，保水保肥能力强，但通气透水性差，湿时黏、干时硬；壤土类土壤的质地比较均匀，通气透水性能良好且有一定的保水保肥能力，是适宜农业种植的土壤。土壤质地对凋落物分解和凋落物源碳在土壤中的保留均有影响。与砂土相比，黏土中微生物对凋落物碳（高粱）利用率更高，表现为凋落物碳以 CO_2 形式存在的量较低（黏土和砂土分别为 25.0％和 55.6％），而且黏土中保留的凋落物碳量较高（黏土和砂土分别为 12.6％和 3.5％）。

土壤质地可影响植物的生长、形态和分布，直接或间接影响土壤动物的分布与密度。在中壤土和重壤土中，土壤动物的种类、数量多。反之，在轻壤土、砂壤土中，土壤动物的种类及数量少。

案例 1：生长在壤土中的苜蓿根系二级侧根多，而生长在砂土中的一级侧根多。根系发达的香椿和扁豆适宜在砂土中种植；砂壤土则适合各种蔬菜、瓜类、豆类、花生等生长；黏壤土土质细密，春季气温回升缓慢，植株发育比较迟缓，适于晚熟大白菜、结球甘蓝（卷心菜）等大型叶菜类蔬菜和水生蔬菜的栽培。

案例 2：通常较轻而有小孔隙的轻壤土、砂壤土，有利于体型细长、具有角质表皮或身体灵活的动物穿行。例如，叩头虫幼虫；在松软的中壤土中，有以各个环节粗细的改变并借助体腔液来完成运动的动物，如蚯蚓、大蚊幼虫等；在质地较硬土壤中，有以掘凿或钻挖为运动方式的土壤动物，如步甲等。

（2）土壤结构对生物的影响

土壤颗粒排列形式、孔隙率及团聚体的大小和数量称为土壤结构（soil structure），影响了土壤中固、液、气三相比例。土壤团聚体是由有机胶体（腐殖质、真菌菌丝）和矿质胶体（含水氧化铁、铝和黏粒）把矿质土粒相互黏结形成的团粒结构，其中，有机胶体形成的具有水稳定性的团聚体是最好的土壤结构。土壤团聚体按其平均直径大小可分为微团聚体（＜0.25mm）和大团聚体（≥0.25mm）。团聚体是土壤结构的基本单位，其数量与质量直接决定土壤养分状况和土壤生物的生长、生活。

土壤团粒结构能统一土壤中水和空气的矛盾，因团粒内部的毛细管孔隙可保持水分，团粒之间的大孔隙可充满空气。在下雨或灌溉时，大孔隙能排出水和通气，有利于植物根系伸扎和呼吸；流入团粒内的水分被毛细管吸力所保持，有利于根系吸水。同时，土壤团粒结构还能统一保肥和供肥的矛盾，使土壤中水、气、营养物处于协同状态，给植物的生长发育和土壤动物与微生物的生存提供了良好的生活条件。无结构的和结构不良的土壤，土体坚实，通气透气性差，土壤肥力差，不利于植物根系伸扎和生长，土壤微生物和土壤动物的活动受到抑制，而这些动物在土壤形成和有机物分解中起着重要作用。此外，土壤团粒结构为土壤微生物提供了重要的生活和栖息环境。例如土壤真菌菌丝多缠绕于有机物或土壤团聚体表面，并伸展于土壤孔隙中；团聚体内部土粒间的细小孔隙中水分较多而又稳定，适于细菌生长，所以它在内部的数量比外部大；放线菌在内、外部都有。

2.5.1.2 土壤水分

土壤水的主要来源是降水和灌溉，参与岩石圈-生物圈-大气圈-水圈的水分大循环。土壤水分（soil moisture）能直接被植物根吸收利用。土壤水分有利于矿物质养分的分解、溶解和转化，有利于土壤中有机物的分解与合成，增加了土壤养分，有利于植物吸收。此外，土壤水分能调节土壤温度，灌溉防霜就是此道理。

土壤水分的过多或过少，对植物、土壤动物与微生物均不利。土壤水分过少时，植物受干旱威胁，并由于好气性细菌氧化过于强烈，土壤有机质贫瘠。土壤水分过多，引起有机质的嫌气分解，产生 H_2S 及各种有机酸，对植物有毒害作用，并因根的呼吸作用和吸收作用受阻，根系腐烂。

土壤水分影响了土壤动物的生存与分布。各种土壤动物对湿度有一定的要求，例如等翅目白蚁需要相对湿度不低于 50%；土壤中水分过多时可使土壤动物因缺氧而闷死。

案例：叩头虫的幼虫要求土壤空气湿度不低于 92%，当土壤湿度不能满足时，它们在地下进行垂直移动。当土壤湿度高时，叩头虫跑到土表活动；干旱时，叩头虫将到 1m 深的土层中。因而，叩头虫在春季对庄稼危害大，夏季危害小，雨季危害最大。

2.5.1.3　土壤空气

土壤空气主要来自大气，但由于土壤动物、微生物和植物根系的呼吸作用与有机物的分解作用，不断消耗 O_2，产生 CO_2，再加上土壤的通气性能差，使土壤空气总的 O_2 含量和 CO_2 含量与大气有很大的差异。土壤中 O_2 的含量一般只有 10%～12%，在不良条件下降至 10% 以下，可能抑制植物根系的呼吸作用。土壤中 CO_2 含量一般为 0.1% 左右，比大气高几十到上千倍，植物光合作用所需的 CO_2 有 1/2 来自土壤，因此土壤 CO_2 与土壤有机物含量直接相关。但是，当土壤中 CO_2 含量过高（如达到 10%～15%）时根系的呼吸和吸收机能受阻，甚至窒息死亡。

土壤中栖息着一类地下兽，它们终生在地下而不上到地面，例如鼢鼠、鼹形鼠。它们对土壤中的低 O_2 和高 CO_2 含量产生了很好的适应性。

案例：巴勒斯坦鼹形鼠洞穴中的 O_2 含量为 14%，CO_2 含量达 4.8%，比大气中含量高上百倍，此动物对低氧耐受力超过了至今研究过的高海拔的兽类。地下兽对低 O_2 的适应表现在血红蛋白的含量增加，血红蛋白的氧结合能力增加，同时降低能量代谢，降低体温，以减少对氧的需求。地下兽的脑中枢对 CO_2 的敏感性降低，随着吸入气 CO_2 含量上升，呼吸通气量增加缓慢，比潜水兽和高海拔兽的增长率皆低。由于通气量增加减少，大量 CO_2 在体内会成高碳酸血症，但地下兽会通过肾调整盐离子排泄速度，以及提高血液的缓冲能力，对高 CO_2 环境产生代偿性适应。

土壤通气程度影响土壤微生物的种类、数量和活性，进而影响植物的营养状况。通气不良，抑制好气微生物活动，减慢有机物的分解与营养物的释放；通气过多，有机物分解快，养分释放快，不利于养分的长期供应。大气二氧化碳浓度升高使土壤中真菌/细菌比值增加，在长期的高浓度 CO_2 条件下土壤微生物群落向厌氧和嗜酸的群落组成方向转变。

2.5.1.4　土壤温度

土壤温度（soil temperature）是太阳辐射和地面热量平衡共同作用的结果。土温的全年变化是在晚秋、冬天和早春，表土层温度低于心土层，故热流是由土壤深处向地表运动；而在晚春、夏天和早秋，表土层温度高于心土层，热流则由表土层向心土层运动。在温带地区太阳辐射使气温下午 2 时左右达到最高温，但由于土温的滞后现象，通常要在下午 2 时后或更迟的时间才达到最高温度。这种土温变化相对地面气温的滞后现象对植物有利。

土壤温度与植物的发育生长有密切的关系。首先，土壤直接影响种子萌发和扎根出苗，如小麦和玉米发芽的最低温度分别为 12℃ 和 10～11℃，最适为 18℃ 和 24℃。同一植物在发育不同时期，对土温的要求也不相同。其次，土温影响根系的生长、呼吸和吸收性能。大多数作物在土温 10～35℃ 范围内，随土温增高生长加快。这是因为土温增加，加强了根系吸收和呼吸作用，物质运输加快，细胞分裂和伸长的速度也相应加快。土温过低会影响根系的呼吸能力和吸收作用，例如向日葵在土温低于 10℃ 时，呼吸减弱；棉花在土温 17～20℃ 的湿土中会因根吸水减弱而萎蔫；温带植物冬季因为土温太低阻断根的代谢活动，从而使根系停止生长。土温过高，也会使根系或地下储藏器官生长减弱。最后，土温影响了矿物质盐类的溶解速度、土壤气体交换、水分蒸发、土壤微生物活动以及有机质的分解，从而间接影响植物的生长。

土温的变化，导致土壤动物产生行为的适应变化。大多数土壤无脊椎动物随季节变化进行垂直迁移：秋季常向土壤深层移动，春季常向土壤上层移动。而狭温性的土壤动物，在较短时间范围内也能随土温的垂直变化调整自身在土壤中的位置。动物还利用土壤温度避开不利环境、进行冬眠等。

2.5.2　土壤的化学性质及其对生物的影响

土壤的化学性质取决于成土母质和土壤形成过程。土壤化学性质影响土壤中的化学过程、物理化学过程、生物化学过程以及生物学过程，其中重要的有土壤酸碱性、有机质和矿质元素等。这些性质深刻影响土壤的形成与发育过程，对土壤的保肥能力和养分循环有显著影响。

2.5.2.1　土壤酸碱度

土壤酸碱度是土壤各种化学性质的综合反应，对土壤肥力、土壤微生物的活动、土壤有机质的合成和分解、各种营养元素的转化和释放、微量元素的有效性以及动物在土壤中的分布都有重要影响。

土壤酸碱度常用 pH 值表示。我国土壤酸碱度可分为 5 级：pH<5.0 为强酸性，pH 5.0～6.5 为酸性，pH 6.5～7.5 为中性，pH 7.5～8.5 为碱性，pH>8.5 为强碱性。土壤酸碱度对土壤养分的有效性有重要影响。在 pH 6～7 的微酸条件下，土壤养分有效性最高，最有利于植物生长。在酸性土壤中容易引起钾、钙、镁、磷等元素的短缺，而在强碱性土壤中容易引起铁、硼、铜、锰和锌的短缺。土壤微生物的种类和分布受土壤 pH 的显著影响，在酸性或碱性土壤中只有耐酸/嗜酸或耐碱/嗜碱类微生物可以大量生存和繁殖。土壤酸碱度还影响地上植被类型及其分布以及土壤动物区系及其分布。pH 3.5～8.5 是大多数维管束植物的生长范围，但生理最适范围要窄得多。土壤动物按其对土壤酸碱性的适应范围可区分为嗜酸性种类和嗜碱性种类。

案例 1：根瘤菌、褐色固氮菌多生长在中性土壤中，不能在酸性土壤中生存。AOB（氨氧化细菌）可以在碱性土壤中进行硝化作用，AOA（氨氧化古菌）在碱性土壤中比例下降，甚至不能生存。真菌比较耐酸碱，所以植物的一些真菌病常在酸性或碱性土壤中发生。

案例 2：酸性土壤的钙离子缺乏，多铁铝，土壤坚实，适合马尾松、茶、杜鹃等酸性植物生长。盐碱土中盐分浓度高，土壤颗粒分散、结构差，大部分植物对土壤养分的吸收受到严重限制，多聚集红树（*Rhizophora*）、碱蓬和盐角草（*Salicorniaeuropaea*）等典型的盐碱性植物。

案例 3：金针虫在 pH 值为 4.0～5.2 的土壤中数量最多，在 pH 值为 2.7 的强酸性土壤中也能生存。麦红吸浆虫通常分布在 pH 值为 7～11 的碱性土壤中，当 pH<6 时便难以生存。蚯蚓和大多数土壤昆虫喜欢生活在微碱性土壤中。

2.5.2.2　土壤有机质

土壤有机质包括土壤中的各种动、植物残体，微生物及其分解和合成的各种有机物质。有机质是土壤的重要组成成分，是土壤肥力的重要标志。土壤有机质可分为腐殖质和非腐殖质，非腐殖质是死亡动植物组织和部分分解的组织，主要是糖类和含氮化合物。腐殖质（humus）是土壤微生物分解有机质时，重新合成的具有相对稳定性的多聚体化合物，主要是胡敏酸和富里酸，占土壤有机质总量的 85%～90% 以上。腐殖质是植物营养的重要碳源和氮源。土壤中 99% 以上的氮素是以腐殖质的形式存在的。腐殖质也是植物所需各种矿物营养的重要来源，并能与各种微量元素形成络合物，增加微量元素的有效性。胡敏酸是一种植物生长激素，可促进种子发芽、根系生长。土壤有机质是土壤颗粒重要的黏结剂，有利于土壤团粒结构的形成，从而保水、保肥，促进植物的生长和养分的吸收。土壤腐殖质是异养微生物的重要养料和能源，能增加土壤微生物数量和活性，从而增加土壤养分生物有效性。

　　案例：土壤有机质越多，土壤动物的种类与数量越多。在富含腐殖质的草原黑钙土中，土壤动物的种类和数量丰富，而荒漠与半荒漠地带，土壤动物种类贫乏。

2.5.2.3　土壤矿质元素

　　土壤矿质元素主要来自土壤中的矿物质和有机质的分解。土壤中约 98％ 的矿质养分以矿物束缚态或难溶性有机物的形式存在，通过风化和分解作用产生的很小一部分溶解态的养分可以供植物吸收利用。土壤矿质元素中有 13 种是植物正常生长发育的必需元素，其中大量元素有 7 种（氮、磷、钾、硫、钙、镁和铁），微量元素有 6 种（锰、锌、铜、钼、硼和氯）。还有一些元素仅为某些植物所必需，如豆科植物必需钴，藜科植物必需钠，蕨类植物必需铝，硅藻必需硅等。不同植物需要各种矿质元素的量不同，土壤中适当比例的矿质元素才能保证植物健康生长，因此合理施肥、改善土壤营养状况可以提高植物产量。土壤矿质元素还会影响动物的分布和数量。

　　案例：由于石灰质土壤对蜗牛壳的形成很重要，石灰岩地区的蜗牛数量往往比其他地区多。哺乳动物也喜欢在石灰岩地区活动，生活在这里的鹿，其角坚硬，体重也大，这是因为鹿角和骨骼的发育需要大量的钙。含氯化钠丰富的土壤能吸引大量的食草有蹄动物，因为这些动物出于生理的需要必须摄入大量的盐。此外，土壤中缺乏钴会使反刍动物贫血、消瘦和食欲不振，甚至导致死亡。

2.5.3　土壤生物及其生态功能

　　土壤中的植物、动物和微生物等活的有机体总称为土壤生物（soil organism）。土壤生物参与岩石的风化、原始土壤的生成和土壤肥力的演变，对土壤中的物质循环、能量流动以及高等动物、植物的营养供应有重要作用。

2.5.3.1　陆地植物及其生态功能

　　植物在生态系统中有两个主要作用：一是有力地促进物质循环；二是环境的强大改造者，如增加土壤肥力、缩小温差、蒸发水分等，并以其他多种方式改变环境。

　　第一，植物是生态系统的生产者——食物链的起点。植物通过光合作用合成碳水化合物。碳水化合物在植物体内进一步转化为脂类和蛋白质等有机物质，这些有机物除一部分用于维持自身的生命活动外，大部分作为生物能源贮藏在植物的各个器官内。据估算，地球上的植物每年合成约 $2.605×10^{12}$ t 有机物，相当于每年积蓄 $3×10^{21}$ J 的化学能，保证了人类和其他动物的食物来源。

　　第二，植物在土壤的形成过程中起主导作用。微生物和低等植物在地表裸露的岩石上着生，标志着成土过程的开始。在低等植物和微生物作用下，岩体风化加速，逐渐形成浅薄的原始土壤，而草本、木本植物的着生使土壤发育不断深化。植物对母质的改造作用：一是有机质的积累。植物根系将地上部分合成的有机质输入地下，促使"一盘散沙"的土壤颗粒发生团聚，改善母质性状。二是矿质养分的富集。矿物质分解的元素易被淋失，而植物根系能有选择地吸收营养，并随植物残体分解释放到土壤表层，这种生物循环使养分在土壤表层富集。因此，合理耕作可使土壤不断改良，保持和提高土壤肥力；反之，则会引起土壤退化，如土壤沙化、盐碱化和水土流失等。

第三，森林和植被在减缓干旱与洪涝灾害中起着重要作用。在降雨时，植被的枝叶树冠截留 65% 的雨水，35% 变为地下水，减少了雨点对地面的直接冲击，植被根系和死植物枝干支持并充实土壤肥力，并且吸收和保持水分。林地涵养水源的能力比裸露地高 7~8 倍。森林和植被中的土壤有许多孔隙和裂缝，有利于水分的贮藏和向地层深处移动。

第四，植物被誉为天然的过滤器，有过滤各种有害物质从而净化空气的功能；还具有调节气候的功能。据估计，陆地上绿色植物提供地球上 60% 以上的氧气。植被在生长过程中，从土壤吸取水分，通过叶面蒸腾，把水蒸气释放到大气中，改变了当地温度、云量和降雨，增加了水循环。据调查，在亚马孙河流域，50% 的年降雨量来自森林蒸腾所产生的水分再循环。

案例：有的树叶表面绒毛还能分泌黏液、油脂，可吸附大量飘尘。二氧化硫是有强烈辛辣刺激性的有毒气体，数量多，分布广。柑橘树最能吸收二氧化硫，其叶子可吸收储存硫达 1%。

第五，植物是重要的自然基因库。种类繁多的植物犹如一个庞大的天然基因库，蕴藏着丰富的物种资源。植物进化形成不同的遗传性状，这些遗传基因给人类留下了宝贵的财富。物种资源的合理利用对植物引种驯化、品种改良、抗性育种等有巨大的作用。然而，人类过度开发、环境污染、全球气候变化等，导致许多有价值的物种资源流失。合理开发、利用和保护植物物种资源，是当今世界发展中不可忽视的问题。

2.5.3.2 土壤动物及其生态功能

土壤动物由土壤原生动物（如变形虫和纤毛虫）和土壤后生动物（如线虫、螨虫和蚯蚓）群落组成。在土壤中有上千种动物，它们是陆地生态系统中生物量最大的一类生物，主要包括线虫、环虫、软体动物、节肢动物和脊椎动物（表 2-3）。一般根据体宽把它们分成小型（micro-fauna，平均体宽小于 0.1mm 或 0.2mm，例如原生动物和线虫）、中型（meso-fauna，平均体宽在 0.1mm 或 0.2~2mm 之间，例如跳虫和螨类）、大型（macro-fauna，平均体宽大于 2mm，例如蚯蚓和多足类土壤动物）和巨型土壤动物（mega-fauna，平均体宽大于 2cm，例如鼹鼠）。

表 2-3 主要土壤动物的物种数和密度（引自邵元虎，2015）

土壤动物类群	已命名物种数	预计总物种数	密度
原生动物（protozoa）	8000 多种；其中，土壤中 1500 多种	36000 多种	每克土中 1000~10000 条；每平方米 $1 \times 10^7 \sim 1 \times 10^9$ 条或 0.05~3g 鲜重
线虫（nematode）	已知约 30000 种	约 1000000 种	每平方米 $1 \times 10^6 \sim 1 \times 10^7$ 条或 1~10g 鲜重
螨类（acari）	已知约 50000 种	约 1000000 种	每平方米几千到 1×10^6 只，多为 20000~200000 只或 0.5~60g 鲜重
跳虫（collembola）	已知 7600 多种	超 50000 种	每平方米 100~670000 只，多为 10000~100000 只或 0.03~6g 鲜重
蚯蚓（earthworm）	已知约 4000 种	超 8000 种	每平方米 100~500 条，30~100g 鲜重
蜘蛛（spider）	已知 43678 种	76000~170000 种	不确定
地表甲虫（ground beetle）	已知 40000 多种	不确定	每平方米在少于 1 只到多于 1000 只之间波动

　　土壤动物是最重要的土壤消费者和分解者。土壤生物多样性在维持陆地生态系统碳氮循环等方面具有重要作用。

　　案例 1：原生动物和大部分线虫因为个体小，在土壤中活动能力有限，对土壤物理结构改变较小，但原生动物数量大、周转快，作为主要的土壤细菌消费者在地下食物网中发挥作用，故原生动物的取食作用对碳氮矿化的贡献可以接近甚至超过细菌的贡献。然而大多数中小型土壤动物本身的代谢过程对碳氮矿化的贡献远低于土壤微生物，它们主要通过取食作用来调节微生物进而影响碳氮的矿化。

　　案例 2：蚯蚓是大部分温带陆地生态系统中最典型的大型土壤动物，土壤中蚯蚓的数量和多样性被认为是土壤肥力的重要指标。蚯蚓活动可以改变土壤性质（保水能力，调节 pH，改变碳氮有效性），影响土壤容重，促进团聚体形成，提高土壤有机质含量。蚯蚓影响氮矿化和有机质分解有两条途径，即通过粉碎、呼吸、消化及排泄等活动的直接影响，以及通过改变土壤动物和微生物的群落动态的间接影响。蚯蚓主要通过刺激土壤微生物活性和生物量，从而加速土壤碳氮矿化；通过将有机、无机颗粒黏结，促进土壤大团聚体（$\geqslant 0.25\text{mm}$）和微团聚体（$<0.25\text{mm}$）的形成，将有机质转化为更稳定的形式。蚯蚓肠道内的原位条件（缺氧、碳基质有效性和硝酸盐/亚硝酸盐）刺激反硝化细菌的生长和活性，进而影响 N_2O 和 N_2 排放。与周围土壤相比，蚯蚓粪可以增加土壤有机碳和其他营养物质的含量。

2.5.3.3　土壤微生物及其生态功能

　　土壤微生物主要包括细菌、放线菌、真菌、藻类和原生动物。土壤中的微生物数量巨大、种类繁多。据估算，每克土壤中约含数万个物种，100 亿左右微生物。我国主要土的微生物数量调查结果表明，有机质含量丰富的黑土、草甸土或植被茂盛的土壤中微生物的数量多；而西北干旱、半干旱地区棕钙土和盐碱土，以及华南地区红壤中的微生物数量较少。

　　土壤微生物是土壤中重要的分解者或还原者，在土壤形成过程中起重要作用，是土壤肥力形成和持续发展的核心动力。首先，土壤微生物对土壤形成初始阶段的有机质形成与积累发挥重要作用。其次，土壤微生物参与次生矿物的形成，以及 Fe、Mn、Cu 和 S 等元素的生物地球化学转化过程。同时，微生物活动强烈影响土壤物理结构。土壤微生物的分泌物和有机质分解产物是土壤矿物与团聚体的"黏合剂"，促进土壤团聚体的形成。此外，土壤中各种来源的有机质必须经过微生物的分解矿化才能重新进入土壤生物地球化学循环。

　　土壤微生物在土壤为植物提供养分过程中起着关键作用，是陆地生态系统植物多样性和生产力的重要驱动者。一些土壤微生物，如共生固氮菌、丛枝菌根真菌、植物根际促生菌，能够与植物根系形成共生关系或者分布在植物根际，影响植物获得土壤养分的能力。

　　案例：根瘤菌和豆科植物的共生固氮量能达到植物需氮量的 90% 以上。丛枝菌根真菌能为植物贡献高达 90% 的磷。植物根际促生菌可以通过产生激素（如生长素、赤霉素）、溶解土壤中难溶性磷、提高土壤铁有效性、产生抗生素等方式促进植物生长，增强植物抗病性。某些微生物具有不同程度的抑制病毒和致病细菌、真菌的作用。

　　土壤微生物对"土壤-植物体系"氮磷循环有重要影响。土壤中的固氮菌可以将大气中的惰性氮气合成氨，从而供植物利用。自然生物固氮合成的氨是农业可持续发展的一个高效氮源。氮矿化控制着土壤氮素的生物有效性，这一过程受多种土壤微生物的调控。例如，将蛋白质分解成铵盐经过非芽孢杆菌、真菌、氨化细菌、硝化细菌等一整套微生物的作用。氮矿化作用短期会增加土壤有效氮，改善植物生长；但是超过作物需求会降低土壤有效氮库存，长期效应可能是负的。生物合成的氨、肥料施入的氨以及矿化产生的氨，会进入硝化过程，将铵态氮转化为硝态氮。氨氧化细菌和氨氧化古菌在土壤硝化过程中发挥主要作用。与硝化作用相偶联，土壤中的硝酸根在还原菌的作用下被还原成氮气，并在中间过程释放温室气体氧化亚氮。因此，土壤氮素循环的微生物调控应该以"提高生物固氮、适当刺激矿化、调节硝化、控制反硝化"为原则。土壤磷在土壤中移动性差且易被土壤固定，土壤总磷中仅0.1％对植物有效。解磷细菌可以解吸土壤吸附态磷，提高土壤磷有效性。土壤微生物通过各种过程（如分泌磷酸酶），将有机磷水解为磷酸根和其他小分子含磷化合物，供植物吸收利用。土壤微生物也能快速分解植物残体和有机质中的磷，合成为微生物磷。土壤微生物磷约占土壤总磷的2％～10％，有时候甚至超过植物体的磷含量。土壤微生物磷是土壤有效磷的补充，但在缺磷条件下，微生物也会和植物竞争磷。土壤磷被解吸、分解和矿化可以增加土壤磷有效性，但土壤供磷超过作物需求时，多余的磷会移入周围水体，形成负面效应。因此，应根据植物营养需求利用土壤微生物手段调控土壤固相磷与土壤液相磷的动态平衡。

2.5.4 植物对土壤的适应

生物对于长期生活的土壤会产生一定的适应特性，形成了各种以土壤为主导因子的生态类型。

盐碱土是盐土和碱土以及各种盐化土、碱化土的统称。盐土中可溶性盐含量达1％以上，主要是氯化钠与硫酸钠盐，土壤pH为中性，土壤结构未被破坏。我国内陆盐土形成是因气候干旱，地面蒸发量大，地下盐水经毛细管上升到地面。海滨盐土受海水浸渍形成。碱土主要含碳酸钠、碳酸氢钠或碳酸钾，pH值在8.5以上，土壤上层结构被破坏，下层常为柱状结构，通透性和耕性极差。土壤碱化是由于土壤胶体中吸附很多交换性钠。我国碱土仅分布在东北、西北部分地区。盐胁迫对作物的影响主要为：a. 土壤结构退化，根系穿透力下降。b. 高浓度盐离子造成作物生理干旱。c. Na^+积累极易造成单离子毒害，增大质膜渗透性，导致细胞内的钾、磷和有机物等营养流失；过量Cl^-进入细胞后会破坏植物的叶绿素结构，抑制植物的光合作用。d. 根际高盐度致使植物体内K^+/Na^+失衡，影响植物对Ca^{2+}、Mn^{2+}和Mg^{2+}等营养元素的吸收；高浓度的Cl^-阻碍根系对NO_3^-和$H_2PO_4^-$等阴离子的吸收。此外，在上述的原初伤害过程中还会产生次生胁迫（如氧化胁迫），影响作物新陈代谢和生长。在盐土上能够正常生长的植物称为盐土植物，又称盐碱性植物，有生长在内陆和海滨两种。根据盐土植物的生理特性，可以分为聚盐性植物、泌盐性植物和不透盐性植物三种生态类型。

案例： 聚盐性植物的细胞液浓度特别高，能忍受6％甚至更高浓度的NaCl溶液，根部细胞的渗透压一般为40atm（4053kPa），可吸收土壤可溶性盐，聚集于体内，如碱蓬、滨藜、盐角草等。泌盐性植物，如红树、柽柳等，可吸收土壤可溶性盐，通过茎叶表面盐腺分泌排出盐分。不透盐性植物，如蒿属、田菁等，不吸收或很少吸收土壤盐类。这类植物细胞的渗透压很高，是由体内大量的可溶性有机物如有机酸、糖类、氨基酸等产生的。高渗透压也提高了根从盐碱土中吸水的能力，所以它们被看成是抗盐植物。

除盐土植物外，还有酸性植物、钙土植物和沙生植物等生态类型。根据植物对土壤酸碱度的反应，可把植物划分为酸性土植物、中性土植物和碱性土植物。大多数植物和农作物适宜在中性土壤中生长，为中性土植物。根据植物与土壤中矿质盐类（如钙盐）的反应，可分为钙质土植物和嫌钙植物。根据植物与风沙基质的关系，可将沙生植物划分为抗风蚀沙埋、耐沙割、耐干旱等类型。

案例： 酸性植物，如茶、杜鹃、马尾松等，生长慢，叶小而厚，直根深扎，适合在土壤酸性或强酸性、缺钙、多铁和铝的环境中生长，而不能在碱土或钙质土上生长或生长不良。钙土植物，如南天竹、刺柏、野花椒等，喜钙，在富含 $CaCO_3$ 的石灰性土壤中生长，而不能生长在钙缺乏的酸性土中。沙生植物，如梭梭树、柠条等，具旱生植物特征，根系发达，无性繁殖力强，抗旱、耐寒、耐高温，可以在干旱、贫瘠、温度变化大的环境中生长。

 本节小结

　　土壤是重要的生态因子和自然资源。土壤的质地和结构直接决定土壤养分状况与土壤生物的生长、生活，它们又通过调节土壤水分、空气和温度的变化间接影响土壤生物的活动。土壤水分含量和温度过大或过小对植物土壤动物与微生物均不利。土壤化学性质对土壤生物学过程有重要影响。土壤酸碱度不但影响土壤养分的分解和转化，也影响土壤生物的活动和分布。有机质是土壤的重要组成成分，是土壤肥力的主要标志。土壤生物参与土壤的生成和发育，对土壤中的物质循环和能量流动以及高等动物、植物营养供应有重要作用。不同类型土壤中的植物适应性特征不同，如盐碱土植物与沙生植物。

 思政知识点

　　人与自然是生命共同体，人与自然和谐共生。

知识点

　　1. 有机体和环境的定义。

　　2. 生态因子的定义、分类、作用特征和作用规律。

　　3. 生态幅的定义和生物对生态因子耐受限度的调整。

　　4. 生物与环境的相互作用。

　　5. 光质、光照强度和时间对生物生长发育与地理分布的影响。

　　6. 生物对光照强度的适应以及光周期现象。

　　7. 温度节律对生物的影响。

　　8. 温度对生物地理分布、生长、发育与繁殖的影响。

　　9. 有效积温法则及其应用。

　　10. 极端温度对生物的影响以及生物对极端温度的适应。

　　11. 水因子的性质及其生态作用。

　　12. 陆地植物、水生动物、两栖类动物和陆生动物的水平衡以及对水的适应。

　　13. 土壤的物理和化学性质对生物的影响以及土壤生物的生态功能。

　　14. 植物对土壤的适应。

 重要术语

有机体/organism　　　　　　　　　　　　　环境/environment

大环境/macroenvironment　　　　小环境/microenvironment

大气候/macroclimate　　　　　　小气候/microclimate

生态因子/ecological factor　　　　生境/habitat

限制因子/limiting factor　　　　　密度制约因子/density dependent factor

非密度制约因子/density independent factor　　利比希最小因子定律/Liebig's law of mini-mum

限制因子定律/law of limiting factors　　谢尔福德耐受定律/Shelford's law of tolerance

生态幅/ecological amplitude　　　驯化/acclimatization

内稳态机制/homeostasis mechanism　　迁移与迁徙/migration

休眠/dormancy　　　　　　　　生物钟/biological clock

狭食性动物/stenophagous animal　　广食性动物/euryphagous animal

适应组合/adaptive suites　　　　协同进化/coevolution

光合有效辐射/photosynthetically active radiation　　光合能力/photosynthetic capacity

光补偿点/light compensation point　　光饱和点/light saturate point

黄化现象/etiolation phenomenon　　昼夜节律/daily rhythm

光周期现象/photoperiodism 或 photoperiodicity　　长日照植物/long day plant

短日照植物/short day plant　　　中日照植物/day intermediate plant

日中性植物/day neutral plant　　长日照动物/long day animal

短日照动物/short day animal　　常温动物/homeotherm

变温动物/poikilotherm　　　　外温动物/ectotherm

内温动物/endotherm　　　　　发育阈温度/development threshold temperature 或生物学零度/biological zero

总积温/sun of heat 或有效积温/sun of effective temperature　　春化/vernalization

驯化/acclimation　　　　　　气候驯化/acclimatization

冻害/freeze injury　　　　　　冷害/chilling injury

贝格曼规律/Bergmann's rule　　阿伦规律/Allen's rule

热中性区/the thermoneutral zone　　异温性/heterothermy

异温动物/heterotherm　　　　　　适应性低体温/adaptive hypothermia

耐受冻结/freezing tolerance　　　　超冷现象/supercooling

相对湿度/relative humidity　　　　饱和差/saturation deficiency

田间持水量/field capacity　　　　　湿生植物/hygrophyte

中生植物/mesophyte　　　　　　　旱生植物/xerophyte

沉水植物/submerged plant　　　　　浮水植物/floating plant

挺水植物/emerged plant　　　　　　土壤质地/soil texture

土壤结构/soil structure　　　　　　土壤有机质/soil organic matter

腐殖质/humus

 思考题

1. 简述耐受性定律及其补充原理。

2. 比较 Liebig 最小因子法则和 Shelford 耐受性法则的异同。

3. 如何理解生物与环境的协同进化？

4. 光是如何影响生物的？光质、光照强度和光照周期三个因子之间是否具有交互影响？

5. 从光照、温度与作物生理、生长、发育之间的关系出发，思考为什么我国西部一些地方（如新疆山麓绿洲地区）出产的农作物（如小麦、棉花、玉米、番茄等）产量非常高、品质特别好，出产的水果（如瓜类、葡萄、大枣等）味极甜？

6. 简述有效积温法则并评述其意义。

7. 从形态、生理和行为三个方面阐述生物对高温环境的适应。

8. 阐述植物是如何调节体内水平衡的。

9. 简述陆栖动物的保水机制。

10. 综合光照、温度和水，阐述我国植被类型和分布特征的形成原因。

11. 请列举土壤重要的物理性质，并分析它们对生物的影响。

12. 简答酸性土壤和碱性土壤的主要特点与植物的适应。

13. 论述土壤微生物对"土壤-植物体系"氮和磷循环的影响。

 讨论与自主实验设计

1. 自选植物，设计养分梯度或种类实验，探究植物地上或地下形态特征是如何响应该养分变化的。

2. 自选植物，从光质、光照强度或光照周期的一个或两个方面，设计梯度实验，调控光对植物或动物生长发育的影响。

3. 自选植物，设计温度、水分梯度实验，探究温度或水分或两者交互作用对植物形态、生理特征和生长发育的影响。

4. 结合土壤水分对植物的生态效应，设计实验方案，探究一种本地主要农作物在土壤水分含量缺乏、适宜和过量条件下的地上或地下形态特征是如何响应该要素变化的。

参考文献

[1] Bobbink R，Hicks K，Galloway J，et al. 2010. Global assessment of nitrogen deposition effects on terrestrial plant diversity：A synthesis. Ecological Applications，20（1）：30-59.

[2] Gerrit A，Jan P，Carsten WM，et al. 2021. Soil texture affects the coupling of litter decomposition and soil organic matter formation. Soil Biology and Biochemistry，159：108302.

[3] Zhang F S，Shen J B，Zhang J L，et al. 2010. Rhizosphere processes and management for improving nutrient use efficiency and crop productivity：Implications for China. In：Sparks DL（eds）. Advances in agronomy. vol. 107. San Diego：Academic Press：1-32.

[4] 董小云. 2019. 白菜型冬油菜抗冻蛋白的分离及 *BrAFP*1 基因克隆与功能分析. 兰州：甘肃农业大学.

[5] 杜巧丽，蒋君梅，陈美晴，等. 2021. 水稻热休克蛋白 *HSP*70 基因克隆、表达分析及原核表达. 植物保护学报，48（3）：620-629.

[6] 方瑞. 2009. 持续外界高温对肉鸡生长、福利状况、肉品质的影响及其调控措施研究. 呼和浩特：内蒙古农业大学.

[7] 梁洲瑞，孙藤芹，汪文俊，等. 2019. 日照紫菜养殖海域营养盐的时空分布特征及其与浮游植物群落结构的相关性分析水. 渔业科学进展，40（5）：78-88.

[8] 刘流，刘德富，肖尚斌，等. 2012. 水温分层对三峡水库香溪河库湾春季水华的影响. 环境科学，33（9）：3046-3050.

[9] 牛翠娟，娄安如，孙儒泳，等. 2007. 基础生态学. 北京：高等教育出版社.

[10] 裴志超，周继华，徐向东，等. 2021. 干旱处理对不同品种玉米叶片光合速率和抗氧化特性及产量的影响. 作物杂志（5）：95-100.

[11] 邵元虎，张卫信，刘胜杰，等. 2015. 土壤动物多样性及其生态功能. 生态学报，35（20）：6614-6625.

[12] 沈仁芳，赵学强. 2015. 土壤微生物在植物获得养分中的作用. 生态学报，35（20）：6584-6591.

[13] 田相利，董双林，吴立新，等. 2005. 恒温和变温下中国对虾生长和能量收支的比较. 生态学报，25（11）：2811-2817.

[14] 吴萍，丁一汇，柳艳菊，等. 2016. 中国中东部冬季霾日的形成与东亚冬季风和大气湿度的关系. 气象学报，74（3）：352-366.

[15] 夏保密. 2016. 日本鳗鲡渗透压调节机理对高渗环境的响应. 上海：上海海洋大学.

[16] 谢婷婷，苏培玺. 2011. 干旱胁迫对河西走廊边缘绿洲甜高粱产量、品质和水分利用效率的影响. 中国生态农业学报，19（2）：300-304.

[17] 杨板，赵文，魏杰，等. 2019. 盐度对透明溞存活、生长和繁殖的影响. 水产科学，38（3）：361-367.

[18] 张晨光，丁炜东，曹哲明，等. 2021. 急性高温胁迫对翘嘴鳜幼鱼抗氧化酶和消化酶活性及热休克蛋白基因表达的影响. 南方农业学报，52（3）：815-826.

[19] 张明亮，邹健，方建光，等. 2011. 海洋酸化对栉孔扇贝钙化、呼吸以及能量代谢的影响. 渔业科学进展，32（4）：48-54.

[20] 郑素兰，林莹，黄宇，等. 2021. 高温胁迫对 2 个矾根盆栽品种生理特性的影响. 闽南师范大学学报（自然科学版），34（1）：114-118.

[21] 周显青，牛翠娟，李庆芬，等. 1998. 光照强度对中华鳖稚鳖摄食和生长的影响. 动物学报，44（2）：157-161.

[22] 周晓鑫. 2021. 土壤质地和含水量对紫花苜蓿苗期生长和根系形态的影响. 北京：中国农业科学院.

[23] 周莹. 2016. 水生生物对水体溶解氧日变化规律影响. 沈阳：沈阳师范大学.

第 3 章
种群生态学

种群生态学（population ecology）是研究种群与环境相互作用关系的科学。具体地说，就是研究种群的数量、分布以及种群与栖息环境中的非生物因素和其他生物种群之间的相互作用及规律。现代种群生态学研究的主要内容包括种群的数量变化、时空动态、种群之间的相互作用过程和种群的调节机制等。

传统的农业和工业农业中主要关注生物的数量及从中提出的产品，管理各种环境因素使得这个目标生物群体的相关性能最大化。随着社会的发展，农业生态系统的可持续性成为主要问题，仅仅关注单一生物群体的需求不能解决问题，因此农业生态系统要被看作是多种相互作用种群的集合，包括作物物种、非作物物种（动物、微生物等）。此章我们将通过相关概念工具来说明生物种的形成和进化、种群的概念和基本特征、种内和种间关系、生物种群进化过程中的生态策略选择等方面的内容。

3.1 生物种的形成及其进化

3.1.1 物种的概念

物种，简称"种"，是生物分类学研究的基本单元与核心。

3.1.1.1 物种概念的起源和发展

（1）传统生物学家的观点

18 世纪，以林奈为代表的生物学家认为，以形态标准和繁殖标准来识别物种。J. 雷和林奈都认为物种是繁殖单元，由形态相似的个体组成，同种个体可以自由交配繁殖，异种之间则杂交不育。传统观点的局限性：物种是不变的、独立的，种间没有亲缘关系。

（2）达尔文的观点

19 世纪，达尔文认为物种是可变的，存在个体差异，种间存在不同程度的亲缘关系。达尔文观点的局限性：物种是人为的分类单元，表示一群亲缘关系密切的个体。

（3）近代物种的概念

生物种是由一些具有一定的形态和遗传相似性的种群构成的，个体间存在差异。仍将形态特征作为识别物种的主要依据，存在人为决定的倾向；有些姐妹种形态相似，但种间不能杂交产生可育后代。

案例：形态相似的拟南芥姐妹种 *Arabidopsis lyrata* 和 *A. arenosa* 间存在单向授粉不亲和现象，*A. lyrata* 的花粉可以在 *A. arenosa* 的柱头萌发，而 *A. arenosa* 的花粉不能在

A. lyrata 的柱头萌发（Li 等，2018）。

（4）现代生物学种的概念（biological species concept）

Mayr 于 1982 年提出，物种是由许多群体组成的生殖单元（与其他单元生殖上隔离），它在自然界中占有一定的生境位置。在分类实践中很难应用，也不能应用于无性繁殖或自体受精繁殖的生物。

（5）系统发育的物种概念（phylogenetic species concept）

Cracraft 于 1983 年提出，共享至少一种独特衍症（derived characteristic）的个体群，即物种，是最小的可鉴别的单系生物类群，在该类群中存在祖先与后裔的亲本模型。与生物学种的概念相比，系统发育的物种概念倾向于鉴别更大量的物种。

3.1.1.2 生物种的特点

（1）物种是由内在因素联系起来的

生物种不是按任意给定的特征划分的逻辑分类，是由内在因素（生殖、遗传、生态、行为、相互识别系统等）联系起来的个体的集合。物种是自然界真实的存在，不同于种上的分类范畴如科、目、纲等，后者是人为根据某些内在特征划分的。

（2）物种是可随时间变化的个体的集合

同种个体共有遗传基因库，生殖隔离和进化是导致物种间表型差异的原因，而这种差异是生物对环境异质性的响应，使不同物种产生不同的生态适应性。

（3）物种是生态系统中的功能单位

不同物种因其不同的适应特征而在生态系统中占有不同的生态位，因此物种是维持生态系统能流、物流和信息流的关键。

3.1.2 物种的形成

物种形成（speciation）是指由已有的物种通过各种进化机制进化出新物种的过程。种是一组可以互相杂交的自然种群，与其他种的种群间存在生殖隔离（reproductive isolation）。

3.1.2.1 物种形成的过程

目前广为学者们接受的是地理物种形成学说（geographical theory of speciation），它将物种形成过程大致分为以下 3 个步骤。

① 地理隔离（geographical isolation）：通常由于地理屏障将两个种群隔离开，阻碍了种群间个体交换，使种群间基因交流受阻。

② 独立进化（independent evolution）：两个彼此隔离的种群适应于各自的特定环境而分别独立进化。

③ 生殖隔离机制（reproductive isolating mechanism）的建立：两种群间产生生殖隔离机制，即使两种群内个体有机会再次相遇，彼此间也不再发生基因交流，因而形成两个种，物种形成过程完成。生物种由生殖隔离机制来保持。生殖隔离机制是阻止种间基因流动，致使生境非常相似的种保持其独特性的生物学特性。

案例： 巴西亚马孙河流域西部的 Rio Jurua 河两岸，形成了绢毛猴的两个种群。*Saguinus fuscicollis* 居住在河的左岸，*S. melanoleucus* 大都居住在河的右岸，两种群在毛色、体型等方面产生了遗传差异，也是异域物种形成的典型案例（Peres 等，1996）。

3.1.2.2 生殖隔离机制的分类

生殖隔离机制可分为交配前或合子前隔离机制和交配后或合子后隔离机制。

（1）交配前或合子前隔离机制（prezygotic mechanisms）

阻碍受精（fertilization）和形成合子（zygote）。

① 生境隔离（habitat isolation）：相关种群生活在相同综合地域的不同生境中，例如欧洲蚊（*Anopheles labrancuiae*）生活在半咸水中，而五斑按蚊（*A. maculipennis*）生活在流动的淡水中。

② 季节或时间隔离（time isolation）：两个种群虽有共同的分布区，但性成熟时间不同，即交配或花期发生在不同的季节，例如辐射松（*Pinus radiata*）和加州沼松（*P. muricata*）在加利福尼亚非常接近，但其授粉期不同。

③ 性隔离（sex isolation）：不同种间性的相互吸引力很弱或缺乏，例如在欧洲螽蟖（*Ephippiger*）中，雌性对同种雄性发出的求偶鸣叫模式显示出很强的选择性。

④ 生殖器官隔离（organs of generation isolation）：动物的生殖器官或植物的花不同，阻止了交配或花粉转移，例如一些蜻蜓具有非常复杂的生殖器，防止异种交配。

⑤ 不同传粉者隔离（pollinator isolation）：在开花植物中，相关种可能特化吸引不同的传粉者，例如雄蜂通过与仿蜂花"交配"来为蜂兰花授粉。不同种的蜂兰花模拟同种的蜂，使得不可能交叉受精，例如蜂兰花可以形成多种仿蜂形态，以特异性地吸引蜂类传粉者为其授粉。

⑥ 配子隔离：在体外受精的生物中，雌雄配子可能不互相吸引；在体内受精的生物中，一种的配子或胚胎在另一种的物理环境中不能生存。

（2）交配后或合子后隔离机制（postzygotic isolation）

发生在合子形成以后，虽然两性配子可受精并形成合子，但杂合子的生存力和繁殖力降低。

① 杂种不存活：杂合体存活力降低或不能存活。例如北美蟋蟀中，*Gryllus pennsylvanniccus* 雄性和 *G. firmus* 雌性之间的交配不能产生任何后代。

② 杂种不育：杂种 F1 代的一种性别或两种性别不能产生功能性配子。例如骡子有 63 条染色体，不能进行正常的减数分裂形成生殖细胞。

③ 杂种受损：F1 代虽然能正常生活和生育，但 F2 代具有很多生活能力弱和不育的个体，该现象称为杂种破落（hybrid decline）。例如树棉（*Gossypium arboreum*）与草棉（*G. herbaceum*）之间的 F1 杂种是健壮且可孕的，但其 F2 太弱，以致不能生存。F2 代或回交杂种后代存活力或繁殖力降低。

3.1.2.3 物种形成的综合机制

谢平（2014）提出了物种形成的综合机制，认为物种是遗传学、生理学和生态学机制综合作用的产物。有性生殖物种基因库的反复分裂，使突变以及基因重组为进化提供了原料；氧化环境对物种分化有巨大贡献；物种分化后，其生态位不断创造与细分又为物种分化提供了条件。

总结如下（图 3-1），突变以及基因重组为进化提供原料，自然选择是进化的主导因素，隔离是物种形成的必要条件。

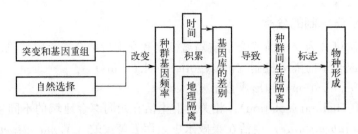

图 3-1　物种形成的综合机制（谢平，2014）

3.1.2.4　物种形成的方式

（1）异域性物种形成

与原来种由于地理隔离而进化形成新种，为异域物种形成（allopatric speciation）。由于大范围地理隔离（如山脉或河流）而使原种群分为两个种群，两个亚种群之间的基因流被阻断，各自独立进化。自然选择可能选择地理隔离两端不同的基因型，随机的遗传漂变和突变会带来差异。随着时间延续，两种群差异增大至不能互相交配，此时新的物种形成。

大范围地理隔离造成的物种形成多发生在分布范围很大、食性不专、采取 K-繁殖对策的猫科、犬科等大型食肉兽和鸟类中，通常要经历很长时间才能形成新物种。

案例：亚洲象主要分布在东南亚和南亚的热带地区，由于大的地理隔离如山脉（喜马拉雅山）、海洋（保克海峡）和热带雨林，形成了四个主要的亚种，即斯里兰卡亚种（*Elephas maximus maximus*）是亚洲象现存最大的亚种，主要分布于斯里兰卡；印度亚种（*Elephas maximus indicus*）次之，分布于南亚和东南亚；苏门答腊亚种（*Elephas maximus sumatrensis*）分布于苏门答腊；婆罗洲亚种（*Elephas maximus bengalensis*）体型最小，分布于婆罗洲北部。

（2）边域性物种形成

边域性物种形成（peripatric speciation）发生在处于种分布区极端边缘的小种群中，例如在主种群响应气候变化分布区紧缩的时候，少数个体会从原种群中分离出去。隔离种群会受到建群者效应（founder effect）的影响，遗传上不同于原来的种群。

小的非典型种群与极端环境条件的混合作用可通过随机的遗传漂变和强烈的自然选择发生迅速而广泛的遗传重组、独立进化，从而形成新种。这种方式多见于啮齿类、灵长类、昆虫等属于 r-繁殖对策的种类。

案例：维多利亚湖丽鱼（*Haplochromis*）的物种分化被认为是流入该湖的河流排水模式发生变化，导致小建群者种群的隔离而发生的。很小的变化如雄性的婚姻色和求偶行为的变化导致了多达 170 个繁殖隔离物种的形成。

（3）邻域性物种形成

邻域性物种形成（parpatric speciation）发生在分布区相邻，仅有部分地理隔离的种群。在物种形成过程中，它们可以通过一条公共的分界线相遇。占据很大地理区域的物种在其分布区内的不同地点，可能适应不同的环境（如气候）条件，使种群内的次群分化、独立，虽没出现地理屏障，也能成为基因流动的障碍，从而逐渐分化出新种。邻域形成多见于活动性少的生物，如植物、鼹鼠、无翅昆虫等。

案例：银鸥（*Larus argentatus*）有 7 个亚种，分布于英国、北美、东西伯利亚、西伯利亚和北欧（北极圈），形成一个环状。每个相邻亚种间有部分的基因交流，环链两端的亚种间可能分布重叠，但往往存在生殖隔离。因此，银鸥也称为环物种（ring species）。

（4）同域性物种形成

同域性物种形成（sympatric speciation）发生在分化种群没有地理隔离的情况下。理论上，在物种形成过程中所有的个体都能相遇。该模型通常需要宿主选择差异、食物选择差异或生境选择差异来阻止新种被基因流淹没。

在母种群分布区内部，行为改变或基因突变导致生态位的分离，逐渐建立次种群，种群间由于逐步建立的生殖隔离，形成基因库的分离，从而形成新种。在自然界中，一般认为寄生生物中最有可能出现同域性物种形成。因为寄生物常具有宿主的特异性，又多在宿主体内交配，故较易形成与母群的生殖隔离。

植物通过多倍化（polyploidization）实现同域性物种形成，自然界里几乎将近一半的被子植物和某些栽培作物就是这样形成的。多倍化是整个染色体组的自发复制，致使个体中原来染色体数成倍增加。多倍体植物通常形成更大、生命力更强的形态。

多倍体动物通常不能存活，尽管一些鱼类和两栖类是多倍体。多倍体植物与原来种群在性上不再兼容，但能建立一个占据不同生境的独特种群。除易于通过自发形成多倍体而产生新种外，植物物种形成的另一个重要特点是比动物易于产生杂种后代，杂交可育性高。而且，有些杂种如三倍体杂种虽然不能进行有性生殖，但可通过营养体繁殖而广泛分布。

案例 1：甘蓝型油菜（*Brassica napus* L.）起源于欧洲，是三种油用油菜（白菜型油菜、芥菜型油菜、甘蓝型油菜）中籽粒产量最高的种类，是我国重要的油料作物。它是由白菜（AA，$n=10$）与甘蓝（CC，$n=9$）通过自然种间杂交后双二倍化进化而来的一种复合种，染色体组为 AACC，$n=19$（李媛媛，2007）。

案例 2：大米草具有很强的耐盐、耐淹特性，原产英法等国沿海滩涂潮润地带。多倍体大米草 *Spartina towunsendii* 是由具有 56 个染色体的欧洲本地大米草（*S. stricta*）与具有 70 个染色体的从美洲引入的美洲大米草（*S. alterniflora*）天然杂交形成的异源多倍体，其耐盐性更强（Huskins，1931）。

（5）物种形成方式的比较

异域物种形成，新种来自与原来种群的地理隔离。边域物种形成，种群中少数个体从原种群分离出去，到达他地并经地理隔离和独立演化而成新种。邻域物种形成，两个物种形成中的族群虽然分开，但是相邻；从一极端到另一极端之间的各族群都有些许不同，但彼此相邻的两族群之间仍能互相杂交；但在两边最极端的族群已经差异太大而形成不同的种类。同域物种形成，同一物种在相同的环境，由于行为改变或基因突变等原因而演化为不同的物种（图 3-2）。

（6）适应辐射

由一个共同祖先起源，在进化过程中分化出许多类型，适应各种生活方式的现象，称为适应辐射（adaptive radiation）。适应辐射的典型案例是岛屿物种的形成，岛屿由于和大陆隔离，往往易于形成适应当地的特有种（endemics）。例如，在南美洲大陆以西的 Galapagos 群岛上生活着 14 种达尔文雀（Darwin's finch），大约在 1 亿年前，其祖先由南美洲大陆迁移而来。由于在当地无竞争对手和天敌，繁殖很快并分布至各岛，各自适应当地环境，通过生殖隔离，形成独立的物种。这些种形态相似，有的生活在树上食虫，有的食种子和果实，有的生活在地面上。

当然，适应辐射并不仅在岛屿上出现，生物进化史上曾发生多次适应辐射。脊椎动物由水域进入陆地后（在 4.0 亿～3.5 亿年前），开始了脊椎动物的一次大的适应辐射。由于陆地上没有大的与之竞争的动物，选择压力低，登陆的脊椎动物纷纷占领各自的栖息地迅速发

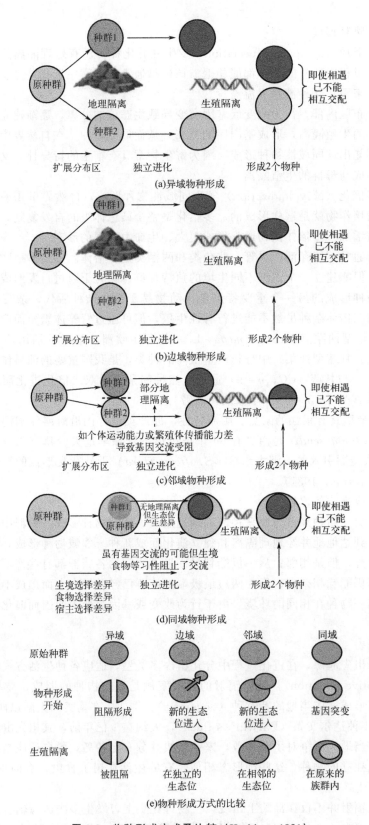

图 3-2 物种形成方式及比较（Huskins，1931）

展。适应辐射常发生在开拓新的生活环境时，当一个物种进入一个新的自然环境之后，由于新环境提供了多种多样可供生存的条件，于是种群向多个方向进入，分别适应不同的生态条件，出现栖息地、食物等的分化。在不同环境选择压力之下，它们最终发展成各不相同的新物种。

3.1.3　种群的遗传变异与进化

种群是遗传单位，也是进化单位，遗传多样性是种群最重要的属性之一。环境是不断变化的，如果种群要不断进化和适应新环境，遗传多样性是必需的。从生态学的角度看，遗传多样性会通过影响特定物种和种群的生存从而间接地对生态系统造成影响。

3.1.3.1　种群遗传学

种群遗传学（population genetics）是研究种群遗传结构及其变化规律的遗传学分支学科，即以种群为基本研究单位，以等位基因频率和基因型频率描述遗传变异在种群内与种群间的分布，阐明生物进化的遗传机制。

（1）遗传学基本概念

基因（gene）：带有可产生特定蛋白的遗传密码的 DNA（脱氧核糖核酸）片段。

等位基因（allele）：位于一对同源染色体的相同位置上控制同一性状的不同形态的基因。

基因座/位点（locus）：等位基因在染色体上占据的位置。二倍体生物个体在每个座位上有两个等位基因（相同或不同）。

纯合体（homozygote）：在一个基因座上两个相同等位基因的个体。其自交的后代中，基因所控制的性状不会发生分离。

杂合体（heterozygote）：在一个基因座上等位基因不同的个体。其自交的后代中，基因所控制的性状会发生分离，表型可能处于两种纯合子的中间状况。

显性（domiance）：只有一个等位基因在表型中得到表达，在这种情况下表达的等位基因相对于另一个等位基因是显性基因。

隐性（recessiveness）：未能在表型中表达的等位基因是隐性基因。个体所携带的隐性基因不影响表型。

性状（character/trait）：生物体的形态、结构、生理、生化等特性的总称。离散的性状如眼睛颜色、血型等是由一个或几个基因位点控制的，称为质量性状（qualitative traits）；受若干基因影响的连续性状如作物高矮、籽粒重量等称为数量性状（quantitative traits）。

共显性（codominance）：如果个体是杂合的，其表型可能处于两种纯合子的中间状况。在这种情况下，两个等位基因都得到表达，称为共显性。

案例：山茶花的花色种类多样，白色的是隐性性状，不含花青素；红色的是显性性状，含花青素多。两亲本杂交后，子一代杂合体同时表现出了双亲的性状。

基因库（gene pool）：种群内所有个体基因的总和。

基因组（genome）：一个细胞或生物体的全部遗传物质的总和，包括 DNA 或 RNA（核糖核酸）。

基因型（genotype）：决定特定性状的同源染色体上的基因组合。

等位基因频率（allele frequency）：种群中，某个特定基因位点上的某一等位基因占该基因位点等位基因总数的比例，也称为基因频率（gene frequency）。

基因型频率（genotypic frequency）：种群内每个基因型所占的比率。

案例： 某二倍体种群内等位基因频率及基因型频率的计算（表 3-1）。

表 3-1　某二倍体种群内基因型和种群个体数量

基因型	种群个体数量/个
AA	350
Aa	60
aa	10

种群内共有个体数 $350+60+10=420$（个），共有 $420\times2=840$（个）等位基因

AA 的基因型频率为 $f(AA)=350/420=0.833$

Aa 的基因型频率为 $f(Aa)=60/420=0.143$

aa 的基因型频率为 $f(aa)=10/420=0.024$

A 等位基因的频率为 $f(A)=(2\times350+60)/840=760/840=0.905$

a 等位基因的频率为 $f(a)=(60+2\times10)/840=80/840=0.095$

一个种群在没有其他因素干扰的情况下，根据孟德尔遗传定律随机交配下去，即将达到一种平衡状态，这样的平衡种群会具有怎样的特征呢？

（2）哈代-温伯格定律

哈代-温伯格定律（Hardy-Weinberg law，简称哈温定律）是指在一个巨大的、个体交配完全随机、没有其他因素的干扰（如突变、选择、迁移、漂变等）的种群中，基因频率和基因型频率将世代保持稳定不变。这种状态称为种群的遗传平衡状态。哈温定律是由英国数学家 D. H. Hardy 和德国医生 W. Weinberg 在 1908 年分别独立推导出的关于"随机交配种群中等位基因频率和基因型频率变化规律"的定律，即遗传平衡定律。

假设一个位点上存在两种等位基因 A 和 a，等位基因频率 $f(A)=p$，$f(a)=q$，总的基因频率 $f=f(A)+f(a)=p+q=1$，即任何基因座上的基因频率总和等于 1。

基因型频率 $f(AA)=p^2$，$f(Aa)=2pq$，$f(aa)=q^2$，总的基因型频率 $f=f(AA)+f(Aa)+f(aa)=p^2+2pq+q^2=(p+q)^2=1$，即任何基因座上的基因型频率总和等于 1。

雄性配子

雌性配子		A（p）	B（q）
	A（p）	AA（p^2）	AB（pq）
	B（q）	AB（pq）	BB（q^2）

满足遗传平衡的种群通常具有如下特点：a. 交配完全随机；b. 没有基因突变发生；c. 种群充分大，随机事件导致的基因频率的变化小到可以忽略不计；d. 没有新基因的迁入；e. 所有的基因型都有相同的适合度，即每个个体对后代的遗传贡献相等。只有这几个条件都存在的情况下遗传平衡才能维持。在自然界中同时满足上述几个条件似乎很难，这从另一方面告诉我们，在自然种群中进化变化发生的潜力是巨大的。

哈代-温伯格定律具有重要的生态学意义：a. 是检验种群演化过程中是否存在其他进化力量的解消假设；b. 揭示当没有其他进化力量作用时，群体的基因频率和基因型频率将永远保持恒定，因此孟德尔遗传本身能够保持种群的遗传多样性；c. 稀有等位基因主要以杂合体形式存在于种群中，即使该基因对生物体有害，仍能在种群中保存。

（3）种群遗传多样性

遗传多样性（genetic diversity）是生物多样性最基础的组成部分，广义的遗传多样性泛指地球上生物个体中所包含的遗传信息之总和，包括不同物种的不同基因库所表现出来的多样性。狭义的遗传多样性指物种内的遗传变异，包括种群间和种群内个体间的遗传变异的总和。

研究遗传多样性可以揭示生物进化的历史，因为物种的遗传多样性现状是物种长期进化的产物；研究遗传多样性可以评估现存的各种生物的生存状况，预测其未来的发展趋势，遗传多样性越丰富，该物种对环境变化的适应能力越强，进化的潜力也就越大；遗传多样性的研究结果是保护遗传学中制定保护策略和措施的依据。

遗传多样性可以表现在多个层次上，如形态、染色体、蛋白质和 DNA 等，产生机制是有性生殖中的突变（mutation）和重组（recombination）。遗传多样性的衡量指标有等位基因频率、等位基因多样性（allelic diversity，受样本量大小影响显著）、多态性（polymorphism，适用于低变异的分子标记，如等位酶）、观测杂合度（obs. Heterozygosity，Ho）、期望杂合度（exp. Heterozygosity，He）、基因多样性（gene diversity）、核苷酸多样性（nucleotide diversity，π）、近交系数（inbreeding coefficient）、遗传距离（genetic distance）。

影响种群遗传多样性的因素多样，其中增加遗传多样性的主要因素有突变、有性生殖、平衡选择和基因流；而降低遗传多样性的因素主要有定向选择、较小的种群规模引起的自交、遗传漂变、种群瓶颈等。具体作用关系如图 3-3 所示。

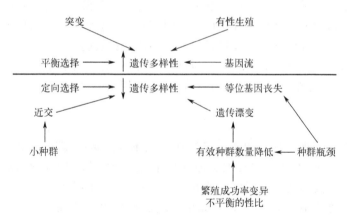

图 3-3　影响遗传多样性的主要因素

3.1.3.2　种群变异

进化生物学认为，变异（variation）处于生命科学研究的心脏地位，因为变异既是进化的产物又是进化的依据，是生物多样性的基础，也是自然选择的基础。变异是指个体或种群间的形态、生理、行为和生态特征上的差别，通常指遗传变异。

（1）变异分类

变异分为可遗传的变异和不可遗传的变异，具体分类如图 3-4 所示。

突变（mutation）按对蛋白结构的影响可分为同义突变（synonymous mutations）、错义突变（missense mutations）、无义突变（nonsense mutations）和移码突变（frameshift mutations）；按对功能的影响可分为缺失性突变（loss-of-function mutations）、获得性突变

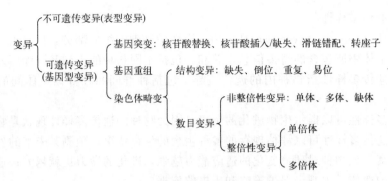

图 3-4　遗传变异的分类

(gain-of-function mutations) 和显性负突变（dominant negative mutations）；按对适合度的影响可分为有害突变（harmful mutations）、有利突变（beneficial mutations）、中性突变（neutral mutations）和近中性突变（nearly neutral mutations）；根据是否可遗传分为不可遗传的体细胞突变（somatic mutations）和可遗传的胚胎细胞突变（germline mutations）。种群内的遗传变异通常可用多态性位点比例和每个位点的平均杂合度来衡量，可利用分子标记和 DNA 测序分析技术来检测。

（2）多态现象

另一种我们可直接观察到的种内变异是个体在形态、结构和功能等即表型（phenotype）性状方面的差异。如同一种花，经常可呈现多种颜色，这是因为在种群中许多等位基因的存在导致一个种群中有一种以上的表型，这种现象称为多态现象（polymorphism）。

案例：同一种植物的花呈现多种颜色（如银莲花），这种花色多态性可以扩大传粉者的范围。控制不同花色的等位基因受授粉者和环境条件的自然选择的影响。亚利桑那州南部的岩小囊鼠（*Chaetodipus intermedius*），不同种群个体的毛色与栖息地的岩石色调相近，具有避免掠食者发现的隐蔽性。与毛色相关的等位基因 *MC1R* 受到了选择（Hoekstra 等，2004）。

（3）地理变异

广布种的形态、生理、行为和生态特征往往在不同地区有显著的差别，称为地理变异（geographic variation）。地理变异反映了种群对环境选择压力空间变化的响应。如果环境选择压力在地理空间上连续变化，则导致种群基因频率或表型的渐变，表型特征或等位基因频率逐渐改变的种群称为渐变群（cline）。如果环境选择压力在地理空间上不连续，或物种种群隔离，则会形成地理亚种（subspecies）。地理亚种之间可能有许多不同性状或等位基因频率，但它们在相遇地带能够交配，从而区别于不同亚种。

案例：2021 年，储成才团队通过分析不同地区、不同土壤含氮量下的水稻自然群体，发现与水稻分蘖相关的等位基因 *OsTCP19* 在氮缺乏地区主要以 *OsTCP19*-H 型存在；而在氮富足地区，主要以 *OsTCP19*-L 型存在。表明在水稻渐变群中 *OsTCP19* 的频率与土壤氮含量相关（Liu 等，2021）。

3.1.3.3　种群进化

进化又称演化（evolution），在生物学中是指种群里的遗传性状在世代之间的变化。简略地说，进化的实质是种群基因频率的改变。进化可以依据时间长短与差异程度，分成"微观进化"（微进化，microevolution）与"宏观进化"（宏进化，marcoevolution）。微进化现象发生在物种层次或以下，例如群体的变异性、适应性变化、地理变异和成种事件等；宏进化发生在物种层次以上，特别是新的更高分类群的起源、侵入新的适应区以及与此相关的关键性进化新特征的获得（如鸟的翅膀、哺乳动物的温血性等）。

种群进化的机制是在繁殖过程中，基因会经复制并传递到子代，基因的突变可使性状改变，进而造成个体间的遗传变异（进化的前提）。新性状又会因物种迁徙或是物种间的基因水平转移，随着突变基因在种群中传递。当这些遗传变异受到随机的遗传漂变或非随机的自然选择影响（进化的动力），在种群中变得较普遍或稀有（固定）时就发生了进化，进化会引起生物各个层次的多样性。新物种形成是进化过程中的决定性阶段（图 3-5）。

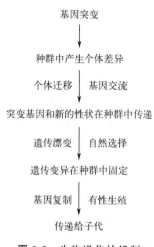

图 3-5　生物进化的机制

（1）遗传漂变（genetic drift）

遗传漂变是基因频率的随机变化，仅偶然出现，在小种群中更明显。遗传漂变的强度取决于种群大小（N）。种群越大，遗传漂变越弱；种群越小，遗传漂变越强。$1/N$ 通常作为遗传漂变强度的指标。

遗传漂变有两种极端的形式，即遗传瓶颈和建立者效应。

① 遗传瓶颈。如果一个种群在某一时期由于环境灾难或过捕等原因数量急剧下降，就称其经过了瓶颈（bottlenecks）。这会伴随基因频率的变化和总遗传变异的下降。经过瓶颈后，如果种群一直很小，则由于遗传漂变作用，其遗传变异会迅速降低，最后可能使种群灭绝。另外，种群数量在经过瓶颈后也可能逐步恢复。

案例 1：2015 年 4 月高鼻羚羊（*Saiga antelope*）突发大量死亡。

现代高鼻羚羊的遗传多样性显著低于远古时期，因其共经历了五次遗传瓶颈。第一次瓶颈期发生在更新世晚期/全新世早期，种群大小可能由于生境的破碎化、迁移屏障的出现、栖息地的减少和人类活动等原因降低了约 70%；第二次有记载的瓶颈期发生在 20 世纪 20 年代，整个物种接近灭绝，但是到 50 年代，它们的数量又奇迹般地完全恢复了；第三次则是 70 年代，哈萨克斯坦的严冬杀死了大约 40 万只高鼻羚羊；第四次是 80 年代，败血性巴斯德菌的爆发在哈萨克斯坦导致了约 17 万只高鼻羚羊的死亡；第五次是在苏联解体后，猖獗的偷猎活动不仅使高鼻羚羊的种群数量快速下降，还造成了畸形的性比，至 2003 年该物种的数量已锐减到 5 万左右。20 世纪初还发生了几次小规模的种群死亡，直至 2015 年惨剧发生。

反复的遗传瓶颈事件导致高鼻羚羊种群数量锐减，再加上人类活动对其栖息地的侵蚀和分割，使小的种群易受到遗传漂变的影响，整个种群的遗传多样性急剧降低；种群数量的下降使得近交发生的频率升高，再加上捕猎活动导致种群性比畸形化，繁殖成功率也受到影响。这些因素综合起来，使得高鼻羚羊对环境的变化异常敏感，对疾病的抵抗力很弱。

案例2：拯救栽培大豆的遗传瓶颈——让大豆"走失"的基因"回家"。

2022年3月，我国科学家发现从又黑又小的野生大豆，到又黄又大的栽培大豆，在这个过程中丢失了约70%的基因位点。栽培大豆原产于中国，由祖先野生大豆长期定向选择、改良驯化而成，但其大部分基因资源的"丢失"产生了严重的遗传瓶颈效应，极大地限制了栽培大豆产量的提高与品质的改良。将野生大豆的优良性状（较强的抗逆、抗盐碱、抗虫、耐旱、耐热等特性）通过人工杂交引入栽培大豆，可丰富栽培大豆的遗传背景、增加遗传多样性、提高大豆产量与品质（Zhang等，2022）。

② 建立者效应。以一个或几个个体为基础就可能在空白生境中建立一个新种群。遗传变异和特定基因在新种群中的呈现将完全依赖于这少数几个移植者的基因型，从而产生建立者种群（founder population）。由于取样误差，新隔离的移植种群的基因库不久便会和母种群相分歧，而且由于两者所处地域不同，各有不同的选择压力，使建立者与母种群的差异越来越大。此种现象称为建立者效应（founder effect）。最终形成的种群其基因频率依赖建立者种群的基因频率，遗传多样性较低。

案例1：阿米什人Ellis-van Creveld综合征。

18世纪大约200名德国移民（德国西南部的莱茵兰）定居在宾夕法尼亚州兰开斯特县，他们体内含有突变基因并遵守严格的内婚制，导致Ellis-van Creveld综合征在后代中普遍产生（突变基因频率增加）。Ellis-van Creveld综合征主要表现为前臂短、多指，还伴有头发、指甲和牙齿发育异常。

案例2：建群者效应对海南坡鹿（*Cervus eldii*）迁地保护种群遗传多样性的影响。

海南坡鹿（*Cervus eldii*）是世界濒危种，野生种群仅分布在中国海南岛。由于栖息地破坏和过度狩猎，坡鹿经历过种群瓶颈后至20世纪70年代仅剩26头。东方大田于是进行就地保护，建立了自然保护区（源种群栖息地），随后海南白沙、邦溪、甘什岭、枫木、金牛岭和文昌建立了迁移保护区。对6个种群进行遗传多样性分析后发现，6个种群的遗传多样性水平均较低（He=0.3），5个迁地种群明显低于源种群。说明在迁地保护中，建群者效应通常会导致新建种群与源种群的遗传分化，并使新建种群的遗传多样性低于源种群。

（2）自然选择（natural selection）

自然选择指生物在生存斗争中适者生存、不适者被淘汰的现象。自然选择最初由C. R. 达尔文提出。达尔文从生物与环境相互作用的观点出发，认为生物的变异、遗传和自然选择作用能导致生物的适应性改变，其中变异是自然选择的基础，自然选择决定进化的方向。自然选择作用于具有不同存活和生育能力的、遗传上不同的基因型个体之间。

① 稳定选择（stabilizing selection）。当环境条件对处于种群的数量性状正态分布线中间的个体是最适时，选择淘汰两侧极端个体，属于稳定选择。

案例：人类新生儿体重服从正态分布，体重过轻或过重的新生儿死亡率更高。平均出生体重（7.1磅，1磅=0.454kg）与最低死亡率体重（7.3磅）一致。也就是说，自然选择减少了出生体重的差异，从而使分布稳定在最大生存的最佳大小附近。

② 定向选择（directional selection）。如果表型与适合度的关系是单向型的，选择对一

侧极端个体有利，则选择属定向型。定向选择是淘汰任何会降低所携带个体的适合度的突变或选择能增加所携带个体适合度的特定突变，将降低遗传多样性。

案例：稗草 [*Echinochloa crusgalli*（L.）] 是中国水稻田的头号禾本科杂草，通过分泌"丁布"抑制水稻生长。近年来，大量施用抑草农药使得稗草产生抗药性，如抗二氯喹啉酸的稗草种群已严重影响水稻的安全生产。稗草中 ACS 酶活性降低、解毒酶 β-CAS 活性增强与稗草对二氯喹啉酸产生抗性相关（陈小奇，2018）。

③ 分裂选择（disruptive selection）。如果种群的数量性状正态分布线两侧的表型具有高适合度，而它们中间的表型适合度低，则选择是分裂的或歧化的。

案例：在全球范围内，只有 35％ 的成年人能够消化乳糖，大部分集中在特定的地理区域或"热点地区"，如北欧、东非和西非部分地区、中东和南亚。这些地区的成年人体内分解乳糖的乳糖酶（lactase）基因 *LGT* 的表达量高于其他地区，如中国人、日本人等东方人 *LGT* 表达量显著降低。这种差异有利于他们适应各自的生存环境，这是分裂选择的结果（Lomer，2007）。

④ 平衡选择（balance selection）。偏向于在同一种群保留多个等位基因的一种自然选择，包括杂合子优势和依频选择。

案例：疟疾与镰刀形贫血病之间的平衡。在非洲和地中海的一些人群中，他们的 β-血红蛋白（Hb）位点存在两个等位基因，即正常血红蛋白等位基因（A）和镰刀形细胞血红蛋白等位基因（S）。当该位点基因型为 SS 时，个体会患上镰刀形贫血症（SCD），通常会夭亡；当基因型是 SA 时，个体虽然患有轻度贫血症，但他们对寄生性疟原虫（*Plasmodium falciparum*）引起的疟疾的抵抗力要远高于无贫血症的 AA 基因型个体。因此，在疟疾流行的地区，SA 型个体比 AA 和 SS 型个体都有优势，从而这两个等位基因在这一位点上都保留了下来。

除个体单位外，其他生物学单位的选择如下。

① 配子选择（gamete selection）。选择对基因频率的影响发生在配子上，称为配子选择。

② 亲缘选择（或称亲属选择，kin selection）。如果个体的行为有利于其亲属的存活和生育能力的提高，并且亲属个体有相同的基因，则可出现亲缘选择。亲缘选择对种群的社会结构有重要影响。

③ 群体选择（group selection）。一个物种种群如果可以分割为彼此多少不相连续的小群，自然选择可在小群间发生，称为群体选择。有关群体选择是否存在，目前尚有争论。

④ 性选择（sexual selection）。动物在繁殖期经常为获得交配权而通过某些表型性状或行为进行竞争，如雄鸟鲜艳的羽毛、特殊的鸣叫声等。由于竞争获胜者能优先获得交配机会，从而使这些有利于繁殖竞争的性状被选择而在后代中强化发展。

自然选择强度的衡量——选择系数（selective coefficient，s），表示的是某一基因型在群体中不利于生存和繁殖的相对程度，即被自然选择"淘汰"的程度。

$$选择系数（s）＝1－相对适合度（w）$$

自然选择对各基因型的个体在适合度（fitness）上存在差异时起作用，适合度（W）＝基因型个体生育力（m）×基因型个体存活率（l），表示该基因型下一代的平均后裔数。

案例：假设某种群分别有 A_1A_2、A_1A_1、A_2A_2 三种基因型个体，适合度见表 3-2。计算各基因型的选择系数。

表 3-2　某种群的基因型适合度

基因型	适合度（W）
A_1A_1	2
A_1A_2	1
A_2A_2	0.5

以种群中最大适合度为分母，各基因型的相对适合度为：

$$w_{11}=W_{11}/W_{11}=1,\ w_{12}=W_{12}/W_{11}=0.5,\ w_{22}=W_{22}/W_{11}=0.25$$

那么 A_2A_2 的选择系数最大（$s=1-0.25=0.75$），即 A_2A_2 适合度最低，被选择淘汰的程度最高。

3.1.4　物种多样性及其变化规律

3.1.4.1　物种多样性及其重要意义

（1）物种多样性（species diversity）概念的来源和发展

物种多样性是 Fisher、Corbet 和 Williams 于 1943 年提出的生态学术语，指群落中物种的数目和每一物种的个体数目。

Simpson 在 1949 年提出物种多样性指物种的数目及其个体分配均匀度的综合。

Mac Arther 在 1965 年提出物种多样性指群落或生境中物种的数目多少。

2013 年《生态学基础》一书中提出物种多样性是群落物种数目或丰富度和均匀度（每个物种个体的相对丰度）综合起来的一个单一统计量，这是目前生态学家比较一致的理解。

2017 年《城乡绿地系统规划》提出物种多样性从理论上讲是指地球上所有生物物种及其各种变化的总体，是生物多样性在物种水平上的表现形式，是指动物、植物及微生物种类的丰富性。

（2）物种多样性的理解

① 一定区域内的物种多样性。是指在一定区域范围内研究物种的多样化及其变化，包括一定区域内生物区系的状况（如受威胁状况和特有性等）、形成、演化、分布格局及其维持机制等，主要通过区域物种调查，从分类学、系统学和生物地理学角度对一定区域内物种的状况进行研究。在保护生物学领域里提到的物种多样性更多的是从这个角度来理解的，从空间范围来讲相对是比较大的。

案例：云南省是我国生物多样性最丰富的省份，是我国重要的生物多样性宝库和西南生态安全屏障，有着"植物王国""动物王国""世界花园"的美誉，也是全球 36 个生物多样性热点地区中"中国西南山地""东喜马拉雅地区""印度-缅甸"三大区域的核心和交汇区域，是全球生物物种最丰富且受到威胁最大的地区之一。云南的生物多样性在我国乃至全世界占有十分重要的地位（Qian 等，2020）。

② 特定群落及生态系统单元的物种多样性。是指从群落水平上进行研究物种分布的均匀程度，强调物种多群性的生态学意义，如群落的物种组成、物种多样性、生态功能群的划分、物种在能量流和物质流方面的作用等。在生态学领域里提到的物种多样性更多是从这个角度来理解的，从空间范围来讲相对较小。

案例：西双版纳热带雨林有着不逊色于亚马孙热带雨林的生物资源，分布着许许多多的珍贵动植物物种。拥有高等植物 3500 多种，植物种类数量约占我国总量的 12.5%；栖息着539 种陆地脊椎生物，约占全国总量的 25%；鸟类一共有 429 种，占全国总量的 36%；两栖动物 47 种，爬行动物 68 种，占全国总量的 20% 以上。

③ 一定进化阶段或进化支系的物种多样性。从生物演化的角度看，物种多样性随时间推移呈现特殊的变化规律，不仅生物物种本身以及物种的集合（分类单元）有起源、发展、退缩和消亡的过程，就是物种多样性整体也有自己特定的演变规律。

案例：恐龙，它们存活于三叠纪、侏罗纪和白垩纪三个地质年代内，大致可分为草食性恐龙、肉食性恐龙和杂食性恐龙三大类。基于自然生态系统演化对恐龙多样性影响的研究显示，在晚白垩纪时期，随着自然生态系统和恐龙自身的协同演化，恐龙多样性发生了持续性衰退，降低了恐龙这个类群的环境适应能力，并导致其无法从由德干火山爆发或小行星撞击等重大灾害事件所引起的环境剧变中生存和复苏，从而最终走向灭绝。

（3）物种多样性的重要性

物种多样性是生物多样性研究的核心内容，是对生物多样性较为直观的认识，也对生物多样性的规划较为重要，同时它也是生物多样性多个研究层次中较为重要的一个环节，既是遗传多样性分化的源泉，又是生态系统多样性形成的基础，是反映群落结构和功能特征的较为有效的指标，是生态系统稳定性的量度指标。物种多样性也是衡量一个国家或区域生物资源的较为重要的标准，较为丰富的物种多样性为生物资源的开发利用提供了基础，是人类生存发展较为重要的依赖。

案例 1：在大自然中，每个物种都有其特殊的作用和地位。以蜜蜂为例，世界约 80％的农作物都依赖蜜蜂等虫媒传粉，尤其是油料作物、水果类和坚果类等，更是高度依赖蜜蜂传粉。蜜蜂传粉不仅支持着自然界中其他物种的生存与演化，对人类来说至关重要的农业发展也高度依赖蜜蜂。有科学家认为，如果地球上的蜜蜂灭绝了，人类也会随之而灭绝。

案例 2：在马铃薯传入欧洲之后，爱尔兰几乎所有耕地都种植马铃薯，其他作物近乎绝迹，全国作物种植完全没有了多样性。直到 1845～1846 年，爱尔兰大面积暴发马铃薯晚疫病，全国 3/4 的马铃薯迅速被摧毁，使爱尔兰人遭受了一场灭顶之灾，人口数量断崖式下降。

3.1.4.2　物种多样性的测度方法

1972 年，Whittaker 将物种多样性的概念分为 3 类：α 多样性，指某些群落或样地中物种的数目；β 多样性，指在一个梯度上，各群落间种属组成的变化程度；γ 多样性，指在一个地理区域内，一系列群落内物种的数目。

α 多样性可通过多样性指数、丰富度指数、优势度指数、均匀性指数等来衡量、测度。具体公式见表 3-3。

表 3-3　α 多样性计算公式

类别	名称	计算公式
多样性指数	Simpson 指数（D）	$D = 1 - \sum P_i^2$
	Shannon-Wiener 指数（H）	$H = -\sum P_i \ln P_i$
丰富度指数	Margalef 丰富度指数（Ma）	$Ma = (S-1)/\ln N$
	Partrick 丰富度指数（R）	$R = S$
优势度指数	Berger-Parker 优势度指数（I）	$I = N_{\max}/N$
	Simpson 优势度指数（C）	$C = \sum P_i^2$
均匀性指数	Pielou 均匀性指数（E_{pi}）	$E_{pi} = N/\ln S$
	Sheldon 均匀性指数（E_s）	$E_s = \exp(-\sum P_i \ln P_i)/S$

注：S 为物种数目；N 为群落中所有物种个体总数；$P_i = N_i/N$；N_i 为物种 i 的个体数；$N_{\max}$ 为群落中个体数量最大物种的多度、盖度或重要值。

3.1.4.3 物种多样性的变化规律及影响因素

（1）物种多样性随纬度变化的规律及影响因素

物种多样性从低纬度（热带）到高纬度（两极）多样性逐渐减少，无论是陆地、海洋还是淡水环境都有类似趋势，主要是受热量和光照因素影响。但是也有例外，如企鹅和海豹在极地种类最多，而针叶树和姬蜂在温带物种最丰富。

案例： 亚马孙热带雨林占据了世界雨林面积的 1/2、森林面积的 20%，是全球最大及物种最多的热带雨林，植物种类多达数十万种，被称为"地球之肺"。而据南极科考资料，南极植物约 850 多种，主要为藻类、地衣、苔藓植物，开花植物仅 3 种，分别是垫状草和 2 种发草属植物。

（2）物种多样性随海拔变化的规律及影响因素

在陆地群落中，物种多样性随海拔升高而逐渐降低，主要是受温度因素影响，也受到地形、气候和环境局部变化等多种因素的影响。例如复杂的地形有利于遗传隔离和物种形成的发生，因而物种多样性也较大：占据不同山峰的、不能迁移的一个物种可能最终演化成几个不同的且适应于所在山峰局部山地环境的物种；地质条件复杂的地区存在多种界限明显的土壤条件，导致适应于不同土壤类型的各种群落和物种出现。

案例： 喜马拉雅山脉位于青藏高原南缘，是全球生态热点区域。其地形复杂，海拔落差大（100～8844m），具有明显的垂直气候带。哺乳动物物种多样性在喜马拉雅山地区的中低海拔最为丰富。调查发现喜马拉雅山地区有 313 种哺乳动物，其中特有种 72 种，非特有种 241 种。总体物种多样性在海拔 900～1400m 之间最高，特有种的物种多样性在海拔 2500～3000m 之间最高，非特有种的物种多样性在海拔 900～1400m 之间最高。随后各物种多样性随海拔的升高而降低（胡一鸣，2018）。

（3）物种多样性随水体深度变化的规律及影响因素

在海洋或淡水水体中，物种多样性随深度增加而降低。阳光进入水体后，被大量吸收和散射，水的深度越深，光线越弱，绿色植物无法进行光合作用，因此多样性降低。在大型水域中，温度低、含氧少、黑暗的深水环境中生物种类明显少于浅水区，主要是受光照和含氧量因素影响。

案例： 海平面以下 200m 是浅海区域（epipelogic zone），是海洋生物最丰富的洋带，大部分生物在光照层（photic zone），这层藻类丰富，初级生产力高；200～1000m 为海洋中层（mesopelagic zone），生物种类大减，主要有深海浮游动物，如章鱼、鲨鱼等；1000～5000m 为半深海层（bathylogic zone），这里有一些形体扁平的海洋鱼类，如琵琶鱼、宽咽鱼、鳐鱼、叉齿鱼等；5000m 以下为深海层（abyssopelogic zone），半深海层和深海层的鱼类大部分都有发光器官，以帮助它们在黑暗无光的环境中觅食和行动；还有超深海层（hadalpelogic zone），这里是无光深海区（aphotic zone），分布着各种底栖生物，已发现的种类有孔虫、海葵、多毛类、等足类、端足类、瓣鳃类和海参类等。

由于海水压力随深度增大而增大，因此，深海鱼类都对高水压具有适应性，一定的鱼类在一定深度范围内生活，不能在整个海洋深度范围内随意游动。深海的一些鱼类无法适应浅海区的低压力。反之，浅海区的一些鱼类亦不能适应深海区的高压力。某种鱼类只能通过调节体内的压力适应一定深度范围内的海水压力，即适应体内外压力的平衡。深海鱼类都属于冷水性鱼类。

（4）物种多样性随降水量分布变化的规律

降水量通过影响气候来影响物种多样性，降水量大的地区物种多样性丰富，降水量少的地区物种多样性少。主要是受水分因素影响。

案例：在我国从东到西，随着降水量的减少，植物物种多样性逐渐降低。在北方，针阔叶混交林和落叶阔叶林向西依次更替为草甸草原、典型草原、荒漠化草原、草原化荒漠、典型荒漠和极旱荒漠；在南方，东部亚热带常绿阔叶林（分布于江南丘陵）和西部亚热带常绿阔叶林（分布于云贵高原）在性质上有明显的不同，发生不少同属不同种的物种替代。

（5）物种多样性随时间变化的规律

从生命出现到现在，在生物进化的历史长河中，有新的物种不断产生，也存在已有物种的灭绝，几乎所有生物类群的物种都会经历发生、发展、分化或灭绝的过程。在研究这一自然过程的科学规律时，所选的时间尺度可以小到如季节、世代更替以及生态演替，也可以在数亿年的大范围内寻找物种数量变化的周期性或随机性规律。因此，由于时间尺度不同，所得到的物种多样性的变化规律也不同。

总的来说，影响物种多样性变化规律的因素主要有：a. 水分和热量。高温多雨，水热条件优越的地区，生物种类丰富。b. 复杂的自然环境。气候复杂的地区，生物种类丰富；水域环境复杂，水生生物丰富；地形复杂、起伏大的地区，生物种类丰富。c. 环境变迁与突发事件。如地质时期的冰期导致多样性减少；陨石撞击地球导致恐龙灭绝；全球变暖、臭氧层破坏导致生物多样性减少；环境变化导致食物缺乏等。d. 天敌与外来物种的干扰。19世纪初期欧洲殖民者将一些凶猛的狩猎物种（如赤狐、家猫等）引入澳大利亚，捕食导致当地多种小型的、特有的、珍稀的一些兽类种群快速下降，甚至灭绝。e. 人类活动的破坏与干扰。人类的滥捕滥猎、不合理的生产和活动及污染排放破坏生态环境恶化（如食物链的破坏、对动物栖息地的破坏、动物食用被污染的食物等），导致物种多样性减少。

 本节小结

物种是生物学的基本单元。与生物学种的概念相比，系统发育的物种概念倾向于鉴别更大量的物种。许多生物学家建议同时保留多个物种的概念，在具体情况下采用适宜的分类方法，这一策略可以很好地平衡不同的物种概念。

种群既是遗传单位，也是进化单位。在世代传递过程中，亲代传给子代的是不同频率的基因，基因频率会受到突变、选择、漂变和迁移等因素的影响而发生变化，最终在种群中固定下来。由于地理隔离、独立进化和生殖隔离的存在，形成了新的物种，这是进化过程中的决定性阶段。

物种多样性是生物多样性的核心，指地球上所有生物有机体的多样化程度，其在分布上具有明显的时间格局和空间格局。物种多样性包括两个方面，即一定区域内的物种丰富程度和分布的均匀程度。影响物种多样性的因素包括时间、空间、气候、竞争、捕食和生产力等。

3.2 种群及其基本特征

3.2.1 种群的概念

种群（population）是在同一时期内占有一定空间的同种生物个体的集合。种群是物种存在、物种进化的基本单位，也是生物群落的基本组成单位。种群既可以是抽象概念，也能指代具体对象。

案例：自然种群，如一个池塘里的鲤鱼种群；实验种群，如一块样地中人工种植的火龙果种群。

组成种群的生物可能是单体生物、构件生物。单体生物（unitary organism）指由一个受精卵直接发育而成的个体，其器官、组织、各个部分的数目在整个生活周期的各阶段保持不变，形态上保持高度稳定。哺乳类、鸟类、两栖类和昆虫都是单体生物的例子。与此相对，构件生物（modular organism）指由一套构件组成的生物体。由构建生物组成的种群，受精卵首先发育成一结构单位或构件，然后发育成更多的构件，形成分支结构。构件是由合子发育而来的基株之上形成的每一个与生死过程相关的可重复的结构单位，通常脱离母体可独立生长。构件发育的形式和时间是不可预测的。大多数植物、海绵、水螅和珊瑚是构件生物。

案例：通常高等动物由一个受精卵直接发育而成，是单体生物，如家禽、家畜等，在生长过程中形态变化不大，仅器官、体型等的大小有差异。绝大多数植物和大量低等动物是构件生物，如苹果、西瓜等蔬菜瓜果，在生长过程中，枝杈、根须数量不可预测。

种群和物种是两个完全不同的概念。一个物种可以包括多个种群，不同种群之间存在着明显的地理隔离，长期的分隔可以造成生殖隔离，形成不同的亚种。种群是物种存在的基本单位，生物学分类中的门、纲、目、科、属等分类单位是学者依据物种的特征及其在进化过程中的亲缘关系来划分的，唯有种（species）才是真实存在的，而种群则是物种在自然界存在的基本单位。因为组成种群的个体是会随着时间的推移而死亡和消失的，所以物种在自然界中能否持续存在的关键就是种群能否不断地产生新个体以代替那些消失了的个体。因此，从进化论观点来看，种群还是一个遗传和进化单位。从生态学观点来看，种群不仅是物种存在的基本单位，也是生物群落的基本组成单位，还是生态系统研究的基础。

"种群"这一概念运用较为广泛，在不同学科"种群"有不同说法，在人口学中称为"人口"，在昆虫学中为"虫口"，遗传学中常用"群体"，植物繁殖生物学中称"居群"。

3.2.2　种群的特征

种群是个体的集合，所以种群的特征区别于个体的特征，出现了统计学的特征。种群特征一般讨论的是个体正常发育条件下表现出的共性特征，并不包括具体的个体特征。种群主要特征有空间特征、数量特征、遗传特征和系统特征。

3.2.2.1　空间特征

种群的空间特征指种群有一定的分布区域和分布方式。种群因资源及自身特性而有一定的分布区域和分布方式。如槟榔芋、菠萝等作物因其喜光、喜温等特性，多分布于热带地区，引种时需考虑引种地水热条件，调整种植措施。

一般种群在空间上的分布方式有均匀分布（uniform distribution）、随机分布（random distribution）、聚群分布（aggregated distribution）3 种方式［图 3-6（a）］。均匀分布指种群内各个体等距分布，样本中个体数稳定。随机分布指每一个体在种群领域中各个点上出现的机会是相等的，并且某一个体的存在不影响其他个体的分布。聚群分布指种群内个体形成聚集斑块。

生产种植多运用均匀分布，自然系统中均匀分布可能因为竞争而出现，例如：森林中植物为竞争阳光和土壤中营养物，沙漠中植物为竞争水分等；随机分布在自然界中较罕见，当物种进入新栖息地时可能出现（风传播等），要求裸地环境较为均一；聚集分布则在自然界最为常见，种植生产中用过的"穴播"为此种分布，后被"精量播"代替，自然系统中则多因微地形差异、物种繁殖特性（种子不易移动幼体在母株周围聚集或无性繁殖等）、人为活动等因素影响易出现聚集分布。值得注意的是，调查研究时样方大小可能会影响分布型，需合理布设样方 [图 3-6（b）]。图 3-6（a）为三种分布型举例；图 3-6（b）体现样方大小对种群分布行结果的影响，故研究时需合理布设样方。

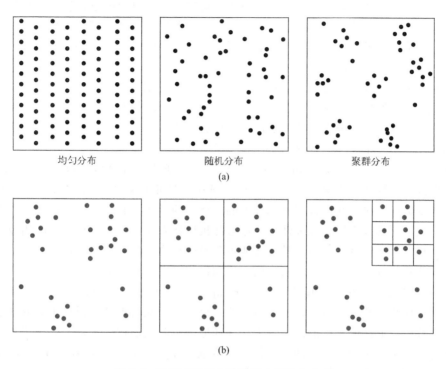

均匀分布　　　　　　　　随机分布　　　　　　　　聚群分布

(a)

(b)

图 3-6　种群在空间上的三种主要分布方式

案例：我国水稻栽插的行株距配置方式主要有 3 种：第 1 种是等行距的正方形栽插方式；第 2 种是行距较宽、株距较窄的长方形方式，简称宽行窄株方式；第 3 种是宽窄行相同，株距不变，形成双行并列方式，简称宽窄行方式。仅第 1 种为均匀分布，生产实践表明第 2 种宽行窄株方式有明显的增产作用。宽行窄株能在较高的穗数上提高每穗粒数，提高群体中个体的整齐度，能改善通风透光条件，较抗倒伏，明显减轻纹枯病、稻飞虱等病虫害。

三种分布型（均匀分布、随机分布、聚群分布）的鉴定可以通过检验方差/平均数比率的方法来实现。可由下式计算得到：

$$S^2 = \frac{\sum (x-m)^2}{n-1}$$

式中，n 为样本；x 为每个样本中个体数；m 为各个样本中个体平均数；S^2 为分散度。

判断：当 $S^2/m = 0$ 时，种群为均匀分布，此时 $S^2 = 0$；当 $S^2/m = 1$ 时，种群为随机分布，此时 $S^2 = m$；当 $S^2/m > 1$ 时，种群为聚群分布，此时 $S^2 > m$。

3.2.2.2　数量特征

数量特征指每单位面积（或空间）上的个体数量（即密度）及其变动。种群数量特征是众多研究的重要基础。种群密度（density）指单位面积、单位体积或单位生境中个体的数目，是种群最基本的特征，是种群内部调节的基础，影响种群的能流资源可用性、种群内部压力大小、种群分布和生产力。一个种群的大小（size）是一定区域内种群个体的数量，也可以是生物量或能量。

　　案例：在农业生产中病虫害是重要的产量影响因素，为提高产量通常需要采取不同措施来对病害进行防治，措施实施后需对害虫种群进行再统计及证明其效果。桃小绿叶蝉（*Empoasca flaoescens*）属同翅目叶蝉科，是马铃薯植株上的重要害虫之一，研究发现玉米与马铃薯间作可以降低其种群密度，达到防治目的。蛴螬（鞘翅目金龟总科幼虫的统称）是种类最多、分布最广、危害最严重的地下害虫类群，其种群发展受种植模式影响。

　　种群需要确定边界，边界的大小一般根据研究的需要确定。如某一种植开发区的猕猴桃产量调查、某一市县玉米叶部侵染性病害调查等。

　　种群密度按调查方法可分为绝对密度和相对密度。绝对密度指计数单位面积（或空间）实有个体数目或生物量。相对密度是能获得表示种群大小的相对指标。

　　绝对密度调查法主要分为总数调查法和取样调查法。

　　① 总数调查法：调查某一面积上同种个体的数目。

　　② 取样调查法——样方法（quadrat method）：在所研究种群区域范围内随机取若干大小一定的样方，计数样方中全部个体，然后将其平均数推广到整个种群来估计种群整体数量。种群密度估计是建立在样方密度基础上的。样方的形状限制不太大，可以是方形、长方形或圆形，但必须具有良好的代表性，并通过随机取样来保证结果可靠，同时用数理统计法来估计偏差和显著性。对一些不容易寻找或不显眼的动物，由于只能发现或捕到其中的一部分，难以计数总的数量，只能采取估计的方法如以相对密度作指标。

　　③ 取样调查法——标记重捕法（mark-recapture method）：对移动位置的动物，在调查样地上，随机捕获一部分个体进行标记后释放，经一定期限后重捕。根据重捕取样中标记比例与样地总数中标记比例相等的假定，来估计样地中被调查动物的总数。此方法要求研究期间受试生物种群是封闭的，即不能有个体总数变动（出生、死亡；迁入、迁出），所做标记不能改变生物的死亡率，不能影响生物正常生存。

　　案例：对移动性较小生物的研究工作常用样方法调查其种群数量，如五点采样法和等距取样法［图3-7（a）和（b）］。构件生物的密度统计需要考虑个体数和构件数两个方面。对于移动性较强的生物多采用标记重捕法，但传统方法成本高、耗时长、侵入性较强、限制较多，逐渐不能满足研究需求。摄影标记重捕法逐渐兴起，使用相机（或红外相机）拍摄照片，根据生物体表独特点或条纹鉴别个体，再运用标记重捕模型估计动物种群数量、密度等。如肖文宏等（2019）运用红外相机调查青城山野外家猫数量［图3-7（c）］；Quinby等（2021）将 *Nicrophorus orbicollis* 图片进行剪辑，突出背部斑点，*Nicrophorus americanus* 保留从前膜前部到鞘翅后部的背部区域，这种斑点图案可能是独一无二的，可以依据此鉴别物种，后可计数［图3-7（d）］。

　　相对密度调查法主要包括捕捉法、活动痕迹计数、鸣声计数、单位努力捕获量和毛皮收购记录等。

　　① 捕捉法：以一定工具捕获个体，经定量后获得该物种样本中的数量、密度，仅能反映其在样本中的多少，不能获得种群总数。如以捕鼠夹、诱捕飞虫的黑光灯、捕捉地面动物的陷阱、采集浮游动物的生物网等进行捕捉，只要能合理地定量，均可作为相对密度的指标。

　　② 活动痕迹计数：动物活动后遗留痕迹的计数，以此反映个体的多少，如粪堆、土丘、洞穴、足迹等。

　　③ 鸣声计数：主要适用于鸟类数量的调查。

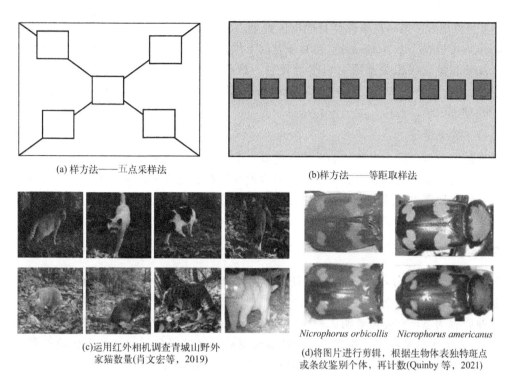

(a) 样方法——五点采样法　　　　(b)样方法——等距取样法

(c)运用红外相机调查青城山野外
家猫数量(肖文宏等，2019)

Nicrophorus orbicollis　*Nicrophorus americanus*

(d)将图片进行剪辑，根据生物体表独特斑点
或条纹鉴别个体，再计数(Quinby 等，2021)

图 3-7　不同绝对密度估算方法

④ 单位努力捕获量：在鱼类数量统计和预测预报中运用广泛。

⑤ 毛皮收购记录：可以通过多年连续的记录了解种群数量年际变化。如美洲兔（*Lepus americanus*）和加拿大猞猁（*Lynx canadensis*）的数员变动的 9～10 年周期，就是在分析百余年的毛皮收购数字后被证实的。

单一方法得到的相对密度对于种群动态的解释度较低，通常为绝对密度做出补充，但不意味着绝对密度一定比相对密度更准确可靠。多种方法估算相对密度可有效反映种群的动态。当有足够可靠的依据时相对密度可以转换为绝对密度。

3.2.2.3　遗传特征

遗传特征是指种群具有一定的基因组成。遗传特征在一定程度上可以决定种群的数量特征和空间特征。

案例：各种作物遗传特征决定了其不同环境耐受性、个体大小等特性，进而影响其分布区域、种群密度。香蕉（姜目）和小麦（禾本目）具有不同的遗传特征，因而其环境耐受性和个体特征等均有所不同。具体来说：香蕉要求环境高温多湿，最适温度 24～32℃，个体较大；小麦冬型品种适期的日平均温度为 16～18℃，半冬型为 14～16℃，春型为 12～14℃，个体小于香蕉。故二者分布地域不同，种植密度不同。

种群通常是由相同基因型的个体组成的，但在繁殖过程中，可以通过遗传物质重新组合及突变作用使种群的遗传性状发生变异，可能出现更适应环境的性状，利于种群发展。随环境的变化，种群可能发生进化或适应能力的变化。

案例：小麦（*Triticum* spp.）是 10000 多年前可能推动新石器时代向新月沃地定居农业社会过渡的初始作物之一（Avni 等，2017）。当野生二粒小麦（*T. turgidum* subsp. *dicoccoides*）进入驯化过程时，*T. turgidum* 谱系小麦作为作物的进化开始了，经过两次多倍化事件，最终普通小麦得以出现。第一次事件使得四倍体野生二粒小麦出现，第二次事件驯化的四倍小麦（*Triticum turgidum* ssp. *dicoccum*）和 D 亚基因组供体（*Aegilops tauschii*）出现。研究其进化过程，发现重要性状相关基因可以指导育种。目前已发现 *GNI1* 对麦穗结粒有重要影响，*GNI1* 表达水平下降导致产生更多可育小花的穗状花序，并且每个穗状花序中的粒数更多（Sakuma 等，2017）。

3.2.2.4 系统特征

种群是一个自组织、自调节的系统。它以一个特定的生物种群为中心，以作用于该种群的全部环境因子为空间边界组成了系统。因为种群具有系统特征，所以研究时应从系统的角度，通过研究种群内在的因子，以及生境内各种环境因子与种群数量变化的相互关系，从而揭示种群数量变化的机制与规律。

3.2.3 种群的动态

种群动态（population dynamics）研究种群数量在时间和空间上的变动规律。个体的变化会驱动种群的变化，个体的更新（出生、死亡、迁入、迁出）保持着种群的连续。为了明确描述种群的动态，首先需要明确种群的时空分布的基本状况（此前已经提过种群的分布及密度），此后运用模型或实测观察研究种群如何变动。通过研究同种物种组成的种群动态性质，可以了解农业生态系统此类环境相对简单的实际种群的动态。

3.2.3.1 种群数量变化影响因素（种内）

种群数量统计的基本参数有初级种群参数（出生率、死亡率、迁入率、迁出率）和次级种群参数（年龄结构、性比、种群增长率、分布型等）。

（1）初级种群参数

① 出生率（natality）。泛指任何生物产生新个体的能力，不论这些新个体的产生是通过分列、出芽、卵生、胎生还是别的生产方式。在统计时，可用单位时间内种群的出生个体与种群个体总数的比值计算。

出生率受到物种生殖能力和种群大小的影响，是种群个体增长的重要因素。一般分为最大出生率（或生理出生率）和实际出生率（或生态出生率）。最大出生率（maximum natality）是理想条件（无任何生态因子的限制作用）下，种群内后代个体的出生率。实际出生率（realized natality）就是一段时间内种群每个雌体实际的成功繁殖量。特定年龄出生率（age-specific natality）就是特定年龄组内每个雌体在单位时间内产生的后代数量。出生率的高低，与生物的性成熟速度、每次生产后代的量、每年的繁殖次数以及胚胎期、孵化期、繁殖年龄长短等有关。

案例 1：不同种动物的性成熟速度相差很多，狼 15~20 岁性成熟，黄鼬 10 个月左右性成熟，田鼠则仅需 2 个月左右，而甲壳类动物性成熟只需要几天。不同种动物每次产仔的数目相差悬殊。许多灵长类、鲸类每胎只产 1 仔；鼠类每胎可产 8 只左右，多者可达 10 只以上；鹑鸡类每窝 10~20 个幼雏；许多昆虫一次能产数百个卵；许多海洋鱼类和甲壳类一次产卵数万甚至数百万个。不仅如此，同种个体间每次产生后代的数量也存在差异。不同物种每年繁殖次数不同，进而每年产生后代的数量不同。有些动物具有一定的生殖季节，繁殖次数较少；有些动物则不间断地生殖，繁殖次数很多。鲸类、大象每 2~3 年产仔一次，某些鱼类一生仅产一次卵，而某些田鼠每年可产仔 4~5 窝。

案例 2：种子萌发与幼苗建植是植物生活史中最关键也是最脆弱的环节。种子萌发除了受自身大小、寿命等内在因素的影响外，还受诸多外在环境因素的影响，如温度、光照和水分条件等。播娘蒿（*Descurainia sophia*）是十字花科播娘蒿属一年生杂草，适应环境的能力强，广布于中国和北美地区。播娘蒿是我国北方地区小麦田中的主要杂草，其种子的萌发受光严重抑制，土地翻耕可以有效防止播娘蒿的发生。

② 死亡率（mortality）。在一定时间段内死亡个体的数量除以该时间段内种群的平均大小就是死亡率，这是一个瞬时率。

同样，死亡率可分为最低死亡率（或生理死亡率）和实际死亡率（或生态死亡率）。最低死亡率（minimum mortality）指种群在最适环境下由于生理寿命而死亡造成的死亡率，是一个生物学常数。实际死亡率（ecological mortality）则是指种群在特定环境下的实际死亡率，受环境条件、种群大小和年龄组成的影响。特定年龄群的特定年龄死亡率（age-specific mortality）是死亡个体数除以在每一时间段开始时的个体数。调查自然种群的死亡率较为困难，故此方面的研究少于种群出生率的研究。一般利用标记重捕法估算种群死亡率。

③ 种群的迁入（immigration）和迁出（emigration）。种群常有迁移扩散的现象，种群的迁出或迁入，影响一个地区的种群数量变动。迁移率指在一定时间内种群迁出数量与迁入数量之差占总体的百分比。直接测定种群的迁入率和迁出率是非常困难的。在种群动态研究中，往往假定迁入与迁出相等，从而忽略这两个参数，或者把研究样地置于岛屿或其他有不同程度隔离条件的地段，以便假定迁移所造成的影响很小。

（2）次级种群参数

① 种群年龄结构（population age structure）。又称时期结构，是把每一年龄群个体数量描述为一个年龄群对整个种群的比率。年龄群可以是特定分类群，如年龄或月龄，也可以是生活史期，如卵、幼虫、蛹和龄期。常用年龄锥体或年龄金字塔表示。年龄锥体（age pyramid）是以不同宽度的横柱从下至上配置而成的图，横柱从下到上的位置表示从幼年到老年的不同年龄组，宽度表示各年龄组的个体数或各年龄组在种群中所占数量的百分比。按锥体形状，种群年龄结构一般有 3 种类型，即增长型、稳定型、衰退型（图 3-8）。图 3-8（a）为增长型，种群中幼年个体较多，老年个体较少，反映种群出生率大于死亡率，种群可快速增长；图 3-8（b）为稳定型，种群中幼年个体和老年个体数量接近，反映出生率与死亡率大致相等，种群数量相对稳定；图 3-8（c）为衰退型，种群中幼年个体数量少于老年个体，此时死亡率大于出生率，种群数量趋于下降。

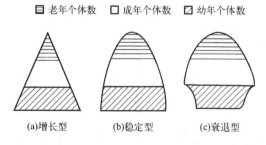

▤ 老年个体数　▢ 成年个体数　▨ 幼年个体数

　　　　(a)增长型　　　　　(b)稳定型　　　　　(c)衰退型

图 3-8　年龄金字塔示意图（Kormondy，1996）

构件生物的年龄结构包含个体年龄和组成个体的构件年龄两个层次。植物的年龄结构因其生长率不可预测，与年龄相关不密切。因此对构件生物，用个体大小，如质量、覆盖面积或树木胸高直径（DBH）比年龄更有效。

② 性比（sex ratio）。指的是种群中雌雄个体的比例。

案例：不同物种种群具有不同的性别比例特征。人、狼等高等动物的性别比例雌：雄＝1。蜜蜂、蚂蚁等社会性昆虫种群以雄性为主，性别比例雌：雄<1。轮虫、枝角类等周期性孤雌生殖的物种种群以雌性个体为主，性别比例雌：雄>1。黄鳝等有性逆转特点的物种性比有自己的特点，黄鳝幼年均为雌性，繁殖时多数性转为雄性。

③ 生命表（life table）。其是用来描述种群死亡过程的有用工具，主要分为动态生命表和静态生命表。

a. 动态生命表（dynamic life table）。是描述一组大约同时出生的个体从出生到死亡的命运，此组个体称为同生群（cohort），又称作水平生命表。表中各指标计算：存活数（n_x，x 表示年龄）是观测数据，存活率（l_x）＝n_x/n_0，死亡数（d_x）＝n_x-n_{x+1}，死亡率（q_x）＝d_x/n_x，平均存活数（L_x）＝$(n_x+n_{x+1})/2$，累积存活数（T_x，累加起止时间：观察年份下一年起至种群所有个体死亡止）＝$\sum L_x$，生命期望（e_x，描述到年龄 x 时还能存活多久）＝T_x/n_x。

b. 静态生命表（static life table）。是根据某一特定时间对种群做一年龄结构的调查资料而编制，一般用于难以获得动态生命表数据的情况下的补充，又称作垂直生命表。

案例：自然种群基本存在世代交替的情况，即存在不同发育期个体的种群，故静态生命表运用较多。例如，沙氏鹿茸草（*Monochasma savatieri* Franch. ex Maxim.）为列当科（原玄参科）鹿茸草属，是一种多年生半寄生植物，是民间常见中药材，也是国家中成药保护品种炎宁颗粒的主要原料之一（马静等，2012）。研究中为预测种群未来结构变化，使用了静态生命表（表3-4）。

表 3-4　不同地区沙氏鹿茸草种群的静态生命表（施咏滔等，2022）

地区	龄级	基径/cm	a_x	a_x'	l_x	d_x	q_x	L_x	T_x	e_x	K_x	$\ln l_x$
湖北黄石	1	0.1~0.2	28	28	1000	6643	0.643	679	1143	1.143	1.030	6.908
	2	0.2~0.4	10	10	357	250	0.700	232	464	1.300	1.204	5.878
	3	0.4~0.6	3	3	107	71	0.667	71	232	2.167	1.099	4.674
	4	0.6~0.8	1	1	36	0	0	36	161	4.500	0	3.576
	5	0.8~1.0	0	1	36	0	0	36	125	3.500	0	3.576
	6	1.0~1.2	1	1	36	0	0	36	89	2.500	0	3.576
	7	1.2~1.4	0	1	36	0	0	36	54	1.500	0	3.576
	8	1.4~1.6	1	1	36	—	—	18	18	0.500	3.576	3.576
江西吉安	1	0.1~0.2	23	23	1000	261	0.261	870	2065	2.065	0.302	6.908
	2	0.2~0.4	17	17	739	261	0.353	609	1198	1.618	0.435	6.605
	3	0.4~0.6	11	11	478	348	0.727	304	587	1.27	1.299	6.170
	4	0.6~0.8	3	3	130	0	0	130	283	2.167	0	4.871
	5	0.8~1.0	3	3	130	87	0.667	87	152	1.167	1.099	4.871
	6	1.0~1.2	0	1	43	0	0	43	65	1.500	0	3.772
	7	1.2~1.4	1	1	43	—	—	22	22	0.500	3.722	3.772

续表

地区	龄级	基径/cm	a_x	a'_x	l_x	d_x	q_x	L_x	T_x	e_x	K_x	$\ln l_x$
江西庐山	1	0.1~0.2	23	23	1000	130	0.130	935	1543	1.543	0.140	6.908
	2	0.2~0.4	20	20	870	783	0.900	478	609	0.700	2.303	6.768
	3	0.4~0.6	1	2	87	0	0	87	130	1.500		4.465
	4	0.6~0.8	2	2	87	—	—	43	43	0.500	4.465	4.465
总和	1	0.1~0.2	74	74	1000	365	0.365	818	1500	1.500	0.454	6.908
	2	0.2~0.4	47	47	635	432	0.681	419	682	1.100	1.142	6.454
	3	0.4~0.6	15	15	203	122	0.600	142	264	1.300	0.916	5.312
	4	0.6~0.8	6	6	81	41	0.500	61	122	1.500	0.693	4.395
	5	0.8~1.0	3	3	41	27	0.667	27	61	1.500	1.099	3.702
	6	1.0~1.2	1	1	14	0	0	14	34	2.500	0	2.604
	7	1.2~1.4	1	1	14	0	0	14	20	1.500	0	2.604
	8	1.4~1.6	1	1	14	—	—	7	7	0.500	2.604	2.604

注：x 为单位时间内年龄等级的中值；a_x 为在 x 年龄开始时存活的实际数量；a'_x 为匀滑修正后在 x 龄级内现有个体数；l_x 为在 x 年龄开始时标准化存活数；d_x 为 x 年龄间隔期（即 $x-x+1$）标准化的死亡率；q_x 为该年龄期死亡个数 d_x 与该期开始个数 l_x 的比值；L_x 为 x 到 $x+1$ 年龄间还存活的个体数；T_x 为 x 年龄至超过 x 年龄还存活的个体；e_x 为进入 x 年龄个体的生命期望或平均余生；K_x 为各龄级内的消失率；$\ln l_x$ 为 l_x 的对数。

昆虫生命表：早期的昆虫年龄生命表理论均以雌性为主，属于雌性-年龄生命表（female age-specific life table）。其中昆虫繁殖力生命表常用于实验种群，研究的种群世代完全重叠、年龄组配较为稳定。

案例：朱砂叶螨是世界上广泛分布的重要害螨，为害谷物、棉花、果树、蔬菜、桑树、观赏植物等 120 多种植物。研究对比朱砂叶螨在不同桑树品种上的繁殖生命表，以评估三种桑树的抗朱砂叶螨水平（陶士强，2005）。

雌性-年龄生命表存在诸多问题，如不考虑雄性个体与龄期的变化，因此无法准确描述种群的存活率、繁殖率、取食量，也无法考虑性比对种群增长的影响，这限制了其在害虫治理中的应用，后提出两性生命表。

两性生命表：即年龄-阶段两性种群生命表，详细考虑了昆虫种群的年龄分化，并且包含雌、雄两性（齐心等，2019）。可以得到详细的存活率、繁殖力、种群参数净生殖率、平均世代周期、内禀增长率、周限增长率、总繁殖率、种群加倍时间等。

案例：西花蓟马（*Frankliniella occidentalis*）是我国重要农业入侵害虫，南方小花蝽（*Orius similis*）是其优势捕食性天敌，研究通过运用两性生命表系统评价南方小花蝽对西花蓟马的控制作用（胡昌雄等，2021）。

综合生命表是基于动态生命表增加生物生产的后代数 m_x、致死力 k_x（死亡率效应）。综合生命表具有重要的生态学意义。

首先，利用综合生命表可计算得到重要指标——净增长率（net reproductive rate）R_0、种群增长率 r 和内禀增长率 r_m。

$$净增长率 R_0 = \sum 存活率（l_x）\times 生殖率（m_x）$$

R_0 也表示种群的世代净增长率。

种群增长率 r 表示种群的实际增长率，也称自然增长率 $r = \dfrac{\ln R_0}{T}$，其中 $T = \dfrac{\sum x\, l_x m_x}{\sum l_x m_x}$，表示世代时间（generation time，表示种群中子代从母体出生到子代再生殖的平均时间）。

内禀增长率（intrinsic rate of population，r_m）：指具有稳定年龄结构的种群，在食物不受限制、同种其他个体的密度维持在最适水平、环境中没有天敌，并在某一特定的温度、湿度、光照和食物等的环境条件组配下，种群的最大瞬时增长率。

其次，利用综合生命表可计算得到重要指标——致死力（或死亡率效应）。

致死力：一个生活史时期的 k_x 值（如卵期、幼虫期等），$k_x = \lg n_x - \lg n_{x+1}$。由致死力可计算总死亡率效应 $k_{total} = \sum k_x$（死亡率转化为致死力可以避免死亡率累加 > 1 的问题）。进而可以进行 k 因子分析（k-factor analysis），可以得出在哪一个时期，死亡率对种群大小的影响最大，从而判断出对 k_{total} 影响最大的因子。

案例：为研究鳟鱼哪一个时期的死亡率对种群总死亡率的影响最大，研究人员对鲑鱼各个时期的死亡率进行跟踪调查发现，刚孵化小鳟鱼第一春死亡率效应最高，且趋势与种群总死亡率效应最相似，即小鳟鱼的死亡率对总死亡率的影响最大。结果表明为有效保护鳟鱼资源，应加强对小鳟鱼的保护。后续可研究小鳟鱼致死原因，提高保护效率（图 3-9）。

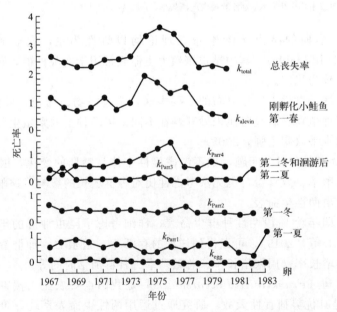

图 3-9　鳟鱼不同时期死亡率长期数据（1967～1983 年）（仿 Mackenzie 等，1998）

最后，利用综合生命表可计算得到重要指标——存活曲线。

存活曲线（survivorship curve）：以存活数的对数（$\lg n_x$）对年龄（x）作图得到。存活曲线分为 Deevey-Ⅰ型、Deevey-Ⅱ型、Deevey-Ⅲ型三种基本类型［图 3-10（a）］。Ⅰ型幼年和青年期死亡率非常低，大部分个体可以活到生理寿命，进入衰老期后死亡率大幅增加，一般是处于食物链顶端的生物，如虎、狮、人等。Ⅱ型从幼体到老年个体的死亡率比较稳定，在鸟类中较为常见。Ⅲ型在幼年时期死亡率极高，成年后存活率大幅升高后趋于稳定，多出现于体外产卵的生物种群中，如大部分鱼类，产卵量大，但卵孵化率低。

案例：秤锤树（*Sinojackia xylocarpa*）为我国特有种，具有安息香科系统发育研究意义，观赏价值高，是国家重点保护的极度濒危植物。2016 年，全国第二次重点保护野生植物资源调查中，在江苏南京老山国家森林公园内重新发现了秤锤树天然种群的野外分布，其种群在自然状态下很难与典型的生存曲线模型完全吻合，观察发现秤锤树种群存活曲线与 Ⅱ 型、Ⅲ 型较为符合，进行 F 检验和相关性检验后发现秤锤树种群的函数模型中 F 值和 R 值均为指数模型，比幂函数模型的值大，说明秤锤树种群存活曲线更符合 Ⅱ 型 ［图 3-10（b）］（孔景等，2021）。

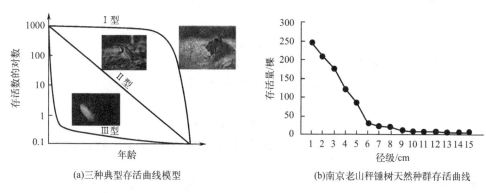

(a)三种典型存活曲线模型　　　　　(b)南京老山秤锤树天然种群存活曲线

图 3-10　三种典型存活曲线模型和南京老山秤锤树天然种群存活曲线（孔景等，2021）

3.2.3.2　种群增长模型

（1）非密度制约种群增长模型

前提假设：资源不受限制，不考虑个体间竞争，增长率为内禀增长率。

模型：种群数量呈指数增长，用指数模型描述，其增长曲线为"J"形。可做对数变换，其增长曲线为直线。

① 离散种群增长模型。前提假设：资源不受限制，不考虑个体间竞争，增值率不变，不考虑迁入、迁出，且世代不重叠（繁殖后亲本死亡）。此时种群数量呈指数增长，如下式表示：

$$N_{t+1} = \lambda N_t$$

式中，N_t 表示 t 世代种群大小；N_{t+1} 表示 $t+1$ 世代种群大小；λ 为种群的周限增长率。即：

$$N_{t+1} = N_0 \lambda^t$$

或取对数表示：

$$\lg N_t = \lg N_0 + t \lg \lambda$$

此时 λ 是种群增长的重要影响因子。$\lambda > 1$，种群增长；$\lambda = 1$，种群稳定；$\lambda < 1$，种群下降；$\lambda = 0$，无繁殖，种群将在下一代灭绝。

② 连续种群增长模型。假设：资源不受限制，不考虑个体间竞争，增长率不变，不考虑迁入、迁出，亲代不灭绝。在很短时间 $\mathrm{d}t$ 内种群的瞬时出生率为 b，瞬时死亡率为 d，种群增长率 $r = b - d$。种群增长用下式表示：

$$\frac{\mathrm{d}N}{\mathrm{d}t} = (b-d)N = rN$$

积分得：

$$N_t = N_0 \, e^{rt}$$

或取对数表示：

$$\ln N_t = \ln N_0 + rt$$

案例： 估算非密度制约性种群的数量加倍时间。根据 $N_t = N_0 e^{rt}$，当种群数量加倍时，$N_t = 2N_0$，因而 $2N_0 = N_0 e^{rt}$，$e^{rt} = 2$ 或 $\ln 2 = rt$，$t = \ln 2 / r$，其中 $r = \ln R_0 / T$。

（2）密度制约种群增长模型

前提假设：环境容纳量（K）指环境条件能容纳的最大种群数量；增长率是变动的，随密度上升而下降；每个个体利用空间为 $1/K$，N 个个体利用空间为 N/K，剩余空间为 $1 - N/K$。

① 逻辑斯蒂增长模型（logistic growth model）。基于指数增长方程 $dN/dt = rN$，增加密度制约，即乘密度制约因子（$1 - N/K$），可得：

$$dN/dt = rN(1 - N/K)$$

其积分式为：

$$Nt = K/(1 + e^{a - rt})$$

其中参数 a 的值取决于 N_0，表示曲线对原点的相对位置；r 表示物种的潜在增殖能力；K 表示环境容纳量。

在种群增长早期阶段，N 很小，N/K 也很小，因此 $1 - N/K$ 接近 1，所以抑制效应可忽略不计，种群增长实质上为 rN，呈指数增长。当 N 变大后，抑制效应增强，直到 $N = K$ 时，此时 $1 - N/K = 0$，种群增长为零，达到平衡状态（图 3-11）。

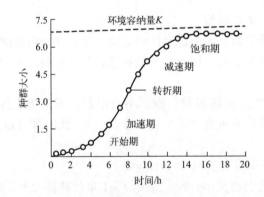

图 3-11　S 形连续增长模型模拟（仿 Kendeigh，1974）

逻辑斯蒂方程的重要意义：a. 是许多个相互作用种群增长模型的基础；b. 是渔业、牧业、林业等领域确定最大持续产量的重要模型；c. 模型中参数 r 和 K 是生物进化对策理论中的重要概念。

S 形曲线有两个特点：a. 曲线渐近于 K 值，即环境容纳量；b. 曲线上升是平滑的。

案例： 农业生产中维持或恢复多样性对维持生态系统健康和作物产量有重要作用。有研究观测西欧不施肥、不使用杀虫剂时，大麦、黑麦、豌豆混播自主发展的农田系统中的功能生物多样性，实验中发现 4 种有潜在利用价值的野生一年生花卉。随着作物生长，其叶片覆盖和冠层郁闭使得野生花卉受到的光照变化较大，不利于其生长发育。若能明晰一年生植物的种群动态，对于协调作物和野生经济植物间关系有重要指导作用，进而可以获得具有稳定产量和高功能多样性的生产系统。而常用的指数增长或稳定的 S 形增长模型不能完全满足需求，研究人员根据需要提出模型，根据数据拟合情况得到相对最优解。

上述例子中研究人员选的最优模型如下。

假设：a. 穿过冠层的光比例和损耗与遮阴程度成正比；b. 发芽和种子密度成正比，不考虑种子数量的消耗；c. 损耗率由相对速率参数、阴影效应和一年生植物密度来表征。

$$\frac{\mathrm{d}N(t)}{\mathrm{d}t} = a\,[1-s(t)] - bs(t)N(t)$$

式中，$N(t)$ 是时间 t（°Cd）时野生植物的密度（m^{-2}）；a 是发芽率 [m^{-2}·（°Cd）$^{-1}$]；b 是死亡率 [（°Cd）$^{-1}$]；$s(t)$ 表示冠层的阴影（以比例表示，范围为 0~1）。

为了考虑温度对萌发率和损耗率的影响，该模型以热时间（单位：°Cd）表示（Stilma 等，2009）。

② 最大持续产量 MSY（maximum sustainable yield）原理。前提假设：a. 环境恒定不变，且补充量曲线，即符合逻辑斯蒂增长模型；b. 忽略种群的年龄结构，不考虑存活率和繁殖力随年龄的变化。

种群最大净增长量发生在中等密度、种群中存在许多繁殖个体而种内竞争又相对较低的情况下。这一最大净增长量代表可长期从种群中收获的最大数量 MSY。

MSY 的计算：在中等种群密度即 $N=K/2$ 时，种群增长速率 $\mathrm{d}N/\mathrm{d}t$ 即增长曲线斜率最大。将 $N=K/2$ 代入逻辑斯蒂方程，即：

$$\mathrm{d}(K/2)/\mathrm{d}t = rK/2\left(1-\frac{K}{2K}\right) = rK/4$$

即得 MSY$=rK/4$（图 3-12）。但实际生产中，因为难以保证前提假设成立，所以 MSY 很难得到可靠的估测，但 MSY 仍是捕捞渔业、野生植物、森林业等优势的模型。

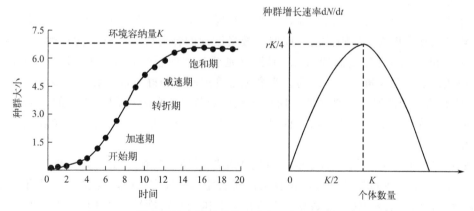

图 3-12　最大持续产量的计算示意图（仿 Kendeigh，1974）

案例：刀鲚（*Coilia nasus achlegel*），又名长颌鲚，俗称刀鱼，是长江中下游重要的洄游性经济鱼类。多年持续高强度捕捞对刀鲚资源造成了严重影响，对其最大持续产量（MSY）和相应捕捞努力量（Fmsy）的估算对其资源保护利用有重要意义。研究人员对 1992~2002 年长江下游刀鲚资源进行了调查，后基于 Schaefer 模式估算刀鲚的 MSY 和 Fmsy。

$$Y = F(B_\infty - F/k)$$

式中，B_∞ 为种群最大资源量；$F=qf$，其中 f 为捕捞努力量，q 为可捕系数；k 为模式参数。

令 $a=qB_\infty$，$b=q^2/k$，则 $Y=af-bf^2$。平衡状态下可得 $\mathrm{d}y/\mathrm{d}f=a-2bf=0$，得：$Fmsy=f=a/(2b)$，$MSY=Y=a^2/(4b)$。根据数据得图 3-13。

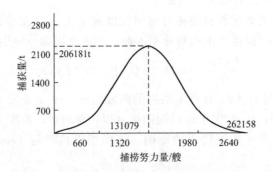

图 3-13　刀鲚汛期持续捕获量和捕捞努力量的理想曲线（张敏莹等，2005）

注：得到理想数据与实际数据对比，可以评估资源利用情况，并提出相应资源保护利用建议。

3.2.3.3　自然种群数量变化

（1）种群的季节消长

一般来说植物的年内波动主要与温度、光照、营养条件等因素相关，动物则主要与食物条件相关。

案例： *Parapoynx crisonalis*（鳞翅目，草螟科）是水生蔬菜和水生景观植物的主要害虫，温度耐受范围较广，可在 $21\sim36℃$ 正常生长发育，最适温度在 $24\sim30℃$ 之间。对菱角（*Trapa natans*）造成了巨大的经济损失，为更好地对其进行防控，研究人员对其种群季节变化进行了观测。

（2）种群的波动

种群数量在不同年份之间的变动，有的具有规律性，有的没有规律性。大多数动物种类的多年数量动态表现为不规则波动，周期性数量波动的种类较少。种群波动的原因主要有：a. 环境的随机变化（非密度制约）；b. 时滞（延缓的密度制约）；c. 过度补偿性密度制约。在农业种植系统中和养殖系统中因为人为高强度管理所以种群数量一般较为稳定。

① 种群的规则性波动。通常是由捕食或操作导致延缓的密度制约造成的，可能发生在食物链的不同营养级中，食草动物和食肉动物的变化最为常见，如北美美洲兔和猞猁的年际种群变化。

案例： 自然群落通常没有明显的"等时等量"循环性特征。如甜菜夜蛾（*Spodoptera exigua* Hübner，一种世界性害虫，在我国常间歇性暴发成灾）间歇性暴发不具有"等时等量"循环性特征，但经"转折点数检验"发现，我国甜菜夜蛾暴发"年频次"时间序列趋势中存在理论循环性波动特征，主要表现为其"年频次"值在时间序列轴上表现出明显的"峰-谷"循环交替过程（图 3-14）。

② 种群的不规则性波动。由环境因子特别是气候的变化引起的，一般小体型、短寿命物种的数量变化较大。

案例： 在病虫害管理中，通过喷洒杀虫剂来控制病虫害。常用的化学防治方法是喷洒农药，使种植者的经济损失降到最低，对环境的影响最小。由于农药是脉冲喷洒，是瞬间杀灭而不是连续杀灭，研究人员研究了具有生育脉冲的阶段结构系统在时滞脉冲控制策略作用下的害虫种群动力学问题。模型的动力学行为被发现是复杂的，在阈值水平以上存在导致混沌

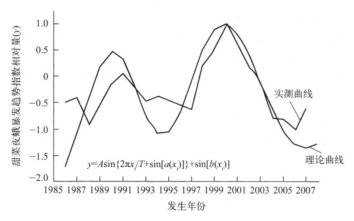

$$y=A\sin\{2\pi x_i/T+\sin[a(x_i)]\}+\sin[b(x_i)]$$

图 3-14　1985～2008 年间我国甜菜夜蛾暴发趋势指数相对实测值
曲线与相对模拟值曲线比较图（文礼章等，2011）

动力学的特征分岔序列。

（3）种群的暴发

具不规则或周期性波动的生物都可能出现种群的暴发，如蝗灾、赤潮等。

案例：种群数量变化的驱动因素包括内源性（即与密度相关）的因素和外源性（即与密度无关）的因素。有效的害虫管理需要了解这些因素如何相互作用及如何影响害虫的动态。棉铃虫（*Helicoverpa armigera*）具有多食性、高机动性、高繁育力和兼性滞育的特点，是亚洲最具破坏力的农作物害虫之一，研究棉铃虫种群动态的驱动因素具有理论和实践价值。持续的气候变化和农业集约化释放了严格控制的害虫种群引发了 1992 年棉铃虫的区域暴发，虽然种群内部的密度制约对种群数量有一定的调节作用，但中期暴发后种群数量跃至更高水平，并且波动幅度更大（图 3-15）。

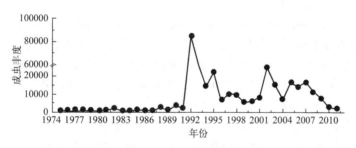

图 3-15　棉铃虫 1975～2011 年的年度种群丰度（Ouyang 等，2014）

（4）种群的平衡

种群的平衡指种群数量较长时间地维持在同一水平上，通常通过种群内部调节机制完成。从理论上讲，种群增长到一定程度，数量达到 K 值之后，种群数量会保持稳定，如大多数有蹄类和食肉类动物，但实际上大多数种群数量不会长时间保持不变，稳定是相对的，种群平衡是一种动态平衡。

（5）种群的衰落

当种群长久地处于不利的环境条件下，或在人类过度捕猎，或栖息地被破坏的情况下，其种群数量可出现持久的下降，即种群衰落，甚至出现种群灭亡。一般个体大、出生率低、生长慢、成熟晚的生物易出现。

种群衰落和灭绝的原因是多方面的，例如：种群密度过低，由于难以找到配偶而使繁殖概率降低。近亲繁殖，使后代体质变弱，死亡率增加；生物栖息环境的变化，如森林砍伐、草原荒漠化、农田的大量开垦、城市化的加剧、环境污染加剧、气候变化等；物种联级灭绝，即猎物灭绝、传粉者灭绝等原因，导致与其联系较为紧密的其他物种灭绝。

最小可存活种群表示种群以一定概率存活一定时间的最小种群大小，若一个种群其数量达到或低于此"临界值"，该物种可能走向灭绝。

案例：随着农业的发展，农业集约化导致了异质性和多样化程度较低的景观，对生物多样性会造成许多不利影响，为了维持许多物种的可持续种群，需要了解农业集约化影响鸟类数量和分布的方式。通过研究 12 年的调查数据，发现红隼在区域或地方尺度都表现出显著的种群崩溃。

（6）生物入侵

由于人类有意识或无意识地把某种生物带入适宜其栖息和繁衍的地区，其种群不断扩大，分布区逐步稳定扩展，这种过程为生物入侵（biotic invasion，或 biologic invasion）或生态入侵（ecological invasion）。

案例：全球因各种理由，如水产养殖、水族馆使用、钓鱼、生物控制等，引入非本地鱼类。非本地鱼类的引入对水产养殖、捕捞渔业做出了巨大贡献，但入侵鱼类对水生生物多样性构成了严重威胁，被认为是本土物种濒危或灭绝的主要原因之一。成功的入侵鱼类物种往往通过竞争、捕食、栖息地改变、杂交和寄生在新栖息地造成生态问题，从而减少本地物种的生物量，进而造成经济损失、生态系统服务功能损失。目前鲤鱼、尼罗罗非鱼、尼罗河鲈鱼、褐鳟、虹鳟鱼、大嘴鲈鱼等人们普遍见的引入鱼类已在世界范围内被列为入侵物种（Mutethya 等，2020；Vilizzi 等，2015；Xia 等，2019）。

本地种（native species，或 local species）：出现在其（过去或现在）自然分布范围及其扩散潜力以内（即在其自然分布范围内，或在没有直接或间接引入或照顾情况下可以存活）的物种、亚种或以下的分类单元。

外来种（alien species，或 non-native species，或 non-indigenous species）：出现在其（过去或现在）自然分布范围及其扩散潜力以外（即在其自然分布范围内，或在没有直接或间接引入或照顾之下不能存活）的物种、亚种或以下的分类单元，包括其所有可能存活、继续繁殖的部分。据不完全统计，目前我国有主要外来杂草 107 种，外来害虫 32 种，外来病原菌 23 种（中国人口·资源与环境，2002）。

案例：外来种中，部分物种适应良好甚至偶尔可以繁殖，但不能形成自我更新的种群，只能依赖不断地引种维持种群数量，最终走向消亡，这些物种只能称为"外来种"；另有部分物种能通过种子或无性系分株，形成至少 10 年以上的自我更新的种群，且没有造成严重的生态危害，这些外来种可进一步称为"归化种"。而"入侵种"则是"归化种"的子集，在"归化种"中，一些物种后代数量较大，有潜力大面积扩散，改变和威胁引种地生物多样性（包括物种组成、群落结构和生态系统），故而被称为"入侵种"。成为"归化种"是转变为"入侵种"的前期步骤，而只有会对引种地生态造成严重危害的"归化种"才能被称为"入侵种"。"外来种""归化种""入侵种"三者之间的关系示意见图 3-16。

生物入侵的过程包括扩散、建立种群、生长、繁殖。

① 扩散。在农业中，农田受到持续的干扰，不断创造出可供殖民的新栖息地，许多非作物生物，包括有益和有害的杂草、昆虫、其他动物、疾病与微生物等可通过扩散进入农田，深入地了解非作物生物的扩散机制，以及其如何受到屏障的影响，对农业生态系统的设

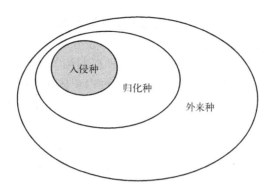

图 3-16　外来种、归化种、入侵种三者之间关系示意图（陈雨艳和李德红，2018）

计和管理有重要意义。

生物扩散的机制通常是多样的，包括风、动物、水、重力等。扩散机制的一个重要方面是提供一种选择性优势，以"逃离"繁殖源。

大多数作物依赖于人类的传播，其自身的扩散能力在很大程度上已经变得无关紧要。大多数作物物种已经失去了它们作为野生物种时的扩散机制。因人工选育驯化，作物的种子变得太大或失去了曾经促进传播的附属物，或者其花序不再分散种子。扩散能力的丧失在一年生作物中尤为明显，这些作物的种子或谷物是收获的部分。

② 建立种群。理论上多样的扩散机制使得生物的繁殖体可以扩散到地球的任何角落，但仅有小部分能遇到满足种子萌发和种群建立条件的环境。一个物种的种子落在安全地点的数量越多，该物种在新栖息地建立一个可生存种群的机会就越大。

对于作物、杂草等植物而言，苗期是其生命周期中最敏感的时期，故而是其扩散后能否建立新种群的关键时期。休眠的种子可以忍受非常困难的环境条件，但一旦发芽，新出现的种子必须生长或死亡。干旱、霜冻、草食和栽培等因素可能造成幼苗死亡，人类的干预可以帮助作物幼苗成功建立新种群。

③ 生长。幼苗完成新种群建立后将在新栖息地继续生长，其生长速度由其自生遗传特性和环境共同决定。植物在生长的早期通常生长得最快，这是通过长期积累的净生物量来衡量的。随着成熟的开始，它们的生长速度减慢。水、光、肥等环境因素会影响植物某阶段的生长发育，人工干预可能可以改变作物达到成熟所需的时间和其积累的生物量。

④ 繁殖。最初的殖民个体达到成熟就可以繁殖，繁殖是否成功标志着其入侵是否成功。

3.2.4　种群调节

3.2.4.1　调节机制

（1）外源性种群调节理论

① 气候学派。假设种群没有时间达到环境容纳量所容许的数量水平，无食物竞争。认为种群受天气的强烈影响，其增长主要受有利气候时间短暂的限制。多以昆虫为研究对象，强调种群数量的变动，否定稳定性。

② 生物学派。主张捕食、寄生、竞争等种间关系对种群起调节作用，认为只有密度制约因子才能调节种群密度。多以大型生物为研究对象，强调食物对种群调节的重要作用。

（2）内源性种群调节理论

① 行为调节学说。种内个体间通过行为对其种群进行调节。主要针对群居性生物，强调社群的等级和领域性。社群等级形容动物种群中各个动物的地位具有一定次序。领域指个

体、家庭或其他社群单位所占据的，并积极保卫不让同种其他成员侵入的空间。保卫领域的方式通常有鸣叫、气体标志、威胁、直接进攻驱赶入侵者等。

② 内分泌调节学说。强调激素分泌的反馈对种群的调节，种群数量会由于生理上的变化，通过反馈得到调节。认为当种群数量上升时，种内个体间的社群压力增加，加强了对中枢神经系统的刺激，影响了脑下垂体和肾上腺的功能。生长激素分泌减少，促肾上腺皮质激素分泌增加。生长激素减少，使生长和代谢受到阻碍，抵抗疾病和不良环境的能力降低，使种群的死亡率增加。促肾上腺皮质激素增加一方面可使有机体抵抗力减弱，另一方面还可使性激素分泌减少，生殖受到抑制，胚胎死亡率增加，出生率降低。种群数目下降，这样又使社群压力降低，通过生理调节，恢复种群数量。

③ 遗传调节学说。以种群内遗传多样性为基础，即认为不同遗传结构的个体其生存能力不同，强调自然选择压力和遗传组成的改变对种群数量的调节作用。通常认为遗传与生物的行为、扩散等因素一起对种群数量进行调节。

3.2.4.2 调节方式

（1）密度调节

即通过密度因子对种群大小的调节过程，包括种间调节和食物调节。

案例：棉蚜和棉叶螨在棉田存在着激烈的种间竞争，不会出现在同一地区或同一块棉田同时严重发生的现象。研究发现，少量棉蚜对棉叶螨的产卵量有促进作用，当棉蚜增加到一定数量后对棉叶螨是抑制作用；少量叶螨对棉蚜产仔量起促进作用，棉叶螨的数量增加到一定数量后棉蚜种群数量增长受到了抑制；棉蚜对棉叶螨产卵量的抑制作用强于棉叶螨对棉蚜产仔量的抑制作用（李勇，2017）。棉铃虫是棉花最重要的害虫，对棉花产业造成了巨大威胁。对比1龄、3龄棉铃虫共生菌发现，棉铃虫共生菌的群落结构和物种多样性受到食物的影响。取食卵壳降低1龄幼虫共生菌的物种多样性，取食棉花后共生菌多样性降低但显著高于3龄幼虫，取食棉花的幼虫共生菌多样性高于取食人工饲料的3龄幼虫。共生菌多样性低的幼虫取食棉花会引起棉花更强的预防反应（赵晨晨，2020）。捕食性天敌（螨类）在生物防治中扮演重要角色，对比巴氏新小绥螨取食不同猎物，包括二斑叶螨、柑橘全爪螨、柑橘始叶螨以及替代猎物（腐食酪螨）的后果发现，捕食会影响巴氏新小绥螨的生长发育、寿命、繁殖等。巴氏新小绥螨在取食二斑叶螨时其成螨前期、成螨寿命（含雌、雄）、平均寿命均最长。巴氏新小绥螨取食四种猎物的生殖力之间并没有显著性差异，但是巴氏新小绥螨以二斑叶螨为猎物时种群雌性比最高，以柑橘全爪螨为猎物时雌性比值最低（李亚迎，2017）。

（2）非密度调节

即非生物因子对种群大小的调节，如气候因子、化学限制因子、污染物等按非密度制约方式发挥作用。

案例：草地螟（*Loxostege sticticalis* L.）是农牧业生产中的重要害虫之一。研究发现，温湿度对卵、1～2龄和整个幼虫期的存活率均有显著的影响，30℃和20%湿度条件下的存活率最低。幼虫发育历期随温湿度的增加而缩短，成虫体重则随温湿度的增加而下降。成虫在22℃和60%～80%湿度时产卵前期短，产卵量大，而30℃时生殖力最差。温度、湿度还影响成虫的迁飞，飞行能力在18℃和20%～40%相对湿度时最强（唐继洪，2016）。就棉叶螨和棉花而言，施用复合生物药肥增加了土壤有机质含量，提高了土壤全氮、碱解氮、全磷、速效磷含量，增加了籽棉产量，保护瓢虫种群，进而可防治棉叶螨（瓦热斯·为力，2021）。

3.2.5 生态位

生态位（niche）是生态学中的一个重要概念，指物种在生物群落或生态系统中的地位和角色。对于某一种生物种群来说，生态位主要指在自然生态系统中一个种群在时间、空间上的位置及其与相关种群之间的功能关系。生态位包括有机体维持其种群所必需的各种条件、其所利用的资源及其在环境中出现的时间。生物的生态位可能会随其生长发育改变。

案例： 毛颚类主要摄食小型浮游动物，自身又是鱼类的优质饵料，处于海洋浮游食物链传递的中心位置。通过分子生物学的方法研究肥胖软箭虫（*Flaccisagitta enflata*）成体和幼体的食物资源利用情况发现二者食物摄食偏好差异显著。成体的食物 59% 来源于小型水母类，而幼体的食物 60% 来源于桡足类；幼体的营养生态位宽度高于成体，分别为 5.16 和 2.89，且二者营养生态位重叠度低，仅为 0.21。结果表明营养生态位分化是肥胖软箭虫成体、幼体大量共存的重要原因（王峻力等，2020）。

生态位与栖息地（habitat）的区别：栖息地指生物所处的物理环境，一般包括许多生态位并且支持多种物种。

早期"生态学生态位"有多种概念，包含不同含义。Whittaker 将其分为 3 类：a. 描述一个物种在群落中的功能位置或角色，即"生态位的功能"概念；b. 描述物种在群落中的分布关系，此处生态位即为生境，即"空间生态位"概念；c. 既描述分布生境也包含功能，用群落内和群落间的因子来定义，即"生境和生态位"概念。后 Odum 综合了各个定义，包括 Grinnell 的"空间生态位"、Elton 的"营养生态位"、Hutchinson 的"多维超体积生态位"，认为生态学生态位包括生物所占物理空间、其在生物群落中的功能和其在温度、pH 值等生存条件的环境梯度中的位置。后 Colinvaux 提出"物种生态位"概念，描述物种为获得资源、生存机会和竞争能力所具有的各种特殊能力。强调物种的生态学意义，认为物种生态位固定不变决定了种群大小的上限。后为完善以前生态位不包含其他生物组织层面（生态系统、群落、细胞等）、不包含时间因子、未考虑生态位潜在形式和非存在形式等不足，刘建国、马世俊提出"扩展的生态理论"。其定义为：在生态因子变化范围内，能够被生态元实际和潜在占据、利用或适应的部分，称为生态元的生态位。其余部分（即不能被生态元实际和潜在占据、利用或适应的部分）称为生态元的非生态位（朱春全，1993）。

案例： 多维超体积生态位，其中生态位空间（niche space），影响有机体的每个条件和有机体能够利用的每个资源都可以被认为是一个轴或维（dimension），在此轴或维上，可以定义有机体将出现的一个范围。同时考虑一系列这样的维，就可以得到有机体生态位的一个增强定义图，称为生态位空间（图 3-17）。

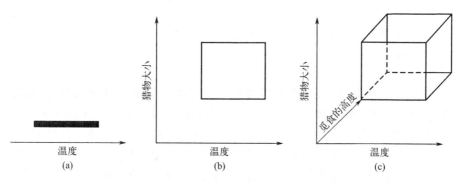

图 3-17 生态位空间示意图（仿 Hutchinson，1958）

　　基础生态位：指理论上物种能够栖息的最大空间。是由生物生理能耐受的最大限度决定的最大空间。

　　实际生态位：指物种能够占据的生态位空间。竞争和捕食胁迫可以缩小生态位，互利共生可扩大实际生态位。

　　生态位模型是利用物种分布点所关联的环境变量来模拟物种的分布，这些分布点本身关联着该物种和其他物种间的相互作用。生态位模型所模拟的是现实生态位（realized niche）或潜在生态位（potential niche），而不是基础生态位（fundamental niche）。Grinnell 生态位和 Elton 生态位均在生态位模型中得到反映，这取决于环境变量类型的选择、所采用环境变量的分辨率以及物种自身的迁移能力。常用生态位模型有 GARP 模型、MaxEnt 模型、BIOCLIM 模型、DOMAIN 模型等。

　　案例：福寿螺是高危性外来入侵种，严重危害我国的农业生产、生态系统完整性和人体健康。为制定有效的防控策略提供科学依据，通过生态位模型预测福寿螺在我国的潜在适生区（张海涛等，2016）。

3.2.6　集合种群

3.2.6.1　集合种群的定义

　　集合种群（metapopulation），又称复合种群、异质种群、区域种群等，描述的是生境斑块中局域种群的集合，这些局域种群在空间上存在隔离，彼此间通过个体扩散而相互联系。

　　判断系统是否为典型集合种群的依据：a. 适宜的生境以离散斑块形式存在，这些斑块可被局域繁育种群（local breeding populations）占据；b. 即使是最大局域种群也有灭绝的风险；c. 生境斑块不可过于隔离而阻碍重新建立种群；d. 各个局域种群动态不完全同步（张大勇等，1999）。

3.2.6.2　集合种群动态理论

　　（1）Levins 集合种群模型

　　Levins 模型是由 Levins 提出的符合上述四个条件的简单模型。模型假设有大量离散生境斑块，且斑块大小相同，相互之间通过迁移被程度相同地连接在一起。模型中斑块仅有两种，即被占领和未被占领。忽略局域种群的真实大小，假设所有种群灭绝风险恒定，当前被占领斑块比例为 P，当前未被占领的斑块比例为 $1-P$，侵占率与二者成正比。可得 P 的变化速率为：

$$\frac{\mathrm{d}P}{\mathrm{d}t} = cP(1-P) - eP$$

　　式中，c、e 分别为侵占参数和灭绝参数。

　　P 的平衡值为：

$$\hat{P} = 1 - e/c$$

　　案例：图 3-18（a）为 Levins 集合种群模型示意图，表示种群在两个连续世代内的变化。实心圆表示已经被占领的斑块，空白圆则是未被占领的空斑块。由实心圆指向空心圆的箭头表示种群对斑块的侵占，指向自身的箭头意味着局域种群的灭绝。种群不断侵占空斑块，同时又因各种原因从斑块中消失。从长期来看，种群动态类似于闪烁的灯，在灭绝与再侵占之间进行非对称变化，虽然局域种群会灭绝，但物种能以集合种群的形式得以保存。图 3-18（b）为 Levins 集合种群基本模型。图中抛物线为集合种群的入侵率随斑块占有率的变化规律，其中顶部抛物线表示原始状态，底部抛物线表示半数生境被破坏后的状态，直线表示灭绝率随斑块占有率的变化规律。斑块占有率表示斑块总数在原始生境中所占的比例。斑块占有率的平衡点为 y'，位于入侵曲线和灭绝曲线的交点。可以看出，破坏生境将减小入侵曲线斜率，初始点附近斜率减小最为明显。随着破坏程度增大，入侵曲线的初始斜率不断减小，当小于灭绝曲线的斜率时，种群必然逐渐灭绝。

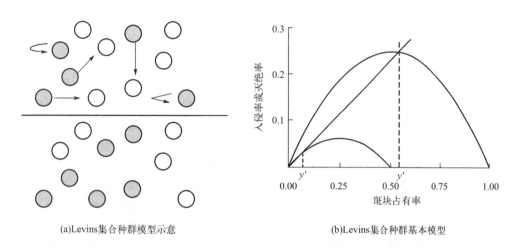

(a)Levins集合种群模型示意 　　　　　(b)Levins集合种群基本模型

图 3-18　Levins 集合种群模型示意和 Levins 集合种群基本模型（仿 Krebs，2000）

（2）最小可存活集合种群（minimum viable metapopulation，MVM）

最小可存活集合种群指集合种群长期续存所需的相互作用局域种群的最低数量。除此之外还应考虑集合种群续存所需要的最少适宜生境量。为解决 Levins 模型因其为确定性模型，无法回答 MVM 的问题，Gurney 和 Nisbet 分析了 Levins 模型的一种随机形式，对集合种群灭绝的预期时间（T_M）得到近似值：

$$T_M = T_L \exp \left[\frac{H \hat{P}^2}{2(1 - \hat{P})} \right]$$

式中，T_L 为局域种群灭绝的预期时间；H 为适宜生境斑块数；$\hat{P}$ 为随机稳定态下被占领的斑块比例。

如果将集合种群长期续存定为 $T_W > 100 T_L$，对于较大的 H，由上式可得：

$$\hat{P} \sqrt{H} \geqslant 3$$

（3）源-汇集合种群模型（source-sink metapopulations）

源-汇集合种群模型中个体可以在斑块间自由移动，且原斑块中的种群不会灭绝。在种群遗传学中被称为种群和亚种群。在最简单的模型中只存在源斑块和汇斑块这两类生境，且只有源斑块能维持种群的生存。源生境指存在个体净输出的生境，即生活在源生境的种群在通过出生、死亡维持自身稳定的同时，还能向外输出个体。汇生境则表示仅靠出生、死亡不能维持自身稳定，需要依靠源生境迁入维持稳定的生境。

对于物种保护工作，源-汇集合种群提示我们保护面积较小的源生境要比保护面积较大的汇生境更为重要。但实际工作中源、汇生境的识别非常困难，即使掌握了有关源、汇种群的各种参数及相关信息仍经常误判。

3.2.6.3　集合种群理论与农业相关的应用

随着人口的持续增加，通过引入新品种，加强灌溉，施用化肥、杀虫剂、除草剂等措施大幅提高了作物产量。但大量种植单种作物会导致病害大量暴发、传播，大大影响了作物的产量，让我们再次思考农业生态系统的管理、控制和维持其稳定性等一系列问题。为满足人类需求，土地利用类型剧烈变化，大量其他类型的土地转化为农田，导致众多生物栖息地丧失或栖息地破碎化，加剧了生物多样性的丧失。在农业生态系统中多样性保护问题也受到越来越多的关注。作为分析种群动态的空间生态学理论，集合种群理论尤其适用于碎片化景观，越来越多的学者运用集合种群理论来探讨研究上述问题。

（1）集合种群理论在作物流行病防控中的应用

案例1： 在农业生态系统中，植物与病原体的相互作用是植物、病原体和人三方的相互作用。病原体和寄主植物群落之间的相互作用受到人类行为的影响，在作物集合群落中，人类为提高资源获取效率，对作物的选择可能造成作物遗传多样性减少，由于轮作等原因，作物群落位置不连续。在自然生态系统中区域的变化是渐进相似的，在农业生态系统中变化则是突然多变的。长期来看，人类的技术和监管选择引导了宿主农业综合种群的演变。在病原体农业集合种群中，人类直接（控制策略）和间接（改变作物类型）改变了病原体种群。疾病控制策略会在短期和长期影响群体持续性与迁移流的结构。在短期内，自然生态系统的变化是渐进的，农业生态系统中的病原体种群动态包括区域之间的突变和可变变化。在最极端的情况下，使用杀菌剂（假设完全成功）可以在一个领域完全根除病原体种群。然而，种植非常易感的品种可能会导致病原体种群的巨大扩增。部分杀菌剂功效、中等抗性品种以及适当的预防措施将产生一种中间情况。从长远来看，农业生态系统通道病原体的特征演化生成的生命周期，当主要作物宿主存在且同质时，或者当主要作物宿主不存在时，最适合在季节之间生存的传染单位并在宿主斑块之间传播，或感染替代宿主或几个物种（Bousset 和 Chèvre，2013）。

案例2： 基于集合种群理论，研究人员提出一个建模框架——农业景观中的疾病动态。对比混合、嵌套和集群三种景观结构发现，平均田地表面的减少（更分散的景观）对病原体入侵没有太大影响。病原体平均扩散距离的增加和抗性宿主作物比例的增加导致病原体成功入侵的可能性降低。混合景观对飞溅传播病原体引起的疾病（如小麦斑枯病）的控制效果比风传播疾病（小麦锈病或白粉病）差（Papaix 等，2014）。

（2）集合种群理论在害虫防控中的应用

案例： R. Levins 研究了同步与异步应用防治措施对农业害虫的相对效益。他的结论是，同步控制措施是最优的，因为同步移除了害虫的临时避难所。然而，他的结论是建立在这样一个假设之上的，即不存在与害虫种群动态相关联的捕食者。研究人员利用一种新的集合种群模型，研究了在有或没有特定捕食者的情况下，同步或异步作物种植对害虫密度的影响。结果发现，捕食者的存在对同步种植与异步种植的相对优势有很大的影响。在既没有捕食者又没有强烈的害虫密度依赖的简单情况下，同步种植可以减少害虫密度。然而，在害虫捕食者系统中，同步种植可能会增加或减少害虫密度，这取决于害虫和捕食者的相对迁移率以及田间害虫和捕食者的动态。对于许多作物，例如在热带地区种植的水稻，异步种植可能更好（Ives 和 Settle，1997）。

（3）集合种群理论在农业生态系统生物多样性保护中的应用

案例： 研究人员提出描述经历花粉和种子流动以及种子替换的作物集合种群模型，研究结果强调管理作物种群中的种子迁移不能用单个参数来描述，高水平的花粉迁移可能掩盖了种子管理对结构的影响（Heerwaarden 等，2010）。卡布雷拉田鼠（*Microtus cabrerae*）是伊比利亚半岛特有的一种濒危啮齿动物，研究人员运用集合种群理论探究其在地中海农田的种群动态，并为其提出保护建议，建议保证田地轻度放牧，维持连接良好的适宜生境斑块网络（Pita 等，2007）。还有研究人员基于集合种群理论，探究放牧强度对草原生物多样性的影响（Johansson 等，2019）、耕地配置对天敌物种续存的影响（Tscharntke 等，2007）等。

 本节小结

　　种群是在同一时期内占有一定空间的同种生物个体的集合。种群生态学主要关注生物种群的特征、增长类型及特点，生物种群数量变化原因及调节方式。

　　种群的主要特征包括空间特征、数量特征、遗传特征、系统特征。空间特征包括均匀分布、随机分布和聚群分布。数量特征主要按绝对密度（总数调查法和取样调查法，其中取样调查法包括样方法和标记重捕法）和相对密度调查。遗传特征在一定程度上可以决定种群的数量特征和空间特征。系统特征强调种群数量的变化是种群内在因子和外部环境因子共同影响的结果。

　　种群增长模型包括非密度制约和密度制约两种类型。非密度制约种群增长模型描述资源不受限制、没有竞争且增长率恒定（内禀增长率）时种群数量的增长情况，增长曲线为"J"形。密度制约种群增长模型，即逻辑斯蒂增长模型，描述种群在最大数量有限（环境容纳量 K）、增长率随密度上升而下降、每个个体空间利用一致（$1/K$）等条件下种群数量的变化，其增长曲线为"S"形。

　　种群数量变化的原因可分为内因和外因。种群内在因子包括初级种群参数（出生率、死亡率、迁入率、迁出率）和次级种群参数（年龄结构、性比、种群增长率、分布型）。外部因子，即环境因子变化，包括温度、光照、营养条件等，主要影响植物的年内种群数量；食物条件则主要影响动物种群数量。并且种群的续存需要保证数量大于最小可存活种群。

　　种群数量变化的调节机制主要分为外源性种群调节理论和内源性种群调节理论。外源性种群调节理论主要分为非密度制约学派（气候学派，强调环境变化的影响）和密度制约学派（生物学派，强调种间关系的影响）。内源性种群调节理论主要包括行为调节学说（强调个体对种群的影响）、内分泌学说（强调激素分泌的反馈）和遗传调节学说（强调自然选择压力和遗传组成的改变的影响）。内源性种群调节理论均为密度制约调节。

3.3　种内关系

3.3.1　密度效应

　　植物的种内竞争与动物的明显不同。作为构件生物，植物生长的可塑性很大，在植物稀疏和环境条件良好的情况下，枝叶茂盛，构件数很多。在植物密生和环境不良的情况下，可能只生长少数枝叶，构件数很少。对于植物的这种密度效应，已发现两个特殊规律，即"最终产量恒定法则"（law of constant final yield）和"－3/2 自疏法则"（the－3/2 thinning law）。

　　（1）最终产量恒定法则

　　植物的最终产量恒定法则是指不管初始播种密度如何，在一定范围内，当条件相同时植物的最后产量差不多总是一样的。

　　该法则是 Donald 根据车轴草种植实验得出的。按不同密度种植车轴草，并不断观察其产量，结果发现，虽然第 62 天后的产量与密度呈正相关。但到 181d 时产量与密度变得无关，其最终产量是相等的。以模型表示：

$$Y = Wd = C$$

式中，Y 为总产量；W 为平均每株植物重量；d 为种群密度；C 为常数。

最终产量恒定现象的生物学意义在于：在稀疏种群中的每一个个体，都很容易获得资源和空间，生长状况好，构件多，生物量大；而在密度高的种群中，由于叶子相互重叠、根系在土坡中交错，对光、水和营养物质等竞争激烈，在有限的资源中，个体的生长速度降低，个体变小。

案例： 最终产量恒定法则反映生物量分配不仅完全由植物大小驱动，还依赖于生殖生物量（R）和营养生物量（V）之间的异速关系。最大种群产量（即单位面积粮食产量）并不意味着个体的最佳生殖分配，这涉及在作物进化过程中个体竞争力和种群产量之间的权衡。在作物方面，最佳种植密度的选择应侧重于单位面积种群产量以及个体生殖分配，这可能有助于提高作物产量和资源利用效率，并促进可持续农业生产的发展。

（2）$-3/2$ 自疏法则

在高密度种植情况下，种内对资源的竞争不仅影响到植株的生长发育，而且影响到植株的存活率。也就是说，在高密度的样方中，有些植株成为竞争的胜利者，获得足够的资源从而继续生长发育，有些植株因不能获得足以维持生长发育的资源而死亡，于是种群出现"自疏现象"。如果种群密度很低，或者是人工稀疏种群，自疏现象可能不出现。

Harper 等（1981）对黑麦草（*Lolium*）进行的密度实验表明，在最高播种密度的样方中首先出现自疏现象，在密度较低的样方中，自疏现象出现较晚，并由此得到黑麦草的"自疏线"，其斜率为 $-3/2$。White 等（1980）曾罗列了 80 余种植物的自疏现象，都具有 $-3/2$ 自疏线。

Enquist 等（1998）使用来自 251 个种群的数据重新分析发现：个体生物量与最大种群密度关系的斜率是 $-4/3$。还有研究表明生物量-密度关系指数不是一个恒定值，而是物种特异的，或者是随环境条件变化的，例如说随土壤肥力和水分梯度变化。

案例： 在植物种群生态学研究中，尽管自疏法则得到许多学者的支持，但也有许多争论，争论的焦点是自稀疏线的斜率是否变化。在假设林分自稀疏线的直线性成立的情况下，讨论林木平均直径的平方与林木株数的关系，应用极值统计方法，采用广义 Pareto 模型拟合阈值超出值并进行外推，获得了林分在各个给定径阶下的极限最大株数，后将最大株树与直径进行回归分析，得到林分自稀疏线，为 $\ln N = 11.939 - 1.638\ln D_{QM}$，$R^2 = 0.9488$，其中 N 为最大株树，D_{QM} 为直径（邓文平和李凤日，2014）。

"最终产量恒定法则"和"$-3/2$ 自疏法则"都是经验法则，在许多种植物的密度实验中得以证实。但对"$-3/2$ 自疏法则"尚未有圆满的解释。

3.3.2 生殖行为

生殖方式及行为包括研究种群内部性别关系的类型、动态及其决定因素。其研究越来越受到重视，究其原因，主要是因为在营有性生殖的种群内，异性个体构成最大最重要的同种其他成员，种内相互关系首先表现在两性个体之间，有性生殖将来自父母双方的基因组合为一体，提高了基因型多样性，而基因多样性对种群的数量动态具有重要意义。

生殖方式及行为与两个重要的生物学问题有关，即两性细胞的结合和亲代投入。亲代投入（parental investment）是指花费于生产后代和抚育后代的能量与物质资源。例如，卵的大小、后代的数量、对后代的抚育程度等都能直接影响亲代投入的强度。

生物的生殖方式有无性生殖和有性生殖两类。营无性生殖的生物多为植物，尤其是杂草，也包括一些低等动物。它们很容易入侵新栖息地，往往从一个个体开始，通过迅速增殖，暂时地占领一片空间。无性生殖是植物对开拓暂时性新栖息地的一种适应方式，在物种进化选择上具有重要优越性。另外，在遗传学方面，无性生殖所产的卵都带有母本的整个基因组，是有性生殖的两倍。与有性生殖相比，无性生殖减少了减数分裂价（cost of meiosis）、基因重组价（cost of gene recombination）和交配价（cost of mating）等方面的亲代投入。

尽管无性生殖的优点很多，但大多数生物，特别是高等动物都营有性生殖。有性生殖在进化上有什么选择优越性，这是性别生态学研究的一个重要课题。这一问题虽然至今仍未得到圆满解决，但较为一致的观点是，有性生殖是生物对多变环境的一种适应。因为雌雄两性配子的融合能产生更多变异类别的后代，在不良环境下，至少保证有少数个体能生存下来，并获得繁殖后代的机会。所以，多型性是一种很有效的生存对策。在稳定的、有利的环境中，宜行无性生殖，而在多变的、不利的环境中，生物进行有性生殖比较有利。这种例子不少。

案例：许多蚜虫营兼性孤雌生殖（facultative parthenogenesis），在春、夏季，种群密度低，食物丰富，竞争压力小，有利于种群增长，蚜虫营无性生殖，连续数代所产生的全是雌体，卵为二倍体，后代与母代非常相似，由于避免了减数分裂所造成的能量损失，大大提高了生殖力，种群数量迅速增加，扩散并占领新栖息地。当秋季来临时，气候条件不利，生存环境恶化。蚜虫进行有性生殖，通过两性个体的交配、产卵，度过不良的冬季。

3.3.3　领域行为

领域是指由个体、家庭或其他社群单位所占据的，并积极保卫，不让同种其他成员侵入的空间。动物保护领域的行为称为领域行为（territorial behavior）。领域行为是动物的一种空间行为，同时也是一种社会行为，它主要指向于种群内其他个体。

案例：动物保护领域的方式很多，即领域行为的表现多种多样。如以鸣叫（或吼声）、气味标志或特异的姿势向入侵者警告其领域的范围，以威胁或直接进攻驱赶入侵者。具领域性的种类在脊椎动物中最多，尤其是鸟、兽，但某些节肢动物，特别是昆虫也具有领域性。保护领域的意义主要是保证食物资源、营巢地，从而获得配偶和养育后代。

领域是如何产生的？决定领域行为产生的因素是什么？什么条件下种群内以划分领域有利？什么条件下又以集群繁殖有利？可以通过一个比较简单的例子来解答这些问题。

案例：假设在一个资源分布均匀的地段上有 4 对鸟营巢。如果 4 对鸟分散营巢，每一对只利用邻近的 4 个资源点［图 3-19（a）］，设 D 为资源点间的距离，不难算出，这些鸟为获取资源的平均飞行距离为 $0.71D$。如果集中营巢，4 对鸟类共享 16 个资源点［图 3-19（b）］，则平均飞行距离为 $1.50D$。很明显，划分领域较集群生活的平均飞行距离短。

育雏期的成鸟为了采食，每天需数百次往返于鸟巢和资源点之间，飞行距离的远近对比影响极大。由此可见，在资源分布均匀的条件下，领域性就易于产生。相反，如果资源集中并有可靠保证，在资源集中点附近集群营巢繁殖最为有利。如果资源集中，但经常移位且不易预测，如食鱼海鸟捕食鱼类，集群也优于划分领域。

以上分析表明，资源分布类型在决定领域性上具有重要作用。

3.3.4　社群等级

社会行为指许多同种动物个体生活在一起，这些个体在觅食、繁殖、防御天敌、保护领

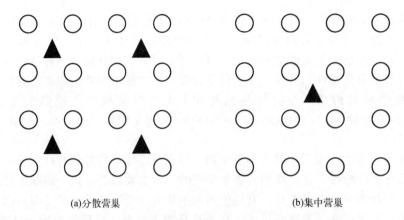

(a)分散营巢   (b)集中营巢

图 3-19　食物资源分布与鸟巢位置的关系（仿 Ehrlich，1987）

域等方面表现出集体行为，是一种利他与互利的行为。社会行为所涉及的内容很多，如空间行为中的占区和结群，生殖行为中的求偶、交配和亲代抚育，同种个体间的通信行为，以及利他行为，均应属于社会行为的重要组成部分。上述种种社会行为均在有关章节专门介绍，在此仅重点介绍社会行为中的另一重要内容——社群等级。

社群等级（social hierarchy）是指动物种群中各个动物的地位具有一定顺序的等级现象。社群等级形成的基础是支配行为，或称支配-从属（dominant-submissive）关系。支配-从属关系有以下 3 种基本形式。

① 独霸式（despotic）。种群内只有一个个体支配全群，其他个体都处于相同的从属地位，不再分等级。

② 单线式（linear）。群内个体呈单线支配关系，甲支配乙，乙支配丙……

③ 循环式（cyclic）。群内个体甲支配乙，乙支配丙，而丙又支配甲的形式。

社群等级在动物界中，特别是在结群生活的物种中是一种相当普遍的现象。在许多自然种群中，其支配-从属关系并不是那么简单，往往是两种形式或三种形式的组合。

研究支配-从属关系首先是从家鸡开始的。新形成的一群鸡，开始时的关系可能是循环式的，经过一段时间之后，就会逐渐形成稳定的单线式关系。经过打斗、啄击、威吓而稳定下来的等级顺序也不是绝对不变的，若低等级个体不服，会挑起新的格斗，胜者就占有优先的位置。社会等级的高低，可能与雄性激素的水平，身体的强弱、大小、体重、成熟程度，打斗经验，是否受伤或疲劳等因素有关。一般说来，高地位的优势个体通常比低地位的从属个体身体强壮、体重大、性成熟程度高，具有打斗经验。在等级稳定群体中的个体往往比不稳定群体中的个体生长速度快，产卵较多，原因是在不稳定的群体中，个体间的格斗要消耗大量的能量。

目前已经从许多动物类群，特别是昆虫中发现了社会行为，具有社会行为比例最高的动物类群是蚂蚁和等翅目昆虫白蚁类，人们已经发现并命名的蚂蚁和白蚁全部是社会性的。社会行为最大的益处是能降低被天敌捕食的概率，然而自然界中具有社会行为的动物只是很小一部分种类，为什么大多数动物种类并不是社会性的？这是因为社会性群体既能为群体成员带来利益，又会给群体成员带来害处。

社群等级的形成具有重大的生物学意义。首先，社群等级的形成使种群内环境比较稳定。非争斗性获得有限资源，从而大大减少了个体间因格斗而产生的能量消耗。其次，社群等级的形成使优势个体在食物、栖息场所、配偶选择等方面均有优先权，保证了种内强者首先获得交配和生产后代的机会，有利于物种的保存、延续及种群数量的研究。当资源不足时，优势个体由于能够优先获得食物等资源而生存，从属个体则首先出现饥饿甚至死亡。优势个体能够在竞争中获得领地和配偶，这有利于物种的保存和延续。从属个体则不能获得正常的繁殖机会，从而具有控制种群增长、调节种群数量的作用。

社会性群体形成的害处则主要表现在以下 3 个方面：a. 增加了对食物、配偶的竞争；b. 增加了感染传染病和寄生虫的概率；c. 增加了骗取育幼和干扰育幼的概率。

3.3.5　通信行为

在任何一个种群中，许多个体生活在一起，这些个体之间必然要发生联系，互通信息，即使是独居的动物，繁殖期个体之间的相互通信也是必不可少的。生物之间的信息传递涉及发出信号和接收信号两个方面。通信（communication）就是由一个个体释放出一种或几种刺激信号、发送信息，另一个个体接收信息，并启动特定的行为。

在通信过程中，个体之间用以传递信息的行为或物质称为信号。一般说来，信号行为是天生的一种动物的信号，只能被同种个体所接收。接收信号的个体所做出的反应，大多是出自本能，昆虫等无脊椎动物和低等脊椎动物对信号的反应大多是定型的，而且对每一种信号只产生一种或很少几种反应。许多高等脊椎动物经过学习，能够改善和提高接收信号的能力。

已经发现，每种动物有 50 多种信号行为，但这些行为所包含的实际信息数量可能会更多，一些无脊椎动物和大多数脊椎动物能够通过信号分级、不同信号的结合及信号的顺序排列等方法增加信号信息数量。

根据信息传导途径，动物的通信可分为机械通信、辐射通信、化学通信三类；根据传播信息者的行为方式，动物的通信可分为声音通信、形体通信、化学通信三类；根据接收信息者的行为方式，动物的通信可分为视觉通信、听觉通信、化学通信三类。在此，仅对后者进行简要介绍。

（1）视觉通信（visible communication）

由于视觉是绝大多数动物从其环境中接收信息的最重要手段，所以视觉通信是动物全部通信机制中分布最广的。信息接收者通过视觉，可接收信息发送者利用展示、体姿和某种形态结构所发送的信息。通过视觉通信所接收的信息多为紧张不安、顺从妥协、警报等。视觉通信可以减少种内个体为竞争领域，保持社群等级而发生的直接格斗。

（2）听觉通信（auditory communication）

听觉通信在动物界也十分普遍，从较低等的节肢动物到脊椎动物的每一个类群，都存在着听觉通信。听觉通信的作用是多方面的，主要是用于求偶行为，或用于威吓、进攻，或用于寻求保护，有时还能起辨别作用。

听觉通信在灵长类中得到高度发展。例如，研究发现，日本猕猴（*Macaca fuscaca*）能发出 37 种有意义的声音，其中包括联络、防御、威吓、警戒、发情及表达不满情绪等。目前，人们正在利用动物的声响信号进行一些应用研究。

（3）化学通信（chemical communication）

化学通信在动物界中也是非常普遍的一种通信行为。化学通信是靠某些化学物质的释放和接收来传递信息的。由动物释放于体外，能引起同种的其他个体产生特异性反应的化学物质称为外激素（pheromone），而用于异种生物之间通信的化学物质则称为异种外激素（allelochemic）。

昆虫外激素的研究属于化学生态学研究的范畴，是当前一个十分活跃的研究领域，我国科学家在这方面也做了大量工作。目前已研究清楚几十种昆虫，特别是一些经济性昆虫性外激素的化学结构，其中不少已可进行人工合成，这对于农、林、医诸方面的研究和应用都有重要意义。

动物所采用的通信方式与物种的感觉、运动能力有关，鸟类的视觉和声觉十分发达，哺乳类以听觉和声觉见长，昆虫则以嗅觉通信为主，鸣虫类发展了特殊的声通信。通常，生活在开阔地带环境的动物以视觉通信为主。而生活在景观郁闭地带的动物则以嗅觉和听觉为主。

通信行为的作用主要表现在以下几个方面。

① 相互联系通信。能引导动物与其他个体发生联系，维持个体之间相互关系。

② 个体识别。通过通信，动物之间彼此互相识别。

③ 减少动物间的格斗和死亡通信。能够标记自己的居住场所，表示地位等级，由此可以减少社群成员之间的相争。

④ 相互告警。利用彼此间的通信共同监控周围环境。

⑤ 群体共同行动通信。有利于群体互相召集，共同行动。

⑥ 行为同步化通信。有助于各个体间行为同步化，如鸟类集群繁殖时的飞翔和尖叫。

人们通过对动物通信行为的了解，有利于更好地管理有益动物和控制有害动物，能够揭示人类信息传递的生物学起源。特别是对哺乳动物通信行为的研究，还可以为人类计划生育、防除通信障碍、仿生等重大问题的解决提供新的途径。

3.3.6 利他行为

利他行为（altruism behavior）是指一个个体牺牲自我而使社群整体或其他个体获得利益的行为，利他行为是一种社会性相互作用。

案例：自然界中，尤其在社会性昆虫中，利他行为的例子很多。例如蜜蜂的工蜂在保卫蜂集时放出毒刺，这实际上等同于"自杀行动"；白蚁的蚁冢如被敌打开，其兵蚁则全力向外移动，以围堵缺口，表现出"勇敢"的保卫群体的行为。另外，鸟类的"折翼行为"（broken-wing display），即当捕食者接近其鸟巢和幼鸟时，成鸟会佯装受伤，以吸引捕食者追击自己，引开敌害，保护鸟巢和幼鸟；结群生活的兽类，其哨兵的报警行为等。实验表明，当旱獭身边有亲属存在时其报警鸣叫频次明显比没有亲属在身边时要高。

自然选择只利于个体的存活和生殖。为什么有些个体会牺牲自身利益，而去帮助其他个体获得更大的存活和生殖机会呢？即利他行为是如何进化的？这是社会生物学的一个核心问题。

利他行为与群体选择有密切联系。群体选择学说认为种群和社群都是进化单位，作用于社群之间的群体选择可以使那些对个体不利，但对社群或物种整体有利的特性在进化中保存下来。

广义适合度的概念能够较好地解释这一问题。广义适合度（inclusive fitness）包括动物个体的适合度，也包括与其有亲缘关系个体的适合度。动物的一切行为都是为了提高其广义适合度的。一个个体借助于对自己的近亲提供帮助，实际上可以增加自己对未来世代的遗传贡献。

利他行为可以在家庭、亲属和群体 3 个水平上发生：a. 家庭选择。如果个体的行为对其直系亲属有利，属于家庭选择（family selection）。b. 亲属选择。如果个体的行为对于近亲家族有利，则属于亲属选择（kin selection）。c. 群体选择。如果个体的行为对于全群有利，则属于群体选择（group selection）。在人类社会中，不仅要有家庭选择和亲属选择，更应当提倡群体选择。

3.3.7　化感作用

化感作用（allelopathy），也称他感作用或异株克生，通常指一种植物通过向体外分泌代谢过程中的化学物质，对其他植物产生直接或间接的影响。这种作用是生存斗争的一种特殊形式，种间、种内关系都有此现象。

案例：北美的黑胡桃（*Juglans nigra*），抑制离树干 25m 范围内植物的生长，彻底杀死许多植物。其根系分泌物含有化学苯醌，可杀死紫花苜蓿和番茄类植物。加利福尼亚灌木鼠尾草（*Salvia lleucophylla*）生成的挥发性松脂可抑制田间竞争者。盆栽实验中，旁边有 *Salvia* 叶子的黄瓜秧苗茎干高度只有旁边无 *Salvia* 叶子对照时的 8%。香蒲（*Typha Latifolia*）发生种内竞争性异株克生时，群丛中心枝叶枯萎。

植物的化感作用广泛存在于植物群落中，如群落的结构、演替、生物多样性等均与化感作用有关。化感作用是植物影响其他植物生长发育的重要机制之一，它与植物对光、温、水、营养等必需资源的竞争具有同等的重要性。在资源充沛的条件下，很多植物可能通过迅速生长，增大生物量，来增强自身的竞争能力。但在恶劣的环境条件下，有限的资源使自身的迅速生长受到限制，加上有限的资源又往往会成为竞争者争夺的焦点，这时，植物的化感作用显得更加重要。

案例 1：植物在化感作用中的分泌物称作克生物质。对克生物质的提取、分离和鉴定已做了许多工作。如已发现香桃木属（*Myrtus*）、核树属（*Eucalyptus*）和臭椿属（*Ailanthus*）的叶均有分泌物，其成分主要是酚类物质，如对羟基苯甲酸、香草酸等，它们对亚麻的生长具有明显的抑制作用。

案例 2：通过小麦和其他 100 种植物在不同密度与时间的共存实验显示，任何一种植物在合适的密度和共存时间均能诱导小麦化感物质（allelochemical，植物产生释放抑制邻近植物生长发育的次生物质）合成，并通过一系列地下分隔实验证明这一化感物质的诱导是通过地下化学信号而不是地上化学信号，以及根系接触和菌根真菌等土壤微生物介导。他们大规模采集根系分泌物，从中分离鉴定出茉莉酸、水杨酸、黑麦草内酯和木犀草素等潜在的信号传导物质。进一步的土壤接种和流动性等实验验证黑麦草内酯是在植物中普遍存在并能通过根系释放到土壤中介导植物地下化学通信识别的有效信号物质，最终阐明小麦是通过根分泌的黑麦草内酯以及茉莉酸信号物质识别邻近的其他植物，从而合成释放化感物质，显示化感效应（图 3-20）。这些结果充分显示植物间的化学作用涉及化学识别和化感作用（allelopathy）两个密不可分的机制，这一机制的阐明对正确认识生态系统中植物间的地下生态作用具有积极的意义。

化感作用具有重要的生态学意义。首先，对农林业生产和管理具有重要意义。如农业的歇地现象就是由于化感作用使某些作物不宜连作造成的。早稻就是一例，其根系分泌对羟基肉桂酸，对早稻幼苗起强烈的抑制作用，连作时则长势不好，产量降低。其次，对植物群落的种类组成有重要影响，是造成群落组成改变以及某种植物的出现引起另一类消退的主要原因之一。最后，是引起植物群落演替的重要内在因素之一，如北美加利福尼亚的草原，原来由针茅（*Stipa patahra*）和早熟禾（*Poa scabrella*）等构成，后来由于放牧、烧荒等原因逐渐变成了由野燕麦和毛雀麦构成的一年生草本植物群落，以后又由于生长在这种群落周围

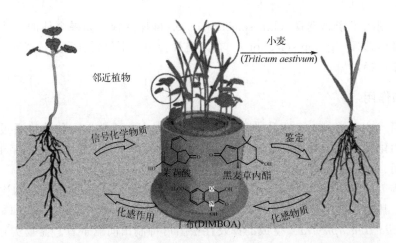

图 3-20　小麦和邻近植物之间的地下化学相互作用（Kong 等，2018）

注：小麦通过根分泌的黑麦草内酯［（-）-loliolide］以及茉莉酸信号物质识别邻近的其他植物，
从而合成释放化感物质丁布（DIMBOA）显示化感效应。

的芳香性鼠尾岸灌木（*Salvia lencophylla*，*S. melifera*）和篙（*Artemisia coliformica*）的叶子分泌有樟脑等新烯类物质，抑制了其他草本植物的生长，进而逐渐取代了一年生草本植物群落。

3.3.8　集群生活

动物种群对空间资源的利用方式可分为分散利用领域和集群（colonial 或 aggregative）共同利用领域两大类。这两种空间资源利用方式与物种的形态、生理、生态特征密切相关，之间没有截然不同，存在着程度不同的众多过渡类型。在自然界中，集群是一种普适生活方式。

按照动物群的时间性和稳定性，可将集群分为暂时性群、季节性群以及稳定且经常性群三类。

① 暂时性群。暂时性的集群是不稳定的，个体之间一般没有特别的联系和一定的群体结构，有的个体经常从集群中分离出去，而另一些新个体又不时地加入进来，集群的成员是不断交换的。

② 季节性群。即在一些季节里，营集群生活，而在另一些季节里，则营单体或家族生活。一般来说，繁殖季节的鸟类分散营巢、产卵、育雏，为家族生活方式，在其他季节则营集群生活。某些两栖类动物，具有在进入冬季休眠期前集中在一起的习性。

③ 稳定且经常性群。在这类集群中，个体与个体之间相互依赖，有的还具有一定的组织。如许多有蹄类会集结成游牧群，不断地在分布区中移动，过着游牧生活。灵长类的群也是经常性的，而且群体内还具有严格的等级制。

虽然暂时性群也有一定的生态学意义，但对集群生活方式的研究重点放在对相对稳定的季节性群和经常性群的研究上，尤其是稳定且经常性群。

对动物集群影响最大的两个因素是食物和天敌。虽然集群可能易招引天敌注意，加剧个体间的资源竞争，易于流行传染病。但是，其所带来的有利因素使得集群生活成为许多动物的重要适应特征。集群生活方式的生态学意义主要有以下几方面。

① 有利于改变小气候条件。如皇企鹅（*Aptenodytes forsteri*）在冰天雪地的繁殖基地的集群，能改变群内的温度，并减小风速；社会性昆虫的群体甚至可以使周围的温湿度条件

相对稳定。

② 集群以共同取食。例如，狼群、狮群都能分工合作，围捕有蹄类。甚至不同种的个体也会"联合行动"，共同捕食。鹈鹕和鹭鸶联合起来，围成半圆形的包围圈，分别从水面和深处惊吓鱼类，然后共同捕食。

③ 集群以共同防御天敌，例如斑马、鹿类的集群。

④ 集群有利于动物的繁殖和幼体发育。例如洄游鱼类的产卵洄游是对繁殖的适应。再例如集群营巢的鸟类数量减少时，可以使雌鸟的产卵期延长，对幼鸟的哺育期也会延长。

⑤ 集群以进行迁移。例如旅鸟、洄游鱼类及群居的飞蝗等。

种群的产生是个体群聚的结果。对于一个特定的种群而言，群聚的程度取决于生境特点、天气及其他物理条件、物种的生殖特点和分工合作程度等因素。温度、降水等物理环境的影响常常使个体呈现非随机分布特点，如地下茎繁殖的植物多高度成群；种子无散布能力的植物总是成群分布在母株附近。

集群对动物的生存具有重大意义，集群能使种群的存活力提高。如鱼群忍耐水中有毒物质的剂量要比单个个体强；箱中蜂群能产生并保持相当的热量，使个体在低温下能够存活。动物界中的社会性集群通过分工、合作，甚至社会等级，使种群在寻找食物、栖所和防御其他生物进攻的能力以及影响和改善生境的能力得以增强。但随着种群密度的升高，个体间拥挤程度增加，势必会抑制种群的增长，给整个种群带来不利的影响。若种群密度在一定的水平之下，数量的增加会刺激种群的增长。对某些动物种类来说，密度过低会有灭绝的危险。阿利（Alice）首先注意到这一规律，即动物有一个最适的种群密度，种群密度过高和过低对种群增长都是不利的，都有可能对种群产生抑制性的影响（图 3-21）。这一规律被称为阿利规律（Allee's rule）。

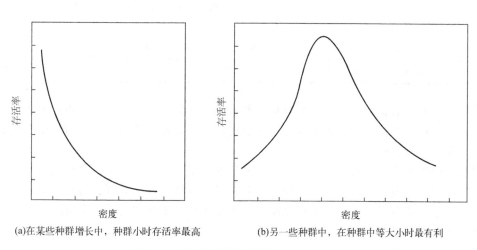

(a)在某些种群增长中，种群小时存活率最高　　(b)另一些种群中，在种群中等大小时最有利

图 3-21　阿利规律图示（仿 Odun，1971）

阿利规律对于指导人类社会发展以及保护珍贵濒危动物均具有重要意义，例如，在城市化过程中，小规模的城市对人类生存有利，规模过大，人口过分集中，对人类生存就可能会产生不利影响，因此城市规划应该有一个最适规模。大力发展中小城市及大型城市的卫星城应该成为城市规划的发展方向。

本节小结

从个体看，种内竞争可能是有害的，但对于整个种群而言，因为淘汰了较弱的个体，保留了较强的个体，种内竞争可能有利于种群的进化与繁殖。对生物种内关系的研究，既要重视个体水平，也要重视群体水平的研究。

3.4 种间关系

种间关系（inter-specific interaction）是指不同物种种群之间的相互作用。种群间的相互关系有的是直接的，一个种群直接作用于另一个种群；有的是间接的，一个种群对另一个种群产生或大或小的、间接的影响。种群间的相互关系有的是对抗性的，一个种群的个体直接杀死另一个种群的个体；有的则是互助依存的。在这两类极端关系之间还有多种形式。如果用"+"表示有利，"-"表示有害，"0"表示既无利又无害。那么，种群之间的关系可以划分为表 3-5 所示的几种基本类型。

表 3-5　两种群间相互关系的基本类型

作用类型	种群 1	种群 2	一般特征
中性作用（neutralism）	0	0	两个种群不受影响
竞争（competition）	-	-	两个种群竞争共同资源从而带来负影响
偏害作用（amensalism）	-	0	种群 1 受抑制，种群 2 不受影响
捕食（predation）	+	-	种群 1 是捕食者或寄生者，是受益者；种群 2 是被捕食者或寄
寄生（parasition）			主，是受害者
偏利作用（commensalism）	+	0	种群 1（或 2）受益，种群 2（或 1）无影响
互利作用（mutualism）	+	+	两个种群都受益

种群之间的所谓有利、有害关系只是一种表面的划分。两个种群间的相互关系实际上是很复杂的，很难仅用有利、有害来进行简单描述，也就是说，按照生态学的观点上述基本类型的划分并不十分准确。

根据两种群相互作用的结果，种间关系的基本类型可以分为两类，即正相互作用和负相互作用，前者包括偏利作用、中性作用和互利作用，后者则包括竞争、捕食、寄生和偏害作用。值得注意的是现代生态学对正相互作用的研究还远远不如对负相互作用的研究，这是生态学研究的一个不足。

3.4.1　种间竞争和促进作用

种间竞争（inter-specific competition）是指两物种或更多物种共同利用同样的有限资源时产生的相互竞争作用。在种间关系的基本类型中，有关种间竞争的研究工作最多，研究内容也最广泛和深入，几乎涉及每一类生物。

3.4.1.1　竞争类型及其特点

竞争可以分为资源利用性竞争（exploitation competition）和相互干涉性竞争（interference competition）两类。

资源利用性竞争是指两种生物之间只有因资源总量减少而产生的对竞争对手的存活、生殖和生长的间接作用，没有直接干涉。

相互干涉性竞争是指两种生物之间不仅有因资源总量减少而产生的对竞争对手的存活、生殖和生长的间接作用，更重要的是具有直接干涉。

案例：资源利用性竞争的例子很多，例如大草履虫和双小核草履虫（*Paramecium aurelia*）之间的竞争。相互干涉性竞争的例子也很多，例如杂拟谷盗（*Tribolium castaneum*）和锯拟谷盗（*Oryzaephilus surinamensis*）在面粉中一起饲养时，不仅竞争食物，而且有相互吃卵的直接干扰；再如植物的化感作用（allelopathy），即某些植物能分泌一些有害化学物质，阻止其他种植物在其周围生长，也属于相互干涉性竞争。另外，当一种捕食者可以捕食两种物种时，一个物种个体数量的增加将会导致捕食者种群个体数量的增加，从而加重对另一个物种的捕食作用。这种两个物种通过有共同捕食者而产生的竞争，与两个物种对资源共同竞争在性质上是类似的，故称作似然竞争或表观竞争（apparent competition）。

种间竞争的共同特点主要有两个，即不对称性和共轭性。不对称性是指竞争对各方影响的大小和后果不同，即竞争后果的不等性。

案例：生活在潮间带的藤壶（*Balanus*）与小藤壶（*Chthamalus*）之间的竞争。藤壶在其生长和增殖过程中，常常覆盖和挤压小藤壶，从而压制了小藤壶的生存。小藤壶的存在对藤壶的生长影响很小。但藤壶对缺水非常敏感，干燥是限制藤壶在潮间带分布上限的主要因素。所以，在潮间带上部干燥缺水的地方，小藤壶能生活得很好。

共轭性是指对一种资源的竞争，能影响对另一种资源的竞争结果。例如，不同种植物之间对阳光、水分和营养物的竞争，对阳光的竞争结果也会影响植物根部对水分和营养物的竞争结果。

3.4.1.2　竞争模型

（1）竞争模型的结构及其生物学含义

竞争模型的基础是逻辑斯蒂增长模型。因为这个模型是由 Lotka 于 1925 年在美国和沃尔泰勒（Volterra）于 1926 年在意大利分别独立提出的，因而通常称洛特卡-沃尔特拉方程。

物种甲和物种乙生活在同一空间，利用相同资源，具有竞争关系。设两物种的种群数量分别为 N_1 和 N_2，环境容纳量分别为 K_1 和 K_2，种群增长率分别为 r_1 和 r_2。

若仅考虑物种甲的种群增长，而不考虑物种乙的存在对物种甲增长的影响，则物种甲按逻辑斯蒂模型增长。其增长模型为：$dN_1/dt = r_1 N_1 (K_1 - N_1)/K_1$

如果考虑两物种的竞争关系，模型中还应加入物种乙的影响，则：

$$dN_1/dt = r_1 N_1 (K_1 - N_1 - \alpha N_2)/K_1$$

其中 α 称作物种乙对物种甲的竞争系数，表示在物种甲的环境中，每存在 1 个物种乙的个体对物种甲所产生的效应，即 1 个乙物种的个体所利用的资源相当于 α 个物种甲的个体。

若 $\alpha = 1$，表示每个物种乙个体对物种甲种群所产生的竞争抑制效应，与每个甲个体对自身种群所产生的效应相等。

若 $\alpha > 1$，表示每个物种乙个体对物种甲种群所产生的竞争抑制效应，大于甲个体对自身种群所产生的效应。

若 $\alpha < 1$，表示每个物种乙个体对物种甲种群所产生的竞争抑制效应，小于甲个体对自身种群所产生的效应。

同样，如果考虑两物种的竞争关系，物种乙的增长模型为：

$$dN_2/dt = r_2 N_2 (K_2 - N_2 - \beta N_1)/K_2$$

式中，β 为物种甲对物种乙的竞争系数。

（2）竞争结局及分析

从理论上讲，两个物种竞争的结局可能有 4 种：物种甲取胜，物种乙被排挤掉；物种乙取胜，物种甲被排挤掉；物种甲和物种乙不稳定共存；物种甲和物种乙稳定共存。

对于物种竞争的各种结局，可以用图解法直观说明。图 3-22（a）表示在竞争情况下，物种甲的种群动态。它可以分为 3 个部分，即数量增加、数量平衡和数量减少。数量平衡即 $dN_1/dt = 0$。最极端的两种平衡条件是：a. 全部空间为物种甲所占据，$N_1 = K_2/\beta$，$N_2 = 0$；b. 全部空间为物种乙所占据，$N_1 = 0$，$N_2 = K_1/\alpha$。这两种情况就是图中对角线的两端，连接这两个端点的对角线，代表了所有的平衡条件，在这个对角线的内侧，物种甲的种群数量就会增加，$dN_1/dt > 0$；在对角线的外侧，物种甲的种群数量就会减少，$dN_1/dt < 0$，同样，图 3-22（b）表示在竞争情况下，物种乙的种群动态。将图 3-22（a）和（b）相互叠合起来，就可以得到 4 种不同情况（图 3-23）。其竞争结果将取决于 K_1、K_2、K_1/α、K_2/β 4 个值的相对大小。

① 当 $K_1 > K_2/\beta$，$K_1/\alpha > K_2$ 时，物种甲取胜，物种乙被排挤掉。

② 当 $K_2 > K_1/\alpha$，$K_2/\beta > K_1$ 时，物种乙取胜，物种甲被排挤掉。

③ 当 $K_1 < K_2/\beta$，$K_2 < K_1/\alpha$ 时，两个物种稳定共存。

④ 当 $K_1 > K_2/\beta$，$K_2 > K_1/\alpha$ 时，两个物种不稳定共存，物种甲和物种乙都有取胜的机会。

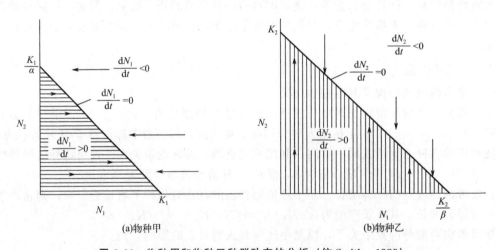

图 3-22　物种甲和物种乙种群动态的分析（仿 Smith，1980）

对于物种竞争的各种结局，还可以用种内竞争强度和种间竞争强度指标的相对大小来表示。$1/K_1$ 和 $1/K_2$ 可视为物种甲和物种乙的种内竞争强度指标，其理由是 K 值越大，也就是说在一定的空间中能够容纳更多的个体，即 $1/K$ 值越小，则其种内竞争就相对地越小，同理，β/K_2 可视为物种甲对物种乙的种间竞争强度指标，α/K_1 是物种乙对物种甲的中间竞争指标。如果物种的种间竞争强度大，而种内竞争强度小，则该物种在竞争中将取胜；反之，若物种的种间竞争强度小，而种内竞争强度大，则该物种在竞争中将失败。如果两个物种的种内竞争均比种间竞争激烈，两物种就可能会稳定共存。如果种间竞争都比种内竞争激烈，那就不可能稳定共存。

例如，竞争结局为物种甲取胜、物种乙被排挤掉时，$K_1 > K_2/\beta$，$K_1/\alpha > K_2$，若取其

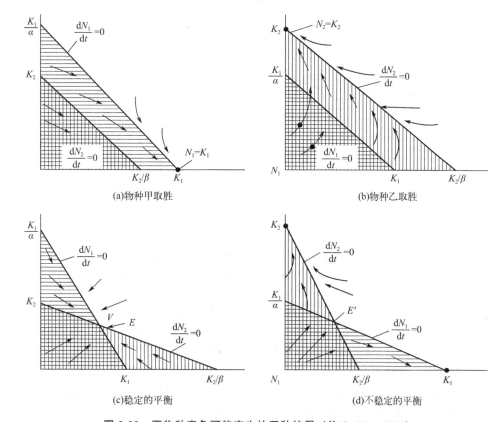

图 3-23　两物种竞争可能产生的四种结局（仿 Smith，1980）

倒数，则为 $1/K_1 < \beta/K_2$，$\alpha/K_1 < 1/K_2$，表示物种甲的种内竞争强度小，种间竞争强度大，而物种乙的种内竞争强度大，种间竞争强度小。

同理可知，当 $1/K_1 > \beta/K_2$，$\alpha/K_1 > 1/K_2$ 时，表示物种甲的种内竞争强度大，种间竞争强度小，而物种乙的种内竞争强度小，种间竞争强度大，竞争结局为物种乙取胜，物种甲被排挤掉。

当 $1/K_1 > \beta/K_2$，$\alpha/K_1 < 1/K_2$ 时，表示物种甲和乙均属种内竞争强度大、种间竞争强度小的物种，竞争结局为两个物种稳定共存。

当 $1/K_1 < \beta/K_2$，$\alpha/K_1 > 1/K_2$ 时，表示物种甲和乙均属种内竞争强度小、种间竞争强度大的物种，竞争结局为两个物种不稳定共存，两个物种都有取胜的机会。

3.4.1.3　竞争排斥原理

竞争排斥原理（principle of competitive exclusion），即生态学上（更确切地说是生态位上）相同的两个物种不可能在同一地区内共存。如果生活在同一地区内，由于剧烈的竞争，它们之间必然出现栖息地、食性、活动时间或其他特征上的生态位分化。

竞争排斥原理首先是由 Gause 用实验的方法证实的，所以又称为高斯假说（Gause's hypothesis）。高斯的实验是用分类上和生态上很相近的两种草履虫，即双小核草履虫和大草履虫进行的。单独培养时，两种草履虫都表现为逻辑斯蒂增长。但把两种草履虫放在一起培养时，开始两种都有增长，但双小核草履虫增长得快一些。培养 16d 后大草履虫消失。这两种草履虫没有分泌有害物质，主要是由于共同竞争食物而排斥了其中一种（图 3-24）。

案例： 在自然环境中，竞争排斥的例子很多。例如，在美国加利福尼亚州南部红圆蚧

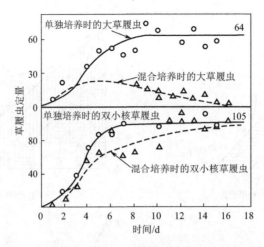

图 3-24 双小核草履虫和大草履虫单独与混合培养时的种群动态 [高斯假说（Gause's hypothesis）]（孙儒泳，2001）

（*Aornidielluaurantii*）是一种非常普遍的柑橘害虫。大约于 1900 年，蔷薇轮蚧小蜂（*Aphtis chrysomphali*）由于偶然机会，从地中海入侵加利福尼亚州，并扩散为红圆蚧的有效寄生物。1948 年，加利福尼亚州从我国广东引进岭南蚜小蜂（*Aphtis lingnanensis*），并成功繁殖定居。到 1958 年，岭南蚜小蜂几乎在整个区域完全取代了蔷薇轮蚧小蜂。

如果把竞争排斥原理应用到自然群落上，则：a. 如果两个种在同一个稳定的群落中，占据相同的生态位，其中一个种终究要被消灭；b. 在一个稳定的群落中，没有任何两个种是直接的竞争者，因为这些种在生态位上是不一致的，种间竞争降低，保证了群落的稳定性；c. 群落是一个具有相互作用的、生态位分化的种群系统，这些种群对群落的空间、时间、资源利用等方面，都趋向于相互补充而不是直接竞争。因此，由多个种组成的群落，要比单一种群落更能有效利用环境资源，维持长期的、较高的生产力，并具有更大的稳定性。

3.4.1.4 生态位分化

不同物种的生态位宽度不同。生态位宽度是指生物所能利用的各种资源的总和。根据生态位宽度，可以将物种分为广生态位的和狭生态位的两类。

图 3-25 表示生物在资源维度上的分布。这种曲线称为资源利用曲线。其中图 3-25（a）表示物种是狭生态位的，相互重叠少，物种之间的竞争弱。图 3-25（b）表示物种是广生态位的，相互重叠多，物种之间的竞争强。

两个具竞争关系的物种，其生态位重叠究竟有多大，这要由物种的种内竞争强度和种间竞争强度决定。种内竞争促使两物种的生态位接近，种间竞争又促使两物种的生态位分开。

两个竞争物种的资源利用曲线不可能完全分开。分开只有在密度很低的情况下才会出现，而那时种间竞争几乎不存在。

如果两竞争物种的资源利用曲线重叠较少，物种是狭生态位的，其种内竞争较为激烈，将促使其扩展资源利用范围，使生态位重叠增加。

如果两竞争物种的资源利用曲线重叠较多，物种是广生态位的，生态位重叠越多，种间竞争越激烈，按竞争排斥原理，将导致某一种物种灭亡，或通过生态位分化而得以共存。

3.4.1.5 Tilman 模型与植物的种间竞争

与动物种群很不相同的是，植物生长所利用的资源十分相似，资源利用出现分化的可能

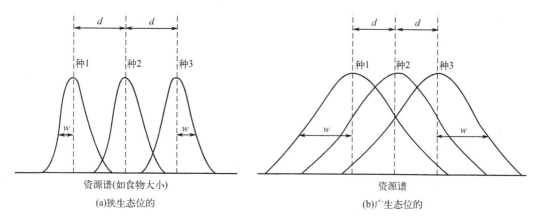

图 3-25　三个共存物种的资源利用曲线（仿 **Begon** 等，**1986**）

d—曲线峰值间的距离；w—曲线的标准差

性很小，资源的影响主要是资源数量动态变化所引起的影响。Tilman 模型是专门为研究植物种间竞争而设计的。

Tilman 模型以零增长线（ZNGI）为出发点，ZNGI 表示一种植物利用两种必需营养元素时，该物种能存活和增殖的边界线，见图 3-26（a）。资源量位于 ZNGI 线上边和右边，植物能存活和增殖。若位于 ZNGI 线的下边和左边，则不能存活。

资源水平的任何变化，都是资源消耗和资源供应联合作用的结果。图 3-26（b）描述了资源消耗与资源供应之间的平衡关系。

分析种间竞争时，将两个物种的 ZNGI 线叠合在同一个图上［图 3-26（c）、（d）］，两个物种对资源的消耗率不同，但供应率只有一个。种间竞争的结局取决于供应点的位置。

图 3-26（c）表示资源供应点的位置有 3 种可能：如果供应点落在①区内，物种 A 和物种 B 都不能生存；如果供应点落在②区内，物种 A 生存，物种 B 则灭亡；如果供应点落在③区内，开始时，两个物种都能生存，但竞争的结果是物种 A 排斥物种 B，最终结果是物种 A 生存，物种 B 灭亡。

图 3-26（d）表示资源供应点的位置有 6 种可能：如果供应点落在①区内，两个物种都不能生存。如果供应点落在②区内，物种 A 生存，物种 B 灭亡。如果供应点落在⑥区内，物种 B 生存，而物种 A 灭亡。如果供应点落在③、④和⑤区内，开始时，两个物种都能生存，但最终的竞争结果不同；在③区，物种 A 排斥物种 B；在⑤区，物种 B 排斥物种 A；只有在④区，物种 A 和物种 B 才能长期稳定地共存。

3.4.1.6　种间促进作用

在过去的一个世纪几乎所有的经典生态学理论都是构建在生物个体间的负效应之上的，从 20 世纪 80 年代末期开始，大量的研究指出正相互作用不仅仅是在植物群落演替阶段起作用，也会在稳定的、非演替的群落中对群落组成起作用。

促进作用为任何存在于相邻两个或两个以上植物之间，直接或间接地促进其中至少一个植物的生长繁殖的植物种间关系。当两个个体都从相互作用中受益就称为互惠（＋/＋）。还包括只对其中一方有益，对另一方无影响的偏利作用（＋/0）。

在植物群落种间或者种内，个体直接通过生物学或非生物学途径改善物种生存繁殖的基质特性、胁迫环境条件，增加资源的可利用性，或者间接通过排除潜在竞争者，引入其他有益有机体（土壤微生物、菌根、传粉者等），或提供保护以免受食草动物取食等，促进了相

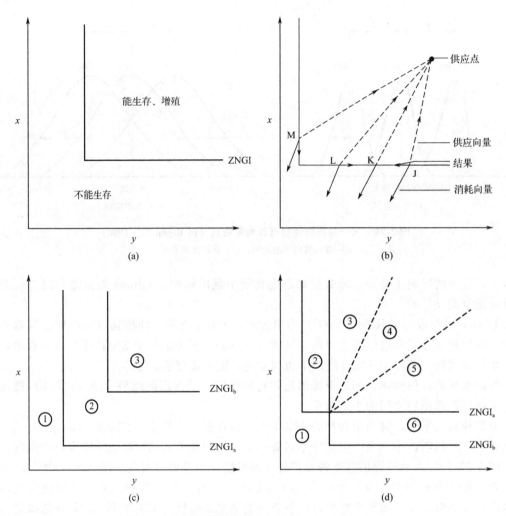

图 3-26　Tilman 模型动态分析（仿 Begon 等，1986）

邻个体的生存、生长或者增加了其丰富度，它们之间就发生了促进作用。

　　案例：在盐沼高层地带，高的盐度限制植物的生存和生长。盐沼中植物之间通过遮阴、降低土壤的盐度或者聚集在一起来抵抗海浪的冲击而发生促进作用。在沙漠中，胁迫忍耐性高的物种为忍耐性低的物种提供了遮阴，大部分幼苗一般都是在灌木和乔木的下面而不是暴露地带发现的。动物适口性草孤立生长时，很容易被牲畜发现而遭啃食，当长在高大的非喜食草旁边时，被牲畜发现的概率将大大降低。一般认为促进作用在温和环境和低的取食压力条件下都很少发生，邻体改善胁迫环境和协同防御分别在胁迫环境和强烈的取食压力情况下导致促进作用的发生。

3.4.2　捕食作用

　　捕食（predation）可定义为一种生物摄取其他种生物个体的全部或部分为食，前者称为捕食者（predator），后者称为被食者或猎物（prey）。

　　在自然界中，捕食是一种常见的种间关系。在生态学文献中，对捕食的概念有广义的和狭义的两种理解。狭义的捕食仅是指食肉动物、食草动物或其他食肉动物这种典型的捕食，广义的捕食除包括这种典型的捕食外，还包括食草（herbivory，食草动物吃绿色植物）、拟寄生（parasitoidism，如寄生蜂将卵产在昆虫卵内，一般为极慢地杀死宿主）、同类相食（cannibalism，捕食现象的一个特例，捕食者与被食者是同一个物种）等，有些学者还将寄生理解为广义的捕食。

3.4.2.1　捕食者与被食者的协同进化

捕食者与被食者的关系非常复杂，这种关系不是一朝一夕形成的，而是长期协同进化的结果。在长期的进化过程中，捕食者和被食者均发展了一些有效的捕食行为与反捕食行为。

（1）捕食对策

捕食对策就是动物为获得最大的寻食效率所采用的种种方法和措施。有些对策属于形态学上的对策，如捕食者发展了锐齿、利爪、毒牙等工具；有些则属于行为学上的对策，如运用诱饵、追击、集体围猎等方式，以提高捕食效率；还有一些更高级的捕食行为，则是将经济学原理运用在捕食过程中，如椋鸟的捕食行为就是一个典型的例子。

案例：椋鸟从土壤中捕食大蚊幼虫以喂养幼鸟，每次运回多少只虫最合算？在这个例子中，运虫量是椋鸟的收益，而耗费的时间则是掠鸟的投入。最优策略应该是使运虫量与时间之比最大，即单位时间内的运虫量最高。图 3-27 为椋鸟食物运量与时间、取食地距离的关系（仿尚玉昌，1998），可见，运量与时间有关，但时间达一定长度后，运量并不再增加，即有一个最大运量。运量还与捕食地和巢之间的距离有关。显然，距离越远，每次的运量越大越好；若距离很近，最优对策为缩短在捕食地的寻虫时间，每次少运一些更合算。

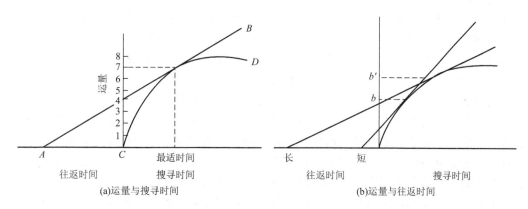

图 3-27　椋鸟食物运量与时间、取食地距离的关系（仿尚玉昌，1998）

（2）反捕食对策

捕食者的捕食对策发展的同时，也促进了被食者的反捕食对策的发展。事实上，捕食动物的捕食对策与被捕食动物的反捕食对策总是协同进化的。动物有各种各样的对策来防御捕食者的捕食，概括起来有隐蔽、逃避和自卫三类。

① 隐蔽就是动物利用保护色或地形、草丛和隐蔽所等，有效地隐藏自己，避开敌害，是最常见的一种反捕食对策。

保护色是动物为适应栖息环境而产生的与环境相适应的色彩。保护色多种多样，有的动物的保护色甚至可以随背景的色彩而变化。但大多数动物的保护色是不变的。不变的保护色一般可分为两类：一类为隐蔽色，如许多鱼类背部色深，腹部色浅，为防隐蔽体色，它需要动物在姿势和行动上的配合；另一类为分割色，它的体色在周围环境的配合下，能使动物的轮廓变得模糊不清。

采用隐蔽方式的反捕食对策应该说是最可取的，因为与逃避和自卫对策比较，其能量消耗最少，而又能保存自己。

② 逃避是动物常采取的另一类反捕食对策。

案例：穴居动物在遇到危险时，往往是逃回其洞穴；树栖动物和两栖动物在陆地上遇到捕食者时，一般都逃回树上或跳入水中；生活在开阔地的动物则发展速度和耐力，依靠比捕食者有更快更持久的奔跑或飞行能力，或随时改变逃避方向，使捕食者无法掌握其奔跑或飞行路线而难以捉到。动物在逃避敌害时，为了赢得逃避时间，往往显示特殊的吓咬姿势、突然动作或鸣叫等，使捕食者受惊而迟疑，被捕者即可利用这短暂的时间迅速逃遁。有的动物还可以用自割行为（autotomy）如壁虎、"折翼行为"如鸟类，以转移捕食者的攻击目标。

③ 自卫通常是在动物发现敌害后无处隐藏，又来不及逃避时所采取的一种反捕食对策。

案例 1：有些被食者利用身体的某些器官（如利齿、蹄、爪、角、刺、棘等）作为武器进行自卫，有些被食者的自卫则是通过毒腺或身体表面某些部位分泌有毒化学物质或虽无毒但能阻止对方攻击的胶状物质。利用"化学武器"进行自卫的例子很多，如乌贼喷出的墨汁。植物体内形成的"第二性物质"是极其有效的化学防卫武器。

案例 2：另外还有一种常见的反捕食对策，就是某些动物的结群生活方式。动物结群生活可以及时发现捕食者，群中通常有一些个体专门担任警戒放哨任务，其他个体就可以把更多的时间用于取食。结群生活的动物可以依靠集体力量对付捕食者，幼兽被保护在群中间，成兽围成一圈抵挡捕食者的进攻。

在捕食者与猎物的相互关系中，对于捕食者自然选择在于提高发现、猎取和取食猎物的效率，如捕食者通常具有锐利的爪、牙、毒腺等武器，而对于猎物在于提高逃避被捕食的效率，如猎物通常具有保护色、隐蔽色、假死、拟态等适应特征。很显然，两种选择是对立的。但在长期的进化过程中，这种对立有被减弱的倾向。

人们对于捕食者的作用往往不能做出客观评价，过分强调捕食者对被食者种群产生的危害。捕食者与被食者的相互关系是生物在长期进化过程中所形成的复杂的关系。作为天敌的捕食者有时会成为被食者不可缺少的生存条件。捕食者确实捕杀不少被食者个体，但它对被食者种群的稳定起着巨大作用。精明的捕食者大多不捕食正当繁殖年龄的被食者个体，因为这会减少被食者种群的生产力，更多的是捕食那些老弱病残个体。

人类利用生物资源，从某种意义上讲，与捕食者利用被食者是相似的。但人类在生物资源的利用中，往往利用过度，致使许多生物资源遭到破坏或面临灭绝。怎样才能成为"精明的捕食者"，在这方面人类还有很大差距。

3.4.2.2 捕食者与被食者的数量动态

① 假定被食者在没有捕食者条件下呈指数式增长，而捕食者在没有被食者条件下呈指数式减少，则连续型增长模型如下。

对于被食者，可以假定在没有捕食者时，种群呈指数式增长：

$$\frac{\mathrm{d}N}{\mathrm{d}t} = r_1 N$$

式中，N 为被食者密度；t 为时间；r_1 为被食者的内禀增长能力。

对于捕食者，可以假定在没有被食者时，种群呈指数式减少：

$$\frac{\mathrm{d}P}{\mathrm{d}t} = -r_2 P$$

式中，P 为捕食者密度；$-r_2$ 为捕食者在没有被食者时的增长率。

②　当被食者与捕食者共存于一个有限空间内时，被食者的密度将因捕食者的捕食而降低，其降低程度取决于：a. 被食者与捕食者相遇的概率，相遇概率随二者密度的增高而增大；b. 捕食者发现和攻击被食者的效率，用平均每一捕食者捕杀猎物的个体数来表示，称作压力常数（ε）。因此，被食者方程可改写为：

$$\frac{\mathrm{d}N}{\mathrm{d}t} = (r_1 - \varepsilon P)N$$

模型中的 ε 值越大，表示捕食者对被食者的压力越大；若 $\varepsilon = 0$，则表示被食者完全逃脱了捕食者的捕食。

③　当被食者与捕食者共存于一个有限空间内时，补食者密度也将依赖于被食者的密度而变化，其增长程度取决于：a. 被食者与捕食者的密度；b. 捕食者利用被食者，转变为自身的效率，即捕食效率常数（θ）。因此，捕食方程可以改写为：

$$\frac{\mathrm{d}P}{\mathrm{d}t} = (-r_2 + \theta N)P$$

模型中的 θ 值越大，表示捕食效率越大，对于捕食者种群的增长效应也就越大。

3.4.2.3　模型行为分析

对于猎物种群来说，猎物种群零增长，即 $\mathrm{d}N/\mathrm{d}t = 0$ 时有：

$$r_1 N = \varepsilon P N \text{ 或 } P = r_1/\varepsilon$$

因 r_1 和 ε 均是常数，故捕食者种群增长是一条直线。当 $P < r_1/\varepsilon$ 时，N 值增加；当 $P > r_1/\varepsilon$ 时，N 值减少。

对于捕食者种群来说，捕食者种群零增长，即 $\mathrm{d}P/\mathrm{d}t = 0$ 时有：

$$r_2 P = \theta N P \text{ 或 } N = r_2/\theta$$

因 r_2 和 θ 均是常数，故捕食者种群增长是一条直线。当 $N > r_2/\theta$ 时，P 值增加；当 $N < r_2/\theta$ 时，P 值减少。

把捕食者与被食者的两个零增长线叠合在一起，就能说明模型的行为：两个种群的密度按封闭环的轨道做周期性数量变动。在捕食者零增长线右面，捕食者种群密度增加，在左面则减少；在被食者零增长线下面，被食者种群密度增加，在上面则减少。这样，捕食者和被食者的种群动态可分为 4 个阶段：a. 被食者增加，捕食者减少；b. 被食者和捕食者都增加；c. 被食者减少，捕食者继续增加；d. 被食者和捕食者都减少。也就是说，该模型可以预言被食者和捕食者种群动态，也即随着时间的改变，被食者种群密度逐渐增加，捕食者种群密度也随之增加，但在时间上总是落后一步；由于捕食者密度的上升，捕食压力增加，必将减少被食者的数量，而被食者密度减少，由于食物短缺，捕食者也将减少；捕食者数量减少，捕食压力降低，又会使被食者增加。接着重复前面的过程，如此循环不息。

3.4.2.4　捕食者和猎物种群的动态

自然界中捕食者和猎物种群的相互动态是复杂多样的，不能以 Lotka-Volterra 模型所预测的一种结局来概括。在自然界中，一种捕食者与一种猎物的相互作用，并不像 Lotka-Volterra 模型所假定的那样，孤立于其他物种或环境之外。

在同一个自然生态系统内，往往有多种捕食者吃同一种猎物，同一种捕食者也能吃多种猎物。如果捕食者是多食性的，可以选择不同的食物，当一种猎物种群数量下降时，就会转而捕食另一猎物种群，并因此对猎物种群起稳定作用。

案例 1：有一些例子证明捕食者对猎物种群有致命的影响，如对吹绵纷壳虫（*Icerya purchasi*）的生物防治。该虫曾对美国加利福尼亚州柑橘种植业造成严重危害，各种农药都无法防治，但在引进澳洲瓢虫（*Rodolia cardinalis*）后的二年内，就控制了它的危害。

案例2：也有一些例子说明捕食者对猎物种群密度没有多大影响。如花尾榛鸡（*Tetrastes bonasia*）是一种有重要经济价值的鸟类，数量波动很大。大规模捕捉其捕食性天敌，结果仅仅使雏鸟的存活率提高，对秋季榛鸡成鸟的种群密度并无影响。

3.4.2.5 食草作用

食草（herbivory）是广义捕食的一种类型，其特点是被食者只有部分机体受损害。植物虽然没有主动逃避植食动物的能力，但并没有被动物吃光，其原因是植物与植食动物之间协同进化，植食动物在进化过程中发展了自我调节机制，有节制有选择地取食，以防止食物资源的毁灭。同时，植物在进化过程中也发展了防卫机制。

植物被植食动物取食所造成危害的程度，随损害部位、植物发育阶段的不同而不同。一般来说，发生在植物生长季早期的取食，对植物造成的危害较大。

植食动物的取食可以引起植物的防卫反应，防卫反应可分为机械防御和化学防御两类。机械防御就是被取食损害过的植物会变得生长延续、变硬、纤维素含量增加，适口性降低，且有些植物的叶子边缘会长出一些更硬更尖的棘、刺或钩，阻止动物的取食。化学防御就是被取食损害过的植物会产生一些有毒性的化学物质，使植物变得不可食，或可食但会影响动物的发育。

案例：作为防卫武器的化学物质，均属植物的次生性物质，是植物代谢过程的副产品，如尼古丁、咖啡因、薄荷油、肉桂香等。这些物质是植物在进化过程中发展的一类专门对付植食动物的特殊化学物质，是植物主动产生的，其产生过程需要消耗能量。如果生物群落中没有植食动物，植物就不会产生这些次生性物质。

3.4.3 寄生作用

寄生是指一个种（寄生物）寄居于另一个种（宿主）的体内或体表，靠宿主体液、组织或已消化物质获取营养而生存。寄生关系是以营养和空间关系为基础的，寄生物以宿主的身体为生活空间，并靠吸取宿主的营养而生活。

3.4.3.1 寄生的类型及特点

寄生物为适应它们的宿主，表现出极大的多样性，其宿主可以是植物、动物，也可以是其他寄生物。寄生物可分为微型和大型两类。微型寄生物直接在宿主体内增殖，多数生活在细胞内，如疟原虫、植物病毒等。大型寄生物在宿主体内生长发育，但其繁殖要通过感染期，从一个宿主机体到另一个机体，多数生活在细胞间隙或体腔、消化道等地方，如蛔虫等。

寄生在宿主的体表为体外寄生，寄生在宿主的体内为体内寄生。终生营寄生生活的为整生寄生，仅在生活周期中的某个发育阶段营寄生生活的为暂时寄生。寄生性有花植物可分为全寄生和半寄生，前者是指植物缺乏叶绿素，无光合能力，其营养全部来源于宿主植物；后者虽能进行光合作用，但根系发育不良，需要宿主供应营养。

案例：冬虫夏草是一种叫作蝙蝠蛾的动物，将虫卵产在地下，使其孵化成长得像蚕宝宝一般的幼虫。另外，有一种孢子，会经过水而渗透到地下，专门找蝙蝠蛾的幼虫寄生，并吸收幼虫体的营养而快速繁殖，称为虫草真菌。当菌丝慢慢成长的同时，幼虫也慢慢长大，从而钻出地面。直到菌丝繁殖至充满虫体，幼虫就会死亡，此时正好是冬天，就是所谓的冬虫。而当气温回升后，菌丝体就会从冬虫的头部慢慢萌发，长出像草一般的真菌子座，称为夏草。在真菌子座的头部含有子囊，子囊内藏有孢子。当子囊成熟时，孢子会散出，再次寻找蝙蝠蛾的幼虫作为宿主，这就是冬虫夏草的循环。

营寄生生活的高等植物最显著的特点是生物体的简化。另外，几乎所有的寄生植物都出现专门的固定器官，借助这些固定器官，寄生者能侵入或固定在宿主植物体内或体表。

很多寄生植物具有很强的生命力，在没有碰到宿主时，能长期保持生命力，如玄参科独脚金属（*Striga*）的植物，可保持生命力 20 年不发芽。一旦有机会碰到宿主植物，能立即恢复生长，营寄生生活。

寄生植物具有一定的专一性，多数寄生植物只寄生于一定科、属的植物。在进化过程中，寄生物对宿主植物的有害作用有减弱的趋势。

3.4.3.2　寄生物和宿主种群数目动态

（1）模型假设

① 寄生者搜索宿主是完全随机的。

② 寄生率的增加，不受寄生者产卵量的影响，而只受限于它们发现宿主的能力。

③ 一个寄生物在一生中搜索的平均面积是一个常数，称为发现面积，用 a 代表。

（2）Nicholson-Bailey 模型

宿主种群　　　　　　　　　　　$N_{t+1} = F N_t\, \mathrm{e}^{-aP_t}$

寄生物种群　　　　　　　　　　$P_{t+1} = N_t(1 - \mathrm{e}^{-aP_t})$

就宿主种群方程式而言，N_{t+1} 和 N_t 分别代表两个相继世代的宿主数量，F 代表宿主的增殖率，e^{-aP_t} 表示宿主种群中未被寄生的百分率。因此，宿主方程式的生物学含义是：下一代宿主数量 N_{t+1} 等于前一代宿主数量 N_t 与宿主增殖率 F 的乘积，再乘以未被寄生的百分比 e^{-aP_t}。

就寄生物种群方程式而言，可以看成 $P_{t+1} = N_t - N_t\mathrm{e}^{-aP_t}$，其生物学含义是：下一代寄生物的数量 P_{t+1} 等于前一代宿主数量 N_t，扣除未被寄生的宿主数量（宿主数量×未被寄生的百分比）。也就是说，$t+1$ 代的寄生物数量等于 t 代宿主（N_t）中被寄生的数量。显然，这里包含着这样的假定，即每一个宿主被寄生就产生一个下一代成熟的寄生物。

3.4.3.3　寄生物和宿主的协同进化

由于寄生生物的多样性，其对寄生生活的适应也多种多样。寄生生活的关键是转换宿主个体。寄生生物具有发达的生殖器官、强大的生殖力，许多寄生动物雌雄同体，这些形态、生理特征就是为了保证其寄生生活的顺利进行。寄生物在宿主体内生活，同样会引起宿主的反应，宿主的重要反应之一是免疫反应。免疫反应是将寄生物生活的环境（即活的宿主有机体）变为寄生物所不能生存的环境。各大类群生物的免疫反应很不相同。脊椎动物的免疫反应能保护宿主，增加存活率；无脊椎动物免疫反应的保护功能很弱，主要靠残留个体的高繁殖力延续物种；植物没有血液循环系统，并且具有细胞壁，所以没有吞噬细胞和类似的免疫系统。

寄生物与宿主协同进化的结果往往是有害作用逐渐减弱，甚至会演变成偏利共生或互利共生关系。因为如果寄生物的致病力过强，将宿主种群消灭，寄生物也将随之灭亡。另外，寄生物的致病力还遇到了来自宿主的自卫能力，如免疫反应，宿主的自卫能力减弱了寄生物的致病力。

自然界中寄生物与宿主之间的关系是极为复杂的，若想全面分析寄生物与宿主种群间的相互动态，需从以下几个方面考虑：a. 各种寄生物对宿主的影响是不同的，寄生物对一些生物是致命的，但对另一些生物可能是无害的，其危害程度取决于寄生物的致病力和宿主的抵抗力；b. 寄生物的致病力和宿主的抵抗力随环境条件而改变；c. 同一种宿主同时会被若干种寄生物所危害，同一种寄生物也危害不同宿主；d. 宿主和寄生物的相互关系与其他生物因子和非生物因子有关。

3.4.4 共生作用

共生（symbiosis）就是指在同一空间中不同物种的共居关系，按其作用程度分为互利共生、偏利共生和原始协作 3 类。

3.4.4.1 互利共生

互利共生指不同种两个体间的一种互惠关系，可增加双方的适合度。互利共生多见于生活需要极不相同的生物之间，是自然界中普遍存在的一种现象。互利共生可以分为兼性互利共生和专性互利共生两类，后者又可分为单方专性和双方专性。

案例 1：有些互利共生仅表现在行为上，如鼓虾（*Alpheus*）与隐螯蟹（*Cryptochirus*）之间的共生。鼓虾是一种盲虾，营穴居生活。隐螯蟹利用其洞穴作为隐蔽场所，但要为鼓虾引路导航。有些互利共生则是相互依赖的，如动物与消化道中的微生物之间的共生。反色动物的瘤胃中具有密度很高的细菌和原生动物；白蚁肠道内有共生的鞭毛虫。人类与农作物和家畜的关系是典型的互利共生关系，人类社会的发展历史就能证明人类从这种互利共生中所获得的好处。地衣、菌根、根瘤、有花植物和传粉动物等，也都是典型的互利共生的例子。

案例 2：在非洲稀树草原里，有许多大型的食草动物，为数不多的树木很容易成为它们的捕食目标。非洲象就对树木具有毁灭性的破坏力，用长而有力的鼻子使劲一卷、一拉，树便被拦腰斩断。再例如，无论树有多高，枝有多密，长颈鹿那细长的脖子与灵巧的舌头也能让它在高大的树的枝权间舔来舔去，无孔不入。不过，有一种稀树草原的树木却很好地抵御住了这些食草动物的日常袭击，在它们的口齿之间留存了下来，它们就是非洲的镰荚金合欢（*Vachellia drepanolobium*）。

镰荚金合欢的每一小节枝上都成双成对地长满了刺。它们的刺分为两种，一种刺基部膨大，能给蚂蚁提供巢穴。蚂蚁在刺开始膨大之前会咬穿它，并住进去，形成一个个孔道。这些特化的球茎样的刺直径能达 6cm，风声穿过时会发出呜呜声，听上去就像树在"吹"哨子。另一种基部不膨大，是镰荚金合欢的防御工具。密不透风的长刺让动物们无从下嘴，树叶则在其中得到保护，逃过了动物的牙齿。但光有刺似乎并不足以让它们防范长颈鹿的灵巧舌头。所以，镰荚金合欢又"放出"了秘密武器，即和蚂蚁"合作"！镰荚金合欢给蚂蚁提供巢穴和食物，蚂蚁在树上觅食时也是给树巡逻，遇到草食动物的唇齿时，聚集起来干扰它们，合伙将它们逼退。

而镰荚金合欢强大的防御力就来自与之共生的"蚂蚁军团"。蚂蚁与树形成有趣的共生体，只要有动物来啃食树木，那都是在拆它们共同的家。因此蚂蚁会全力地守护金合欢不被攻击，统一战线，就算是大象来觅食，它们粗糙不怕刺的皮肤也挡不住无数蚂蚁钻入敏感的长鼻内发动的集群攻击。

3.4.4.2 偏利共生

偏利共生指两个不同物种的个体间发生一种对一方有利的关系。偏利共生可以分为长期性的和暂时性的。

案例：附生植物与被附生植物之间是一种典型的长期性偏利共生关系。附生植物不仅有地衣、苔藓及某些蕨类这样的低等植物，在热带森林中还有许多高等附生植物。附生植物借助被附生植物，以获得更多的资源。二者仅是定居上的空间关系，没有物质上的交流。对附生植物来说会得到一定的益处，在一般情况下，对被附生的植物也没有影响，或只有极轻微的影响。但若附生植物太多，也会妨碍被附生植物的生长，这正说明物种间相互关系的类型不是绝对的。暂时性偏利共生是一种生物暂时附着在另一种生物体上以获得好处，但并不使对方受害，如林间的一些动物，在植物上筑巢或以植物为掩蔽所等。

3.4.4.3 原始协作

原始协作是指两个物种相互作用，对双方都没有不利影响，或双方都可获得微利，但协作非常松散，二者之间不存在依赖关系，分离后双方均能独立生活。

案例：某些鸟类啄食有蹄类身上的体外寄生虫，有蹄类为鸟类提供食物，鸟类可为有蹄类清除寄生虫，还可为有蹄类报警；又如鸵鸟与斑马的协作，鸵鸟视觉敏锐，斑马嗅觉出众，对共同防御天敌十分有利。在农业生产中，人们利用不同生活型植物相互提供的有利生境条件，科学地间作和套种，有时还利用它们之间的种间互补作用，控制不利因素和有害生物，以改善农田生态条件。

 本节小结

种间关系包括竞争、捕食、互利共生等，是构成生物群落的基础。种间关系的研究是种群生态学与群落生态学之间的界面，其研究内容主要包括两个方面：a. 两个或多个物种在种群动态上的相互影响，即相互动态（co-dynamics）；b. 彼此在进化过程和方向上的相互作用，即协同进化（co-evolution）。

3.5 生活史对策

生活史（life history）是指生物从出生到死亡所经历的全部过程。其中，身体大小（body size）、生长率（growth rate）、繁殖（reproduction）、寿命（longevity）是关注相对更多的因素。生活史对策（life history strategy），也称生态对策（bionomic strategy），指生物在生存斗争中获得的生存对策，主要包括生殖对策、取食对策、迁移对策、体型大小对策。

3.5.1 能量分配与权衡

理想的具有高度适应性的假定生物体应该具备可使繁殖力达到最大的一切特征，即在出生后短期内达到大型的成体大小，产生许多大个体后代并长寿。但这种生物体是不存在的，因为分配给生活史一个方面的能量不能再用于另一方面。生物在某一生命过程中获得好处时，要以减少另一生命过程的投入为代价，此过程即为权衡（trade-off）。

案例：不存在的理想演化——"达尔文魔鬼"（Darwinian demons）：理想的具有高度适应性的假定生物体，此种生物一出生即性成熟，每次都产生尽可能多的后代，并且永不衰老，直到万寿无疆子孙满堂……只要稍微接近这个目标就能获得极大的选择优势。生物学家把这种想象中的生物称为"达尔文魔鬼"。称之为魔鬼的原因有二：一是假如这种动物出现必然会横扫一切生物，迅速填满整个地球；二是如此强悍的生物从未出现过，也毫无出现的迹象。

能量分配原则（the principle of energy allocation）由 Cody（1966）提出，即任何生物做出的任何一种生活史对策，都意味着能量的合理分配，并通过这种能量使用的协调来促进自身的有效生存和繁殖，种群的适合度达到最大，获得最大的繁殖成功。

每个生物具有生长、维持生存和繁殖三大基本功能，生物必须采取一定的策略配置能够获得的有限资源，其核心主要强调在特定环境中提高生殖、生存和生长能力的组合方式（图3-28）。

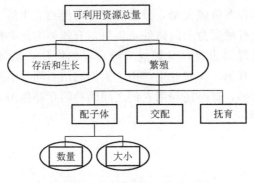

图 3-28　植物的能量分配示意图

① 生长和繁殖间的权衡。通常物种分配给生长和生殖的能量此消彼长。资源条件、季节等因素均会影响其生长和繁殖的权衡（图 3-29）。

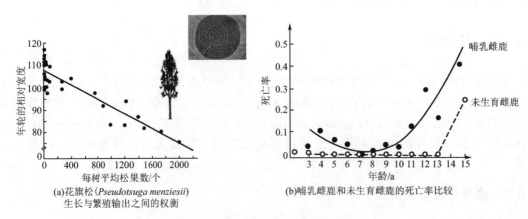

(a)花旗松（*Pseudotsuga menziesii*）
生长与繁殖输出之间的权衡

(b)哺乳雌鹿和未生育雌鹿的死亡率比较

图 3-29　植物和动物生长与繁殖之间的负关系

案例：为了合理管理牲畜，有研究根据牲畜活动模式、饮食质量、体重变化、乳汁生产的现场数据和文献中相关收益成本分析估算了成年骆驼、牛、绵羊和山羊的能量预算与草料摄入需求。估算认为，每年动物需平均步行 17km/d，总代谢能（ME）分配为 47％用于基础代谢，16％用于旅行，14％用于其他活动，23％用于生产。实际数据发现，季节和物种影响能源需求与分配的模式。所有物种的 ME 需求在潮湿时期（4～5 月）或旱至中干旱时期（6～10 月）达到顶峰，并在旱季后期（11 月至次年 3 月）显著减少。在雨季，绵羊或山羊平均将其 ME 预算的 45％用于产奶和增肥，其次是牛（6％）、骆驼（5％）。在旱季后期，所有物种的 ME 分配更为相似（7％～13％；全部用于哺乳期），但这段时间的体重减轻模式表明骆驼经历了最低程度的负能量平衡。骆驼相对更多地将 ME 分配给活动，而相对较少地分配给基础代谢或增加体重（Coppock 等，1986）。

　　② 数量和大小间的权衡。通常不同种植物种子、动物的后代数量和大小是负相关关系（图 3-30）。

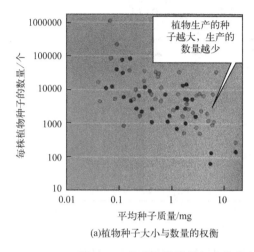
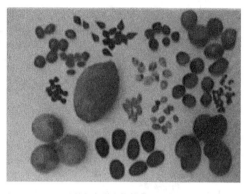

(a)植物种子大小与数量的权衡　　　　　　　　　　　(b)种子大小

图 3-30　植物种子数量与个体大小的关系（仿 Smith 和 Smith，2014）

　　案例 1：人类对作物的驯化则是在植物本身的数量大小权衡中，尽量使种子数量更多、大小更大，以提高作物产量，满足粮食需求。种子作物的一个广泛记录的驯化特性就是种子大小增加，大多数种子在厚度或宽度上增加了 20％～60％（Fuller 等，2014）。随着分子技术的发展，过去十年中已经确定了许多与水稻籽粒大小相关的数量性状基因座（QTL），与粒长相关的 QTL *GL2* 有可能分别将粒重和籽粒产量提高 27.1％ 和 16.6％，*GL2* 与 *OsGRF4* 等位基因包含 miR396 靶向序列中的突变。此突变，提高 *GL2* 的表达水平适度，从而通过上调大量油菜素内酯诱导的基因来激活油菜素内酯反应，从而促进谷物发育（Che 等，2015）。

　　案例 2：就昆虫而言，在面对不利环境条件如饥饿、拥挤等时，雌性蝗虫会权衡改变后代的大小数量（Tigreros 等，2019）以及后代的能量储备（干重脂质含量），群居（拥挤）的雌性比独居（孤立）的雌性产生更大但更少的后代，也就是孤立的雌性比拥挤的雌性产生的卵更小但更多（Maeno 等，2013）。

3.5.2　生物的体型效应

　　体型效应指有机体最明显的表面形状，不但不同类群大小各异，即使在同一种群的不同个体之间，个体大小都有或大或小的变化。生物体型越大，所需总能量越多，总耗氧量越大。但单位体重的需能量和耗氧量越小。大体型的生物更不易被捕食，有更长的寿命和世代周期，在不利环境中更易调节自身保持生理平衡，种间、种内竞争力强，适应环境的能力强。小体型动物则寿命短，但内禀增长率高，遗传变异大，生态幅广（图 3-31）。

　　体型效应不仅存在于种间，同种物种在不同资源环境条件下也存在体型效应。蝗虫是表达阶段多态性的蚱蜢物种，会改变自身行为、形态、颜色、生活史和生理以应对拥挤环境。

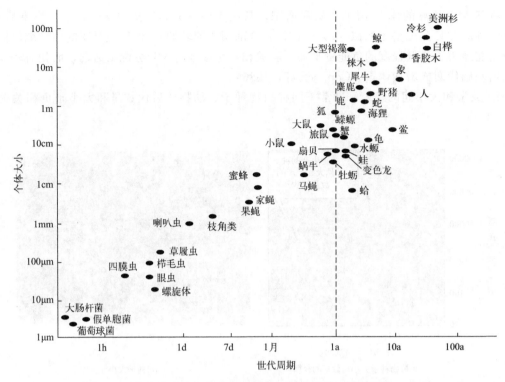

图 3-31　生物个体大小与寿命长短的强正相关关系（郑师章等，1994）

案例：沙漠蝗虫（*Schistocerca gregari*）为应对拥挤会改变后代的质量和数量的表观遗传特征。在饥饿条件下，群居的幼体比独居的幼体存活的时间要长得多。在独居的幼体中，随着幼体体型的增大，存活时间更长。而在群居的幼体中，小型个体的生存时间与大型个体一样长（Maeno 等，2013）。

物种个体大小与内禀增长率 r 有强的负相关关系。Southwood（1976）认为生物个体体型小，单位质量的代谢率升高，能耗大，寿命缩短，生命周期缩短必将导致生殖时期的不足，从而只有提高内禀增长率来加以补偿。

3.5.3　生殖对策

3.5.3.1　动物的生殖对策

（1）r-对策（r-strategy）

生活在条件严酷和不可预测环境中，种群死亡率通常与密度无关，种群内的个体常把较多的能量用于生殖，而把较少的能量用于生长、代谢和增强自身的竞争能力。采取 r-对策的生物称 r-选择（r-selection）者，通常是短寿命的，发育快，分配给繁殖的能量高，生殖率很高，可以产生大量的后代，世代周期较短，但后代的存活率低，成体体形小。r-选择者一般是在不稳定环境中进化的，具有所有能使种群增长率 r 最大化的特征。

（2）K-对策（K-strategy）

生活在条件优越和可预测环境中，其死亡率大都取决于与密度相关的因素，生物之间存在着激烈的竞争，因此种群内的个体常把更多的能量用于除生殖以外的其他各种活动。采取 K-对策的生物称 K-选择（K-selection）者，通常是长寿命的，种群数量稳定，竞争能力强，分配给繁殖的能量低，世代周期较长，生殖力弱，只能产生很少的后代，亲代对后代有很好的关怀，发育速度慢，成体体形大。K-选择者一般是在接近环境容纳量 K 的稳定环境中进化的，具有使种群竞争能力最大化的特征。

（3）r-K 连续体（r-K continum）

r-对策和 K-对策是两个进化方向的不同类型，从极端的 r-对策到极端的 K-对策之间有许多过渡类型，有的更接近 r-对策，有的更接近 K-对策，两者间有一个连续的谱系，称 r-K 连续体。

r-对策和 K-对策具有各自的优缺点（表 3-6）。

r-对策的优点：生殖率高，发育速度快，世代时间短，因此，种群在数量较低时，可以迅速恢复到较高的水平；后代数量多，通常具有较大的扩散迁移能力，可迅速离开恶化的环境，在其他地方建立新种群，因此，常常出现在群落演替的早期阶段；由于高死亡率、高运动性和连续面临新环境，可能使其成为物种形成的新源泉。

r-对策的缺点：死亡率高、竞争力弱、缺乏对后代的关怀，高的瞬时增长率必然导致种群的不稳定性，因此，种群的密度经常剧烈变动。

K-对策的优点：种群的数量较稳定，一般保持在 K 值附近，但不超过此值，因此，导致生境退化的可能性小；具有个体大和竞争能力强等特征，保证它们在生存竞争中取得胜利。

K-对策的缺点：由于 r 值较低，种群一旦遭到危害，难以恢复，有可能灭绝。

表 3-6　K-对策和 r-对策对比总结

项目	r-对策	K-对策
气候	多变，难以预测，不确定	稳定，可预测，较确定
死亡	常是灾难性的，无规律，非密度制约	比较有规律，受密度制约
存活	存活曲线 C 型，幼体存活率低	存活曲线 A、B 型，幼体存活率高
种群大小	时间上变动大，不稳定，通常低于环境容纳量 K 值	时间上稳定，密度接近环境容纳量 K 值
种内、种间竞争	多变，通常不紧张	经常保持紧张
选择倾向	发育快；增长力高；提早生育；体型小；单次生殖	发育迟缓；竞争力高；延迟生育；体型大；多次生殖
寿命	短，通常小于 1 年	长，通常大于 1 年
最终结果	高繁殖力	高存活力

（4）两面下注理论（bet-hedging theory）

即生物可根据不同生境对生活史（出生率、幼体死亡率、成体死亡率等）不同组分的影响，调整能量的分配。如果成体死亡率与幼体死亡率相比相对稳定，可预期成体会"保护其赌注"，在很长一段时期内生产后代，即多次生殖。如果幼体死亡率低于成体，则其分配给繁殖的能量就应该高，后代一次全部产出，即单次生殖。

案例：昆虫多是 r-选择者。北美有不同类型的 *Hyphantria* moth（Arctiidae），其特征是红头幼虫（RD）和黑头幼虫（BL）。RD 型的分布区覆盖了整个大陆的大部分，而 BL 型的分布区则局限于东部的落叶林。在世代代数较多的共栖地区，BL 与 RD 具有不同的生物学特性。二者具有不同的适应策略，滞育时间不同，BL 可能更像 r-选择者，RD 更像 K-选择者（Yang 等，2017）。

Winemiller 和 Rose（1992）发现鱼类在繁殖力、幼体成活率和性成熟年龄之间存在权衡：

① 机遇对策：繁殖力低（繁殖的能量分配高）、幼体成活率低和性成熟早。

② 平衡对策：繁殖力低、幼体成活率高和性成熟晚，如胎生或卵胎生鲨鱼。

③ 周期性对策：繁殖力高、幼体成活率低和性成熟晚，如鲟等。

案例：根据幼体存活率（l_x）、繁殖努力（m_x）及繁殖成熟年龄（α）而建立的生命史分类（Winemiller 和 Se，1992）。

（5）生殖价（reproductive value，RV）

x 龄个体的生殖价（RV_x）是该个体马上要生产的后代数量（当前繁殖输出），加上那些预期的以后生命过程中要生产的后代数量（未来繁殖输出）。

$$RV_x = m_x + \sum_{t=x+1}^{w} \frac{l_t}{l_x} m_x$$

式中，m_x 为当前繁殖；$\sum_{t=x+1}^{w} \frac{l_t}{l_x} m_x$ 为未来繁殖。

所有生物都不得不在分配能量之前对分配给当前繁殖（current reproduction）的能量和分配给存活的能量进行权衡，而后者与未来的繁殖（future reproduction）相关联。生殖价为比较不同的生活史提供进化的有关途径。

案例 1：进化预期使个体传递给下一世代的总后代数最大，即如果未来生命期望低，分配给当前繁殖的能量应该高，而如果剩下的预期寿命很长，分配给当前繁殖的能量应该较低（图 3-32）。

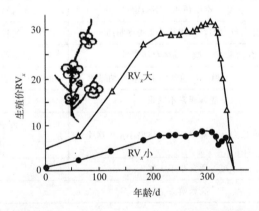

图 3-32 大型和小型小天蓝绣球（*Phlox drummondi*）生殖价随年龄的变化（仿 Mackenzin 等，2000）

案例 2：生殖价与生物种群的存续息息相关。研究人员用生殖价来调查北方鳕鱼渔业的侵蚀、崩溃和长期恢复。研究中认为经济价值相对于繁殖价值，因为个体对种群的价值和个体的经济价值对任何被剥削的种群都很重要。这里的经济价值是指个体的美元价值，取决于个人的单价和大小（或重量）。研究展示了价格驱动的捕鱼做法如何通过牺牲大型鱼类的未来繁殖来损害生殖能力。研究中首先讨论捕鱼对未来价值的影响。然后，讨论捕鱼对衡量个体生殖价与经济价值（RV/EV）的影响，RV/EV 是个体生殖价与经济价值的比值。这一比率的变化反映了年龄（大小）驱动的个体相对于种群的价值与作为商品的价值的变化。此比例反映（从鱼类种群的角度）捕鱼行为的每一收益（从人类的角度）的成本。例如，对于来自捕捞种群的个体，大的 RV/EV 表明获取这些个体的每一美元收益对种群的成本较高。

相对于捕捞压力，RV/EV 的变化更能评估捕捞作业的成本效益（Xu 等，2013）。

生殖效率是生殖对策的一个主要问题。生物是通过提高后代的质量与投入能量的比值来达到提高生殖效率的目的。

案例 3：一年生蚊母草生长于池塘中。春季，池塘中心部分环境相对稳定，竞争激烈，此时蚊母草产生较少但较重的种子，以便其能迅速萌发。而在池塘周围，由于环境较不稳定，此处蚊母草产生数量多、质量轻的种子，以增加其扩散能力（即从不良环境中逃逸的能力）。

3.5.3.2　植物的生殖对策

格兰姆（Grime）将生境分为四种极端类型，包括低逆境-低扰动、低逆境-高扰动、高逆境-低扰动和高逆境-高扰动。格兰姆认为植物可以应付前三种环境类型，但却没有确实可行的策略来应付第四种环境类型。

不同生境中植物选择的不同生活史：竞争对策（C-选择）、杂草对策（R-选择）、胁迫-忍耐对策（S-选择）（图 3-33）。

R（干扰型）：杂草对策（ruderal），在资源丰富的临时生境中的选择。能量主要分配给生殖。多是草本、短命植物、昆虫等的生活史对策。

C（竞争型）：竞争对策（competition），在资源丰富的可预测生境中的选择。能量主要分配给生长。多是草本、灌木、乔木的生活史对策。

S（胁迫忍耐型）：胁迫-忍耐对策（stress），在资源胁迫生境中的选择。能量主要分配给维持（生存）。多是地衣、草本、灌木的生活史对策。

案例：CSR 三角形。其中 C 表示低逆境-低干扰生境；R 表示低逆境-高干扰生境；S 表示高逆境-低干扰生境。

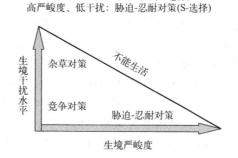

图 3-33　不同生境中植物对生活史的选择（仿 Mackenzin 等，2000）

3.5.4　滞育和休眠

① 休眠（dormancy）是指如果当前环境苛刻，而未来环境预期会更好，生物可能进入发育暂时延缓的休眠状态。休眠是由不良环境条件直接引起的，当不良环境条件消除时，便可恢复生长发育。

案例 1：种子休眠（seed dormancy）现象可以从三个层面来理解。在种群一级，种子休眠能够形成土壤种子库，植物可以在一年中的不同时间或响应生态系统干扰而出现。在单株植物一级，个体母本已经进化出维持对后代种子萌发行为的控制并产生后代种子特性异质性的机制。这使母本能够通过生产具有不同发芽倾向或可能在不同时间和地点发芽的种子来应对不同生境。在单个子代种子的水平上，存在维持和打破休眠的机制，通常是对环境刺激的响应，这些刺激将发芽限制在特定的年度时间窗口，或使种子等待冠层中出现空隙（Bewley，1997；Penfield，2017）。

案例 2：种子休眠利于种子传播扩散，可以调节种子萌发的时间，是植物适应季节变化的重要生存策略（Bewley，1997）。但在作物驯化过程中忽略了对种子适度休眠的保留，使得种子在高温高湿条件下易在穗上萌发（Xu 等，2019），导致作物减产、作物品质下降等不良后果，严重时还可能影响种质资源质量和下一季的播种。阐明种子休眠的分子生理机制，挖掘优异等位变异，对解决作物穗发芽问题具有重要意义。研究发现控制水稻种子休眠的关键基因是 *SD6*，转录因子 *ICE2* 也参与调控种子休眠。这两个拮抗的转录因子可通过调控 ABA 代谢和合成，调控体内 ABA 含量，实现种子休眠与萌发的切换（Xu 等，2022）。

② 滞育（diapause）是指昆虫的休眠，是昆虫长期适应不良环境形成的种的遗传性。在自然情况下，当不良环境到来之前，生理上已经有所准备，即已进入滞育。一旦进入滞育必须经过一定的物理或化学的刺激，否则环境恢复到适宜环境也不进行生长发育。

案例：滞育是许多蚊子物种生活史上的一个主要特征，它提供了一种机制来弥补温带和热带环境中的不利季节，并有助于使种群内的发育同步，从而直接影响疾病传播周期。蚊科（Culicidae）的滞育特征独立进化了许多次，密切相关的物种滞育的不同发育阶段就是一个例证。滞育不仅影响停育期，而且经常改变滞育前后的生理过程。滞育反应如何在进化上被塑造，对于理解本地和新引进物种的潜在范围扩张至关重要。激素调节蚊子滞育的研究主要集中在成虫滞育上，目前关于幼虫滞育或调节卵滞育的有趣的母体效应的信息很少。最近的定量性状位点、转录组和 RNA 干扰研究为解释滞育表型的复杂基因组提供了希望（Denlinger 等，2014）。

3.5.5 迁移

迁移是指使生物在空间上移到更适宜的地点来躲避恶劣的环境。

案例 1：生殖迁移，例如大马哈鱼（*Oncorhynchus keta* 淡水繁殖，海水生长）、鳗鲡（*Anguilla japonica* 海水繁殖，淡水生长）。

案例 2：昆虫中距离最长的迁移者——黑脉金斑蝶（*Danaus plexippus*）。黑脉金斑蝶是一种非常奇异的蝴蝶，每到秋季来临时，它们就会成群结队地从北美地区飞越数千至上万英里（1mi＝1.61km），来到美国南部和墨西哥的山地森林过冬。它们飞越海洋、山脉、沙漠，甚至是人烟稠密的都市，到达墨西哥，其飞翔能力令人叹为观止。当黑脉金斑蝶飞往南方过冬时，它们利用生物钟来判断太阳与它们航向的相对位置。

案例 3：哺乳动物中距离最长的迁移者——座头鲸（*Megaptera novaeangliae*，又名 *humpback whale*）。在世界上所有的哺乳动物中，座头鲸保持着最长的旅行纪录，在温暖的季节，它们在北极地区生活，在冬季到来时，它们会在海上旅行 5000mi（1mi＝1.61km），来到哥伦比亚和赤道附近的海域，那里是它们最理想的繁殖基地，一年又一年，不停地轮回。

案例 4：声势最浩大的迁徙者——角马（*Connochaetes*，别名牛羚）。坦桑尼亚的塞伦盖蒂国家公园里生活着 150 多万头牛羚，那里最为著名的当数动物大迁徙，绵延数十公里，尘土铺天盖地，它们向西然后再向北，要长途跋涉近 3000km。每年的 12 月到次年的 5 月是塞伦盖蒂的湿季，那里水草丰美，是动物们的天堂，动物在那里休养生息，繁殖后代，可是一到 5 月中后期，旱季来临，数百万的动物就集体向北面的肯尼亚的马塞马腊迁徙，寻找食物，先是食草动物长途跋涉，后面跟着食肉动物，迁徙期从 5 月到 6 月。10 月份，塞伦盖蒂又逐渐湿润起来，预示着湿季马上就要来临，动物们再从北方迁徙到南部的塞伦盖蒂，这样的回迁从 10 月持续到 11 月。

3.5.6　衰老

衰老指生物体进入老年后，身体恶化，繁殖力、精力、存活力下降。衰老的原因有以下 3 个方面。

① 机械水平：化学毒物的影响使细胞器崩溃，引起衰老。

② 突变积累（mutation-accumulation）假说：任何突变基因的选择压力都随年龄增加而下降。因为早期表达的"坏基因"对表型产生影响，可能会显著降低个体的存活和繁殖力。种群中早期表达的"坏基因"在早期被去除，晚期表达的则不能被去除而持久地保持在种群中。

③ 拮抗性多效（antagonistic pleiotropy）：部分基因对早期繁殖有利，却对生命晚期有害。

案例：细胞衰老于 1961 年首次在体外被描述，其特点是永久性增殖停滞。细胞衰老是对内源性和外源性应激的反应，包括端粒功能障碍、癌基因激活和持续性 DNA 损伤。细胞衰老也可以是发生在各种生物过程中的受控程序，包括胚胎发育。衰老细胞外在活动与衰老相关分泌表型的激活广泛相关，放大了细胞内在增殖停滞的影响，并导致组织再生受损、慢性年龄相关疾病和机体衰老。衰老细胞的第一个也是最广泛使用的生物标志物是"衰老相关 β-半乳糖苷酶"（SA-β-gal）。后发现脂褐素积累也是衰老细胞的特征之一。p21 和 p16 是两种细胞周期蛋白依赖性激酶抑制剂，是由 p53 和 RB 控制的肿瘤抑制途径的组成部分，并且经常在衰老细胞中积累，因此它们用于鉴定组织和培养细胞中的衰老细胞。核衰老相关异染色质病灶（SAHF）也用于识别衰老细胞（Di Micco 等，2021）。细胞衰老也有积极的用法，已有研究人员提出利用细胞衰老治疗癌症的可能性（Wang 等，2022）。

📑 本节小结

① 生活史指生物从出生到死亡所经历的全部过程。生态对策或生活史对策指生物在生存斗争中获得的生存对策。生活史对策是生物为了实现生长、生存、生殖三大基本功能所作出的能量分配权衡。主要包括生殖对策、取食对策、迁移对策、体型大小对策。

② r-对策指生活在条件严酷和不可预测环境中，种群死亡率通常与密度无关，种群内的个体常把较多的能量用于生殖，而把较少的能量用于生长、代谢和增强自身的竞争能力。r-选择者一般是在不稳定环境中进化的，通常是短命的，发育快，分配给繁殖的能量高，生殖率很高，可以产生大量的后代，世代周期较短，但后代的存活率低，成体体形小。

③ K-对策指生活在条件优越和可预测环境中，其死亡率大都取决于与密度相关的因素，生物之间存在着激烈的竞争，因此种群内的个体常把更多的能量用于除生殖以外的其他各种活动。K-选择者一般是在接近环境容纳量 K 的稳定环境中进化的，通常是长寿命的，发育速度较慢，种群数量稳定，竞争能力强，分配给繁殖的能量低，世代周期较长，生殖力弱，只能产生很少的后代，亲代对后代有很好的关怀，发育速度慢，成体体形大。

④ 衰老指生物体进入老年后，身体恶化，繁殖力、精力、存活力下降。衰老的原因包

括：a. 化学毒物的影响使细胞器崩溃；b. 突变积累；c. 拮抗性多效。

 思政知识点

1. 尊重自然、顺应自然、保护自然。
2. 积极与人为善，倡导团队精神，实现协作共赢。

 知识点

1. 物种形成的过程、机制和方式。
2. 种群的遗传、变异与进化。
3. 物种多样性的概念、测度方法以及变化规律和影响因素。
4. 种群的概念和特征。
5. 种群的动态和调节。
6. 集合种群的定义、动态理论和应用。
7. 种内关系和种间关系。
8. 生物的能量分配与权衡、体形效应以及生活史对策。

🌐 **重要术语**

生物种概念/biological species concept

物种形成/speciation

生殖隔离/reproductive isolation

基因频率/gene frequency

哈迪-温伯格定律/Hardy-Weinberg law

渐变群/cline

遗传漂变/genetic drift

遗传瓶颈/genetic bottleneck

建立者效应/founder effect

物种多样性/species diversity

γ 多样性/γ diversity

种群/population

单体生物/unitary organism

构件生物/modular organism

最大出生率/maximum natality

实际出生率/realized natality

生命表/life table

动态生命表/dynamic life table

静态生命表/static life table

内禀增长率/intrinsic growth rate of population

环境容纳量/environmental capacity

种群爆发/population outbreak

生物入侵/biotic invasion

最终产量恒定法则/law of constant final yield

—3/2 自疏法则/the —3/2 thinning law

生殖行为/reproductive behavior

领域行为/territory behavior

社会等级/social hierarchy

通信行为/communication behavior	利他行为/altruism behavior
化感作用/allelopathy	集群生活/colonial life
资源利用性竞争/exploitation competition	相互干涉性竞争/interference competition
似然竞争或表观竞争/apparent competition	竞争排斥原理/principle of competitive exclusion
生态位/niche	基础生态位/fundamental niche
实际生态位/realized niche	种间促进作用/facilitation
捕食/predation	食草/herbivory
寄生作用/parasitism	互利共生/mutualism
偏利共生/commensalism	原始协作/protocooperation
竞争释放/competitive release	性状替代/character displacement
生活史/life history	生殖价/reproductive value
r-对策/r-strategy	K-对策/K-strategy
r-K 连续体/r-K continuum	CSR 三角形/CSR triangle

 思考题

1. 生殖隔离有哪些形式和方式，在物种形成中有何意义？
2. 植物以及岛屿的物质总分化有何特点？
3. 为什么说种群是进化的基本单位？
4. 比较分析自然选择和遗传漂变对种群进化的作用特点。
5. 物种多样性的表示方法有哪些？
6. 物种多样性的变化规律及影响因素有哪些？
7. 迁地保护应该考虑什么因素？
8. 什么是种群？有哪些重要的群体特征？
9. 什么是集合种群？集合种群与我们常说的种群有何区别？
10. 如何用种群的年龄结构分析种群的动态以及评价环境的优劣？
11. 什么是内禀增长率？研究种群的内禀增长率有何意义？
12. 简述中国计划生育政策的种群生态学基础。
13. 简述种群增长的逻辑斯蒂模型及其主要参数的生物学意义。
14. 种内关系有哪些基本类型？
15. 密度效应有哪些普遍规律？
16. 领域行为和社会等级有何适应意义？
17. 动物的通信方式有哪些？
18. 动物集群的生态学有何意义？
19. 根据生态位理论，阐述竞争排斥原理。
20. 写出 Lotka-Volterra 的种间竞争模型（数学形式），说明其中变量和参数所代表的意义，并评述模型的行为。

21. 阐述下列命题：①捕食者与猎物的协同进化（捕食者和被捕食者的相互适应是长期协同进化的结果）；②寄生物和宿主的相互适应。

22. K-对策和 r-对策在进化过程中各有什么优缺点？

23. 竞争对策（C-选择）、胁迫-忍耐对策（S-选择）、杂草对策（R-选择）的物种各自适应什么样的环境条件？

讨论与自主实验设计

1. 一个物种有两个亚种。生活在不同地区的两个亚种相遇后，不同亚种个体容易交配生殖，而生活在同一地区的不同亚种个体之间比较难以交配生殖。这个差别是什么原因产生的？

2. 建群者效应在物种形成过程中起怎样的作用？如何辨别建群者效应？

3. 以野猪为例，浅谈食草动物过量是如何影响物种多样性的？

4. 确定一个物种，收集已知分布数据和相关环境变量，运用生态位模型预测其分布。

5. 通过植物样方调查，检验最终产量恒定法则和—3/2 自疏法则是否成立。

6. 通过设置不同环境胁迫梯度的实验，测定植物间相互作用强度和方向的变化。

7. 选择物种，设计实验，观察当外部条件改变时其生活史对策的改变。

参考文献

[1] Avni R，Nave M，Barad O，et al. 2017. Wild emmer genome architecture and diversity elucidate wheat evolution and domestication. Science，357（6346）：93-97.

[2] Bewley J D. 1997. Seed germination and dormancy. Plant Cell，9（7）：1055-1066.

[3] Block G L，Allen L J S. 2000. Population extinction and quasi-stationary behavior in stochastic density-dependent structured models. Bulletin of Matheatical Biology，62（2）：199-228.

[4] Bousset L，Chèvre A. 2013. Stable epidemic control in crops based on evolutionary principles：Adjusting the metapopulation concept to agro-ecosystems. Agriculture，Ecosystems and Environment，165：118-129.

[5] Brooker R W，George T S，Homulle Z，et al. 2021. Facilitation and biodiversity-ecosystem function relationships in crop production systems and their role in sustainable farming. Journal of Ecology，109：2054-2067.

[6] Brooker R W，Maestre F T，Callaway R M，et al. 2008. Facilitation in plant communities：The past，the present，and the future. Journal of Ecology，96：18-34.

[7] Butet A，Rantier Y，Bergerot B. 2022. Land use changes and raptor population trends：A twelve-year monitoring of two common species in agricultural landscapes of Western France. Global Ecology and Conservation，34：e2027.

[8] Callaway R M. 1995. Positive interactions among plants. The Botanical Review，61：306-349.

[9] Callaway R M，Brooker R，Choler P，et al. 2002. Positive interactions among alpine plants increase with stress. Nature，417：844-848.

[10] Che R，Tong H，Shi B，et al. 2015. Control of grain size and rice yield by GL2-mediated brassinosteroid responses. Nature Plants，2：15195.

[11] Coppock D L，Swift D M，Ellis J E，et al. 1986. Seasonal patterns of energy allocation to basal metabolism，activity and production for livestock in a nomadic pastoral ecosystem. The Journal of Agricultural Science，107（2）：357-365.

[12] Cracraft J. 1983. Species concepts and speciation analysis. Current Ornithology，1：159-187.

[13] Denlinger D L，Armbruster P A. 2014. Mosquito Diapause. Berenbaum MR（eds）：73-691.

[14] Di Micco R，Krizhanovsky V，Baker D，et al. 2021. Cellular senescence in ageing：From mechanisms to therapeutic opportunities. Nature Reviews Molecular Cell Biology，22（2）：75-95.

[15] Enquist B J，Brown J H，West G B. 1998. Allometric scaling of plant energetics and population density. Nature，395：

163-165.

[16] Fuller D Q，Denham T，Arroyo-Kalin M，et al. 2014. Converg entevolution and parallelism in plant domestication revealed by an expanding archaeological record. Proceedings of the National Academy of Sciences of the United States of America，111（17）：6147-6152.

[17] Goel A，Gakkhar S. 2016. Dynamic complexities in a pest control model with birth pulse and harvesting. AIP Conference Proceedings，1723（1）：30010.

[18] Heerwaarden V J，Eeuwijk V F A，Ross-Ibarra J. 2010. Genetic diversity in a crop metapopulation. Heredity，104（1）：28-39.

[19] Hoekstra H E，Drumm K E，Nachman M W. 2004. Ecological genetics of adaptive color polymorphism in pocket mice：Geographic variation in selected and neutral genes. Evolution，58（6）：1329-1341.

[20] Huskins C L. 1931. Origin of Spartina Townsendii. Nature，127：781.

[21] Ives A R，Settle W H. 1997. Metapopulation dynamics and pest control in agricultural systems. The American naturalist，149（2）：220-246.

[22] Johansson V，Kindvall O，Askling J，et al. 2019. Intense grazing of calcareous grasslands has negative consequences for the threatened marsh fritillary butterfly. Biological Conservation，239：108280.

[23] Kong C H，Zhang S Z，Li Y H，et al. 2018. Plant neighbor detection and allelochemical response are driven by root-secreted signaling chemicals. Nature Communications，9：3867.

[24] Li L，Liu B，Deng X，et al. 2018. Evolution of interspecies unilateral incompatibility in the relatives of *Arabidopsis thaliana*. Molecular Ecology，27（12）：2742-2753.

[25] Li N，Chen Q，Zhu J，et al. 2017. Seasonal dynamics and spatial distribution pattern of *Parapoynx crisonalis*（Lepidoptera：Crambidae）on water chestnuts. PLoS One，12（9）：e184149.

[26] Liu Y，Wang H，Jiang Z，et al. 2021. Genomic basis of geographical adaptation to soil nitrogen in rice. Nature，590（7847）：600-605.

[27] Lomer M C，Parkes G C，Sanderson J D. 2008. Review article：Lactose intolerance inclinical practice myths and realities. Alimentary Pharmacology and Therapeutics，27（2）：93-103.

[28] Luo C，Zhang X，Duan H，et al. 2020. Allometric relationship and yield formation in response to planting density under ridge-furrow plastic mulching in rainfedwheat. Field Crops Research，251：107785.

[29] Maeno K O，Piou C，Ould B M，et al. 2013. Eggs and hatchlings variations in desert locusts：Phase related characteristics and starvation tolerance. Frontiers in Physiology，4：345.

[30] Mayr E. 1982. The growth of biological thought：diversity，evolution and inheritance. Belknap Press of Harvard University Press，Cambridge，Mass.

[31] Mutethya E，Yongo E，Laurent C，et al. 2020. Population biology of common carp，*Cyprinus carpio*（*Linnaeus*，1758），in Lake Naivasha，Kenya. Lakes and Reservoirs：Science，Policy and Management for Sustainable Use，25（3）：326-333.

[32] Ouyang F，Hui C，Ge S，et al. 2014. Weakening density dependence from climate change and agricultural intensification triggers pest outbreaks：A 37-year observation of cotton bollworms. Ecology and Evolution，4（17）：3362-3374.

[33] Papaix J，Adamczyk-Chauvat K，Bouvier A，et al. 2014. Pathogen population dynamics in agricultural landscapes：The *Ddal* modelling framework. Infection Genetics and Evolution，27：509-520.

[34] Penfield S. 2017. Seed dormancy and germination. Current Biology，27（17）：R874-R878.

[35] Peres C A，Patton J L，da Silva M N F. 1996. Riverine barriers and gene flow in Amazonian saddle-back tamarins. Folia Primatologica，67：113-124.

[36] Pita R，Beja P，Mira A. 2007. Spatial population structure of the Cabrera vole in Mediterranean farmland：The relative role of patch and matrix effects. Biological Conservation，134（3）：383-392.

[37] Qian L S，Chen J H，Deng T，et al. 2020. Plant diversity in Yunnan：Current status and future directions. Plant Diversity，42（4）：281-291.

[38] Quinby B M，Creighton J C，Flaherty E A. 2021. Estimating population abundance of burying beetles using photo-identification and mark-recapture methods. Environmental Entomology，50（1）：238-246.

[39] Sakuma S，Golan G，Guo Z，et al. 2019. Unleashing floret fertility in wheat through the mutation of a homeobox gene. Proceedings of the National Academy of Sciences，116（11）：5182-5187.

[40] Stilma E S C，Keesman K J，van der Werf W. 2009. Recruitment and attrition of associated plants undera shading crop canopy：Model selection and calibration. Ecological Modelling，220（8）：1113-1125.

[41] Tigreros N，Norris R H，Thaler J S. 2019. Maternal effects across life stages：Larvae experiencing predation risk increase offspring provisioning. Ecological Entomology，44（6）：738-744.

[42] Tscharntke T，Bommarco R，Clough Y，et al. 2007. Conservation biological control and enemy diversity on a landscape scale. Biological Control，43（3）：294-309.

[43] Vilizzi L，Tarkan A S，Copp G H. 2015. Experimental evidence from causal criteria analysis for the effects of common carp Cyprinus carpio on freshwater ecosystems：A global perspective. Reviews in Fisheries Science and Aquaculture，23（3）：253-290.

[44] Wang L Q，Lankhorst L，Bernards R. 2022. Exploiting senescence for thetreatment of cancer. Nature Reviews Cancer，22（6）：340-355.

[45] Xia Y G，Zhao W W，Xie Y L，et al. 2019. Ecological and economic impacts of exotic fish species on fisheries in the Pearl River basin. Management of Biological Invasions，10（1）：127-138.

[46] Xu C L，Schneider D C，Rideout C. 2013. When reproductive value exceeds economic value：An example from the Newfoundland cod fishery. Fish and Fisheries，14（2）：225-233.

[47] Xu F，Tang J Y，Gao S P，et al. 2019. Control of rice pre-harvest sprouting by glutaredoxin-mediated abscisic acid signaling. Plant Journal，100（5）：1036-1051.

[48] Xu F，Tang J，Wang S，et al. 2022. Antagonistic control of seed dormancy in rice by two bHLH transcription factors. Nature Genetics，54（12）：1972-1982.

[49] Yang F，Kawabata E，Tufail M，et al. 2017. r/K-like trade-off and voltinism discreteness：The implication to allochronic speciation in the fall webworm，Hyphantria cunea complex（Arctiidae）. Ecology and Evolution，7（24）：10592-10603.

[50] Yoda K，Kira T，Ogawa H，et al. 1963. Self-thinning in over-crowdedpure stands under cultivated and natural conditions（Intraspecific competition among higher plants. XI.）. Journal of Biology，Osaka City University，14：107-129.

[51] Zhang W P，Jia X，Bai Y Y，et al. 2011. The difference between above- and below-ground self-thinning lines in forest communities. Ecological Research，26：819-825.

[52] Zhang W P，Jia X，Morris E C，et al. 2012. Stem，branch and leaf biomass-density relationships in forest communities. Ecological Research，27：819-825.

[53] Zhang W P，Jia X，Wang G X. 2017. Facilitation among plants can accelerate density-dependent mortality and steepen self-thinning lines in stressful environments. Oikos，126：1197-1207.

[54] Zhang W P，Morris E C，Jia X，et al. 2015. Testing predictions of the energetic equivalence rule in forest communities. Basic and Applied Ecology，16：469-479.

[55] Zhuang Y，Wang X，Li X，et al. 2022. Phylogenomics of the genus Glycine sheds light on polyploid evolution and life-strategy transition. Nature Plants，8（3）：233-244.

[56] 陈小奇. 2018. 稻田稗草对二氯喹啉酸的抗药性. 北京：中国农业科学院.

[57] 陈雨艳，李德红. 2018. "生物入侵"概念辨析及其教学建议. 生物学通报，53（2）：9-11.

[58] 邓文平，李凤日. 2014. 基于极值理论的落叶松人工林自稀疏线估计. 南京林业大学学报（自然科学版），38（5）：11-14.

[59] 胡昌雄，范芏，张倩，等. 2021. 基于两性生命表和年龄-阶段捕食率的南方小花蝽对西花蓟马的控制作用. 中国农业科学，54（13）：2769-2780.

[60] 胡一鸣，梁健超，金崑，等. 2018. 喜马拉雅山哺乳动物物种多样性垂直分布格局. 生物多样性，26（2）：191-201.

[61] 金晶，储成才. 2022. 两个拮抗的bHLH转录因子对水稻种子休眠的调控. 遗传，45（1）：3-5.

[62] 孔景，杨国栋，季芯悦，等. 2021. 南京老山天然秤锤树种群动态和空间分布格局. 中国野生植物资源，40（10）：100-108.

[63] 李亚迎. 2017. 不同猎物共存系统中巴氏新小绥螨种群调节与扩散机制研究. 重庆：西南大学.

[64] 李叶，孙艳芳，李鸿雁，等. 2020. 种植模式对蛴螬种群发生的影响与药剂防治试验. 中国植保导刊，40（3）：47-51.

[65] 李怡慧，徐琼，尹梦婕，等. 2020. 环境因素对播娘蒿种子萌发的影响. 山东农业科学，52（9）：45-48.

[66] 李勇. 2017. 棉蚜和棉叶螨在棉花上的种间竞争. 阿拉尔：塔里木大学.

[67] 李媛媛，沈金雄，王同华，等 . 2007. 利用 SRAP、SSR 和 AFLP 标记构建甘蓝型油菜遗传连锁图谱 . 北京：中国农业科学编辑部 .

[68] 马静，许琼明，吴文倩，等 . 2012. 炎宁颗粒有效部位化学成分研究 . 中成药，34 (10)：1946-1948.

[69] 齐心，傅建炜，尤民生 . 2019. 年龄-龄期两性生命表及其在种群生态学与害虫综合治理中的应用 . 昆虫学报，62 (2)：255-262.

[70] 生物入侵与外来生物对我国生态环境的危害 . 2002. 中国人口·资源与环境 (4)：86.

[71] 施咏滔，朱再标，郭巧生，等 . 2022. 不同生境沙氏鹿茸草种群结构与动态 . 中药材 (2)：299-304.

[72] 孙叶萍 . 2013. 应用微积分解读种群增长的两种数学建构模型 . 生物学教学，38 (10)：71-72.

[73] 唐继洪 . 2016. 草地螟对温湿度变异的适应与反应 . 北京：中国农业科学院 .

[74] 陶士强 . 2005. 种群生命表技术及其在桑树品种抗螨性评价中的应用 . 南京：南京农业大学 .

[75] 瓦热斯·为力 . 2021. 复合生物药肥对棉叶螨及棉花产量的影响 . 乌鲁木齐：新疆农业大学 .

[76] 王峻力，胡思敏，郭明兰，等 . 2020. 三亚湾肥胖软箭虫成体与幼体现场摄食差异研究 . 热带海洋学报，39 (3)：57-65.

[77] 文礼章，张友军，朱亮，等 . 2011. 我国甜菜夜蛾间歇性暴发的非均衡性循环波动 . 生态学报，31 (11)：2978-2989.

[78] 肖文宏，胡力，黄小群，等 . 2019. 基于标记-重捕模型开展野生动物红外相机种群监测的方法及案例 . 生物多样性，27 (3)：257-265.

[79] 谢平 . 2014. 生命的起源-进化理论之扬弃与革新 . 北京：科学出版社 .

[80] 张大勇，雷光春，Ilkka H. 1999. 集合种群动态：理论与应用 . 生物多样性 (2)：1-10.

[81] 张海涛，罗渡，牟希东，等 . 2016. 应用多个生态位模型预测福寿螺在中国的潜在适生区 . 应用生态学报，27 (4)：1277-1284.

[82] 张立敏，王浩元，常怀艳，等 . 2016. 玉米马铃薯间作对小绿叶蝉种群时空动态格局的影响 . 云南农业大学学报（自然科学），31 (6)：990-998.

[83] 张敏莹，徐东坡，刘凯，等 . 2005. 长江下游刀鲚生物学及最大持续产量研究 . 长江流域资源与环境 (6)：22-26.

[84] 张炜平，潘莎，贾昕，等 . 2013. 植物间正相互作用对种群动态和群落结构的影响：基于个体模型的研究进展 . 植物生态学报，37：571-582.

[85] 张炜平，王根轩 . 2010. 植物邻体间的正相互作用 . 生态学报，30：5371-5380.

[86] 赵晨晨 . 2020. 棉铃虫共生菌多样性及对棉花防御反应的调控作用 . 武汉：华中农业大学 .

[87] 朱春全 . 1993. 生态位理论及其在森林生态学研究中的应用 . 生态学杂志 (4)：41-46.

第4章
群落生态学

自然界中的生物几乎没有孤立生长的个体，也没有完全孤立的种群，它们总是与其他生物生长在一起，这种共同生长可能是连续的，也可能是间断的，但都不是绝对的杂乱无章，而是形成具有一定结构、行使一定功能的群落。正是生物群落在地球上有规律的分布，地球才得以生机盎然。

4.1 群落组成

4.1.1 生物群落和群落生态学的概念

地球上几乎没有哪一种生物可以不依赖其他生物而独立生存，因此，自然界中常常是许多不同的生物共同栖居在一起。地球上不同地区环境条件千差万别，生活于其中的生物种类也各不相同。在特定时段和地段上，只要环境条件（如气候、地形、土壤等）相似就可能会出现一定的生物组合，这些由一定种类的生物种群所组成的集合体就是生物群落（biotic comnunity 或 biocoenosis）。

（1）群落的概念

生物群落（biocoenosis），简称群落（community），是指在一定时间内居住在一定空间范围内的生物种群的集合。群落概念有以下 3 个注意要点。

① 群落的概念强调了时间和空间的限制，即如果时间和空间发生变化，群落的种类和结构可能会发生变化。但群落空间的边界，有时比较明显，有时也较为模糊。例如，水生群落与周围陆地群落边界清晰明确，而陆地上的荒漠群落与草原群落、草原群落与森林群落、阔叶森林群落与针叶森林群落之间的边界就没有那么清晰，不同的群落之间常常存在着过渡地带，即群落交错区。

② 群落并不是不同个体和种群的简单加和，群落中各种群之间以及种群与环境之间相互作用、相互制约，从而具有一定的整体性，但群落中的成员又具有一定的个体性，它们可以在该群落范围以外生存，同一个物种也可以生存在两个及两个以上的群落中。

③ 群落是不同生物种群的集合，包括了动物、植物、菌物等类群，也可以将群落理解为生态系统中的生命部分。为了研究或交流需要，群落的概念也可以仅指向某一类群，如植物群落、蕨类群落、苔藓群落、动物群落、鸟类群落、兽类群落、昆虫群落等。

（2）群落概念的追溯

对群落的研究可以追溯到洪堡（Alexander der Humboldt）时代。他与 Aimé Bonpland 将在世界各地采集到的物种标本的分布区与当地的环境相结合并进行分析，于 1807 年出版了《植物地理学随笔》（*Essai sur la Géographie des Plantes*），提出了植被类型与海拔、气候的关系。1859 年，查尔斯·达尔文（Charles Darwin）出版的《物种起源》一书中提出了物种之间复杂的关系以及适应能力。1880 年，德国生物学家 Karl Mobius 则在研究海底牡蛎种群时注意到，牡蛎的生存不仅依赖于一定的盐度、温度等环境条件，而且其总与其他动物如鱼类、甲壳类、棘皮动物生长在一起，从而形成一个整体。Mobius 称这样的整体为生物群落（biocoenosis）。1896 年，丹麦植物生态学家瓦尔明（Warming）发表划时代的著作《以植物生态地理为基础的植物分布学》（*Plantesamfund-Grundtroek of den Φkologiske Plantegeografi*，1909 年出版英译本时改写成 *Oecology of plants：an introduction to the study of plant community*），首次以植物和环境间的生理关系，以及生物间的相互作用来解释群落的形成，突破了以往的植物地理学家们仅限于对群落的描述与分类。1900～1930 年，以克莱门茨（Clements）和葛里逊（Gleason）为代表的群落性质与演替等研究推动了群落生态学的发展。1959 年，哈钦松（Huchinson）在 "*Homage to santa Rosalia or why there are so many kinds of animals*" 一文中提出了生物多样性的维持问题，并提出生态位的概念，极大地推动了群落生态学乃至生态学的发展。20 世纪 90 年代以来，以 Tilman 为代表的生态学家以生物多样性与生态系统功能的关系为重点展开了研究，Hubbell 则提出群落中性理论。

（3）群落生态学集中研究生态系统中有生命的部分

学习群落生态学需要了解群落的起源、发展，各种静态和动态的特征以及群落间的相互关系，从而深化对自然历史的了解。

1902 年，瑞士学者 Schröter 首次提出群落生态学（synecology 或 community ecology）的概念，他认为群落生态学是研究群落与环境相互关系的科学。对于群落生态学的研究。起初是以植物群落研究得最多，也最深入。群落生态学的许多原理、方法大都来自植物群落学的研究。植物群落学（phytocoenology）也叫地植物学（geobotany）、植物社会学（phytosociology）或植被生态学（vegetation ecology），它主要研究植物群落的结构、功能、形成、发展以及与所处环境的相互关系。

动物一般不能脱离植物而长久生存，动物又不像植物营定点固着生活而具有移动性，所以动物群落的研究较植物困难，动物群落学发展的起步较慢，早期的动物群落学研究也往往是对植物群落学的追随，其情况有点像早期的植物种群生态学。

4.1.2　生物群落的基本特征

生物群落具有一系列可以描述和研究的属性，这些属性不是由群落中的每个物种所包括的，只是在群落总体水平上才有的一些特征，可归纳为以下几个方面。

（1）具有一定种类组成，各物种在群落中的重要性不同

每个群落都是由一定的植物、动物、微生物种群组成的，因此种类组成是区别不同群落的首要特征。一个群落中物种的多少和每个种群的大小或数量，是度量群落多样性的基础。

在一个群落中，有些物种对群落的结构、功能以及稳定性具有重大的贡献，而有些物种却处于次要的和附属的地位，不具有重要的贡献。因此，根据它们在群落中的地位和作用，物种可以被分为优势种、建群种、亚优势种、伴生种以及偶见种或罕见种等。

（2）群落中各种物种间是相互联系的

群落中的各种生物既保持它们各自的生物学特性，同时在生态上又存在着密切的关系。它们可以表现为激烈争夺空间、光线、土壤中水分和营养，也可能由于自然选择的结果对共同生长的生物发生某些有利的影响。因此，一个群落内部的植物种类由于竞争和选择的结

果，可以具有各种不同的生态习性，对环境因子的要求不尽相同。

（3）具有一定的外貌和结构

组成群落的有机体在空间上可以有不同位置，如地上的同化器官处于不同的高度，地下吸收器官集中于不同的深度，形成群落的成层现象。此外，在时间上也可利用不同的时期，如早春萌发生长的植物或春夏生长的植物等，构成了群落的不同季相。由此形成了群落具有一定的空间上和时间上的层片结构，以及由优势层片及其基本生活型决定的外貌，这也是群落对环境综合作用的反映，是长期适应的结果。

（4）群落的种类组成、外貌和结构与环境存在相互作用，从而形成群落内部环境

一个群落的出现是与一定的环境条件相联系的，即群落在一定的条件下才能形成。同时，群落对环境也产生很大的影响，植物由于不断地新陈代谢，从环境中获取某些物质，同时又把代谢产物以及死后残体投入环境，从而引起群落内部环境的变化。

（5）具有一定的分布范围，具有边界特征，群落之间存在过渡带

任何群落都有一定的分布范围，即群落的区域性。没有在任何地方都能分布的种，更没有在任何地方都能分布的植物群落。严格地说，每一个群落都有不同于其他群落的分布地区和生境。有些群落具有明显的边界，可以清楚地加以区分，但有些群落的边界就很不明显，多数情况下，不同群落之间都存在过渡带，被称为群落交错带，并可以导致明显的边缘效应。

（6）具有一定动态特征

任何一个群落都有它形成和发展的过程。一个芦苇群落，既有它的现在，它下面的土壤中又有它的过去，同时也孕育着它的未来。事实上，我们所看到的各种各样的群落，都是发展过程中的某一阶段，只不过有的经历了较长时间的变化，而有的变化时间较短而已。

4.1.3　群落的性质

关于群落的性质问题，生态学界存在两派决然对立的观点。一派认为群落是客观存在的实体，是一个有组织的生物系统，像有机体与种群那样，被称为机体论学派；另一派认为群落并非自然界的实体，而是生态学家为了便于研究，从一个连续变化着的植被连续体中人为确定的一组物种的集合，被称为个体论学派。

4.1.3.1　机体论学派

（1）有机体观点（organism viewpoint）

有机体观点是影响最广泛的，是北美植物生态学的先驱 Frederic Clements 提出的，它把植物群落和有机体相比拟，强调组成群落的各个种是高度结合、相互依存的，一个群落从其先锋阶段到稳定的顶极阶段与有机体一样有其出生、生长、成熟、繁殖和死亡，群落的这种生活史虽然是复杂的，但却是一个真实的过程，在其特征方面和植物个体的生活史是一样的。

湖泊研究的湖沼学也采用了群落的超有机体观点。1887 年，湖沼学家斯蒂芬·福布斯（Stephen Forbes）发表了一篇题为《湖泊是一个缩影》的著名论文，他在论文中指出，湖泊中的所有生物都倾向于协调运作，从而形成一个平衡的系统。因此，早期生态学家倾向于将群落视为独特的实体，他们开始专注于将植物群落和湖泊群落分为特定的"类型"。这一观点在 20 世纪 50 年代以前，在美国的生态学中居于统治地位，它的影响至今依然存在。由此可以发现，机体论观点把植物群落看成是各个种的有规律的结合，组成群落的种是密切相关、相互依存的，是一个统一的整体，是自然界中确实存在的实体，有它明确的边界和内部

的均匀性。

（2）以 Tansley 为代表的有机体观点（organism viewpoint）

Tansley 认为 Clements 的有机体学说过于强调组成群落的有机体的密切相互关系，虽然在一些种群间确有强烈的依附性，但是某些种群却是独立的，并不能把群落中的种群比拟为有机体的器官，种群不会像器官那样因为衰老而消失，它们是通过环境的破坏或变化，或通过竞争而被别的种群部分或全部所取代，因此，一个群落的"消失"或"死亡"与有机体因器官机能丧失而自然死亡不一样；同样，植物群落的"生长"和"成熟"过程，也不是像植物个体发生在器官内的从幼年期到老年期的变化，而是发生在种群的更替上，在通常的情况下，群落的成员不会像有机体的器官或组织那样在结构上直接相关联，植物群落与有机体不同，它不可能在环境条件不相同的生境或气候条件下繁殖而不丧失其一致性，群落之间缺乏遗传学基础。

（3）以 Braun-Blanquet 为代表的种系分类观点（species systematic viewpoint）

种系分类观点把植物群落比作一个种，并认为植物群落是植被分类的基本单位，正像种是有机体系统分类中的基本单位一样。如果严格地从种类成分出发，按特征种划分群落，这种小范围的综合分类系统，不可能像有机体分类系统那样扩大到世界范围内应用。

4.1.3.2　个体论学派

（1）个体性观点（individualistic viewpoint）

群落的超级有机体概念并不适合所有情况。许多植物生态学家很快就对它提出了质疑，最著名的是 Henry Gleason（1926）和 Arthur Tansley（1939）。格里森断言，物种具有独特的生态特征，在局域范围内看似紧密的物种关联，实际上是单个物种对环境梯度的反应。这一与整体性观点相对立的是"个体性观点"（individualistic viewpoint）。他们认为，组成群落的种群具有"独立性"，即各个种都是单独地对外界进行响应，并作为独立的一员进入群落，它们在不同的群落之间往往互相交织，而以不同的比例出现在不同的群落之中。植物的分布取决于环境的变化，由于环境条件在空间上和时间上都是不断变化的，植物种类组合也将随之不断变化，因此群落不可能有清楚明确的边界，群落划分是人为的。

（2）梯度理论（gradient theory）

格里森关于群落个体论的观点起初被忽视，到了 20 世纪 50 年代末期，特别是 Whittaker（1951，1953）的梯度理论（gradient theory）发表后，才得到更多的支持。

梯度理论强调，种是按环境梯度分布的，每一个种都有各自的分布范围，没有两个种的分布范围完全相同，由于生态因素的多样性和种群分布的非均匀性，种并不组成明显的集群。因此群落不可能是整齐的、均匀的，而是连续存在的（McIntosh，1967）。

Clements 和 Gleason 认为，属于同一群落的所有物种沿生态和地理梯度分布格局的预测是不一样的。一方面，Clements 认为，属于同一群落的所有物种彼此是密切相关的，每个物种分布的生态局限性同整个群落分布的生态局限性是一致的，这种类型的群落组织通常称为封闭群落（closed community）。另一方面，Gleason 认为，每个物种都是独立分布的，而与共同生活在同一群落内的其他物种的分布无关，这种群落组织类型通常就称为开放群落（open community）。开放群落的边界可以由人们任意划定，而无需考虑群落中每个物种的生态和地理分布情况，这些物种可能各自独立地将其分布范围扩展到其他的生物组合中去。封闭群落，每个群落内物种沿着环境梯度（如从干到湿）的分布彼此密切组合在一起，每个群落都代表一个自然生态单位，群落之间有明确的边界。群落交界处是生态交错区（ecotone），它是物种沿着环境梯度迅速置换的地点。

Clements 和 Gleason 之间关于群落性质的辩论在今天看来像是一个历史标志，但其核心是一个非常活跃的问题：局域群落——在一个地点一起出现的物种集合——在多大程度上是真实的实体？了解群落的性质不仅仅是一个学术问题。群落具有的独立或相互依赖的组合倾向的弱或强对保护具有重要意义。上述两类群落观对植被研究的影响都很大，从不同观点出发都有它们各自的理论和研究方法。从有机体观点出发，建立了群落单元演替顶极学说和相应的植被研究方法；从拟有机体理论出发，发展了多元演替顶极学说以及生态系统理论，成为现代生态系统研究的理论基石和方法论的基础；从种系分类观点出发，构成了法瑞学派植被研究的理论和方法的精髓；从"独立性"观点出发，建立了梯度分析的理论和方法，为威斯康星学派的形成奠定了理论基础。

4.1.4　群落的种类组成

生物群落的种类组成是决定群落性质最主要的因素，也是鉴别不同群落类型的基本特征。群落生态学研究一般都从分析群落的种类组成开始。

为了分析群落的种类组成，通常采用群落调查来统计和编制一个群落或一个地区的生物种类名录。要进行群落调查首先需要选择样地。样地是指能够反映群落基本特征的一定地段，通常没有特定的面积大小。样地要选择在种类组成分布均一、群落结构完整、生境条件一致的地段。然后在样地内设置样方，调查和记录样方内的种类。样方是指群落调查所要实施的特定地段，一般有特定的面积。原则上调查样方的面积大小是根据种-面积曲线（species-area curve，或者称为种-面积关系，species-area relationship）来确定的。种-面积曲线描述的是物种数量随着面积增加而增加的规律。随着样方面积的加大，样方内生物种数也在增加；当样方扩大至一定面积时，样方内的生物种数基本不再增多，反映在种-面积曲线图上曲线呈明显变缓趋势，通常将曲线开始变缓处所对应的面积，定为该群落调查取样的最小面积（图 4-1）。

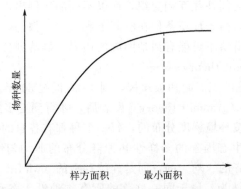

图 4-1　种-面积曲线示意图（仿牛翠娟等，2015）

案例：如果调查取样面积小于该最小面积，不能反映群落的物种组成情况；如果调查取样面积太大，则要花费很大的财力和人力。通常组成群落的物种越丰富，该群落调查取样的最小面积相应也越大。如热带雨林取样的最小面积为 $50m \times 50m$，常绿阔叶林为 $20m \times 30m$，针叶林和落叶阔叶林为 $10m \times 10m$，灌丛为 $5m \times 5m$ 或 $10m \times 10m$，草地为 $1m \times 1m$ 或 $2m \times 2m$。

4.1.4.1　群落种类组成的性质分析

群落种类不同，它们在群落中的地位和作用也各不相同，群落的类型和结构因而也不同。可根据各个种在群落中的作用而划分群落成员型。在植物群落研究中，常用的群落成员型有以下几类。

(1) 优势种（dominant species）和建群种（constructive species）

对群落的结构和群落环境的形成有明显控制作用的物种称为优势种（dominant species），它们通常是那些个体数最大、生物量高、体积较大、生活能力较强，即优势度较大的种。群落的不同层次可以有各自的优势种，比如森林群落中，乔木层、灌木层、草木层和地被层分别存在各自的优势种，其中优势层（此处为乔木层）的优势种常称为建群种（constructive species）。

案例：冻原的优势植物是耐寒的低矮的多年生灌木、薹草、禾草、苔藓和地衣，优势动物是驯鹿（*Rangifer tarandus*）、旅鼠、雷鸟等。

生态学上的优势种对整个群落具有控制性的影响，如果把群落中的优势种去除，必然导致群落性质和环境的变化。但若去除的为非优势种，群落只会发生较小的或不显著的变化。因此不仅要保护那些珍稀濒危植物，而且也要保护那些建群植物和优势植物，它们对生态系统的稳态起着举足轻重的作用。

如果群落中的建群种只有一个，则称为"单建群种群落"或"单优种群落"。如果具有两个或两个以上同等重要的建群种，就称为"共优种群落"或"共建种群落"。

案例：热带森林几乎全是共建种群落，北方森林和草地则多为单优种群落［如芦苇群落以芦苇（*Phragmites australis*）为单优势种］，但有时也存在共优种，如我国东部山区阔叶红松林是温带针阔混交林，优势种包括针叶树种红松（*Pinus koraiensis*）和阔叶树种蒙古栎（*Quercus mongolica*）等。

(2) 亚优势种（subdominant species）、伴生种（companion species）以及偶见种、罕见种或稀有种（rare species）

亚优势种（subdominant species）指个体数量与作用都次于优势种，但在决定群落性质和控制群落环境方面仍起着一定作用的物种。在复层群落中，它通常居于下层。

伴生种（companion species）为群落的常见种类，它与优势种相伴存在，但对群落环境的影响不起主要作用。

偶见种、罕见种或稀有种（rare species）可能偶然地由人们带入或随着某种条件的改变而侵入群落中，也可能是衰退中的残遗种。它们在群落中出现频率很低，个体数量也十分稀少。但是有些偶见种的出现具有生态指示意义，有的还可作为地方性特征种来看待。

案例：大针茅草原中的小半灌木冷蒿就是亚优势种。

4.1.4.2　群落种类组成的数量分析

在查清群落的种类组成以后，还需要对种类组成进行定量分析。种类组成的数量特征主要包括以下几个方面。

(1) 多度（abundance）和密度（density）

多度（abundance）是对群落中物种个体数量的目测估测指标，主要用于快速获得物种个体数量的野外调查。常采用 Drude 的七级制进行分级（表4-1）表示多度。

表 4-1　Drude 的多度分级标准

分级	符号	描述
1	Soc	极多，地上部郁闭

分级	符号	描述
2	Cop3	很多
3	Cop2	多
4	Cop1	尚多
5	Sp	少，数量不多而分散
6	Sol	稀少，数量很少而分散
7	Un	个别，仅有 1 株或 2 株

密度（density）指单位面积或单位空间内的实测个体数量。密度的测定要求清点样方内物种的个体数，通常以每平方米或每公顷的个体数表示。一般对乔木、灌木和丛生草本以植株或株丛计数，根茎植物以地上枝条计数。每种植物各自的个体数量称为种群密度，所有物种的种群密度之和即是群落的个体密度。对于森林群落而言，其乔木层的植株密度称为林分密度（stand density）。

样地内某一物种的个体数占全部物种个体数的百分比称作相对密度（relative density）或相对多度（relative abundance）。某一物种的密度占群落中密度最高的物种密度的百分比称为密度比（density ratio）。

（2）盖度

物种的多度或密度不能完全反映物种在群落中是否占据优势地位以及是否对群落内环境起建造者作用，而盖度这个指标可以更好地反映物种在群落中的地位和作用。

盖度（cover 或 coverage）是指植物体地上部分的垂直投影面积占样地面积的百分比，又称投影盖度。盖度既能反映植物占据水平空间的面积，也能在一定程度上反映植物通化面积的大小。盖度可分为种盖度（分盖度）、层盖度（种组盖度）、总盖度（群落盖度）。分盖度或层盖度之和可以超过总盖度，也可以超过 100%，但任何物种的盖度不会超过 100%。通常以百分比来表示盖度，而对森林群落而言，常用郁闭度（canopy coverage）来表示乔木层的盖度，即林冠覆盖面积与地表面积之比，常以十分数来表示。群落中某一物种的分盖度占所有分盖度之和的百分比即相对盖度。某一物种的盖度占盖度最大物种的盖度的百分比称为盖度比（cover ratio）。基盖度是指植物基部的覆盖面积。对于草原群落，常以离地面 1in（2.54cm）高度的断面积计算；而对森林群落，则以树胸高（1.3m）处断面积计算。基盖度也称真盖度。

在森林调查中，可以测定植株的冠幅并计算出树冠盖度的百分数，但树冠盖度的测定比较困难，估测也不准确。由于树干粗细与树冠大小相关，而且比较容易快速准确地测定。因此，可以通过测定树木胸高断面积或基部面积来表征盖度，即基盖度［也称为优势度（dominance）或显著度（prominence）］。在野外调查时，对于树高超过胸高部位（我国及国际上多数国家取 1.3m 处）的个体，测定胸高直径（简称胸径，diameter at breast height，DBH）；反之，可测其基部直径（简称基径），再将直径换算为面积即可。

（3）频度

多度、密度、盖度等指标可以反映物种的个体数量及群落中的优势情况，无法表征它们在群落中的散布情况。

频度（frequency）是指群落中某物种出现的样方数占整个样方数的百分比，即频度＝某物种出现的样方数/样方总数×100%。同样，群落中某一物种的频度占所有物种频度之和的百分比为相对频度。

案例： 丹麦学者 Raunkiaer（1934）根据 8000 多种植物的频度统计编制了一个标准频度图解（frequency diagram）（图 4-2）。在这个图中，凡频度在 1％～20％的植物种归入 A 级，21％～40％者为 B 级，41％～60％者为 C 级，61％～80％者为 D 级，81％～100％者为 E 级。在他统计的 8000 多种植物中，频度属 A 级的植物种类占 53％，属 B 级者有 14％，C 级有 9％，D 级有 8％，E 级有 16％，这样按其所占比例的大小，五个频度级的关系是：A＞B＞C≥D＜E。此即所谓的 Raunkiaer 频度定律（law of frequency）。这个定律说明：在一个种类分布比较均匀一致的群落中，属于 A 级频度的种类通常是很多的，它们多于 B、C 和 D 频度级的种类。这个规律符合群落中低频度种的数目较高频度种的数目为多的事实。E 级植物是群落中的优势种和建群种，其数目也较大，因此占有较高的比例，所以E＞D。

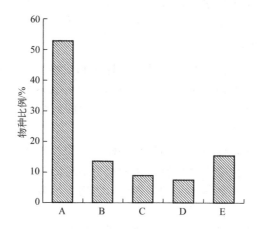

图 4-2　Raunkiaer 的标准频度分布图解（Raunkiaer，1934）

实践证明，上述定律基本上适合于任何稳定性较高而种数分布比较均匀的群落，群落的均匀性与 A 级和 E 级的大小成正比。E 级越高，群落的均匀性越大。例如，若 B、C、D 级的比例增高时，说明群落中种的分布不均匀，暗示着植被分化和演替的趋势。

（4）高度

植株的高度（height）在垂直方向上决定着群落的结构特征，与盖度类似，可以在群落中分别测定个体、物种、层和整个群落的高度。测量时取其自然高度或绝对高度。某种植物高度占最高的种的高度的百分比称为高度比。

草本和灌木的高度可以用尺量取，乔木的测定可以借助测高器，但较为烦琐和困难，尤其是在高大郁闭的森林中。可以采用目测法或使用测高器测定部分植株树高，然后建立树高与胸径之间的相关关系，由树木胸径估算树高。

（5）重量和体积

重量（weight）通常用生物量（biomass）或现存量（standing crop）来表示，可分鲜重与干重。单位面积或容积内某一物种的重量占全部物种总重的百分比称为相对重量。体积（volume）是生物所占空间大小的度量。在森林植被研究中，这一指标特别重要。在林业经营中，通过体积的计算可以获得木材蓄积量。单株乔木的体积等于胸高断面积、树高和形数三者的乘积。形数是树干体积与等高同底的圆柱体体积之比，常见树木的形数可由森林调查表查到。

（6）重要值

重要值（important value）是用来表示某个物种在群落中的地位和作用的综合数量指标，它并非直接测得，而是由上述直接测度指标计算得到。

一般计算的公式为：

$$重要值（I. V.）＝相对密度＋相对频度＋相对优势度$$

其中，相对密度＝某个物种个体数/所有物种的总个体数×100％；相对频度＝某个物种在样方中出现的次数/所有物种出现的总次数×100％；相对优势度＝某个物种的胸高断面积/所有物种的胸高断面积×100％。

该公式由美国的 J. T. Curtis 和 R. P. McIntosh（1951）首先提出与使用，也被称为 Curtis 重要值。在仅有一个树种的群落中，该树种的重要值达到最大值，即 300。也有人将重要值除以 3。但该计算式不是重要值唯一的计算方法，它可以根据群落类型和已有数据作相应的变动。例如在草本植物群落中，可以使用植物的相对高度（某个物种的平均高除以所有物种平均高之和）代替相对优势度，使用相对盖度代替相对密度。

4.1.4.3 群落内的多样性

生物多样性（biodiversity）是指生物种的多样化和变异性以及物种生境的生态复杂性，它包括植物、动物和微生物的所有种及其组成的群落和生态系统。《生物多样性公约》将其定义为"陆地、海洋和其他水生生态系统中各种生物之间的变异性，以及它们所构成的生态复合体，包括种内、种间和生态系统的多样性"。

在组织层次上，生物多样性主要包括遗传多样性、物种多样性和生态系统多样性三个层次。遗传多样性是指地球上生物个体中所包含的遗传信息之总和；物种多样性是指地球上生物有机体的多样化，也包括科属等水平的多样性；生态系统多样性涉及的是生物圈中生物群落、生境与生态过程的多样化。

在空间尺度上，生物多样性可以分为 α-多样性、β-多样性和 γ-多样性。

① α-多样性是在栖息地或群落中的物种多样性，表示群落中物种的多少，即物种丰富度，以及各个物种个体数目的分配情况，即均匀度。

② β-多样性是度量在地区尺度上物种组成沿着某个梯度方向从一个群落到另一个群落的变化率。它可以定义为沿着某一环境梯度物种替代的程度或速率、物种周转率、生物变化速度等。β-多样性还反映了不同群落间物种组成的差异，不同群落或某一环境梯度上不同点之间的共有种越少，β-多样性越高。

③ γ-多样性反映的是最广阔的地理尺度，指一个地区或许多地区内穿过一系列的群落的物种多样性。在较大的地理空间上，所有不同群落的总的物种数量可以用物种 γ-多样性表示。

生物多样性还包括分类群多样性、功能多样性和谱系多样性等多个维度。分类群多样性通常用分类群的丰富度或数量来表征，如物种丰富度。功能多样性是指群落或区域内可影响生态系统功能的生物性状的变异。谱系多样性也称系统发育多样性，是指群落或区域内所有物种在系统发育树上的变异，如在物种数量相同时，亲缘关系近的物种比亲缘关系远的物种所包含的系统发育多样性更低。

（1）物种丰富度指数

① Gleason（1922）指数

$$D＝S/\ln A$$

式中，A 为单位面积；S 为群落中物种数目。

这是最简单、最古老的物种多样性测定方法，至今仍为许多研究者所应用。它可以表明一定面积生境内生物种类的数目。

② Margalef（1951，1957，1958）指数

$$D = (S-1)/\ln N$$

式中，S 为群落中物种数目；N 为调查样方中观察到的个体总数（随样本大小而增减）。

（2）物种多样性指数

多样性指数是反映物种丰富度和均匀性的综合指标。应用多样性指数测定物种多样性，其有低丰富度和高均匀度物种的群落与具有高丰富度和低均匀度物种的群落，可能得到相同的多样性指数。最著名且常用的有辛普森多样性指数（Simpson's diversity index）和香农-韦弗多样性指数（Shannon-Weaver index of diversity）。

① 辛普森多样性指数。辛普森在 1949 年提出过这样的问题：在无限大小的群落中，随机取样得到同样的两个标本，它们的概率是什么呢？如在加拿大北部寒带森林中，随机采取两株树标本，属同一个种的概率就很高。相反，如在热带雨林随机取样，两株树同一种的概率很低。他从这个想法出发得出多样性指数。

所以，辛普森多样性指数＝随机取样的两个个体属于不同种的概率

＝1－随机取样的两个个体属于同种的概率

设种 i 的个体数占群落中总个体数的比例为 P_i，那么，随机取种 i 两个个体的联合概率就为 P_i^2。如果将群落中全部种的概率合起来，就可得到辛普森多样性指数 D，即：

$$D = 1 - \sum_{i=1}^{S} P_i^2$$

式中，S 为物种数目。由于取样的总体是一个无限总体，真值是未知的，所以其最大必然估计量是：

$$P_i = N_i/N$$

式中，N_i 为种 i 的个体数，N 为群落中全部物种的个体数。

即辛普森多样性指数 D：

$$D = 1 - \sum_{i=1}^{S} P_i^2 = 1 - \sum_{i=1}^{S} P(N_i/N)^2$$

案例：甲群落中有 A、B 两个物种，它们的个体数分别为 99 和 1；而乙群落中也只有 A、B 两个物种，但它们的个体数均为 50。按辛普森多样性指数公式计算，甲、乙两群落物种多样性指数分别为

$$D(甲) = 1 - \sum_{i=1}^{S} P(N_i/N)^2 = 1 - [(99/100)^2 + (1/100)^2] = 0.0198$$

$$D(乙) = 1 - \sum_{i=1}^{S} P(N_i/N)^2 = 1 - [(50/100)^2 + (50/100)^2] = 0.5000$$

从计算结果可以看出，乙群落的多样性高于甲群落。造成这两个群落物种多样性差异的主要原因是甲群落中两个物种分布不均匀。从丰富度来看，两个群落是一样的，但均匀度不同。

② 香农-韦弗多样性指数。信息论中熵的公式原来是表示信息的紊乱和不确定程度的，也可以用来描述种的个体出现的紊乱和不确定性，这就是种的多样性。香农-韦弗多样性指数即香农-威纳多样性指数即按此原理设计，其计算公式为：

$$H = -\sum_{i=1}^{S} P_i \log 2^{P_i}$$

式中，H 为信息量，即物种的多样性指数；S 为物种数目；P_i 为属于种 i 的个体在全

部个体中的比例；对数的底可取 2、e 和 10，但单位不同，分别为 nit、bit 和 dit。

案例：若仍以上述甲、乙两群落的数据为例计算，则

$$H_1 = -\sum_{i=1}^{2} P_i \log 2^{P_i} = -(0.99 \times \log 2^{0.99} + 0.01 \times \log 2^{0.01}) = 0.081(\text{nit})$$

$$H_2 = -\sum_{i=1}^{2} P_i \log 2^{P_i} = -(0.50 \times \log 2^{0.50} + 0.50 \times \log 2^{0.05}) = 1.00(\text{nit})$$

由此可见，乙群落的多样性更高一些，这一结果与用辛普森多样性指数计算的结果是一致的。

在香农-韦弗多样性指数中包含两个因素：a. 种类数目，即丰富度；b. 种类中个体分配上的平均性（equitability）或均匀性（evenness）。种类数目多，可增加多样性；同样，种类之间个体分配的均匀性增加也会使多样性提高。

当 S 个物种每一种恰好只有一个个体时，$P_i = 1/S$，信息量最大，即：

$$H_{\max} = -S(1/S \times \log 2^{1/S}) = \log 2^S$$

当群落中全部个体为一个物种时，多样性最小，即：

$$H_{\min} = -S/S \times \log 2^{S/S} = 0$$

由此可以定义下面两个公式。

均匀度指数：

$$E = H/H_{\max}$$

式中，H 为实测得到的多样性值；$H_{\max}$ 为最大物种多样性值。

不均匀度指数：

$$R = (H_{\max} - H)/(H_{\max} - H_{\min})$$

R 取值为 0~1。

下面用一个假设的简单数字为例，说明香农-韦弗多样性指数的含义。设有 A、B、C 三个群落，各由两个物种组成，其中各种个体数组成见表 4-2。

表 4-2　三个群落中各种个体数组成

群落	物种甲	物种乙
群落 A	100 (1.0)	0 (0)
群落 B	50 (0.5)	50 (0.5)
群落 C	99 (0.99)	1 (0.01)

括号内的数字即 P_i。因为群落 A 的所有个体都属于物种甲，没有任何不定性，从理论上说，H 应该等于零，其香农-韦弗多样性指数是：

$$H = -(1.0 \times \log 2^{1.0} + 0) = 0$$

由于在群落 B 中，两个物种各有 50 个个体，其分布是均匀的，它的香农-韦弗多样性指数是：

$$H = -(0.50 \times \log 2^{0.50} + 0.50 \times \log 2^{0.50}) = 1$$

群落 C 的两个物种分别具有 99 个和 1 个个体，则：

$$H = -(0.99 \times \log 2^{0.99} + 0.01 \times \log 2^{0.01}) = 0.081$$

显然，群落 B 的多样性较群落 C 大（虽然都含两个物种，即丰富程度相等，但群落 B 异质性程度高），而群落 A 的多样性等于零。从上面的计算可以看出，群落的物种多样性指

数与以下两个因素有关：a. 种类数目，即丰富度；b. 种类中个体分配上的均匀性。

4.1.4.4　物种多样性在时空上的变化规律

物种多样性不仅可用来比较某一特定区域内的相似群落或生境，也可用来研究全球不同地带或地区的生物群落。群落物种多样性的变化特征是指群落组织水平上物种多样性的大小随某一生态因子梯度有规律的变化，其在时空上的变化呈现一定的规律。

（1）时间梯度

大多数研究表明，在群落演替的早期，随着演替的进展，物种多样性增加。在群落演替的后期，当群落中出现非常强的优势种时，多样性会降低。

（2）纬度梯度

从热带到两极随着纬度的增加，生物群落的物种多样性有逐渐减少的趋势。

案例：如北半球从南到北，随着纬度的增加，植物群落依次为热带雨林、亚热带常绿阔叶林、温带落叶阔叶林、寒温带针叶林、寒带苔原，伴随着植物群落有规律的变化，物种丰富度和多样性逐渐降低。在乔木、海产瓣鳃类、蚂蚁、蜥蜴和鸟、兽等许多类群中均有充分数据说明这一点，即无论是在陆地还是在海洋和淡水环境，都有类似趋势。当然也有例外，如企鹅和海豹在极地种类最多，而针叶树和姬蜂在温带物种最丰富。

（3）海拔梯度

随着海拔的升高，在温度、水分、风力、光照和土壤等因子的综合作用下，生物群落表现出明显的垂直地带性分布规律，在大多数情况下物种多样性随着海拔高度的升高先增加后降低或随着海拔的升高而逐渐降低。

（4）海洋和淡水水体多样性有随深度增加而降低的趋势

在海洋沿岸带（浅海带）由于光照充足，浮游藻类及定生藻类均丰富。由于食物、生境多样化（如岩石底质、砂底质、泥底质、珊瑚礁及各种水生植丛），故沿岸带动物群种类丰富，包括多种多孔动物、腔肠动物、软体动物、蠕虫和甲壳类、棘皮动物及鱼类等。在大洋带上层，由于缺乏基底条件，群落的种类组成主要为浮游生物和游泳动物。由于深海带光照微弱或无光、水温低、水压高等特殊生境因素的作用，群落无论是在种类组成上还是在个体数方面都是非常贫乏的，水生植物不能生长，通常只有深海动物分布于此。同样，在大型湖泊低温、缺氧、无光的深水区，其水生生物种类也明显低于浅水区。

4.1.4.5　解释物种多样性空间变化规律的各种学说

为什么热带地区生物群落的物种多样性高于温带和极地？这是由什么因素决定的？对此有不同学说，简介如下。

（1）进化时间学说

许多事实证明：热带群落比较古老，进化时间较长，并且在地质年代中环境条件稳定，很少遭受灾害性气候变化（如冰期），所以群落的多样性较高。相反，温带和极地群落从地质年代上讲是比较年轻的，遭受灾难性气候变化较多，所以多样性较低。这就是说，所有群落随时间的推移其种数越来越多，比较年轻的群落可能没有足够的时间发展到高多样化的程度。

有些事实能为此学说提供证据，如北半球白垩纪的浮游性有孔虫化石，也和现存有孔虫类一样，从热带到极地，物种多样性逐渐降低。

（2）生态时间学说

考虑更短的时间尺度，认为物种分布区的扩大也需要一定时间。因此物种从多样性高的热带扩展到多样性低的温带不仅需要足够时间，有的种还必须克服某些障碍（如高山、江河等）的阻挡，因此温带地区的群落与热带的相比是未充分饱和的。例如，牛背鹭（*Bubulcus ibis*）就是从非洲经南美洲扩展到北美洲的。

（3）空间异质性学说

事实证明，从高纬度的寒带到低纬度的热带，环境的复杂性增加，即空间异质性程度加强。随着空间异质性程度的提高，生境类型也增多，动植物群落的复杂性就越显著，物种多样性也越高。

空间异质性有不同的尺度，属于宏观尺度的如大地形的变化，山区的物种多样性明显高于平原区，因为山区有更多样的生境，支持更多样的物种生存。岩石、土壤、植被垂直结构的变化是微观的空间异质性，群落中因这些变化使小生境丰富多样，物种多样性亦高。支持这种学说的证据如 Gartlan（1986）研究发现土壤中 P、Mg、K 的水平与热带植物群落物种多样性之间存在着显著的关系。

（4）气候稳定学说

气候越稳定，变化越小，动植物的种类就越丰富。在生物进化的地质年代中，地球上唯有热带的气候可能是最稳定的。所以，通过自然选择，那里出现了大量狭生态位和特化的种类。

热带有许多狭食性昆虫，有的甚至只吃一种植物。在高纬度地区，自然选择有利于具广适应性的生物。如 Gentry（1982）对植物群落物种多样性进行的研究表明，在新热带森林类型中，物种多样性与年降雨量呈显著正相关，而在热带亚洲森林类型中，两者则不存在相关关系。

（5）竞争学说

在物理环境严酷的地区，例如极地和寒带，自然选择主要受物理因素控制，但在气候温暖且稳定的热带地区，生物之间的竞争则成为进化和生态位分化（niche separation）的主要动力。由于生态位分化，热带动、植物要求的生境条件往往很专化，其食性也趋于特化，物种之间的生态位重叠（niche overlap）也比较明显。因此，热带生物较温带地区的种类常有更精细的适应性。

（6）捕食学说

因为热带的捕食者比其他地区多，促使 Paine 提出捕食说。他认为，捕食者将被食者的种群数量压到较低水平，从而减轻了被食者的种间竞争。竞争的减弱允许有更多的被食者种的共存。较丰富的种数又支持了更多的捕食者种类。

Paine 认为捕食者促进物种多样性的提高，对于每一营养级都适用。Paine 在具岩石底的潮间带去除了顶极捕食动物（海星），使物种多样性由 15 种降为 8 种，实验证实了捕食者在维持群落多样性中的作用。

（7）生产力学说

如果其他条件相等，群落的生产力越高，生产的食物越多，通过食物网的能流量越大，物种多样性就越高。

这个学说从理论上讲是合理的，但现有实际资料有的不支持此学说。例如对丹麦和印度湖泊的枝角类（Cladocera）种数与初级生产力关系的调查，结果说明了相反的关系：初级生产力越高，枝角类多样性反而越低。

热带地区的生长季较长，所以热带群落的种类无论是从时间上还是从空间上分隔环境资源的可能性都较大，从而使共存的种数更多。例如，热带森林鸟类较温带的多，这是因为生产力高的热带森林能提供更多的生存途径；温带森林中没有鹦鹉等食果鸟，没有只吃爬行类的鸟，没有只吃蚁群的鸟等。热带比温带有更丰富的食物来源和营养生态位。

上述 7 种学说，实际上包括 6 个因素，即时间、空间、气候、竞争、捕食和生产力。这些因素可能同时影响着群落的物种多样性，并且彼此之间相互作用。各学说之间往往难以截然分开，更可能的是在不同生物群落类型中，各因素及其组合在决定物种多样性中具有不同程度的作用。

4.1.4.6　种间关联

种的相互作用在群落生态学中占有重要位置。在一个特定群落中，有的种经常生长在一起，有的则互相排斥。

（1）正关联和负关联

如果两个种同时出现的次数比期望的更频繁，它们就具正关联；如果它们共同出现的次数少于期望值，则它们具负关联。正关联可能是因一个种依赖于另一个种而存在，或两者受生物和非生物的环境因子影响而生长在一起。负关联则是由于空间排挤、竞争或化感作用，或不同的环境要求。

（2）种间关联的确定

不管引起种间关联的原因如何，它的确定是以种在取样单位中的存在与否来估计的，因此取样面积的大小对研究结果有重大影响。在均质群落中，可预期种间关联是随样本大小的增加而增大，达到某一点后则维持不变。

种间是否关联，常采用关联系数（association coefficients）来表示。计算前先列出 2×2 列联表，它的一般形式见表 4-3。

表 4-3　2×2 列联表的一般形式

项目		种 B		
		$+$	$-$	
种 A	$+$	a	b	$a+b$
	$-$	c	d	$c+d$
		$a+c$	$b+d$	n

表中，a 是两个种均出现的样方数，b 和 c 是仅出现一个种的样方数，d 是两个种均不出现的样方数。如果两物种是正关联的，那么绝大多数样方为 a 和 d 型；如果属负关联，则为 b 和 c 型；如果是没有关联的，则 a、b、c、d 各型出现概率相等，即完全是随机的。

关联系数常用下列公式计算：

$$V = \frac{ad - bc}{\sqrt{(a+b)(c+d)(a+c)(b+d)}}$$

其数值变化范围是从 -1 到 $+1$。然后按统计学的 X^2-检验法测定所求得关联系数的显著性。

随着群落中种数的增加，种对的数目会按 $S(S-1)/2$ 方程迅速增加。式中 S 是种数。为了说明各种对之间是否关联及它们之间的关联程度，常利用各种相关系数、距离系数或信息指数来描述一个种的数量指标对另一个种或某一环境因子的定量关系，计算结果可用半矩阵或星系图（constellation diagram）表示。

在自然界中，绝对的正关联可能只出现在某些寄生物与其单一宿主之间，以及完全取食一种植物的单食性昆虫之间。但是大多数物种的生存只是部分地依存于另一物种，如像一种昆虫取食若干种植物，一种捕食者捕食若干种猎物。因此，部分依存关系是自然群落中最常见的，并且其出现频率仅次于相互作用。同样，竞争排斥也是群落中少数物种间的关联类型。

Whittaker 认为，如果把群落中全部物种间的相互作用搞清楚，那么其类型的分布将是钟形的正态曲线，大部分围绕中点（无相互作用的），少数物种间关系处于曲线两端（必然的正关联和必然的排斥）。如果真实的情况确是这样，那么种间相互作用还不足以把全部物种有机地结合成一个"客观实体"（群落）。这就是说，从关联分析来看，群落的性质更接近一个连续分布的系列，即个体论学派所主张的观点。

4.1.5 群落分布规律

生物群落的分布受多种因素的影响，其中起主导作用的是海陆分布、大气循流和由各地太阳高度角的差异所导致的太阳辐射量的多少及其季节分配，亦即与此相联系的水热状况。一方面沿纬度方向呈带状发生有规律的更替，称为纬向地带性；另一方面从沿海向内陆方向呈带状发生有规律的更替，称为经向地带性。纬向地带性和经向地带性合称为水平地带性。

4.1.5.1 水平地带性分布规律

（1）纬向地带性分布规律

纬向地带性太阳辐射是地球表面热量的主要来源，随着地球各地纬度的不同。地球表面从赤道向南、北形成了各种热盆带。植被也随着这种规律依次更替，形成植被的纬向地带性分布。

世界植被纬向地带性分布规律是：北半球沿纬度方向自北向南依次出现寒带的苔原、寒温带的北方针叶林、温带的夏绿阔叶林、亚热带的常绿阔叶林以及热带雨林。欧亚大陆中部与北美中部，自北向南依次出现苔原、针叶林、夏绿林、草原和荒漠植被。动物群落的分布随着植被群落的变化也呈现明显的纬向地带性分布规律。但陆地生物群落的这种分布规律是相对的，在一些地区受海陆位置、地形、洋流性质、大气环流以及人为因素的强烈影响，出现"带断"现象。

我国植被及其动物群的纬向地带性分布可分为东西两部分。在东部湿润森林地区，自北向南依次分布有寒温带针叶林→温带落叶阔叶林→亚热带常绿阔叶林→热带季雨林、雨林；西部位于亚洲内陆腹地，受干旱大陆性气候的制约，但该区自北向南东西走向的一系列巨大山系打乱了这里的纬向地带性分布规律，因此，西部自北向南生物群落纬向变化为温带半荒漠、荒漠带→暖温带荒漠带→高寒荒漠带→高寒草原带→高寒山地灌丛草原带。

（2）经向地带性分布规律

经向地带性分布规律与海陆位置、大气环流和地形相关，一般规律是从沿海到内陆，降水址逐渐减少，群落也出现明显的规律性变化。

就北美而言，它的两侧都是海洋，其东部降水主要来自大西洋的湿润气团，雨量从东南向西北递减，相应地依次出现森林、草原和荒漠。北美大陆西部受太平洋湿润气团的影响，雨量充沛，但被经向的落基山所阻挡，因而森林仅限于山脉以西。所以，北美东西沿岸地区为森林，中部为草原和荒漠。植被从东向西依次出现森林—草原—荒漠—森林群落的更替，表现出明显的经向变化。值得注意的是，在北纬 40°和南纬 40°之间由于信风的影响，东西两侧是不对称的，西侧为干旱区，而东侧为湿润的森林。

我国生物群落分布的经向地带性，在温带地区特别明显。从东南至西北受海洋性季风和湿润气流的影响程度逐渐减弱，依次为湿润、半湿润、半干旱、干旱和极端干旱的气候，相应出现东部湿润森林生物群落、中部半干旱生物群落、西部干旱荒漠生物群落。

应当指出，经向地带性和纬向地带性并无从属关系，它们处于相互联系的统一体中。某一地区植被及动物群落分布的水平地带性规律，取决于当地热量和水分的综合作用，而不是其中一种因子单独作用的结果。

4.1.5.2　垂直地带性分布规律

生物群落分布的地带性规律，除纬向地带性规律和经向地带性规律外，还表现出因高度不同而呈现的垂直地带性规律。一般来说，从山麓到山顶，气温逐渐下降，而湿度、风力、光照等其他气候因子逐渐增强，土壤条件也发生变化，在这些因子的综合作用下，植被随海拔的升高依次呈带状分布，大致与山体的等高线平行，并有一定的垂直厚度，生物群落的这种分布规律称为垂直地带性。在一个足够高大的山体，从山麓到山顶生物群落垂直带系的更替变化大体类似于该山体基带所在的地带至极地的水平地带性生物群落系列，山体的植被垂直带是反映山体所处的一定纬度和一定经度的水平地带性的特征，植被垂直地带性是从属于水平地带性的特征，在水平地带性和垂直地带性的相互关系中，水平地带性是基础，它决定着山地垂直地带的系统（图 4-3）。

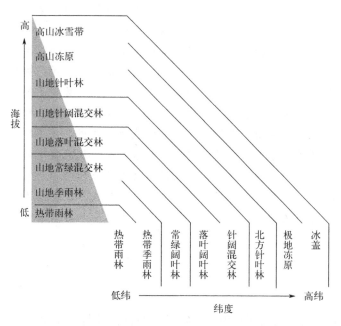

图 4-3　植被垂直地带性与纬向地带性示意图（仿孙儒泳，1993）

案例： 地处西欧温带的阿尔卑斯山，山地植被的垂直分布和自温带、寒温带到寒带的植被水平带的变化大体相似。地处我国温带的长白山，从山麓至山顶依次出现的落叶阔叶林、针阔叶混交林、云杉和冷杉暗针叶林、矮曲岳桦林、小灌木苔原的植被垂直带，也同起自我国东北向太平洋沿岸的前苏联远东地区直到寒带所出现的植被水平地带性相一致。因此，有人认为，群落的垂直分布是水平分布的"缩影"。当然，垂直带和其相应的水平带两者之间仅是外貌结构上的相似，而绝不是相同。例如亚热带山地垂直分布的山地寒温性针叶林与北方寒温带针叶林，在植物区系（flora）性质、区系组成、历史发生等方面都有很大差异。这主要是由亚热带山地的历史和现代生态条件与极地极不相同引起的。高山地带优势动物类群有蹄类、啮齿类与平原地带同类动物在种类组成、区系起源、适应方向等各方面也有本质的区别。

本节小结

　　群落是指在一定时间内居住在一定空间范围内的生物种群的集合。生物群落的基本特征包括具有一定的种类组成、各物种在群落中的重要性不同、群落各种物种间是相互联系的、具有一定的外貌和结构、具有内部环境、具有一定的分布范围且存在过渡带、具有一定的动态特征等。关于群落的性质问题存在着机体论和个体论之争。

　　生物群落的种类组成是决定群落性质最主要的因素，根据各个种在群落中的作用，可以将群落成员型分为优势种、建群种、亚优势种、伴生种和偶见种等。种类组成的数量特征主要包括多度、密度、盖度、频度、高度、重量、重要值等。种类组成的数量特征是进行群落定量分析的基础。群落内的多样性是生物群落的重要特征，在空间尺度上，生物多样性可以分为 α-多样性、β-多样性和 γ-多样性。α-多样性指的是局域群落内的生物多样性，它表示群落中物种的多少，即物种丰富度，以及各物种个体数目的分配情况，即均匀度；β-多样性指的是不同群落或地点间物种组成的差异性或者物种沿环境梯度所发生更替的程度或速率，γ-多样性则是一个区域内总的生物多样性。群落内的多样性受到进化时间、生态时间、空间异质性、气候、生产力、竞争和捕食等因素以及这些因素之间的相互作用的影响。

　　在一个特定群落中，有的种经常生长在一起，有的则互相排斥。如果两个种同时出现的次数比期望的更频繁，它们就具正关联；如果它们共同出现次数少于期望值，则它们具负关联。正关联可能是因一个种依赖于另一个种而存在，或两者受生物的和非生物的环境因子影响而生长在一起。负关联则是由于空间排挤、竞争或化感作用，或不同的环境要求。

　　从全球看，植物群落的分布主要是气候尤其是水热组合状况决定的。植被沿纬度方向呈带状发生有规律的更替，称为纬向地带性；从沿海向内陆方向呈带状发生有规律的更替，称为经向地带性。纬向地带性和经向地带性合称为水平地带性。植被随海拔的升高依次呈带状分布，大致与山体的等高线平行，并有一定的垂直厚度，生物群落的这种分布规律称为垂直地带性。

4.2　群落结构

　　"群落结构"有广义和狭义两种理解。狭义上的群落结构是指群落内个体在时间和空间中的配置状况，包括垂直结构、水平结构、时间结构等。广义上的群落结构则是和群落功能相对应的概念，包括了狭义上的群落结构以及群落的种类组成、物种的数量特征、物种多样性、种间关联、层片、生态位等。

4.2.1　群落的外貌

　　群落外貌（physiognomy）是群落结构的外部表现，该词由 Humboldt（1807）提出，是群落内生物与生物间以及生物与环境相互作用的综合反映。

　　群落外貌是认识植物群落的基础，也是区分不同植被类型的主要标志。如森林、草原和荒漠等，首先就是根据外貌区别开来的。植物群落的外貌主要取决于植物种类的形态特征、生活型、叶性质和季相等。

　　群落外貌常常随时间的推移而发生周期性变化，这是群落结构的另一重要特征。随着季节性交替，群落呈现不同的外貌，这就是群落的季相。

4.2.2　群落的结构单元

群落空间结构取决于两个要素，即群落中各物种的生活型及由相同生活型的物种所组成的层片，生活型和层片可看作群落的结构单元。

4.2.2.1　生活型

生活型（life form）是生物对外界环境适应的外部表现形式，同一生活型的生物，不但体态相似，而且在适应特点上也是相似的。丹麦生态学家 Raunkiaer 的生活型系统将植物分为高位芽植物、地上芽植物、地面芽植物、地下芽植物和一年生植物。

生活型是生物对生活条件长期适应从而在外貌上反映出来的植物或动物的生态类型。它们的形成是生物对相同环境条件趋同适应的结果。

在同一类生活型中，常包括在分类系统中地位不同的许多种。因为不论各种植物或动物在系统分类中的位置如何，只要它们对某种生境具有相同（或相似）的适应方式和途径，并在外貌上具有相似的特征，它们就属于同一生活型。

案例：生长在非洲、北美洲、大洋洲和亚洲荒漠地带的许多荒漠植物，虽然它们可能属于不同的科，却都发展了叶子细小的特征。细叶是一种减少热负荷和蒸腾失水量的适应。又如生活在世界各洲热带雨林中的多种树栖动物，包括分类地位相差很远的兽类（如长嘴猿、猩猩）、鸟类（如鹤鹉、啄木鸟）、爬行类（如避役），都具有适应于把握和攀缘树木枝干的对生型指（或趾）。

学者建立了各自的生活型分类系统，最著名的是丹麦生态学家 Raunkiaer 生活型系统（图 4-4）。Raunkiaer（1903）以温度、湿度或水分条件对植物的影响为出发点，以植物度过不良气候条件（严寒或干旱）的适应方式为分类基础，具体的是以植物的休眠或复苏芽所处位置的高低和保护方式为依据，把高等植物划分为五大生活型类群。在各类群之下，根据植物体的高度、芽有无芽鳞保护、落叶或常绿、茎的特点以及旱生形态与肉质性等特征，再细分为若干较小的类型。

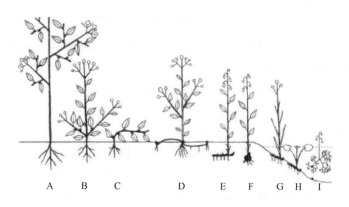

图 4-4　Raunkiaer 生活型系统图示（引自孙儒泳、李博等，1993）
A—高位芽植物；B—地上芽植物；C—地面芽植物；D～I—隐芽植物

① 高位芽植物（phanerophytes）。芽或顶端嫩枝位于离地面 25cm 以上的较高处的枝条上，如乔木、灌木和一些生长在热带潮湿气候条件下的草本等。

② 地上芽植物（chamaephytes）。芽或顶端嫩枝位于地表或很接近地表处，一般都不高

出土表 20～30cm，受堆积土表的残落物或积雪的保护，多为半灌木或草本植物。

③ 地面芽植物（hemicryptophytes）。在不利季节，植物体地上部分死亡，只有被土壤和残落物保护的地下部分仍然活着，并在地面处有芽。

④ 地下芽植物（geophytes）又称隐芽植物（cryptophytes）。度过恶劣环境的芽埋在土表以下或位于水体中。多为鳞茎类、块茎类和根茎类多年生草本植物或水生植物。

⑤ 一年生植物（therophytes）是只能在良好季节中生长的植物，它们以种子的形式度过不良季节。

Raunkiaer 的生活型系统简单明确，易于掌握，但其只考虑了有花植物。后来其他学者也提供了不同的生活型系统，如 Braun-Blanquet 系统、Ellenberg 和 Muller-Dombois 系统等。

统计某个地区或某个植物群落内各类生活型的数量对比关系，称为生活型谱（life form spectrum）或生物谱（biological spectrum）。它可以反映植物对环境的适应，尤其是对气候的适应。高位芽植物所占比例越大，说明群落所处的气候条件越温暖湿润，如热带雨林；如果地面芽和地上芽植物占优势，则说明群落所处环境条件比较寒冷；干旱的荒漠群落则是一年生植物占优势。表 4-4 展示了我国 6 种主要植物群落类型的生活型谱。

表 4-4　我国 6 种主要植物群落类型的生活型谱（李博等，2000）

群落类型	高位芽 (Ph.) /%	地上芽 (Ch.) /%	地面芽 (H.) /%	地下芽 (Cr.) /%	一年生 (T.) /%
西双版纳热带雨林	94.7	5.3	0	0	0
鼎湖山南亚热带常绿阔叶林	84.5	5.4	4.1	4.1	0
浙江中亚热带常绿阔叶林	76.7	1.0	13.1	7.8	2
秦岭北坡温带落叶阔叶林	52.0	5.0	38.0	3.7	1.3
长白山寒温带暗针叶林	25.4	4.4	39.8	26.4	3.2
东北温带草原	3.6	2.0	41.1	19.0	33.4

动物生态学家也研究动物的生活型，例如兽类中有飞行的（如蝙蝠）、滑翔的（如鼯鼠）、游泳的（如水駒、鲸、海豹）、地下穴居的（如鼹）、地面奔跑的（如鹿、马）等，它们各有各的形态、生理、行为和生态特征，适应于各种生活方式。

4.2.2.2 层片

层片（synusia）也是群落结构的基本单位之一，是指由相同的生活型或相似生态要求的物种组成的机能群落。群落的不同层片是由属于不同生活型的不同物种的个体所组成的。

案例：针阔混交林主要由 5 个基本层片所构成：a. 常绿针叶乔木层片；b. 阔叶乔木层片；c. 灌木层片；d. 草本植物层片；e. 苔藓、地衣层片。可见层片可以与层的范围一致，也可以比层的范围窄，因为一个层的类型可由若干生活型的植物所组成。再如草原群落中，羊草、大针茅和防风（*Saposhnikovia divaricata*）属于同一层次，但羊草是根茎禾草层片，大针茅是丛生禾草层片，而防风则是轴根杂类草层片。

4.2.3　群落的水平结构

群落的水平结构是指群落在水平空间上的分化。在自然群落中，种群的空间分布可以表现为随机、均匀、聚集或镶嵌分布等，不同物种的分布通常也不是孤立的，而是结合形成不同规模的集群。群落中个体在水平方向上分布不均匀会造成群落分布的镶嵌性（mosaic），从而形成了许多小群落（microcoense），具有这种特征的植物群落叫作镶嵌群落。

小群落的形成是由生态因子的不均匀性造成的，例如小地形和微地形的变化、土壤湿度和盐渍化程度的差异以及人与动物的影响。森林群落的镶嵌性常常是由林内光斑与暗斑的分布、草本层和苔藓层在不同树龄树冠下的差异、小地形的起伏、腐朽树桩和倒木及残落物的积累的不均匀性等引起的。草原群落的镶嵌性在某些情况下可能是由挖土动物的生活活动而引起的，而在另些情况下，可能是由个别植物种的生长繁殖而引起的。地形和土壤条件的不均匀性引起镶嵌分布的现象很是普遍，有时这两个因素共同对层片的水平配置起作用，有时在地形条件不发生变化的情况下，仅仅由于土壤基质的差异，以及由此而引起的土壤紧实度、土壤湿度、土层厚度、砂砾含量等因素的不同，同样会导致层片的不均匀分布。

4.2.4　群落的垂直结构

群落的垂直结构是指群落在空间中的垂直分化，通常称为群落的成层现象。植物群落的成层性是植物的吸收器官和同化器官在地下不同深度与地上不同高度的空间配置。群落的成层性是群落结构的重要特征，是群落中生物之间及生物与环境之间相互关系的一种体现。

地上成层现象在森林群落中最为明显，通常可分为乔木层、灌木层、草本层和地被层（由苔藓和地衣等构成）。林业上称乔木的地上成层结构为林相。乔木层以下常统称下层木，而藤本、附生、寄生等植物可以依附于各层植物，可以在整个群落的垂直空间中都有分布，称为层间植物或层外植物。草地植物群落的地上成层现象较为简单，通常分为草本层和地被层。

植物群落所处环境条件越好，群落的层次就越多，层次结构也越复杂；反之，则层次数越少，层次结构也越简单。通常热带雨林群落的结构最为复杂，其乔木层和灌木层就可各分为 2~3 层，层间植物也极为丰富；而寒温带针叶林群落的乔木层和灌木层各只有 1 层，层间植物也少得多。

植物群落的地下成层性是由不同植物的根系在土壤中达到的深度不同而形成的。地下分层通常与地上成分相对应。在森林群落中乔木层根系分布最深，灌木层次之，草本层最前。地下成层现象主要取决于土壤的水分、养分和盐分等土壤性状，是生物对土壤环境的一种生态适应。

地下成层现象的研究相对比较困难，一般多在草本群落中进行，主要研究植物根系分布的深度和幅度。地下成层性通常分为浅层、中层和深层。例如草原根系的特点是：地下部分较密集，根系多分布在 5~10cm 处；气候干旱，根系也随之加深；丛生禾草根系的总长度较长，而杂草类的根较重，并有耐牧性。

不仅陆生植物群落具有成层现象，水生植物群落也具有成层现象。水生植物群落可分为：a. 漂浮植物层（pleuston layer），主要由水面上的漂浮水生植物构成；b. 固着浮叶植物层（floating leaved anchored hydrophytes layer），由根着生于水底基质中，大部分叶浮生于水面的固着浮叶植物所构成；c. 沉水植物层（submerged anchored hydrophytes layer），由植物体完全沉浸于水中的固着沉水植物和悬浮不固着沉水植物构成；d. 固着水底植物层（haptobenthos layer），由植物体大部分固着于水下基质的植物所构成；e. 挺水植物层（emergent anchored hydrophytes layer），由扎根于水下基质而部分植物体伸出水面的挺水植物所构成。

动物的分层现象也很普遍。动物之所以有分层现象，主要与食物的分布有关，其次还与不同层次的微气候条件有关。

案例： 在欧亚大陆北方针叶林区，在地被层和草本层中，栖息着爬行类、地栖鸟、啮齿类等动物；在森林的灌木层和幼树层中，栖息着莺、苇莺等鸟类；在森林的中层栖息着山雀、啄木鸟和松鼠等；而在树冠层则栖息着柳莺、交嘴雀（*Loxia curvirostra*）和戴菊嘴（*Regulus regulus*）等。

当然，许多动物可同时利用几个不同层次，但总有一个偏喜的层次。水域中，某些水生动物也有分层现象。例如，湖泊和海洋的浮游动物即表现出明显的垂直分层现象。影响浮游动物垂直分布的原因主要有阳光、温度、食物和含氧量等。多数浮游动物一般是趋向弱光的，因此，它们白天多分布在较深的水层，而在夜间则上升到表层活动。水生群落按垂直方向，一般可分为漂浮动物（neuston）、浮游动物（plankton）、水生生物群落游泳动物（nekton）、底栖动物（benthos）、附底动物（epifauna）、底内动物（infauna）。

成层结构是群落中各种群之间以及种群与环境之间相互竞争和相互选择的结果。它不仅能缓解植物之间争夺阳光、空间、水分和矿质营养的矛盾，而且由于生物在空间上的成层排列，扩大了植物利用环境的范围，提高了同化功能的强度和效率。

案例： 在发育成熟的森林中，上层乔木可以充分利用阳光，而林冠下被那些能有效利用少量光线的下木所占据。穿过乔木层的光，有时仅占到达树冠的全光照的1/10，但林下灌木层却能利用这些微弱的并且光谱组成已被改变了的光。在灌木层下的草本层能够利用更微弱的光，草本层往下还有更耐阴的苔藓层。

成层现象越复杂，生物对环境的利用越充分，提供的有机物质的数量和种类也就越多。各层之间在利用和改造环境的过程中具有互补作用。群落成层性的复杂程度也是对生态环境的一种良好指示。一般在良好的生态条件下成层构造复杂，而在极端的生态条件下成层构造简单。如热带雨林群落十分复杂，而极地苔原群落就十分简单。因此，依据群落成层性的复杂程度，可以对生境条件做出判断。

4.2.5　群落的时间结构

群落的时间结构是指群落结构在时间上的分化或在时间上的配置。群落的时间格局是群落动态特征之一，它实际上包含两方面内容：一是由自然环境因素的时间节律所引起的群落各物种在时间结构上相应的周期变化；二是群落在长期历史发展过程中，由一种类型转变成另一种类型的顺序过程，即群落的演替和演化。本部分主要介绍前者，关于群落演替的内容见第三节。

一年中的冬去春来、一月中的朔望转换、一天中的昼夜更替形成了自然界的年周期、月周期和日周期的变化。群落中有机体在长期的进化过程中，其生理、生态与这种规律相适应，构成了群落的周期性变动，进而引起群落中物种组成和数量上的更迭升降。在一个复杂的植物群落中，植物的萌发、生长、发育、休眠等异时性会明显地反映在群落结构的变化上。植物群落的外貌在不同季节是不同的，常把群落季节性的外貌称为季相。

案例1： 落叶阔叶林在春季抽出新叶，夏季形成绿色的树冠，秋季则树叶枯黄，冬季全部落叶，呈现出明显不同的四个季相。林中的草本植物常存在两类时间上明显特化的结构：春季的类短命植物层片和夏季长营养期植物层片。前者多由侧金盏花（*Adonis*）、顶冰花（*Gagea*）、银莲花（*Anemone*）和紫堇（*Corydalis*）等属的一些植物所组成。当它们生机旺盛、大量开花时，大多数夏季草本植物刚开始营养生长，灌木仅开始萌动，而乔木仍处在冬眠状态。但当夏季到来，森林披绿、草木争妍之时，早春植物已结束营养期，地上部分死亡，以种子、根茎或鳞茎的方式休眠，等待翌春的再生。随着早春植物的消失，夏季长营养期草本植物开始大量生长，并占据了早春植物的空间。秋末，植物开始干枯休眠，呈红黄相间的秋季季相。冬季季相则呈一片枯黄。植物生长期的长短以及复杂的物候现象是植物长期适应环境周期性变化的结果。

案例 2：草原群落中动物的季节性变化也十分明显。例如，大多数典型的草原鸟类，在冬季都向南方迁移；高鼻羚羊等有蹄类在这时也向南方迁移，到雪被较少、食物比较充足的地区去；旱獭、黄鼠、大跳鼠、仓鼠等典型的草原啮齿类到冬季则进入冬眠。有些种类在炎热的夏季进入夏眠。此外，动物贮藏食物的现象也很普遍，如生活在内蒙古草原上的达乌尔鼠兔，冬季在洞口附近积藏着成堆的干草。所有这一切，都是草原动物季节性活动的显著特征，也是它们对环境的良好适应。

4.2.6　群落交错区和边缘效应

群落交错区（ecotone）又称生态交错区或生态过渡带，是两个或多个群落之间（或生态地带之间）的过渡区域。

案例：森林和草原之间有一森林草原地带，软海底与硬海底的两个海洋群落之间也存在过渡带，两个不同森林类型之间或两个草本群落之间也都存在交错区。此外，像城乡交接带、干湿交替带、水陆交接带、农牧交错带、沙漠边缘带等也都属于生态过渡带。

群落交错区是一个交叉地带或种群竞争的紧张地带，发育完好的群落交错区，可包含相邻两个群落共有的物种以及群落交错区特有的物种，其植物种类也往往更加丰富多样，从而也能更多地为动物提供营巢、隐蔽和摄食的条件。因而在群落交错区中既可有相隔群落的生物种类，又可有交错区特有的生物种类。群落交错区种的数目及一些种的密度增大的趋势称为边缘效应（edge effect）。

案例：我国大兴安岭森林边缘，具有呈狭带状分布的林缘草甸，其植物种数每平方米达30 种以上，明显高于其内侧的森林群落和外侧的草原群落。美国伊利诺伊州森林内部的鸟仅登记 14 种，但在林缘地带达 22 种。一块草甸在耕作前 100 英亩（1 英亩＝4046.86m²）面积上有 48 对鸟，而在草甸中进行条带状耕作后增加到 93 对（Good 等，1943）。

生态过渡带有三个主要特征：a. 它是多种要素的联合作用和转换区，各要素在此相互作用强烈，常是非线性现象显示区和突变发生区，也常是生物多样性较高的区域。b. 这里的生态环境抗干扰能力弱，对外力的阻抗相对较低。界面区生态环境一旦遭到破坏，恢复原状的可能性很小。c. 这里的生态环境的变化速度快，空间迁移能力强，因而也造成生态环境恢复的困难。

目前，人类活动正在大范围地改变着自然环境，形成许多交错带，如城市发展、工矿建设、土地开发等均使原有景观的界面发生变化。交错带可以控制不同系统之间的能流、物流与信息流。随着对生态过渡带研究的不断深入，人们对生态过渡带的认识各有侧重，但国际上对此仍有大致统一的认识，即生态过渡带是指在生态系统中，处于两种或两种以上的物质体系、能量体系、结构体系或功能体系之间所形成的界面，以及围绕该界面向外延伸的过渡带。

4.2.7　群落组成和结构的影响因素

群落的形成是多个尺度上的演化和生态过程共同作用的结果，群落的组成和结构受到区域种库即物种的形成与灭绝、物种的迁移与扩散、非生物的环境条件（如气候、土壤及其异质性）以及生物之间相互作用，甚至随机过程的影响。本章主要介绍生物间相互作用（竞争、捕食）、环境异质性以及特殊的环境条件——干扰对群落组成和结构的影响，最后以岛屿效应为例介绍迁移与扩散过程对群落组成和结构的影响。

4.2.7.1 生物间相互作用的影响

（1）竞争对群落结构的影响

群落内物种之间竞争导致生态位的分化，因此竞争在群落结构形成和物种多样性维持方面发挥重要作用。

案例：这在动物生态学研究中有非常多的证据。经典的例子是 Lack 在加拉帕戈斯（Galapagos）群岛上对达尔文莺的研究，发现该群岛上不仅有许多起源于共同祖先而后随食性分化而发生辐射演化的莺，并有更直接的生态位分化的证据，即有的岛上只有一种地面取食的鸟，其喙长约 10mm，而在有两种或多种地面取食鸟时，其最小型的喙平均长 8mm，大一些的喙平均长 12mm，但没有 10mm 的。这一方面说明鸟喙长度是适应食物大小的适应性特征，另一方面也说明鸟喙形态上的差异是对竞争引起的食性分化的一种反映。另外，MacArthur 曾研究北美针叶林中的 5 种食虫的林莺（图 4-5）。发现它们在树的不同部位取食，这是一种资源分隔现象，同样被解释为因竞争而产生的共存局面。

图 4-5　林莺的取食范围（修改自 Molles，1999）

在自然群落中进行引种或去除试验，观察其他种的反应可以为种间竞争在形成群落结构中的作用提供直接的证据。

案例：在 Arizona 荒漠中有一种更格卢鼠和三种囊鼠共存，其栖息的小生境和食性彼此有区别。当去除一种时，另外三种中每种的小生境就明显扩大。学者 Schoener 和 Connell 等曾分别总结过文献中报道的这类试验（分别达 164 例和 72 例研究），平均 90% 的例证证明有种间竞争，表明自然群落中种间竞争是相当普遍的。分析结果还表明，海洋生物间有种间竞争的例数较陆地生物多，大型生物间较小型生物多；而植食性昆虫之间的种间竞争比例甚少（41%），其原因是绿色植物到处都较为丰富。

高等植物的竞争与生态位分化和共存的研究有相当难度，因为植物是自养生物，都需要相似甚至相同的基本资源如光、CO_2、水、氮、磷、钾和微量元素等。Tilman（1982）提出的资源比率假说是研究植物之间竞争和生态位分化的重要进展，他认为在异质性的生境当中，两种及以上的限制性资源的比率要比限制性资源的绝对数量更重要。每个物种在限制性资源比率为某一值时表现为强竞争者，而当限制性资源比率发生变化时，物种的竞争能力发生变化，组成群落的物种也随之改变。异质性的环境中资源比率的组合和变化很多，这就为物种共存提供了机会。

群落内物种之间的竞争通常在生态位接近的物种之间更加激烈。在动物生态学中常将以同一方式利用共同的物种集团称为同资源种团（guild），在植物生态学中植物功能群（plant functional group 或 plant functional type）的概念与之相类似。植物功能群是指群落中具有相似的结构，执行相似的功能，对环境因子有相似的响应并在生态系统中起相似作用的物种的集合。同资源种团和同一植物功能型的物种具有较高的生态位重叠，种间竞争很激烈，而一个物种因某种原因从群落中变少时，其他物种可以取而代之。

（2）捕食对群落结构的影响

捕食对形成群落结构的作用，随捕食者是泛化种还是特化种而异。

案例：泛化捕食者兔随着食草压力的加强，草地上植物的物种数量有增加的趋势，这是由于兔把竞争力强、占优势的植物种类吃掉，给竞争力弱、处于劣势的物种的生存提供机会，从而提高了植物多样性。但是捕食压力过高时，植物的物种数量又随之降低，这是由于竞争力弱的物种也被兔所取食。因此，植物多样性与兔捕食强度的关系呈单峰曲线。另外，即使是完全泛化的捕食者，像割草机一样，对不同种植物也有不同影响，这取决于被食植物本身恢复的能力。

具选择性的捕食者对群落结构的影响与泛化捕食者不同。如果被选择的喜食种属于优势种，则捕食能提高多样性；如果喜食的是竞争上占劣势的种类，则结果相反，捕食降低了多样性。

案例：Paine（1966）在岩石基质的潮间带群落中进行了去除海星的试验，这是顶级肉食性动物对群落影响的首次实验研究。在该群落中，海星是顶级肉食动物，它们以藤壶、贻贝、石鳖等为食。Paine 在一个长 8m、宽 2m 的样地中连续数年去除所有海星，几个月后，藤壶成了样地中的优势种，之后贻贝又排挤了藤壶，成为优势种，该群落变成了贻贝的"单种养殖地"。这个试验说明顶级肉食动物海星是决定该群落结构的关键种（keystone species）。

特化的捕食者，尤其是单食性的（多见于食草昆虫或吸血寄生物），它们多少与群落的其他部分在食物联系上是隔离的，所以很易控制被食物种，因此它们是为进行生物防治的可供选择的理想对象。当其被食者成为群落中的优势种时，引进这种特化捕食者能获得非常有效的生物防治效果。寄生物和疾病对群落结构的影响通常在它们大发生或猖獗时可以显示出来。

案例 1：仙人掌（*Opuntia*）被引入澳大利亚后成为一大危害，大量有用土地被仙人掌所覆盖。在 1925 年引入其特化的捕食蛾（*Cactoblastic cactorum*）后才使危害得到控制。

案例 2：由于疟疾、禽痘等对鸟类致病的病原体被偶然带入夏威夷群岛，使当地接近一半的鸟类区系灭亡。北美的驼鹿（*Alces alces*）近期分布区的变化是与寄生性线虫（*Pneumostrongylus tenuis*）有关。

在生物群落中不同物种的作用是有差别的。其中有一些物种的作用是至关重要的，它们的存在与否会影响到整个生物群落的结构和功能，这样的物种即称为关键种（keystone species）或关键种组（keystone group）。关键种对群落具有重要影响，移去它就会导致群落结构的坍塌，引起其他物种的灭绝和多度的大变化，关键种不一定是营养级顶级物种。传粉昆虫在维持群落结构中起关键性的作用，因而它们也可被认为是关键种。关键种的作用可能是直接的，也可能是间接的；可能是常见的，也可能是稀有的；可能是特异性（特化）的，也可能是普适性的。

4.2.7.2 环境异质性的影响

群落的环境不是均匀一致的，环境异质性（environmental heterogeneity）的程度高，意味着有更加多样的小生境，所以能允许更多的物种共存。

Harman 研究了淡水软体动物与空间异质性的相关关系，他以水体底质的类型数作为空间异质性的指标，发现底质类型越多，淡水软体动物种数越多。植物群落研究中大量资料说明，在土壤和地形变化频繁的地段，群落中有更多的植物种，而平坦同质土壤中的群落多样性低。

MacArthur 等曾研究鸟类多样性与植物的物种多样性和取食高度多样性之间的关系。取食高度多样性是对植物垂直分布中分层和均匀性的测度。层次多，各层次具更茂密的枝叶，表示取食高度多样性高。结果是：鸟类多样性与植物种数的相关关系不如与取食高度多样性的相关关系紧密。因此，根据森林层次和各层枝叶茂盛度来预测鸟类多样性是有可能的，对于鸟类生活，植被的分层结构比物种组成更为重要。

在草地和灌丛群落中，垂直结构对鸟类多样性就不如森林群落重要，而水平结构，即镶嵌性或斑块性就可能起决定性作用。

4.2.7.3 干扰的影响

干扰是自然界的普遍现象，生物群落不断经受着各种随机变化的事件（如大风、雷电、火烧等）和人类活动（如农业、林业、狩猎、施肥、污染等）的干扰，这些干扰对自然群落的结构和动态产生重大影响。近代多数生态学家认为干扰是一种有意义的生态现象，它形成群落的非平衡特性，强调了干扰在形成群落结构和动态中的作用。同时，自然界到处都存在人类活动，诸如农业、林业、狩猎、施肥、污染等，这些活动对自然群落的结构产生重大影响。

（1）干扰与抽彩式竞争

连续的群落中出现缺口或断层（gaps，森林中称为林隙或林窗）是非常普遍的现象，而这些缺口经常是由干扰造成的。森林中的林窗可能由大风、雷电、砍伐、火烧等引起；草地群落的干扰包括放牧、动物挖掘、践踏等。干扰造成群落的缺口以后，在不发生继续干扰的情况下有的会逐渐恢复。但间断处也可能被周围群落的任何一个种侵入和占有，并发展为优势者。哪一种成为优势者完全取决于随机因素，这可认为是对缺口的抽彩式竞争（competitive lottery）。

抽彩式竞争出现在这样的条件下：a. 群落中具有许多入侵缺口的能力相等和耐受缺口中物理环境能力相等的物种；b. 这些物种中任何一种在其生活史过程中能阻止后入侵的其他物种再入侵。在这些条件下，对缺口的种间竞争结果完全取决于随机因素，即先入侵的种取胜，至少在其一生之中为胜利者。当缺口的占领者死亡时，缺口再次成为空白，哪一种入侵和占有又是随机的。当群落由于各种原因不断地形成新的缺口，时而这一种"中彩"，时而那一种"中彩"，那么群落整体就有更多的物种可以共存，群落的多样性将明显提高。

案例1： 澳大利亚的大堡礁，南部有 900 种，北部达 1500 种，而礁中每一直径 3m 左右的礁块中，可生活 50 种鱼以上。对如此高的鱼类多样性，只以食物资源分隔是难以解释通的，实际上许多鱼的食性是很接近的。在这样的群落中，具有空的生活空间成为关键因素。据一个观察所得，由三种热带鱼（*Eupomacentrus apicalis*、*Plectroglyphidodon lacrymatus* 和 *Pomacentrus wardi*）个体所占据的 120 个小空间（珊瑚礁中的缺口）里，在原有领主死亡后再被取代的领主种完全是随机的，没有具规律性的领主演替。由此可见，在此群落中高多样性的维持主要取决于生存空间的供给，并且占有的领主是不可预测的，任何一种都可能在某时和某一空间中取胜。高多样性取决于对缺口的抽彩式竞争。

案例 2：Grubb（1977）曾对英国白垩土草地（chalk grassland）进行研究，发现每一小缺口一出现，很快即被一籽苗所占，哪一种成功都是随机的，因为大部分植物种的种子需要相同的发芽条件。

此外，有些群落所形成的缺口，其物种更替是可预测的，有规律性的。新打开的缺口常常被扩散能力强的一个或几个先锋种所入侵。由于它们的活动改变了条件，促进了演替中期种入侵，最后为顶极种所替代。在这种情况下，多样性开始较低，演替中期增加，但到顶极期往往稍有降低。与抽彩式竞争不同的另一点是，参加小演替各阶段的一般都有许多种，而抽彩式竞争只有一个种建群。

（2）中度干扰假说

干扰影响物种多样性，Connell 等提出了中度干扰假说（intermediate disturbance hypothesis）。认为中等程度的干扰水平能维持高多样性，即当干扰的频率中等、干扰以后的时间中等，以及干扰所涉及的空间范围中等时，物种多样性最高。其理由是：a. 在一次干扰后少数先锋种入侵缺口，如果干扰频繁，则先锋种不能发展到演替中期，使多样性较低；b. 如果干扰间隔期很长，使演替过程能发展到顶极期，多样性也不高；c. 只有中等干扰程度使多样性维持最高水平，它允许更多的物种入侵和定居。

案例：在底质为砾石的潮间带，Sousa 曾进行实验研究，对中度干扰假说加以证明。潮间带经常受波浪干扰，较小的砾石受到的波浪干扰比移动频率明显较大的砾石频繁，因此砾石的大小可以作为受干扰频率的指标。Sousa 通过刮掉砾石表面的生物，为海藻的再殖提供了空的基底。结果发现，较小的砾石只能支持群落演替早期出现的绿藻 Ulva 和藤壶，平均每块砾石 1.7 种；大砾石的优势藻类是演替后期的红藻 *Gigartina canaliculata*（平均 2.5种）；中等大小的砾石则支持最多样的藻类群落，包括几种红藻（平均 3.7 种）。结果证明中度干扰下多样性最高。Sousa 进一步把砾石以水泥黏合，从而波浪不能推动它们，结果表明藻类多样性不是砾石大小的函数，而纯粹取决于波浪干扰下砾石移动的频率。

草地在经受动物挖掘活动后也出现缺口，对其干扰频率与缺口演替关系的研究同样证明了中度干扰假说的预测。

（3）干扰理论与生态管理

干扰理论在应用领域有重要价值。如要保护自然界生物的多样性，就不要简单地排除干扰，因为中度干扰能增加多样性。实际上，干扰可能是产生多样性的最有力手段之一。冰河期的反复多次"干扰"，大陆的多次断开和岛屿的形成，看来都是对物种形成和多样性增加的重要动力。同样，群落中不断出现缺口、新的演替、斑块状的镶嵌等，都可能是维持和产生生态多样性的有力手段。这样的思想应在自然保护、农业、林业和野生动物管理等方面起重要作用。

4.2.7.4 岛屿效应与群落结构

岛屿由于与大陆隔离，生物学家常把岛屿作为研究进化论和生态学问题的天然实验室或微宇宙。例如达尔文对 Galapagos 群岛的研究及 MacArthur 对岛屿生态学的研究等。

（1）海岛的种数-面积关系

早在 20 世纪 60 年代，生态学家就发现岛屿上的物种数明显比邻近大陆的少，并且面积越小，距离大陆越远，物种数目就越少。

在气候条件相对一致的区域中，岛屿中的物种数与岛屿面积有密切关系，许多研究表明，岛屿面积越大，种数越多。Preston（1962）将这一关系用简单方程描述：

$$S = cA^z$$

或两边取对数：

$$\lg S = \lg c + z(\lg A)$$

式中，S 为物种数量；A 为岛屿面积；c 和 z 为常数，c 为单位面积的物种数量，其与类群和区域有关，z 表示种-面积关系的斜率。

根据大量研究调查发现，z 的典型取值范围为 0.18～0.35。当 $z=0.3$ 时，只需要将岛屿面积增加 10 倍，即可将物种数量增加 2 倍；面积增加 100 倍，物种数量增加 4 倍；面积增加 1000 倍，物种数量增加 8 倍。即随着岛屿面积增 10 倍，所支持的物种数量成 2 的幂函数增加（$10^{0.3}=2$）。此种情况表示，如果原始生态系统只有 10% 的面积保存下来，那么，该生态系统有 50% 的物种丢失；如果有 1% 的面积保存下来，则该生态系统有 75% 的物种丢失。

在自然界中，还有一些生态系统也像海岛生态系统那样具有明确的边界，从而明显地区别于周围的生态系统。因此，广义而言，湖泊受陆地包围，也就是陆"海"中的岛；山的顶部是低纬度的岛，成片岩石、一类植被或土壤中的另一类土壤和植被斑块、封闭林冠中由倒木形成的林窗，都可被视为"岛"；自然保护区由于严加管理而保存完整，保护区之外却由于人类活动而受到严重影响，两者在群落组成及性质上存在明显区别，因此也可以将保护区视为"岛屿"。根据研究，这类"岛"中的种数-面积关系同样可以用上述方程进行描述。

岛屿面积越大，生活在岛上的物种越多，这除了面积越大的岛其生境复杂性越高，能够支持更多的物种生存以外，还与岛屿效应有关。所谓岛屿效应就是岛屿的隔离程度对群落组成和结构的影响。

案例：英格兰的陆地植物调查得出的种-面积关系为 $S=40A^{0.17}$，而 Galapagos 群岛上的则为 $S=28.6A^{0.32}$。岛屿上种-面积关系的 z 值高于大陆，也就是随着面积由大到小，物种数量减少的速度要明显快于大陆。这说明岛屿面积减小时，物种数量的减少除了与大陆上一样的生境复杂性降低等原因外，还与岛屿效应即岛屿的地理隔离作用有关，岛屿效应降低了物种迁入强度，从而加剧了岛屿种类组成的变化。此外，岛屿的 c 值明显低于大陆，即岛屿单位面积所支持的物种数量要低于大陆。

（2）岛屿生物地理学的平衡理论

MacArthur 和 Wilson（1963，1967）提出了岛屿生物地理学的平衡理论（equilibrium theory of island biogeography），从动态角度阐述了物种丰富度与面积和隔离程度的关系。该理论认为岛屿物种数量取决于物种的迁入率和迁出率，这是物种迁入和迁出的平衡，而且是一种动态平衡，即不断有物种迁出，也不断有同种或别种的迁入，从而得到替代和补充。这两个过程的消长导致了物种丰富度的动态变化。当迁入率和迁出率相等时，物种的数量处于动态平衡状态。一般来说，面积越大，迁入率越高，同时种群越大，迁出（或灭绝）率就越低，即面积效应；迁入率则随隔离程度（离大陆种库的远近）的增加而减小，即距离效应。

岛屿上的种数取决于物种迁入和灭亡的平衡，并且这是一种动态平衡，不断地有物种灭亡，也不断地有同种或别种的迁入，从而替代补偿灭亡的物种。

案例：平衡说可用图 4-6 说明，以迁入率曲线为例。当岛上无留居种时，任何迁入个体都是新的，因而迁入率高。随着留居种数加大，种的迁入率就下降。当种源库（即大陆上的种）所有种在岛上都有时，迁入率为零。死亡率则相反，留居种数越多，死亡率也越高。迁入率还取决于岛的远近和大小，近而大的岛，其迁入率高，远而小的岛，迁入率低。同样，死亡率也受岛的大小的影响。

将迁入率曲线和死亡率曲线叠在一起，其交叉点上的种数即为该岛上预测的物种数。应该说，根据平衡说，可预测下列 4 点：a. 岛屿上的物种数不随时间而变化；b. 这是一种动态平衡，即死亡种不断地被新迁入的种所代替；c. 大岛比小岛能"供养"更多的种；d. 随岛距大陆的距离由近到远，平衡点的种数逐渐降低。

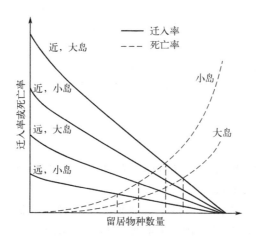

图 4-6 MacArthur 和 Wilson 的岛屿生物地理学的平衡理论示意图 ［MacArthur 和 Wilson（1963，1967）］
注：迁入率曲线和死亡率曲线的交叉点的物种数表示岛上预测的物种数量。

（3）岛屿生态与自然保育

自然保护区在某种意义上讲，是受其周围生境"海洋"所包围的岛屿，因此，岛屿生态理论对自然保护区的设计具有指导意义。

① 保护区地点的选择。为了保护生物多样性，应首先考虑选择具有最丰富物种的地方作为保护区。另外，特有种、受威胁种和濒危物种也应放在同等重要的位置上。Gilbert（1980）特别强调了关键互惠共生种（keystome mutualist）保护的重要性。Gilbert（1980）认为有些生态系统（如热带森林）中的动物（如蜜蜂、蚂蚁等）是多种植物完成其生活史必不可少的，它们被称为流动连接种（mobile links），由于这些植物是流动连接种食物的主要来源，所以支持流动连接种的植物又称为关键互惠共生种。关键互惠共生种的丢失将导致流动连接种的灭绝。因此，在选择保护区时，保护区必须有足够复杂的生境类型，保护关键种，特别是关键互惠共生种的生存。

② 保护区的面积。按平衡假说，保护区面积越大，对生物多样性保育越有利。Noss 和 Harris（1986）认为，对于保护区面积确定的关键问题是，我们对目标物种的生物学特征往往并不十分清楚。因此，保护区的面积确定必须在充分了解物种的行为（Karieva，1987；Merriam，1991）、传播方式（Mader，1984）、与其他物种的相互关系和在生态系统中的地位（Tibert，1980；Pimm，1992）等的基础上才能进行。此外，保护区周围的生态系统与保护区的相似也是保护区确定面积时要考虑的。如果保护区被周围相似的生态系统所包围，其面积可小一些；反之，则适当增大保护区面积。

③ 保护区的形状。Wilson（1975）认为，保护区的最佳形状是圆形，应避免狭长形的保护区。主要是因为考虑到边缘效应，狭长保护区不如圆形的好。另外，狭长形的保护区造价高，保护区也易受人为的影响。但 Blouin 和 Connor（1985）认为，如果狭长形的保护区包含较复杂的生境和植被类型，狭长保护区反而更好。

④ 一个大保护区好还是几个小保护区好。许多研究认为，一个大的保护区比几个小保护区好。这是因为大的岛屿含有更多的物种。由于保护区的隔离作用，保护区的物种数可能超出保护区的承载力，从而使有些物种灭绝。栖息地异质性假说认为，物种数随面积的增加主要是由于栖息地异质性增加。它不赞同在同一地区设置太大的保护区，因为其异质性是有限的。故建议从较大地理尺度上选择多个小型保护区。

⑤ 保护区之间的连接和廊道。一般认为，几个保护区通过廊道连接起来，要比几个相互隔离的保护区好。这是因为，物种可以廊道为踏脚石岛（stepping stone islands），不断地进入保护区内，从而补充局部的物种灭绝。

⑥ 景观的保护。对于保护区的建立，大多数的研究主要考虑遗传多样性和物种多样性，而忽视了更高水平的保护。许多学者现在倾向于对整个群落的保护，而景观水平的探索和研究越来越引起人们的重视。

4.2.8 平衡说和非平衡说

对于形成群落结构的一般理论，有两种对立的观点，即平衡说（equilibrium theory）和非平衡说（non-equilibrium theory）。

平衡说认为，共同生活在同一群落中的物种处于一种稳定状态。其中心思想是：a. 共同生活的物种通过竞争、捕食和互利共生等种间相互作用而互相牵制；b. 生物群落具有全局稳定性特点，种间相互作用导致群落的稳定特性，在稳定状态下群落的物种组成和各种群落数量变化都不大；c. 群落实际上出现的变化是由环境的变化，即所谓的干扰造成的，并且干扰是逐渐衰亡的。因此，平衡学说把生物群落视为存在于不断变化着的物理环境中的稳定实体。

平衡说提出较早，可追溯到 Elton（1927），他认为群落中种群的数量不断变化，但其原因是环境的变动，如严冬和旋风，并可由一种种群传给另一种种群，如被食者的种群变动导致捕食者种群变动。如果环境停止变动，群落将停在稳定状态。MacArthur 在研究岛屿生物地理学中提出的平衡说认为，群落的物种数是一常数，这是迁入和灭绝之间的平衡所取得的，因此构成群落的物种是在不断变化的，而种数则保持稳定，是动态平衡。

非平衡学说的主要依据就是中度干扰理论。该学说认为，组成群落的物种始终处在不断变化之中，群落不能达到平衡状态，自然界的群落不存在全局稳定性，有的只是群落的抵抗性（群落抵抗外界干扰的能力）和恢复性（群落在受干扰后恢复到原来状态的能力）。

Huston（1979）的干扰对竞争结局的研究可以说明非平衡说。Lotka-Volterra 的竞争排斥律可以被证明，但必须在稳定且均匀的环境中，并且有足够时间，才能使一种挤掉另一种，或通过生态位分化而共存。但在现实中环境是不断变化的，种间竞争强度和条件有利于哪一种都在变化之中，这可能就是自然群落中竞争排斥直接证据有限的原因。

Huston 还以数学模型研究了干扰频率对由 6 个种组成的群落的影响。它分高频、中频和没有干扰三级。其结果是：在无干扰时，较短时间就出现竞争排斥的结局；在中频干扰时，竞争排斥过程变得很慢，多样性最高，并且持续时间较长；在高频干扰下，多样性较中频时降低，其原因是种群在受到干扰而密度下降后，在下一干扰前还不足以恢复。这项研究支持了 Connell 的中度干扰假说。

平衡说和非平衡说除对干扰的作用强调不同以外，一个基本区别是：平衡说的注意焦点是系统处于平衡点时的性质，而对于时间和变异性注意不足；而非平衡说则把注意焦点放在远离平衡点时系统的行为变化过程，特别强调时间和变异性。当然，认为现实的自然群落有一个精确调节的平衡点这种看法是幼稚的，这也不是平衡说学派所认为的。平衡说学派认为，群落系统有向平衡点发展的趋势，但有或大或小的波动。因此，平衡说与非平衡说的区别在于干扰对群落重要作用认识上的区别。另一重要区别是把群落视为封闭系统还是开放系统。Lotka-Volterra 的竞争模型把两物种竞争视为封闭系统，结局是一种使另一种灭绝。

通过以上介绍可以看到，早期的群落结构研究是描述性的，而近代的群落生态学焦点在研究形成群落结构的机制，研究方法上强调了实验和模型研究，正如 Schoener 所指出的是群落生态学的机理性研究途径（mechanistic approach of community ecology）。群落生态学中最令人感兴趣的问题是群落中为什么有这么多物种，为什么它们像现在这样分布着，以及它们是怎样发生相互作用的。整体论者强调群落整体性、平衡性。个体论强调群落性质取决于个体，非平衡性。这是多年来的争论。较有说服力的观点是把现实群落看作连续体中种间相互作用和紧密结合程度不同的各种可能阶段。

 本节小结

狭义上的群落结构是指群落内个体在时间和空间中的配置状况，包括垂直结构、水平结构、时间结构等。广义上的群落结构除了包括狭义上的群落结构外，还包括群落的种类组成、物种的数量特征、物种多样性、种间关联、层片、生态位等。群落外貌是群落结构的外部表现，陆地生物群落的外貌则主要取决于生活型。群落的水平结构不仅表现在水平方向上，如群落中个体在水平方向上通常分布不均匀，还表现在垂直方向上的分层现象和不同生物种类生命活动在时间上的差异。两个或多个群落之间的过渡区域称为群落交错区，群落交错区中生物种类增加和某些种类密度加大的现象称为边缘效应。

群落的形成是多个尺度上的演化和生态过程共同作用的结果，群落的组成和结构受到区域种库——物种的形成与灭绝，物种的迁移与扩散，非生物的环境条件如气候、土壤及其异质性以及生物之间相互作用如竞争和捕食，甚至随机过程的影响。同资源种团和同一植物功能型的物种具有较高的生态位重叠，种间竞争很激烈，而一个物种因某种原因从群落中变小时，其他物种可以取而代之。捕食对形成群落结构的作用，因捕食者是泛化种还是特化种而异。群落的环境不是均匀一致的，环境异质性的程度越高，意味着有更加多样的小生境，所以能允许更多的物种共存。Connell 等提出了中度干扰假说（intermediate disturbance hypothesis），认为中等程度的干扰水平能维持高多样性，即当干扰的频率中等、干扰以后保持中等的时间，以及干扰所涉及的空间范围中等时，物种多样性最高。MacArthur 和 Wilson 的岛屿生物地理学理论以岛屿这种隔离程度较高的生境为对象，揭示了迁入和迁出，即物种的迁移和扩散对群落组成与结构的影响。

4.3 群落的动态

群落的动态指的是群落在时间上的任何变动，从群落内个体的生理状态到整个群落的种类组成、外貌和结构的变化。它既是时间的函数，也与群落本身的性质有关。根据变动的持续时间、变动方向和性质，可以将群落的动态（dynamics）分为群落的内部动态（包括季节变化与年变化）、群落的演替、群落的演化几种类型。

生物群落的内部动态主要包括季节变化和年变化。群落的演替发生于几年到几百年甚至上千年的时间内。群落的演化涉及区域植被的动态，通常发生于地质年代尺度，其通常与地质年代中环境变迁，尤其是气候变迁有关。本章主要介绍前两者。

4.3.1 生物群落的内部动态

由于群落的季节性变化在群落的时间结构中已经进行了详细描述，这里主要介绍生物群落的年变化。

生物群落的年变化是指在不同年度之间，生物群落常有的明显变动。这种变动也限于群落内部的变化，不产生群落的更替现象，一般称为波动（fluctuation）。群落的波动多数是由群落所在地区气候条件的不规则变动引起的，其特点是群落区系成分的相对稳定性、群落数量特征变化的不定性以及变化的可逆性。在波动中，群落在生产量、各成分的数量比例、优势种的重要值以及物质和能量的平衡方面，也会发生相应的变化。

根据群落变化的形式，可将波动划分为以下 3 种类型。

① 不明显波动。其特点是群落各成员的数量关系变化很小，群落外貌和结构基本保持不变。这种波动可能出现在不同年份的气象、水文状况差不多一致的情况下。

② 摆动性波动。特点是群落成分在个体数量和生产量方面的短期（1～5 年）变动，它与群落优势种的逐年交替有关。

案例：在乌克兰草原上，遇干旱年份旱生植物针茅、羊草等占优势，兔尾鼠（*Lagurus lagurus*）和社会田鼠（*Microtus socialis*）也繁盛起来；而在气温较高且降水丰富的年份，群落以中生植物占优势，喜湿性动物如普通田鼠（*M. arzajis*）与林姬鼠增多。

③ 偏途性波动。这是气候和水分条件长期偏离从而引起一个或几个优势种明显变更的结果。通过群落的自我调节作用，群落还可恢复到接近原来的状态。这种波动的时期可能较长（5～10 年）。

案例：草原看麦娘占优势的群落可能在缺水时转变为匍枝毛茛群落占优势，以后又会恢复到草原看麦娘群落占优势的状态。

不同的生物群落具有不同的波动性特点。一般来说，木本植物占优势的群落较草本植物稳定一些；常绿木本群落要比夏绿木本群落稳定一些。在一个群落内部，许多定性特征（如种类组成、种间关系、分层现象等）较定量特征（如密度、盖度、生物量等）稳定一些；成熟的群落较之发育中的群落稳定。不同的气候带内，群落的波动性不同，环境条件越是严酷，群落的波动性越大。我国北方较湿润的草甸草原地上产量的年度波动为 20%，典型草原达 40%，干旱的荒漠草原则达 50%。不但产量存在年际波动，而且种类组成也存在年际变化。如内蒙古锡林河流域的羊草草原在偏干年份时，旱生性较强的大针茅、黄囊薹草（*Carex korshinskyi*）等生长较旺盛；而在偏湿年份，旱生性较弱的羊草、变蒿（*Artemisia pubescens*）等显示出优势。

这里需要指出的是，虽然群落波动具有可逆性，但这种可逆是不完全的。一个生物群落经过波动之后的复原，通常不是完全地恢复到原来的状态，而只是向平衡状态靠近。

4.3.2 生物群落的演替

群落中各种生物生命活动的产物总是有一个积累过程，土壤就是这些产物的一个主要积累场所。这种量上的积累到一定程度就会发生质的变化，从而引起群落的演替，即群落基本性质的改变。

4.3.2.1 群落演替的概念

植物群落的演替（succession）是指在植物群落发展变化过程中，由低级到高级，由简单到复杂，一个阶段接着一个阶段，一个群落代替另一个群落自然演变的现象。演替是群落长期变化累积的结果，主要标志是群落在物种组成上发生质的变化，即优势种甚至全部物种的变化。

案例： 我国亚热带农田弃耕地上，群落的优势植物逐步由草本植物演变为灌木，最后发育为森林。

植物群落的形成，可以从裸露的地面上开始，也可以从已有的另一个群落中开始。但是任何一个群落在其形成过程中，至少要有植物的传播、植物的定居和植物之间的竞争这三个方面的条件与作用。

① 繁殖体的传播过程被称为植物的迁移（migration）或入侵（invasion）。它是群落形成的首要条件，也是植物群落变化和演替的主要基础。植物的繁殖体主要指孢子、种子、鳞茎、根状茎以及能够繁殖的植物体的任何部分（如某些种类的叶）。植物繁殖体的传播首先取决于繁殖体的可动性（activity），也就是繁殖体对迁移的适应性。这种适应性取决于繁殖体自身重量的大小、体积，有无特殊的构造，如翅、冠毛、刺钩等。具有可动性的植物繁殖体在传播动力如风、动物、水和自身等的作用下，能够传播到远方，例如杨树的种子可以借助风而传播。

② 定居（ecesis）就是植物繁殖体到达新地点后，开始发芽、生长和繁殖的过程。植物繁殖体到达新的地点后，有的不能发芽，有的能够发芽但不能生长，或是生长了不能繁殖。只有当一个种的个体在新的地点上能够繁殖时才能算是定居的过程完成。

③ 随着裸地上首批先锋植物定居成功，以及后来定居种类和个体数量的增加，裸地上植物个体之间以及种与种之间，便开始了对光、水、营养和空气等空间与营养物质的竞争。演替过程中，一部分植物生长良好，可能发展为优势种，而另外一些植物则退为伴生种，甚至逐渐消失。最终各物种间形成了相互制约的关系，从而形成了稳定的群落。

4.3.2.2 控制群落演替的几个主要因素

Clements 是推动群落演替研究的重要人物，他认为演替是一个有序的、有一定方向的和可以预见的过程，但演替的动力仅仅是生物之间的相互作用，即最早定居的动、植物改造了环境，从而更有利于新侵入物种，这种情况不断发生，直到形成稳定群落为止。但现在人们对控制演替的主要因素的认识更加全面。

（1）植物繁殖体的迁移和散布

植物繁殖体在传播动力如风、动物、水和自身等的作用下，能够传播到远方。植物繁殖体的迁移和散布是植物群落演替的主要基础。

（2）种内、种间的直接和间接的相互作用

组成一个群落的物种在其内部以及物种之间都存在特定的相互关系。这种关系随着外部环境条件和群落内环境的改变而不断地进行调整，新物种迁入首先表现的大多是负相互作用，如捕食、竞争，定居后出现生态位的分化，虽然经过适应后，表现为正相互作用的增加，但很快会由于种内矛盾加剧，或改变了的环境使实际生态位缩小，或其他种的入侵，并形成周而复始的更替。

（3）群落内部环境的变化

群落内部环境的变化是由群落本身的生命活动造成的，与外界环境条件的改变没有直接的关系。群落中植物种群特别是优势种的发育导致群落内光照、温度、水分状况的改变，也可为演替创造条件。

案例： 在云杉林采伐后的林间空旷地段，首先出现的是喜光草本植物。但当喜光的阔叶树种定居下来并在草本层以上形成郁闭树冠时，喜光草本便被耐阴草本所取代。以后当云杉伸于群落上层并郁闭时，原来发育很好的喜光阔叶树种便不能更新。这样，随着群落内光照由强到弱及温度变化由不稳定到较稳定，依次发生了喜光草本植物阶段、阔叶树种阶段和云杉阶段的更替过程，也就是演替的过程。

（4）外界环境条件的变化

虽然决定群落演替的根本原因在于群落内部，但群落之外的环境条件诸如气候、地貌、土壤和火等常可成为引起演替的重要条件。气候决定着群落的外貌和群落的分布，也影响到群落的结构和生产力，气候的变化，无论是长期的还是短暂的，都会成为演替的诱发因素。地表形态（地貌）的改变会使水分、热量等生态因子重新分配，转过来又影响到群落本身。大规模的地壳运动（冰川、地震、火山活动等）可使地球表面的生物部分或完全毁灭，从而使演替从头开始。小范围的地表形态变化（如滑坡、洪水冲刷）也可以改造一个生物群落。土壤的理化特性与置身于其中的植物、土壤动物和微生物的生活有密切的关系，土壤性质的改变势必导致群落内部物种关系的重新调整。火也是一个重要的诱发演替的因子，火烧可以造成大面积的次生裸地，演替可以从裸地上重新开始；火也是群落发育的一种刺激因素，它可使耐火的种类更旺盛地发育，而使不耐火的种类受到抑制。当然，影响演替的外部环境条件并不限于上述几种，凡是与群落发育有关的直接或间接的生态因子都可成为演替的外部因素。

（5）人类活动

人对生物群落演替的影响远远超过其他所有的自然因子，因为人类社会活动通常是有意识、有目的地进行的，可以对自然环境中的生态关系起促进、抑制、改造和建设的作用。放火烧山、砍伐森林、开垦土地等，都可使生物群落改变面貌。人还可以经营、抚育森林，管理草原，治理沙漠，使群落演替按照不同于自然发展的道路进行。人甚至还可以建立人工群落，将演替的方向和速度置于人为控制之下。

4.3.2.3　群落演替的类型

生物群落的演替类型，不同学者划分所依据的原则不同，因此划分的类型也不一样，主要有以下几类。

① 按演替发生的起始条件划分（Clements，1916；Weaver 和 Clements，1938）可以分为原生演替和次生演替。原生演替（primary succession）即开始于原生裸地或原生芜原（完全没有植被并且也没有任何植物繁殖体存在的裸露地段）上的群落演替。次生演替（secondary succession）即开始于次生裸地或次生芜原（不存在植被，但在土壤或基质中保留有植物繁殖体的裸地）上的群落演替。

案例：美国密执安湖（Lake Michigan）沙丘上群落的演替就是一种原生演替。沙丘是湖水退却后逐渐暴露出来的。因此沙丘上的基质条件是原生裸地性质的，从未被任何生物群落占据过。美国东南部农田弃耕后恢复演替就是一种次生演替。演替开始于一块次生裸地，土壤中还残留着农作物及农田杂草的种子和其他繁殖体。

② 按照演替发生的时间进程（Ramensky，1938）可以分为世纪演替、长期演替和快速演替。世纪演替，延续时间相当长久，一般以地质年代计算，常伴随气候的历史变迁或地貌的大规模改造而发生。这种演替属于植被演化的范畴。长期演替，延续达几十年，有时达几百年。快速演替，延续几年或十几年。

案例：新近纪（Neogene，距今 6500～260 万年），由于气候变干变冷，一些地区由森林演化为灌丛或草地，为世纪演替。云杉林被采伐后的恢复演替可作为长期演替的实例。地鼠类的洞穴、弃耕地的恢复演替可以作为快速演替的例子，但要以撂荒面积不大和种子传播来源就近为条件，不然弃耕地的恢复过程就可能延续达几十年。

③ 按空间范围划分为小演替、局域演替和区域演替。小演替（microsuccession）即群落内很小面积上的演替。局域演替（local succession）是在可直接观察的局域范围内的演替，即一般的演替。区域演替（regional succession）是大范围的植被演替。

案例： 林窗中的演替为小演替，一片撂荒地或破坏的森林上的演替为局域演替，景观尺度或流域尺度上的演替为区域演替。

④ 按控制演替的主导因素（Sukachev，1942，1945）划分为内因性演替和外因性演替。内因性演替的一个显著特点是群落中生命活动的结果首先使它的生境发生改变，然后被改造了的生境又反作用于群落本身，如此相互促进，使演替不断向前发展。也就是说，内因性演替的产生取决于植物群落所特有的，又决定群落发展的那些内部矛盾。在这种情况下，往往是植物所创造的群落环境对自己的生长发育不利，而为其他植物的更新创造了有利的生态环境。一切源于外因的演替最终都是通过内因生态演替来实现的，因此可以说，内因生态演替是群落演替的最基本和最普遍的形式。外因性演替是由外界环境因素的作用所引起的群落变化。

案例： 气候发生演替（由气候的变动所致）、地貌发生演替（由地貌变化所引起）、土壤发生演替（起因于土壤的演变）、火成演替（以火的发生作为先导原因）和人为发生演替（由人类的生产及其他活动所导致）。

⑤ 按照基质划分的群落演替类型（McDougall，1935，1949）为水生演替和旱生演替。水生演替（hydrorarch succession）即演替开始于水生环境中，但一般都发展到陆地群落。旱生演替（xerarch succession）即演替从干旱缺水的基质上开始。

案例： 淡水湖或池塘中水生群落向中生群落的转变过程为水生演替；裸露的岩石表面上生物群落的形成过程为旱生演替。

⑥ 按群落代谢特征可划分为自养性演替和异养性演替。自养性演替（autotrophic succession）即光合作用所固定的生物量积累越来越多的演替。异养性演替（heterotrophic succession），由于细菌和真菌的分解作用特别强，有机物质是随演替而减少的。

案例： 裸岩→地衣→苔藓→草本→灌木→乔木的演替过程为自养性演替。出现在有机污染的水体上的演替为异养性演替。

4.3.2.4　演替系列

生物群落的演替过程，从植物定居开始，到形成稳定的植物群落为止，这个过程叫作演替系列（successional series）。演替系列中的每一个明显的步骤称为演替阶段或演替时期（successional stage）。

（1）旱生演替系列

旱生演替系列（xerasere）是从环境条件极端恶劣的岩石表面或砂地上开始的，包括以下几个演替阶段。

① 地衣植物阶段。裸岩表面最先出现的是地衣植物，其中以壳状地衣首先定居。壳状地衣将极薄的一层植物紧贴在岩石表面，由于假根分泌溶蚀性的碳酸而使岩石变得松脆，并机械地促使岩石表层崩解。它们可能积聚一层堆积物的薄膜，并在某些情况下，一个或多个后继地衣群落取代了先锋群落。通常后继者首先是叶状地衣，叶状地衣可以积蓄更多的水分，积蓄更多的残体，从而使土壤增加得更快些。在叶状地衣群落将岩石表面覆盖的地方，枝状地衣出现，枝状地衣生长能力强，逐渐可完全取代叶状地衣群落。地衣群落阶段在整个

演替系列过程中延续的时间最长。这一阶段前期基本上仅有微生物共存，后期逐渐有一些如螨类的微小动物出现。

②苔藓植物阶段。苔藓植物生长在岩石表面上，与地衣植物类似，在干旱时期，可以停止生长并进入休眠，等到温暖多雨时可大量生长，它们积累的土壤更多些，为后来生长的植物创造更好的条件。苔藓植物阶段出现的动物，与地衣群落相似，以螨类等腐食性或植食性的小型无脊椎动物为主。

③草本植物阶段。群落演替进入草本群落阶段，首先出现的是短小和耐旱的种类，并早已以个别植株出现于苔藓群落中，随着群落的演替大量增殖从而取代苔藓植物。如果环境条件允许，会向木本植物群落方向继续演替。此时植食性、食虫性鸟类、野兔等中型哺乳动物数量不断增加，使群落的物种多样性增加，食物链变长，食物网等营养结构变得更为复杂。

④灌木植物阶段。这一阶段，首先出现的是一些喜光的阳性灌木，它们常与高草混生形成高草灌木群落，以后灌木大量增加，成为优势的灌木群落。在这一阶段，食草性的昆虫逐渐减少，吃浆果、栖灌丛的鸟类会明显增加。林下哺乳类动物数量增多，活动更趋活跃，一些大型动物也会时而出没其中。

⑤乔木植物阶段。灌木群落进一步发展，阳性的乔木树种开始在群落中出现，并逐渐发展成森林。至此，林下形成荫蔽环境，使耐阴的树种得以定居。耐阴树种的增加，使阳性树种不能在群落内更新，从而逐渐从群落中消失，林下生长耐阴灌木和草本植物的复合森林群落就形成了。在这个阶段，动物群落变得极为复杂，大型动物开始定居繁殖，各个营养级的动物数量都明显增加，互相竞争，互相制约，使整个生物群落的结构变得更加复杂、稳定。

应指出的是，在旱生演替系列中，地衣和苔藓植物阶段所需时间最长，草本植物阶段到灌木植物阶段所需时间较短。而到了森林阶段，演替的速度又开始加快。由此可以看出，旱生演替系列就是植物长满裸地的过程，是群落中各种群之间相互关系的形成过程，也是群落环境的形成过程，只有在各种矛盾都达到统一时，裸地才能形成一个稳定的群落，到达与该地区环境相适应的顶极群落阶段。

在植物群落的形成过程中，土壤的发育和形成与植物的进化是协同发展的。不能说先有土壤，后有植物的进化，或先有植物群落的演化才有土壤的形成，二者协同发展、相互依存。

（2）水生演替系列

一般淡水湖泊中，只在5～7m以内的湖底，才有较大型水生植物生长。水深超过5～7m时，便是水底裸地了。通常依据淡水湖湖底由深变浅的过程，水生演替系列（hydrosere）可分为以下几个演替阶段。

①自由漂浮植物阶段。此阶段中植物是漂浮生长的，如浮萍、满江红以及藻类植物等，其死亡残体将增加湖底有机物质的聚积，同时湖岸雨水冲刷及入湖河流带来的矿物质微粒的积累也会淤高湖底。这类漂浮植物有浮萍、满江红以及一些藻类植物等。

②沉水植物群落阶段。在水深5～7m处，湖底裸地上最先出现的先锋植物是轮藻属（*Chara*）植物，其生物量相对较大，使湖底有机质积累加快。当水深至2～4m时，金鱼藻、眼子菜、黑燕、茨藻（*Najas*）等高等水生植物开始大量出现，这些植物生长繁殖能力更强，垫高湖底的作用更加强烈。此时大型鱼类减少，而小型鱼类增多。

③浮叶根生植物群落阶段。随着湖底变浅，出现了浮叶根生植物如眼子菜、莲、菱、

芡实等。由于这些植物的叶在水面上，当它们密集后就将水面完全覆盖，使其光照条件变得不利于沉水植物的生长，原有的沉水植物将被挤到更深的水域。浮叶根生植物高大，积累有机物的能力更强，垫高湖底的作用也更强。

④ 直立水生阶段。浮叶根生植物使湖底大大变浅，为直立水生植物如芦苇、香蒲、泽泻等创造了良好的条件，此类植物的出现和繁衍最终取代了浮叶根生植物。这类植物的根茎极为茂盛，常交织在一起，使湖底更迅速地抬高，有的地方甚至可以形成一些"浮岛"。原来被水淹没的土地露出水面与大气接触，该处开始具有陆地生境的特点。这一阶段的鱼类进一步减少，而两栖类、水蛭、泥鳅及水生昆虫进一步增多。

⑤ 湿生草本植物阶段。新从湖中露出的地面，不仅含有丰富的有机质，而且含有近于饱和的土壤水分，原有的挺水植物因不能适应新的环境，而被一些喜湿的沼泽植物如莎草科和禾本科中一些喜湿种类植物所取代。由于地面蒸发加强，地下水位下降，湿生草本群落逐渐被中生草本植物群落所取代，在适宜的条件下发育为木本群落。

⑥ 木本植物阶段。在湿生草本植物群落中，首先出现的是一些湿生灌木，如柳属、桦属的一些种，继而乔木侵入逐渐形成森林。此时，原有的湿地生境也随之逐渐变成中生生境。在群落内分布有各种鸟类、兽类、爬行类、两栖类和昆虫等，土壤中有蚯蚓、线虫及多种土壤微生物。

由此看来，水生演替系列就是湖泊填平的过程。这个过程是从湖泊的周围向湖泊中央循序发生的。因此，在从湖岸到湖心的不同距离处，比较容易观察到演替系列中不同阶段群落环带的分布。可以说，每一带都为后一带的"入侵"准备了土壤条件。

4.3.2.5　演替方向

群落的演替显示着群落是从先锋群落经过一系列的阶段，到达中生性顶极群落。生物群落的演替，若按其演替方向可分为进展演替（progressive succession）和逆行演替（或称退化演替，retrogressive succession）。

进展演替是指随着演替的进行，生物群落的结构和种类成分由简单到复杂，群落对环境的利用由不充分到充分，群落生产力由低到逐步增高，群落逐渐发展为中生化，生物群落对外界环境的改造逐渐强烈。而逆行演替的进程则与进展演替相反，它导致生物群落结构简单化，不能充分利用环境，生产力逐渐下降，不能充分利用地面，群落旱生化，对外界环境的改造轻微。

案例：某个区域植物群落的演替，若从稀疏的植被逐渐变为森林群落，则为进展演替。而当条件发生改变时，森林群落演变为稀疏的植被，则为逆行演替。封山育林往往导致进展演替，而过度放牧与乱砍滥伐森林常会导致逆行演替。通常逆行演替在人类的影响下是短暂的，而在气候的影响下，则是在巨大的范围内进行。

虽然多数群落的演替具有一定的方向性，但也有一些群落有周期性的变化，即由一个类型转变为另一个类型，然后又回到原有类型，称为周期性演替。

案例：石楠群落，其优势植物是石楠，在逐渐老化以后为石蕊（一种地衣）所入侵，石蕊死亡后出现裸露的土壤，于是熊果入侵，以后石楠又重新取而代之，如此循环往复。

4.3.2.6　演替过程的理论模型

（1）演替模型

① 促进模型［图 4-7（a）］。最早的演替理论是由 Clements（1916，1936）提出来的，他认为群落是一个高度整合的超有机体，通过演替，群落只能发育为一个单一的气候顶极群

落。演替的动力仅仅是生物之间的相互作用，最早定居的植物和动物改造了环境，从而更有利于新侵入的植物，这种情况一再发生，直到顶极群落产生为止。该理论的一个重要前提是物种之所以相互取代是因为在演替的每个阶段，物种都把环境改造得对自身越来越不利，而对其他物种越来越适宜定居。因此，演替是一个有序的、有一定方向的和可以预见的过程，该理论被称为促进作用理论。

② 抑制模型 ［图 4-7 (b)］。该学说是 Egler 于 1954 年提出来的，他认为任何一个地点的演替都取决于哪些物种首先到达那里。植物种的取代不一定是有序的，每一个种都试图排挤和压制任何新来的定居者，使演替带有较强的个体性。演替并不一定总是朝着顶极群落的方向发展，所以演替的详细途径是难以预测的。该学说认为，演替通常是由个体较小、生长较快、寿命较短的种发展为个体较大、生长较慢、寿命较长的种。显然，这种替代过程是种间的，而不是群落间的，因而演替系列是连续的而不是离散的。这一学说也被称为初始植物区系学说（initial floristic theory）。

③ 忍耐模型 ［图 4-7 (c)］。介于促进模型和抑制模型之间，认为物种替代取决于物种的竞争能力。先来的机会种在决定演替途径上并不重要，任何物种都可能开始演替，但有一些物种在竞争能力上优于其他种，因而它最后能在顶极群落中成为优势种。至于演替的推进是取决于后来入侵还是初始物种组成的逐渐减少，这可能与开始的情况有关。

三类模型的共同点是，演替中的先锋物种最先出现，它们具有生长快、种子产量大、有较高的扩散能力等特点。但是这类易扩散和迁移的物种一般对相互遮阴和根际竞争是不易适应的，所以在这三种模型中，早期进入的物种都是比较易于被挤掉的。

三种模型的区别表明，重要的是演替的机制，即物种替代的机制，是促进，还是抑制，还是现存物种对替代影响都不大，而演替机制取决于物种间的竞争能力。

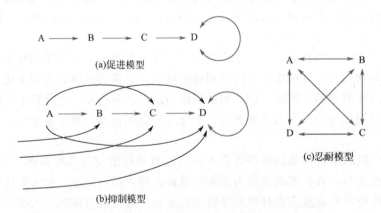

图 4-7　演替的促进模型、抑制模型和忍耐模型示意图（Krebs，1995）

（A、B、C、D 代表不同物种，箭头代表被取代）

（2）演替理论

① 适应对策演替理论（adapting strategy theory）。该理论是 Grime 于 1989 年提出来的，他通过对植物适应对策的详细研究，在传统 r-对策和 K-对策的基础上，提出了植物的三种基本对策：R-对策种，适应于临时性资源丰富的环境；C-对策种，生存于资源一直处于丰富状态的生境中，竞争力强，称为竞争种；S-对策种，适用于资源贫瘠的生境，忍耐恶劣环境的能力强，叫作耐胁迫种（stress tolerant species）。该学说认为，次生演替过程中的物种对策格局是有规律的，是可预测的。一般情况下，先锋种为 R-对策种，演替中期的种多

为 C-对策种，而顶极群落中则多为 S-对策种。该学说对从物种的生活史、适应对策方面而理解演替过程做出了新的贡献。

该理论提出来的时间不长，但到目前为止，已经表现出强大的生命力，许多学者试图从实验研究中论证这一学说。例如，Klotz（1987）分析了德国哈勒市植物组成的长期演变，发现 C-对策种和 R-对策种趋于增加。

② 资源比率理论（resource ratio hypothesis）。该理论是 Tilmam 于 1985 年基于植物资源竞争理论提出的。他认为，一个种在限制性资源比率为某一值时表现为强竞争者，而当限制性资源比率改变时，因为种的竞争能力不同，组成群落的植物种已随之改变。因此，演替是通过资源的变化从而引起竞争关系变化而实现的。

该理论与促进作用演说有很大的相似之处，都强调了群落环境的改变对演替的影响，但促进作用模型认为环境的变化是生物控制的，而资源比率假说则强调环境本身的梯度。

③ 等级演替理论（hierarchical succession theory）。该理论是 Pickett 等于 1987 年提出的，对演替成因进行层次分析，可以阐明演替主要涉及三个主要过程：第一，产生可以让演替开始的地点；第二，有不同的物种可以占据这些地点；第三，不同的物种在该地点获取资源、存活、生长、繁殖等表现不同。对于某一演替的发生，至少具备三个主要过程之一才能真正开始，但不需要涉及所有的过程。到底是哪一过程、事件或因子控制演替，取决于演替发生地点的历史和到达该地的物种。

演替地点的产生可以是原生的，如沙丘；也可以通过破坏原有的植被，或通过产生新的适宜植物生长的土壤母质。例如，飓风可以将树木吹倒，但对土壤有机质影响很小，而火灾不仅可以烧毁植被，还可以将大部分土壤表层有机质烧毁。演替地点上的物种取决于原有物种干扰过后的生存能力和新物种的扩散。例如，北美落叶阔叶林中的美国樱桃（*Prunus seotina*）幼苗在林冠下生长缓慢，但如果林冠被风破坏后光照条件发生改变，其幼苗可以迅速长高。

4.3.2.7　演替顶极与演替顶极学说

演替顶极（climax）是指每一个演替系列都是由先锋阶段开始，经过不同的演替阶段，到达中生状态的最终演替阶段。演替最后阶段的群落称顶极群落（climax community）。演替的顶极学说（climax theory）是英美学派提出的，后来得到不断的修正、补充和发展。演替顶极理论主要有 3 种，即单元顶极论、多元顶极论和顶极-格局假说。单元顶极论认为在一个地区仅有一个气候顶极存在；而多元顶极论则认为一个地区除了气候带顶极以外，还有多种顶极群落存在，如土壤顶极、地形顶极、火烧顶极、动物顶极等；顶极-格局假说认为不同顶极群落沿着环境梯度连续变化，并且气候顶极是其中的优势顶极。具体如下。

（1）单元顶极论（monoclimax theory）

单元顶极论的代表人物是 F. E. Clements（1916）。其主要观点为：a. 一个地区的群落演替向顶极群落会聚，顶极群落是所有演替的终点，所有的演替都是向前发展的。b. 在同一个气候区内只有一个顶极群落，这个顶极群落的特征完全由气候所决定，即气候顶极。

另外，Clements 还提出了一些名词来描述没有真正达到顶极群落，但群落已经处于稳定平衡状态的情形。亚顶极（subclimax）或次顶极（serclimax）是尚未达到气候顶极，但由于特殊的环境条件长期地被阻止而处于某一演替阶段。如内蒙古高原典型草原气候区的气候顶极是大针茅草原，但松厚土壤上的羊草草原是在大针茅草原之前出现的一个比较稳定的阶段。干扰顶极（或妨害顶极，disclimax）是由强烈而频繁的干扰因素所引起的相对稳定的群落。例如，在美国东部的气候顶极是夏绿阔叶林，但因常受火烧而长期保留在松林阶段。

再例如内蒙古高原的典型草原，过度放牧使其长期停留在冷蒿阶段。偏途顶极（plaigiocli-max）则是由人类活动直接或间接导致的相对稳定的群落。前顶极（preclimax）是在一个特定的气候区域内，由于局部气候比较适宜而产生的较优越气候区的顶极。如草原气候区域内，在较湿润的地方，出现森林群落。后顶极（postclimax）在一个特定气候区域内，由于局部气候条件较差（热、干燥）而产生的稳定群落，如草原区内出现的荒漠植被片段。

单元顶极论提出以来，在世界各国特别是英美等国引起了强烈反响，得到了不少学者的支持。但也有人提出了批评意见甚至持否定态度。他们认为，只有在排水良好、地形平缓、人为影响较小的地带性生境上才能出现气候顶极。另外，从地质年代来看，气候也并不是永远不变的，有时极端性的气候影响很大，例如 1930 年美国大平原大旱引起群落的变更，直到现在还未完全恢复原来真正草原植被的面目。此外，植物群落的变化往往落后于气候的变化，残遗群落的存在即可说明这一事实，例如内蒙古毛乌素沙区的黑格兰（*Rhamnus eryth-roxylon*）灌丛就是由晚更新世早期的森林植被残遗下来的。但无论上述哪种情形，按照 Clements 的观点，如果给予时间的话都可能发展为气候顶极。

（2）多元顶极论（polyclimax theory）

多元顶极论的代表人物是英国的 A. G. Tansley。该理论的主要论点为：a. 在一个地区可以有气候顶极，它是该地区气候的代表，但并不是这个地区所有的群落都一定要发展为气候顶极；b. 演替不仅有前进的，有时也可以是后退的；c. 顶极群落可以由气候以外的其他因素决定，而且演替并非要导致单一的顶极群落，而是导致由若干个顶极群落组成的镶嵌体，还可有土壤顶极（edaphic climax）、地形顶极（topographic climax）、火烧顶极（fire climax）、动物顶极（zootic climax），同时还可存在一些复合型的顶极，如地形-土壤顶极（topo-edaphic climax）和火烧-动物顶极（fire-zootic climax）等。如排水不良的地段可以形成湿生植物群落，在湿润区、半湿润区的沙地生成的沙地植物群落属于土壤顶极，频繁的火烧和人为破坏使得常绿硬叶林发育为硬叶灌丛等。

（3）顶极-格局假说（climax-pattern hypothesis）

由 Whittaker（1953）提出。主要论点为：a. 在任何一个区域内，环境因子都是连续变化的；b. 随着环境梯度的变化，各种类型的顶极群落，如气候顶极、土壤顶极、地形顶极、火烧顶极等，不是截然呈离散状态，而是连续变化的，因而形成连续的顶极类型（continuity climax types），构成一个顶极群落连续变化的格局；c. 在这个格局中，分布最广泛且通常位于格局中心的顶极群落，叫作优势顶极（prevailing climax），它是最能反映该地区气候特征的顶极群落，相当于单元顶极论的气候顶极。

单元顶极论、多元顶极论和顶极-格局假说它们之间既有共同点也有不同点。它们的共同点表现为：a. 顶极群落是经过单向变化而达到稳定状态的群落；b. 一个地区可以出现一些相对稳定的演替重点，即演替顶极，演替顶极在空间上的分布和时间上的变化均与环境条件相适应；c. 在一个地区的不同演替顶极中可以找出一个主要的顶极群落，即区域顶极群落。它们的不同点表现为：a. 单元顶级论认为演替完全向气候会聚，多元顶极论认为在景观的不同生境中可以有多个不同的顶极，而顶极-格局假说则强调多种顶极类型的组合；b. 单元顶极论认为只有气候是演替的决定性因素，其他因素是第二位的，但可以阻止群落发展为气候顶极，多元顶极论和顶极-格局假说则认为其他因素也可以决定顶极群落；c. 单元顶极论和多元顶极论认为顶极群落是独立的不连续的单位，而顶极-格局假说则认为顶极群落是连续的。

本节小结

　　动态（dynamics）分为群落的内部动态、群落的演替和群落的演化，其中群落的内部动态包括季节变化与年变化。植物群落的演替是指一定地段上，随着时间的变化，一个群落代替另一个群落的过程和现象。演替是群落长期变化累积的结果，主要标志是群落在物种组成上发生质的变化，即优势种甚至全部物种的变化。植物群落的形成，可以从裸露的地面上开始，也可以从已有的另一个群落中开始。但是任何一个群落在其形成过程中，至少要有植物的传播、植物的定居和植物之间的竞争三个方面的条件与作用。根据演替方向可将演替分为进展演替和逆行演替。生物群落的演替过程，从植物定居开始，到形成稳定的植物群落为止，这个过程叫作演替系列。演替系列中的每一个明显的步骤，称为演替阶段或演替时期。演替早期阶段常称为先锋阶段，随着演替的进展，最后出现的一个相对稳定的群落阶段称为演替顶极。演替最后阶段的群落称顶极群落。有关演替顶极理论主要有单元顶极论、多元顶极论和顶极-格局假说。单元顶极论认为在一个地区仅有一个气候顶极存在；而多元顶极论则认为一个地区除了气候带顶极以外，还有多种顶极群落存在，如土壤顶极、地形顶极、火烧顶极、动物顶极等；顶极-格局假说认为不同顶极群落沿着环境梯度连续变化，并且气候顶极是其中的优势顶极。

4.4　群落的分类与排序

　　对生物群落的认识及其分类方法，存在两条途径。早期的植物生态学家认为群落是自然单位，它们和有机体一样具有明确的边界，而且与其他群落是间断的、可分的。因此，可以像物种那样进行分类。这一途径被称为群丛单位理论（association unit theory），即前面谈到的机体论观点。

　　另外一种观点被称为个体论，认为群落是连续的，没有明确的边界，它不过是不同种群的组合，而种群是独立的。1926 年，Gleason 发表了 "植物群丛的个体概念"，这一观点的影响迅速扩大，并受到 Whittaker（1956，1960）与 McIntosh（1967）等人的支持。他们认为早期的这种群落分类都是选择了有代表性的典型样地，如果不是取样典型，将会发现大多数群落之间（边界）是模糊不清和过渡的。不连续的间断情况也有，它们是发生在不连续的生境上，例如地形、母质、土壤条件的突然改变，或人为的砍伐、火烧等的影响，在通常情况下，生境与群落都是连续的。因此他们认为应采取生境梯度分析的方法，即排序（ordination）来研究连续群落变化，而不采取分类的方法。

4.4.1　群落的分类

　　生物群落分类是生态学研究领域中争论最多的问题之一。由于不同国家或不同地区的研究对象、研究方法和对群落实体的看法不同，其分类原则和分类系统有很大差别，甚至成为不同学派的重要特色。所谓分类，就是对实体（或属性）集合按其属性（或实体）数据所反映的相似关系把它们分成组，使同组内的成员尽量相似，而不同组的成员尽量相异。不同的分类方法只是进行此项工作的不同实现过程。

　　植物群落的分类工作早已开始，通常分为人为分类和自然分类两种。人为分类是人们依据群落的个别特征或某些实用价值而进行的分类，例如将森林划分为用材林、防护林、水土保持林等；自然分类主要依据群落的亲缘关系及其综合特征，是力图反映群落内在联系的分类方法。群落生态学研究追求的是自然分类。但由于学者们对群落学中的一些问题，包括群落分类的原则、方法和系统还没有统一，因此，能够完整反映群落内在关系的自然分类系统至今尚待完成。

在已面世的各家自然分类系统中，有的以植物区系组成为其分类基础，有的以生态外貌为依据，还有的以动态特征为根据。因为有时它们是交织在一起的，所以不易把它们截然分开，但不管哪种分类，都承认要以植物群落本身的特征作为分类依据，并十分注意群落的生态关系，因为按研究对象本身特征的分类要比任何其他分类更自然。

植物群落分类的基本单位是群丛（association），这一概念最初由洪堡德于 1806 年提出。此外，群系（alliance）和植被型（vegetation formation）也是植物群落分类的单位。但是，由于到目前为止还没有一个完整的令人满意的植物群落分类系统，各学派都拥有自己的系统，它们在原则上是显然不同的，因此导致各派在植物群落分类单位的理解和侧重点上有所差异。

英美学派的分类原则是采用优势种原则，把群系作为分类的最大单位。法瑞学派的分析系统原则是建立在群落植物区系的亲缘关系基础上，并考虑到植物群落其他方面的特征。北欧学派的分类系统是以基群丛（sociation）作为基本单位，基群丛是指"至少每层中具有恒有的优势种（恒有种）、真正一致的种类组成的稳定的植物群落"。前苏联学派的分类系统是以群丛、群系、植被型为主要单位，各单位之间采用一些辅助单位，如群丛组、群丛纲、群系组、群系纲等。

4.4.1.1 中国植物群落的分类

我国地域辽阔，植被复杂，从森林、草原到荒漠，从热带雨林到寒温带针叶林和山地苔原，以及青藏高原这样独一无二的大面积的高寒植被。因此，除赤道雨林外，地球上绝大多数的植被类型在我国均可以找到，这是任何其他国家所不能比拟的。从这一点来说，完成如此复杂的中国植被的分类工作，本身就是对世界群落分类研究的重要贡献。

（1）分类原则及系统

我国植被生态学家于 2020 年提出了中国植被分类修订方案，该方案是《中国植被志》研编技术框架的重要组成部分。该中国植被分类系统的修订方案在积极吸纳国际植被前沿思想的同时，充分考虑中国植被分类系统的历史成果，在强调分类方法科学性的同时，注意成果的实用性。因此，修订方案沿用国内广泛使用的"植物群落学-生态学"分类原则，即以群落本身的综合特征作为分类依据，群落的种类组成、外貌和结构、地理分布、动态演替等特征及其生态环境在不同的等级中均作了相应的反映。

修订方案沿用了国内常用主要分类单位，但为了国际交流方便，避免带来误解，将某些分类单位的英文名称进行修改，从而与国际主流分类系统的用语相对应。沿用的三个主要分类单位为植被型（vegetation formation，早期使用 vegetation type，为高级单位）、群系（alliance，早期使用 formation，为中级分类单位）和群丛（association，为低级分类单位）。在各主要单位之上增加同级的"组"，即植被型组（vegetation formation group，早期使用 vegetation type group）、群系组（alliance group，早期使用 formation group）和群丛组（association group），在植被型和群系之下根据实际需要分别增加一个辅助单位即植被亚型（vegetation subformation，早期使用 vegetation subtype）、亚群系（suballiance，早期使用 subformation）。高级单位的分类依据侧重于外貌、结构和生态地理特征，中级和中级以下的单位侧重于种类组成，其中也蕴含着生态条件。其系统如下：

植被型组（vegetation formation group）

植被型（vegetation formation）

植被亚型（vegetation subformation）

群系组（alliance group）

群系（alliance）

亚群系（suballiance）

群丛组（association group）

群丛（association）

（2）各分类单位的依据

① 植被型组为最高级分类单位。主要依据植被外貌特征和综合生态系统进行划分，反映陆地生物群区主要植被类型和主要非地带性植被类型。修订方案包括森林、灌丛、草本植被（草地）、荒漠、高山冻原与稀疏植被、沼泽与水生植被（湿地）、农业植被、城市植被和无植被地段共 9 个植被型组。

② 植被型是主要的高级分类单位。在植被型组内，建群种或优势层植物生活型相同或相近、结构相对一致的植物群落联合为植被型。修订方案共包括 48 个植被型。

③ 植被亚型是植被型的辅助分类单位。在同一个植被型内，主要依据生境特点或生境条件，同时也参考群落外貌上的明显差异进行划分。

案例：落叶针叶林根据其所在的生境温度划分为寒温性和温性落叶针叶林与暖性落叶针叶林两个亚型。常绿针叶林根据其所在的生境温度划分为寒温性常绿针叶林、温性常绿针叶林、暖性常绿针叶林、热性常绿针叶林四个亚型。根据水分与土壤特征和地理分布特点，多数草本植被的植被型可以进一步划分出荒漠草原、典型草原、草甸草原、高寒草原、典型草甸、高寒草甸、沼泽草甸、盐生草甸等亚型。部分植被型下没有划分亚型，如落叶与常绿针叶混交林、肉质刺灌丛、稀树草丛、高山垫状植被、高山稀疏植被、木本沼泽、草本与苔藓沼泽等。

④ 群系组是中级主要分类单位之上的辅助分类单位。在同一个植被型或亚型范围内，建群种为同属植物的植物群落，和多个植物种经常形成共优势组合的植物群落联合即为群系组。需要注意的是，建群种为同属植物的群落也可以属于不同植被型或植被亚型下的几个群系组。

案例：栎属（*Quercus*）植物为建群种的植物群落有生活型和生态上完全不同的植被型，在落叶阔叶林植被型下有落叶栎林群系组，在硬叶常绿阔叶林植被亚型下有高山栎林群系组。部分植被型或植被亚型下没有群系组，或者可以看作仅包含一个群系的群系组，例如水杉属（*Metasequoia*）仅有水杉（*Metasequaia glyptostroboides*）一个种，故水杉林群系组下只有水杉林群系。

⑤ 群系是中级主要分类单位。建群种或主要共建种相同的植物群落联合为群系。

案例：凡是以大针茅为建群种的任何群落都可归为大针茅群系，如兴安落叶松（*Larix gmclini*）群系、羊草群系、红沙（*Reaumuria sooRgorica*）荒漠群系等。如果群落具有共建种，则称共建种群系，如落叶松、白桦（*Betula platyphylla*）混交林。

⑥ 亚群系是中级主要分类单位之下的辅助分类单位。建群种生态幅度比较广的群系，由于分布生境的不同，群落内的其他优势种和种类组成也可能存在明显差异。这时，可以根据群落生境的综合特征和建群种之外其他优势植物生活型以及生态习性等进一步划分亚群系。

案例：羊草草原群系可划出以下亚群系。羊草＋中生杂类草草原（也叫羊草草甸草原），生长于森林草原带的显域生境或典型草原带的沟谷，黑钙土和暗栗钙土；羊草＋旱生丛生禾草草原（也叫羊草典型草原），生于典型草原带的显域生境，栗钙土；羊草＋盐中生杂类草草原（也叫羊草盐湿草原），生于轻度盐渍化湿地，碱化栗钙土、碱化草甸土、柱状碱土。对于大多数群系来讲，不需要划分亚群系。

⑦ 群丛组是主要低级分类单位之上的辅助分类单位。凡是层片结构相似，而且优势层片与次优势层片的优势种或共优种（或标志种）相同的植物群落联合为群丛组；对于层次结构较简单的植被类型，次优势层或层片的优势植物生活型和生态习性相同的植物联合即为群丛组。

案例：在羊草＋丛生禾草亚群系中，羊草＋大针茅草原和羊草＋丛生小禾草（糙隐子草）就是两个不同的群丛组。

⑧ 群丛是植物群落分类的低级单位，相当于植物分类中的种。凡是物种组成基本相同，而且层片结构相同和各层片的优势种或共优种（或标志种）相同，群落结构和动态特征（包括相同季相规律和演替阶段等）以及生境相对一致，具有相似生产力的植物群落联合为群丛。作为植被分类最基本的单位，群丛一般在研究一个非常具体的地点的植被时才能比较好地去划分，或者在比较系统地收集一个群系的大量样方数据之后才可能得出较为准确的分类结果。

案例：羊草＋大针茅这一群丛组内，羊草＋大针茅＋黄囊苔草草原和羊草＋大针茅＋柴胡草原都属于不同的群丛。

4.4.1.2 法瑞学派和英美学派的分类简介

① 法瑞学派的"植物社会学"（plant sociology，phytosociology）的群落分类系统是一种基于群区系特征的群落分类（floristic-sociological syntaxonomy）。

在前人工作的基础上，Braun-Blanquet（1921）完成了以植物区系特征，特别是以"特征种"（character species）为标准的群落分类系统，因此该分类系统也称 Braun-Blanquet 系统。其基本分类单位为群丛（association），并且群丛必须由其特征种的存在来确定，故没有特征种就不能认为是一个群丛。

法瑞学派群丛以上的分类单位依次还包括群团（alliance）、群落目（order）和群落纲（class）。群丛以下的单位依次还包括亚群丛（subassociation）、变群丛（variant）和群丛相（facies）。

② 英美学派是根据群落动态发生演替原则的概念来进行群落分类的。

英美学派的代表人物是 Clements 和 Tansley。有人将该系统称为动态分类系统（dynamic classification）。他们对演替的顶极群落和未达到顶极的演替系列群落，在分类时处理的方法是不同的，因此他们建立了两个平行的分类系统（顶极群落和演替系列群落），因而称该系统为双轨制分类系统。在英美学派的群落分类中，顶极群落是对某种气候的指示，这样的顶极群落称为群系（formation），一个群系通常占据着一个广阔的气候带，由于其中常包含地质历史不同的地区，因此其在种类组成上是不同的，在群系下按种类组成再划分亚类，称为群丛（association）。例如，在北美落叶阔叶林的群系下按种类组成划分为混交中生森林群丛、水青冈-槭树群丛、槭树-椴树群丛、铁杉-落叶阔叶树群丛等 6 个群丛。

4.4.1.3 植物群落的命名规则

① 关于群丛的命名，我国、前苏联学派、法瑞学派等采用联名法，即将各个层中的建群种或优势种和生态指示种的学名按顺序排列，在前面冠以 Ass.（association 的缩写）。不

同层之间的优势种以 "-" 相连，如 Ass. *Larix gmelini - Rhododendron dahurica - Phyrola incarnata*（即兴安落叶松-杜鹃-红花鹿蹄草群丛），从该名称可知，该群丛乔木层、灌木层和草本层的优势种分别是兴安落叶松、杜鹃和红花鹿蹄草。如果某一层具共优种，这时用 "+" 相连，如 Ass. *Larix gmelini - Rhododendron dahurica - Phyrola incarnata* ＋ *Carex* sp.。单优势种的群落，就直接用优势种命名，例如以马尾松为单优势种的群丛为马尾松群丛，即 Ass. *Pinus massoniana* 或写成 *Pinus massoniana* Association。当最上层的植物不是群落的建群种，而是伴生种或景观植物时，用 "＜" 来表示层间关系〔或用 "‖" 或 "（）"〕，如 Ass. *Caragana microphlla* ＜（或 ‖）*Stipa grandis - Cleistogenes squarrasa-Artemisia frigida* 或 Ass.（*Caragana microphlla*）*Stipa grandis-Cleistogenes squarrasao*。在对草本植物群落命名时，我们习惯上用 "＋" 来连接各亚层的优势种，而不用 "-"，如 Ass. *Caragana microphlla* ＜ *Stipa grandis* ＋ *Cleistogenes squarrasa* ＋ *Artemisia frigida*。

② 群丛组的命名方式与群丛相似，只是将同一群丛组中各个群丛间差异性最大的一层除去。例如具有相同灌木层（胡枝子）、不同草本层的蒙古栎林所组成的群丛组，可命名为蒙古栎-胡枝子群丛组，即 Gr. Ass. *Quercus mongolica - Lespedeza bicolor* 或写成 *Quercus mongolica - Lespedeza bicolor* Group Association。

③ 群系的命名依据是只取建群种的名称。例如东北草原以羊草为建群种组成的群系称为羊草群系，即 Form. *Aneurolepidium chinense*。如果该群系的优势种是两个以上，那么优势种中间用 "＋" 号连接，如两广地区常见的华栲＋厚壳桂群系，即 Form. *Castanopsis chinensis* ＋ *Cryptocary chinensis*。

④ 英美学派在群落命名时，常常只列举优势种的属名，并在同一层两个以上优势种中间用 "-" 连接，而不是用 "＋" 连接。这意味着同一层中的两个或两个以上的优势种在群丛的优势度大致相同。

⑤ 群系以上高级单位不是以优势种来命名，一般以群落外貌-生态学的方法，如针叶乔木群系组、针叶木本群落群系纲、木本植被型等。

4.4.1.4　群落的数量分类

近年来用数学方法对植被样地资料进行分类受到了普遍的重视，因为用这种方法进行分类可以获得较为客观的结果，即任何人只要按规定的方式进行分类，都会得到准确一致的结果。数量分类的基本思想是计算实体或属性间的相似关系。因此大部分方法首先要求计算样地记录间的相似（或相异）系数，在此基础上将样地记录归并为组，使得组内尽量相似，而组间尽量相异。

4.4.2　群落的排序

20 世纪 50 年代开始，许多学者强调群落的连续性，而群落分类虽然能有效地体现群落的间断性，但不能用于揭示群落的连续性。排序则是将实体（如样方）当作点，在以属性（物种或环境）为坐标轴的 n 维空间中，按其相似的关系把它们排列出来，以便显示实体在属性空间中位置的相对关系和变化趋势。由于排序可以体现群落的这种连续性，因而得以快速发展。由于计算机的普遍使用，排序分析也变得更加方便。

目前，已经建立了多种多样的排序方法。Whittaker 将排序方法分为直接排序和间接排序两类。利用环境因素的排序称为直接排序（direct ordination），又称为直接梯度分析（direct gradient analysis）或者梯度分析（gradient analysis），即以群落生境或其中某一生态因子的变化为依据，排定样地生境的位序。简单的梯度分析是研究群落在某一环境梯度上的变化，也就是一维排序。复杂的梯度分析则是揭示群落在某些环境梯度上的变化关系，也就是二维和多维排序。另一类排序是根据群落本身属性（如种的出现与否，种的频度、盖度等）排定群落样地的位序，称为间接排序（indirect ordination），又称间接梯度分析（indirect gradient analysis）或者组成分析（compositional analysis）。得到间接梯度分析的结果以后，研究者需要结合其他知识或通过再分析找出排序轴的生态涵义，从而揭示群落或物种在排序图中的分布。相比较而言，直接梯度分析使用了环境因子数据，排序轴的生态涵义通常一目了然。

从数学处理上，排序是要把实体（样方）作为点在 n 维属性（物种或环境）空间排序，使得排列结果能客观反映样方间的关系，这种根据属性来对实体进行排序的过程称为正分析（normal analysis）或 Q 分析（Q analysis）；如果用实体去排列属性则叫作逆分析（inverse analysis）或 R 分析（R analysis）。

排序的结果一般用直观的排序图表示，而排序图通常最多只能表现出三维坐标。因此，多维排序的重要内容是降低维数，减少坐标轴的数量。但降低维数会造成信息的损失。

4.4.2.1 间接梯度分析

间接梯度分析是在 20 世纪 50 年代中期由美国 Wisconsin 学派创立的，其特点是通过分析植物种及其群落自身特征对环境的反应而求得其在一定环境梯度上的排序。20 世纪 70 年代后期至 80 年代初期，一系列先进的多元分析方法及其对应的计算机程序等纷纷问世，使这一方法达到鼎盛时期。间接梯度是根据群落本身属性，如种的出现与否，物种的频度、盖度等数据，通过运算得出抽象轴，通过在这些抽象轴上的排序力求找出群落变化的环境解释，但注意这些抽象轴是否就是环境梯度是未知的。

（1）极点排序法

间接梯度分析最早使用的是极点排序法（polar ordination），是 20 世纪 50 年代中期由美国 Wisconsin 学派创立的，它以其作者姓氏而称为 Bray-Curti 法，简称 BC 法。BC 法在 20 世纪 50 年代后期曾得到广泛的应用，到了 60 年代，数学上较为严格的主分量等排序方法相继建立，这种方法应用已经很少。

（2）主成分分析

主成分分析（principal components analysis，PCA），是近代排序方法中用得较多的一种。PCA 法的基本思想是把 N 个样方表示为 n 维空间中的 m 个点，将 m 个样方点在二维或三维空间中直观地排列出来，并且使原始数据损失信息最少。因此将原来的 n 个坐标轴 $(X_1, X_2, X_3, \cdots, X_n)$ 的直角坐标，通过一个刚性旋转成为新的直角坐标系 $(Y_1, Y_2, Y_3, \cdots, Y_n)$，使得变换后的 m 个点都在 Y_1 轴上具有最大的离差平方和，在 Y_2 轴上次之，在 Y_n 轴上最小。Y_1 轴称为第一主分量，Y_2 轴称为第二主分量，Y_n 为第 n 主分量。选取的主分量越多，保留的信息越多。一般选择前两个或前三个主分量在二维平面或三维立体空间中画出 m 个样方的直观排序图。

案例：阳含熙（1981）曾对内蒙古呼盟羊草草原的 40 个样方、32 个种的数据，进行 PCA 分析排序，得到二维排序图（图 4-8）。在这个 PCA 排序中，根据 13 个种计算第一和第二主分量保留的信息，只占总信息的 44.3%，加上第三主分量可增大到 50.7%。其中第一维 y_1 占 28.4%，第二维 y_2 占 15.9%。

大量的应用证明 PCA 法是一种非常有效的排序方法，它既适用于数量数据也可用于二元数据。

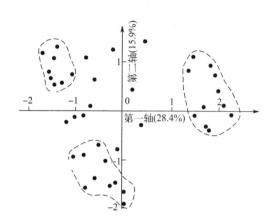

图 4-8　内蒙古呼盟羊草草原 40 个样方的二维排序（引自阳含熙，1981）

（3）主坐标分析法

与 PCA 法类似的是主坐标分析法（principal coordinates analysis 或 principal axes analysis），简称 PCoA 法。与 PCA 法的区别在于使用欧式距离计算点之间的距离，而 PCoA 法则可以使用其他的距离系数或距离指数。因此，可以说 PCA 法是一种特殊的 PCoA 法，PCoA 法是 PCA 法的普通化。PCA 法以及 PCoA 法假设物种分布随环境因子而线性变化，因此它们对物种分布随环境因子的非线性变化情形下的排序效果不佳。

（4）对应分析与除趋势对应分析

对应分析（correspondence analysis）与除趋势对应分析（detrended correspondence analysis）在物种分布随环境因子呈单峰变化（高斯分布）情形下效果更好。对应分析与 PCA 法类似，区别在于 PCA 法是利用属性对实体进行排序，即正排序；而对应分析则是在一次分析过程中同时进行正排序和逆排序。由于对应分析的第二排序轴在许多情况下是第一轴的二次变形，因此存在所谓的"弓形效应"（arch effect），这对排序的精度会产生影响。除趋势对应分析将第一轴分成若干区间，在每一个区间内通过中心化调整第二轴的坐标，从而去除弓形效应的影响。

（5）无度量多维标定法

另外一种克服物种分布随环境因子线性变化假设的方法是无度量多维标定法（non-metric muti-dimensional scaling，NMDS）。该方法不存在对物种分布的假设，可以适用于线性和高斯分布的数据。该方法的基本思想是：不从原始数据而是以样方间相异距离矩阵为起点，该距离矩阵可以基于欧式距离或者其他相异系数等计算出来。然后将样方排列在一定的空间，使得样方间的空间差异与距离矩阵保持一致，这类方法通称为多维标定排序（muti-dimensional scaling）。如果排序依赖于相异系数的数量值就是有度量多维标定法（metric muti-dimensional scaling）；如果排序仅仅取决于相异系数大小的顺序就是无度量多位标定法。

4.4.2.2　直接梯度分析

直接梯度分析是沿着环境梯度直接排列植物种和样方，因此该方法要求样方设置时必须考虑与环境梯度的关系，在环境因素变化明显的情况下其相当有效。

直接梯度分布是 Whittaker 于 1956 年创造的一种较简单的直接排序方法。它适用于植被变化明显地取决于生境因素的情况。Whittaker 沿坡向垂直方向设置一系列 $50m \times 20m$ 的样带作为研究样地，将坡向从深谷到南坡分为 5 级，他称为湿度梯度，实际上这是一个综合指标，不仅土壤水分不同，其他生境因素也有变化。然后他将每一样带中的树种按对土壤湿度的适应性分为四等级，对每一等级依次指定一个数字，它们是中生0、亚中生1、亚旱生2和旱生3。例如，糖槭为中生，铁杉为亚中生，红栎为亚旱生，松为旱生等。假若在某一林带内有10株糖槭、15株铁杉、20株红栎、55株松树，则此林带的一个土壤湿度的数量指标是各数字等级的加权平均，为：(10×0＋15×1＋20×2＋55×3)/100＝2.2。他以这种湿度指标为横坐标，再以样带的海拔高度为纵坐标，将各个样带排序在一个二维图形中（图4-9）。

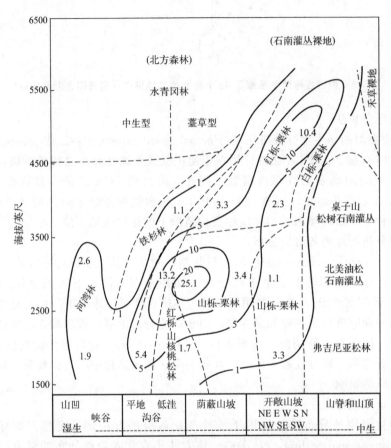

图 4-9　美国 Great Smoky Mountains 植被分布的二维排序图（修改自 Whittaker，1956；宋永昌，2011）

注：1 英尺＝0.3048m。

自20世纪80年代开始提出了多种直接排序的方法，如冗余分析（redundancy analysis，RDA）和典范对应分析（canonical correspondence analysis，CCA）等。需要指出的是所有数量方法都是启发性的，它们只能告诉我们如何分类或排序，并不能证明应该如何分类。换言之，它们只能提出假设，而不能检验或证实假说。因而对于数量分类的结果不能认定它的结论一定正确，还须用其他证据来验证，最重要的是用生态学专业知识去进行解释和判断。因此，不能认为数量分类将完全取代传统分类。数量分类与传统分类结合研究，效果最佳，两者可互相补充、互相促进。传统分类积累了丰富的经验；数量分类方法借助电子计算机，以数学方法处理大量数据是有很大优越性的，有利于揭示其中的规律，并由此提出一些解释性的假说。因此，数量分类与传统分类很好地结合，在完成生态学研究目标的过程中能够起到更好的作用。

本节小结

　　群落分类就是对实体（或属性）集合按其属性（或实体）数据所反映的相似关系把它们分成组，使同组内的成员尽量相似，而不同组的成员尽量相异。我国植被生态学家于 2020年提出了中国植被分类修订方案，该方案是《中国植被志》研编技术框架的重要组成部分。修订方案沿用国内广泛使用的"植物群落学-生态学"分类原则，即以群落本身的综合特征作为分类依据，群落的种类组成、外貌和结构、地理分布、动态演替等特征及其生态环境在不同的等级中均做了相应的反映。修订方案沿用了国内常用的三个主要分类单位，即植被型、群系和群丛。群落分类虽然能有效地体现群落的间断性，但不能用于揭示群落的连续性，排序可以体现群落的连续性。排序则是将实体（如样方）当作点，在以属性（物种或环境）为坐标轴的 n 维空间中，按其相似的关系把它们排列出来，以便显示实体在属性空间中位置的相对关系和变化趋势。利用环境因素的排序称为直接排序，即根据群落生境或其中某一生态因子的变化，排定样地生境的位序。根据群落本身属性（如种的出现与否，种的频度、盖度等）排定群落样地的位序，称为间接排序。间接梯度分析的结果需要研究者结合其他知识或通过再分析找出排序轴的生态涵义，从而揭示群落或物种在排序图中的分布。PCA法、除趋势对应分析、无度量多维标定法都属于间接排序方法，而典范对应分析属于直接排序法。

 思政知识点

　　"万物各得其和以生，各得其养以成"，要尊重自然，坚持保护优先。

 知识点

1. 群落的概念、基本特征、性质。
2. 群落的种类组成及其性质和数量分析。
3. 生物多样性的定义、测定方法、时空变化规律及其相关学说。
4. 群落结构及其影响因素和形成理论。
5. 群落演替的概念、控制因素、类型、系列和阶段、方向、理论和模型以及顶级学说。
6. 群落的分类和排序。

🌐 **重要术语**

群落/community　　　　　　　　最小面积/minimal area

优势种/dominant species　　　　建群种/constructive species

多度/abundance　　　　　　　　盖度/coverage

频度/frequency　　　　　　　　丰富度/richness

生物多样性/biodiversity	α-多样性/α-diversity
β-多样性/β-diversity	γ-多样性/γ-diversity
生活型/life form	群落交错区/ecotone
边缘效应/edge effect	中度干扰假说/intermediate disturbance hypothesis
岛屿生物地理学的平衡理论/equilibrium theory of island biogeography	群落演替/succession
原生演替/primary succession	次生演替/secondary succession
演替系列/successional series	顶极群落/climax community
气候顶极/climatic climax	进展演替/progressive succession
逆行演替/retrogressive succession	先锋种/pioneer species
先锋群落/pioneer community	群落分类/community classification 或 syntaxonomy
群丛/association	排序/ordination
直接排序/direct ordination	间接排序/indirect ordination

思考题

1. 什么是生物群落？生物群落的基本特征有哪些？

2. 简述关于群落性质的两种对立的观点。

3. 决定群落物种多样性梯度的因素有哪些？为什么热带地区的生物群落的多样性高于温带和寒带？

4. 我国陆地植物群落类型的水平分布格局遵循什么规律？

5. 重要的群落多样性指数有哪些？如何估计？

6. 何谓群落交错区和边缘效应，它们在理论上和实践上有什么意义？

7. 中度干扰理论对于生物多样性保护和农林业经营管理有何指导意义？

8. MacArthur 和 Wilson 的岛屿生物地理学理论对自然保护区的建设有何指导意义？

9. 何为同资源种团（guilds），它在生态学研究中有何重要意义？

10. 何谓生活型，如何编制一个地区的生活型谱？

11. 试分析环境的空间异质性对生物群落的结构影响。

12. 影响群落结构的因素有哪些？

13. 简述群落演替的分类及其主要类型的特点。

14. 什么是演替顶级？试比较单顶极群落学说与多顶极群落学说的差异。

15. 简述群落演替中物种取代机制。

16. 原生裸地和次生裸地有什么不同？

17. 简述研究群落波动的意义。

18. 说明水生演替系列和旱生演替系列的过程。

19. 单元顶极论和多元顶极论有何异同点？

20. 我国植被生态学家于 2020 年提出了中国植被分类修订方案，该方案是《中国植被志》研编技术框架的重要组成部分，该方案的分类原则是什么？包括了哪些植被型组？

21. 为什么说数量分类和排序无法完全取代传统的群落分类？传统群落分类、数量分类和排序各有何优缺点？

 ## 讨论与自主实验设计

1. 请设计一个实验方案，研究某一山脉植物群落的种类组成和群落多样性随海拔的变化，并分析环境因子的影响。

2. 请设计一个实验方案，比较研究某一地区人工林和天然林群落结构的异同。

3. 请分别在森林和草地上设计一个实验方案，检验中度干扰假说。

4. 请设计一个实验，研究不同地区农田弃耕撂荒以后群落的演替趋势。

5. 请设计一个实验方案，研究某一地区植物群落与环境条件之间的关系。

参考文献

[1] Blouin M S，Connor E F. 1985. Is there a best shape for nature reserves? Biological Conservation，32：277-288.

[2] Braun-Blanquet J. 1921. Prinzipien einer systematikder pflanzengesellschaften auf floristischer grundlage. Jahrbuch der St. Gallischen naturwissenschaftlichen Gesellschaft，57：305-351.

[3] Clements F E. 1916. Plant succession：An analysis of the development of vegetation. Carnegie Inst.，Washington.

[4] Clements F E. 1936. Nature and structure of climax. Journal of Ecology，24：252-284.

[5] Connell J H. 1979. Intermediate-disturbance hypothesis. Science，204：1345.

[6] Connell J H. 1983. On the prevalence and relative importance of interspecific competition：Evidence from field experiment. American Naturalist，122：661-662.

[7] Egler F E. 1954. Vegetation science concepts. Ⅰ. Initial floristic composition，a factor in old-field vegetation development. Vegetatio，4：412-417.

[8] Elton C. 1927. Animal Ecology. New York，The Macmillan Company.

[9] Gilbert L E. 1980. Food web organization and the conservation of neotropical diversity. In：Soulé ME，Wilcox BA (eds). Conservation biology：An evolutionary-ecological perspective. Sinauer，Sunderland：11-33.

[10] Gleason H A. 1926. The individualistic concept of the plant association. Bulletin of Torrey Botanical Club，53：7-26.

[11] Grime J P. 1989. The stress debate：Symptom of impending synthesis? Biological Journal of the Linnean Society，37：3-17.

[12] Grubb P J. 1976. A theoretical background to theconservation of ecologically distinct groups of annuals and biennials in the chalk grassland ecosystem. Biological Conservation，10 (1)：53-76.

[13] Harman W，Forney J. 1970. Fifty years of change in the molluscan fauna of Oneida Lake. New York. Limnology and Oceanography，15 (3)：454-460.

[14] Humboldt A. 1807. Essai sur la géographie des plantes. Chez Levrault，Schoell et compagnie，Paris.

[15] Karieva P. 1987. Habitat fragmentation and the stability of predator-prey interactions. Nature，326：388-390.

[16] Klotz S. 1987. Struktur und dynamic stadtischer vegetation. Hercynia N F，24 (3)：350-357.

[17] Lack D. 1950. Breeding seasons in the Galapagos. Ibis，92：268-278.

[18] MacArthur R，MacArthur J. 1961. On bird species diversity. Ecology，42 (3)：594-598.

[19] MacArthur R H，Wilson R H. 1967. The theory of island biogeography. Princeton University Press.

[20] MacArthur R H，Wilson E O. 1963. An equilibrium theory of insular zoogeography. Evolution，17：373-387.

[21] McIntosh R. 1967. The continuum concept of vegetation. Botanical Reviews，33：130-187.

[22] Molles M C J. 1999. Ecology：Concepts and applications. John Wiley.

[23] Noss R F，Harris L D. 1986. Nodes，networks，and MUMs：Preserving diversity at all scales. Environmental Man-

agement，10：299-309.

[24] Paine R. 1966. Food web complexity and species diversity. American Naturalist，100：65-75.

[25] Pikett S，Collins S，Armesto J. 1987. Models，mechanisms and pathways of succession. Botanical Review，53：335-371.

[26] Preston F W. 1962. The canonical distribution of commonness and rarity. Part I. Ecology，43：185-215.

[27] Ramenski L G. 1938. Introduction to the complex soil-geobotanical investigation of lands（In Russian）. Selkhozgiz，Moscow：620.

[28] Raunkiaer C. 1934. The life forms of plants and statistical plant geography，being the collected papers of C. Raunkiaer. Oxford：Clarendon Press.

[29] Schoener T. 1983. Field experiments on interspecific competition. American Naturalist，122（2）：240-285.

[30] Sousa W P. 1979. Experimental investigations of disturbance and ecological succession in a rocky intertidal algal community. Ecological Monographs，49（3）：227-254.

[31] Sukachev V N. 1945. Biogeocoenology and phytocoenology. Sov Acad Sci，U S S R，Siberian Branch，47：429-431.

[32] Sukachev V N. 1942. Ideya razvitiya v fitotsenologii［The idea of development in phytocenology］. Soviet botanist：5-17（in Russian）.

[33] Tansly A G. 1939. The British Islands and their vegetation. Cambridge University Press，Cambridge.

[34] Tilman D. 1982. Resources competition and community structure. Princeton：Princeton University.

[35] Tilman D. 1985. The resource ratio hypothesis of succession. American Naturalist，125：827-852.

[36] Whittaker R H. 1953. A consideration of climax theory：Climax as a population and pattern. Ecological Monographs，23：41-78.

[37] Whittaker R H. 1956. Vegetation of the Great Smoky Mountains. Ecological Monographs，26：1-80.

[38] Whittaker R H. 1960. Vegetation of the Siskiyou Mountains，Oregon and California. Ecological Monographs，30：279-338.

[39] Wilson E O，Willis E O. 1975. Applied biogeography. Ecology and evolution of communities. Harvard University Press，Cambridge，Massachusetts，USA.

[40] 方精云，郭柯，王国宏，等 . 2020. 《中国植被志》的植被分类系统、植被类型划分及编排体系 . 植物生态学报，44（2）：96-110.

[41] 郭柯，方精云，王国宏，等 . 2020. 中国植被分类系统修订方案 . 植物生态学报，44（2）：111-127.

[42] 李博，杨持，林鹏 . 2000. 生态学 . 北京：科学出版社 .

[43] 阳含熙，卢泽愚 . 1981. 植物生态学的数量分类方法 . 北京：科学出版社 .

第 **5** 章

生态系统生态学

　　人类赖以生存的自然生态系统是复杂的、自适应的、具有负反馈机制的自调节系统，其研究对于人类持续生存具有重大意义。当前，人口增长、自然资源的合理开发和利用以及维护地球的生态环境已成为生态学研究的重大课题。所有这些问题的解决都有赖于对生态系统的结构和功能、生态系统的演替、生态系统的多样性和稳定性以及生态系统受干扰后的恢复能力和自我调控能力等问题进行深入的研究。目前在生态学中，生态系统是最受人们重视和最活跃的一个研究领域。

5.1　生态系统概述

5.1.1　生态系统的基本概念与特征

5.1.1.1　生态系统的概念

　　生态系统（ecosystem）是指在一定空间中共同栖居着的所有生物（即生物群落）与环境之间由于不断地进行物质循环和能量流动过程而形成的统一整体。地球上的森林、荒漠、湿地、海洋、河流等均有各自的外貌和生物组成特点，并构成生物和非生物相互作用、物质不断循环、能量不断流动的各种各样的生态系统。

　　"生态系统"一词是由英国植物生态学家 A. G. Tansley 于 1936 年首先提出的。Tansley 兴趣广泛，他发现土壤、气候和动物对植物群落的分布与丰度有明显的影响。他认为完整的系统不仅包括生物复合体，还包括环境的全部物理因素的复合体，不能把生物与其特定的环境分开，这种系统是地表自然界的基本单位，这些生态系统的大小和种类多样。

　　1944 年，苏联地植物学家 V. N. Sucachev 从地植物学的研究出发，提出了"生物地理群落"（biogeocoenosis）的概念，即由生物群落及其地理环境所组成的一个生态功能单位。这两个概念都把生物及其非生物环境看成是互相影响、彼此依存的统一体，所以 1965 年在丹麦哥本哈根会议上决定生态系统和生物地理群落是同义词，此后"生态系统"一词得到广泛使用。E. P. Odum 和 H. T. Odum 兄弟二人及 W. E. Odum 都是当代著名的生态学家，他们对生态系统概念的发展做出杰出的贡献。20 世纪 50 年代以来，E. P. Odum 就一贯强调生态系统研究工作的重要意义，在营养动态和能量流动方面提出许多新思想与新方法，并创建生态学和社会科学相结合的模式。H. T. Odum 对佛罗里达州银泉（Silver Spring）生态系统能流收支的研究，是当今生态系统水平上能量流动分析的范例。生态系统无论大小都具有一定的边界（boundary）。学者在应用生态系统概念时，对其范围和大小没有严格限制，如动物消化管中的微生态系统，各大洲的森林、荒漠等生物群落型，甚至整个生物圈，其范围和边界随研究问题的特征而定。自然界普遍存在这种大系统套小系统的现象。

5.1.1.2 生态系统的特征

生态系统不论是自然的还是人工的都具有一些共同特征。

① 生态系统是生态学上的一个主要结构和功能单位，属于生态学研究的最高层次。生态系统通常与一定时间、空间相联系，以生物为主体，是呈网络式的多维空间结构的复杂系统。例如，动物园的所有动物之间没有必然的内在联系，不是一个生态系统。生态系统的结构决定其功能。生态系统功能是一种综合作用，既包括各组分的功能，也包括各组分之间相互作用产生的新功能。例如，5 万亩森林的蓄水量相当于 $1.0 \times 10^6 \, m^3$ 水库的蓄水，这不是单个树木含水量的总和，而是由森林生态系统中林冠、地被、根系、土壤相互作用实现的。

② 生态系统具有自我调节能力。生态系统的结构越复杂，物种数目越多，自我调节能力也越强。但这种调节能力是有限的，超过这个限度，则会失去调节作用。生态系统自我调控主要表现为：一是在有限空间内同种生物种群密度变动的调控；二是植物与动物、动物与动物之间的异种生物种群数量的调控；三是生物与环境之间的互相适应的调控。生物不断从生境中摄取所需物质，生境亦需对其输出及时补偿，两者进行输入与输出之间的供需调控。

③ 能量流动、物质循环和信息传递是生态系统的三大功能。能量流动是单方向的，物质流动是循环式的，信息传递则包括营养信息、化学信息、物理信息和行为信息的传递，构成了信息网。物种组成的变化、环境因素的改变和信息系统的破坏是导致自我调节失效的主要原因。

④ 生态系统营养级的数目一般不超过 5～6 个。生态系统中营养级的数目受限于生产者固定的最大能值和这些能量在流动过程中的巨大损耗。

⑤ 生态系统具有动态的生命特征。任何一个自然生态系统都是经过长期历史发展而成的。生态系统具有发生、形成和发展的过程，可分为幼年期、成长期和成熟期。各时期表现出鲜明的特点，从而形成生态系统自身的演变规律。

大部分自然生态系统有维持稳定持久、物种间协调共存等特点。探索自然生态系统建立持续生态系统性的机制，给人类科学地管理地球以启示，是研究生态系统规律的主要目的。生态系统的概念和原理为许多学科与实践领域所接受，诸如生态经济学的形成与发展、生态系统服务和生态系统管理的提出、农业生态系统、生态管理和风险性估计、濒危物种和生物多样性保护等。

5.1.2 生态系统的组成和结构（食物链和食物网）

5.1.2.1 生态系统的组成

生态系统包括生物成分和非生物成分两大类，生物成分又包括三大功能群，即生产者、消费者和分解者。下面以池塘和草地作为实例来说明（图 5-1）。

(1) 非生物环境

非生物环境（abiotic environment）包括参加物质循环的无机元素和化合物（如 C、N、CO_2、O_2、Ca、P、K），联系生物和非生物成分的有机物质（如蛋白质、糖类、脂质和腐殖质等）及气候或其他物理条件（如温度、降水、压力等）。

(2) 生产者

生产者（producers）是能以简单的无机物制造食物的自养生物（autotroph），包括绿色植物、蓝绿藻、光合细菌等，它们可以通过光合作用把水和二氧化碳等无机物质合成碳水化合物等有机物质，并把太阳能转化成化学能，储存在合成的有机物中。生产者生产的有机物质不仅为自身的生存、生长等提供了营养物和能量，更为消费者和分解者的生存提供了能

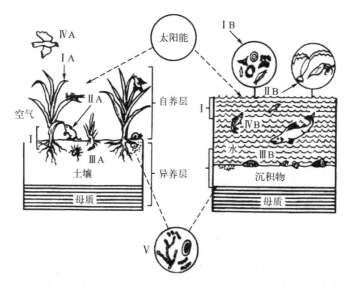

图 5-1　陆地生态系统（草地）和水生生态系统（池塘）营养结构的比较（仿 Odum，1983）

Ⅰ—自养生物（ⅠA—草本植物；ⅠB—浮游植物）；Ⅱ—食草动物（ⅡA—食草性昆虫和哺乳动物；

ⅡB—浮游动物）；Ⅲ—食碎屑动物（ⅢA—陆地土壤无脊椎动物；ⅢB—水中底栖无脊椎动物）；

Ⅳ—食肉动物（ⅣA—陆地鸟类和其他；ⅣB—水中鱼类）；Ⅴ—腐食性生物、细菌和真菌

量，是外界能量进入生态系统的通道。

　　案例：对于淡水池塘来说，生产者主要为：a. 有根的植物或漂浮植物，通常只生活于浅水中；b. 藻类，分布在光线能够透入的水层中，是水体有机物质的主要制造者，池塘中几乎一切生命都依赖于它们。

　　绿色植物是自然界有机物质的主要生产者，可以通过光合作用把水和二氧化碳等无机物合成碳水化合物、蛋白质及脂肪等有机化合物，并把太阳能转化为化学能，贮存在合成有机物的分子键中。此外，光合细菌和化能合成细菌也可以生产有机物。多数低等植物藻类是完全自养者，只需用简单的无机物即可合成有机物。有些藻类需要无机物和一些复杂的有机生长物质，是部分异养者。光合细菌多水生，在富有 H_2S 的湖泊中，其产量可达 25%。化能合成细菌同化 CO_2 所需要的能量是通过简单无机化合物的化学氧化而得，在生态系统中的作用介于自养和异养之间。

$$绿色植物：6CO_2 + 12H_2O \xrightarrow[\text{叶绿素}]{\text{光能}} C_6H_{12}O_6 + 6H_2O + 6O_2$$

$$光合细菌：CO_2 + 2H_2S \xrightarrow[\text{光合色素}]{\text{光能}} [CH_2O] + 2S + H_2O$$

$$化能合成细菌：CO_2 + 2H_2O \xrightarrow{\text{化学能}} [CH_2O] + H_2O + O_2$$

　　（3）消费者

　　消费者（consumer）是针对生产者而言，即它们不能用无机物质制造有机物质，而是直接或间接地依赖于生产者所制造的有机物质，因此属于异养生物（heterotroph）。消费者按其营养方式，可分为植食动物、肉食动物、大型肉食动物（顶极肉食动物）、寄生动物及杂食动物等。植食动物（herbivore）指直接以植物体为营养的动物，如池塘中的浮游动物和草地上的草食动物。植食动物可以统称为一级消费者（primary consumer）。肉食动物（carnivore）指以食草动物为食的动物。例如，池塘中某些以浮游动物为食的鱼类和草地上的捕食性鸟、兽。以草食性动物为食的肉食动物可以统称为二级消费者（secondary consumers）。大型肉食动物或顶极肉食动物（top carnivore）指以食肉动物为食的动物。例如，池塘中的黑鱼或鳜鱼，草地上的鹰、隼等猛禽。它们可称为三级消费者（tertiary consumer）。寄生动物（parasite）指以其他生物的组织液、营养物和分泌物为生的动物。杂食动物（omnivores）指那些既吃植物又吃动物的动物。有些鱼类既吃水藻、水草，又吃水生无脊椎动物，属于杂食性动物。有些动物的食性是随季节而变化的，如麻雀在秋冬季以吃植物为主，在夏季生殖期间则以吃昆虫为主，也属于杂食动物。

消费者在生态系统中发挥着重要作用：a. 消费者在生态系统中不仅对初级生产物起着加工、再生产作用，而且许多消费者对其他种群数量起着重要的调控作用。b. 动物在捕食、寄生、传粉和信息传递等方面对生态系统有调节作用。从理论上讲，无消费者，仅有生产者和分解者的生态系统可能存在，但消费者是大多生态系统重要的组分，维持了生物圈最大的多样性。在过去 200 年中，生物学家发现、命名和记录的 150 多万种生物中，70％以上是动物。

案例：食叶甲虫可以促进落叶林的生长发育，由于甲虫的分泌物和尸体为土壤微生物的繁殖提供氮、磷等多种营养物质，从而加速落叶层的分解。如果没有这些甲虫，会导致营养元素的积压和生物地化循环的阻滞。

（4）分解者

分解者（composers）指以动植物残体及其他有机物为食的小型异养生物，主要有真菌、细菌、放线菌等微生物。其作用是把动植物残体的复杂有机物分解为生产者能重新利用的简单化合物，并释放出能量，其作用正与生产者相反。

分解者是生态系统必不可少的组分，如果没有它们，动植物残体将堆积，物质不能循环。分解作用是一系列复杂的过程，各个阶段由不同的生物去完成。

案例：池塘中的分解者有两类：一类是细菌和真菌；另一类是蟹、软体动物和蜗虫等无脊椎动物。草地中也有生活在落叶和土壤层的细菌与真菌，还有蚯蚓、螨等无脊椎动物。

有机物的分解包括非生物和生物的过程。其中，生物在分解动植物有机体方面起决定性作用。分解者分解有机物可分有氧呼吸和嫌氧呼吸两大类。高等动物、多数原核生物进行有氧呼吸。在腐食者生物中，仅有少部分进行嫌氧呼吸者，但它们在生态系统中的作用是重要的，能有效地利用整个生态系统的能量和物质。分解有机物质的腐食者（真菌、细菌等）具有各种酶系统，酶被分泌到有机物质中，使有机物质分解。分解产物一部分为微生物吸收，另一部分保留在环境中，但没有一种腐食者能将有机残体彻底分解。

生物圈中营分解作用的生物群体包括许多种类，其分解作用是逐级、渐次进行的。

案例：特里布（Telibu）把纤维素薄片埋入土壤中观察其分解过程，发现了有趣的生物演替现象。首先是真菌侵入；然后是大量细菌；当薄片裂开后，线虫和其他土壤无脊椎动物出现，抢食碎片。腐食者尤其是小动物（原生动物、土壤螨类、线虫类、介形类、蜗牛类等）在分解有机物质中的作用是将腐屑分裂为小碎片，给微生物作用增加有效面积，增加蛋白质和生长物质，刺激微生物生长等。分解有机物质的 3 个阶段是：a. 非生物和生物作用形成有机质颗粒腐屑；b. 微生物作用形成腐殖酸，产生可溶性有机物；c. 腐殖质的缓慢矿化。因此，有机物的分解是许多生物（包括动物和微生物）的通力合作和非生物因素的理化作用过程。

有机物分解对整个生态系统产生一系列重要的生态效应：a. 通过动植物残体有机物质的分解，使营养物质得到再循环，微生物种群得到恢复和繁衍；b. 为碎屑食物链的各级生物提供了食物和物质基础；c. 产生了有调控作用的"环境激素"（environmental hormone），可能对生态系统中其他生物的生长产生重大影响；d. 改造了地球表面的惰性物质。

5.1.2.2　生态系统的结构

生态系统是由生物组分与非生物组分相互作用结合而成的结构有序的、可以实现一定功能的系统。

（1）生态系统结构的定义

生态系统的结构主要指构成生态系统诸要素及其量比关系，各组分在时间、空间上的分布，以及各组分间能量、物质、信息流的途径与传递关系。而且生态系统结构具有层次性。

案例：生物圈是个多层次的独立体系，一般可分为 11 个层级，即全球（生物圈）、区域（生物群系）、景观、生态系统、群落、种群、个体、组织、细胞、基因和分子。

任何系统都是其他系统的亚系统，同时它本身又是由许多亚系统组成的。这种层级系统层次分明，有利于生态系统本身运动和功能的发挥，主次有别、协调一致的理论，被称为层级系统理论（hierarchy theory）。高层级在不同时空尺度可以分解为相对离散的结构或功能单元，而小尺度上的时空异质性可以兼容转化为大尺度上的均质性。从低层级到高层级的行为过程速率依次放慢，分辨率逐步下降。低层级行为反应迅速、分辨率或精确率高，高层级行为反应缓慢、分辨率或精确率低。应根据研究对象、目的等确定生态系统研究的核心尺度（focal scale），一般随层级升高，空间范围随之增大。

不同层级生态系统的演替原因不同。如在同一气候区内的生态系统，可能由土壤酸碱度的变化导致小尺度演替，而在大尺度上可能是受气候变迁的影响。

不同等级层次的生态系统的研究内容及特点不同。生态系统以下层次主要研究不同组织水平生物与环境的关系、生物学特性及适应机制；生态系统及景观生态系统层次主要研究系统的生态特性，即生态系统的结构、功能及动态生态学过程；对区域生态系统层次的研究往往注重其环境资源的合理利用及系统的经济特性；对国家级乃至全球生态系统层次的研究则面向公众所关注的社会性生态问题及全球生态变化和可持续发展问题。

当低层次的单元结合在一起组成一个较高层次的功能整体时，会在高层次中产生低层次所没有的新特性，这种现象称为新生特性现象。新生特性现象是各个部分组成一个新的功能整体时相互作用的结果，常称为整体功能。在农业上，一个生产单位农、林、牧、副、渔、工、商的综合发展，可导致整个系统良性生态循环的形成，从而使系统发生质的变化，这是农业系统整体功能发挥的结果。此外，当若干较小单元共同组成一个较大单元时，在某些功能方面大单元的变异幅度可能因而减小，即稳态机制增强。

案例：一个森林群落的光合作用要比群落内个别树木或叶子光合作用速率的变幅小，这是新生特性的另一种表现。由上可见，新生特性并不是一个层次各组分所具特性简单相加的结果，"整合"不等于"总和"，部分研究不可能取代整体研究。由许多单棵的树木组成的森林，它的许多特性并不是单个树木的简单相加，不可能由研究树木代替研究森林。熟悉了小麦和玉米，不等于掌握了二者在种植系统中合理搭配的规律。对一个具层次结构的系统的下层的研究会有助于对其上一层次的认识，但却不能完全解释其上一层次的所有现象。要了解一个组织层次上的新生特性，只能由直接研究该层次本身取得认识，因此新生特性也称为不可还原特性。

层次结构和新生特性理论还认为，生物界的每一个组织层次都具有同样的重要性，每个层次都有它本身特具的新生特性。现代生态学的重点之一，就是要研究生态系统这个层次上的新生特性，如能量转化、物质循环、生物控制关系等。

（2）生态系统结构的类型

生态系统结构主要包括组分结构、时空结构和营养结构三个方面。

① 组分结构是指生态系统中由不同生物类型或品种以及它们之间不同的数量组合关系所构成的系统结构。生物种群是构成生态系统的基本单元，不同物种（或类群）以及它们之间不同的量比关系构成了生态系统的基本特征。

案例：平原地区的"粮、猪、沼"系统和山区的"林、草、畜"系统，由于物种结构的不同，形成功能及特征各不相同的生态系统。即使物种类型相同，但各物种类型所占比重不同，也会产生不同的功能。此外，环境构成要素及状况也属于组分结构。

② 时空结构，也称形态结构，是指各种生物成分或群落在空间上和时间上的不同配置及形态变化特征，包括水平分布上的镶嵌性、垂直分布上的成层性和时间上的发展演替特征，即水平结构、垂直结构和时空分布格局。

a. 生态系统的垂直结构包括不同类型生态系统在海拔高度不同的生境上的垂直分布和生态系统内部不同类型物种及不同个体的垂直分层两个方面。由于山地海拔高度的不同，光、热、水、土等生态因子发生有规律的垂直变化，从而影响了农、林、牧各业的生产和布局，形成了独具特色的立体农业生态系统。

案例：表 5-1 是川西滇北地区山地农业生态系统中自然植被、作物及牲畜等生物成分的垂直分布情况。

表 5-1　川西滇北地区山地农业生态系统的垂直分布结构（穆桂春、刁承泰，1998）

海拔/m	生长期 (≥5℃) /d	最热月 平均温度/℃	自然带	作物种植	畜牧业
4200～4500	—	＜10	山地寒带，稀疏垫状草甸带	无作物和林业	纯牧业，以牦牛、绵羊为主
3500～4200	＜130	10～11	山地寒带，灌木草甸带	谷物不能成熟，局部可种植蔬菜、亚麻、甜菜	牧业为主，开始有黄牛、犏牛、山羊、猪
3200～3500	170～210	12～15	山地寒温带，阴暗针叶林带	春麦	农牧并重，牧畜多
2800～3200	220～270	16～17	山地凉温带，针阔叶混交林带	春麦为主，中熟玉米	牧业次要
2300～2800	280～310	18～20	山地暖温带，针阔叶混交林带	冬麦，中晚熟玉米	牦牛、犏牛绝迹，有水牛饲养
1500～2300	300～365	21～23	山地亚热带，常绿阔叶林带	中稻、中晚熟玉米	水牛普遍
＜1500	365	24～25	南亚热带，河谷稀疏丛带	双季稻、棉花、咖啡、甘蔗、剑麻、香蕉	水牛普遍

生态系统的物种成层性，如作物群体在垂直空间上的组合与分布，分为地上结构与地下结构两部分。地上部分主要研究复合群体茎、枝、叶在空间的合理分布，以使群体最大限度地利用光、热、水、大气资源。地下部分主要研究复合群体根系在土壤中的合理分布，以实现土壤水分、养分的合理利用，达到"种间互利，用养结合"的目的。

根据利用层的厚度，垂直结构可以分以下几种类型。

Ⅰ-1 型：即单一作物群体，其地上部分与地下部分在同一层次内。其前期资源利用不充分，而后期争光、热、水、气、养分严重。

Ⅰ-2 型：如小麦与蚕豆间作，地上部处于同一层次，地下部深浅不同，这种形式的群体，其地下部利用资源比较充分。

Ⅱ-1 型：如玉米与豆科、棉花或芝麻间作，其地上部高矮搭配，资源利用较好，地下部处于同一层。

Ⅱ-2 型：如河北枣粮间作，河南桐粮间作。地上高矮秆，地下深浅根，地上地下资源利用都较好。桐粮间作比粮食单作产量高 9％，还产桐子得到收入；枣粮间作中，粮食产量比单作高 7％，每公顷还产小枣 3442.5kg。

Ⅲ-1 型：与Ⅱ-2 型基本相同，但在高矮作物中加果树，形成地上部三层、地下部资源利用较好的情况。我国福建、两广、江浙多见，湖北省崇阳县农村有玉米、大豆、甘薯三层的生态系统。

还有特殊类型，如稻鱼结构、稻萍结构、果菇结构、蔗菇结构，以及湖北省近年出现的稻田养鱼和塘边种葡萄、塘上搭鸡笼、鸡笼上有葡萄架遮阴，形成鱼鸡葡萄结构。

b. 生态系统的水平结构是指在一定生态区域内生物类群在水平空间上的组合与分布。在不同的地理环境条件下，受地形、水文、土壤、气候等环境因子的综合影响，植物在地面上的分布并不是均匀的。植物分布的变化必然引起动物的变化，在植物种类多、植被盖度大的地段动物种类也相应多；反之则少。

c. 生态系统的时间结构是指在一定时间尺度内，生态系统构成要素的动态变化，包括：大时间尺度上，生态系统生物及环境要素更替的演化；小时间尺度上，生物要素组成及组成比例的动态变化。

案例：生态系统在相对短的时间范围，例如一年或更短的时间尺度内完成的变化，可称为小周期。如植物群落的季相概貌，实际上是指群落中的植物适应环境因子的周期性变化从而引起群落在外貌上的周期性变化。生态系统在中等时间尺度上的变化，如演替，生态系统也像个体发育一样，经历从幼年期到成熟期的发育过程，这个过程称为生态系统发育或演替。例如，以岩石开始的原生旱生生态系统的演替，从无生命到出现地衣、苔藓、草本、木本、森林，由简单无序的生态系统逐渐演变为复杂有序的生态系统，生态系统的养分循环趋于平衡，生态系统的稳定性越来越高。生态系统的进化是指系统在长的时间尺度上的变化，它是地质、气候等外部环境的长期变迁和生物群落新物种的形成与出现所引起的内部变化共同作用的结果。一般来说，生态系统发育进化的总趋势也是复杂性和有序性的增加，对物理环境控制或内部稳定性的加大，以及对外界干扰达到最小的影响。

根据生物共生互利和不同物种的不同生物特性，充分利用生物生长过程中的"时间差"和"空间差"，模拟不同种类生物群的共生功能，按生态位原理组织生产，按"时空多维结构"进行多层布置，构成一个分级利用的生物结构，就是做到"水、陆、空"综合利用，"上、中、下"分层利用，使地面和空间的土地、空气、光能、水分等环境资源得到充分合理的利用。

案例 1：种植业采用科学的轮套间作技术，将多种作物在时间上和空间上合理搭配，组成综合的种植系统，最大限度地扩大植物采光面积，提高光能的利用效率，在自然资源的利用上做到"开源节流""物尽其用"。例如，粮棉套种、粮菜套种、粮油套种，就是利用时间差组织生产。粮粮混种（麦豆混种）或麦豆轮作，豆科植物为禾本科植物提供氮素。高矮套种，如马铃薯沟间套种玉米，不仅提高土地利用率和光能利用率，而且可提高马铃薯的产量。因马铃薯后期块茎膨大需要阴凉的环境，而玉米可起到遮蔽的效果，且光能利用率超过单种马铃薯，这是利用空间差组织生产。还有林粮间作（轮作）、林药间作（轮作）、果粮间作（轮作）、粮草间作（轮作）等。

案例 2： 在山区，按不同海拔高度安排不同生理生态特性的生物群落，充分利用每一块土地和空间。根据 C_3 植物光合作用强度低于 C_4 植物的特性，合理搭配两类植物，以求达到光能利用的最佳格局，对物质积累非常有利，对复合群体能抗灾稳产也有作用。在林业中，立体种植实际上是效仿森林生态系统。过去在植树造林中忽视草、灌、乔三结合的原则，只重视种植乔木，不重视种草和灌木，其结果是造林效果差，未能很好地起到防风护田、保持水土的应有功能。实践证明，纯林不如混交林，乔、灌、草三结合是充分利用光、热、水、土、气和空间的最佳组合。例如，云南植物研究所在西双版纳模拟热带天然森林群落的多种（类）、多层、混交、常绿等特点而设计的橡胶园林，其最上层是橡胶树（5~6m），其下是肉桂和萝芙木（3~4m），再下是茶树（1m），最底层是喜阴湿的珍贵药材砂仁，在这种立体结构中生物与环境达到最适宜、最有利的协调，各得其所，综合效益也最高。

案例 3： 在海洋生态系统中，不同层次的水域中生活着不同的生物群落。当然，这与食性分化有关。不同水域层次（深度）的光照强度、水温、溶氧量以及矿物质含量不同，生活着不同种类的浮游植物和浮游动物。由于食性关系从而分布着不同的海洋动物和鱼类，且每种生物种群占据一定的领地（空间）。根据食性分化和栖息地分化的特点，利用生态位分化原理科学地组织安排渔业生产，以求在单位水域内进行高密度养鱼，提高单位水域产量。如在淡水养殖中，"上、中、下"分层养殖不同种类的鱼，上层养鲢鱼，中层养草鱼、鳊鱼，下层养鲤鱼、鲫鱼、青鱼或罗非鱼。还有水面养花生、水葫芦、水浮莲，用于喂养猪、羊、牛或兔；水体上、中、下混养，水底养鳖；水上还用于养鸭养鹅等模式。单养不能使天然生产力得到最大限度的利用，综合养鱼和混养可使鱼的生产力得到有效的利用，且其成本低廉。这种原理就是把处于不同生态位的多种生物合理搭配在一起，以提高土地、水域、立体空间和其他资源的利用率，增加产品的数量和种类，形成内部协调的生态结构，故也称立体农业。

③ 营养结构是指生态系统中生物与生物之间，生产者、消费者和分解者之间以食物营养为纽带所形成的食物链与食物网，它是构成物质循环和能量转化的主要途径。

就营养方式来说，一个完整的生态系统是由生产者、消费者、分解者和无机环境 4 个基本成分相互作用形成的。生态系统的核心组成部分是生物群落。通过生产者、消费者和分解者的相互作用构成食物链、食物网的网络结构，使得由绿色植物固定的非生物环境的物质和能量不断地从一个生物转移到另一个生物，最终回到环境，形成物质循环、能量流动和系统关系网络的信息交换。生态系统结构的一般性模型包括三个亚系统，即生产者亚系统、消费者亚系统和分解者亚系统（图 5-2）。图中还表示了系统组成成分间的主要相互作用。生产者通过光合作用合成复杂的有机物质，使生产者植物的生物量（包括个体生长和数量）增加，所以称为生产过程。消费者（包括草食动物和肉食动物）摄食植物已经制造好的有机物质，通过消化、吸收再合成自身所需的有机物质，增加动物的生产量，也是一种生产过程。分解者的主要功能与光合作用相反，把复杂的有机物分解为简单的无机物，可称为分解过程。由生产者、消费者和分解者这三个亚系统的生物成员与非生物环境成分间通过能流和物流而形成的高层次的生物组织，是一个物种间、生物与环境间协调共生，能维持持续生存和相对稳定的系统。

生物生产是生态系统的重要功能之一。生态系统不断运转，生物有机体在能量代谢过程

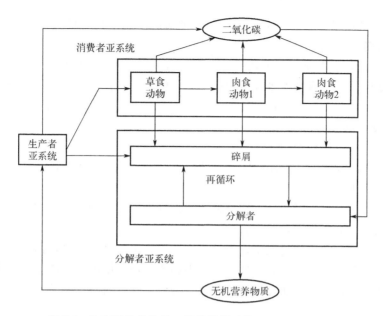

图 5-2　生态系统结构的一般性模型（仿 Anderson，1981）

注：箭头表示系统成分间物质传递的主要途径，有机物质库以方框表示，无机物质库以椭圆形框表示。

中，将能量、物质重新组合，形成新的生物产品（糖类、脂肪和蛋白质等）的过程，称为生态系统生物生产。生态系统中一定空间内生物在一定时间生产有机物质的速率称为生产力。一般把自养生物的生产过程称为初级生产（primary production，或第一性生产），其提供的生产力为初级生产力（primary productivity），而把异养生物再生产过程称为次级生产（second production，或第二性生产），提供的生产力称为次级生产力（second productivity）。生物同化环境中的物质和能量，形成有机物质的积累，这种由生物生产所积累的有机物质的数量常称为生产量（production），单位面积内动植物等生物的总质量（kg/m²）称为生物量。生物量的大小影响生产力。

案例：当生物量很小时，如树木稀少的林地、鱼量不多的池塘，是没有充分利用空间和能量，生产量不会高。反之，树木密、鱼太多，则限制了每个个体的发展，生物量很大，但不意味着生产力高。

现存量（standing crop）是指绿色植物净初级生产量被草食动物取食、枯枝落叶掉落后所剩下的存活部分，可用公式表示：

$$Sc = NP - L_1 - L_2$$

式中，Sc 为现存量，g/m^2 或 J/m^2；NP 为净初级生产量；L_1 为草食动物取食；L_2 为枯枝落叶等损失部分。

现存量是单位面积（体积）内，某个时间存在的活的植物组织的总量。C. J. Krebs（1985）认为达到生态平衡（既系统输入=输出）的生物群落表现为：输入（生产量）和输出的量低，则现存量周转慢；输入和输出的量高，则现存量周转快。

5.1.2.3　食物链和食物网

（1）食物链的定义及分类

生产者所固定的能量和物质，通过一系列取食和被捕食的关系而在生态系统中传递，各种生物按其取食和被食的关系而排列的链状顺序称为食物链（food chain）。按照生物与生物之间的关系可将食物链分成捕食食物链、碎食食物链、寄生性食物链和腐生性食物链四类。

① 捕食食物链，指一种活的生物取食另一种活的生物所构成的食物链。捕食食物链都以生产者为食物链的起点。

② 碎食食物链，指以碎食（植物的枯枝落叶等）为食物链的起点的食物链。碎食被生物所利用分解成碎屑，然后再为多种动物所食。其构成方式：碎食物→碎食物消费者→小型肉食性动物→大型肉食性动物。在森林中，有90％的净生产是以食物碎食方式被消耗的。

③ 寄生性食物链，由宿主和寄生物构成。它以大型动物为食物链的起点，继之以小型动物、微型动物、细菌和病毒。

④ 腐生性食物链，以动植物的遗体为食物链的起点，腐烂的动植物遗体被土壤或水体中的微生物分解利用。

案例：草原上的青草→野兔→狐狸→狼，为捕食食物链；哺乳动物或鸟类→跳蚤→原物动物→细菌→病毒，为寄生性食物链。

生物在长期演化和适应的过程中，不仅建立了食物链类型的联系，而且形成了独特生活习性的明确分工，分级利用自然界所提供的各类物质，使有限的空间内能养育众多的生物种类，并保持着相对稳定状态。研究设计合理的食物链结构，直接关系着生态系统生产力的高低和经济效益。

案例：农作物的秸秆和其加工后的副产品糠糟、饼粕等可用来养殖牲畜或栽培食用菌，生产奶、肉、蛋和各种菇类食品，供人类消费。牲畜的粪便和菌床残屑可以用来养蚯蚓，生产动物蛋白质饲料。养蚯蚓后的废物包括蚯蚓粪又是农作物的优质肥料。

（2）食物链加环

食物链加环可分为生产环、增益环、减耗环和复合环。

① 凡是某种生物需要的资源也是人所需要的一级产品称为一般生产环，它的转化只能是由低能量到高能量。如牛、羊、猪等草食动物，它们的食料为粮食、蔬菜，也是人所需要的，秸秆、糠壳也是工业和燃料所需要的。凡是某种生物需要的资源不是人类需要或不能直接取得的，经过这个环节转化后可产生高效产品，称为高效生产环。如为蜜蜂提供花粉则可产生蜂蜜、蜂王浆、蜂胶等。有资料认为，蜜蜂传粉，油菜增产18％，梨增产30％～50％，苹果增产20％～47％。又如桑叶养蚕可得蚕茧，抽丝后可纺丝绸，蚕蛹、蚕沙是畜禽和鱼的良好饲料。

② 增益环是指为扩大生产环的效益所加入的环节。如利用残渣中的营养成分形成高蛋白饲料，利用猪粪养蚯蚓，再以蚯蚓养猪。由于增加动物蛋白营养、生长快、产量高，故蚯蚓可视为增益环。以蚯蚓为例，每日给仔猪饲养156g蚯蚓，15d后比对照猪增重90.3％。

③ 在食物链中，有的环节只是消耗者，对系统不利。为了抑制耗损环的功能，除用药物处理外，可通过"减耗环"解决。例如，人工饲养赤眼蜂和瓢虫。

④ 复合环。如稻田养鱼或养鸭，既可除虫、草，又可增肥、松土，既增产稻谷，又增产鱼或鸭，具有多种效益。

此外，产品加工环与系统关系密切。目前农业系统输出中多以生猪、原粮、毛菜形式出现。从输出到消费者，无效输出量达20％～55％，如就地加工，不仅可以提高生物物质的回收率，增加经济效益，而且有的废料可以直接返回土壤，提供肥料和能量，减少不必要的往返运输，节约人力与费用，符合经济再生产目的。

（3）食物网的定义

生态系统中的食物链彼此交错连接，形成一个网状结构，这就是食物网（food web），见图5-3。

食物链和食物网反映了生态系统中各生物有机体之间的营养位置和相互关系；各生物成

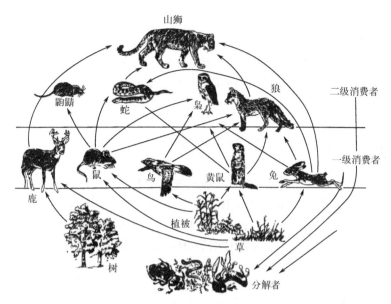

图 5-3　一个陆地生态系统的部分食物网（牛翠娟等，2015）

分间通过食物网发生直接和间接的联系，保持着生态系统结构和功能的稳定性。生态系统中的食物网越复杂，生态系统抵抗外力干扰的能力就越强，其中一种生物的消失不致引起整个系统的失调；若生态系统的食物网越简单，生态系统就越容易发生波动和毁灭。同时，食物链和食物网还揭示了环境中有毒污染物转移、积累的规律。通常研究食物网中能流量大的环节组成的食物链。

生态系统的食物链网结构设计是人们根据生态系统营养结构的相关原理，在原有食物链网中增加或引入新的环节的一种常用方法，可以提高生态系统的能流、物流的效率，以扩大系统的生产力和经济效益。当然，食物链加环不是无条件的，加环必须合理。在设计食物链网结构，进行加环处理时，应遵循以下一些原则：a. 填补空白生态位，增加产品产出。b. 使废弃物质资源化，提高废弃物的利用价值。c. 减少养分的丢失浪费和能量的无效损耗。d. 扩大产品的多样化，广开农民的就业门路，增加经济收入。e. 实现环境净化，提高生态效益。

案例：江苏省以畜禽鱼生产为主并引入"加工环"的食物链结构。江苏省刘春和农户承包耕地 $0.37\,\text{hm}^2$，种植小麦、蚕豆、玉米、南瓜、白菜、甘薯等作物，年提供秸秆和青饲料 $1.4 \times 10^5\,\text{kg}$。年加工自产和购进的蚕豆 14000kg，除获得纯收入 1250 元外，得粉浆 $6 \times 10^4\,\text{kg}$、粉渣 9000 多千克，养奶牛 8 头、肥猪 6 头，年产鲜奶 $1.4 \times 10^4\,\text{kg}$ 左右、猪肉 1200kg。牛奶、面粉加工成糕点，年产值 2 万多元。畜禽粪便 65t，部分作鱼饲料，部分作沼气原料，年产商品鱼 600kg，产沼气能相当于 4090kg 煤炭，沼渣、塘泥作耕地肥料。1984 年全年总产值 3.8 万元，比单一经营奶牛场产值增长 2.5 倍。

5.1.3　生态金字塔

营养级（trophic levels）是指处于食物链某一环节上的所有生物种的总和。营养级之间的关系是指一类生物和处在不同营养层次上另一类生物之间的关系。

案例：作为生产者的绿色植物和所有自养生物都位于食物链的起点，它们构成第一个营养级。所有以生产者（主要是绿色植物）为食的生物都属于第二个营养级。第三个营养级包括所有以植食生物为食的肉食动物。以此类推，还可以有第四个营养级（即二级肉食动物营养级）和第五个营养级等。

生态系统中的能流是单向逐级减少的。减少的原因包括：a. 各营养级消费者不能百分之百利用前一营养级的生物量，一部分会自然死亡，被分解者所利用；b. 各营养级的同化率不是百分之百的，一部分变成排泄物而留于环境中；c. 各营养级生物要维持自身的生命活动消耗一部分能量，各种生物依赖这些能量的消耗维持有序的状态。所以，食物链的营养级数不可能很多，一般限于 3~5 个，很少超过 6 级。营养级越高，生物种类和数量就越少，当少到一定程度时即不能维持更高营养级中的生物生存。

定量研究食物链中各营养级之间的关系可以用生态锥体（ecological pyramid）来表示。能量通过营养级逐渐减少，把通过各营养级的能流量由低到高绘图成金字塔形，称为能量锥体或能量金字塔（pyramid of energy）［图 5-4（a）］；若以个体数目表示，则为数量锥体（pyramid of numbers）［图 5-4（b）］；若以生物量表示，则为生物量锥体（pyramid of biomass）［图 5-4（c）和（d）］。三类锥体合称为生态锥体或生态金字塔（ecological pyramids）。

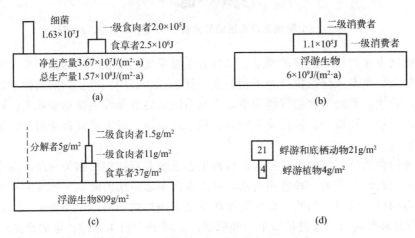

图 5-4　三种生态锥体（引自李博等，2000）

由于能量通过各营养级时急剧地减少，能量锥体最能保持金字塔形［图 5-4（a）］。不同营养级的生物个体大小和数量变化较大，数量锥体常出现倒置形。

案例：若生产者比消费者个体小，锥体为金字塔形，如兔的数量少于草；若生产者比消费者个体大，锥体为倒金字塔形，如昆虫的个体数量就多于树木，寄生者的数量多于宿主。生物量多逐级减少，生物量锥体多呈正金字塔形，但也有倒置的情况［图 5-4（d）］。例如海洋生态系统中，生产者（浮游植物）的个体很小，生物量锥体就倒置过来。由于浮游植物个体小、代谢快、生命短，某一时刻的现存量反而要比浮游动物少，但一年的总能流量还是较浮游动物营养级的为多。

上述三种类型生态锥体，能量锥体以热力学为基础，较好地反映了生态系统内能量流动的本质；数量锥体可能过高地估计了小型生物的作用；而生物量锥体则过高地强调了大型生物的作用。

5.1.4　生态系统反馈调节

宇宙中有两类系统：一类是封闭系统，即系统和周围环境之间没有物质和能量的交换；

另一类是开放系统，即系统和周围环境之间存在物质和能量交换（图5-5）。自然生态系统几乎都是开放系统，各生态系统的开放程度有很大的不同。一个溪流系统开放的程度就比一个池塘系统大得多，因为溪流系统中水携带各种物质不停地流入和流出。

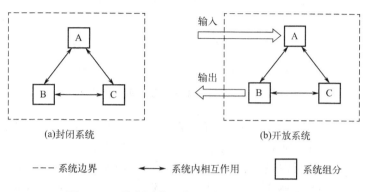

(a)封闭系统　　　　　　　　　　　　(b)开放系统

- - - 系统边界　　　◀▶ 系统内相互作用　　　☐ 系统组分

图 5-5　两种类型的系统（仿 Emberlin，1983）

5.1.4.1　生态系统的反馈调节作用

当生态系统中某一成分发生变化的时候，它必然会引起其他成分出现一系列的响应变化，这些变化最终又反过来影响最初发生变化的那种成分，这个过程叫作反馈（feedback）。反馈有两种类型，即正反馈（positive feedback）和负反馈（negative feedback）。

① 正反馈是生态系统中某一成分的变化加速这种成分所发生的变化。

案例：如把植物体看作一个系统，植物根系在生长过程中向体外分泌输出大量的碳水化合物，致使土壤生物肥力提升，矿化更多有效养分，从而促进根系生长。因此，根系有机物的输出对根系养分的输入或根系生长发挥正反馈作用。有正反馈的种群增长模式是：$dN/dt=rN$。在内禀增长率（r）一定的条件下，种群数量（N）的增加导致种群数量增加加速，远离原来的水平（图5-6）。例如，r 对策型生物占据新生境时个体的增长为正反馈现象。

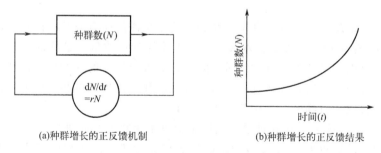

(a)种群增长的正反馈机制　　　　　　(b)种群增长的正反馈结果

图 5-6　种群增长的正反馈机制和结果

② 负反馈是生态系统中某一成分的变化抑制或减弱这种成分所发生的变化。在维持系统稳态方面，只能通过负反馈进行控制。

案例：如果草原上的食草动物因为迁入而增加，植物就会因为受到过度啃食而减少，植物数量减少以后，反过来就会抑制动物数量。有负反馈的种群，增长模式是：$dN/dt=r(1-N/K)$。在内禀增长率（r）一定的条件下，种群数量（N）增加的结果是使得种群数量增加减速（dN/dt）。因此，负反馈作用能够使生态系统达到稳态或保持在平衡水平（K）（图5-7）。

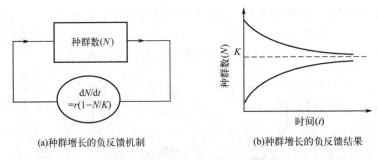

(a)种群增长的负反馈机制　　　　　(b)种群增长的负反馈结果

图 5-7　种群增长的负反馈机制和结果

在自然生态系统中，生物常利用正反馈机制来迅速接近"目标"，如生命延续、生态位占据等，而负反馈则被用来使系统在"目标"附近获得必要的稳定。种群增长的 logistic 模型就是综合了正反馈和负反馈过程：$dN/dt = rN(1-N/K)$。在种群数量（N）低的情况下正反馈起主要作用，随着种群数量的增长，负反馈（$-rN/K$）起的作用越来越大，这样种群能迅速而又稳定地接近环境容纳量（K）（图 5-8）。

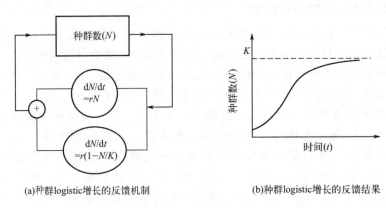

(a)种群logistic增长的反馈机制　　　(b)种群logistic增长的反馈结果

图 5-8　种群 logistic 增长的反馈机制和结果

自然生态系统常趋向于达到一种平衡状态，使系统内的所有成分彼此相互协调。

案例 1：某一生境中的动物数量取决于这个生境的食物数量，最终动物数量和食物数量将达到平衡。如果因雨量减少，食物产量下降，只能维持较少的动物生存，那么这两种成分之间的平衡就被打破了，这时动物种群不得不因饥饿和迁移加以调整，以使群体数量适应于食物数量下降的状况，直到两者达到新的平衡为止。

案例 2：在自然生态系统中长期的反馈联系促进了生物的协同进化，产生了诸如致病力-抗病性、大型凶猛的进攻型-小型灵敏的防御型等相关性状。这些结构形式表现出来的长期反馈效应对自然生态系统形成一种受控的稳态有很大的作用。

5.1.4.2　生态系统不同层次的稳态机制

（1）个体水平的生态适应机制

在个体水平上，主要通过生理的与遗传的变化去适应环境的变化，形成生活型、生态型、亚种甚至新种，使物种多样性和遗传基因的异质性得到加强，同时提高了对环境资源的利用效率。许多生物还具有不同程度的再生、愈合和补偿能力。

案例：一些低等动物受伤后，器官有再生能力，如蚯蚓、海星、蜗虫等。一些不能愈合的受损部位的功能可以为其他部位所补偿，以维持个体和群体机能的稳定。

（2）种群水平的反馈调节机制

种群数量变动是由矛盾着的两组过程（出生和死亡，迁入和迁出）相互作用决定的，因此，所有影响出生率、死亡率和迁移的物理与生物因子都对种群的数量起着调节作用。种群的数量变动实际上是种群适应这种多因素综合作用而发展成的自我调节能力的整体表现。多年来，生态学工作者根据不同研究环境、研究对象和时间，提出了许多有关种群调节的理论，如气候学说、捕食和食物作用学说、社会性交互作用学说、病理效应学说、遗传调节学说等。在种群水平上，种群数量动态的平衡是指种群的数量常围绕某一定值做小范围内的波动，它是与种群 logistic 模型联系在一起的。种群开始时增长缓慢，然后加快，但不久之后，由于环境阻力增加，速度逐渐降低，直至达到容纳量 K 的平衡水平并维持下去。种群密度达到一定程度后，往往导致增殖率和个体生长率下降。

案例 1：动物通过生殖能力和行为变化可协调种群密度与资源的关系。白唇鹿的密度低时，雌鹿怀孕比率达 93%，并且 23% 是单胎、60% 是双胎、7% 是三胎；当种群密度高时，白唇鹿雌鹿只有 78% 怀孕，而且分娩的 81% 是单胎、18% 是双胎。

案例 2：作物群体对资源利用的稳定性因个体器官的相对生长变化和功能互补关系得到加强。如水稻群体插植密度很大时，通过分蘖成穗数和每穗粒数的调节使产量保持相对稳定。

（3）群落水平的种间关系机制

在群落水平上，生物种间通过相互作用，调节彼此间的种群数量和对比关系，同时又受到共同的最大环境容纳量的制约。

案例：虫媒植物和传粉昆虫可以相互促进，而虫媒植物的繁衍又有利于加强与植物有关的食物链。

群落内物种混居，必然会出现以食物、空间等资源为核心的种间关系，长期进化的结果，又使各种各样的种间关系得以发展和固定，形成有利、有害或无利无害的相互作用。多个物种相生相克，保持系统稳定。

案例：间作蚕豆（*Vicia faba* L.）和玉米（*Zea mays* L.）不但会提高体系粮食产量，还会促进蚕豆结瘤，而大麦和小麦与蚕豆间作不影响蚕豆结瘤。因玉米根系分泌物促进蚕豆中黄酮类化合物的合成，从而增加蚕豆结瘤，刺激固氮，从而为玉米提供更多的氮，实现种间正相关关系。

（4）系统水平的自组织机制

开放系统要保持其功能的稳定性，系统必须具备对环境的适应能力和自我调节能力。图 5-9（a）表示一个开放系统，虚线表示系统的边界，周围是系统的环境，系统具有一定功能，有能量和物质的输入与输出。图 5-9（b）表示具有最简单反馈的系统。所谓反馈，就是该系统的输出决定系统未来功能的输入。开放系统具有某种反馈机制后，在一定程度上能够控制系统的功能，这种系统称控制论系统（cybernetic system）。要使反馈系统能起控制作用，系统必须具备某种理想的状态或位置点，系统就围绕着位置点进行调节，参见图 5-9（c）。

案例：如把实验室里的恒温箱看成控制论系统，要使恒温箱保持在 30℃，那么 30℃ 就是位置点。当箱内温度低于 30℃ 时，通过反馈环变成输入，导致加热器启动，使箱内温度上升；倘若箱内温度偏高，也可以通过反馈环变成输出，使加热器停止工作，或开动制冷器，这样箱内的温度通过反馈达到恒定稳态。

在系统水平上，复杂的种群关系、生态位的分化、严格的食物链量比关系等，都对系统

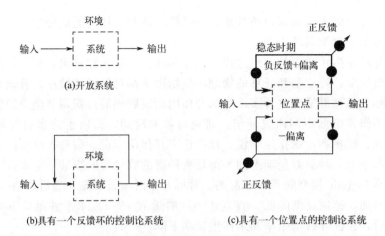

图 5-9　开放系统、具有一个反馈环的控制论系统及具有一个位置点的控制论系统（仿 Smith，1980）

稳态有积极作用。当系统内组分较多而且彼此功能较协调时，系统的自我调控能力较强，系统稳定性较好。

案例： 在复杂的乔、灌、草、针阔叶林中，由于食虫鸟类较多，马尾松较难发生松毛虫灾害，而在马尾松纯林中则易暴发松毛虫虫灾。水稻抗病品种长期单一化种植，由于病菌生理小种发生致病性突变，往往导致病害成灾，而多品种配套轮换种植，则可以延长抗病品种的使用年限并避免大面积成灾。农、林、牧结合，农、牧、渔结合，或农、畜、渔结合等多种综合型农业，不但具有较高的物质、能量和价值的转换效率，而且各业可在良性循环中稳定增长。

5.1.4.3　生态系统的人工调控

人类遵循生态系统的调控机制，利用生态工程的方法，对生态系统进行人工调控，对提高系统的生产力，满足人类日益增长的需要和维持生态可持续发展起着巨大的作用。

生物调控是通过对生物个体和种群的生理及遗传特性进行调节，以增加生物对环境的适应性及提高生物对环境资源的转化效率。生物调控主要有生物个体和群体两个层次的调控。个体调控主要方式是选种和育种，调控的目的是使目标生物更适应当地环境特点，更适合群体和系统的要求，更能满足人类的愿望。因此，选种、育种的目标一般是该品种对环境的适应性、丰产性和抗逆性的选择。群体调控的目的是调节个体与个体之间、种群与种群之间的关系，具体措施主要包括：a. 密度调节，如作物播种密度、牲畜放养密度和性别比例、海洋鱼类捕捞强度。b. 前后搭配调节，如耕作制、后备畜种贮留更新。c. 群体种类组成调节，如作物套种、立体农业、动物的混养、混交林营造等。我国粮食作物间作体系的净产量优势84％来自补偿效应。相对较短的共生期能通过降低物种之间的竞争并增加补偿效应而提高间作体系的净产量优势，C_3/C_4 作物间作体系的净产量优势比 C_3/C_3 作物间作体系高。

环境调控是指为了增加生物种群的产量而采取的一种改造生态环境的措施。

案例： 采用物理、化学和生物的方法改良土壤环境。传统的犁、翻、耙、磨、造畦、梯田和排灌等都属于物理方法；化学方法包括施化肥，施土壤结构改良剂、硝化抑制剂等；生物学方法包括施有机肥、种绿肥以及草田轮作等。对气候因子的调控，包括大规模植树造林、营造农田护林带、建风障、建动物棚舍、薄膜覆盖、施土面增温剂、人工降雨、人工防雹、人工防霜、温室栽培等。调控水的方法有建水库、引水渠、田间排灌技术、松土、镇压、喷灌、滴灌、用覆盖物抑制土面蒸发、用抗蒸材料抑制植物蒸腾等。随着现代科学发展起来的，用于园艺生产的水场、砂场和木糖渣栽培，以及人工控制温、湿、光的人工气候室，则是更彻底的环境控制。有利物种的引进和有害物种的控制，也是对生物环境的调控。

生态系统的结构调控是利用综合技术与管理措施，协调不同种群的关系，合理组装，建成新的复合群体，使系统各组成成分间的结构与功能更加协调，系统的能量流动、物质循环更趋合理。在充分利用和积极保护资源的基础上，获得最高的系统生产力，发挥最大的综合效益。

案例：大农业生态系统中协调农、林、牧、禽、渔、虫、微、副各业的配置种类和比例，目的是最大限度地利用当地的物质资源和能量资源，使系统不断优化，以便获得不断增长的经济效益和生态效益。

从系统构成上讲，结构调控主要包括 3 个方面：a. 确定系统组成在数量上的最优比例。如用线性规划方法求农林牧用地的最佳比例。b. 确定系统组成在时间、空间上的最优联系方式。要求因地制宜、合理布局农林牧生产，按生态位原理进行立体组合，按时空三维结构对农业进行多层配置。c. 确定系统组成在能流、物流、信息流上的最优联系方式。如物质、能量的多级循环利用，生物之间的相生相克配置等。

除了直接干预生态系统的组分及结构外，系统外部环境及社会经济状况也对生态系统产生影响。如输入、输出对农业生态系统的调控，输入包括肥料、饲料、农药、种子、机械、燃料、电力等农业生产资料，输出包括各种农业产品。输入调控包括输入的辅助能和物质的种类、数量与投入结构的比例。例如，增加土壤氮供应量会降低禾本科/豆科作物间作体系的净产量优势，但提高了禾本科/禾本科作物间作体系的净产量优势和补偿效应；禾本科/豆科作物间作体系的净效应和补偿效应在适度供磷的条件下最大。输出调控包括调控系统的贮备能力，使输出更有计划，或对系统内的产品加工，改变产品输出形式，使生产与加工相结合，产品得到更充分的利用，并可提高产品的经济价值；同时，控制非目标性输出，如防止径流、下渗造成的营养元素的流失等。

随着系统论、控制论的发展和计算机应用的普及，系统分析和模拟（system analysis andsimulation）已逐渐应用到生态系统的设计与优化中，使人类对生态系统的调控由经验化转向定量化、最佳化。到目前为止，生态系统的设计与规划还没有一个完全固定的步骤，但从大量的研究工作与实践中，可以归纳出生态系统规划与设计的一般步骤。它一般包括 5 个步骤：a. 自然资源和社会经济状况的调查与评价；b. 建立定量规划模型；c. 对各种方案进行动态模拟；d. 各个方案的综合评价；e. 规划方案的执行与监测。

5.1.5　生态平衡

5.1.5.1　生态系统稳定性

一切生态系统对环境的干扰和破坏都有一种自我调节、自我修复及自我延续的能力。例如，森林的适当采伐、草原的合理放牧、海洋的适当捕捞，都可通过系统的自我修复能力来保持木材、饲草和鱼虾产品产量的相对稳定。

生态系统抵抗变化和保持平衡状态的倾向称为生态系统的稳定性或"稳态"。生态系统稳定性常可分为两类：一类是抗变稳定性（resistant stability），指的是生态系统抵抗干扰和保护自身的结构与功能不受损伤的能力；另一类是弹性稳定性（resilinent stability），是指生态系统被干扰、破坏后恢复的能力。很多证据表明，这两类稳定性是相互对立的，具有高抵抗力稳定性的生态系统，其恢复力的稳定性是低的，反之亦然。

案例：森林生态系统抵抗干扰的能力较强，但受到破坏后长期难以恢复；而水生生态系统的生物量缺乏物质和能量的长期储存，抗环境干扰能力弱，但其自净功能可使系统较快恢复。

生态系统可以耐受一定程度的外界压力，并通过自我调控机制恢复其相对平衡，超出此限度，生态系统的自我调控机制就降低或消失，这种相对平衡就遭到破坏甚至使系统崩溃，这个限度称为"生态阈值"（ecological threshold）。系统越成熟，阈值越高；反之，系统结构越简单，功能效率不高，抵抗剧烈环境变化的能力弱，阈值越低。

一个具有复杂结构的生态系统，其稳定性较高。复杂的生态系统一般具有有序的层次结构，系统组分数目（K）一定时，随稳定亚系统数目的增加，整个系统发展到稳定水平所需的时间短，该时间与 $\log S^K$ 成正比。同时，低层次受干扰时，高层次仍能正常发挥作用；某一组分受干扰时，另一组分仍可运行。这些有利于系统稳态的维持。此外，植物种子和动物排卵数大大超过环境容纳的下一代的数量，同一种植物常被多种草食动物消费，这类功能组分的冗余（redundancy）使生态系统遇到干扰时能维持正常的物质和能量转换。这种稳态机制使自然界很少出现"商品滞销"或"停工待料"现象。一般生物多样性越高，生态系统越稳定。

生物多样性保持生态系统稳定与以下几个方面有关。

① 生态系统的生物种类越多，各个种群的生态位越分化，以及食物链越复杂，系统的自我调节能力就越强；反之，生物种类越少，食物链越简单，则调节平衡的能力就越弱。

案例： 在马尾松纯林中，松毛虫常会产生暴发性的危害；而如果是针阔叶混交林，单一的有害种群不可能大发生，因为多种树混交，害虫天敌的种类和数量随之增多，进而限制了该种害虫的扩展和蔓延。

② 生物多样性越高，能流、物流途径的复杂程度越高。生物种类多，食物网络复杂，能流、物流的途径也复杂，而每一物种的相对重要性就小，生态系统就比较稳定。因为当一部分能流、物流途径的功能发生障碍时，可被其他部分所代替或补偿。生态系统的生物现存量越大，能量和营养物质的储备就越多，系统的自我调节能力也就越强。

③ 生态系统中的物种越多，遗传基因库越丰富，生物对改变了的环境也越容易适应。在一个生态系统中，生物总是由最适应该生态环境的类型所组成的。通过自然界生物种内和种间的竞争，从中选优汰劣，使优良个体和种群得以生存与发展，不断推动生物的进化。

④ 生物多样性保证了系统功能完整性及功能组分冗余，生态系统内生物成分与非生物成分之间的能量流动和物质循环具有反馈调节作用。当环境媒介中某种元素的含量发生波动时，生物可通过吸收、转化、降解、释放等反馈调节，使生产率、周转率、库存量都相应地得到调整，使输入量与输出量之间的比例达到新的协调。

⑤ 生态系统越成熟，生物种类越多样化，信息传递和反馈调节能力也越强，生态系统也越稳定。在一个具有复杂食物网的生态系统中，一般不会由于一种生物的消失而引起整个生态系统的失调，但是任何一种生物的绝灭都会在不同程度上使生态系统的稳定性有所下降。环境的改变容易导致结构简单的生态系统发生剧烈的波动。

案例： 苔原生态系统中的生物能够耐受地球上最严寒的气候，但苔原生态系统的动植物种类比草原或森林生态系统中少得多，食物网结构简单，因此个别物种的兴衰可能导致整个苔原生态系统的失调或毁灭。

5.1.5.2　生态平衡的概念和表现形式

生态平衡（ecological balance）是指在一定的时间和相对稳定的条件下，生态系统的结构、功能和能量的输入与输出均处于相互适应与协调的动态平衡中。在自然条件下，生态系统总是朝着种类多样化、结构复杂化和功能完善化的方向发展，直到生态系统达到成熟的最稳定状态为止。衡量一个生态系统是否处于生态平衡状态的具体内容为：a. 时空结构上的有序性。表现在空间有序性上是指结构有规则地排列组合，小至生物个体的各器官的排列并然有序，大至宏观生物圈内各级生态系统的排列，以及生态系统内各种成分的排列都是有序的。表现在时间有序性上是指生命过程和生态系统演替发展的阶段性，功能的延续性和节奏性。b. 能流、物流的收支平衡。指系统不能入不敷出，造成系统亏空；又不应入多出少，导致污染和浪费。c. 系统自我修复、自我调节功能的保持，抗逆、抗干扰、缓冲能力强。所以，生态平衡状态是生物与环境相互高度适应、环境质量良好、整个系统处于协调和统一的状态。

生态系统平衡具有以下三种表现形式。

① 生态系统的相对静止稳态，可理解为生产者、消费者之间的数量比例适当，物质和能量的输入与输出量大体平衡。在顶极群落内，生物种类最多，个体数量最大，生物总生产量达到极限并趋于稳定，由于总生产量的大部分甚至是全部用于维持本身的能量消耗，因而净生产力微小。

② 生态系统的动态稳态。这是相对于顶极群落的静态而言的。如果说顶极群落的静态稳态在能量上输入、输出大体稳定，即系统固定的太阳能基本上维持系统的呼吸消耗（$P=R$），那么动态稳态则是固定能量大于消耗的能量（$P>R$），因而净生产力高。动态稳态表现在生物种群会出现围绕环境容纳量上下波动的状况，由于生产者、消费者各自的数量都在变化，因而系统内能量流动也会不断变化。随着消费者大量减少或增加，生产者数量也会相对增加或减少；当生态环境恶化或改善时，也会引起生产者或消费者的量增加或减少。如果这种变化在生态系统阈值以内，系统会通过自我调节处于稳态；如果超出阈值即超出生态系统自我调节能力，系统稳态消失即生态平衡被破坏。

③ 生态系统的"非平衡"稳态。这是生态平衡的最基本形式，从物质输出和输入关系看，二者不仅不相等，甚至不围绕一个饱和量上下波动，而是输入大于输出，积累大于消费。

案例：农业生态系统中一方面有光、热、水、气及无机元素的自然输入，另一方面有种子、肥料、农药及农机具等物质的人工输入，所有这些输入被有序组合。正是这种高输入、低消耗，使系统始终远离平衡态，又始终处于稳定状态，即通过人为高输入来维持的一种偏离自然平衡的"非平衡"稳态。农业生态系统只有实现物能高输入及生物新陈代谢的低消耗，才能实现经济产量的高输出，有较高经济效益。

5.1.5.3　生态平衡失调

当生态系统达到动态平衡的最稳定状态时，它能够自我调节和维持自己的正常功能，并能在很大程度上克服外来干扰，保持自身的稳定性。当外来干扰因素如人类修建大型工程、排放有毒物质、喷洒大量农药、人为引入或消灭某些生物等超过一定限度时，生态系统的自我调节功能会受到损害，从而引起生态失调，甚至导致发生生态危机。生态平衡失调的初期往往不容易被人们觉察，一旦出现生态危机很难在短期内恢复平衡。生态平衡破坏的表现一方面是损坏生态系统的结构，系统功能降低；另一方面是引起生态系统的功能衰退，系统的结构解体。

导致生态平衡失调的因素很多，主要为以下几方面。

① 生态系统内部原因。自然生态系统是一个开放系统。由绿色植物把太阳光和可溶态营养吸收到体内，通过物质循环和能量转换过程不仅使可溶态养分积聚在土壤表层，而且还

把部分能量以有机质的形态贮存于土壤中，从而不断地改造土壤环境，而改造后的环境为生物群落的演替准备了条件。生态群落的不断演替实质上就是不断地打破旧的生态平衡。可见，物质和能量在表土中的积累，其本质就是对原平衡的破坏。生物群落的演替可以是正向演替，也可以是逆行、退化演替。如果是逆行演替，则是打破原来的生态平衡后建立更低一级的生态平衡，本身意味着稳态的削弱。

② 生态系统外部原因。自然因素如火山爆发、台风、地震、洪水、大气环流变迁等，可能造成局部或大区域的环境系统或生物系统的破坏或毁灭，导致生态系统的破坏或崩溃。如果自然灾害是偶发性或短暂的，在自然条件比较优越的地区，灾后生态系统的自我恢复、发展，即使是从最低级的生态演替阶段开始，经过长期的繁衍生息也可以恢复到破坏前的状态。如果自然灾害持续时间较长、环境恶劣，生态系统可能彻底毁灭（如沙漠和荒漠的形成）。自然因素造成的生态平衡的破坏多是局部的、短暂的，常常可以恢复。

③ 人与自然策略的不一致。人类对于自然，一个共同的目标是"最大限度地获取"。所以砍光森林、开垦草原、围湖造田、竭泽而渔，造成一系列的生态失调。自然生态系统在长期发展进化中是不断积累能量以消除增加的熵，来维持系统自身的平衡和稳定，人类给以各种生态系统的影响超越了它们的生态阈限，将导致系统的崩溃。

④ 滥用资源。资源是人类生存的基础，也是自然生态平衡的物质基础。长期以来，人们对资源有两点错误认识：一是认为自然资源取之不尽、用之不竭；二是认为自然资源可以无条件更新。地球上大部分资源被人类利用时是有条件的，即使是可更新的资源也有更新的条件，许多资源消失了不会再有，如生物物种。人类最大限度地生产的策略会导致掠夺性地开发和经营，导致地球上各种资源加速耗竭，森林、草原面积的减少不但使许多生物物种灭绝，而且直接影响气候环境和水土流失。

⑤ 经济与生态分离。在传统经济体系中，自然界的服务不表现价值，是免费的，因而破坏自然资源的行为屡禁不止。

案例： 捕杀野生动物，取它们的角、牙、皮毛等以获得暴利，这些掠夺性的行为投入少、产出高，走私、偷猎者们获得极高的经济效益，但整个社会却为其承受长远的经济和生态后果。又如大自然还是垃圾场，许多工厂排放污物，使自然界成为容纳污染物的免费场所，以获取经济效益，这种现象用生态经济的概念称为"费用外摊"。这些现象都是个人经济效益越好，社会效益和生态效益却越坏，是经济与生态的分离而不是统一。

5.1.6 生态系统服务

生态系统服务（ecosystem service）是指对人类生存和生活质量有贡献的生态系统产品与服务，即人类直接或间接从生态系统中得到的利益。

大多数生态系统服务是公共品或准公共品，只有小部分作为产品进入市场。生态系统服务以长期服务流的形式出现，能够带来这些服务流的生态系统是自然资本和健康的生态系统功能过程。

自 Holdren 和 Ehrlich（1974）提出生态系统服务概念以来，许多生态学者在广泛分析的基础上，列出了生态系统对人类的"环境服务"功能，包括土壤形成及其改良、生物多样性的维护、种子传播、生物防治、减缓干旱和洪涝灾害、调节气候、保护和改善环境等。后来，Costanza 等（1995）将生态系统服务定义为生态系统提供的产品和服务（图 5-10），将全球生态系统服务划分为 17 类，包括大气调节、气候调节、干扰调节、水调节、水供给、侵蚀控制和沉积物保持、土壤发育、营养循环、废物处理、授粉、生物控制、庇护所、食物生产、原材料、基因资源、娱乐及文化。

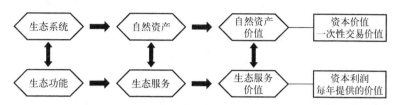

图 5-10　生态系统服务概念框架（仿 Holdren 和 Ehrlich，1974）

Jon Norberg（1999）在总结前人研究的基础上，按照生态系统服务来源的生态标准，将生态系统服务划分为Ⅰ～Ⅲ类三大类型。

第Ⅰ类是来自生态系统内部特定的生物种或生物群体，由于它们的生长或延续提供的服务。

案例：由生物提供的食物、木材、医药、鲜花等经济商品，昆虫和其他动物的传粉与传播种子，捕食性生物的生物防治，自然生物的美学欣赏和娱乐价值。

第Ⅱ类是对外在的化学或物理环境的调节作用，由生态系统的整体功能过程（如物质循环、能量流动等）产生。生态系统的生物群在物质循环中发挥着重要作用，不仅改变着化学环境，而且调节着地质、水文、气候条件。

案例：植被在减缓洪涝、降解净化有毒物质、维持更新土壤肥力等方面发挥重要作用。生态系统犹如过滤器和化学物质的贮存库，调节周围的环境。

第Ⅲ类是和生态系统的组织结构相联系的服务。从基因序列到生态系统各个层次的能流、物流网络，生态系统在时间、空间、外貌、颜色等方面都表现出有序的生物组织结构。

案例：生物的形态结构本身具有很高的市场价值，如鲜花、皮毛的样式、贝壳等。自然选择形成的基因序列，由散布和竞争排斥而形成的种群空间分布格局，由入侵和灭绝过程形成的食物网结构等都是适应环境变化的功能基础。这些服务功能是生态系统自组织的结果，能使生态系统受到人类干扰后得到恢复。这些基础服务比较抽象，容易被人们忽视，被称为支撑服务。

生态系统服务是多层次的、全方位的，包括产品、条件和过程三个方面。生态系统服务功能的大小与生态系统的类型、组成结构、尺度规模和发展进程密切相关，而且是一个不断变化的动态过程。这种变化一方面是生态系统自身运动变化（如季节变化、演替等）的结果，另一方面是人类活动干扰影响的结果。

生态系统服务是重要的"自然资产"，对生态系统服务价值评估能够提高公众对生态系统重要性的意识，促进政府决策上的转变，有助于正确评价人类的经济开发行为及其他的环保措施，实现生态的持续性和社会经济的可持续发展。目前提出将生态系统服务价值以某种形式纳入国民经济核算体系，被称为"绿色国民账户"或绿色 GNP，被作为衡量"可持续发展"进程的一个综合指标。我国于 2005 年计划在某些省份试行绿色 GNP 的核算。

英国著名经济学家 D. 皮尔斯（1994）将环境资源的价值分为两部分，即使用价值和非使用价值。前者包括直接使用价值（如食物、生物量、娱乐、健康等）、间接使用价值（如解毒、减灾等生态功能）和选择价值（如保护生境和生物多样性等）；后者包括遗产价值（指为将来某种资源保留给后代而自愿支付的费用）和存在价值（指人们为确保生境、濒危物种等资源继续存在而自愿支付的费用）。

生态系统服务的定量评价方法主要有三类，即能值分析法、物质量评价法和价值量评价法。能值分析法是用生态系统的产品或服务在形成过程中直接或间接消耗的太阳能总量表示；物质量评价法是指从物质量的角度对生态系统提供的各项服务进行定量评价；价值量评价法是指从货币价值量的角度对生态系统提供的服务进行定量评价，价值量评价方法主要包括市场价值法、费用支出法、替代花费法、机会成本法、影子价格法、影子工程法、费用分析法、人力资本法、资产价值法、旅行费用法和条件价值法。

案例：Costanza 等（1995）采用直接或间接地对生态系统服务的意愿支付法，得出全球生态系统每年的服务价值平均为 33×10^{12} 美元（按 1994 年价格计），相当于全世界 GDP（国内生产总值）的 1.8 倍。其中，海洋生态系统占总价值的 63%，陆地生态系统只占 37%，主要来自森林生态系统和湿地生态系统。

 本节小结

生态系统是在一定空间中共同栖居着的所有生物（即生物群落）与环境之间由于不断地进行物质循环和能量流动过程而形成的统一整体。生态系统是由生产者、消费者、分解者和非生物环境四大基本成分组成的。生态系统结构主要包括组分结构、时空结构和营养结构三个方面。按照生物与生物之间的关系可将食物链分成捕食食物链、碎食食物链、寄生性食物链和腐生性食物链四类。食物链加环可分为生产环、增益环、减耗环和复合环。能量通过各个营养级逐步减少，从而形成能量锥体。数量锥体和生物量锥体有倒置情形。能量传递效率包括同化效率、生长效率和消费效率。在一定时间和相对稳定的条件下，生态系统的结构和功能均处于相互适应与协调的动态平衡，即生态平衡。生态系统服务是多层次的、全方位的。

5.2 生态系统的能量流动

生态系统中生命系统与环境系统在相互作用的过程中，始终伴随着能量的流动与转化，一切生命活动都伴随能量的变化，没有能量的转化，也就没有生命和生态系统。

5.2.1 营养级和生态效率

（1）营养级

食物链和食物网是物种与物种之间的营养关系，这种关系错综复杂，无法用图解的方法完全表示，为了便于进行定量的能流和物质循环研究，生态学家提出了营养级的概念。

营养级（trophic level）是指处于食物链某一环节上的所有生物种的总和。作为生产者的绿色植物和所有自养生物都位于食物链的起点，共同构成第一营养级。所有以生产者（主要是绿色植物）为食的动物都属于第二营养级，即食草动物营养级。第三营养级包括所有以植食动物为食的食肉动物。以此类推，还可以有第四营养级（即二级肉食动物营养级）和第五营养级。

案例：以草原生态系统为例，各种绿色植物为第一营养级，以绿色植物为食的昆虫以及野兔、牛、羊等动物均为第二营养级，以牛、羊等动物为食的狮子等动物为第三营养级。

（2）生态效率

生态效率（ecological efficiencies）是指各种能流参数中的任何一个参数在营养级之间或营养级内部的比值关系，这种比值关系也可以应用于种群之间或种群内部以及生物个体之间或生物个体内部，不过当应用于生物个体时，这种效率常被认为是一种生理效率。

在生产力生态学研究中，估计各个环节的能量传递效率是很有用的。能流过程中各个不同点上能量之比值，可以称为传递效率（transfer efficiency）。Odum 曾称之为生态效率，但一般把林德曼效率称为生态效率。由于对生态效率曾经给过不少定义，而且名词比较混乱，Kozlovsky（1969）曾加以评述，提出最重要的几个，并说明其相互关系。

为了便于比较，首先要对能流参数加以明确。其次要指出的是生态效率是无维的，在不同营养级间各个能量参数应该以相同的单位来表示。

摄食量（I）：表示一个生物所摄取的能量。对于植物来说，它代表光合作用所吸收的日光能；对于动物来说，它代表动物吃进的食物的能量。

同化量（A）：对于动物来说，它是消化后吸收的能量；对于分解者来说，是指对细胞外的吸收能量；对于植物来说，它指在光合作用中所固定的能量，常常以总初级生产量表示。

呼吸量（R）：指生物在呼吸等新陈代谢和各种活动中消耗的全部能量。

生产量（P）：指生物在呼吸消耗后净剩的同化能量值，它以有机质的形式累积在生物体内或生态系统中。对于植物来说，它是净初级生产量；对于动物来说，它是同化量扣除呼吸量以后净剩的能量值，即 $P = A - R$。

用以上这些参数就可以计算生态系统能流的各种生态效率。最重要的是下面 3 个。

① 同化效率（assimilation efficiency）指植物吸收的日光能中被光合作用所固定的能量比例，或被动物摄食的能量中被同化了的能量比例。

$$同化效率＝被植物固定的能量/植物吸收的日光能$$

或

$$同化效率＝被动物消化吸收的能量/动物摄食的能量$$

即

$$A_e = A_n / I_n$$

式中，n 代表营养级数。

② 生产效率（production efficiency）指形成新生物量的生产能量占同化能量的百分比。

$$生产效率＝n 营养级的净生产量/n 营养级的同化能量$$

即

$$P_e = P_n / A_n$$

有时人们还分别使用组织生长效率（即前面所指的生长效率）和生态生长效率，则

$$生态生长效率＝n 营养级的净生产量/n 营养级的摄入能量$$

③ 消费效率（consumption efficiency）指 $n+1$ 营养级消费（即摄食）的能量占 n 营养级净生产能量的比例。

$$消费效率＝(n+1)营养级的消费能量/n 营养级的净生产量$$

所谓林德曼效率（Lindemans efficiency）是指 $n+1$ 营养级所获得的能量占 n 营养级获得能量之比，这是 Lindemans 的经典能流研究所提出的，它相当于同化效率、生产效率和消费效率的乘积，即

$$林德曼效率＝(n+1)营养级摄取的食物/n 营养级摄取的食物$$

$$Le = \frac{I_{n+1}}{I_n} = \frac{A_n}{I_n} \times \frac{P_n}{A_n} \times \frac{I_{n+1}}{P_n}$$

根据林德曼测量结果，这个比值大约为 1/10，曾被认为是重要的生态学定律，称作十分之一定律（百分之十定律），即从一个营养级到另一个营养级的能量转换效率为 10%，也就是说能量每通过一个营养级就损失 90%。因此，营养级一般不能超过 4 级，但这仅是在湖泊生态系统中的一个近似值。在其他不同的生态系统中，林德曼效率变化很大，高可达 30%，低可能只有 1% 甚至更低。

也有学者把营养级间的同化能量比值，即 A_{n+1}/A_n 视为标准效率（Krebs，1985）。

案例 1： 非洲象种群对植物的利用效率大约是 9.6%，即在 $3.1 \times 10^6 J/m^2$ 的初级生产量中只能利用 $3.0 \times 10^5 J/m^2$；草原田鼠种群对食料植物的利用效率大约是 1.6%，而草原田鼠营养环节的林德曼效率却只有 0.3%，这是一个很低的值。

案例 2： 1970 年，G. C. Varley 曾计算过栖息在 Wytham 森林中的很多脊椎动物的利用效率，这些动物都依赖栎树为生，其中大山雀的利用效率为 0.33%，鼩鼱的利用效率为 0.10%，林姬鼠为 0.75%。

案例 3： 1975 年，Whittaker 为不同生态系统中净初级生产量被动物利用的情况提供了一些平均数据，这些数据表明，热带雨林大约有 7% 的净初级生产量被动物利用，温带阔叶林为 5%，草原为 10%，开阔大洋为 40%，海水上涌带为 35%。

5.2.2 生态系统的初级生产

5.2.2.1 初级生产的基本概念

生态系统中的能量流动开始于绿色植物的光合作用对太阳能的固定。因为这是生态系统中第一次能量固定，所以植物所固定的营养能或所制造的有机物质被称为初级生产量或第一性生产量（primary production）。

在初级生产过程中，植物固定的能量有一部分被植物自己的呼吸消耗掉，剩下的可用于植物生产和生殖，这部分生物量称为净初级生产量（net primary production）。净初级生产量是可提供生态系统中其他生物（主要是各种动物和人）利用的能量。而包括呼吸消耗在内的全部生产量，称为总初级生产量（gross primary production）。总初级生产量（GP）、呼吸所消耗的能量（R）和净初级生产量（NP）三者之间的关系是：

$$GP = NP + R$$
$$NP = GP - R$$

生产量和生物量（biomass）是两个不同的概念。生产量含有速率的概念，是指单位时间单位面积上的有机物质生产量，通常用每年每平方米所生产的有机物质干重 $[g/(m^2 \cdot a)]$ 或每年每平方米所固定的能量值 $[J/(m^2 \cdot a)]$ 表示。所以初级生产量也可称为初级生产力，它们的计算单位是完全一样的，但在强调"率"的概念时，应当使用生产力。而生物量是指在某一定时刻调查时单位面积上积存的有机物质，单位是 g(干重)/m^2 或 J/m^2。

案例： 热带雨林每年固定的太阳辐射为 $3.0 kcal/(m^2 \cdot a)$，初级生产量为 $10 \sim 50 t/(hm^2 \cdot a)$，而在调查时的生物量为 $25 \sim 400 t/hm^2$。夏绿林每年固定的太阳辐射为 $2.1 kcal/(m^2 \cdot a)$，初级生产量为 $3.5 \sim 10 t/(hm^2 \cdot a)$，而在调查时的生物量为 $70 \sim 250 t/hm^2$。

5.2.2.2 地球上初级生产力的分布

综合研究和估计全球海洋与陆地初级生产力，对于了解地球的功能是十分重要的，因为它是碳和营养物动态的中心问题，与生物地球化学循环有密切关系，并且与当前人类关心的全球气候变化也有联系。

按 Whittaker（1975）估计，全球陆地净初级生产总量为年产 1.15×10^{11} t（干物质），海

洋的为 5.5×10^{10} t（干物质）。海洋约占地球表面的 2/3，但净初级生产量只占 1/3。在海洋中，珊瑚礁和海藻床是高生产量的，年产干物质超过 $2000 g/m^2$；河口湾由于有河流的辅助能量输入，上涌流区域也能从海底带来额外营养物质，它们的净生产量比较高，但是所占面积不大；占海洋面积最大的大洋区，其净生产量相当低，年平均仅 $125 g/m^2$，被称为海洋荒漠。这是海洋净初级生产总量只占全球的 1/3 左右的原因。在海洋中，由河口湾向大陆架到大洋区，单位面积净初级生产量和生物量有趋于降低的明显趋势。在陆地上，湿地（沼泽和盐沼）的生产量是最高的，年平均可超过 $2500 g/m^2$；热带雨林的生产量也是很高的，平均 $2200 g/(m^2 \cdot a)$。由热带雨林向温带常绿林、落叶林、北方针叶林、稀树草原、温带草原、寒漠和荒漠依次减少（图 5-11）。

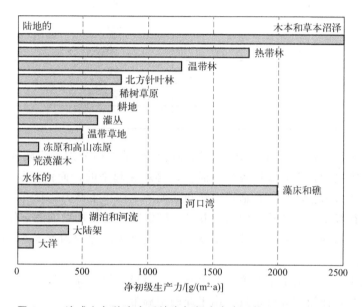

图 5-11 地球上各种生态系统净初级生产力（仿 Richlefs，2001）

Field 等（1998）以卫星遥感资料为基础，估计了全球净初级生产力。其估计公式是：

$$NP = APAR \times \varepsilon$$

式中，APAR 为光合吸收活性辐射（absorbed photosynthetically active solar radiation）；ε 为平均光利用效率。

他们的估计值是 1.049×10^{17} g，其中，海洋净初级生产力占 46.2%（4.85×10^{16} g），陆地的占 53.8%（5.64×10^{16} g）（表 5-2）。

表 5-2 生物圈主要生态系统的年和季节净初级生产力（引自 Field，1998）

单位：10^{15} g

项目		海洋	陆地
季节的	4～6 月	11.9	15.7
	7～9 月	13.0	18.0
	10～12 月	12.3	11.5
	1～3 月	11.3	11.2

项目		海洋	陆地	
生物地理的	贫营养	11.0	热带雨林	17.8
	中营养	27.4	落叶阔叶林	1.5
	富营养	9.1	针阔混交林	3.1
	大型水生植物	1.0	常绿针叶林	3.1
			落叶针叶林	1.4
			稀树草原	16.8
			多年生草地	2.4
			阔叶灌木	1.0
			苔原	0.8
			荒漠	0.5
			栽培田	8.0
总计		48.5	56.4	

两个估计结果相差很大，Field 认为，以往的估计是根据分别测定陆地、海洋各种生态系统的生物量和呼吸量，然后乘以各自的面积，再总和起来的，而他们采用的是遥感资料，以日光辐射吸收指数为基础，综合估算海洋和陆地的净初级生产力。尽管如此，除了日光以外，水也是决定初级生产力的重要因素，并且遥感资料一般要用地面测定作验证。根据遥感信息和地面气候资料的模型初步估计，全球年总净初级生产力约为 2.645×10^9 t 碳（孙睿和朱启疆，2000）。

全球净初级生产力在沿地球纬度分布上有 3 个高峰。第一高峰接近赤道，第二高峰出现在北半球的中温带，而第三高峰出现在南半球的中温带。

海洋净初级生产力的季节变动是中等程度的，而陆地生产力的季节波动则很大，夏季比冬季净初级生产力平均高 60%。

生态系统的初级生产量还随着群落的演替而变化。早期由于植物生物量很低，初级生产量不高；随着时间推移，生物量渐渐增加，生产量也提高；一般森林在叶面积指数达到 4 时，净初级生产量最高；但当生态系统发育成熟或演替达到顶极时，虽然生物量接近最大，系统由于保持在动态平衡中，净生产量反而最小。由此可见，从经济效益角度考虑，利用再生资源的生产量，让生态系统保持在"青壮年期"是最有利可图的，不过从持续发展和保护生态角度着眼，人类还需在多目标间做合理的权衡。

水体和陆地生态系统的生产量都有垂直变化。在森林生态系统中，一般乔木层最高，灌木层次之，草被层更低，而地下部分反映了同样的情况。水体也有类似的规律，不过水面由于阳光直射，生产量不是最高，最高的是深数米左右处，并随水的清澈度而变化。

5.2.2.3 初级生产的生产效率

净初级生产力不是受光合作用固有的转化光能的能力所限制，而是受其他生物因素所限制。

案例：对初级生产的生产效率的估计，可以以一个最适条件下的光合效率为例（表 5-3）。如在热带一个无云的白天，或者温带仲夏的一天，太阳辐射的最大输入量可达 2.9×10^7 J/(m²·d)。扣除 55% 属紫外和红外辐射的能量，再减去一部分被反射的能量，真正能为光合作用所利用的就只占辐射能的 40.5%，再除去非活性吸收（不足以引起光合作用机制中电子的传递）和不稳定的中间产物，能形成糖的约为 $2.7 \times 10^6 J/(m^2 \cdot d)$，相当于 $120g/(m^2 \cdot d)$ 的有机物质，这是最大光合效率的估计值，约占总辐射能的 9%。但实际测定的最大光合效率的值只有 $54g/(m^2 \cdot d)$，接近理论值的 $1/2$，大多数生态系统的净初级生产量的实测值都远远较此值低。

表 5-3　最适条件下初级生产的效率估计（引自 McNaughton 和 Wolf，1979）

能量/[J/(m² · d)]				百分率/%	
输入		损失		输入	损失
日光能	2.9×10^7			100	
可见光	1.3×10^7	可见光以外	1.6×10^7	45	55
被吸收	9.9×10^6	反射	1.3×10^6	40.5	4.5
光化中间产物	8.0×10^6	非活性吸收	3.4×10^6	28.4	12.1
糖类	2.7×10^6	不稳定中间产物	5.4×10^6	9.1（$=P_g$）	19.3
净生产量	2.0×10^6	呼吸消耗	6.7×10^5	6.8（$=P_n$）	2.3（$=R$）
约为 120g/(m² · d)				实测最大值为 3%	

20 世纪 40 年代以来，对各生态系统的初级生产效率所作的大量研究表明，在自然条件下，总初级生产效率很难超过 3%，虽然人类精心管理的农业生态系统中曾经有过 6%～8% 的记录。一般来说，在富饶肥沃的地区，总初级生产效率可以达到 1%～2%；而在贫瘠荒凉的地区，大约只有 0.1%。就全球平均来说为 0.2%～0.5%。

案例：人工栽培的玉米田的日光能利用效率为 1.6%，呼吸消耗约占总初级生产量的 23.4%；荒地的日光能利用效率（1.2%）比玉米田低，但其呼吸消耗（15.1%）也低。虽然荒地的总初级生产效率比人类经营的玉米田低，但是它把总初级生产量转化为净初级生产量的比例却比较高。两个湖泊生态系统的总初级生产效率（分别为 0.10% 和 0.40%）要比上述两个陆地生态系统的（分别为 1.2% 和 1.6%）低得多，这种差别主要是因为入射日光能是按到达湖面的入射量计算的，当日光穿过水层到达实际进行光合作用地点的时候，已经损失了相当大的一部分能量。因此，两个湖泊生态系统的实际总初级生产效率应当比 Lindeman 所计算的高，应当是 1%～3%。另外，两个湖泊中植物的呼吸消耗（分别占总初级生产量的 21.0% 和 22.3%）和人工栽培玉米田（23.4%）大致相等，但却明显高于荒地（15.1%）（表 5-4）。

表 5-4　4 个生态系统的初级生产效率的比较

项目	人工栽培玉米田 （Transeau，1926）	荒地 （Golley，1960）	Meadota 湖 （Lindeman，1942）	Ceder Bog 湖 （Lindeman，1942）
总初级生产量/总入射日光能	1.6%	1.2%	0.40%	0.10%
呼吸消耗/总初级生产量	23.4%	15.1%	22.3%	21.0%
净初级生产量/总初级生产量	76.6%	84.9%	77.7%	79.0%

5.2.2.4 初级生产量的限制因素

（1）陆地生态系统

光、CO_2、水和营养物质是初级生产量的基本资源，温度是影响光合效率的主要因素，而食草动物的捕食会减少光合作用生物量（图5-12）。

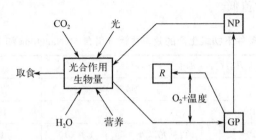

图5-12 初级生产量的限制因素图解（仿 McNaughton，1973）

一般情况下，植物有充分的可利用的光辐射，但并不是说光辐射不会成为限制因素，例如冠层下的叶子接受光辐射可能不足，白天中有时光辐射低于最适光合强度，对 C_4 植物可能达不到光辐射的饱和强度。

遥感是测定生态系统初级生产量的一种新技术，可同时测定很大的陆地区域，在近代生态学研究中得到推广应用。根据遥感测得近红外和可见光光谱数据而计算出来的 NDVI 指数（normalized difference vegetation index，标准化植被差异指数），提供了植物光合作用吸收有效辐射的一个定量指标，与文献报道的各种陆地生态系统地面净初级生产量是符合的。

水最易成为限制因子，各地区降水量与初级生产量有最密切的关系。在干旱地区，植物的净初级生产量几乎与降水量呈线性关系。

温度与初级生产量的关系比较复杂：温度上升，总光合速率升高，但超过最适温度则又转为下降；而呼吸率随温度上升呈指数上升；其结果是净生产量与温度呈驼背状曲线。

潜蒸发蒸腾（potential evapotranspiration，PET）指数是反映在特定辐射、温度、湿度和风速条件下蒸发到大气中水量的一个指标，而 PET-PPT（mm/a）（PPT 为年降水量）值则可反映缺水程度，因而能表示温度和降水等条件的联合作用。

营养物质是植物生产力的基本资源，最重要的是 N、P、K。对各种生态系统施加氮肥都能增加初级生产量。近年研究还发现一个普遍规律，即地面净初级生产量与植物光合作用中氮的最高积聚量呈密切的正相关。

案例1：冷地早熟禾（*Poa crymophila*）是青藏高原高寒草甸常见优良牧草之一，广布于草地和林冠之下。随着光照强度的减弱，冷地早熟禾地上生物量显著减少；而且光照强度与土壤肥力对其生长具有显著的交互作用。在高光照强度和低光照强度下，施肥促进地上生物量显著增加；但在中度光照强度下，施肥并没有引起地上生物量的显著变化。说明在生产实践中，对于林冠下以冷地早熟禾为优势种的草地，当冠层间隙光透射水平较低时，可以通过施肥来提高生产力；当冠层间隙光透射达中度光照水平时，施肥对生产力并没有显著效果（马银山等，2009）。

案例2：呼伦贝尔草甸草原是我国北方草原的重要组成部分，近年来该地区极端降水和极端干旱事件频发。中国农业科学院通过增减降水和养分（N、P 和 K）添加试验研究表明，在养分添加条件下，降水减少50%和增加50%对该草甸草原地上生物量没有显著影响；而在自然养分条件下，降水减少50%显著降低了该草原地上生物量，降水增加50%对其没有显著影响。N、P 和 K 养分添加显著提高了该草原地上生物量，在三个水分梯度下分别提高 119％、76％和 109％（陶冬雪，2021）。

（2）水域生态系统

光是影响水体初级生产力的最重要的因子。莱塞尔（Ryther，1956）提出预测海洋初级生产力的公式：

$$P = \frac{R}{k} \times C \times 3.7$$

式中，P 为浮游植物的净初级生产力；R 为相对光合率；k 为光强度随水深度而减弱的衰变系数；C 为水中的叶绿素含量。

这个公式表明，海洋浮游植物的净初级生产力取决于太阳的日总辐射量、水中的叶绿素含量和光强度随水深度而减弱的衰变系数。实践证明，这个公式的应用范围是比较广的。水中的叶绿素含量是一个重要因子，营养物质的多寡是限制浮游植物生物量（其中包括叶绿素）的原因。在营养物质中，最重要的是 N 和 P，有时还包括 Fe，这可以通过施肥试验获得直接证明。

案例 1：马尾藻海位于大西洋的亚热带部分，是世界海洋中水质最清澈透明的海区，其上层水所含的营养物质极低。施肥试验证明，施加 Fe 能明显地刺激马尾藻海水中的初级生产量大幅度提高，但为期却甚短。

案例 2：珠江口春、秋季和冬季表层叶绿素 a 浓度与浮游植物初级生产力存在着显著的正相关关系，而夏季叶绿素 a 与初级生产力之间的线性相关性不显著，原因可能是海区透明度低，浮游植物生长主要受光的影响（刘华健等，2017）。

决定淡水生态系统初级生产量的限制因素主要是营养物质、光和食草动物的捕食。营养物质中，最重要的是 N 和 P。IBP 研究提供的数据表明，世界湖泊的初级生产量与 P 的含量相关最密切。小型池塘与陆地生态系统接触的边际相对较大，外来的有机物质输入也高，浅水又能生产有根高等植物，因此浮游植物生产的有机物含量相对较低。大而深的湖泊则相反，主要以浮游植物生产的有机物为主。营养物质对淡水生态系统初级生产量的决定意义，还通过施肥试验得到证明。

案例：安徽武昌湖浮游植物初级生产力具有明显的季节性差异，丰水期初级生产力均值显著高于枯水期均值。研究表明，丰水期初级生产力与温度和叶绿素 a 浓度呈显著正相关，与固体悬浮物和化学需氧量浓度呈显著负相关，而枯水期则与叶绿素 a 浓度和固体悬浮物呈显著正相关（李雪梅等，2021）。

5.2.2.5　初级生产量的测定方法

（1）收获量测定法

用于陆地生态系统。定期收割植被，干燥到质量不变，然后以每年每平方米的干物质质量来表示。取样测定干物质的热当量，并将生物量换算为 J/(m² • a)。为了使结果更精确，要在整个生长季中多次取样，并测定各个物种所占的比重。在应用时，有时只测定植物的地上部分，有时还测地下根的部分。

案例：草原植物由于一岁枯荣的生活史特征，其地上部分在冬天会全死亡，来年重新长出新的枝叶，一般在 8 月份时生物量最高。因此，可以用此时植物地上绿色部分生物量来代表当年群落地上部分净初级生产力（姜恕，1988）。在生产力测定时，一般在每个样地用 0.5m×2m 的条带状样方框选取取样点。在每个样方框内，分物种齐地面剪下每个物种上绿色部分，装入信封内，带回实验室，经 65℃烘箱 48h 烘干到恒重后再称重，并记录为每个物种的地上生物量。把每个样方框内的所有物种生物量加和后，记为样方框内该群落的生物量（张云海，2014）。

（2）氧气测定法

多用于水生生态系统，即黑白瓶法。用3个玻璃瓶，其中一个用黑胶布包上，再包以铅箔。从待测的水体深度取水，保留一瓶（初始瓶IB）以测定水中原来溶氧量。将另一对黑白瓶沉入取水样深度，经过24h或其他适宜时间，取出进行溶氧测定。根据初始瓶（IB）、黑瓶（DB）、白瓶（LB）溶氧量，即可求得：

$$净初级生产量＝LB－IB$$
$$呼吸量＝IB－DB$$
$$总初级生产量＝LB－DB$$

昼夜氧曲线法是黑白瓶方法的变型。每隔2～3h测定一次水体的溶氧量和水温，作成昼夜氧曲线。白天由于水中自养生物的光合作用，溶氧量逐渐上升；夜间由于全部好氧生物的呼吸，溶氧量逐渐减少。这样，就能根据溶氧的昼夜变化来分析水体群落的代谢情况。因为水中溶氧量还随温度而改变，因此必须对实际观察的昼夜氧曲线进行校正。

案例： 黄立成等（2019）基于黑白瓶法对云南程海浮游植物初级生产力的时空变化进行了测定和研究，具体方法为：用采水器分别采取码头点位水体表面（0m）和水下0.5m、1.0m、2.0m、3.0m处（未达热力分层期的温跃层）水样，由瓶底（各瓶容量为250mL）开始分别注满（溢出3倍体积）1个初始瓶、2个黑瓶、2个白瓶；初始瓶于现场固定、充分摇匀后根据碘量法测定初始溶解氧（DO）浓度，黑瓶和白瓶分别悬挂于对应取水水深24h后取出，现场固定、充分摇匀后根据碘量法测定各瓶的DO浓度。根据DO浓度，计算得出各水层浮游植物总初级生产力。研究结果显示，程海单点的年均水柱（0～3m）总初级生产力为 $(5.40\pm0.64)\times10^3 O_2/(m^2\cdot d)$。

（3）CO_2测定法

用塑料罩将群落的一部分罩住，测定进入和抽出的空气中CO_2含量。如黑白瓶方法比较水中溶氧量那样，本方法也要用暗罩和透明罩，也可用夜间无光条件下的CO_2增加量来估计呼吸量。测定空气中CO_2含量的仪器是红外气体分析仪，或用经典的KOH吸收法。

案例： 1974年，H. T. Odum曾经把热带雨林的一部分包围在一个巨大的塑料薄膜室内，并大体按照小样方（小室）的工作程序对二氧化碳进行测定，把白天森林所吸收的二氧化碳与夜晚森林所释放的二氧化碳相加，即能得到这部分森林的总初级生产量（孙儒泳等，1993；阎希柱，2000）。

（4）放射性标记物测定法

把放射性[14]C以碳酸盐（[14]CO_3^{2-}）的形式放入含有自然水体浮游植物的样瓶中，沉入水中经过短时间培养，滤出浮游植物，干燥后在计数器中测定放射活性，然后通过计算，确定光合作用固定的碳量。因为浮游植物在暗中也能吸收[14]C，因此，还要用"暗呼吸"作校正。

案例： 测定海洋初级生产力的技术有多种，[14]C标记法是目前为止最为经典与常用的初级生产力标准测试技术（Chavez等，2011）。该技术由丹麦科学家Steemann Nielsen在1952年提出，利用该技术Steemann Nielsen首次报道了在丹麦Galathea海洋调查中测定的初级生产力结果，开启了精确测定海洋初级生产力的新纪元。该技术使得在全球不同区域测定的初级生产力结果更具有可比性，为精确估算全球海洋初级生产力提供了技术支撑（裴绍峰等，2014）。

（5）叶绿素测定法

通过薄膜将自然水进行过滤，然后用丙酮提取，将丙酮提出物在分光光度计中测量吸光度，再通过计算，化为每平方米含叶绿素多少克。叶绿素测定法最初应用于海洋和其他水体，较用 ^{14}C 和氧测定方法简便，花的时间也较少。

案例： 韩耀全等（2018）在同一水域（贫营养型水体），通过浮游植物生物量法、黑白瓶法、叶绿素 a 法同步测定水体初级生产力，将测定结果统一在 C（碳）单位水平进行比较，结合分析其他不同营养水平水体初级生产力测定结果的差异。分析结果表明，3 种方法的测定结果以叶绿素 a 法测定结果最高，浮游植物生物量法次之，黑白瓶法最低。叶绿素 a 法的测定结果平均比浮游植物生物量法高 42.81%，比黑白瓶法高 173.75%，浮游植物生物量法的测定结果平均比黑白瓶法高 91.68%。

（6）新技术的应用

有很多新的测定技术正在发展，其中最著名的包括海岸区彩色扫描仪、先进的分辨率很高的辐射计、美国专题制图仪或欧洲斯波特卫星（SPOT）等遥感器的应用。

案例： 卫星遥感日益成为大尺度海洋初级生产力估算的重要手段，具有能够获取实时的、大尺度的、动态的海洋环境参数的优点（徐红云等，2016）。在第四次海洋初级生产力比较计划（PPARR4）中，Saba 等（2010）利用基于叶绿素浓度和浮游植物碳的水色模型比较了沿海区域的海洋初级生产力，通过与实测数据比较发现，超过 90% 的模型都低估了海域的初级生产力。研究发现，利用高效液相色谱分析仪（HPLC）获得的叶绿素浓度数据相对于荧光技术测得的数据或者 SeaWiFS 卫星数据而言，初级生产力的估算结果与实测数据差异更小，利用 HPLC 获得长时间序列的高质量叶绿素浓度数据成为趋势。在 PPARR5 中，Lee 等（2015）基于叶绿素浓度和浮游植物吸收系数模型，比较了北冰洋的海洋初级生产力，发现基于浮游植物吸收系数模型的估算结果与实测数据相比误差较小。

5.2.3　生态系统的次级生产

5.2.3.1　次级生产过程

净初级生产力是生产者以上各营养级所需能量的唯一来源。从理论上讲，净初级生产量可以全部被异养生物所利用，转化为次级生产量（如动物的肉、蛋、奶、毛皮、骨骼、血液、蹄、角以及各种内脏器官等），但实际上，任何一个生态系统中的净初级生产量都可能流失到这个生态系统以外的地方去。还有很多植物生长在动物所到达不了的地方，因此也无法被利用。总之，对动物来说，初级生产量或因得不到，或因不可食，或因动物种群密度低等原因，总有相当一部分未被利用。

即使是被动物吃进体内的植物，也有一部分通过动物的消化管排出体外。例如，蝗虫只能消化它们吃进食物的 30%，其余 70% 将以粪便形式排出体外，供腐蚀动物和分解者利用。食物被消化吸收的程度依动物的种类而大不相同。尿是排泄过程的产物，但由于测定技术上的困难，常与粪便合并，称为尿粪量，排出体外。在被同化的能量中，有一部分用于动物的呼吸代谢和生命的维持，这一部分能最终将以热的形式消散掉。剩下的那部分才能用于动物各器官组织的生长和繁殖新的个体，即为次级生产量。

次级生产量的一般过程见图 5-13。

图 5-13 是一个普适模型。它可应用于任何一种动物，包括食草动物和食肉动物。对食草动物来说，食物种群是指植物（净初级生产量）；对食肉动物来说，食物种群是指动物（净次级生产量）。食肉动物捕食到猎物后往往不是全部吃下去，而是剩下毛皮、骨头和内脏

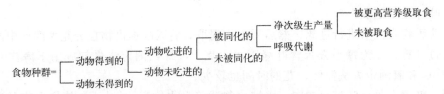

图 5-13　次级生产量的一般过程

等。所以，能量从一个营养级传递到下一个营养级时往往损失很大。

对一个动物种群来说，其能量收支情况可以用下列公式表示：

$$C = A + FU$$

式中，C 为动物从外界摄食的能量；A 为被同化能量；FU 为粪、尿能量。

A 项又可分解如下：

$$A = P + R$$

式中，P 为净生产量；R 为呼吸能量。

综合上述两式可以得到：

$$P = C - FU - R$$

当一个种群的出生率最高和个体生长速度最快的时候，也就是这个种群次级生产量最高的时候，这时往往也是自然界初级生产量最高的时候。但这种重合并不是碰巧发生的，而是自然选择长期起作用的结果，因为次级生产量是靠消耗初级生产量得到的。

案例：以春季的地栖蜘蛛种群为例，当猎物种群生产量为 886.4g 时，其中 876.1g 不能被蜘蛛捕获，蜘蛛捕获的只有 10.3g；在蜘蛛捕食的生产量中，有 2.37g 未被吃下，被吃下的只有 7.93g；被蜘蛛吃下的生产量中，未被同化的有 0.63g，被同化的只有 7.3g；被蜘蛛同化的生产量中，4.6g 用于其自身呼吸，用于其自身生长发育和繁殖的只有 2.7g，即为净次级生产量（图 5-14）。以上过程即为捕食者蜘蛛的次级生产过程，在该过程中，猎物种群生产量传递到下一营养级时，损失量很大，只有一小部分用于捕食者蜘蛛的自身生产。

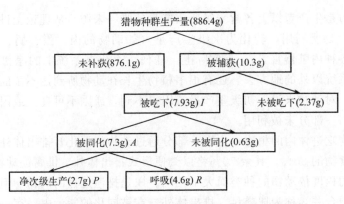

图 5-14　春季地栖蜘蛛种群次级生产量生产过程示例

5.2.3.2　次级生产量的测定

① 按同化量和呼吸量估计生产量，即 $P = A - R$；按摄食量扣除粪尿量估计同化量，即 $A = C - FU$。

测定动物摄食量可在实验室内或野外进行，按 24h 的饲养投放食物量减去剩余量求得。摄食食物的热量用热量计测定。在测定摄食量的试验中，同时可测定粪尿量。用呼吸仪测定耗 O_2 量或 CO_2 排出量，转化为热量，即呼吸能量。上述的测定通常是在个体的水平上进行，因此要与种群数量、性比、年龄结构等特征结合起来才能估计出动物种群的净生产量。

②　测定次级生产力的另一途径：

$$P = P_g + P_r$$

式中，P_r 为生殖后代的生产量；P_g 为个体增重的部分。

案例：利用种群个体生长和出生的资料来计算动物的净生产量。在一个种群中，净生产量等于种群中个体的生长和出生之和，即：净生产量＝生长＋出生。此外，我们也可以用另一种方式来计算净生产量，即：净生产量＝生物量变化＋死亡损失。因为死亡和迁出是净生产量的一部分，所以不应该将其忽略不计。

5.2.3.3　次级生产的生态效率

如前面所介绍，Lindeman 效率是消费效率、同化效率与生产效率的乘积，这是营养级间的能量传递效率。

（1）消费效率

各种生态系统中的食草动物利用或消费植物净初级生产量的效率是不相同的，具有一定的适应意义，在生态系统物种间协同进化上具有其合理性（表 5-5）。

表 5-5　几种生态系统中食草动物利用植物净生产量的比例（引自 Krebs，1978）

生态系统类型	主要植物及其特征	被捕食百分比/%
成熟落叶林	乔木，大量非光合生物量，世代时间长，种群增长率低	1.2～2.5
1～7 年弃耕田	一年生草本，种群增长率中等	12
非洲草原	多年生草本，少量非光合生物量，种群增长率高	28～60
人工管理牧场	多年生草本，少量非光合生物量，种群增长率高	30～45
海洋	浮游植物，种群增长率高，世代短	60～99

这些资料可以说明：a. 植物种群增长率高、世代短、更新快，其消费效率就较高。b. 草本植物的支持组织比木本植物的少，能提供更多的净初级生产量为食草动物所利用。c. 小型的浮游植物的消费者（浮游动物）密度很大，利用净初级生产量比例最高。

如果生态系统中的食草动物将植物生产量全部吃光，那么它们就必将全部饿死，原因是再没有植物来进行光合作用了。同样的道理，植物种群的增长率越高，种群更新得越快，食草动物就能更多地利用植物的初级生产量。由此可见，上述结果是植物-食草动物的系统协同进化而形成的，它具有重要的适应意义。同理，人类在利用草地作为放牧牛、羊的牧场时，不能片面地追求牛、羊的生产量而忽视牧场中草本植物的状况。草场中草本植物质量的降低，就预示着未来牛、羊生产量的降低。

对于食肉动物利用其猎物的消费效率，现有资料尚少。脊椎动物捕食者可能消费其脊椎动物猎物 50%～100% 的净生产量，但对无脊椎动物仅有 5% 上下；无脊椎动物捕食者可消费无脊椎动物猎物 25% 的净生产量。但这些都是较粗略的估计。

（2）同化效率

在食草动物和碎食动物较少，而食肉动物较多的情况下，在食草动物所吃的植物中，含有一些难消化的物质，因此，通过消化管排出去的食物是很多的。食肉动物吃的是动物的组织，其营养价值较高，但食肉动物在捕食时往往要消耗许多能量。因此，就净生长效率而言，食肉动物反而比食草动物低。这就是说，食肉动物的呼吸或维持消耗量较大。此外，在人工饲养条件下（或在动物园中），由于动物的活动减少，净生长效率也往往高于野生动物。北京鸭的特殊饲养方法，即采用填鸭式的喂食和限制活动，是促进快速生长和提高净生长效率的有效措施。

案例：计翔和王培潮（1990）研究表明，环境温度对多疣壁虎的同化效率有重要影响。多疣壁虎在繁殖期和秋冬季的同化效率均在23℃最高，与30℃温度之间有显著的差异，与其他温度以及其他温度之间同化效率的差异不显著（表5-6）；而且秋冬季多疣壁虎在各温度的同化效率显著高于繁殖期相应温度的同化效率。

表5-6　秋冬季和繁殖期多疣壁虎不同温度下的同化效率（据计翔和王培潮，1990改绘）

温度/℃	同化效率/%	
	秋冬季	繁殖期
18	82.99±4.88	—
23	84.56±4.43	79.72±4.33
26	83.79±4.91	78.74±4.06
30	81.27±3.63	76.06±5.58
33	82.85±4.40	76.81±4.71

（3）生产效率

生产效率因动物类群而异。一般说来，无脊椎动物有高的生产效率，为30%～40%（呼吸丢失能量较少，因而能将更多的同化能量转变为生长能量）；外温性脊椎动物居中，约10%；而内温性脊椎动物很低，仅1%～2%，它们为维持恒定体温消耗很多已同化的能量。因此，动物的生产效率与呼吸消耗呈明显的负相关。

案例：表5-7是7类动物的平均生产效率。个体最小的内温性脊椎动物（如鼩鼱），生产效率是动物中最低的，而原生动物等个体小、寿命短、种群周转快，具有最高的生产效率。

表5-7　各类群动物和生产效率（仿Begon，1996）

类群	生产效率（P_n/A_n）
食虫兽	0.86
鸟	1.29
小哺乳类	1.51
其他兽类	3.14
鱼和社会性昆虫	9.77
无脊椎动物（昆虫除外）	25.0
非社会昆虫	40.7

Lindeman 最初研究的结果大约是 10％，后人曾经称之为"十分之一法则"。但是在生物界不可能有如此精确的能量传递效率。Pauly 和 Christensen（1995）根据 40 个水生群落的能量传递研究，总结出营养级间能量传递效率的变化范围是 2％～24％，平均为 10.13％（图 5-15）。

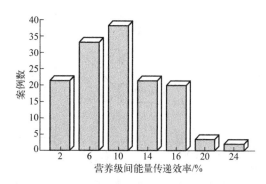

图 5-15　水生生态系统营养级间能量传递效率
（Pauly 和 Christensen，1995；转引自 Townsend 等，2000）

十分之一法则说明，每通过一个营养级，其有效能量大约为前一营养级的 1/10。这就是说，食物链越长，消耗于营养级的能量就越多。从这个意义上讲，人如果直接以食物为食品，就比以吃植物的动物（如牛肉）为食品，可以供养多 10 倍的人口。联合国粮农组织统计，富国人均直接谷物消耗低于穷国，但以肉乳蛋品为食品的粮食间接消耗量高于贫国数倍，缩短食物链的例子在自然界中也有，如巨大的须鲸以最小的甲壳类为食。

5.2.4　生态系统的分解过程

5.2.4.1　分解过程的性质

生态系统的分解（decomposition）是死有机物质的逐步降解过程。分解时，无机元素从有机物质中释放出来，称为矿化，它与光合作用时无机营养元素的固定正好是相反的过程。从能量角度来说，分解与光合也是相反的过程，前者是放能，后者是贮能。

从定义上讲，分解作用很简单，实际上是一个很复杂的过程，它包括碎裂、异化和淋溶 3 个过程的综合。由于物理的和生物的作用，把尸体分解为颗粒状的碎屑称为碎裂；有机物质在酶的作用下分解，从聚合体变成单体，例如由纤维素变成葡萄糖，进而成为矿物成分，称为异化；淋溶则是可溶性物质被水所淋洗出，是一种纯物理过程。在尸体分解中，这 3 个过程是交叉进行、相互影响的。所以分解者亚系统是一个很复杂的食物网，包括食肉动物、食草动物、寄生生物和少数生产者。

案例 1：以森林枯枝落叶层中的一部分食物网为例，分解者包括千足虫、甲形螨、蟋蟀、弹尾目等食草动物，这些分解者又供养食肉动物（图 5-16）。

案例 2：当植物叶还在生长时，微生物已经开始分解作用。活植物体产生各种分泌物、渗出物，还有雨水的淋溶，提供植物叶、根表面微生物区系的丰富营养。枯枝落叶一旦落到地面，就为细菌、放线菌、真菌等微生物所进攻。活的动物机体在其生活中也有各种分泌物、脱落物（如蜕皮、掉毛等）和排出的粪便，它们又受各种分解者所进攻。分解过程还因许多无脊椎动物的摄食而加速，它们吞食角质，破坏软组织，使微生物更易侵入。食碎屑的也包括千足虫（马陆、蜈蚣等）、蚯蚓、弹尾目昆虫等，它们的活动使叶等有机物的暴露面

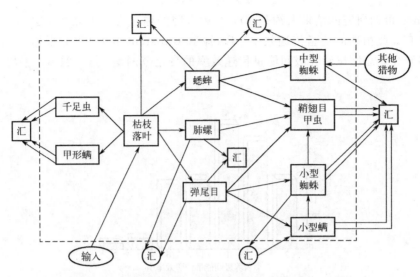

图 5-16　森林落叶层中的部分食物网（仿 Smith，1980）

积增加十余倍。因为这些食碎屑动物的同化效率很低，大量未经消化吸收的有机物通过消化管而排出，很易为微生物分解者所利用。从这个意义上讲，大部分动物既是消费者又是分解者。

分解过程是由一系列阶段所组成的，开始分解后，物理的和生物的复杂性一般随时间进展而增加，分解者生物的多样性也相应增加。这些生物中有些具特异性，只分解某一类物质；另一些无特异性，对整个分解过程起作用。随分解过程的进行，分解速率逐渐降低，待分解的有机物质的多样性也降低，直到最后只有矿物元素存在。

案例： 最不易分解的是腐殖质，它主要来源于木质。腐殖质是一种无构造、暗色、化学结构复杂的物质，其基本成分是胡敏素。在灰壤中腐殖质保留时间平均达（250±60）年，而在黑钙土中保留（870±50）年。在没有受过翻乱的有机土壤中，这种顺时序的阶段性可以从土壤剖面的层次上反映出来（表 5-8）。植物的残落物落到土表，从土壤表层的枯枝落叶到下面的矿质层，随着土壤层次的加深，死有机物质不断地为新的分解生物群落所分解着，各层次的理化条件不同，有机物质的结构和复杂性也有顺序地改变。微生物呼吸率随深度的逐渐降低，反映了被分解资源的相应变化。但水体系统底泥中分解过程的这种时序变化一般不易观察到。

表 5-8　松林土壤各层次的耗氧率变化（引自 Anderson，1981）

层次	特点	有机质含量/%	耗氧量/(μL/h)	
			每千克土	每克有机物
O0（L）	枯枝落叶	98.5	473.20	481.20
O1（F1）	发酵层	98.1	280.00	285.60
O2（F2）	发酵层	89.3	49.04	54.92
O3（H）	腐殖质	54.6	16.18	29.66
A1	淋溶层	17.2	2.66	15.54
A2	淋溶层	0.9	0.90	47.76

层次	特点	有机质含量/%	耗氧量/(μL/h)	
			每千克土	每克有机物
B1	淀积层	10.6	1.96	18.38
B2	淀积层	5.2	0.58	11.32
C	矿物层	1.4	0.28	19.26

虽然分解者亚系统的能流（和物流）的基本原理与消费者亚系统是相同的，但其营养动态面貌则很不一样。进入分解者亚系统的有机物质也通过营养级而传递，但未利用物质、排出物和一些次级产物又可成为营养级的输入，从而再次被利用，称为再循环。这样，有机物质每通过一种分解者生物，其复杂的能量、碳和可溶性矿质营养再释放一部分，如此一步步释放，直到最后完全矿化为止。

例如，假定每一级的呼吸消耗为 57%，而 43% 以死有机物形式再循环，按此估计，要经过 6 次再循环才能使再循环的净生产量降低到 1% 以下，即 43%→18.5%→8.0%→3.4%→1.5%→0.43%。

5.2.4.2 分解者生物

分解过程的特点和速率取决于待分解资源的质量、分解者生物的种类及分解时的理化环境条件三方面。三方面的组合决定分解过程每一阶段的速率。

（1）细菌和真菌

动植物尸体的分解过程，一般从细菌和真菌的入侵开始，它们利用可溶性物质，主要是氨基酸和糖类，但它们通常缺少分解纤维素、木质素、几丁质等结构物质的酶类。例如，青霉属、毛霉属和根霉属的种类多能在分解早期迅速增殖，与许多种细菌一起，在新的有机残物上暴发性增长。

细菌和真菌成为有效的分解者，主要依赖于生长型和营养方式两类适应。

① 生长型。微生物主要有群体生长和丝状生长两类生长型。前者如酵母和细菌，后者如真菌和放线菌。

丝状生长能穿透和入侵有机质深部，例如，许多真菌能形成穿孔的菌丝，机械地传入难以处理的待分解资源，甚至只用酶作用难以分解的纤维素，真菌菌丝体也能分开其弱的氢键。丝状生长的另一适应意义是使营养物质在被菌丝体打出众多微小空隙的土壤中移动方便，从而使最易限制真菌代谢的营养物质得到良好供应。营养物质的位移一般在数微米间，但有些分解木质素的真菌，如担子菌，它形成的根状菌束可传送数米之远。

丝状生长有利于传入，但所需时间较长，单细胞微生物的群体生长则适用于在短时间内迅速地利用表面微生境。此外，细菌细胞的体积小，有利于侵入微小的孔隙和腔，因此适于利用颗粒状有机质。

虽然微生物的扩散能力有限（除孢子以外），但其营养增殖的适应范围很广。利用极端环境增殖、休眠、扩散等许多生态特征，都是适应于分解的有利特征，各种微生物类群还发展了不同对策。

案例：真菌在森林生态系统有机掉落物的分解过程中扮演着重要的角色。宋福强等（2005）利用纯培养试验方法，研究了 6 种丝状真菌对紫金山马尾松阔叶林混交林的主要组成树种枫香和马尾松落叶的分解能力。结果表明，混合丝状真菌对底物的分解速率快于单独菌株对底物的分解，即对叶片具有更强的分解能力，其中芽枝霉和曲卷毛壳菌在分解前期对底物的分解起作用，木霉、黄曲霉、链格孢和青霉对底物分解始终起着至关重要的作用（表5-9）。

表5-9 6种丝状真菌单独及混合接种时底物的质量损失率（宋福强等，2005） 单位：%

树种	时间	PS	CB	AF	TS	AS	ChB	混合菌
枫香	5周	12.64	10.29	10.92	6.24	10.50	4.51	13.45
（*Liguidambar formasana*）	9周	16.03	11.24	17.66	7.19	16.82	7.12	19.25
马尾松	5周	0.67	2.32	2.93	2.10	7.08	4.96	8.29
（*Pinus massoniana*）	9周	1.17	3.24	3.45	3.33	9.98	8.69	11.88

注：6种丝状真菌分别为芽枝霉（*Cladosporium berbarum*，CB）、木霉（*Trichoderma* sp2，TS）、黄曲霉（*Aspergillus fumigatus*，AF）、链格孢（*Alternaria* sp，AS）、青霉（*Penicillium* sp2，PS）和曲卷毛壳菌（*Chaetomium bostrychodes*，ChB）。

② 营养方式。微生物通过分泌细胞外酶，把底物分解为简单的分子状态，然后再吸收。这种营养方式与消费者动物有很大的不同：动物要摄食，消耗很多能量，其利用效率很低。因此，微生物的分解过程是很节能的营养方式。大多数真菌具分解木质素和纤维素的酶，它们能分解植物性死有机物质，而细菌中只有少数具有此种能力。但在缺氧和一些极端环境中只有细菌能起分解作用。所以，细菌和真菌在一起就能利用自然界中绝大多数有机物质和许多人工合成的有机物。

案例：凋落物的主要组分是纤维素和木质素，分解酶是其分解过程中必不可少的。李慧业等（2021）研究4种内源真菌对马尾松凋落叶分解的影响表明，拟盘多毛孢菌和褐伞残孔菌混合菌处理组凋落叶失重率即分解率最高，这是因为拟盘多毛孢菌可产生较多的纤维素分解酶，导致C1酶、Cx酶和β-葡萄糖苷酶酶活性增高；褐伞残孔菌是一种白腐菌，擅长分解木质素，导致漆酶酶活性较高；两种真菌混合产生协同作用，促使凋落物更有效更快速地分解。

（2）动物

通常根据身体大小把陆地生态系统的分解者分为以下几个类群（图5-17）。

① 微型土壤动物（microfauna），体长在100μm以下，包括原生动物、线虫、轮虫、最小的弹尾目昆虫和蜱螨，它们都不能碎裂枯枝落叶，属黏附类型。

② 中型土壤动物（mesofauna），体长100μm～2mm，包括弹尾目昆虫、蜱螨、线蚓、双翅目幼虫和小型甲虫，大部分都能进攻新落下的枯叶，但对碎裂的贡献不大，对分解的作用主要是调节微生物种群的大小和对大型动物粪便进行处理与加工。只有白蚁，由于其消化管中有共生微生物，能直接影响系统的能流和物流。

③ 大型（macrofauna，2～20mm）和巨型（megafauna，>20mm）土壤动物，包括食枯枝落叶的节肢动物，如千足虫、等足目和端足目动物、蛞蝓、蜗牛、较大的蚯蚓，是碎裂植物残叶和翻动土壤的主力，因而对分解土壤结构有明显影响。

一般通过埋放装有残落物的网袋以观察土壤动物的分解作用。网袋具有不同孔径，允许不同大小的土壤动物出入，从而可估计小型、中型和大型土壤动物对分解的相对作用，并观察受异化、淋溶和碎裂3个基本过程所导致的残落物失重量。

水生生态系统的分解者动物通常按其功能可分为下列几类。a. 碎裂者：如石蝇幼虫等，以落入河流中的树叶为食。b. 颗粒状有机物质搜集者。可分为两个亚类：一类从沉积物中搜集，例如摇蚊幼虫和颤蚓；另一类在水体中滤食有机颗粒，如纹石幼虫和蚋幼虫。c. 刮

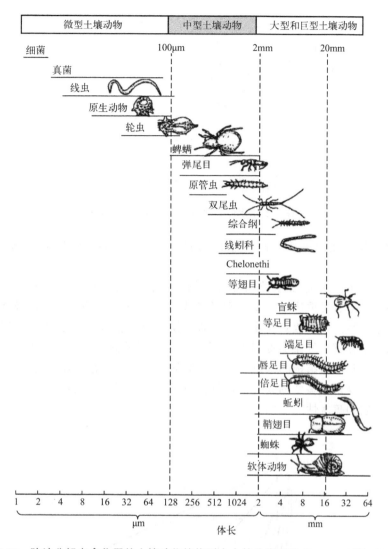

图 5-17　陆地分解者食物网的土壤动物按体型大小的分类（仿 Townsend 等，2000）

食者，其口器适应于在石砾表面刮取藻类和死有机物，如扁蜉蝣幼虫。d. 以藻类为食的食草性动物。e. 捕食动物，以其他无脊椎动物为食，如蚂蟥、蜻蜓幼虫和泥蛉幼虫等。

　　案例： 以淡水生态系统分解者亚系统为例（图 5-18）。由陆地系统带入的树叶等残落物，其碎片构成粗有机颗粒，其中可溶性有机物通过淋溶而释放，其余部分通过机械的碎裂作用、微生物活动和碎裂者生物的活动转变为细有机颗粒。可溶性有机物质同样可通过结絮作用或微生物活动而成为细有机颗粒。沉积或黏附在石砾表面的有机物质及藻类则被食草者和刮食者生物所取食，而在水柱中的细有机颗粒被搜集者生物所取食，此两类生物又供更高营养级的捕食者取食。此外，所有的各类动物还向水体排出粪便，其中含有很多有机颗粒。由此可见，水生生态系统与陆地生态系统的分解过程，基本特点是相同的，陆地土壤中蚯蚓是重要的碎裂者生物，而在水体底物中有各种甲壳纲生物起同样的作用。当然，水体中生活的滤食生物则是陆地生态系统所缺少的。

5.2.4.3　资源质量

　　待分解资源在分解者生物的作用下进行分解，因此资源的物理和化学性质影响着分解

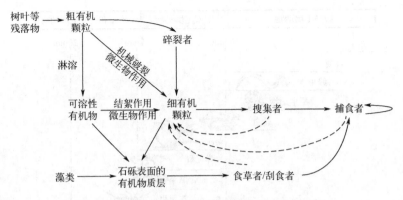

图 5-18　淡水水体分解者亚系统的主要功能联系

的速率。资源的物理性质包括表面特性和机械结构，资源的化学性质则随其化学组成而不同。

　　案例： 图 5-19 可大致地表示植物死有机物质中各种化学成分的分解速率的相对关系。单糖分解很快，一年后失重达 99％；半纤维素其次，一年后失重达 90％；然后依次为纤维素、木质素、蜡、酚。大多数营腐养生活的微生物都能分解单糖、淀粉和半纤维素，但纤维素和木质素则较难分解。纤维素是葡萄糖的聚合物，对酶解的抗性因晶体状结构而大为增加，其分解包括打开网络结构和解聚，需几种酶的复合作用，它们在动物和微生物中分布不广。木质素是一类复杂而多变的聚合体，其构造尚未完全清楚，抗解聚能力不仅是由于有酚环，而且还由于它的疏水性。

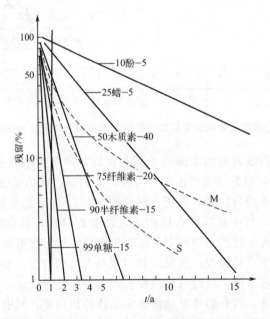

图 5-19　植物枯枝落叶中各种化学成分的分解曲线（仿 Anderson，1981）

注：各成分前的数字表示每年质量减少率，后面的数字表示各成分质量占枯枝落叶原质量的质量分数。

　　因为腐养微生物的分解活动，尤其是合成其自身生物量需要营养物质的供应，所以营养物质的含量常成为分解过程的限制因素。分解者微生物身体组织中含 N 量高，其碳氮比约为 10：1，即微生物生物量每增加 10g 就需要 1g 氮。但大多数待分解的植物组织其含 N 量比此值低得多，碳氮比为（40～80）：1。因此，N 的供应量就经常成为限制因素，分解速率在很大程度上取决于 N 的供应。而待分解资源的碳氮比，常可作为生物降解性能的测度指标。最适碳氮比是（25～30）：1。当然，其他营养成分的缺少也会影响分解速率。农业实践中，早已高度评价了碳氮比的重要意义。

案例： 陈蔚等（2021）基于宁夏半干旱草地的研究表明，植物枯落物最终质量残留率（R_m）与其初始 N、P 含量呈显著负相关，而与 C/N 值、木质素/N 值、C/P 值呈显著正相关；枯落物分解衰减常数（k）与其初始 N、P 含量呈显著正相关，而与木质素含量、N/P 值、C/N 值、木质素/N 值、C/P 值均呈显著负相关。

5.2.4.4　理化环境对分解的影响

一般说来，温度高、湿度大的地带，其土壤中的分解速率高；而低温和干燥的地带，其分解速率低，因而土壤中易积累有机物质。各类分解生物的相对作用对分解率地带性变化也有重要影响。

案例： 图 5-20 说明由湿热的热带森林经温带森林到寒冷的冻原，其有机物分解率随纬度增大而降低，而有机物的积累过程则随纬度增大而增高。图中也说明由湿热热带森林到干热的热带荒漠，分解率迅速降低。

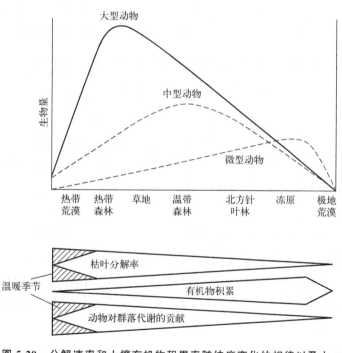

图 5-20　分解速率和土壤有机物积累率随纬度变化的规律以及大、
中、微型土壤动物区系的相对作用（仿 Swift，1979）

热带土壤中，除微生物分解外，无脊椎动物也是分解者亚系统的重要成员，其对分解活动的贡献明显高于温带和寒带，并且起主要作用的是大型土壤动物。相反，在寒带和冻原土壤中多小型土壤动物，它们对分解过程的贡献甚小，土壤有机物的积累主要取决于低温等理化环境。

在同一气候带内，局部地方分解速率也有区别，它可能取决于该地的土壤类型和待分解资源的特点。例如，受水浸泡的沼泽土壤，由于水泡和缺氧抑制微生物活动，分解速率极低，有机物质积累量很大，这是沼泽土可供开发有机肥料和生物能源的原因。

案例：袁访等（2022）运用 Meta 分析方法研究表明，在林地、草地和耕地 3 种不同的土地利用方式下，土壤动物均能显著促进凋落物分解，且在耕地的促进作用最强，为 12.36%；其次为林地，为 8.75%；在草地的促进作用最弱，为 6.15%。

分解指数是一个表示生态系统分解特征的有用指标：

$$K = I/X$$

式中　K——分解指数；

　　　I——死有机物输入年总量；

　　　X——系统中死有机物质总量（现存量）。

因为要分开土壤中活根和死根很不容易，所以可以用地面残落物输入量（I_L）与地面枯枝落叶现存量（X_L）之比来计算 K 值。例如，湿热的热带雨林，K 值往往大于 1，这是因为年分解量高于输入量。温带草地的 K 值高于温带落叶林，甚至与热带雨林接近，这是因为禾本草类的枯枝落叶量也高，其木质素含量和酚的含量都较落叶林的低，所以分解率高。

案例 1：Whittaker（1975）曾对 6 类生态系统的分解过程进行比较（表 5-10），大致能反映上述地带性规律。每年输入的枯枝落叶量要达到 95%（相当于 3/K 值）的分解，在冻原需要 100 年，北方针叶林为 14 年，温带落叶林需 4 年，温带草地需 2 年，而热带雨林仅需 1/2 年。热带雨林虽然年枯枝落叶量高达 30t/(hm²·a)，但由于分解快，其现存量有限；相反，冻原的枯枝落叶年产量仅为 1.5t/(hm²·a)，但其现存量高达 44t/(hm²·a)。

表 5-10　各生态系统类型的分解特点比较（仿 Swift，1979）

项目	冻原	北方针叶林	温带阔叶林	温带草地	稀树草原	热带雨林
净初级生产量/[t/(hm²·a)]	1.5	7.5	11.5	7.5	9.5	50
生物量/(t/hm²)	10	200	350	18	45	300
枯叶输入量/[t/(hm²·a)]	1.5	7.5	11.5	7.5	9.5	30
枯叶现存量/(t/hm²)	44	35	15	5	3	5
K_L/a⁻¹	0.03	0.21	0.77	1.5	3.2	6.0
$3/K_L$/a	100	14	4	2	1	0.5

案例 2：青藏高原的高寒草甸生态系统相当于高山冻原，近年研究表明，其分解率很低。a. 微生物分解者种群高峰出现在 6 月中旬至 9 月，10 月后就迅速减少。b. 反映分解速率的 CO_2 释放量或土壤呼吸率，5 月中旬甚低，CO_2 释放率为 0.04~0.11g/(m²·h)，高峰在 7 月到 8 月末，为 0.19~0.31g/(m²·h)；8 月后就明显降低。

5.2.5　生态系统的能量流动特征

5.2.5.1　研究能量传递规律的热力学定律

能量是生态系统的动力，是一切生命活动的基础。一切生命活动都伴随能量的变化，没有能量的转化，也就没有生命和生态系统。生态系统的重要功能之一就是能量流动，而热力学就是研究能量传递规律和能量形式转换规律的科学。能量在生态系统内的传递和转化规律服从热力学的两个定律。

热力学第一定律可以表述如下："自然界发生的所有现象中，能量既不能消失也不能凭空产生，它只能以严格的当量比例由一种形式转变为另一种形式。"因此，热力学第一定律又称为能量守恒定律。依据这个定律可知，一个体系的能量发生变化，环境的能量也必定发生相应的变化，如果体系的能量增加，环境的能量就要减少，反之亦然。对生态系统来说也是如此。

热力学第二定律是对能量传递和转化的一个重要概括，通俗地说就是：在封闭系统中，一切过程都伴随着能量的改变，在能量的传递和转化过程中，除了一部分可以继续传递和做功的能量（自由能）外，总有部分不能继续传递和做功，而以热的形式消散，这部分能量使系统的熵和无序性增加。对生态系统来说，当能量以食物的形式在生物之间传递时，食物中相当一部分能量被降解为热而消散掉（使熵增加），其余则用于合成新的组织作为潜能贮存下来。所以，动物在利用食物中的潜能时常把大部分转化成为热，只把一小部分转化为新的潜能。因此，能量在生物之间每传递一次，一大部分的能量就被降解为热而损失掉，这也就是为什么食物链的环节和营养级数一般不会多于 5～6 个以及能量金字塔必定呈尖塔形的热力学解释。

案例：光合作用生成物所含有的能量多于光合作用反应物所含有的能量，生态系统通过光合作用所增加的能量等于环境中太阳辐射所减少的能量，但总能量不变，所不同的是太阳能转化为潜能输入了生态系统，表现为生态系统对太阳能的固定。

开放系统（同外界有物质和能量交换的系统）与封闭系统的性质不同，它倾向于保持较高的自由能而使熵较小，只要不断有物质和能量输入且不断排出熵，开放系统便可维持一种稳定的状态。生命、生态系统和生物圈都是维持在一种稳定状态的开放系统。低熵的维持是借助于不断地把高效能量降解为低效能量来实现的。在生态系统中，由复杂的生物量结构所规定的"有序"是靠不断"排掉无序"的总群落呼吸来维持的。热力学定律与生态学的关系是明显的，各种各样的生命表现都伴随着能量的传递和转化，像生长、自我复制和有机质的合成，这些生命的基本过程都离不开能量的传递和转化，否则就不会有生命和生态系统。

总之，生态系统与其能源太阳的关系，生态系统内生产者与消费者之间、捕食者与猎物之间的关系，都受热力学基本规律的制约和控制，正如这些规律控制着非生物系统一样，热力学定律决定着生态系统利用能量的限度。事实上，生态系统利用能量的效率很低，虽然对能量在生态系统中的传递效率说法不一，但最大的观测值是 30％。一般说来，从供体到受体的一次能量传递只有 5％～20％ 的可利用能量被利用，这就使能量的传递次数受到限制，同时这种限制也必然反映在复杂生态系统的结构上（如食物链的环节数和营养级的级数等）。

5.2.5.2　生态系统的能量流动特征

（1）生态系统中的能流是变化的

与物理系统不同，生态系统中的能流是变化的，无论是短期行为还是长期进化都是变动的。例如以捕食者-被食者为例，能量流动的力取决于被食者单位的能量含量和捕食者单位的产出能量，能量的流量（假定为捕食者所消化并转化为新的生物量）取决于输入端的消化率和输出端捕食者新生物量产生速度等因素。

（2）能量流动是单向的

生态系统的能量在各营养级间进行流动。当太阳能输入生态系统后，能量不断沿着生产者、草食动物、一级肉食动物、二级肉食动物等逐级流动，在流动过程中，一部分能量被各个营养级的生物利用，与此同时，很大一部分能量通过呼吸作用以热的形式散失。散失到环境中的热能不能再回到生态系统中参与流动，至今尚未发现以热能作为能源合成有机物的生物。

能量流动的单向性表现在 3 个方面：a. 太阳辐射能以光能形式输入生态系统后，通过光合作用被植物固定，以后再也不能以光能形式返回；b. 自养生物被异养生物摄食后，能量从自养生物流到异养生物，也不能逆向返回；c. 从总的能流途径而言，能量只是一次性流经生态系统，是不可逆的。

（3）能量在流动过程中是不断减少的

从光能到被生产者固定，再经植食动物到肉食动物，再到大型肉食动物，能量是逐级递减的过程。因为各营养级消费者不可能百分之百地利用前一营养级的生物量，另外各营养级的同化效率和生长效率也不可能是百分之百，总有一部分被排泄掉或在维持生命活动和新陈代谢活动中消耗掉。

（4）能量流动过程中质量不断提离

能量在流动过程中有一部分以热能形式耗散，另一部分则转化为另一种高质量能。在能量流动过程中，能的质量是逐步提高和浓集的。

案例：张子玥等（2022）以辽东湾觉华岛海域人工鱼礁生态系统为研究对象，研究表明该生态系统中能量主要在 5 个营养级之间流动，分布规律为低营养级的能流大、高营养级的能流小，呈金字塔分布。系统总初级生产的能量为 8174.59t/(km² · a)，有 2801t/(km² · a) 的能量被输送到第Ⅱ营养级，占年初级生产总能量的 34.26%。系统能流入第Ⅱ～Ⅴ营养级的能流占比分别为 15.94%、0.42%、0.03% 和 0.006%，低营养级在系统总能流中的占比很大。流入碎屑的总能量为 6164t/(km² · a)，其中第Ⅰ营养级流向碎屑的能量为 4248t/(km² · a)，第Ⅱ营养级流向碎屑的能量为 1878t/(km² · a)，占比分别为 68.92% 和 30.47%。该系统来自碎屑的能量占比为 44%，来自初级生产者的能量占比为 56%，表明该人工鱼礁系统以牧食食物链的营养传递为主导。

5.2.6 生态系统的能流分析

对生态系统中能量流动的研究可以在种群、食物链和生态系统三个层次上进行，所获资料可以互相补充，有助于了解生态系统的功能。

5.2.6.1 食物链层次上的能流分析

在食物链层次上进行能流分析是把每一个物种都作为能量从生产者到顶级消费者移动过程中的一个环节，当能量沿着一个食物链在几个物种间流动时，测定食物链每一个环节上的能量值，就可提供生态系统内一系列特定点上能流的详细和准确资料。

案例：1960 年，F. B. Golley 在密执安荒地对一个由植物、田鼠和鼬 3 个环节组成的食物链进行了能流分析（图 5-21）。从图中可以看到，食物链每个环节的净生产量只有很少一部分被利用。例如，99.7% 的植物没有被田鼠利用，其中包括未被取食的（99.6%）和取食后未消化的（0.1%）；而田鼠本身又有 62.8%（包括从外地迁入的个体）没有被肉食动物鼬所利用，其中包括捕食后未消化的 1.3%。能流过程中能量损失的另一个重要方面是生物的呼吸消耗（R），植物的呼吸消耗比较少，只占总初级生产量的 15%，但田鼠和鼬的呼吸消耗相当高，分别占总同化能量的 97% 和 98%，这就是说，被同化能量的绝大部分都以热的形式消散掉了，而只有很小一部分被转化成了净次级生产量。由于能量在沿着食物链从一种生物到另一种生物的流动过程中，未被利用的能量和通过呼吸以热的形式消散的能量损失极大，致使鼬的数量不可能很多，因此鼬的潜在捕食者（如猫头鹰）即使能够存在，也要在该地区以外的大范围内捕食才能维持其种群的延续。

应当指出的是，Golley 所研究的食物链中的能量损失，有相当一部分是被该食物链以外的其他生物取食了，据估计仅昆虫就吃掉了该荒地植物生产量的 24%。另外，在这样的生态系统中，能量的输入和输出是经常发生的，当动物种群密度太大时，一些个体就会离开荒地去寻找其他的食物，这也是一种能量损失。另外，能量输入也是经常发生的，据估算每年从外地迁入该荒地的鼬为 $5.7×10^4 J/(hm^2·a)$。

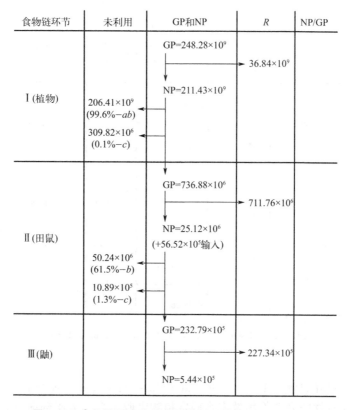

图 5-21　食物链层次上的能流分析（引自 Golley，1960）

注：a 为前一环节 NP 的百分数；b 为未吃；c 为吃后未同化 [单位 J/(hm²·a)]。

5.2.6.2　生态系统层次上的能流分析

在生态系统上分析能量流动，是把每个物种都归属于一个特定的营养级中（依据该物种主要食性），然后精确地测定每一个营养级能量的输入值和输出值，这种分析目前多见于水生生态系统。因为水生生态系统边界明显，便于计算能量和物质的输入量与输出量，这个系统封闭性较强，与周围环境的物质和能量交换量小，内环境比较稳定，生态因子变化幅度小。由于上述种种原因，水生生态系统（湖泊、河流、溪流、泉等）常被生态学家作为研究生态系统能流的对象。下面是生态系统能流研究的三个经典案例。

案例 1：银泉的能流分析。

1957 年，H. T. Odum 对美国佛罗里达州的银泉（Silver Spring）进行了能流分析。图 5-22 是银泉的能流分析图。从图中可以看出：当能量从一个营养级流向另一个营养级时，其数量急剧减少，原因是生物呼吸的能量消耗和有相当数量的净初级生产量（57%）没有被消费者利用，而是通向分解者被分解了。由于能量在流动过程中的急剧减少，到第四个营养级的能量已经很少了，该营养级只有少数的鱼和龟，它们的数量已经不足以再维持第五个营养级的存在了。

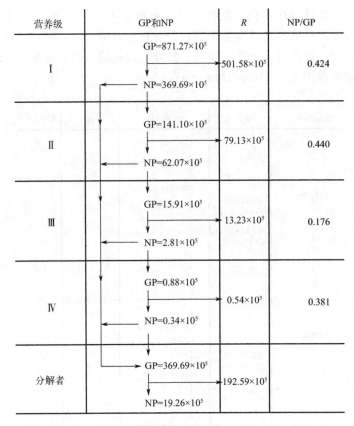

图 5-22　银泉的能流分析（引自 H. T. Odum，1957）

注：单位为 $J/(m^2 \cdot a)$。

Odum 对银泉能流的研究要比 Lindeman 1942 年对 Cedar Bog 湖的研究要深入细致得多。他首先是依据植物的光合作用效率来确定植物吸收了多少太阳辐射能，并以此作为研究初级生产量的基础，而不像通常那样是依据总入射日光能；其次，他计算了来自各条支流和陆地的有机物质补给，并把它作为一种能量输入加以处理；更重要的是他把分解者呼吸代谢所消耗的能量也包括在能流中，他虽然没有分别计算每一个营养级通向分解者的能量多少，但他估算了通向分解者的总能量是 $2.12 \times 10^7 J/(m^2 \cdot a)$。

案例 2：Cedar Bog 湖的能流分析。

从图 5-23 中可以看出，这个湖的总初级生产量是 $464 J/(cm^2 \cdot a)$，能量的固定效率大约是 0.1%（464/497693）。在生产者所固定的能量中，有 21% [$96 J/(cm^2 \cdot a)$] 是被生产者自己的呼吸代谢消耗掉了，被食草动物吃掉的只有 $63 J/(cm^2 \cdot a)$（约占净初级生产量的 17%），被分解者分解的只有 $13 J/(cm^2 \cdot a)$（占净初级生产量 3.4%）。其余没有被利用的净初级生产量竟多达 $293 J/(cm^2 \cdot a)$（占净初级生产量的 79.5%），这些未被利用的净初级生产量要比被利用的多。

在被动物利用的 $63 J/(cm^2 \cdot a)$ 的能量中，大约有 $18.8 J/(cm^2 \cdot a)$（占食草动物次级生产量的 30%）用在食草动物自身的呼吸代谢中（比植物呼吸代谢所消耗的能量百分比要高，植物为 21%），其余的 $44 J/(cm^2 \cdot a)$（占 70%）从理论上讲都是可以被肉食动物所利用的，但是实际上食肉动物只利用了 $12.6 J/(cm^2 \cdot a)$（占可利用量的 28.6%）。这个利用率虽然比净初级生产量的利用率要高，但还是相当低的。在食肉动物的总次级生产量中，呼吸代谢活动大约要消耗掉 60% [7.5J/(cm² · a)]，这种消耗比同一生态系统中的食草动物（30%）和植物（21%）的同类消耗要高得多。其余的 40% [5.0J/(cm² · a)] 大都没有被更高营养级的食肉动物所利用，而每年被分解者分解掉的又微乎其微，所以大部分都作为动物有机残体沉积到了湖底。

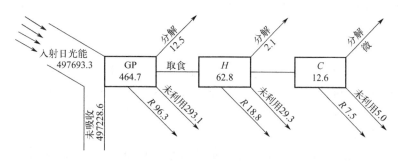

图 5-23　Cedar Bog 湖能量流动的定量分析（引自 Lindeman，1942）

注：GP 为总初级生产量；*H* 为食草动物取食量；*C* 为食肉动物取食量；*R* 为呼吸量。单位：J/(m² · a)。

如果把 Cedar Bog 湖和银泉的能流情况加以比较（前者是沼泽水湖，后者是清泉水），它们能流的规模、速率和效率都很不相同。就生产者固定太阳能的效率来说，银泉至少要比 Cedar Bog 湖高 10 倍，但是 Cedar Bog 湖净生产量每年大约 1/3 被分解者分解，其余部分则沉积到湖底，逐年累积形成了北方泥炭沼泽湖所特有的沉积物——泥炭。与此相反，在银泉中，大部分没有被利用的净生产量都被水流带到了下游地区，水底的沉积物很少。

案例 3：森林生态系统的能流分析。

1962 年，英国学者 J. D. Ovington 研究了一个人工松林（树种是苏格兰松）从栽培后的第 17～35 年这 18 年间的能流情况（图 5-24）。这个森林所固定的能量有相当大的部分是沿着碎屑食物链流动的，表现为枯枝落叶和倒木被分解者所分解（占净初级生产量的 38%）；还有一部分是经人类砍伐后以木材的形式移出了森林（占净初级生产量的 24%）；而沿着捕食食物链流动的能量微乎其微。可见，动物在森林生态系统能流过程中所起的作用是很小的。木材占砍伐的净初级生产量的 70%，另占净初级生产量 30% 的树根实际上没有被利用，而是又还给了森林。

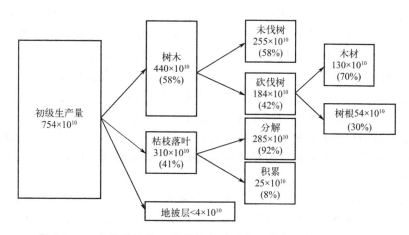

图 5-24　一个栽培松林 18 年间的能流分析（引自 Ovington，1962）

注：单位为 J/hm²。

　　同样，在新罕布尔州的 Hubbard Brook 森林实验站，康奈尔大学的 G. Likens 和耶鲁大学的 F. Herbert 及其同事研究过一个以槭树、山毛榉和桦树为主要树种的森林，初级生产量是 $1.96 \times 10^7 J/(m^2 \cdot a)$，其中有 75% 沿碎屑食物链和捕食食物链流走，其中沿碎屑食物链流动的能量占绝大多数（约占净初级生产量的 74%），而沿捕食食物链流动的能量非常少（约占净初级生产量的 1%）。因此，这些有机残屑一年一年地堆积在森林的底层，形成了很厚的枯枝落叶层。

5.2.6.3 异养生态系统的能流分析

　　上面介绍的几个生态系统都是直接依靠太阳能的输入来维持其功能的，这种自然生态系统的特点是靠绿色植物固定太阳能，称为自养生态系统。另一种类型的生态系统，可以不依靠或基本上不依靠太阳能的输入而主要依靠其他生态系统所生产的有机物输入来维持自身的生存，称为异养生态系统。

　　案例 1：根泉（Root Spring）是一个小的浅水泉，直径 2m。水深 10～20cm，John Teal 曾研究过这个小生态系统的能量流动。经过计算发现：在平均 $1.28 \times 10^7 J/(m^2 \cdot a)$ 的能量总输入中，靠光合作用固定的只有 $2.96 \times 10^6 J$，其余的 $9.83 \times 10^6 J$ 都是从陆地输入的植物残屑（即各种陆生植物残体）。在总计 $1.28 \times 10^7 J/(m^2 \cdot a)$ 的能量输入中，以残屑为食的食草动物大约要吃掉 $9.62 \times 10^6 J/(m^2 \cdot a)$（占能量总输入的 75%），其余的则沉积在根泉泉底。我国茂密的热带原始森林中的各种泉水也大都属于异养生态系统类型。

　　案例 2：1968 年，Lawrebce Tilly 还研究过另外一个异养生态系统——锥泉（Cone Spring）。他发现，输入锥泉的植物残屑大都属于三种开花植物。在锥泉中只能找到吃植物残屑的食草动物，而没有吃活植物的动物。锥泉的能量总收入是 $3.98 \times 10^7 J/(m^2 \cdot a)$，其中有 $9.97 \times 10^6 J/(m^2 \cdot a)$（占 25%）被吃残屑的动物吃掉；另有 $1.42 \times 10^7 J/(m^2 \cdot a)$（占 36%）被分解者分解；剩下的 $1.56 \times 10^7 J/(m^2 \cdot a)$（占 39%）则输出到锥泉周围的沼泽中去，并在那里积存起来，它们本身又是食肉动物的食物，因此还供养着一个食肉动物种群。

5.2.6.4 分解者和消费者在能流中的相对作用

　　Odum 于 1959 年提出了一个生态系统能量流动的一般性模型。从这个模型（图 5-25）中，可以看出外部能量的输入情况以及能量在生态系统中的流动路线与归宿。图中的方框表示各个营养级和贮存库，并用粗细不等的能流通道把这些隔室按能流的路线连接起来。通道粗细代表能流量的多少，而箭头表示能流的方向。最外面的大方框表示生态系统的边界。自外向内有两个输入通道，即日光能输入通道和现成有机物质输入通道。这两个能量输入通道的粗细将依具体的生态系统而有所不同，如果日光能的输入量大于有机物质的输入量，则大体属于自养生态系统；反之，如果现成有机物质输入构成该生态系统能量来源的主流，则被认为是异养生态系统。大方框自内向外有 3 个能量输出通道，即在光合作用中没有被固定的日光能、生态系统中生物的呼吸以及现成有机物质的流失。根据这个能流模型的一般图式，生态学家在研究生态系统时就可以根据建模的需要着手收集资料，最后建立一个适于这个生态系统的具体能流模型。

　　Heal 和 MacLean 于 1975 年在比较陆地生态系统次级生产力研究中，提出一个更具代表性的生态系统能流模型。在模型（图 5-26）中，左右两半分别代表消费者和分解者两个亚系统。前者以消费活的生物体为主，属于牧食食物链，并且分为无脊椎动物和脊椎动物两条。后者以分解死有机物质为主，属于碎食食物链，也分为食碎屑者（detritivore）和食微生

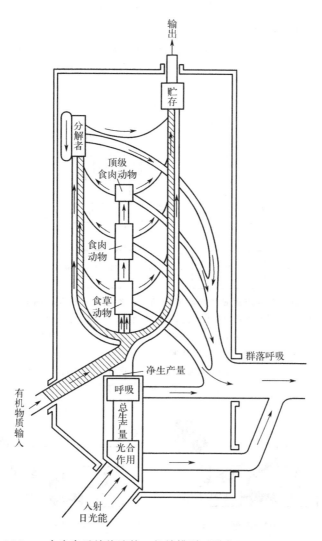

图 5-25　一个生态系统能流的一般性模型（引自 E. P. Odum，1959）

物者（microbivore）两条。此外，进入分解者亚系统的能量，不仅通过呼吸而消耗，而且还有再成为死有机物质从而再循环的途径。正因为这样，分解者亚系统的能流比消费者能流的保守性更强（更为节约）。加上许多生态系统的净初级生产量大部分进入分解者亚系统，所以分解者亚系统的食物链常常比消费者亚系统的更长、更复杂，而且有更多的现存生物量。

　　测定生态系统全部分室的、完整的生态系统能流研究并不多，而且已有的研究对分解者亚系统又常常忽视，所以许多早期的教科书对生态系统能流特点的叙述常有缺点。虽然目前要进行比较和总结还有困难，但是提出一些最一般的特点还是有可能的。图 5-27 比较了 4 类生态系统的能流特点：

　　① 几乎每一个生态系统，由初级生产者所固定的能量，其主要流经的途径是分解者亚系统，包括呼吸失热也是分解者亚系统明显高于消费者亚系统。

　　② 只有以浮游生物为优势的水生群落，食活食的消费者亚系统在能流过程中有重要作用，其同化效率也比较高。即便如此，由于异养性的细菌密度很高，它们依赖于浮游植物细胞分泌的溶解状态有机物，所以消费死有机物的比例也在 50％ 以上。

　　③ 对于河流和小池塘，由于大部分能量来源于从陆地生态系统输入的死有机物，所以

通过消费者亚系统的能流量是很少的。

在这方面，深海底栖群落因为无光合作用，能量主要来源于上层水体的"碎屑雨"也有类似情形。

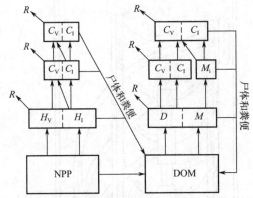

图 5-26　陆地生态系统营养结构和能流的一般性模型（仿 Townsend 等，2000）

H—食草动物获取量；C—食肉动物获取量；V—脊椎动物；I—无脊椎动物；D—食碎屑者获取量；

M—微生物获取量；M_i—食微生物者获取量；NPP—净初级生产量；DOM—死有机物质量；

R—呼吸作用消耗量

注：分解者亚系统的能流比消费者的保守性更强、更为节约，而食物链比消费者更长、
更复杂，有更多的现存生物量。

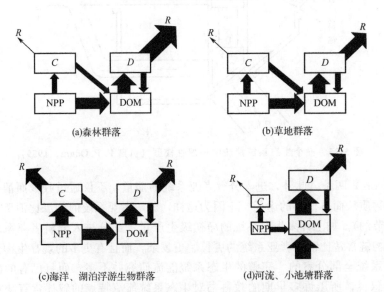

(a)森林群落　　　　　　　　　　(b)草地群落

(c)海洋、湖泊浮游生物群落　　　　(d)河流、小池塘群落

**图 5-27　森林群落，草地群落，海洋、湖泊浮游生物群落和河流、
小池塘群落的能流特征比较（仿 Townsend 等，2000）**

NPP—净初级生产量；DOM—死有机物质量；C—消费者亚系统获取量；

D—分解者亚系统获取量；R—呼吸作用消耗量

 本节小结

营养级是指处于食物链某一环节上的所有生物种的总和。各种能流参数中的任何一个参

数在营养级之间或营养级内部的比值关系即为生态效率。生态系统能流的各种生态效率有同化效率、生产效率、消费效率和林德曼效率。林德曼效率是 Lindeman 的经典能流研究所提出的，相当于同化效率、生产效率和消费效率的乘积。

初级生产量或第一性生产量是指植物的光合作用所固定的太阳能或所制造的有机物质。这是生态系统中第一次能量固定，也是生态系统中能量流动的开始。生态系统初级生产力随纬度变化、季节变动、群落演替以及自身垂直结构而变化。陆地生态系统初级生产量的限制因素主要有光、CO_2、水、营养物质、温度以及食草动物的捕食等，海洋浮游植物的净初级生产力取决于太阳的日总辐射量、水中的叶绿素含量和光强度随水深度变深而减弱的衰变系数，淡水生态系统初级生产量的限制因素主要是营养物质、光和食草动物的捕食。初级生产量的测定方法有收获量测定法、氧气测定法、CO_2 测定法、放射性标记物测定法、叶绿素测定法以及新技术的应用等。

次级生产是指消费者利用初级生产的产品进行新陈代谢，经过同化作用形成自身的物质，亦称第二性生产。次级生产量的测定可以按同化量和呼吸量估计生产量，按摄食量扣除粪尿量估计同化量，还可以利用特定时间内种群个体的生长和出生来计算净生产量。各生态系统中食草动物的消费效率是不相同的，具有一定的适应意义；同化效率在食草动物和碎食动物中较低，而食肉动物较高；生产效率因动物类群而异，与呼吸消耗呈明显的负相关。

生态系统的分解是死有机物质的逐步降解过程。分解时，无机元素从有机物质中释放出来，同时释放能量，是一个很复杂的过程。分解过程的特点和速率取决于待分解资源的质量、分解者生物的种类和分解时的理化环境条件三方面。其中，细菌和真菌成为有效的分解者，主要依赖于生长型和营养方式两类适应，陆地生态系统分解者按身体大小可分为微型、中型、大型和巨型土壤动物 4 个类群，水生生态系统分解者按功能可分为碎裂者、颗粒状有机物质搜集者、刮食者、以藻类为食的食草性动物以及捕食动物。影响资源分解速率的物理性质包括表面特性和机械结构，化学性质随其化学组成而不同，其中营养物质含量常成为分解过程的限制因素。影响资源分解速率的理化环境条件主要有温度、湿度、气候带、土壤类型等。

生态系统的能量流动具有以下特征：能流是变化的，能量流动是单向的、不断减少的，质量不断提高。能量在生态系统内的传递和转化规律服从热力学的两个定律，以致食物链的环节和营养级数一般不会多于 5～6 个，能量金字塔呈尖塔形。

生态系统的能流分析可以在种群、食物链和生态系统三个层次进行。食物链层次的能流分析是把每一个物种都作为能量从生产者到顶级消费者移动过程中的一个环节，当能量沿着一个食物链在几个物种间流动时，测定食物链每一个环节上的能量值，就可提供生态系统内一系列特定点上能流的详细和准确资料。生态系统层次的能流分析是把每个物种依据其主要食性都归属于一个特定的营养级中，然后精确地测定每一个营养级能量的输入值和输出值。异养生态系统能流分析也是生态系统能量流动研究的重要内容。

5.3　生态系统的物质循环

物质循环、能量流动和信息传递是生态系统最主要的功能。生态系统的物质循环和能量流动均是通过食物链与食物网的渠道实现的，二者相互伴随，密不可分。但是，物质循环和能量流动又有本质上的区别：能量来源于太阳，流经生态系统各个营养级时呈单向流动且逐级递减，而物质来自地球本身，在生态系统中可以反复循环利用，既是维持生命活动的物质基础，又是能量的载体。

5.3.1 物质循环的基本概念及特征

（1）物质循环（cycle of materials）

物质循环也称为生物地球化学循环（biogeochemical cycles），是指生态系统中各种化学元素及其化合物沿着特定的途径从周围的环境到生物体，再从生物体回到周围环境的周期性循环过程。

案例：以生物地球化学循环中的碳循环为例，植物通过光合作用固定大气中的 CO_2，将碳元素固定到植物体中，之后通过一系列的合成转化，最终以根呼吸、动物呼吸、有机质分解等形式又将碳释放到大气中。

物质循环具有全球性、反复循环利用的特点。

① 全球性。将各个生态系统局域事件加在一起构成全球物质循环。从全球尺度对物质循环进行大尺度研究，这对于深入分析人类活动对全球气候变化的影响具有重要意义。

② 反复循环利用。生物群落和无机环境之间的物质可反复利用，周而复始地循环。例如，植物以凋落物的形式进入土壤形成土壤有机质；土壤有机质经过微生物的分解作用释放出营养物质；植物从土壤中吸收营养物质形成新的植物组织。在这个过程中元素被反复利用、反复循环。

案例：从全球尺度来看，从 2002 年到 2022 年 5 月，大气中 CO_2 的含量从 365×10^{-6} 上升到 421×10^{-6}。大气中 CO_2 浓度的增加导致近地表温度升高，造成全球温室效应。

全球生物地球化学循环分为三大类型，即水循环、气体型循环和沉积型循环。气体型循环和沉积型循环都受太阳能所驱动，并都依托于水循环。水循环，即水从地球表面通过蒸发进入大气圈，同时又不断从大气圈通过降水回到地球表面，每年地球表面的蒸发量和降水量是相等的。气体型循环，即有气体形式分子参与的循环过程，如氧、二氧化碳、氮等循环。大气和海洋是气体型循环的主要贮存库。沉积型循环，即参与循环的分子和化合物没有气体形态，并主要通过岩石风化和沉积物分解成为生态系统可利用的营养物质，如磷、钙、钠、镁等。

（2）库（pool）和流通率（flux rate）

库和流通率是生物地球化学循环中重要的两个基本要素。库由存在于生态系统某些生物或非生物成分中一定数量的某种元素或化合物构成，包括储存库和交换库。储存库容积较大，物质交换活动缓慢，而交换库容积较小，与外界物质交换活跃。流通率是指物质在单位时间或单位体积内在库与库之间的转移量。

案例：以一个简单池塘生态系统为例，营养物质在生态系统各个库中的大小和流通率如图 5-28 所示。

（3）周转率（turnover rate）

是指单位时间内出入一个储存库的某种营养物质的流通率占该库营养物质总量的比例。周转时间为周转率的倒数，即移除储存库中某种营养物质所需要的时间。

$$周转率＝流通率/库中营养物质的总量$$

案例：如果库含有 1000 个单位，而每小时有 10 个单位出入该库，则周转率为 $10/1000$（0.01），周转时间为 $1000/10$（100h）。

5.3.2 全球水循环

水是地球上生命赖以生存的基础，因为水是生命有机体的重要组成成分，又是生命必需

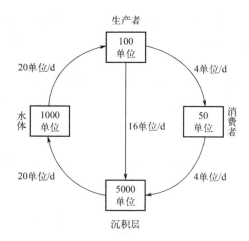

图 5-28　池塘生态系统中库与库流通的模式图（孙儒泳等，1993）

元素得以不断运动的介质，同时也是许多生物化学反应的底物，是地质变化的动因。水循环是指地球上各种形态的水，在太阳辐射、地球引力等的作用下，通过水的蒸发、水汽输送、凝结降落、下渗和径流等环节，不断发生的周而复始的运动过程（水相不断转变的过程）。水循环联系着海陆两大系统，塑造着地表形态，制约着地球生态环境的平衡和协调，不断提供再生的淡水资源。因此，水循环对地球表层结构的演变和人类可持续发展具有重要意义。

自然界的水循环时刻都在进行着。根据发生的空间范围，水循环可分为海陆间循环、陆地内循环、海上内循环。

① 海陆间循环。在太阳辐射作用下，海洋中的水蒸发进入大气，一部分水汽随着气流输送到陆地上空，在适当的条件下凝结形成降水落到地面，这些水分一部分返回大气，其余部分在地表流动时形成地表径流，渗入地下后形成地下径流，最终地表径流和地下径流汇入海洋。这种海洋和陆地之间水的反复运动过程，称为水分的海陆间循环，也称为水分的大循环。

② 陆地内循环。地上的水分通过蒸发或蒸腾作用，形成水汽，上升到空中，冷却凝结形成降水再落回陆地，这个过程称为陆地内循环。

③ 海上内循环。海面上的水蒸发形成水汽，进入大气后在海洋上空凝结形成降水，又降回海面，这个过程称为海上内循环。

水分在陆地或海洋上的循环称为水分的小循环。环境中的水循环是大、小循环交织在一起的，并在全球范围内和在地球上各个地区不停地进行着。

图 5-29 表示全球水循环（global water cycle）中主要库含量和流通率。地球表面的总水量大约为 1.4×10^9 km³，其中大约有 97% 包含在海洋库中。其余的库含量如下：

两极冰盖	29000000km³
地下水	8000000km³
湖泊河流	100000km³
土壤水分	100000km³
大气中水	13000km³
生物体中水	1000km³

就流通率而言，陆地的降水量为 111000km³/a，超过了蒸发-蒸腾量（71000km³/a），超过量达到 40000km³/a。相反，海洋的蒸发量（425000km³/a）却超过降水量（385000km³/a）

40000km³/a。许多海洋蒸发的水分被风带到大陆上空，以降水落到地面，并最后流回到海洋，这也就是说，从海洋到陆地的大气水分（40000km³/a）通过到海洋的径流而得到平衡。

根据估计，大气中水蒸气含量（即库大小）相当于平均有 2.5cm 水均匀地覆盖在地球表面上，而每年进入大气或从大气输出的水流通率相当于每年 65cm 的覆盖厚度。根据这两个数字，就可以估计出水在大气中的平均滞留时间大约为 0.04 年（2.55/65），即大约是两周。

从陆地（包括土壤、湖泊和河流的水）到达海洋的水与大气库中水含量是相等的，但是它们所含有的总水量是大气的万倍，因此，水在地球表面的滞留时间同样是大气的万倍，即大约是 2800 年。

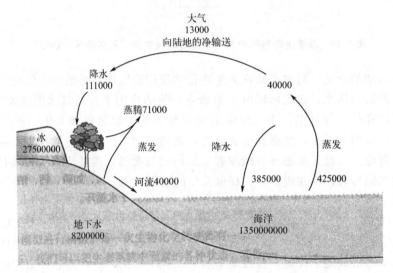

图 5-29　全球水循环（仿 Ricklefs 和 Miller，1999；转引自牛翠娟等，2015）

注：库含量以 km³ 为单位，流通率单位是 km³/a。图中不包括岩石圈中的含水量。

人类活动对水循环的影响主要表现为以下几个方面：a. 空气污染刺激水汽凝结，提高下风位地区的降水量。此外，空气污染也会影响降水的水质。如工厂产生大量的二氧化硫和氮氧化合物。在雨、雪形成和降落过程中，吸收并溶解了这些物质从而形成酸雨。b. 城市化进程使地表硬化，减少透水性，径流增加，减少土壤水分。如降雨过后，由于地表硬化，透水性和排水性不好，部分街道淹水。c. 过度利用地下水，引起地下水位下降。如大量开采地下水灌溉农田，导致地下水位明显下降。d. 修建水库、水坝等设施改变原有水的分布，影响原有地区的水量和生物群落。如三峡大坝的修建改变了原有地区河流的径流量。e. 砍伐森林和排干湿地也会改变水的蒸发与径流方式。如大量砍伐树木导致森林面积减少，蒸发量减弱，间接导致降水减少；地表径流加大；下渗量减小，地下径流减小，从而使水循环周期变短。排干湿地导致地下水位下降，同时导致水分向上传导、蒸发，最终导致盐碱积累。

5.3.3　碳循环

碳循环研究的重要意义在于：a. 碳是构成生物有机体的最重要元素，因此，生态系统碳循环研究成了系统能量流动的核心问题。b. 人类活动通过化石燃料的大规模使用，从而对碳循环造成重大影响，可能是当代气候变化的重要原因。

碳素主要分布在大气、海洋、陆地（土壤和植被）以及沉积物和岩石中。碳素在各库之间的迁移转化和循环周转过程构成了全球碳循环（global carbon cycle）。碳循环包括的主要过程有：a. 生物的同化过程和异化过程，主要是光合作用和呼吸作用；b. 大气和海洋之间的二氧化碳交换；c. 碳酸盐的沉淀作用。

图 5-30 表示了全球碳循环（global carbon cycle）。碳库主要包括大气中的二氧化碳、海洋中的无机碳和生物有机体中的有机碳。根据 Schlesinger（1997）估计，最大的碳库是海洋（3.8×10^{19} g C），它大约是大气（7.5×10^{17} g C）中的 50.7 倍，而陆地植物的含碳量（5.6×10^{17} g C）低于大气。沉积物和岩石中的碳占全球总碳量的 99% 以上，周转速率缓慢，周转时间达到几百万年。

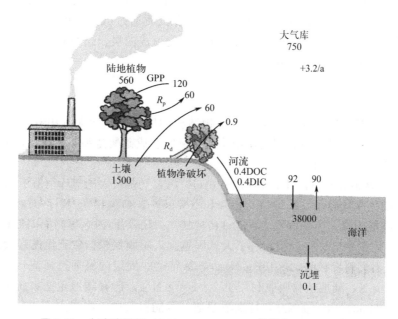

图 5-30　全球碳循环（Schlesinger，1997；转引自 Krebs，2001）

注：库含量以 10^{15} g C 为单位，流通率以 10^{15} g C/a 为单位；GPP 为总初级生产量；R_p 为生产者的呼吸率；R_d 为破坏植被的呼吸率；DOC 为溶解的有机碳；DIC 为溶解的无机碳。

全球碳循环最重要的碳流通率是大气与海洋之间的碳交换（9.0×10^{16} g C/a 和 9.2×10^{16} g C/a）和大气与陆地植物之间的交换（1.2×10^{17} g C/a 和 6.0×10^{16} g C/a），而岩石圈与大气圈之间的交换非常少。碳在大气中的平均滞留时间大约是 5 年。

大气中的二氧化碳含量是有变化的。自工业革命以来，大气中二氧化碳浓度持续升高，并存在季节变化。

案例： 由南极冰芯中的气泡分析获知，自公元 900～1750 年间，大气中二氧化碳浓度持续在 270～280ppm（$1ppm = 10^{-6}$）之间，而 1750 年工业革命以后，大气二氧化碳浓度迅速上升。2022 年 5 月夏威夷莫纳罗亚火山观测站的最新数据显示，大气中二氧化碳浓度已从 1958 年的 316×10^{-6} 增加至 421×10^{-6}，并且平均每年以 2×10^{-6} 的速度在增长。大气中二氧化碳浓度呈现规律的季节变化，即夏季下降，冬季上升，这可能是由化石燃料使用量的季节差异以及植物光合速率的季节差异引起的。

全球碳固定量和释放量应该达到一种平衡。已知人类活动产生的总碳释放量为 7.6×10^{15} C/a，其中化石燃料燃烧释放 $(5.7 \pm 0.5) \times 10^{15}$ C/a，土地利用方式改变释放 $(1.9 \pm 0.2) \times 10^{15}$ C/a。然而，释放的二氧化碳导致大气中二氧化碳含量增加 $(3.2 \pm 1.0) \times 10^{15}$ C/a，被海洋吸收（2.1 ± 0.6）$\times10^{15}$ C/a，剩下的（2.3 ± 0.9）$\times10^{15}$ C/a 去向并不明确，这就是著名的碳失汇（missing sink）现象。推测可能与北半球中纬度地区陆地生产力的增加以及早期干扰后森林的恢复有关（Houghton，2000）。

$$净释放量 \qquad 碳循环的净变化$$
$$化石燃料 + 土地利用改变 = 大气中含量上升 + 海洋吸收 + 未知的汇$$
$$5.7（\pm0.5）\quad 1.9（\pm0.2）\quad 3.2（\pm1.0）\quad 2.1（\pm0.6）\quad 2.3（\pm0.9）$$

在陆地生态系统内部，植物通过光合作用固定大气中的 CO_2，一部分碳用于植物的呼吸，一部分被动物采食，剩下的部分形成积累的植物生物量。动物采食植物后，一部分碳用于呼吸作用，剩下的部分形成积累的动物生物量。植物的凋落物、根系分泌物以及动物的粪便、死亡残体进入土壤中形成土壤有机质。土壤有机质通过微生物的分解作用最终主要以 CO_2 的形式释放到大气中。植物和动物的残体也可能形成泥炭、煤与石油，最终通过人类活动同样以 CO_2 的形式释放到大气中。

5.3.4　氮循环

氮是蛋白质的基本组成成分，是一切生物结构的原料。虽然大气中有 79% 的氮，但一般生物不能直接利用，必须通过固氮作用将氮与氧结合成硝酸盐和亚硝酸盐，或者与氢结合形成氨以后，植物才能利用。

图 5-31 是全球氮循环（global nitrogen cycle）。大气是最大的氮库（3.9×10^{21} g N），土壤和陆地植物的氮库比较小 [3.5×10^{15} g N 和（$0.95\sim1.4$）$\times10^{17}$ g N]。天然固氮包括生物固氮和闪电等高能固氮，生物固氮大约为 140×10^{12} g N/a，而闪电等高能固氮接近 3×10^{12} g N/a。当代人工固氮率已经接近或超过了天然固氮。人工固氮包括氮肥生产（大约 80×10^{12} g N/a）和使用化石燃料释放（20×10^{12} g N/a）。每年这些固定的氮通过河流运输进入海洋的大约为 36×10^{12} g N，陆地植物吸收利用 1.2×10^{15} g N/a，还有陆地生态系统的反硝化作用估计在（$0.12\sim2.33$）$\times10^{14}$ g N/a，特别是湿地，可能占其中一半以上。生物物质的燃烧可以释放到大气中的 N_2 量高达 50×10^{12} g N/a。海洋除接受陆地输入的氮以外，通过降水接受 30×10^{12} g N/a，生物固氮 15×10^{12} g N/a。通过海洋反硝化返回大气中的大约为 1.1×10^{14} g N/a，沉埋于海底的达 10×10^{12} g N/a。海洋是个巨大的无极氮库，氮含量可以达到 5.7×10^{14} g N，但是它沉埋于海底，长久离开了生物循环。

氮循环（nitrogen cycle）是一个复杂的过程，主要包括 4 个重要的氮转化过程，分别为固氮作用、氨化作用、硝化作用和反硝化作用。

① 固氮作用（nitrogen fixation）是指分子态氮被还原成氨和其他含氮化合物的过程。由于两个氮原子之间的三键非常牢固，打开它需要消耗大量能量，因此，生物固氮只能发生在具有丰富碳水化合物供给的细菌中，主要包括自由生长的自生固氮菌（*Azotobacter*），与植物共生的根瘤菌（*Rhizobium*）以及蓝细菌（*Cyanobacteria*）。固氮作用的重要意义在于：a. 在全球尺度上平衡反硝化作用。b. 在像熔岩流过和冰河退出后的缺氮环境里，最初的入侵者就属于固氮生物，所以固氮作用在局域尺度上也是很重要的。c. 大气中的氮只有通过固氮作用才能进入生物循环。

② 氨化作用（ammonification）是蛋白质通过水解降解为氨基酸，然后氨基酸中的碳（不是氮）被氧化而释放出氨（NH_3）的过程。植物通过同化无机氮进入蛋白质，只有蛋白质才能通过各个营养级。很多细菌、真菌和放线菌都能分泌蛋白酶，在细胞外将蛋白质分解为多肽、氨基酸和氨。

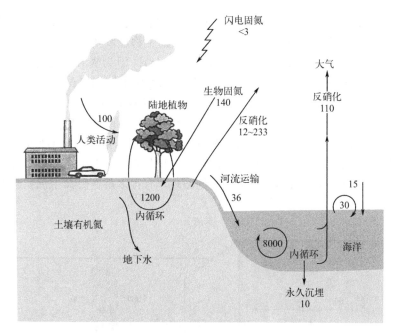

图 5-31　全球氮循环（流通率单位：10^{12} g N/a）（Schlesinger，1997；转引自方精云等，2000）

③ 硝化作用（nitrification）是指氨基酸脱下的氨，在有氧的条件下，经亚硝酸细菌和硝酸细菌的作用转化为硝酸的过程。其第一步是通过土壤中的亚硝化毛杆菌（*Nitrosomonas*）或海洋中的亚硝化球菌（*Nitrosococcus*），把氨转化为亚硝酸盐（NO_2^-）；然后进一步由土壤中的硝化杆菌（*Nitrobacter*）或海洋中的硝化球菌（*Nitrococcus*）将其氧化为硝酸盐（NO_3^-）。

④ 反硝化作用（denitrification）是指在厌氧条件下，微生物将硝酸盐及亚硝酸盐还原为气态氮化物和氮气的过程，是活性氮以氮气形式返回大气的主要生物过程。第一步是把硝酸盐还原为亚硝酸盐，释放 NO。这出现在陆地上有水渍和缺氧的土壤中，或水体生态系统底部的沉积物中，它由异养类细菌例如假单胞杆菌（*Pseudomonas*）所完成；然后亚硝酸盐进一步还原产生 N_2O 和分子氮（N_2），两者都是气体。

案例： 大气中的氮气在闪电和固氮菌的作用下转化成生物可利用的硝酸根（固氮作用）；硝酸根被植物和动物利用，最终回归到土壤中形成土壤有机质；土壤有机质通过氨化作用释放出氨；在有氧条件下，氨经亚硝酸细菌和硝酸细菌的作用转化成硝酸；在厌氧条件下，微生物将硝酸盐和亚硝酸盐还原成气体氮化物与氮气。

氮过剩的毒害作用：a. 降低生物多样性；b. 引起人类疾病；c. 水体富营养化，造成鱼类、贝类大规模死亡；d. 形成酸雨，导致水体和土壤酸化，渔获量降低，土壤微量元素的流失增多，增加地下水的重金属含量；e. 一氧化二氮可破坏臭氧，增加大气中的紫外辐射，并增加温室效应。

案例： 在人类活动的影响下，生物所需的氮等营养物质大量进入湖泊、河口、海湾等缓流水体，导致藻类及其他浮游生物迅速繁殖，水体溶解氧量下降，水质恶化，最终导致鱼类及其他生物大量死亡。

5.3.5　磷循环

虽然生物有机体的磷含量仅占体重的 1% 左右，但是磷是构成核酸、细胞膜、能量传递系统和骨骼的重要成分。因为磷在水体中通常下沉，所以它也是限制水体生态系统生产力的重要因素。磷在土壤内也只有在 pH 6～7 时才可以被生物所利用。

图 5-32 表示全球磷循环（global phosphorus cycle）。因为磷在生态系统中缺乏氧化-还原反应，所以一般情况下磷不以气体成分参与循环。虽然土壤和海洋库的磷总量相当大，但是能为生物所利用的量却很有限。生物与土壤之间的磷流通率约为 200×10^{12} g P/a，生物与海水之间的磷流通率为 $50 \times 10^{12} \sim 120 \times 10^{12}$ g P/a。全球磷循环的最主要途径是磷从陆地土壤库通过河流运输到海洋，达到 21×10^{12} g P/a。磷从海洋再返回陆地是十分困难的，海洋中的磷大部分以钙盐的形式而沉淀，因此长期地离开循环而沉积起来。一般的水体上层往往缺乏磷，而深层为磷所饱和。由此可见，磷循环是不完全的循环，有很多磷在海洋中沉积起来。

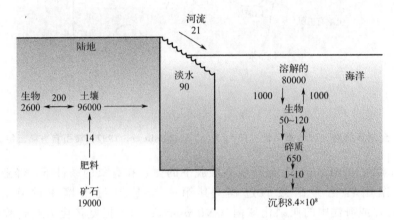

图 5-32　全球磷循环（仿 **Ricklefs 和 Miller，1999**；转引自牛翠娟等，**2015**）

注：库含量以 10^{12} g P 为单位，流通率以 10^{12} g P/a 为单位。

人类活动对磷循环的影响：a. 开采磷矿加快了磷的损失速率；b. 开采磷矿，导致磷酸盐大量沉积，与氮一起引起水体富营养化；c. 开采磷矿可能会导致未来农业生产的磷短缺。

案例：由于磷矿开采管理粗放、磷化工企业治污不力，磷元素源源不断地渗入水体。氮、磷元素是藻类生长的"催化剂"，导致水体富营养化。

5.3.6　硫循环

硫是氨基酸的重要组成元素，对于大多数生物的生命至关重要。人类活动对硫循环的影响远大于对碳循环和氮循环的影响。硫循环（sulfur cycle）既属于沉积型循环，也属于气体型循环。大部分硫元素储存于岩石、沉积物和海洋中。硫元素的主要流动方式是通过植被和各类痕量气体的形式流动。人类活动通过采矿和增加气体释放极大地增加了全球硫通量。

图 5-33 表示全球硫循环（global sulphur cycle）。硫从陆地进入大气中有 4 条途径：火山爆发释放硫，平均达到 5×10^{12} g S/a；由沙尘带入大气中的硫大约为 8×10^{12} g S/a；化石燃料释放的硫为 $(50 \sim 100) \times 10^{12}$ g S/a，平均 90×10^{12} g S/a；森林火灾和湿地等陆地生态系统释放 4×10^{12} g S/a。大气中的硫大部分以干沉降和降水形式返回陆地，约 90×10^{12} g S/a；剩下的约 20×10^{12} g S/a 被风传输到海洋。另外也有 4×10^{12} g S/a 的硫从海洋经大气传输到陆地。

人类活动深刻影响着河流中硫的运输，当代从河流运输到海洋的流通量可达 130×10^{12} g S/a，是工业革命前的 2 倍。

硫从海洋进入大气，包括以海盐形式进入的为 144×10^{12} g S/a，生物产生的为 16×10^{12}

g S/a，海底火山产生的为 5×10^{12} g S/a，海洋吸收的流通量为 180×10^{12} g S/a。

化石燃料的燃烧是人类对硫循环的主要干扰（煤含硫 1%～5%，石油含硫 2%～3%）。SO_2 释放进入大气并被氧化成硫酸，是引起酸雨问题的主要因素。酸雨可通过降解脂质和破坏细胞膜直接影响植物，也可通过增加土壤中一些营养的淋溶，使另一些营养变得难以被植物吸收。

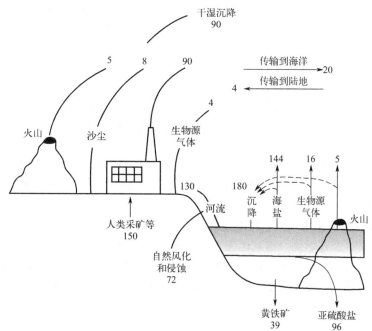

图 5-33　全球硫循环（Schlesinger，1997；转引自方精云，2000）

注：库含量以 10^{12} g S 为单位，流通率以 10^{12} g S/a 为单位。

5.3.7　有毒物质的循环

某种物质进入生态系统后在一定时间内直接或间接地有害于人或生物时，这种物质就称为有毒物质或污染物。按污染物的作用分一次污染物和二次污染物。前者是由污染源直接排入环境的、其物理和化学性状未发生变化的污染物，又称原发性污染物；后者是由前者转化而成，排入环境中的一次性污染物在外界因素作用下发生变化，或与环境中其他物质发生反应形成新的物理化学性状的污染物，又称继发性污染物。

有毒物质的循环是指有毒物质通过大气、水体、土壤等环境介质，进入植物、动物、人体等生物领域，通过食物链富集与转移，然后随着植物的枯枝落叶或动物和人的尸体、排泄物，最后经微生物分解回到土壤、水体、大气中，如此周而复始的过程（图 5-34）。

有毒物质种类繁多，包括有机的如酚类和有机氯农药等，无机的如重金属、氟化物和氰化物等。它们进入生态系统的途径也是多种多样的，有些被人们直接抛弃到环境中，有的通过冶炼、加工制造、化学品的贮存与运输以及日常生活、农事操作等过程而进入生态系统。有毒物质进入生态系统后，就会沿着食物链在生物体内富集浓缩，越是上面的营养级，生物体内有毒物质的残留浓度越高。这里介绍汞循环和镉循环。

生物的富集作用是指生物个体或处于同一营养级的许多生物种群，从周围环境中吸收并积累某种元素或难分解的化合物，导致生物体内该物质的平衡浓度超过环境中浓度的现象。

案例：由于农药 DDT（双对氯苯基三氯乙烷）具有生物富集性，当水中 DDT 含量在 3×

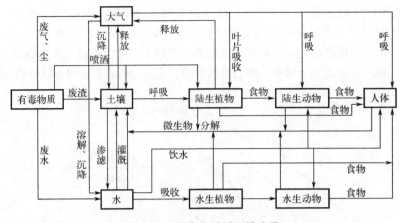

图 5-34　有毒物质循环模式图

10^{-12} 时，水中浮游植物体内的 DDT 含量为 3.5×10^{-9}，浮游动物、小鱼和大鱼体内分别可达 4×10^{-8}、5×10^{-7}、2×10^{-6}，作为四级消费者鱼鹰体内的积累量是浮游植物的近 10000 倍。

（1）汞的循环

火山释放挥发性元素汞（Hg^0）进入大气，是大气 Hg 的一个重要自然来源。人类通过开采汞矿和其他矿产及煤燃烧，提高地壳 Hg 释放量。当 Hg 沉降到森林中后，一部分被还原为 Hg^0 挥发到大气中，而剩下部分富集在土壤有机质中或与有机质结合随河水迁移（图 5-35）。相似的，沉降至海洋的一部分 Hg^{2+} 经光还原为元素汞，从海洋表面挥发到大气（Schlesinger 和 Bernhardt，2016）。

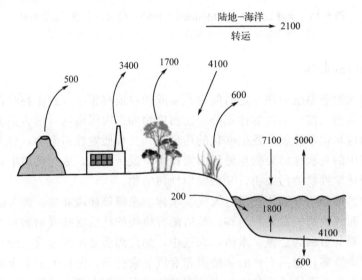

图 5-35　全球汞循环（Selin，2009）

注：数据单位为 10^6 g Hg/a。

汞通常以甲基汞的形式存在，在体内代谢缓慢，引起富集，可对神经、消化和免疫系统，以及肺和肾造成损害，后果可能是致命的。

案例：1956 年，日本水俣湾的许多居民都得了一种怪病，患者轻则口齿不清、步履蹒跚、手足麻痹，重则精神失常，直至死亡。经过调查，罪魁祸首是当地化工厂向海洋中排放的汞。这些汞富集在鱼体内，被当地人食用和吸收，最终致病。直至今日，水俣病一直被公认为是世界上最重要的环境污染灾害事件之一。

（2）镉的循环

大气、土壤、河湖中都有一定量的镉污染物输入。图 5-36 表示镉的全球循环。由废物处理和施用肥料输入陆地的镉可以达到 $1.4 \times 10^9 g/a$。镉每年由陆地生物引起的迁移和转化的量并不大，通过人体的镉流量一般并不高，但是在局部地方的陆地生态系统中，例如冶炼厂周围，大气中的镉有时会超过 $500 ng/m^3$，表土中也可以超过 $500 \mu g/g$，附近的动植物体内含镉量也有增高现象。

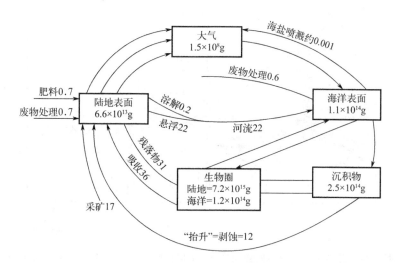

图 5-36　镉的全球循环（许嘉琳和杨居荣，1995；转引自牛翠娟等，2015）（物流单位：$10^9 g/a$）

镉是一种重金属，在自然界中含量很低，多以化合态存在。随着工业化的发展，铅锌矿、有色金属冶炼、电镀和用镉化合物作原料的工厂产生大量的废水、废气等物质，引起环境镉污染。

案例：由于采矿冶炼产生的废水、废气排放，含镉磷肥施用等原因，耕地被镉污染。镉在生物体内富集，通过食物链进入人体，引起慢性中毒。镉中毒可引起肾功能破坏，引起尿蛋白症、糖尿病；进入肺呼吸道引起肺炎、肺气肿等。

5.3.8　元素循环的相互作用

虽然分别介绍了碳、氮、磷、硫等元素的循环，但这并不意味着它们是彼此独立的。实际上，自然界中的元素循环是密切关联和相互作用的，而且表现在不同的层次上。要了解人类活动对全球元素循环的影响，必须充分了解这些元素循环的相互作用。

生态系统中生物有机体的碳、氮、磷等生源要素的化学计量关系有较强的内稳定性（homeostasis），由此导致了生态系统的光合作用物质生产和碳固定过程对氮、磷等生源要素以及水分等资源要素的利用效率也具有相当程度的保守性（conservation），具体体现在不同类型植物或不同区域的典型生态系统生产单位质量物质（或固定单位质量的碳）的水分利用效率（WUE）和氮素利用效率（NUE）等都表现出相对的稳定性。这种生物机体的生源要素化学计量关系的内稳定性、资源要素需求系数的稳定性以及资源要素利用效率的保守性等特征是制约典型生态系统元素耦合循环动态变化及其互作关系的内在生理生态学原理。

陆地生态系统的碳、氮、水交换主要发生在植被-大气、土壤-大气和根系-土壤界面上，是通过植物叶片、根系和土壤微生物等生理活动与物质代谢过程，将植物、动物和微生物生命体、植物凋落物、动植物分泌物、土壤有机质和土壤与大气的无机环境系统的碳-氮-水循环联结起来，形成了极其复杂的链环式生物物理和生物化学耦合过程关系网络（图5-37）。

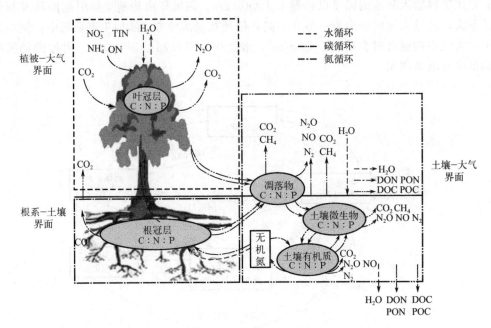

图5-37　陆地生态系统不同界面碳-氮-水耦合循环示意图（于贵瑞等，2013）

本节小结

　　生态系统的物质循环与能量流动相互伴随，密不可分。物质作为能量的载体，使能量沿着食物链或食物网流动；能量作为动力，使物质能够不断地在生物群落和无机环境之间循环往返。但是，物质循环和能量流动又有本质上的区别，即能量流经生态系统各个营养级时呈单向流动且逐级递减，而物质在生态系统中可以反复循环利用。

　　生态系统的物质循环由库和流通率构成。从全球尺度研究物质循环称为生物地球化学循环。全球生物地球化学循环分为三大类型，即水循环、气体型循环和沉积型循环。气体型循环和沉积型循环都受太阳能所驱动，并都依托于水循环。

　　根据发生的空间范围，水循环可分为海陆间循环、陆地内循环、海上内循环。海洋是地球上最大的水贮存库，占地球表面总水量的97%以上。从海洋转移到陆地的降水约占陆地总降水量的1/3，而剩余的2/3来自陆地上水分的蒸发和循环。

　　沉积物和岩石是全球最大的碳库，其周转速度十分缓慢，而大气虽然碳含量最低，却是最活跃的碳库。土壤碳库含量相当于大气碳含量和陆地植被碳含量的总和。大气中的二氧化碳在工业革命以后迅速并持续升高。除了被海洋吸收和使大气二氧化碳体积分数上升以外，尚还有30%不知去向，这就是著名的失汇现象。

　　大气是最大的氮库，但是大部分生物不能直接利用大气中的氮气，而是依赖生物可利用的氮形式生长。生物圈中可利用的氮均源于固氮作用，包括天然固氮和人工固氮。氮循环过程是一个复杂的过程，主要包括四个重要的氮转化过程，分别为固氮作用、氨化作用、硝化作用、反硝化作用。陆地和海洋固定的氮一部分通过反硝化作用返回大气。

磷循环是不完全循环。大量磷从陆地土壤库通过河流输入海洋，并沉积下来。氮和磷使水体富营养化，污染水质，引起鱼类和其他生物大量死亡。氮、磷、硫都能形成酸雨，影响植物和动物的生长。随着工业的发展，有毒物质的排放导致环境污染，如镉和汞的中毒事件，都严重影响人们的健康。

生态系统各元素之间并不是相互独立的，而是密切关联和相互作用的。生物机体的生源要素化学计量关系的内稳定性、资源要素需求系数的稳定性以及资源要素利用效率的保守性等特征是制约典型生态系统元素耦合循环动态变化及其互作关系的内在生理生态学原理。只有充分了解各元素循环的相互作用，才能全面地理解生物地球化学循环。

5.4　地球上生态系统的主要类型及其分布

生态系统是生物与环境相互作用的功能整体。由于气候、地形、土壤、基质、动植物区系不同，在地球表面形成多种多样的生态系统。根据生态系统的环境性质和形态特征，地球上生态系统可分为陆地生态系统、湿地生态系统和水域生态系统。陆地生态系统根据植被类型和地貌不同，分为森林生态系统、草原生态系统、荒漠生态系统和苔原（冻原）生态系统。水域生态系统根据水体的理化性质不同，分为海洋生态系统与淡水生态系统。

5.4.1　陆地生态系统的主要类型及其分布

陆地生态系统的分布沿着地理纬度、经度、海拔和地形与岩石性质的变化呈现纬度地带性、经度地带性和垂直地带性分布规律。

① 纬度地带性分布是由于热量沿纬度变化，出现群落和生态系统类型的有规律更替。

案例：从赤道向北极依次出现热带雨林、常绿阔叶林、落叶阔叶林、北方针叶林与苔原。我国从南自南沙群岛，北至黑龙江，跨 50 多个纬度，从南向北形成各种热量带，即热带、亚热带、温带和寒温带。在湿润森林区域内，植被类型自北向南依次分布着针叶落叶林→温带针叶落叶阔叶林→暖温带落叶阔叶林→北亚热带含常绿成分的落叶阔叶林→中亚热带常绿阔叶林→南亚带常绿阔叶林→热带季雨林、雨林。在西部干旱、半干旱区、由北向南依次分布着温带半荒漠、荒漠带→暖温带荒漠带→高寒荒漠带→高寒草原带→高原山地灌丛草原带。

② 经度地带性分布主要位于北美和欧亚大陆，由于海陆分布格局与大气环流特点，水分梯度常沿经向变化，因而导致群落和生态系统经向分异，即由沿海湿润区的森林，经半干旱的草原至干旱的荒漠。与纬度地带性表现的自然规律不同，经度地带性是局部大陆的自然地理现象。

案例：东欧平原植被自西北至东南依次为冻原→森林冻原→泰加林→针阔叶混交林→落叶阔叶林→森林草原→草原→荒漠。北美洲从东向西植被依次更替为森林→草原→荒漠→森林。我国从东到西因为水分条件从湿润到干旱的明显变化，依次分布湿润森林、半干旱草原、干旱荒漠三大植被区域。

③ 垂直地带性是由于海拔高度的变化，常引起群落和生态系统有规律的更替。海拔高度每升高 100m，气温下降 0.4~0.6℃，降水最初随高度增加而增加，超过一定高度后随高度增加而降低，表现垂直带谱，即山地季雨林、山地常绿阔叶林、落叶阔叶林、针阔混交林、针叶林、高山矮曲林、高山草原与高山草甸、高山永久冻土带。

植被类型在山体垂直方向上的成带分布和地球表面纬度水平分布顺序有相应性；垂直带与水平带上相应的植被类型在外貌上也基本相似，纬向带的宽度较垂直带的宽度大得多；纬向带是相对连续的，而垂直带是相对间断的；虽然纬向带、垂直带的植被类型在分布顺序上有相似性，但植物种类成分和群落生态结构有很大差异。

从炎热的赤道到严寒的两极，从湿润的近海到干旱的内陆，形成各种各样的陆地生态环境。按其生境特点和植物群落的生长类型，可分为森林、草原、荒漠、冻原等生态系统。

5.4.1.1 森林生态系统

森林生态系统主要分布在湿润和半湿润气候地区。按地带性的气候特点和相适应的森林类型，可分为热带雨林、亚热带常绿阔叶林、温带落叶阔叶林和北方针叶林等。

（1）热带雨林（tropical rain forest）

热带雨林分布在赤道及其两侧的湿润区域，是目前地球上面积最大、对维持人类生存环境作用最大的森林生态系统。我国的热带雨林主要分布在海南岛、台湾省南部、云南省南部和西双版纳地区，西藏自治区墨脱县是世界热带雨林分布的最北边界。热带雨林地区全年高温多雨，无明显季节变化。年平均气温 25～30℃，年降水量 2000～10000mm，全年雨量分配均匀，空气相对湿度 90% 以上。由于高温多雨，生物循环旺盛，有机质分解迅速，土壤腐殖质及营养元素含量相对贫乏。土壤为酸性砖红壤或砖红壤性红壤。

热带雨林的植被特点有：a. 植被种类组成丰富。据统计，组成热带雨林的生物种类约占全球已知动植物种类的一半。b. 热带雨林结构复杂，生态位分化极为明显。c. 藤本及附生植物发达。d. 雨林植物具特殊构造。乔木树干高大，常生有支柱根和板状根；树皮光滑；树冠通常不大，稀疏；叶子多数大型、常绿、革质坚硬；芽无鳞片保护；茎花现象常见；多昆虫传粉植物。e. 无明显季相交替。植物四季开花，但每个种都有一个或多或少明显的盛花期。

热带雨林的动物群落多样性十分丰富，以树栖攀缘生活的种类占绝对优势。

案例：热带雨林有各种猿猴，啮齿目的巨松鼠，树豪猪，贫齿目的树懒、小食蚁兽，有袋目的树袋熊、树袋鼠等，食肉兽如灵猫、熊狸等。热带森林动物中完全地栖的种类很少，这是由于林下阴暗潮湿，缺少草本植物，地下树根密集，林中藤本植物纵横交错，不利于动物穴居、通行和生存。

（2）常绿阔叶林（evergreen broad-leaved forest）

常绿阔叶林指分布在亚热带湿润气候并以壳斗科、樟科、山茶科、木兰科等常绿阔叶树种为主组成的森林生态系统。

常绿阔叶林主要分布于欧亚大陆东岸北纬 22°～40°之间。我国的常绿阔叶林是地球上面积最大、发育最好的一片。常绿阔叶林分布区夏季炎热多雨，冬季稍寒冷，春秋温和，四季分明。年平均气温 16～18℃，冬季有霜冻，年降雨量 1000～1500mm，主要分布在 4～9 月，无明显旱季。土壤为红壤、黄壤或黄棕壤。

常绿阔叶林的结构较热带雨林简单，高度明显降低。由于气候温暖湿润，保存了第三纪的植被类型，如著名的银杏、水杉、鹅掌楸等。乔木一般分两个亚层，上层林冠整齐，一般高 20m 左右，以壳斗科、樟科、山茶科常绿树种为主；第二亚层树冠多不连续，高 10～15m，以樟科、杜英科等树种为主。灌木层较稀疏，草本层以蕨类为主。藤本植物与附生植物不如雨林繁茂。乔木枝端的冬芽有芽鳞保护；林下植物生境较湿润，故形成的芽无芽鳞保护。

常绿阔叶林的动物群落具有明显的过渡特征，动物群落的季相变化较热带雨林显著。许多爬行类、两栖类及翼手类动物出现冬眠现象；种的优势现象较热带雨林突出。代表动物有猕猴、穿山甲、华南虎、扬子鳄、大鲵以及我国特有的白鳍豚等。动物在各栖息地间有频繁的昼夜往来和季节性迁移，春秋两季有大量旅鸟过境和候鸟迁来越冬。

（3）夏绿阔叶林（summer green broad-leaved forest）

夏绿阔叶林，又称落叶阔叶林，分布于中纬度湿润地区，主要分布于北美中东部、欧洲及我国温带沿海地区。年平均气温 8～14℃，1 月平均气温多在 0℃ 之下。7 月平均 24～28℃。年降水量 500～1000mm。树木仅在暖季生长，入冬前树木叶子枯死并脱落。土壤为褐色土与棕色森林土，较为肥沃。

夏绿阔叶林的植被冬季完全落叶，春季萌发新叶，夏季形成郁闭林冠，秋季叶片枯黄，季相变化十分显著。树干常有厚的皮层保护，芽有坚实的芽鳞保护。这类森林一般分为乔木层、灌木层和草本层，成层结构明显。

案例：目前，原始的落叶阔叶林仅残留在山地、平原及低丘，多被开垦为农田，如我国的华北平原、北美东部等，为棉花、小麦、杂粮及落叶果树的主要产区。

夏绿林富有灌木和草本植物，为地面活动的动物提供了丰富的食物和隐蔽条件，地栖动物的种类和数量比热带、亚热带森林多。如亚洲梅花鹿、黑熊、蝮蛇、欧洲棕熊、水獭，北美洲浣熊、臭鼬、美洲狮、野火鸡等。夏绿林动物主要由广适性种类组成，夏季动物种类较冬季多。许多动物随季节换羽，候鸟迁移现象普遍，许多变温动物冬季蛰伏或休眠，全年活动的动物大都有贮粮习性。动物的昼夜活动不如热带森林地带明显，昼出活动种类多。

（4）北方针叶林（boreal forest）

北方针叶林，又称泰加林（taiga），分布在北半球高纬地区，面积约 $1.2 \times 10^7 km^2$，仅次于热带雨林。北方针叶林地处寒温带，年平均气温多在 0℃ 之下，最热月平均 15～22℃，冬季长达 9 个月之上，最冷月平均 −38～−21℃，年降水量 400～500mm，集中夏季降落。优势土壤为棕色针叶林土，土层浅薄，以灰化作用占优势。

北方针叶林植被结构简单，多为单优势种森林，树高 20m 上下。在树冠浓密的云杉、冷杉林下（又称阴暗针叶林），有厚层耐湿的苔藓层，贫营养型的常绿小灌木和草本植物及各种藓类组成的地被层发达，枯枝落叶层很厚，常与苔藓类一起形成毡状层；在透光良好的松林及落叶松林下（又称明亮针叶林），喜阳的地衣取代了耐阴的苔藓。针叶树能很好地适应寒温气候，其针叶表面有增厚的角质膜和内陷的气孔，可减弱蒸腾作用并有助于在干旱期和结冰期保持水分。

北方针叶林动物群落种类组成贫乏，主要由耐寒性和广适应性种类所组成，典型的有驼鹿、紫貂、黑啄木鸟、松鸡等及大量的土壤动物（以小型节肢动物为主）和昆虫。秋冬季，部分苔原群落动物如驯鹿、旅鼠、雪兔和雪鹑等迁来过冬。河流两岸或次生林灌及林间大片沼泽地区是动物集中栖息处。多数哺乳类和部分鸟类生活在地面层，小型鸟、松鼠和紫貂等栖息在树冠层。松果是许多鸟类（星鸦、交嘴雀）和兽类（花鼠、棕背鮃等）的重要食料。群落中多数兽类（驼鹿、灰鼠、紫貂、狼獾等）和鸟类（榛鸡、松鸡）营定居生活，它们有贮食过冬或冬眠的习性。有些鸟类和哺乳类行季节迁移，夜行性种类不多。

在各类森林的过渡地带，还有针叶、落叶、阔叶混交林，落叶、常绿阔叶混交林等。

5.4.1.2　草原生态系统

世界草原总面积 $2.4 \times 10^7 km^2$，是陆地总面积的 1/6。草原植物群落以多年生草本植物占优势。根据草原的组成和地理分布，可分为温带草原和热带稀树草原两类。我国的草原是欧亚草原区的一部分，可以分为草甸草原、典型草原、荒漠草原和高寒草原四种类型。

（1）温带草原

温带草原通常指由低温旱生多年生草本植物组成的植物群落。温带草原分布于南北半球的中纬度地带，出现在中等程度干燥、较冷的大陆性气候地区。欧亚大陆草原从欧洲多瑙河下游起向东呈连续带状延伸，经罗马尼亚、俄罗斯和蒙古，进入我国内蒙古自治区等地，形成了世界上最为广阔的温带草原带。北美洲草原从北面的南萨斯喀彻河开始，沿经向到达得克萨斯州，形成南北走向的草原带。温带草原地区的气候介于夏绿林和温带荒漠之间，夏季温和，冬季寒冷。

案例： 以我国草原为例，年平均温度−21（海拉尔）～9.1℃（兰州），年降水量150～600mm，主要集中在夏秋两季降落，降水年变率大，多暴雨，不易被吸收利用。春季有明显的干旱期。地带性土壤为黑钙土和栗钙土，土壤中腐殖质层较厚，肥力高。

草原植物对动物啃牧和火烧有很好的适应性。大部分草原发生周期性火烧，导致温带草原以一年生和多年生草本植物为主。多年生耐寒的旱生丛生禾草占优势，禾草类占到草原面积的25%～50%。除禾本科植物外，莎草科、菊科、豆科、藜科等植物也占相当大的比例。典型温带草原辽阔无林，其地上部分高度多不超过1m，其垂直分层通常分为地上草本层、地面层和地下根系层。草原植物的生活型以地面芽植物为主，旱生结构普遍，如叶面积缩小、叶片边缘内卷、气孔下陷、机械组织与保护组织发达等。其建群植物针茅属的一些种，上述特征尤为明显。此外，植物的地下部分郁闭程度常超过地上部分，这是对干旱的一种适应。许多草原植物形成密丛，草丛基部常被枯叶鞘包被，以避免夏季地面灼热，保护更新芽过冬。

温带草原地带以食草动物和穴居动物占优势。温带草原动物群落的种类组成较森林贫乏。兽类中啮齿类特别繁盛，草原有蹄类奔跑迅速。草原鸟类大部分为夏候鸟。草原无脊椎动物的种类和数量非常多，最常见的种类为同翅目、鞘翅目、双翅目和半翅目昆虫。草原动物穴居、快速奔跑、集群生活方式以及具有敏锐的视觉与听觉等生理、生态特征，是对在草原生境中生存的适应。草原动物种群数量的年变化很大。

案例： 夏秋两季是动物繁殖和育肥的良好季节，无脊椎动物的数量有夏秋两个高峰。冬季多数鸟类向南迁移，有蹄类等迁往生境较好的地方；啮齿类如旱獭、黄鼠等进入冬眠；田鼠、鼠兔等贮藏食物以备过冬。草原动物昼夜相也很明显。

（2）热带稀树草原

热带稀树草原，是一类含有散生乔木的喜阳耐高温旱生草原群落，其特点是在高大禾草草原背景上稀疏散生着旱生独株乔木。

热带稀树草原生态系统分布在热带、亚热带干燥地区，在非洲中部和东部面积最大，在南美洲的巴西及委内瑞拉、北美洲的墨西哥、亚洲的印度和缅甸中部及澳大利亚大陆北部等地也有分布。我国云南的干热河谷、海南岛北部、雷州半岛和台湾西南部也有类似稀树草原的群落。热带稀树草原分布于温暖大陆性气候，年均降雨量500～2000mm，旱季通常持续4～6个月。在高温多雨影响下，土壤强烈淋溶，以砖红壤为主，比较贫瘠。一年中出现一到两个干旱期，明显的旱季和雨季交替，野火频繁发生，不利于林木的发育。

稀树草原的草本植物层几乎是丛生的。草本植物占优势的是高度达1～3m的大型禾本科植物，叶具有旱生结构，狭窄而直立；双子叶植物多属小叶型，或完全退化。散生的少量旱生型乔木，通常矮生、多分枝，具有大而扁平的伞形树冠；叶片大多坚硬，常为羽状复叶，小叶能运动排列，避免阳光灼伤；常绿的叶有茸毛，芽有鳞片保护；树皮厚，有些树木的树干组织内贮有大量水分，以保障旱季生活所需。

案例：代表性的草本植物如非洲中南部禾本科的须芒草属（*Andropogon*）、黍属（*Panicum*）。在乔木树种中，木棉科的猴面包树（*Adensoniadigitata*）是世界闻名的长寿植物，能活 4000～5000 年，高可达 25m，树干粗大，直径可达 9.5m，树干内含大量水分。

热带草原是草食性动物生存的理想生境。大型食草兽、小型啮齿类以及植食性昆虫类丰富，数量大。同时，热带草原景观平坦而开阔，穴居、快跑生活方式的发展是动物生存竞争必然的结果。

案例：非洲稀树草原的羚羊多达数百万头。小型啮齿类占有绝对优势，植食性昆虫的数量惊人，其中白蚁、蚁类和蝗虫最多。在开阔景观地带，肉食动物捕食方式主要采用追击，如猎豹、豹、鬣狗等。猎豹奔跑平均时速达 110km，堪称世界上跑得最快的动物。

5.4.1.3　荒漠生态系统

荒漠生态系统是由超旱生的灌木、半灌木或半乔木占优势的地上不郁闭的一类生物群落组成的生态系统。主要分布于亚热带干旱区，往北可延伸到温带干旱区。这里年降水量少于 200mm。由于雨量少，土壤表层有石膏的累积。地表细土被风吹走，剩下粗砾及石块，形成戈壁；而在风积区则形成大面积沙漠。地球上最大的荒漠是连接亚非两洲的大沙漠，包括北非的撒哈拉沙漠、阿拉伯沙漠、中亚大沙漠和东亚大沙漠，后者包括我国的柴达木、准噶尔、塔里木、阿拉普等沙漠。此外，还有南美西岸的智利和阿根廷的荒漠、非洲西南岸和南非的荒漠、澳大利亚荒漠等。

荒漠植被贫乏，主要有 3 种生活型适应荒漠区生长：a. 荒漠灌木及半灌木。其具发达的根系和小而厚的叶子，茎秆多呈灰白色，如梭梭、白刺、红沙等属的一些种。b. 肉质植物。为景天酸代谢型，夜间气孔开放，吸收大量 CO_2，以苹果酸的形式贮存在植物体内；白天气孔关闭，体内苹果酸放出 CO_2，供植物的光合作用利用。这样肉质植物获得 CO_2 供应的同时，维持了植物的水分平衡。肉质植物主要分布在南美及非洲的荒漠，如仙人掌科、大戟科与百合科。c. 短命植物与类短命植物。前者为一年生，后者系多年生，它们利用较湿润的季节迅速完成其生活周期，以种子或营养器官渡过不利生长时期。

荒漠生物群落的消费者主要是爬行类、啮齿类、鸟类以及蝗虫等。许多欧亚大陆的啮齿类动物以干种子为生而不需饮水，白天在洞穴内排的浓尿形成一个局部有湿度的小环境。据调查，荒漠地带 72% 以上种类营穴居生活，多种动物生活在岩缝间或石块下。许多荒漠动物为沙土色，如沙鼠、跳鼠、沙狐、沙鸡等，起保护色的作用。动物脚和趾都形成一些适应在沙土中行走的构造，如骆驼的蹄部大而圆，跖部有厚肉垫。杂食性是荒漠动物的适应表现。

5.4.1.4　冻原生态系统

冻原又称苔原，是指以极地或高山灌木、苔藓、地衣和某些草本植物占优势，结构简单、层次不多的草本植被型。冻原生长期温度较低，时常遭受生理性干旱的影响。

冻原广泛分布在北半球高纬度和高海拔的寒冷地区，占据着欧亚大陆和北美北方针叶林以北的沿海地区，包括北冰洋中的岛屿。西伯利亚北部是最大的苔原区。我国只有高山冻原，主要在长白山和阿尔泰山西部高山带。冻原气候的特点是冬季严寒而漫长，昼短夜长，夏季寒冷而短促，最热月均温不超过 10℃，植物生长期全年仅 2～3 个月。年降水量 200～300mm，主要集中在下半年，蒸发量小。土壤为冰沼土，永冻层很厚（达 40～200cm），土温不超过 10℃，常引起土壤沼泽化。

冻原植被的基本特征是它的无林现象，除了在冻原南部边界过渡性的森林冻原亚带有乔木以外，冻原上占优势的是藓类、地衣、灌木和少数种类的薹草、禾草。代表性科为石楠科（即杜鹃花科）、杨柳科、莎草科、禾本科和毛茛科等。冻原植被结构简单，层次少且不明显。冻原植物多为矮生和垫状类型，许多种类紧贴地面匍匐生长，如极柳、高山葶苈。很多冻原植物耐寒，例如北极辣根菜能耐受达 −46℃的低温。冻原植物通常生长缓慢，例如极柳一年仅长 1～5mm。冻原植物大多为长日照植物，常具大型且鲜艳的花和花序。

冻原动物群种类贫乏，但富有特殊的生活型。主要食物为地衣、苔藓、灌木叶子和浆果等。典型冻原兽类为驯鹿、旅鼠、雪兔、北极狐、麝牛、雪鸮等。冻原鸟类以夏候鸟鹬类和雁鸭类居多。动物不冬眠，昼长夜短的夏季是动物活跃的季节，鸟类昼夜寻食和育雏。严冬多数鸟类迁往温暖的地方；驯鹿也由冻原迁往针叶林带。多数冻原动物身体毛长绒密，皮下脂肪厚，耐寒力极强。北极熊的毛呈中空管状，保温隔冷。驯鹿的蹄宽阔并能分开，利于在雪地和沼泽中行走，具大规模集群迁移习性，迁移距离可达 1000～2000km。北极狐脚掌下密生毛被，可保暖、减少冰上奔走时打滑。

5.4.2 湿地生态系统

湿地被称为"自然之肾"，具有调节水循环、净化环境的基本生态功能，作为栖息地养育着丰富的生物，具有较高的生物多样性。湿地是潜在的土地资源和天然的动植物基因库；具有丰富的泥炭资源，是重要的旅游资源和科研基地。湿地是地球上最富有生产力的生态系统之一，水陆界面的交错群落分布使湿地具有显著的边缘效应。湿地的过渡性特点表现在生态系统的结构、组成成分、环境类型以及生物群落等各方面。湿地生态系统易受自然和人为活动的干扰，生态平衡极易受到破坏，且受破坏后难以恢复。

5.4.2.1 湿地的类型

湿地的类型主要包括沼泽湿地、红树林群落、湖泊湿地、河口滨海湿地、滩涂与潮间带湿地等。

（1）沼泽湿地

沼泽常出现在土壤过湿、积水并有泥炭的生境条件下，多散布在针叶林及苔原带。沼生植物通气组织发达，有不定根及特殊的繁殖能力。在贫营养沼泽中某些植物发展了食虫的习性，称为食虫植物。

沼泽可以分为 3 类：a. 木本沼泽。主要分布在温带地区，优势树木主要为杜香属、桦木属植物，灌木可能为桤木和柳等。b. 草本沼泽。是主要的沼泽，其类型最多，面积也最大。草本沼泽表面往往比周围低，也称为低位沼泽。由于植物可以从地下水中直接获得富营养物质，又称其为富营养沼泽。物种丰富，生产力高，以燕草属植物占优势，禾本科芦苇、香蒲等也多见。c. 苔藓沼泽。沼泽在其发育过程中，由于苔藓的不断积累而升高，最后超过其周围地面，又称为高位沼泽。又因其表层与地下水无营养联系，缺乏养分供应，还称为寡养沼泽。优势植物主要属于泥炭藓属（*Sphagnum*）。

沼泽生态系统蕴藏着较大的生物生产力。沼泽地肥沃，有机质含量高，素有"鱼米之乡"美称的珠江三角洲、江汉平原、洞庭湖平原、太湖平原等，都是从沼泽开垦的。沼泽上的纤维植物（小叶樟、大叶樟、芦苇等）和泥炭利用具有广阔的前景。泥炭有机质含量丰富，氮、磷、钾等含量较高，是良好的肥料。此外，泥炭在工业、农业、医药卫生等方面有广泛用途。

（2）红树林群落

红树林群落是热带地区适应海岸和河口湾等环境的常绿林或灌丛群落，分布于赤道附近的平坦海岸及海湾浅滩上，这种海岸因风浪较弱、水体运动缓慢而多淤泥沉积。在涨潮时，仅见露出水面的树冠部分；退潮时，露出树干以及支柱根和呼吸根。红树林群落植物的支柱根发达，交织成网状，以抵抗海水冲击，是很好的堤防植被。红树繁殖方式具有胎萌现象，以适应海岸环境。红树大约有 30 种，主要为红树科和马鞭草科。我国红树林主要有红树科的秋茄、木榄和马鞭草科等。红树植物是能耐受海水盐分的木本挺水植物。红树林优势的海洋动物是软体动物，还有多毛类、甲壳类及特殊鱼类。此外，红树林区也是鸟类的重要分布区。

（3）湖泊湿地

湖泊湿地是指陆地到开敞湖面的过渡带，它是湖泊与其周围环境间物质和能量交换的重要通道。湖泊湿地主要分布在河流三角洲前缘，由天然堤与堤外洼地组成，兼有水陆生态特点。湖水退却，天然堤显露水面，形成背向河岸缓缓倾斜的草滩。最高出水达 $140\sim310\text{d}$，光热条件优越。属于富含有机质的草甸土，因植被生长与鸟粪积累，土质肥沃。湿生草本植物随退水萌发，而水生植物则退缩到积水洼地。同时，湖泊湿地有较高的渔业生产能力。

（4）河口滨海湿地

河口区是陆地进入海洋的特殊地区，营养沉积较多，是海洋生态系统初级生产力最高的地区。

案例：黄河三角洲滨海湿地（图 5-38），是山东省最大最重要的河口滨海湿地，现为国家级自然保护区，总面积达 $1.53\times10^{5}\text{hm}^{2}$，其中大面积为原生盐生草甸；湿地鸟类多达 265 种，其中国家一级保护鸟类 7 种，国家二级保护鸟类 33 种，已被列入中国优先保护的湿地生态系统名录。

图 5-38　俯瞰黄河三角洲湿地生态之美（引自生态环境部黄河流域生态环境监督管理局）

（5）滩涂与潮间带湿地

滩涂与潮间带湿地分布于陆地与海洋接壤的广大地区，该地区的生物能适应温度与盐度的复杂变化，具有对淡水与咸水的双重适应能力。滩涂上的常见植物有芦苇、白茅、碱蓬等，它们的多度与盖度随土壤的含盐量而变化。潮间带生物因基质不同而划分为砂质、淤泥质和基岩等不同类型。

5.4.2.2 湿地的功能

湿地的主要功能为滞留营养物，防止盐水侵入，保持海岸线和控制侵蚀，排除有毒物质，水流量调节和滞留沉积物等。此外，湿地具有自然观光、旅游、娱乐等方面的功能。

（1）湿地可以滞留营养物

湿地营养物来源是由径流带来的农用肥、人类废弃物和工业排放物。营养物随沉积物沉降后，通过湿地植物吸收、储存。无机磷和氮是湿地的化学过程排除、储存或转移的重要营养物质。硝酸盐被缺氧反硝化成 N_2 排除。许多湿地转移和排除营养物的效率比陆地生境高。

（2）沿海淡水湿地可以防止盐水侵入

沿海地区淡水楔一般位于较深咸水层的上面，通常由沿海淡水湿地所保持。淡水楔的减弱或消失，会导致深层咸水向地表上移，影响当地农业灌溉水的供应。

（3）湿地植被可防止或减轻海岸线、河口湾和江河岸的侵蚀

其作用主要有3种：植物根系及堆积的植物体对基地的稳固作用；削弱海浪和水流的冲力；沉降沉积物。

（4）湿地能够排除有毒物质

湿地的水流速较慢，有助于沉积物的下沉和与沉积物结合的有毒物的储存及转化。水生植物富集重金属的浓度比周围水中浓度高出 10 万倍以上。水湖莲、香蒲和芦苇已成功用于处理污水，如矿区含有高浓度镉、银、镍、铜、锌和钒等重金属的污水。

（5）湿地的水分流量调节作用

沼泽是一个巨大的生物蓄水库，它能保持大于其土壤本身重量 3～9 倍或更高的蓄水量。湿地植被可减缓洪水流速。河溪一年中的水流量保持时间长。

（6）湿地滞留沉积物的作用

沼泽地和泛洪平原的自然属性（如植被、大小、水深等）有助于减缓水流的速度，有利于沉积物的沉降和排除。湿地有滞留沉积物的作用，但是这种作用是有限的，洪水沉积物也增加了湖滨地带土壤中的营养物质。

5.4.3 水域生态系统

5.4.3.1 淡水生态系统

淡水生态系统包括江河、溪流、泉与湖泊、池塘、水库等陆地水体。水的来源主要是降水。根据水的流速，可分为流水和静水两类，它们之间常有过渡类型，如水库等。

（1）淡水流水生态系统

淡水流水生态系统包括江、河、潭、泉、水渠等。发源于山区，多注入大海。根据水流的流速不同，还可分为急流和缓流。

在急流中，初级生产者多为由藻类等构成的附着于石砾的植物类群；初级消费者多为昆虫；次级消费者为鱼类，一般体形较小。急流群落中水的含氧量高，水底没有污泥，栖息在那里的生物多附着在岩石表面或隐藏于石下，以防止被水冲走。有根植物难以生长，但有些鱼类（如大马哈鱼）能逆流而上，在此产卵，以保证充分的溶氧供鱼苗发育。

在缓流中，初级生产者除藻类外，还有高等植物；消费者多为穴居昆虫和鱼类，它们的食物除水生植物外，还有陆地输入的各种有机腐屑。缓流群落的水底多污泥，底层易缺氧，游泳动物很多，底栖种类则多埋于底质之中。虽然有浮游植物和有根植物，但它们所制造的有机物大多被水流带走，或沉积在河流周围。

（2）淡水静水生态系统

淡水静水生态系统包括湖泊、池塘、沼泽、水库等。水流没有一定方向，流动缓慢。静水生态系统可分为滨岸带、表水层和深水层。从滨岸向中心，因水深不同，初级生产者的种类不同，依次分布湿生树种（如柳树、水松等）—挺水植物（如芦苇、莲等）—浮叶植物（如菱、睡莲等）—沉水植物（如狐尾草、金鱼藻等）。消费者为浮游动物、鱼类、蛇和水鸟等。表水层因光照充足，温度比较高，硅藻、绿藻、蓝藻等浮游植物占优势，氧气充足，故吸引许多消费者（如浮游动物和鱼类）。深水层光线微弱，底栖动物靠各种下沉的有机碎屑为生。

5.4.3.2　海洋生态系统

海洋占地球表面 70% 以上，平均水深 2750m，占全球水量的 97%，是生物圈内面积最大、层次最厚的生态系统。海水中含有多种溶解固体、气体和少量悬浮有机物，平均含盐量约 3.5%。从海岸线到远洋，从表层到深层，水的深度、温度、光照和营养物质状况不同，生物的种类、活动能力和生产水平等差异很大，从而形成了不同区域的亚系统。

根据海洋环境的理化及生物学特点，一般将海洋分成三个生态带，即沿岸带（或浅海带）、大洋带（或开阔海带）和深海带（或深海底带）。

（1）海洋生态系统沿岸带（littoral zone）

海洋沿岸带是指海陆连接处及大陆架水深 200m 以内的沿岸及浅海底部和水层区，其下限与海洋水生植物生长的下限一致。本带阳光充足，是海洋植物生长最茂盛的地区，有利于海洋动物的繁殖。沿岸带海水温度与盐度变化大，越接近大陆越显著。沿岸带具有不同基质，如岩石基质、砂质、泥质等，珊瑚礁以及水生植物丛构成不同小生境。

沿岸带植物群落包括浮游藻类（硅藻和腰鞭毛藻）和底栖定生藻类（绿藻、褐藻和红藻）。近岸浮游植物的数量有季节性周期变化。浅海底部有时生长繁盛的海草或大型海藻，构成了海草场或海草甸。

沿岸带动物群落主要是浮游动物、底栖动物和游泳动物。浮游动物主要为桡足类、磷虾类等甲壳动物，以及原生动物有孔虫类、放射虫类和砂壳纤毛虫，软体动物的翼足类和异足类，小型水母类和栉水母，浮游被囊类，浮游多毛类和毛颚类等。底栖动物主要是一些营底埋或穴居生活的种类，包括多毛类、甲壳类、棘皮动物和软体动物等。浅海区游泳动物包括鱼类、大型甲壳类、爬行类（龟、鳖、海蛇）、哺乳类（鲸、海豹、海牛等）和各种海鸟组成的主动游泳者，其中以鱼类最占优势。世界主要渔场几乎全部位于大陆架或大陆架附近。

（2）海洋生态系统大洋带（pelagic zone）

海洋大洋带包括沿岸带范围以外的全部开阔大洋的上层水域，其下限是日光能透入的最深界线，大约为 200m，局部深达 400m。海水的理化条件稳定，盐度高，表层阳光充足；不同纬度的大洋带温度有明显的变化，受暖流和寒流分布影响；大洋带营养盐类较低，食物不如沿岸带丰富，浮游植物作为海洋动物的基础食物；大洋带无基底，环境开阔，动物生活的隐蔽条件差。

大洋带浮游生活类群包括硅藻、各门类微型藻类及它们的浮游孢子等。浮游植物体形微小，但数量大。浮游植物几乎全部为浮游动物所消费，物质运转速度快，是海洋物质循环的基础链环。

大洋带动物群落完全由浮游动物和游泳动物所组成，动物种类较沿岸带贫乏。浮游动物中富有浮游原生动物，特别是有孔虫和放射虫类。大洋带游泳动物主要是鱼类，此外尚有鲸类、海豹、海龟及若干种大型头足类软体动物等。由于环境开阔，大洋鱼类都善于游泳，如鲨类、金枪鱼和飞鱼、旗鱼等，多种大洋鱼类保护色明显。

（3）海洋生态系统深海带（abyssal zone）

海洋深海带一般为 200～550m 以下的大洋底部区域，是地球上最广大的一类生境区域。海水化学组成比较稳定，温度终年很低（−2℃），平均盐度高［(34.8±0.2)‰］；含氧量恒定且低；深海底土是柔软的细粒黏泥；深海带压力很大（水深每增加 10m，即增加 101325Pa）。

海洋深海带无植物，深海食物全靠上层食物颗粒下沉而来或动物性食物。无光，没有植物。

深海带生境极其特殊而且苛刻，生物量随深度的增加而减少。深海动物主要类群：无脊椎动物以海绵动物和棘皮动物占优势，其他为少数软体动物、甲壳类、腔肠动物和蠕虫类等；脊椎动物主要为一些特殊的深海鱼类。深海食物稀少，深海鱼类常具有很大的口、尖锐的牙和可以高度伸展的领骨。许多深海动物是碎屑食性，有些捕食其他动物；在深海弱光带，许多动物眼极大，有的形成外突的鼓眼，但无光带的鱼、虾类视觉器官多退化，有的代之以发达的触须。适应深水高压的特征，深海动物皮肤薄而有透气孔，体内无坚固的骨骼和有力的肌肉，深海动物较普遍地具有特殊的发光器官。

本节小结

地球植被分布的模式是由水热组合状况决定的。沿纬度方向有规律地更替的植被分布，称为植被分布的纬度地带性。以水分条件为主导因素，引起植被分布由沿海向内陆发生更替，这种分布称为经度地带性。植被与山坡等高线平行，并且具有一定的垂直厚度，称为植被垂直带性。热带雨林是指耐阴、喜雨、喜高温、结构层次不明显、层外植物丰富的乔木植物群落。热带雨林主要分布于赤道南北纬 50°～10° 以内的热带气候地区。常绿阔叶林分布在湿润的亚热带气候地带，主要由樟科、壳斗科、山茶科等科的常绿阔叶树组成。常绿阔叶林内几乎没有板状根植物和茎花现象。夏绿阔叶林是由夏季长叶冬季落叶的乔木组成的森林，主要由杨柳科、桦木科、壳斗科等科的乔木植物组成，群落结构清晰。北方针叶林是寒温带的地带性植被，主要分布在欧洲大陆北部和北美洲，在我国主要分布于东北地区和西南高山峡谷地区。草原是由耐寒的旱生多年生草本植物为主组成的植物群落，它是温带地区的一种地带性植被类型。荒漠植被是指超旱生半乔木、半灌木、小平木和灌木占优势的稀疏植被，主要分布在亚热带和温带的干旱地区。冻原是寒带植被的代表，主要分布在欧亚大陆北部和北美洲北部，群落结构简单，多为常绿植物。湿地是地球上最富有生产力的生态系统之一，水陆界面的交错群落分布使湿地具有显著的边缘效应。淡水群落包括湖泊、池塘、河流等群落，通常是互相隔离的。淡水群落一般分为流水和静水两大群落类型。陆地植物以种子植物占绝对优势，而海洋植物中却以孢子植物（藻类）占优势。与陆地植物区系不同的是寒冷的海域区系成分丰富，热带海洋中种属比较贫乏。

思政知识点

绿水青山就是金山银山，绿色发展，美丽中国建设，碳达峰、碳中和。

知识点

1. 生态系统的概念、特征、组成和结构。

2. 生态系统的反馈调节、稳态机制以及人工调控。

3. 生态系统稳定性、生态平衡和生态平衡失调。

4. 生态系统服务。

5. 营养级和生态效率。

6. 初级生产的概念、生产效率、限制因素和测定方法。

7. 次级生产的过程、测定和生态效率。

8. 分解过程的性质和影响因素。

9. 生态系统的能量流动特征和能流分析。

10. 物质循环的概念和特征。

11. 水循环、碳循环、氮循环、磷循环、硫循环、有毒物质循环、元素循环的相互作用。

12. 地球上生态系统的主要类型及其分布。

重要术语

生态系统/ecosystem

非生物环境/abiotic environment

生产者/producers

消费者/consumer

分解者/composers

初级生产/primary production

初级生产力/primary productivity

次级生产/second production

次级生产力/second productivity

食物链/food chain

食物网/food web

正反馈/positive feedback

负反馈/negative feedback

生态平衡/ecological balance

生态系统服务/ecosystem service

营养级/trophic level

生态效率/ecological efficiencies

同化效率/assimilation efficiency

生产效率/production efficiency

消费效率/consumption efficiency

林德曼效率/Lindemans efficiency

初级生产量或第一性生产量/primary production

净初级生产量/net primary production

总初级生产量/gross primary production

次级生产/secondary production

分解/decomposition

碎裂/fragmentation

异化/dissimilation

淋溶/leaching

自养生态系统/autotrophic ecosystem

异养生态系统/heterotrophic ecosystem

生物地球化学循环/biogeochemical cycles

固氮作用/nitrogen fixation

氨化作用/ammonification

硝化作用/nitrification 　　　　　　　　　　　　　　反硝化作用/denitrification

思考题

1. 试就生态系统中反馈机制的形成和意义谈谈你的看法。

2. 简述生态系统的基本结构和功能。

3. 生态系统的服务功能包括哪些内容？

4. 简述生态系统的三大功能群。

5. 什么是生态金字塔？在常见的三种金字塔中，生物量金字塔和数量金字塔在某些生态系统中可以呈现倒金字塔形，但能量金字塔却无论如何不会呈倒金字塔形，试解释其中的原因。

6. 初级生产量的限制因素有哪些？陆地和水域生态系统初级生产的限制因素有哪些？

7. 测定初级生产量的方法有哪些？

8. 概括生态系统次级生产过程的一般模式。

9. 分解过程的特点和速率由哪些因素决定？

10. 自养生态系统和异养生态系统的区别有哪些？

11. 物质循环和能量流动的主要区别在哪里？

12. 何谓生物地化循环？有哪些主要特点？

13. 概述生态系统中碳循环的主要过程和特点，并对"温室效应"的形成机制做一说明。

14. 用图解和叙述的方式介绍一种沉积型物质循环。

15. 简述气体型循环和沉积型循环的特点。

16. 讨论元素循环之间的相互作用，说明其研究意义。

17. 简述氮循环的途径，并对人工固氮的正反两个方面进行评价。

18. 简述地球上自然生态系统的分布规律。

19. 分析陆地和水域生态系统的特点。

讨论与自主实验设计

1. 试用能量生态学原理，从种植-养殖结合和环境保护的角度，对作物秸秆的充分利用进行生态工程设计，至少设计三个秸秆能量的利用层次分级，并分析各个层级的产品输出。

2. 自选一种或多种枯落物，设计环境条件（如温度、湿度、外源营养等）梯度实验，探究环境条件对分解速率的影响。

3. 设计实验，研究外源碳输入对土壤有机碳分解的影响。

4. 任选一种所在地区的人工或自然湿地生态系统，调查该湿地植被水平分布规律、群落组成和结构特征，并分析该湿地的主要生态功能和生态服务价值。

参考文献

[1] Brown G G，Barois I，Lavelle P. 2000. Regulation of soil organic matter dynamics and microbial activity in the drilosphere and the role of interactions with other edaphic functional domains. European Journal of Soil Biology，36（3-4）：177-198.

［2］ Chapin F S Ⅲ，Matson P A，Vitousek P M. 2011. Principles of terrestrial ecosystem ecology. New York：Springer-Ver lag.

［3］ Chavez F P，Messie M. Pennington J T. 2011. Marine primary production in relation to climate variability and change. Annual Review of Marine Science，3：227-260.

［4］ Lee Y J，Matrai P A，Friedrichs M A M，et al. 2015. An assessment assessment of phytoplankton primary productivity in the arctic ocean from satellite ocean color/in situ chlorophyllabased models. Journal of Geophysical Research：Oceans，120：6508-6541.

［5］ Li B，Li Y Y，Wu H M，et al. 2016. Root exudates drive interspecific facilitation by enhancing nodulation and N_2 fixation. Proceedings of the National Academy of Sciences，113（23）：6496-6501.

［6］ Mackenzie A，Ball A S，Virdee S R. 2002. 生态学精要速览. 孙儒泳，李庆芬，牛翠娟，等译. 北京：科学出版社.

［7］ Saba V S，Friedrichs M A M，Carr M E，et al. 2010. Challenges of modeling depth-integrated marine primary productivity over multiple decades：A case study at BATS and HOT. Global Biogeochemical Cycles，24：811-829.

［8］ Selin N E. 2009. Global biogeochemical cycling of mercury：A review. Annual Review of Environment and Resources，34：43-63.

［9］ Smith T M，Smith R L. 2012. Elements of ecology. New York：Pearson Education Inc.

［10］ 曹凑贵，展茗. 2015. 生态学概论. 北京：高等教育出版社.

［11］ 陈蔚，刘任涛，张安宁，等. 2021. 半干旱草地不同植物枯落物分解对放牧和封育的响应. 生态学报，41（14）：5725-5736.

［12］ 黄立成，周远洋，周起超，等. 2019. 云南程海浮游植物初级生产力的时空变化及其影响因子. 湖泊科学，31（5）：1424-1436.

［13］ 计翔，王培潮. 1990. 温度对多疣壁虎摄食量和同化效率的影响. 杭州师范学院学报（自然科学版）（6）：90-94.

［14］ 中国科学院内蒙古草原生态系统定位研究站. 1988. 草原生态系统研究. 北京：科学出版社.

［15］ 李春杰. 2018. 种内/种间互作调控小麦/蚕豆间作体系作物生长与氮磷吸收的机制. 北京：中国农业大学.

［16］ 李慧业，林永慧，何兴兵. 2021. 4 种内源真菌对马尾松凋落叶分解的影响. 西南农业学报，34（3）：618-625.

［17］ 李学梅，孟子豪，胡飞飞，等. 2021. 安徽武昌湖丰、枯水期浮游植物初级生产力特征及其与环境因子的关系. 淡水渔业，51（6）：3-10.

［18］ 刘华健，黄良民，谭烨辉，等. 2017. 珠江口浮游植物叶绿素 a 和初级生产力的季节变化及其影响因素. 热带海洋学报，36（1）：81-91.

［19］ 马银山，王晓芬，张作亮，等. 2009. 光照强度和肥力变化对冷地早熟禾生长的影响. 中国农业科学，42（10）：3475-3484.

［20］ 牛翠娟，娄安如，孙儒泳，等. 2007. 基础生态学. 北京：高等教育出版社.

［21］ 牛翠娟，娄安如，孙儒泳，等. 2015. 基础生态学. 3 版. 北京：高等教育出版社.

［22］ 裴绍峰，Edward A L，叶思源，等. 2014. 利用 ^{14}C 标记技术测定海洋初级生产力的绍议. 海洋科学 38（12）：149-156.

［23］ 宋福强，田兴军，李重奇，等. 2004. 丝状真菌对不同底物的分解及种群数量的变化. 东北林业大学学报，32（4）：41-43.

［24］ 孙儒泳，李博，诸葛阳，等. 1993. 普通生态学. 北京：高等教育出版社.

［25］ 孙睿，朱启疆. 2000. 中国陆地植被净第一性生产力及季节变化研究. 地理学报，55（1）：36-45.

［26］ 陶冬雪. 2021. 降水变化和养分添加对呼伦贝尔草甸草原生态系统碳交换的影响. 北京：中国农业科学院.

［27］ 徐红云，周为峰，纪世建. 2016. 采用遥感手段估算海洋初级生产力研究进展. 应用生态学报，27（9）：3042-3050.

［28］ 阎希柱. 2000. 初级生产力的不同测定方法. 水产学杂志（1）：81-86.

［29］ 于贵瑞，高扬，王秋凤，等. 2013. 陆地生态系统碳-氮-水循环的关键耦合过程及其生物调控机制探讨. 中国生态农业学报，21：1-13.

［30］ 袁访，邓承佳，唐静，等. 2022. 不同土地利用方式下土壤动物对凋落物的分解作用及影响因素. 土壤学报，DOI：10.11766/trxb202110090441.

［31］ 张云海. 2014. 温带草原生态系统结构和功能对氮沉降的响应. 北京：中国科学院植物研究所.

［32］ 张子玥，杨薇，孙涛，等. 2022. 觉华岛海域人工鱼礁生态系统能量传递与功能研究. 海洋环境科学，41（4）：636-643.

第**6**章

分子生态学

生态学从个体生态学起步，向宏观和微观两个方向发展，宏观方向发展到种群生态学、生态系统生态学，再发展到全球生态学；微观方向主要发展到分子生态学。分子生态学是分子生物学与生态学这两个 20 世纪带头学科交叉融合的产物，是当今生态学最为活跃的分支学科之一，因为遗传多样性资源挖掘、利用和保育对现代农业及未来健康产业具有重要的战略意义；分子生物学在理论与技术上的最新进展可以用来非常有效地解释宏观生态学中关键科学问题的分子基础和机理；过去应用现代分子生物学技术费用较高，而现在非常低廉。

6.1　分子生态学的基本概念

6.1.1　分子生态学的定义

Burke 等（1992）和 Smith 等（1993），注重动植物和微生物（包括重组生物体）的个体或群体与环境的关系，认为分子生态学是分子生物学与生态学有机结合得很好的界面，是利用分子生物学手段来研究生态学或种群生物学的各方面，阐明自然种群和引进种群与环境之间的联系，评价重组生物体释放对环境的影响。

Burk（1994）认为分子生态学是分子生物学与生态学融合而成的新的生物学分支学科，而不仅仅是应用分子生物学技术研究生态学问题。

向近敏（2000）认为分子生态学应当是研究生物活性分子在其显示与生命关联的活动中所牵连的分子环境问题，有两层含义：运用现代分子生物学技术研究传统生态学问题；研究生物活性分子表现其生命活动时的分子生态条件的规律性。

顾红雅（2002）认为分子生态学是利用分子遗传标记解决生态学、生物进化研究中的问题，包括个体、群体及物种之间亲缘关系的学科。

广为接受的分子生态学（molecular ecology）定义为，应用分子生物学的原理和方法在分子水平上研究生态学问题，旨在揭示生物与环境之间相互作用的分子基础和分子机理，其主流是在分子水平上从结构研究（分子基础和功能研究）和分子机理两方面来研究种群与环境的相互作用（陈家宽，2012）。

6.1.2　分子生态学的起源与发展

当今的分子生态学直到 20 世纪 80 年代中期之前都不存在，虽然它创建的基础要深远得多。主要有三门分支学科为分子生态学的形成奠定了基础，即群体遗传学、生态遗传学和进化遗传学，其中生态遗传学是分子生态学最可能的直接起源。分子生态学的发展与日益强有力的分子标记的发展相呼应，其解决生态学、生物进化研究中问题的能力也在不断发展。

（1）早期——20 世纪 50 年代初，通过形态变化推测基因型

科学家采用实验生态学的方法研究一些生物对不同环境适应的遗传基础。例如，美国科学家将分布在一座山上不同高度、不同形态的同一种植物移栽到温室中，观察在环境因子一致的情况下，这些植物是否还会产生不同的形态，从而推测那些对不同生态环境的适应是由遗传物质的变化产生的，还是仅仅只限于表型的可塑性而造成的变化。

（2）雏形——1955 年，利用蛋白质多态性分析遗传变异

1953 年，Franklin、Waston 和 Crick 发现了 DNA 的双螺旋结构，之后人们逐步认识到 DNA 是生物的遗传物质，蛋白质是基因的初级产物。1955 年 Smithies 发明了可根据大小、电荷的不同来分离蛋白质的淀粉水平凝胶电泳技术，1957 年 Hunter 和 Marker 发明了蛋白质的组织化学染色方法。二者的有机结合很快应用于检测同一基因位点中的等位基因所编码的酶（等位酶）的变异，用来分析自然种群的遗传变异。但蛋白质多态性的分析也存在较大的局限性：存在同义突变、信息量有限、不易获得充足的组织样品。

（3）20 世纪 60 年代，限制性内切酶的发现为利用 DNA 长度多态性分析遗传变异奠定基础

随着 DNA 技术的快速发展，各种 DNA 多态性的检测方法不断被人们开发出来，并越来越多地被用于进化、种群生物学及生态学方面的研究，"分子生态学"就是在这样的背景下诞生的。1968 年，Linn 和 Arber 发现了限制性内切酶，为限制性片段长度多态性（restriction fragment length polymorphism，RFLP）分析提供了工具。RFLP 是第一个广泛用于定量分析 DNA 序列变异的标记，既可以用于全基因组，也可以用于特定的 DNA 片段，可以进行 DNA 指纹图谱分析、遗传多样性分析和遗传图谱构建等。

（4）20 世纪 70 年代，分子生物学技术快速发展

在 RFLP 技术的基础上，动物线粒体 DNA（mtDNA）的发现（Brown 和 Vinograd，1974）、Southern 杂交技术的发明发展（Southern，1975）推动了种内遗传变异的研究。而 1977 年 Sanger 发明的"双脱氧链终止法"DNA 测序技术，也称为一代测序，则可以直接地反映遗传物质本身的变异，成为确定 DNA 片段同源性、分析物种亲缘关系最精确的方法。1978 年，Maniatis 等建立了成熟的 DNA 克隆重组技术，为利用测序技术研究遗传变异做出了巨大的贡献。

案例：第一代测序技术——Sanger 测序原理。Sanger 测序利用一种 DNA 聚合酶来延伸结合在待定序列模板上的引物，直到掺入一种链终止核苷酸为止。每一次序列测定由一套四个单独的反应构成，每个反应含有所有四种脱氧核苷酸三磷酸（dNTP），并混入限量的一种不同的双脱氧核苷三磷酸（ddNTP）。由于 ddNTP 缺乏延伸所需要的 3—OH 基团，使延长的寡聚核苷酸选择性地在 G、A、T 或 C 处终止。终止点由反应中相应的双脱氧而定。每一种 dNTP 和 ddNTP 的相对浓度可以调整，使反应得到一组长几百至几千碱基的链终止产物。它们具有共同的起始点，但终止在不同的核苷酸上，可通过高分辨率变性凝胶电泳分离大小不同的片段，凝胶处理后可用 X-光胶片放射自显影或非同位素标记进行检测。

（5）20 世纪 80～90 年代，PCR 时代和《分子生态学》杂志创刊

1985 年，Mullis 发明了聚合酶链式反应（polymerase chain reaction，PCR）技术，自此开发出了多种以 PCR 为基础的分子标记，如随机扩增多态性 DNA（random amplified polyimorphic DNA，RAPD）、任意引物 PCR（arbitrary primer PCR，AP-PCR）、DNA 扩增指纹（DNA amplified fingerprinting，DAF）、限制性片段长度多态性分析（restriction fragment length polymorphism，RFLP）、扩增片段长度多态性（amplified fragment length polymorphism，AFLP）、微卫星/简单重复序列（simple sequence repeats，SSRs，由 1～6bp 的重复单元串联而成的一段 DNA）等与核苷酸多态性（single nucleotide polymorphism，SNP，指个体间 DNA 序列上单个碱基对的差异）成为检测 DNA 多态性、分析遗传变异的有力工具。1992 年 5 月，英国生态学学会主办的《分子生态学》杂志（*Molecular Ecology*，https：//on-linelibrary. wiley. com/journal/1365294x）正式创刊，标志着分子生态学的诞生。

（6）21 世纪，分子生态学的深入发展依赖分子标记和检测技术的重大突破

① DNA 分子标记。分子标记（molecular marker）是以个体间遗传物质内核苷酸序列变异为基础的遗传标记，是 DNA 水平遗传多态性的直接反映。随着分子生物学技术的发展，DNA 分子标记技术已有数十种，广泛应用于深入研究遗传多样性的时空变化模式及其机制，辨认新种或探讨物种间的亲缘关系，追踪物种扩散的历史，了解亚种群内个体间亲缘关系及近交程度，也用于遗传育种、基因组作图等。分子标记主要有两种类型，即共显性（co-dominant）和显性（dominant）。共显性标记可以鉴定某一特定位点上出现的所有等位基因，对隐性性状的选择十分便利，常见的有 Indel、SSR、SNP、特定 DNA 序列（如 mtDNA、cpDNA）等。显性标记仅能显示单个显性的等位基因，如 AFLP、RAPD、ISSR 等（表 6-1）。

表 6-1　常用于野生种群研究的分子标记特征的概括

分子标记	遗传	目标基因组	适合推断进化关系	整体变异性
等位酶	共显性	核	有限	低到中
PCR-RFLP	共显性	核、细胞器	有限	低到中
特定 DNA 序列	共显性	核、细胞器	高	低到高
SNP	共显性	核、细胞器	高	中
微卫星（SSR）	共显性	核、细胞器	有限	高
RAPD	显性	核	有限	高
AFLP	显性	核	有限	高

② 测序技术。2002 年，中国科学家成功运用了"全基因组鸟枪法"测序（whole genome shotgun sequencing，WGS），完成了世界上第一张水稻（籼稻）基因组"精细图"（Feng 等，2002；Sasaki 等，2002）。第二代测序（next-generation sequencing，NGS）又称为高通量测序（high-throughput sequencing），是 1998 年发明并沿用至今的、基于 PCR 和基因芯片发展而来的 DNA 测序技术，开创性地引入了可逆终止末端，从而实现边合成边测序（sequencing by synthesis），是现阶段科研市场的主力平台。第二代测序技术主要应用于基因组测序、转录组测序、群体测序、扩增子测序、宏基因组测序、重测序等。归功于高效率的第二代测序技术，科学家们得以在第一时间测定新型冠状病毒基因序列，为人类对抗新型冠状病毒赢得了时间。第三代测序技术即单分子测序技术，以单分子实时（single molecule real-time，SMRT）测序技术和单分子纳米孔（nanopore）测序技术为代表，优点为超长读长且无需扩增。

测序技术的主要研究领域包括气候和环境变化的遗传结果、生态适应和物种形成（生态因素对基因型和表型的影响）、生态基因组学、进化基因组学、谱系地理学（利用 DNA 标记来研究地理变异的过程和模式）、遗传多样性与物种多样性和群落稳定性的关系、生活史

进化（功能群、生活史权衡、对物种共存和性别分配的影响）、表型可塑性等。

案例：当前的栽培稻 *Oryza sativa* 是从祖先二倍体（diploid）野生稻 *O. rufipogon* 经过数千年的人工驯化而来的，驯化过程在改良重要农艺性状的同时造成了遗传多样性的大量丢失。而异源四倍体（allotetrploid）野生稻具有生物量大、自带杂种优势、环境适应能力强等优势，但同时也具有非驯化特征，无法进行农业生产。2021 年，李家洋院士团队对异源四倍体野生稻 *O. alta* 进行了基因组测序，通过组装、注释并与稻属其他种进行系统发育分析，揭示 AA 基因组与 CC 基因组比与 DD/EE 基因组有更近的共同祖先。AA 基因组与 CC 基因组、CC 基因组与 DD 基因组的估计分化时间分别为 457 万年前和 545 万年前（MYA），而且 *O. alta* 基因组是高度动态进化的。通过对多种野生稻重测序进行遗传多样性分析发现，含 CCDD 基因组的 *O. alta* 的核苷酸多样性（*p*）高于栽培水稻 *O. sativa*，说明该异源四倍体水稻群体可为今后的功能基因组研究和育种提供丰富的遗传资源。于是，该团队对 *O. alta* 进行了快速从头驯化，开辟了作物育种新方向（Yu 等，2021）。

📑 本节小结

分子生态学是利用分子遗传标记解决生态学、生物进化研究中的问题，包括个体、群体及物种之间亲缘关系的学科，其发展与日益强有力的分子标记和测序技术的发展相呼应，其解决问题的能力也在不断增强。

6.2　分子适应

适应是生物具有的普遍现象，是与环境（生物环境/非生物环境）长期互作的结果（普遍性）。适应是相较于祖先特征状态或同时存在的其他特征状态而言的，是进化的产物，是自然选择作用与可遗传的适合度区别的结果（相对性）。

分子生态学的迅速发展使得生态学家可以深入认识所研究生物对象的遗传特性及其随环境的变化，从而为生态学家从基因、遗传和进化角度考虑生物与环境之间的关系打开一扇窗。

6.2.1　分子适应的定义

适应（adaptation）指生物的形态结构和生理机能与其赖以生存的一定环境条件相适合的现象。适应包含以下两方面涵义。

① 生物的结构（从生物大分子、细胞，到组织器官、系统、个体，乃至由个体组成的群体等）大都适合于一定的功能。

案例：DNA 分子结构适合于遗传信息的存储和"半保守"的自我复制；各种细胞器适合于细胞水平上的各种功能（有丝分裂器适合于细胞分裂过程中遗传物质的重新分配；纤毛、鞭毛适合于细胞的运动）；高等动植物个体的各种组织和器官分别适合于个体的各种营养和繁殖功能；由许多个体组成的生物群体或社会组织（如蜜蜂、蚂蚁的社会组织）的结构适合于整个群体的取食、繁育、防卫等功能。在生物的各个层次上都显示出结构与功能的对应关系。

② 生物的结构与其功能适合于或有利于提高该生物在一定环境条件下的生存和繁殖（即适合度）。

案例：鱼鳃的结构及其呼吸功能适合于鱼在水环境中的生存，陆地脊椎动物肺的结构及其功能适合于该动物在陆地环境中的生存等。

适应的层次包括分子适应、表型适应和生态适应。表型适应如形态适应、生理适应、行为适应、营养适应和组合适应等。生态适应是在自然选择的作用下，生物增强抗逆性等以提高适合度。

分子适应（molecular adaptation）指生物进化过程中，DNA 或蛋白质分子所发生的能提高个体适合度的变化/变异，是生物分子水平上的改变，常常引起生物的表型变异，如生物代谢网络、调控途径等。

分子变异可改变蛋白质的物理性质（如结构、溶解性等）和化学性质（如受体的特异性、酶的催化活性、酶与底物的关系等）；可改变基因表达的时空特异性和水平等；可改变代谢通路、调控关系、产生新的代谢途径等。一切分子适应在最根本的层次上都源于遗传变异。

案例：大熊猫（*Ailuropoda melanoleuca*）为食肉目动物，已有 800 万年的演化历史，在长期的演化过程中其食性逐渐特化为以各种高纤维的竹子为食。作为更新世著名的"大熊猫-剑齿象古生物群"的一个重要成员，同期分布的包括剑齿象在内的大型动物早已灭绝，而大熊猫却在百万年的沧海桑田中生存至今，这可能与其不断改变食性以适应变化的环境密切相关。

利用第二代测序技术生成并组装了大熊猫基因组的草图序列。通过比较基因组学分析，发现熊猫感知肉类鲜味的味觉基因 *T1R1* 的第三个和第六个外显子发生了移码突变，使该基因变成了没有感知功能的假基因后，熊猫再吃到肉类，就不会像 800 万年前那样津津有味（Li，2010；Jin，2011）。为了应对食性的巨大改变，熊猫 Hippo 通路上的基因发生了快速进化（如 *FRMD6*），一些调控元件（如 CNE）存在特异性突变。这使得熊猫进化出了相对小的内脏器官，以减少新陈代谢，从而应对因机体对竹子营养成分的消化吸收率低而营养不足的问题（Nie，2019）。

我国科学家发现分布在四川省内的熊猫外形更像熊，而秦岭地区的熊猫外形更像猫。运用第三代测序技术和比较基因组学的方法，发现两个熊猫亚种是距今 1 万～1.2 万年前开始分化的，秦岭亚种熊猫在遗传变异方面显得非常保守，近万年来没有大的变化，而四川亚种的遗传变异性就相对较大，遗传多样性较为丰富，更加适应野外生存。日积月累，四川熊猫便进化出了具有更为广泛环境适应性的免疫系统，用以抵抗复杂环境中的病原微生物和寄生虫的侵害感染。因此，四川亚种遗传进化出了适应各种环境的免疫系统（Guang 等，2021）。

6.2.2 产生分子适应的变异

发生变异的基因组区段可以是编码区，也可以是非编码区。编码区突变可能导致蛋白质结构和功能、酶活性以及代谢途径的改变等，非编码区突变可能导致基因表达水平、表达特异性等的改变。

案例：水稻（*Oryza sativa* L.）是世界上最重要的粮食作物之一，养活世界一半的人口，在各大洲超过 100 个国家广泛种植。由于种植地和气候因子多样，水稻面临着许多生物和非生物胁迫，影响其生理状态和整体代谢。水稻对低温比较敏感，适宜在特定的气候区种植，但是目前人们已将筛选的粳稻（*japonica* rice）种植在较低温度的地区。

研究发现，数量性状位点 *COLD1* 使粳稻获得了低温抗性。*COLD1*^{jap} 定位于细胞质膜和内质网，编码 G 蛋白信号调节因子，通过激活 Ca^{2+} 通道以感知低温并加速 G 蛋白

GTPase 的活性。系统发育分析表明，*COLD1* 中的编码区 SNP2 起源于中国水稻 *Oryza rufipogon*，SNP2$^{jap(A)}$ 决定了粳稻的耐寒性，是在粳稻驯化的过程中产生的。相比之下，籼稻品种（*indica* cultivars）由于 SNP2 的突变 SNP2$^{T/C}$，耐寒性降低（Ma 等，2015）。

　　除了基因功能影响作物抗性外，基因表达也是作物性状形成的基本分子机制。非编码区顺式调控区域变异引起的基因表达变化也是导致作物进化和驯化过程中抗逆性差异的重要原因。顺式调控区域的自然变异通常通过改变基因表达影响作物表型。

　　案例：野生多毛番茄（*Solanum habrochaites*-LA1777）和潘那利番茄（*S. pennellii*-LA0716）与栽培番茄（*S. lycopersicum*-L. cv Ailsa Craig，AC）相比，有较强的低温适应性。RNA-Seq 数据分析表明，栽培番茄转录因子 *WRKY33* 启动子中关键 W-box 发生核苷酸变异（点突变），导致低温胁迫下 *WRKY33* 无法实现自转录调控和蛋白积累，从而无法靶向并诱导多种激酶、转录因子和分子伴侣基因（如 *CDPK11*、*MYBS3* 和 *BAG6*）激活下游冷相关信号通路，在一定程度上导致栽培番茄的冷敏感性。说明了顺式调控元件（非编码区）的核苷酸多态性与作物进化过程中抗逆性差异息息相关（Guo 等，2022）。

　　产生分子适应的变异可以是简单的点突变（point mutation），也可以是区段性突变（segmental mutation，例如基因拷贝数变化：扩增或重复）。一个基因拷贝形成两个基因称作基因的重复，重复形成的基因则称作重复基因。比如，人类基因组的 70% 以上是重复基因。研究发现，重复基因越多的物种，生存和适应能力越强，分布范围也更广。极地生活的冰鱼（*Dissostichus mawsoni*），消化基因因为发生重复突变，基因有了抗冻蛋白的表达功能，增强了冰鱼的低温适应性；基因组加倍后的四倍体水稻相较于二倍体种，能减少钠离子的吸收，在盐胁迫环境中有更强的存活能力。

　　案例：凡纳滨对虾（南美白对虾）*Litopenaeus vannamei* 和中国明对虾 *Fenneropenaeus chinensis* 亲缘关系相近，但它们在盐度适应能力上却存在显著差异。*L. vannamei* 耐盐浓度广，可以在近海和远海生存；*F. chinensis* 则生存范围相对较窄，且不能在淡水中养殖。

　　通过对 *F. chinensis* 进行全基因组测序和组装，发现简单重复序列 AAT（simple sequence repeat，SSR）在基因组内存在大量（高密度）重复。通过比较基因组学分析，推断 SSR 的爆发式扩张发生在对虾的祖先基因组上，而 SSR 的特异性扩张也出现在不同对虾分化后（约 66×10^6 年）。SSR 的扩张事件与生物大灭绝事件（cretaceous-paleogene extinction event）后对虾的快速进化时间一致，提示了 SSR 在对虾适应性进化过程中的关键作用。

　　L. vannamei 与 *F. chinensis* 相比，基因组中（AT）$_n$ 的密度虽然相似，但长度更长（n 值较大），所以基因组中总（AT）$_n$ 的含量是 *F. chinensis* 的两倍。由于 SSR 能富集于基因调控区，参与渗透压调节关键通路的基因表达调控，影响体内自由氨基酸的含量，故两种对虾的渗透压调节能力不同，产生了对盐浓度的不同适应性（Yuan 等，2021）。

　　产生分子适应的变异通常来源于生物自己的基因库，也可以通过基因的水平转移从其他生物的基因库中获得。水平基因转移（horizontal gene transfer，HGT）是指在差异生物个体之间所进行的遗传物质的交流。差异生物个体可以是同种但含有不同遗传信息的生物个体，也可以是远缘的，甚至没有亲缘关系的生物个体。水平基因转移是相对于垂直基因转移（亲代传递给子代）而提出的，它打破了亲缘关系的界限，使基因流动的可能变得更为复杂。水平基因转移最早是在细菌中发现的，这一机制可以使该生物快速适应环境变化，为该生物提供竞争优势并可能改变它跟宿主之间的关系。水平基因转移也发生在复杂生命体如植物和动物中。

　　案例：昆虫起源于约 4.8 亿年前，是地球上最繁盛的动物类群，已被描述种超过 100 万种，占所有动物物种的 50% 以上。这个古老的动物类群在发育、行为、社会性、生态等方面展现出丰富的多样性。

结合 218 个高质量的昆虫基因组以及水平基因转移 HGT 高通量筛选算法，鉴定到 1410 个 HGT 基因。平均而言，鳞翅目（蝴蝶和蛾）获得 16 个 HGT 基因/物种，半翅目（如稻飞虱）获得 13 个 HGT 基因/物种，鞘翅目（如赤拟谷盗）获得 6 个 HGT 基因/物种，膜翅目（如蜜蜂）获得 3 个 HGT 基因/物种。从 HGT 来源看，79% 的 HGT 基因来自细菌，13.8% 来自真菌，2.6% 来自病毒，3% 来自植物，剩下 1.6% 的来源未知。比较基因组学的方法证明 HGT 基因水平转移到昆虫基因组中后，伴随着昆虫适应性演化，它的基因功能和结构也随之变化，从而免于被昆虫清除掉，达到"存活"在昆虫基因组上的目的。

进一步分析发现，李斯特菌 Listeria 中的 LOC105383139 基因水平转移到蝴蝶和飞蛾的最近共同祖先中。利用 CRISPR-Cas9 基因编辑技术将农业害虫小菜蛾体内的水平转移基因 LOC105383139 敲除后，突变体雄虫对雌虫的求偶欲望显著降低，说明蝴蝶和蛾 HGT 基因 LOC105383139 有助于增强雄虫对雌虫的求偶行为。这些结果说明水平基因转移能够影响昆虫的适应性（Li 等，2022）。

产生分子适应的变异可以是普通遗传多态性引起的，也可以是关键创新性（key innovation）突变。在进化生物学中，关键创新，也被称为适应性突破或关键适应，是一种新的表型特征，能够后续辐射和分类成功。通常它能提高个体适合度使类群迅速多样化，并入侵新的生态位或产生生殖隔离。

案例：花蜜刺（nectar spurs）是含花蜜的花器官管状突起，在不同的植物中有不同的形态（形状、数量和长度），它在植物繁殖中非常重要，可能通过不同的传粉者到访提供了一种合子前生殖隔离机制。花蜜刺的个体发生基本相似，从花瓣形态发生相对较晚的腹侧花瓣上形成的一个背面凸起开始，可能受一类类似 knotted1 的同型盒（KNOX）蛋白刺激发育。

系统发育分析表明，花蜜刺的进化与多个独立谱系中植物物种多样性的增加高度相关，可以导致一个谱系内的快速物种形成，因为它们涉及传粉者特异性。花蜜刺的形状和大小可以根据传粉者的适应而进化，形成一种协同进化的关系。所以，花蜜刺被广泛认为是通过传粉者转移来促进被子植物多样化的关键创新（Box，2010；Fernández-Mazuecos，2019）。

案例：动物从无颌鱼类到有叶肢的脊椎动物的过程中，不断地出现关键创新性进化，每一次进化都产生新的表型特征，不但使类群迅速多样化，而且拓殖了生境。以羊膜卵的出现为例，羊膜卵完全解除了脊椎动物在个体发育中对水环境的依赖，使动物能够在陆地上孵化。爬行动物是最先出现羊膜卵的，羊膜卵的出现是脊椎动物进化史上的一个飞跃，为动物登陆征服陆地向各种不同的栖居地纵深分布创造了条件。

突变耐受性（mutation tolerance）或突变稳健性（mutational robustness）的存在为产生创新性功能提供了进化保障。突变稳健性是指表型在面对环境或遗传变化时的不变性，生命系统的表型从大分子的结构特性到整个代谢的碳源选择等多个组织尺度上都表现出稳定性，只有在突变率高、群体规模大的情况下，自然选择才能直接诱导突变稳健性的进化。但这并不会阻碍生物的适应性。稳健性导致了基因型网络（一个大型的、具有相同表型的基因型连接集）的存在，这种基因型网络可促进表型的变异性。另外，稳健性可以帮助避免个体利益和种群利益间的重要进化冲突。在漫长的进化时间尺度上，多种机制调节（如转录调节）的突变稳健性通过促进进化创新，塑造了开花植物和脊椎动物等生物的多样化（Wagner，2012）。

看似简单的适应，产生机制可能很复杂；看似复杂的适应，产生机制可能很简单。

6.2.3　用于研究适应性状的分子方法

适应是生物进化的核心，在自然界中无处不在。适应变异涉及的那些有重要功能而很可能受选择影响的性状，包括形态、行为和生活史等的数量（连续变化的）性状都是由多个基因控制的。鉴别这些基因、研究其具体功能可揭示适应性进化的分子机制。

6.2.3.1　组学分析

对重要生态性状的研究越来越偏重机制，生物学中多个领域间的界限正变得越来越模糊，包括生物化学、细胞生物学和分子生态学。若干生物学的新领域正在研究大规模的蛋白质表达（蛋白质组学，proteomics）、代谢产物（代谢组学，metabolomics）、mRNA（转录组学，transcriptomics）以及基因（基因组学，genomics）。

生态基因组学（eco-genomics）技术应用高通量方法进行测序和基因分型，以便对某个或多个物种的基因组或转录组进行广泛的采样分析。可用来分析个体的基因表达，比较单一时间点或几个不同时间点不同组织或器官的基因表达。这类研究有助于阐明新的适应性状的起源，或者帮助人们理解基因表达是如何随着环境变量的改变而改变的。

用测序或微列阵比较物种间基因组 DNA 和基因表达的差异，以便于理解适应性状和行为的进化生态学。通过比较不同物种的基因组与基因表达，可以鉴别那些受到歧化或稳定选择影响的基因或基因表达的模式。

案例：中国科学院华南植物园康明研究组完成了首个喀斯特植物怀集报春苣苔的全基因组测序，发现该物种在经历了双子叶植物共有的 γ 基因组复制事件后，又经历了至少两次近期的全基因组复制事件，其中最近一次基因组复制事件为长蒴苣苔亚族植物所共有，发生在（20.6～24.2）百万年前（中新世早期）。推测认为最近一次基因组复制事件可能促进了长蒴苣苔亚族早期的物种快速分化，并导致了大量基因的滞留。

进一步富集分析发现全基因组复制导致怀集报春苣苔基因组一些与喀斯特特殊生境相关的基因家族的显著扩张，如 WRKY 转录因子显著扩张可能有助于怀集报春苣苔适应喀斯特洞穴高盐缺水的特殊生境（Feng 等，2020）。

6.2.3.2　数量性状位点（quantitative trait locus，QTL）分析

根据测序或微列阵研究可以推测许多表型的变化与数百个基因构成的网络相关，常常需要鉴别到底有多少遗传位点影响特定性状的表达，这些位点相对其他位点而言在基因组上的位置到底在哪里，其中哪些位点能够解释在自然界所见的大部分表型变异。

QTL 代表数量性状位点，指的是负责调控某个数量性状表型的特定 DNA 区域，QTL 分析就是以表型变异为出发点研究适应性状的分子生态学方法。QTL 分析的目的是选取大量的在所研究性状上有显著变异的个体，用一套覆盖了基因组大部分区域的分子标记在许多基因位点上对这些个体进行基因分型，这些分子标记可能与影响性状表达的某个基因相关联（基于连锁）。随着技术的发展，RFLPs、AFLPs 和 SSRs 等分子标记已不能满足 QTL 分析的要求，SNPs 现在成为 QTL 研究的首选标记类型，因为 SNPs 是共显性标记且可以较好地覆盖整个基因组。在一些研究中，不同的分子标记类型可联合用于 QTL 分析。

案例：水稻抗褐飞虱基因 $Bph6$ 定位于分子标记 RM6997 和 RM5742 之间，两位点间重组距离为 2.5 厘摩。$Bph6$ 与分子标记 H 和 Y37（在 RM6997 和 RM5742 之间）间的对数优势计分（logarithm of odds，LOD）为 43.8，远远大于 3。说明该基因与分子标记紧密连

锁，可用于筛选含有抗褐飞虱基因 $Bph6$ 的水稻。

随着测序技术的发展，全基因组关联分析（genome-wide association study，GWAS）成了研究复杂性状遗传结构的重要手段。GWAS 是在全基因组范围内，检测多个个体的遗传变异多样性，获得群体中每个个体的基因型；然后与性状进行统计学关联分析，根据统计量（主要指 P 值）筛选出候选变异位点和基因。有趣的是，GWAS 实质是利用连锁不平衡定位，而 QTL 分析的实质是确定分子标记与 QTL 之间的连锁关系，基本原理是 QTL 与连锁标记的共分离。

GWAS 和 QTL 都是利用分子标记，对大量个体构成的群体进行分析，然后利用统计学方法进行推断，获得分子标记和性状之间的关联，但是二者也有很多区别，具体如表 6-2 所列。

表 6-2 GWAS 与 QTL 的区别

项目	GWAS	QTL
样本群体	变异丰富的自然群体，但不得有生殖隔离的亚群	有形状分离的人工群体，例如 RIL、DH、F2、BC 群体等
群体结构	复杂	简单
优点	(1) 不需要构建作图群体； (2) 可以同时对多个等位基因进行分析； (3) 利用群体长进化中的重组信息，定位分辨率更高	(1) 适合稀有基因的研究； (2) 群体可控制，目的性和结果预期性强
缺点	(1) 随机交配掩盖基因座间连锁关系； (2) 群体结构导致等位结果假阳性； (3) 关联分析中需要大量的分子标记，从中找到与性状基因紧密联系的标记，要对大群体进行一定深度的测序	(1) 需要构建作图群体，有些物种群体构建非常困难，并且耗时长； (2) 检测到的 QTL 个数有限，只涉及分离群体中双亲存在差异的位点； (3) 无法检测到复等位基因； (4) QTL 定位分辨率低，因为重组事件比较有限

6.2.3.3 连接基因型与表型的反向遗传学研究

一旦鉴别到了假定的关键 DNA 序列或候选变异位点/基因，就可以通过检索在线数据库中其他物种的类似序列的注释来阐明其功能。

也可以通过反向遗传学利用 DNA 重组等技术有目的地、精确定位地改造基因的精细结构，以确定这些变化对表型性状的直接影响。与反向遗传学操作相关的各种技术统称为反向遗传学技术，包括基因敲除（knockout）技术（如 T-DNA 插入、CRISPR/Cas9 基因编辑）、基因沉默（gene silencing）技术（如 miRNA、siRNA、shRNA 等）、基因体外转录技术等，是 DNA 重组技术应用范围的扩展与延伸。

案例： CRISPR（clustered regularly interspaced short palindromic repeats），被称为规律成簇间隔短回文重复，CRISPR/Cas9 能够通过"剪切和粘贴"脱氧核糖核酸（DNA）序列的机制来编辑基因组。这套系统源自细菌的防御机制，是一种对任何生物基因组均有效的基因编辑工具。例如，CRISPR/Cas9 可以基因编辑水稻的育性变化。$osjat1-4$ 和 $osjat1-9$ 纯合株结穗表型与野生型（WT）一致，但 $osjat1-94$ 表现为雄性不育、无法结种，外源喷施 MeJA 后，育性恢复。

本节小结

　　环境（生物/非生物）对生物的生存、生长发育有极重要的影响，生物通过分子水平上的改变，引起表型如形态、生理、行为等的变化，以适应不断变化的环境，最终提高适合度达到生态适应。生物的适应是进化的产物，是自然选择作用于可遗传的适合度的结果（相对性）。

6.3　分子进化与系统发育

6.3.1　生物进化

6.3.1.1　生物进化的定义与实质

　　生物进化（biological evolution）是指一切生命形态发生、发展的演变过程，实质是种群基因频率的改变。在生物学中，生物进化是指种群里的遗传性状在世代之间的变化。在繁殖过程中，基因会经复制并传递到子代，基因的突变可使性状改变，进而造成个体之间的遗传变异。新性状又会因物种迁徙或是物种间的水平基因转移，而随着基因在种群中传递。当这些遗传变异受到非随机的自然选择或随机的遗传漂变影响，在种群中变得较为普遍或不再稀有时就表示发生了进化。简略地说，进化的实质便是种群基因频率的改变。

6.3.1.2　生物进化的主要学说

　　（1）获得性状遗传（inheritance of acquired character）学说

　　1809 年，法国生物学家拉马克提出了获得性状遗传学说：生物在个体发育过程中源于对环境作用的反应所形成的性状向子代传递的现象。

　　拉马克过于强调环境的变化直接导致物种的变化，而环境变化只有在引起遗传物质的改变时，才能产生可遗传的变异。

　　案例：拉马克的进化理论对长颈鹿长脖子性状的解释。"用进废退"是指短颈鹿在长期争夺食物的过程中，不断伸长脖子去吃高处的树叶，这样长期"使用"它的脖子，久而久之成为长颈鹿。"获得性遗传"认为，由于上一代有了长脖子，就会遗传给下一代。

　　（2）自然选择（natural selection）学说

　　1859 年，达尔文提出的自然选择学说：在变化着的生活条件下，生物几乎都表现出个体差异，并有过度繁殖的倾向；在生存斗争过程中，具有有利变异的个体能生存下来并繁殖后代，具有不利变异的个体则逐渐被淘汰。主要内容包括大量繁殖、生存斗争、遗传变异、适者生存 4 个要点。

　　达尔文从生物与环境相互作用的观点出发，认为生物的变异、遗传和自然选择作用导致生物的适应性改变。达尔文自然选择学说的局限性在于没有阐明遗传和变异的本质以及自然选择的作用机理；以生物个体为单位，而不是强调群体的进化；认为自然选择是过度繁殖和生存斗争导致的，而不是将自然选择归结于不同基因频率的改变。

　　案例：达尔文自然选择学说对长颈鹿长脖子性状的解释。古代的鹿群中原本存在长颈和短颈，当鹿群大量繁殖后食物短缺造成长颈鹿与短颈鹿的生存斗争。短颈鹿因无法吃到高处的树叶而死亡，最终被淘汰；长颈鹿能吃到食物生存下来，长颈的性状也就被保留下来并遗传给后代。

　　（3）现代综合进化理论（modern synthetic theory of evolution）

　　1942 年，英国生物学家赫胥黎提出的现代综合进化理论（又称现代达尔文主义）：将达尔文的自然选择学说与现代遗传学、古生物学以及其他学科的有关成就综合起来，用以说明生物进化、发展的理论。基本观点是：基因突变、染色体畸变和基因重组是生物进化的原材料；进化的基本单位是群体而不是个体，进化是由于群体中基因频率发生了重大的变化；自然选择决定进化的方向，生物对环境的适应性是长期自然选择的结果；隔离导致新种的形成。

　　案例：现代综合进化理论对长颈鹿长脖子性状的解释。在食物和空间充足的环境下，长颈鹿大量繁殖，大量繁殖引起食物和空间的不足，导致长颈鹿种群竞争。一些脖子长的（由突变产生）因为能吃到高处的树叶，从而在竞争中存活下来并将长脖子基因传递下去。随后脖子长的长颈鹿在整个种群中的密度逐渐增大，控制长脖子的基因在种群基因库中的比例也增大（因为短脖子的长颈鹿数量减少了）。接下来长脖子与长脖子的长颈鹿交配的概率逐渐增大，就导致长脖子的长颈鹿越来越多，控制长脖子的基因频率也提高了。因此，脖子长的表型就在长颈鹿种群中固定下来。

　　（4）中性学说（the neutral theory）

　　1968年，日本遗传学家木村资生提出的中性学说：分子水平上的大多数突变是中性或近中性的，它不影响核酸和蛋白质的功能，对生物个体的生存既无害处，也无好处，因此，自然选择对它们不起作用。这些突变全靠一代又一代的随机漂变从而被保存或趋于消失，形成分子水平上的进化性变化或种内变异，而且进化的速率由中性突变的速率（核苷酸和氨基酸的置换率）所决定。

　　（5）进化"四因说"（doctrine of four causes for evolution）

　　2016年，中国生物学家谢平提出的进化"四因说"：基因是遗传的质料（质料因），基因组储存了生命形成的原则（形式因），个体在太阳光能（初生动因）和遗传的、生理的、生态（次生动因）的联合驱动下，通过求生（目的因），推动着种族的延绵与分化（谢平，2016）。

　　表6-3从生命层次（分子、生理、个体和物种）、方向（随机、定向和趋于完美）以及动因（遗传、生理和生态）3个方面对上述5种主要生物进化学说进行了比较。

表6-3　主要进化学说的比较

进化学说	生命层次				方向			动因		
	分子	生理	个体	物种	随机	定向	定向（趋于完美）	遗传	生理	生态
拉马克		✓	✓				✓		✓	✓
达尔文			✓			✓		✓		
现代综合进化	✓		✓		✓			✓		
中性理论	✓				✓					
四因说	✓	✓	✓	✓	✓	✓	✓	✓	✓	✓

6.3.1.3　生物进化的研究方法

　　（1）比较生物的化石及化石在地层中存在的情况

　　运用古生物学上的证据对生物进化进行研究的方法。化石是生物进化最直接和最有力的证据，但存在零散、不完整的缺点。古生物化石包括动植物的遗体遗物和遗迹，如恐龙的骨骼、恐龙蛋和恐龙的足迹等。古生物学家在研究化石的过程中发现各种生物的化石在地层里的出现是有规律的，即在越早形成的地层里，成为化石的生物越简单、越低等；在越晚形成的地层里，成为化石的生物越复杂、越高等。这不仅证实了现代各种各样的生物是经过漫长的地质年代逐渐进化而来的，而且还揭示出生物由简单到复杂、由低等到高等、由水生到陆生的进化顺序。

案例：1861 年，在德国发现的"始祖鸟"化石，是爬行类进化成鸟类的典型证据。始祖鸟既具有鸟类的特征，又具有与爬行动物相同的身体结构特征，说明它是一种从爬行类到鸟类的过渡类群。

（2）对动物、植物的器官和系统进行解剖与比较

比较解剖学为生物进化提供的最重要的证据是同源器官。同源器官是指外形、功能不同，但来源相同、在解剖结构上具有相同性或相似性的器官。同源器官的存在，证明凡是具有同源器官的生物，都是由共同的原始祖先进化而来的，只是在进化的过程中，由于生活环境不同，同源器官适应于不同的生活环境，逐渐出现形态和功能上的不同。这种比较方法只能确定大致的进化框架，细节仍存在诸多问题。

案例：蝙蝠的翼手、鲸的前鳍、猫的前肢和人的手臂是同源器官。从外形看，这些器官很不相同，但是它们的内部结构却基本一致。不仅组成一致，而且排列的方式也基本一致。说明蝙蝠、鲸、猫和人类有共同的原始祖先。

（3）比较和研究动植物的胚胎形成与发育过程

一切高等动植物的胚胎发育都是从一个受精卵开始的，这说明高等生物起源于低等的单细胞生物。鱼类、两栖类、爬行类、鸟类、哺乳类和人，彼此间的差异十分显著，但是，它们的胚胎在发育初期都很相似，那就是都有鳃裂和尾，头部较大，身体弯曲，彼此不容易区别。只是到了发育晚期，除鱼以外，其他动物和人的鳃裂都消失了，人的尾也消失了。这种现象说明了高等脊椎动物是从某些古代的低等动物进化而来的，所以在生物的个体发育过程中，迅速重演了它们祖先的主要发育阶段。

案例：古代脊椎动物原始的共同祖先生活在水中，所以陆生脊椎动物和人在胚胎发育过程中还出现鳃裂。

（4）比较 DNA 或蛋白质分子的差异——分子进化研究

生物进化是长期渐变的过程，这种渐变除了表现在生物的形态、结构、胚胎发育等生理方面的系统演变外，也同时表现在 DNA 和其编码的蛋白质的分子结构上。

通过比较不同种生物的同一种蛋白质（如细胞色素 C）的分子结构或 DNA 分子的结构，可发现生物进化过程中分子结构变化的渐进特征，并以此判断生物之间的亲缘关系和进化顺序。研究表明：亲缘关系越近的生物，其 DNA 或蛋白质分子具有越多的相似性；亲缘关系越远的生物，其 DNA 或蛋白质分子的差别就越大。

案例 1：细胞色素 C 是一种缓慢进化的蛋白质，常用作比较生物进化和分类的依据。细胞色素 C 是含有 104～112 个氨基酸的多肽分子，在进化上很保守，所以它在进化中才能够被保留下来。不同生物的细胞色素 C 中氨基酸的组成和顺序可反映这些生物之间的亲缘关系。

十种生物与人的细胞色素 C 的氨基酸比较（表 6-4）发现，27 个氨基酸残基是相同的，其余的氨基酸残基则随生物的不同而有不同的差异。这些差异说明生物之间的同源性程度，差异越小，表明亲缘关系越近；差异越大，表明亲缘关系越远。根据细胞色素 C 的差异所绘制出的生物界的系统发育树，与根据化石、比较形态学制成的系统树是一致的。

表 6-4　十种生物与人的细胞色素 C 的氨基酸组成差异

生物名称	与组成人的细胞色素 C 的氨基酸的差别
黑猩猩	0

续表

生物名称	与组成人的细胞色素 C 的氨基酸的差别
猕猴	1
狗	11
马	12
鸡	13
金枪鱼	21
果蝇	27
向日葵	38
链孢霉	43
螺旋菌	45

注：黑猩猩与人的细胞色素 C 的氨基酸没有差异，说明黑猩猩与人的亲缘关系最近；其次是猕猴；螺旋菌与人的亲缘关系最远。

案例 2：在比较解剖学中，通过比较距骨（astragalus）的形态特征，推断鲸鱼（whale）在偶蹄动物（artiodactyls）起源之前就已经分化出来。而通过比较 DNA 序列，发现完全水生的鲸类动物和半水生的偶蹄目动物河马是由大约 5400 万年前的共同祖先进化而来的。祖先的重建表明，鲸齿目（鲸目＋河马科）的共同祖先进化出了一些对水生领域的适应，而这些适应性在鲸目动物和河马身上是独立进化的（Springer，2021）。

6.3.2 分子进化

分子进化（molecular evolution）是指生物进化过程中生物大分子的演变现象。广义的分子进化有两层含义：一是原始生命出现之前的进化，即生命起源的化学演化；二是原始生命产生之后生物在进化发展过程中，生物大分子（如核酸、氨基酸和蛋白质）的结构和功能的变化以及这些变化与生物进化的关系，这就是通常说的分子进化。

（1）核酸进化

① 核酸总量的变化。在生物由低等向高等进化的过程中，基因的数量是逐渐增加的。因此，细胞中 DNA 的含量也逐渐增加，这是总的趋势。染色体倍性不同、各种生物中不编码蛋白质的重复序列和内含子的量不同都是使 DNA 含量不同的原因。

案例：低等生物如大肠杆菌（E.coli）的基因组较小，但功能基因所占比例最高，几乎所有基因都起到了编码蛋白质的作用。肺鱼（Lungfish）和某些两栖类（蝾螈，Newt）细胞中的 DNA 含量高于鸟类与哺乳类，但功能基因所占比例很低，主要是由于出现了多倍化，或重复序列及内含子大量增加。

② 核酸质的变化。核苷酸序列的变化，导致不同生物间存在 DNA 不同的序列同源性，并以此作为判断生物间亲缘关系的依据。存在质变的序列可以是常用的分子标记，也可以是功能基因。

案例：十字花科植物拟南芥属（Arabidopsis）、芸薹属（Brassica）和荠菜属（Capsella）间存在杂交单向不亲和现象，其柱头方面的决定因子是 SLR1 基因。获取各属代表种中的 SLR1 蛋白序列，通过构建蛋白进化树来分析各物种间的亲缘关系（刘博，2019）。

（2）遗传密码的进化

20 世纪 70 年代末发现了线粒体的特殊密码，启发人们认识到遗传密码也经历了变化，但遗传密码从一开始就是"三体密码"。据戴霍夫的推测，在化学进化和生物进化过程中遗传密码经历了 GNC→GNY→RNY→RNN→NNN 5 个阶段的变化（表 6-5）。

表 6-5 遗传密码的进化阶段

进化阶段	氨基酸种类	特点	决定碱基
GNC			
GNY	4 种	NY 的可变性增加了信息 RNA 突变的可能性，对原始生命体的进化有利	第二位碱基
RNY	8 种		第一和第二位碱基
RNN	13 种	出现了起始密码 AUA	三位碱基都不同程度决定氨基酸种类
NNN	20 种	出现侧基复杂的氨基酸和三个无义密码，充当肽链合成中的终止信号	

注：G、C 分别代表鸟嘌呤和胞嘧啶；N 可以是 G、C、A、U 中任何一种碱基；Y=C 或 U；R=G 或 A。

遗传密码的特点决定了它的进化意义。

① 简并性：密码子的第三位碱基改变往往不改变氨基酸（同义突变），可以减少有害突变。

② 通用性：几乎所有生物都共用同一套遗传密码子，说明生物有共同的起源。

③ 变异性：指线粒体中 DNA、原核生物体支原体等少数生物基因密码有一定的变异。

④ 偶变性：密码子的第三位碱基配对可以有一定的变动，遗传密码的专一性主要取决于前两位碱基。

（3）蛋白质进化

蛋白序列的变化，通过对一些蛋白质的氨基酸序列的比较可以反映出生物间的亲缘关系。

来源于不同种生物的同一种蛋白质，其氨基酸序列具有一定的相似性（序列同源性），生物之间的亲缘关系越近，氨基酸序列同源性越高（如不同物种中的细胞色素 C 序列）。各种蛋白质在进化过程中每个密码子的累计氨基酸替换数，大致上与分化的时间成线性增长关系，说明所有生物的蛋白质每个位点上单位时间内的氨基酸替换率基本上是恒定的，据此可以推算出动物、植物、原核生物的分化时间。不同蛋白质的进化速率（替换率）是有明显差异的（如纤维蛋白肽的进化速率＞血红蛋白＞细胞色素 C）。

案例：在无颌类脊椎动物（如七鳃鳗）中，运输 O_2 的球蛋白只有 Mb，而在绝大多数脊椎动物中，运输 O_2 的球蛋白有 Mb 和 Hb。已知鲸的 Mb 与人的各种 Hb 之间有 115～121 个（约占 80%）氨基酸残基的差异，这表明 Mb 和 Hb 与祖先分子在很早以前就开始分歧了。Hb 分子大约每 600 万年有 1/100 的氨基酸残基发生变化，据此推测，Mb 跟 Hb 的分歧时间约发生在 4.8 亿年前，也说明无颌类脊椎动物和其他脊椎动物分歧的时间约发生在 4.8 亿年前（Storz，2013）。

（4）分子进化的模式：核苷酸序列的改变可能导致蛋白序列的变化

① 引起核苷酸序列改变的突变：替代、插入、缺失、重复和倒位。

DNA 突变是由 DNA 在复制过程中出错导致的。碱基替代（base substitution）是指核酸分子中一个或一种碱基被另一个或另一种碱基所替换而造成的突变。其中一种嘌呤被另一种嘌呤所取代，或一种嘧啶被另一种嘧啶所取代的称为转换（transition）；而嘌呤被嘧啶所替代，或嘧啶被嘌呤所替代的则称为颠换（transversion）。在自然发生的突变中转换多于颠换。

DNA 插入、缺失和重复突变是指一个基因的 DNA 插入、删除和重复单个或几个核苷酸（包括转座子），引起基因结构改变而导致的突变。DNA 倒位是指相邻多个碱基的交换。

② 改变蛋白序列的突变：同义突变和非同义突变。

同义突变（synonymous mutation），由于遗传密码子存在简并性，碱基置换后密码子虽然发生变化，但不影响所编码的氨基酸，只是会影响编码效率。

非同义突变（non-synonymous mutation），碱基置换后密码子发生变化，相应的编码氨基酸的种类和序列也发生变化。当改变后的多肽链丧失原有功能，出现蛋白质异常时就发生了错义突变（missense mutation）。当某个碱基的改变使密码子突变为终止密码子，从而使肽链合成提前终止，使获得的蛋白质变短或无功能时，就发生了无义突变（nonsense mutation）。DNA 插入、缺失和重复突变可导致突变位点以后的一系列编码顺序发生错位，也就是移码突变（frame shift mutation），可引起该位点以后的遗传信息都出现异常。发生了移码突变的基因在表达时可使组成多肽链的氨基酸序列发生改变，从而严重影响蛋白质或酶的结构与功能。

（5）分子进化的特点

在生物大分子这个层次上考查进化，可看到一个很不同于表型进化的历程。

① 分子进化速率相对恒定。分子进化速率是指核酸或者蛋白质等生物大分子在进化的过程中碱基或者氨基酸发生替换的频率，它是测定生物大分子进化快慢的尺度，时间以年为单位（例如木村资生根据自己的研究，提出 10^{-9} 是分子进化的标准速率，将每年、每个氨基酸位点的 1×10^{-9} 的进化速率定为分子进化的单位，称 1Pauling）。

分子进化速率远比表型进化速率稳定。不同物种中同源的核酸和蛋白质分子的进化速率大体相同。不同的核酸或蛋白质分子的进化速率不同。

案例：纤维蛋白肽（fibrinopeptides）、血红蛋白（hemoglobin）和细胞色素 C（cytochrome C）各自的进化速率基本不变（斜率不变）；蛋白之间的进化速率差异明显，纤维蛋白肽的进化速率＞血红蛋白＞细胞色素 C。

② 分子进化有保守性。保守性是指功能上重要的大部子或大分子中功能重要的局部，在进化速率上明显低于那些功能上不重要的大分子或大分子的局部。换句话说，那些会引起现有表型发生显著改变的突变（替换），其发生的频率要比那些无明显表型效应的突变（替换）发生的频率低。不破坏分子的现有结构和功能的突变发生的频率较高。

以氨基酸为例，血红蛋白分子的外区的功能次于内区的功能，而外区的进化速率是内区的 10 倍；以核苷酸为例，DNA 密码子的同义替换率高于非同义替换率；基因的内含子、假基因、卫星 DNA 等的替换速率远高于基因的外显子；密码子第三位碱基的替换率远高于第一、二位碱基。

③ 新基因常来源于原有基因的重复。基因重复在生物进化和新基因产生中起创造性的作用。同一基因存在着两个拷贝，使一个拷贝可积累突变并最终以一个新基因的姿态出现，而另一个拷贝则保留物种在过渡时期生存所需的老功能。

④ 有害突变的选择清除和中性突变的固定。在分子水平上，明显有害突变型的选择清除、中性或轻微有害突变的随机固定比明显有利突变型的正达尔文选择更频繁地发生。这是

表型进化与分子进化的最大区别。

6.3.3　研究分子进化的理论基础

研究分子进化的前提是核苷酸和氨基酸序列中含有生物进化历史的全部信息。

（1）分子钟（molecular clock）

1962 年，Zuckerkandl 和 Pauling 在对比了来源于不同生物系统的同一血红蛋白分子的氨基酸排列顺序之后，发现其中的氨基酸随着时间的推移而以几乎一定的比例相互交换着，即氨基酸在单位时间内以同样的速度进行置换。

1965 年，Zuckerkandl 和 Pauling 提出了分子钟的理论，把分子水平的恒速变异称为"分子钟"。用序列分化（产生差异）的比例除以分化经历的时间，即可估计分子发生进化的速率，也就是分子钟滴答的频率（例如我们对 50 万年前分开的两物种的同一基因进行测序，发现 500bp 中 490bp 还是相同的，那么分子钟即为：每 50 万年（500～490）/500＝0.02 的变异）。那么采用校准的年代计算序列分化的速率，然后用这一速率对成对的序列进行分析，确定序列彼此间分化所经历的时间。这一理论依据的假设是：DNA 序列的进化速率恒定。

分子钟的优点是：只要比较"现存"生物基因或蛋白质的氨基酸排列顺序即可绘出系统树，仅仅在确定分子钟的走速、量度时间时才需要化石资料；与收集化石相比，利用分子钟确定序列/物种的分化时间要简单得多；利用分子钟分析客观而且定量，具有再现性。

20 世纪 80 年代以来，随着 DNA 序列数据快速积累，大量的证据表明：在长期进化过程中，很多类群的绝大多数基因或蛋白质的序列替换速率不符合分子钟假说。一个序列的进化速率随时间的变化不一定是恒定不变的：在某些情况下，突变率在新近分化的类群中相对较高，但会随着时间的推移逐渐减慢。

对于蛋白质序列，在物种适应辐射过程中，其进化速度可能会大大加快。因此，以蛋白质为基础的恒定进化速率并非理想的分子钟；对于核酸分子，不同基因的分子钟速率不同；并且同一基因在不同的生物类群间可能有显著差异，因此同一基因的分子异速进化现象是显而易见的。目前分子钟面临的一些挑战也主要与分子异速进化相关，由于分子异速进化的存在，特别是同一级基因在不同生物类群中的进化速率可能有显著的差异，这给应用同一分子钟来重建物种系统发育关系及估算物种分歧年代带来了困难，这是分子钟在应用上面临的一个挑战。

分子钟的校准是基于两个遗传谱系彼此分化的大致年代。这一年代信息的获取以化石记录或已知的地理事件进行校准更为理想。已知年代的地理事件如 300 万年前出现的巴拿马地峡，将北太平洋和大西洋以及加勒比海分开；900 万～1200 万年前形成的中爱琴海沟，目前分割爱琴海的西部与东部群岛；钾-氩年代测定法鉴定的夏威夷群岛的主要岛屿中，夏威夷岛的年龄大约是 43 万年，欧胡岛大约是 370 万年，而考艾岛大约是 510 万年前出现的（Carson 和 Clague，1995）。

（2）中性理论（neutral theory）

进化理论总是围绕三个主题：进化的动力是什么？进化是否有一定的方向性？进化的速率是否恒定？

基于对蛋白质和核酸分子的进化改变的比较研究，Kimura（1968）、King 和 Jukes（1969）、Kimura 和 Ohta（1971）等提出了一个被称为"分子进化中性论"的理论，用以解释分子层次上的非达尔文式进化现象。理论的内容概括为：突变大多是中性的，中性突变通过随机的遗传漂变在种群中固定下来。分子进化是遗传漂变的结果，自然选择对其不起作用。

中性理论的要点是：分子水平上种内遗传变异的大部分是中性的，分子进化的主角是中性突变。这种遗传变异不影响核酸和蛋白质的功能，对个体生存既无害也无利，自然选择对它们不起作用。因此，种内多态性等位基因是通过突变和遗传漂变固定之间的平衡来维持的。

分子水平上的生物进化主要是选择中性或近于中性的突变基因随机固定的结果。由于没有选择的压力，带有突变的中性基因在基因库中随机漂动，并通过遗传漂变在群体中固定和传播，从而推动生物进化。

生物进化的速率是由分子本身的突变率来决定的。由于突变率即核苷酸替换速率或氨基酸取代速率，不受选择压力的影响，所以分子进化与环境无关。

分子进化中性理论揭示了分子进化的基本规律，是解释生物大分子进化现象的重要理论；分子进化中性理论强调遗传漂变和突变压在分子进化中的作用，是对综合进化论的重要补充和修正；中性理论承认自然选择在表型进化中的作用，同时又强调分子层次上进化现象的特殊性；但中性理论学说并不反对自然选择学说，对于那些破坏分子结构和功能的突变或影响表型的突变仍然受自然选择的强烈影响。

6.3.4 分子系统发育分析

6.3.4.1 系统发育分析

系统发育（phylogeny），也叫系统发生，是与个体发育相对而言的，它是指某一个类群的形成和发展过程，其研究的是进化关系（起源和演化关系）。系统发育分析（phylogenetic analysis）的目的是推断（评估）进化关系。通过系统发育分析所推断出来的进化关系一般用系统发育/进化树（phylogenetic tree）来描述，即系统发育分析包括了构建、评估和解读进化树的全过程。

系统发育分析的目的：找出不同物种间的进化关系；理解祖先序列与其后代之间的关系；估算一组有共同祖先的物种间的分歧时间；预测分子的功能等。

系统发育分析目前主要是基于分子生物学的发展，从分子的角度研究物种之间的生物系统发生的关系。其分析一般是建立在分子钟基础上的：在各种不同的发育谱系及足够大的进化时间尺度中，许多序列的进化速率几乎是恒定不变的，所以积累突变的数量和进化时间成一定比例。基于这个假说，发生树上的树枝长度可以用来估算基因分离的时间。分子钟理论奠定了分子进化研究的基础，通过对序列（蛋白质分子的氨基酸序列或 DNA 的核苷酸序列）的比对、序列同源性的比较进行系统发育研究，进而了解基因的进化以及生物系统发生的内在规律。

6.3.4.2 系统发育树

在研究生物进化和系统分类中，常用一种类似树状分支的图形来概括各种（类）生物之间的亲缘关系，这种树状分支的图形称为系统发育/进化树，是对一组实际对象（如 DNA、RNA、蛋白、物种、群体等）的世系/亲缘关系的描述，常用二叉（bifurcating）树表示。二叉树反映的是一个谱系分化成两个子代谱系的过程。

根据分析的实际对象的不同，进化树可分为基因/蛋白树（gene tree）和物种树（species tree）。基因树是由来自各个物种的一个基因构建的系统发育树，表示基因分离的时间。物种树是代表一个物种或群体进化历史的系统发育树，表示两个物种分歧（发生生殖隔离）的时间。

基因树与物种树有时反映的结果并不一致，因为：对于某一被研究的基因，可能存在种内多态性，即在物种分化之前，该基因可能已经开始分化，所以两物种间该基因的分化时间（支长）可能早于这两个物种分化的时间，由这一基因计算而来的分歧时间可能偏离；基因树的分支情况（拓扑结构）可能不同于物种树，这种情况一般发生在分支点非常接近的物种间（例如人、猩猩和黑猩猩间的关系），通过增加 DNA 序列的长度并测定多个相互独立的基因片段，一般可以避免这种问题的发生。由于物种的进化历史不可能再现，所以不可能重建绝对完整的历史，同样也不可能获取绝对的物种树。但是通过多基因大量 DNA 序列的正确分析，可以最大限度地缩小基因树与物种树间的差别。在这种情况下获得的系统树可被接受为物种树。

根据拓扑结构展现形式的不同，进化树可分为有根树（rooted tree）和无根树（unrooted tree）。有根树有一个特殊的根节点，表示所有进化枝的共同祖先（一般是假设原始祖先），从根节点只有唯一一路径经进化到达其他任何节点，即有方向性。而无根树只是说明了节点之间的远近关系，不包含进化方向，只反映分类单元之间的距离而不涉及谁是谁的祖先的问题。在很多问题中，往往没有足够的信息来确定进化方向，从而无法确定进化树的根节点。

有根树特征描述核心要素是拓扑结构和分支长度。

① 根或根节点：代表所有类群的共同祖先。

② 节点：表示一个分类单元。一个内部节点代表一个假想的祖先（ancestor）。这个祖先在历史中存在，但往往已经灭绝，加上"假想"是因为我们没有确切的证据去证明这个祖先到底是什么。每个内节点都可以认为是某几个后代的最近共同祖先（most recent common ancestor，MRCA）。

③ 进化支：两种以上生物或 DNA 序列及其祖先组成的树枝。

④ 进化支长度：标在进化支上的数值表示进化支的变化程度/遗传距离，支的长度用于衡量祖先和后代之间的远近，越短代表差异越小，进化距离越近。根据建树的方法不同，支的长度可以有不同含义：如果使用基于进化模型的方法（贝叶斯法/最大似然法），支长代表碱基替换速率；如果使用基于距离的方法则代表的是距离。因为用于构树的性状和方法对支长影响很大，所以不同的树之间的距离往往无法直接比较。

⑤ 叶节点：也是终端节点，表示物种或序列不再继续分化。

⑥ 叶：也称为操作分类单元（operational taxonomic units，OTU），是为了便于分析，人为给某一个分类单元（品系、种、属、分组等）设置的同一标志。

⑦ 距离标尺：生物或序列间差异数值的单位长度，相当于进化树的比例尺。

⑧ 支持度：内部节点处标注的数字，称为支持度（support value），用于代表该分支结构的可靠程度。值的大小在 0%～100% 之间。和支长一样的是，支持度也有不同的计算方法，如自展值（bootstrap value，ultra fast bootstrap）和后验概率等。值越大，说明有越多的证据支持该分支。

⑨ 外群：外群一般用于给系统发育树赋根，赋根之后我们才能从进化树上看出演化的先后顺序。一个或多个无可争议的同源物种，与分析序列相关且具有适当的亲缘关系才能作为外群。外群序列必须与剩余序列关系较近，但外群序列与其他序列间的差异必须比其他序列之间的差异更显著。一般应选择比目标序列具有较早进化历史的序列作为外群。

⑩ 单系群：依据共同衍征（synapomorphy）构建的类群，包含一个共同祖先及其所有后代的集合。只有单系群才是真正意义上的分类群。

⑪ 并系群：依据共同祖征（symplesiomorphy）构建的类群，包含一个共同祖先及其部分后代的集合。并系群是不完整的分类群，导致不完整的根本原因是祖征的丢失。

⑫ 多/复系群：依据趋同现象（convergence）构建的类群，由一些类群组成的集合，不是所有的成员都共享同一个最近的共同祖先。

6.3.4.3 系统发育树构建流程及原则

系统发育树的构建流程及原则如图 6-1 所示。

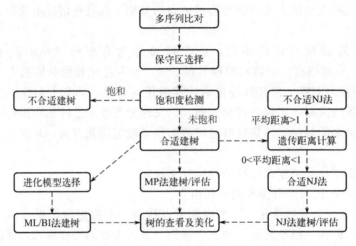

图 6-1 系统发育树的构建流程及原则

（1）收集可靠的待分析数据

在数据库（如 NCBI、Plaza、phytozome 等）中搜索目标序列，根据序列一致性（identity）、E-value 值等选取同源序列（homology）。蛋白质进化缓慢，适用于研究远缘种间的系统关系；DNA 的分子钟速度快，适宜分析近缘种间的进化。如果 DNA 序列两两间的一致度＞70％，则选取 DNA 序列建树；如果 DNA 序列两两间的一致度≤70％，DNA 序列和蛋白质序列都可以选取。

同源序列分为直系同源（orthologs）和旁系同源（paralogs）。直系同源基因是由于物种形成而被区分开，是由于共同的祖先基因进化而产生的；旁系同源基因是由于基因复制而被区分开（强调同物种）。用直系同源基因构建进化树，才能真实地反映进化过程。

（2）准确的多序列比对

建树的基本前提是发育树上的所有序列必须同源。所有的建树方法都假设，在一组同源序列中任意一列中的所有碱基也都是同源的（即当前的碱基全部起源于祖先序列中同一位置的碱基）。如果没有插入或缺失突变，那么两条序列应该长度一样，从头到尾每个碱基都是同源匹配的。然而，实际上插入缺失可能确实存在，它们会改变序列的长度，移动碱基位置，并且会影响氨基酸的序列。

序列比对（alignment）就是在序列中引入缺口的过程，是为了将碱基移动到它们相应的同源位置上。比对过程十分重要，用于系统发育树构建的序列比对质量直接决定了系统发育树的质量。ClustalW/X 和 MUSCLE（multiple sequence comparison by log-expectation）软件用于联配核酸和蛋白质序列，经过手工校正（剪除多余序列和删除重复序列等）、估测联配结果可信度、序列饱和度检测（test of substitution saturation）后，获得用于建树的距离（distance）或特征（characters）数据。

（3）选择合适的建树方法

构建进化树的方法有两种，即计算法（基于距离）和树形搜索法（基于特征/性状）。

1）计算/距离法

首先通过各个物种之间的比较，根据一定的假设（进化距离模型）推导得出分类群两两间的进化距离，构建一个进化距离矩阵，进而构建进化树。这里的距离表示为在多序列联配中任意两个序列之间碱基位点差异的百分比。距离法建树速度快，只给出一张进化树，常用的方法有邻接法（neighbor joining，NJ）、非加权配对算术平均法（unweighted pair-group method with arithmetic mean，UPGMA）和最小进化法（minimum evolution，ME）。

2）树形搜索法

是使用多序列联配的矩阵，直接比较每一列（每一个位点）的性状状态，先用数据构建出许多可能的系统发育树，然后用一些评价标准来判断哪一棵或者哪一组是最优的树。这种方法建树结果较准确，给出多张进化树，常用的方法有最大似然法（maximum likelihood，ML）、最大简约法（maximum parsimony，MP）和贝叶斯推论法（bayesian inference，BI）。

3）目前常用的方法

常用方法为 NJ 法、MP 法和 ML 法。

① NJ 法由 Saitou 和 Nei（1987）提出。该方法基于最小进化原理，通过确定距离最近（或相邻）的成对分类单位以使系统树的总距离达到最小。相邻是指两个分类单位在某一无根分叉树中仅通过一个节点（node）相连。通过循序地将相邻点合并成新的点，就可以建立一个相应的拓扑树和分支长度。NJ 法适用于进化距离不大、信息位点少的短序列；缺点是序列上的所有位点同等对待，且所分析序列的进化距离不能太大（如＞1）。NJ 法是目前有效且广泛使用的方法。

② MP 法最早源于形态性状研究，现在已经推广到分子序列的进化分析中。该方法基于进化过程中所需核苷酸（或氨基酸）替代数目最少的假说，对所有可能正确的拓扑结构进行计算并挑选出所需替代数最小的拓扑结构作为最优进化树，即通过比较所有的可能树，选择其中长度最小的树作为最终的系统发育树。MP 法适用于序列残基差别小、具有近似变异率、包含信息位点比较多的长序列。

③ ML 法最早应用于系统发育分析是在对基因频率数据的分析上，后来基于分子序列的分析中也已经引入了 ML 法的分析方法。ML 法的原理是考虑到每个位点出现残基的似然值，将每个位置所有可能出现的残基替换概率进行累加，产生特定位点的似然值。该法对所有可能的系统发育树都计算似然函数，值最大的那棵树即为最可能的系统发育树。利用最大似然法来推断一组序列的系统发生树，需首先确定序列进化的模型，如 Kimura 二参数模型和 Jukes-Cantor 模型等。在进化模型选择合理的情况下，ML 法是与进化事实吻合最好的建树算法。其缺点是计算强度非常大，非常耗时。

比较以上方法，一般情况下，若有合适的分子进化模型，用 ML 法构树获得的结果较好；而对于近缘种的序列，通常情况下使用 MP 法；而对于远缘物种的序列，一般使用 NJ 法或 ML 法。对于相似度很低的序列，NJ 法常常会出现长枝吸引的现象，会严重干扰进化树的构建。其实如果序列的相似性较高，各种方法都会得到很好的结果，模型间的差别也不明显。就计算速度而言，NJ 法＞MP 法＞ML 法。

因此，推荐采用两种以上不同的方法构建进化树，如果所得到的进化树类似，且检验值总体较高，则得到的结果较为可靠。一般情况下，只要选择了合适的方法和模型，建出的树都是有意义的，因此可根据需要选择最佳的树进行分析。

（4）系统发育树可靠性检验

系统发生假设检验（phylogenetic hypothesis testing）是用统计学方法检验两个或多个不同系统树的差异是否有统计学上的显著性。拓扑结构的检验目前主要分为频度检验和贝叶斯检验两种类型，分支长度的误差主要是通过自展法（Bootstrap）检验。

Bootstrap 检验，也叫自展值，是一种放回式抽样统计方法，具体是对数据集有放回地多次重复抽样，构建多个进化树，用来检查给定树的分支可信度，一般抽样次数＞1000。虽然根据严格的统计学概念，自展值需要＞95%才较为可信。而在实际应用中，一般任务节点的 Bootstrap value＞70%，这个分组就是可靠的。在微生物等相似度比较大的分类中，一般＞50%就认为可信。如果低 Bootstrap value 更靠近分支末端，代表相似度太高而很难区分；如果更靠近根，代表相似度太低。BI 法通过后验概率直观反映出各分支的可靠性，而不需要通过自举法检验。

6.3.4.4　常用的分析软件

系统发育分析常用的分析软件如表 6-6 所列。

表 6-6　常用的分析软件

软件	网址	说明
PHYLIP	http：//evolution. gs. washington. edu/phylip. html	包括对各种类型的数据如 DNA 和 RNA 序列、蛋白质序列、限制性内切位点、0/1 离散字符数据、基因频率、连续字符和距离矩阵进行简约、距离矩阵方法，最大似然等方法分析的程序。是免费的、集成的进化分析工具
MEGA	http：//www. megasoftware. net	执行对分子数据进行简约法、距离矩阵法、似然法分析的软件。自带序列比对软件如 ClustalX/W 和 MUSCLE。对图形化、集成的进化分析工具
PAUP	http：//paup. csit. fsu. edu/	包括简约法、距离矩阵、不变量、最大似然法、指数和统计检验分析程序。商业软件，集成的进化分析工具
PHYML	http：//www. atgcmontpellier. fr/download/binaries/phyml/PhyML	基于最大似然法构建进化树
MrBayes	http：//mrbayes. sourceforge. net/	基于贝叶斯方法的建树工具
Phylogeny	http：//www. ebi. ac. uk/biocat/phylogeny. html	EBI 的系统发育树分析软件
TreeView	http：//taxonomy. zoology. gla. ac. uk/rod/treeview. html	进化树显示编辑工具

基于距离法、简约法、最大似然法或贝叶斯法的传统系统发育分析方法常用于谱系地理学（phylogeography）研究，即将遗传谱系间的进化关系与其地理位置进行比较，以了解对基因、种群和物种的当前分布造成最大影响的是哪些因素。

 ## 本节小结

生物进化的实质是种群基因频率的改变。在研究生物进化的诸多方法中，分子进化研究是比较系统和准确的，以分子钟和中性理论为基础，通过比较序列差异构建系统发育树来分析物种间的进化关系，估算一组有共同祖先的物种间的分歧时间，预测分子的功能等。

思政知识点

尊重自然、适应变化，培养和提升创新、应用能力。

知识点

1. 分子生态学的定义、起源与发展。
2. 分子适应的定义、产生分子适应的变异以及研究适应性状的分子方法。
3. 生物进化的定义、主要学说和研究方法。
4. 分子进化的概念、特点、理论基础。
5. 系统发育分析与系统发育树。

重要术语

分子生态学/molecular ecology	分子标记/molecular marker
聚合酶链式反应/PCR	单核苷酸多态/SNP
微卫星/SSR	分子适应/molecular adaptation
数量性状位点/quantitative trait locus，QTL	生态基因组学/eco-genomics
分子进化/molecular evolution	非同义突变/non-synonymous mutation
分子钟/molecular clock	中性理论/neutral theory
系统发育树/phylogenetic tree	最近共同祖先/MRCA
直系同源/orthologs	

思考题

1. 分子生态学主要的研究领域有哪些？
2. Sanger 测序的原理是什么？
3. 什么是分子适应？举例说明（定义、理论基础、案例等）。
4. 用于研究生物适应性状的分子方法有哪些？
5. 生物进化的主要学说有哪些异同点？
6. 研究生活在夏威夷岛两侧的两个成对的鱼类物种，分别对其线粒体细胞色素 b 基因上一段 750bp 长的区域进行测序。序列比对结果发现，有 23 个碱基不匹配。计算这个属内细胞色素 b 基因的分子钟。

讨论与自主实验设计

1. 在一项生态学研究中，当你要决定使用哪些分子标记的时候，需要考虑哪些因素？
2. 选择自己感兴趣的生态适应性状，用生态基因组学方法揭示其遗传基础。
3. 探研导致两个种群或物种间共享等位基因的途径。

参考文献

[1] Box M S. 2010. Role of KNOX genes in the evolution and development of floral nectar spurs. University of Cambridge.

[2] Carson H，Da C. 1995. Geology and biogeography of the Hawaiian Islands. In：Wagner W，Funk V（eds）. Hawaiian biogeography：Evolution in a hotspot Archipelago. Simthsonian Institution Press，Washington，DC.

[3] Feng C，Wang J，Wu L，et al. 2020. The genome of a cave plant，Primulina huaijiensis，provides insights into adaptation to limestone karst habitats. New Phytologist，227（4）：1249-1263.

[4] Feng Q，Zhang Y，Hao P，et al. 2002. Sequence and analysis of rice chromosome 4. Nature，420（6913）：316-320.

[5] Fernández-Mazuecos M，Blanco-Pastor J L，Juan A，et al. 2019. Macroevolutionary dynamics of nectar spurs，a key evolutionaryinnovation. New Phytologist，222（2）：1123-1138.

[6] Guang X，Lan T，Wan Q H，et al. 2021. Chromosome-scale genomes provide new insights into subspecies divergence and evolutionary characteristics of the giant panda. Science Bulletin（Beijing），66（19）：2002-2013.

[7] Guo M，Yang F，Liu C，et al. 2022. A single-nucleotide polymorphism in WRKY33 promoter is associated with the cold sensitivity in cultivated tomato. New Phytologist，236（3）：989-1005.

[8] Jin K，Xue C，Wu X，et al. 2011. Why does the giant panda eat bamboo? A comparative analysis of appetite-reward-related genes among mammals. PLoS One，6（7）：e22602.

[9] Li R，Fan W，Tian G，et al. 2010. The sequence and de novo assembly of the giant panda genome. Nature，463：311-317.

[10] Li Y，Liu Z，Liu C，et al. 2022. HGT is widespread in insects and contributes to male courtship in lepidopterans. Cell，185（16）：2975-2987.

[11] Ma Y，Dai X，Xu Y，et al. 2015. COLD1 confers chilling tolerance in rice. Cell，160（6）：1209-1221.

[12] Nie Y，Wei F，Zhou W，et al. 2019. Giant pandas are macronutritional carnivores. Current Biology，29（10）：1677-1682.

[13] Sasaki T，Matsumoto T，Yamamoto K，et al. 2002. The genome sequence and structure of rice chromosome 1. Nature，420（6913）：312-316.

[14] Springer M S，Guerrero-Juarez C F，Huelsmann M，et al. 2021. Genomic and anatomical comparisons of skin support independent adaptation to life in water by cetaceans and hippos. Current Biology，31（10）：2124-2139.

[15] Storz J F，Opazo J C，Hoffmann F G. 2013. Gene duplication，genome duplication，and the functional diversification of vertebrate globins. Molecular Phylogenetics and Evolution，66（2）：469-478.

[16] Wagner A. 2012. The role of robustness in phenotypic adaptation and innovation. Proceedings of the Royal Society B，279（1732）：1249-1258.

[17] Yu H，Lin T，Meng X，et al. 2021. A route to de novo domestication of wild allotetraploid rice. Cell，184（5）：1156-1170.

[18] Yuan J，Zhang X，Wang M，et al. 2021. Simple sequence repeats drive genome plasticity and promote adaptive evolution in penaeid shrimp. Communications Biology，4（1）：186.

[19] 顾红雅. 2002. 剖析自然的小剪刀：分子生态学. 上海：上海科学技术出版社.

[20] 刘博. 2019. 十字花科植物种间花粉识别的柱头决定因子. 北京：中国农业大学.

[21] 谢平. 2016. 进化理论之审读与重塑. 北京：科学出版社.

第 **7** 章

理论生态学

  理论生态学代表一种研究方式，与野外工作、实验构成了生态学不可分割的三个基本研究途径，将生态学从一般定性描述提高到可进行精确定量分析和预测的科学。理论生态学依赖某些形式的数学符号和公式，用数学模型进行严谨的逻辑推理。自 20 世纪 70 年代以来，理论生态学取得了巨大进展，逐渐发展为一门独立的学科。许多理论生态学的研究人员开始脱离于野外工作和实验，而仅采用模型分析或模拟的手段来得到研究结论。当前，更多的研究人员意识到数学模型与野外工作或实验的有机结合更容易取得突破性进展。现在的生态学家既重视野外观察和实验结果，又重视采用数学形式来表达理论结果。理论生态学的主要研究内容之一是使用模型工具来模拟种群、集合种群、群落和集合群落的动态变化，以期探索不同的环境因子和种间互作关系对种群与群落的影响。本章介绍了理论生态学的基本概念，分别介绍了种群动力学、集合种群空间动力学、群落动力学等不同尺度的模型，包括了模型的构建、解析及应用。

7.1　理论生态学的基本概念

7.1.1　种群模型及数值模拟

  对某一种群来说，影响种群数量变化的直接因素主要有出生率、死亡率、迁入率和迁出率（详见第 3 章）。一般的种群模型认为迁入率和迁出率保持平衡，通常会忽略二者，仅考虑出生率和死亡率。而涉及集合种群空间动力学的模型则会以迁入率、迁出率为重点参数。

  种群动力学（population dynamics）是指种群大小随时间变化的规律，而种群动力学模型是定量描述种群动力学的数学公式。种群动力学模型不仅有助于预测种群动态变化，而且对于无法进行实验的大规模的生态群落或生态系统，也可以通过模型在计算机上进行仿真实验。因而种群动力学模型已成为生态学的一个重要研究方法。

  一般来说，种群动力学模型有微分形式和迭代形式两种。微分形式以 dN/dt 描述种群丰度 N（如密度或生物量）随时间的变化率，此处种群变化是连续的，一般用于描述有世代重叠的种群。迭代形式描述子代种群丰度 N_{t+1} 如何依赖于母代种群 N_t 而变化，一般用于世代不重叠的种群，例如模拟昆虫的虫口密度在不同世代的变化。

  案例：逻辑斯蒂（logistic）动力学模型的微分形式和迭代形式。

  逻辑斯蒂动力学模型是描述单种群变化的基本模型，它既包含了种群的自我增长项，又包含了环境对种群增长的限制项。其微分形式的数学公式为：

$$dN/dt = rN(1 - N/K) \tag{7-1}$$

  式中，N 为种群丰度（密度、盖度、生物量等）；r 为种群增长率；K 为环境容纳量。

对公式进行数值模拟，可得到 S 形的增长曲线（图 7-1）。该曲线可分为 5 个时期：a. 开始期，由于种群个体数很少，密度增长缓慢；b. 加速期，随个体数增加，密度增长加快；c. 转折期，当个体数达到环境容纳量的一半（$K/2$）时，密度增长最快；d. 减速期，个体数超过密度一半（$K/2$）后，环境的限制作用增大，种群增长变慢；e. 饱和期，种群个体数接近 K 值而饱和，此时环境的限制作用最大。

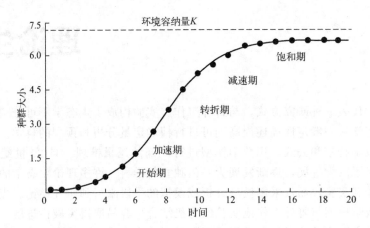

图 7-1　逻辑斯蒂动力学模型微分形式的种群增长曲线（仿 Kendeigh，1974）

逻辑斯蒂动力学模型的迭代形式的数学公式为：

$$N_{t+1} = r N_t (1 - N_t/K) \tag{7-2}$$

该模型与公式（7-1）很相似，但二者的模拟过程不同，表示的含义也不同。在微分形式中，公式描述了种群的变化率，可以采用积分公式或常微分方程数值模拟的方法求解。而在迭代形式中，公式描述了由母代种群大小和增长率、环境容纳量共同确定的子代种群的大小。公式的求解采用循环方式迭代求解。根据 r 值的大小，模型最终的平衡值可能有一个、两个、四个甚至无穷个（详见 7.2.1 部分相关内容）。

种群动力学模型中常见的参数主要有：描述增量的内禀增长率 r，描述减量的死亡率 d 或新陈代谢率 x，描述环境限制的环境容纳量 K，以及描述种间竞争关系的竞争系数 c 或描述捕食关系的捕食率 a。

表 7-1 详细阐述了常见参数的生态学意义。

表 7-1　种群动力学模型常用参数及意义

参数	符号	意义
增长率	r	种群在单位时间内净增加的量占原有量的比率
环境容纳量	K	特定环境所能容许的种群数量的最大值
死亡率	d	种群在单位时间内死亡的量与同期种群数量的比率
新陈代谢率	x	种群在单位时间单位重量下平均消耗的物质或能量
竞争系数	c	一个种群的存在对另一个种群的干扰作用
捕获率	a	单位时间内单位数量的捕食者所能捕获猎物的数量占猎物总数量的比例
处理时间	h	平均来说捕食者两次捕获猎物之间所需的时间，主要用于消化吸收

对于迭代形式的种群模型，一般直接采用循环方式进行迭代运算。此种方法计算量低，代码编写简单，运算速度快，但仅适用于模拟世代不重叠的种群变化。对于世代重叠的种群模型（即常微分方程形式的模型），一般情况下几乎不可能求出模型的解析解，通常采用数值模拟的方法以数值解代替。

综合权衡运算量和精度，一般采用四阶龙格库塔法（Fourth Order Runge-Kutta Method）或自适应变步长的龙格库塔法（Adaptive Runge-Kutta Method）来进行数值模拟（Press，2007）。

对于微分方程 $\mathrm{d}y/\mathrm{d}x = f(x, y)$，其四阶龙格库塔法的计算公式为：

$$K_1 = hf(x_n, y_n) \tag{7-3}$$

$$K_2 = hf(x_n + h/2, y_n + K_1/2) \tag{7-4}$$

$$K_3 = hf(x_n + h/2, y_n + K_2/2) \tag{7-5}$$

$$K_4 = hf(x_n + h, y_n + K_3) \tag{7-6}$$

$$y_{n+1} = y_n + \frac{1}{6}(K_1 + 2K_2 + 2K_3 + K_4) \tag{7-7}$$

式中，h 为计算步长，h 越低计算精度越高，但相应的计算量也越大。一般取 $h=0.01$。

四阶龙格库塔法计算相对精确，但计算量较大。可以采用自适应变步长的龙格库塔法来减小计算量。该方法能根据计算结果自动调整步长，当变化剧烈时降低步长，提高精度；当变化平缓时提高步长，降低计算量。总体而言，自适应变步长龙格库塔法减少了不必要的计算，计算量小，精度相对较高。该方法使用四阶/五阶 Dormand-Prince 嵌入对来计算截断误差，根据截断误差的大小判断当前的步长需要缩小还是放大（Press，2007）。

其中五阶龙格库塔法公式为：

$$K_1 = hf(x_n, y_n) \tag{7-8}$$

$$K_2 = hf(x_n + c_2 h, y_n + a_{21} K_1) \tag{7-9}$$

$$K_3 = hf(x_n + c_3 h, y_n + a_{31} K_1 + a_{32} K_2) \tag{7-10}$$

$$K_4 = hf(x_n + c_4 h, y_n + a_{41} K_1 + a_{42} K_2 + a_{43} K_3) \tag{7-11}$$

$$K_5 = hf(x_n + c_5 h, y_n + a_{51} K_1 + a_{52} K_2 + a_{53} K_3 + a_{54} K_4) \tag{7-12}$$

$$K_6 = hf(x_n + c_6 h, y_n + a_{61} K_1 + a_{62} K_2 + a_{63} K_3 + a_{64} K_4 + a_{65} K_5) \tag{7-13}$$

$$y_{n+1} = y_n + b_1 K_1 + b_2 K_2 + b_3 K_3 + b_4 K_4 + b_5 K_5 + b_6 K_6 + O(h^6) \tag{7-14}$$

对应的四阶近似为：

$$y'_{n+1} = y_n + b'_1 K_1 + b'_2 K_2 + b'_3 K_3 + b'_4 K_4 + b'_5 K_5 + b'_6 K_6 + O(h^5) \tag{7-15}$$

其中各参数的取值见表 7-2。局部截断误差 $\Delta = y_{n+1} - y'_{n+1}$。要使得模拟结果精确，需要满足 $|\Delta| \leqslant \mathrm{scale}$，其中 $\mathrm{scale} = \mathrm{atol} + |y| \mathrm{rtol}$。atol 为绝对允许误差（absolute error tolerance）；rtol 为相对允许误差（relative error tolerance），可以取 10^{-10}。根据 Press 的建议（Press，2007），$|y|$ 取 $\max(|y_n|, |y_{n+1}|)$。定义误差 $\mathrm{err} = \sqrt{\dfrac{1}{N} \sum\limits_{i=0}^{N-1} \left(\dfrac{\Delta_i}{\mathrm{scale}_i}\right)^2}$。若 $\mathrm{err} \leqslant 1$，则接受本步的结果，否则拒绝本步结果，并重新选择步长 h。新步长的选择依据 $h_{\mathrm{new}} = h_{\mathrm{old}} \left|\dfrac{1}{\mathrm{err}_{\mathrm{old}}}\right|^{1/5}$。

表 7-2　Dormand-Prince 嵌入对的参数取值

i	c_i	a_{ij}						b_i	b'_i
1								$\dfrac{35}{384}$	$\dfrac{5179}{57600}$
2	$\dfrac{1}{5}$	$\dfrac{1}{5}$						0	0
3	$\dfrac{3}{10}$	$\dfrac{3}{40}$	$\dfrac{9}{40}$					$\dfrac{500}{1113}$	$\dfrac{7571}{16695}$
4	$\dfrac{4}{5}$	$\dfrac{44}{45}$	$-\dfrac{56}{15}$	$\dfrac{32}{9}$				$\dfrac{125}{192}$	$\dfrac{393}{640}$
5	$\dfrac{8}{9}$	$\dfrac{19372}{6561}$	$-\dfrac{25360}{2187}$	$\dfrac{64448}{6561}$	$-\dfrac{212}{729}$			$-\dfrac{2187}{6784}$	$-\dfrac{92097}{339200}$
6	1	$\dfrac{9017}{3168}$	$-\dfrac{355}{33}$	$\dfrac{46732}{5247}$	$\dfrac{49}{176}$	$-\dfrac{5103}{18656}$		$\dfrac{11}{84}$	$\dfrac{187}{2100}$
7	1	$\dfrac{35}{384}$	0	$\dfrac{500}{1113}$	$\dfrac{125}{192}$	$-\dfrac{2187}{6784}$	$\dfrac{11}{84}$	0	$\dfrac{1}{40}$
$j=$		1	2	3	4	5	6		

7.1.2　功能反应

功能反应（functional response）指每个捕食者的捕食率随猎物密度变化的一种反应，即捕食者对猎物的捕食效应。功能反应函数 $f(x)$ 描述了单位时间内被一个捕食者捕食的猎物的数目。Holling 总结了不同的功能反应函数，将其分为四大类，其中常用的是前三类，即第 Ⅰ 类、第 Ⅱ 类和第 Ⅲ 类功能反应（Holling，1959）。

（1）第 Ⅰ 类功能反应

第 Ⅰ 类功能反应函数为：

$$f(x)=ax \tag{7-16}$$

式中，x 为被捕食者的种群密度；a 为攻击率或捕获率。

根据函数，每个捕食者单位时间内能捕获的猎物量与猎物种群密度呈线性相关（图 7-2）。猎物密度越高，每个捕食者单位时间捕获量越大。猎物由捕食导致的死亡率是恒定的。该类功能反应适用于蜘蛛等被动捕食者。例如，蜘蛛网中捕获的苍蝇数量与苍蝇本身的种群密度成正比。

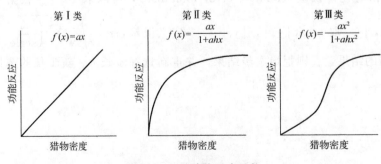

图 7-2　三种功能反应函数

（2）第Ⅱ类功能反应

第Ⅱ类功能反应适用于一般的捕食者。在该类功能反应中，每个捕食者捕获到猎物后需要一定的处理时间（handling time）以消化猎物。因此，当猎物种群密度增高时，每个捕食者的捕获量不会一直呈线性增加，而是趋近于饱和。也就是说，捕食者在猎物充足的环境下会有一个最大捕食率。第Ⅱ类功能反应函数为：

$$f(x) = \frac{ax}{1 + ahx} \tag{7-17}$$

式中，h 为处理时间，表示每个捕食者处理一个猎物所需的时间（包括抓捕、进食、消化等）。

根据函数，每个捕食者单位时间内能捕获的猎物量会随着猎物种群密度的增加而先增加后饱和（图 7-2）。这种类型的捕食者在低猎物密度下会导致最大的死亡率。例如，小型哺乳动物在稀疏的吉卜赛蛾种群中能吃掉大部分吉卜赛蛾蛹。然而，在高密度吉卜赛蛾种群中小型哺乳动物杀死的蛹的比例可以忽略不计。

（3）第Ⅲ类功能反应

第Ⅲ类功能反应是在第Ⅱ类功能反应的基础上增加了捕食者的学习过程。当猎物密度较低时，捕食者遇到该猎物的概率极低。由于捕食者很少发现猎物，因此它没有足够的经验来找到捕获该猎物的最佳方法，捕食者的捕获效率较低。随着猎物密度的增加，捕食者逐渐适应并提高了捕获效率。例如，鸟类对昆虫伪装的识别效率随着昆虫密度的增多而提高。当猎物密度再高时，达到了捕食者的最大捕食率，因此曲线趋向饱和（图 7-2）。猎物死亡率首先随着猎物密度的增加而增加，然后下降。第Ⅲ类功能反应函数为：

$$f(x) = \frac{ax^2}{1 + ahx^2} \tag{7-18}$$

案例：鹿小鼠对锯蝇的捕食。在每英亩锯蝇（sawflies）茧数量较少的情况下，随着茧密度的增加，以锯蝇为食的鹿小鼠（deer mice）每只个体吃掉的茧的数量呈指数级增长。但随着茧密度的持续增加，鹿小鼠的捕食率达到饱和量（Holling，1959）。

7.1.3　种间互作网络

种间互作网络是由物种及物种间的互作关系构成的网络，属于复杂网络的一种。由于种间关系的错综复杂，使用一般的工具很难定量地描绘种间关系的整体特性，而复杂网络理论提供了合适的研究工具。

网络（network）是某些系统或结构的图形化描述，由节点（node）以及节点之间的连接（link）按某种拓扑结构排列而成（Estrada，2015）。网络研究来源于数学中的图论（graph theory），最早的研究始于 1736 年的哥尼斯堡七桥问题。然而，自欧拉基于图的思想解决了七桥问题后，图论的发展陷入了长达 200 年的停滞期。1960 年，两位匈牙利数学家 Erdös 和 Rényi 创立了著名的随机图理论（random graph theory），将两个节点之间是否有连接由概率函数决定，从而生成了随机网络，为网络构建提供了一种新方法（Erdös 和 Rényi，1960）。2000 年左右，科学家研究了大量真实系统中的网络，发现绝大多数的实际网络既不是规则网络，也不是完全随机网络，表现出了自身独有的一些特性，这些网络称为复杂网络。例如，1998 年，Watts 和 Strogatz 在 *Nature* 发文刻画了复杂网络的"小世界"（small-world）特性（Watts 和 Strogatz，1998）。1999 年，Barabási 和 Albert 在 *Science* 发文总结了复杂网络的无标度（scale-free）属性（Barabási 和 Albert，1999）。2002 年，

Givan 和 Newman 在 *PNAS* 发文提出了复杂网络的社团结构（Girvan 和 Newman，2002）。这些研究共同开启了 21 世纪复杂网络研究的新纪元。对复杂网络的定量与定性特征的科学理解已成为网络时代科学研究中一个极其重要的挑战性课题。

在生态学中常见的复杂网络有三种，即食物网（food web）、二分网络（bipartite）、共现网络（co-occurrence network）。这些网络都可以使用 R 语言中的"igraph"程序包进行分析和可视化。

食物网是生态学中一个传统的核心概念，描述了群落内物种之间的捕食关系，从而定量生态系统内部的物质、能量流动。食物网为有向网络，通常由被捕食者指向捕食者。按连接的权重可以分为定性食物网和定量食物网。定性食物网仅描述两个物种之间是否存在捕食关系，即为二元网络；而定量食物网不仅描述是否存在捕食关系，而且描述捕食系数（或互作强度）的大小。针对食物网的分析和可视化，在 R 语言中还有另外两个专门的程序包"cheddar"（Hudson 等，2013）和"enaR"（Borrett 和 Lau，2014）。前者倾向于分析食物网的结构、个体重量和丰度分布等，后者倾向于分析物质、能量流动。图 7-3（a）展示了使用 cheddar 程序包绘制的其自带的 Tuesday Lake 食物网。食物网按营养级划分，底层节点为生产者，顶部为顶级捕食者。

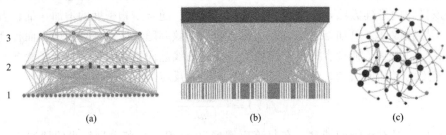

图 7-3　生态学中三种常见的复杂网络

二分网络由两类节点以及两类节点之间的连接构成。在生态学中，常见的二分网络有植物-传粉者构成的传粉网络、被寄生者-寄生者构成的寄生网络等。鉴于二分网络的特殊性（仅在两类节点之间存在连接，而节点内部无连接），一般使用专门针对二分网络的程序包"bipartite"（Dormann 等，2008）进行分析。图 7-3（b）展示了英国萨默赛特郡 Norwood 农场中植物（底部）与传粉者（顶部）构成的二分网络（Pocock 等，2012），图由 bipartite 程序包生成。

微生物群落通常包含大量的物种，要定量分析种间互作关系是极为困难的。共现网络从复杂网络的角度分析物种间的相关关系，提供了一个较为有效的工具，因此在微生物生态学领域应用极为广泛。要构建共现网络，通常需要基于 OUT 测序数据首先得到物种间丰度的相关关系，根据相关关系是否显著（或其绝对值是否大于某个阈值）来决定两个物种间是否存在共现关系。针对共现网络，除了使用 R 语言的 igraph 程序包外，还可使用其他软件进行分析，如 Gephi、Cytoscape 等。图 7-3（c）展示了曲周试验地土壤中真菌的共现网络，不仅表征了物种类别，而且连线表示了物种间存在的正相关关系和负相关关系。图由 Gephi 软件生成。

 本节小结

种群动力学是指种群大小随时间变化的规律，而种群动力学模型是定量描述种群动力学的数学公式。一般来说，种群动力学模型有微分形式和迭代形式两种。微分形式以 dN/dt 描述种群丰度 N（如密度或生物量）随时间的变化率，此处种群变化是连续的，一般用于描述有世代重叠的种群。迭代形式描述子代种群丰度 N_{t+1} 如何依赖于母代种群 N_t 而变化，一般用于世代不重叠的种群，例如模拟昆虫的虫口密度在不同世代的变化。

功能反应指每个捕食者的捕食率随猎物密度变化的一种反应，即捕食者对猎物的捕食效应。功能反应函数 $f(x)$ 描述了单位时间内被一个捕食者捕食的猎物的数目。Holling 总结了不同的功能反应函数，将其分为四大类，其中常用的是前三种，即第 I 类、第 II 类和第 III 类功能反应。

种间互作网络是由物种及物种间的互作关系构成的网络，属于复杂网络的一种。在生态学中常见的复杂网络有三种，即食物网、二分网络、共现网络。

7.2　单一物种与双物种的种群动力学

7.2.1　Logistic 模型与混沌

Logistic 迭代模型的混沌效应是非线性理论中一个著名的案例，它是由 May 在 20 世纪 70 年代提出来的（May 等，1976）杂乱无章的动态性质背后的规律性和模式性，成为种群动力学领域的经典之作。

众所周知，子代昆虫的虫口数总与上一代昆虫的数目有关。摒弃其他的影响因素（如环境的限制、天敌的捕杀、种内竞争导致的自相残杀等），可以将虫口的增长率假定为 r，得到一个简化的虫口模型：

$$x_{n+1} = r\,x_n \tag{7-19}$$

这就是著名的马尔萨斯模型。当然这种模型在现实中是几乎不可能存在的，因为假如虫口数是呈指数增长的，几十代甚至十几代之后，地球上就虫满为患了。给这个模型加一个限制项，使其变成：

$$x_{n+1} = r\,x_n(1-x_n) \tag{7-20}$$

这就是 logistic 模型或 logistic 映射。限制项 $(1-x_n)$ 代表了资源的限制、环境的制约等因素对虫口数的影响。这里 x 代表虫口数与环境可容纳的最大虫口数的比值。比较公式 (7-2)，可以看出公式 (7-20) 是公式 (7-2) 在 $K=1$ 时的特殊形式。

（1）Logistic 迭代模型的时间序列

图 7-4 展示了当 r 取不同的值时种群变化的时间序列。当 $r<1$ 时，种群密度最终会变为 0，种群灭绝；当 $1 \leqslant r < 3$ 时，种群密度最终会收敛于某个平衡点，该点的大小取决于 r 的值，r 越大，最终的平衡密度越大；当 $3 \leqslant r < 4$ 时，系统逐渐由倍周期分岔演变为混沌。例如，当 $r=3.1$ 时，种群有两个平衡点，随着时间演变会在两个平衡点之间跳动，即一年"大年"会跟一年"小年"。而当 $r=3.5$ 时，种群有四个平衡点。当 $r=3.9$ 时，系统进入混沌状态，时间序列呈现类随机的现象。

（2）混沌

混沌（chaos）是指确定性动力学系统因对初值敏感而表现出的不可预测的、类似随机性的运动。动力学系统的确定性是指系统在任一时刻的状态被初始状态所决定。虽然根据运动的初始状态数据和运动规律能推算出任一未来时刻的运动状态，但由于初始数据的测定不可能完全精确，预测的结果必然出现误差，甚至不可预测。在一般的线性系统中，测定了某一时刻的系统状态，再根据系统动力学方程即可预测未来的系统状态。但在非线性系统中，

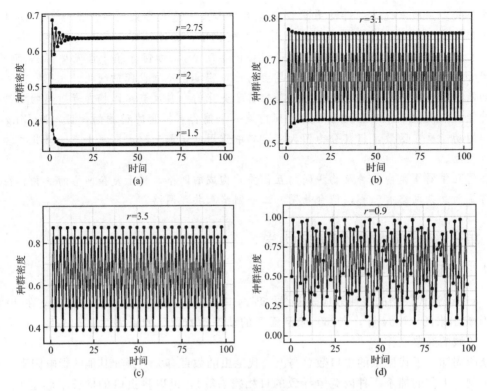

图 7-4　**Logistic** 模型在不同的增长率下的时间序列图

尽管系统是确定性的，却普遍存在着对运动状态初始值极为敏感、貌似随机的不可预测的运动状态，即混沌运动。对于混沌系统初值敏感性的最直观的例子是"蝴蝶效应"，即一只南美洲亚马孙河流域热带雨林中的蝴蝶，偶尔扇动几下翅膀，可以在两周以后引起美国得克萨斯州的一场龙卷风。这个假例是说大气系统是混沌的，其初始条件的微小变化能带动整个系统的长期且巨大的连锁反应。

（3）Logistic 模型的分岔图

将不同增长率 r 下种群的最终密度在同一个图中呈现出来，可以得到系统的分岔图（bifurcation diagram）（图 7-5）。此图清晰地显示了随着增长率的增加系统由倍周期分岔向混沌的发展过程。仔细观察图的右半部分，可以看到混沌中又存在许多"窗口"，即系统突然重新有规律。例如在 r 在 $3.8 \sim 3.85$ 之间，可以看到系统重新收敛于少数几个平衡点，然后每个平衡点又发展出从倍周期分岔到混沌的过程。放大每个小分岔，可以看到每个小分岔与整体分岔是相似的，这是一个自相似的分形图。

7.2.2　Lotka-Volterra 竞争模型

洛特卡-沃尔特拉（Lotka-Volterra，LV）模型是逻辑斯蒂模型的延伸，一般包含两个物种。根据种间互作关系的不同分为竞争模型和捕食模型。

（1）LV 竞争模型构建

LV 竞争模型描述了两个互相竞争物种的动力学行为，模型公式为：

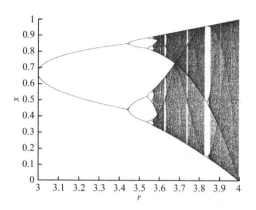

图 7-5　Logistic 模型的分岔图

$$\begin{cases} dN_1/dt = r_1\,N_1\left(1 - \dfrac{N_1}{K_1} - \alpha\,\dfrac{N_2}{K_1}\right) \\ dN_2/dt = r_2\,N_2\left(1 - \dfrac{N_2}{K_2} - \beta\,\dfrac{N_1}{K_2}\right) \end{cases} \tag{7-21}$$

式中，N_1、N_2 分别表示两个物种的种群数量；K_1、K_2、r_1、r_2 分别表示两个种群的环境容纳量和种群增长率；α 为物种 2 对物种 1 的竞争系数，可以理解为每个物种 2 的个体所占的空间相当于 α 个物种 1 个体；β 为物种 1 对物种 2 的竞争系数，可以理解为每个物种 1 的个体所占的空间相当于 β 个物种 2 个体。

（2）LV 竞争模型相平面分析

在 LV 竞争模型中，以 N_1 和 N_2 为坐标轴构成的二维平面叫相平面（phase diagram）。对于给定的初始条件，当时间从 0 变化到无穷时，N_1、N_2 将在平面上绘制出一条曲线，叫作相平面轨迹。在相平面分析动力学系统的平衡点，可以采用零增长等值线方法（zero net growth isoline，ZNGI），即在相平面中种群增长率为零的曲线。根据曲线相交的情况，可以判断动力学系统的平衡点。

针对 LV 竞争模型，令公式（7-21）中的两个微分方程分别为 0，即 $dN_1/dt = 0$，$dN_2/dt = 0$。前者描述了物种 1 平衡时的条件，后者描述了物种 2 平衡时的条件。二者的条件同时满足即可得到动力学系统的平衡点。由公式（7-21），可以得到：

$$\begin{cases} r_1\,N_1\left(1 - \dfrac{N_1}{K_1} - \alpha\,\dfrac{N_2}{K_1}\right) = 0 \\ r_2\,N_2\left(1 - \dfrac{N_2}{K_2} - \beta\,\dfrac{N_1}{K_2}\right) = 0 \end{cases} \tag{7-22}$$

由此可以得到四个平衡点：

$$\text{平衡点 } A：\begin{cases} N'_1 = 0 \\ N'_2 = 0 \end{cases} \tag{7-23}$$

$$\text{平衡点 } B：\begin{cases} N'_1 = K_1 \\ N'_2 = 0 \end{cases} \tag{7-24}$$

$$\text{平衡点 } C：\begin{cases} N'_1 = 0 \\ N'_2 = K_2 \end{cases} \tag{7-25}$$

$$平衡点\ D:\begin{cases} N'_1 = \dfrac{K_1 - \alpha K_2}{1 - \alpha\beta} \\[3mm] N'_2 = \dfrac{K_2 - \beta K_1}{1 - \alpha\beta} \end{cases} \tag{7-26}$$

平衡点 A 为平凡解，表示两个物种都灭绝，没有分析的价值。平衡点 B 表示物种 1 获胜而物种 2 被排除。平衡点 C 表示物种 2 获胜而物种 1 被排除。平衡点 D 表示物种 1 和物种 2 能够共存。

图 7-6 分别描述了 $dN_1/dt = 0$ 和 $dN_2/dt = 0$ 所得到的零增长等值线。对于物种 1 来说，零增长等值线左侧区域表示 $dN_1/dt > 0$，即物种 1 的种群数量增加；右侧区域表示 $dN_1/dt < 0$，即物种 1 的种群数量降低。对于物种 2 来说，零增长等值线下侧区域表示 $dN_2/dt > 0$，即物种 2 的种群数量增加；上侧区域表示 $dN_2/dt < 0$，即物种 2 的种群数量降低。

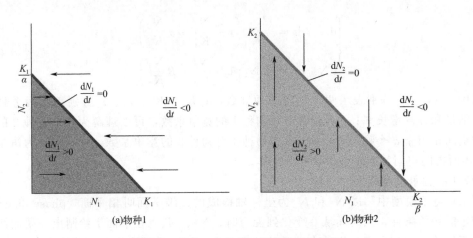

图 7-6　物种 1 和物种 2 的零增长等值线

将二者叠加起来，可以得到两个物种平衡态的 4 种可能（图 7-7）。

① 当 $K_1 > K_2/\beta$ 且 $K_2 < K_1/\alpha$ 时，N_1 获胜，N_2 被排除。从图 7-7（a）中可以看出，物种 2 的零增长等值线（细线）右侧 N_2 已经超过了其环境容纳量而停止生长，而 N_1 能继续生长，因此最终 N_1 获胜，系统收敛于平衡点 B。

② 当 $K_2 > K_1/\alpha$ 且 $K_1 < K_2/\beta$ 时，N_2 获胜，N_1 被排除。从图 7-7（b）中可以看出，物种 1 的零增长等值线（粗线）右侧 N_1 已经超过了其环境容纳量而停止生长，而 N_2 能继续生长，因此最终 N_2 获胜，系统收敛于平衡点 C。

③ 当 $K_2 > K_1/\alpha$ 且 $K_1 > K_2/\beta$ 时，两条零增长等值线相交（即平衡点 D），但该交点并不稳定，受到微弱扰动后会离开交点而收敛于平衡点 B 或 C，即物种 1 或物种 2 其中之一获胜。至于哪个物种获胜，则取决于初始值［图 7-7（c）］。

④ 当 $K_2 < K_1/\alpha$ 且 $K_1 < K_2/\beta$ 时，两条零增长等值线相交（即平衡点 D），该平衡点是稳定的，即物种 1 和物种 2 能够共存［图 7-7（d）］。

7.2.3　Lotka-Volterra 捕食模型

捕食者与猎物的相互作用会导致其种群产生波动性和周期性。如果捕食者种群的初始个体数较少，则猎物种群数量上升，反过来促进捕食者种群增长。而捕食者的增加会导致猎物种群不断减少。当猎物缺乏时，捕食者数量回落，从而展开新一轮的循环。这一现象的典型

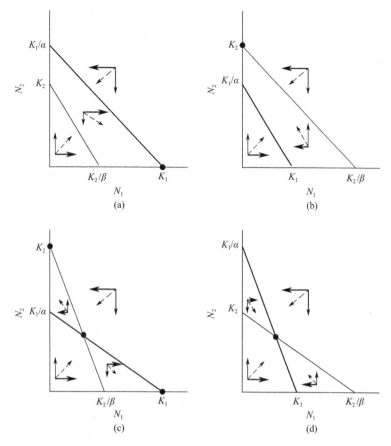

图 7-7 物种 1 和物种 2 的 4 种可能的平衡点

案例是加拿大的猞猁（lynx）和野兔（snowshoe hare），二者种群数量存在周期约 10 年的波动。

（1）LV 捕食模型构建

LV 捕食模型描述了两个存在捕食关系的物种的动力学行为，模型公式为：

$$\begin{cases} \dfrac{\mathrm{d}x}{\mathrm{d}t} = \mu x - gxy \\ \dfrac{\mathrm{d}y}{\mathrm{d}t} = \delta xy - \gamma y \end{cases} \tag{7-27}$$

式中，x、y 分别表示猎物和捕食者的种群数量；μ 为不存在捕食作用时猎物的种群增长率；g 为捕食者对猎物的捕食率；δ 为捕食作用对捕食者种群的促进作用；γ 为捕食者种群的死亡率。

（2）LV 捕食模型相平面分析

通过计算 $\mathrm{d}x/\mathrm{d}t = 0$ 和 $\mathrm{d}y/\mathrm{d}t = 0$，分别得到猎物和捕食者的零增长等值线。其中 x 的零增长等值线为 $y = \mu/g$，为一条水平线。当 y 取值为 μ/g 时，x 种群增长率为 0，保持不变；在直线上方的区域，$y > \mu/g$，则 $\mathrm{d}x/\mathrm{d}t < 0$，猎物 x 种群变小；同理，直线下方的区域猎物 x 种群增加。y 的零增长等值线为 $x = \gamma/\delta$，为一条垂直线。当 x 取值为 γ/δ 时，y 种群增长率为 0，保持不变；在直线左侧的区域，$x < \gamma/\delta$，则 $\mathrm{d}y/\mathrm{d}t < 0$，捕食者 y 种群变小；同理，直线右侧的区域捕食者 y 种群增加。

将两条零增长等值线结合起来，可以得到猎物和捕食者共同的数量变化（图7-8）。平衡点（γ/δ，μ/g）为不稳定平衡点，受到小的扰动就会偏离平衡点而走向一个循环模式：猎物数量上升，紧跟着捕食者数量上升，而捕食者数量的上升会减少猎物的数量，最后导致捕食者数量的下降。这种周期性的孤立闭合曲线在非线性理论中称为极限环。

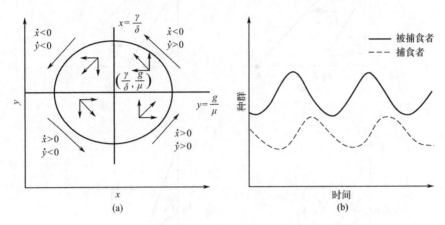

图 7-8　LV 捕食模型的相平面（a）及时间序列（b）

本节小结

逻辑斯蒂迭代模型，表示为 $x_{n+1} = r x_n(1-x_n)$。当增长率 r 值大于 3 时，系统逐渐经倍周期分岔进入混沌状态。混沌是指确定性动力学系统因对初值敏感而表现出的不可预测的、类似随机性的运动。

Lotka-Volterra 竞争模型，描述了两个物种存在种间竞争关系时其种群动态变化情况。基于零增长等值线的分析，根据参数取值的不同，该系统存在四种平衡态结果：物种 1 存活，物种 2 灭绝；物种 2 存活，物种 1 灭绝；两个物种共存；两个物种存活一个，由参数决定哪个物种存活。

Lotka-Volterra 捕食模型，描述了两个物种存在捕食关系时其种群动态变化情况。基于相平面分析，捕食者与猎物的相互作用会导致其种群产生波动性和周期性变化。

7.3　Levins 集合种群空间动力学

集合种群（metapopulation）指由空间上互相隔离，但功能上又有联系的若干地方种群通过扩散和定居而组成的种群。研究集合种群有助于加深对物种及其生境的理解。集合种群模型重点关注物种在空间上的分布，即物种在不同斑块上的种群变化情况。集合种群模型大体可分为源-汇集合种群（source-sink metapopulation）和 Levins 集合种群模型两类。在源-汇集合种群模型中，有一些斑块视为源，即在低密度下的增长率为正，源斑块的种群不会灭绝；另一些斑块视为汇，即在没有迁入的条件下其增长率为负，种群的维持依赖于由源斑块的迁入。Levins 集合种群模型由著名的理论生态学家 Richard Levins 在 20 世纪 60 年代末提出。芬兰生态学家 Ilkka Hanski 将这一模型扩展至异质生境中。在 Levins 集合种群模型中，适宜物种生存的生境斑块离散地分布在环境中（Levins，1979），随着时间的推移，种群不断产生繁殖体，侵占未被占领的空斑块，同时又因为各种原因从所在斑块中消失。通过对入侵率和灭绝率的设定，Levins 集合种群模型可模拟种群所占斑块的百分比随时间的变化情况。

7.3.1　单物种的集合种群模型

（1）单物种的集合种群模型构建

单物种 Levins 集合种群模型为：

$$\begin{cases} \dfrac{\mathrm{d}x}{\mathrm{d}t} = ey - cxy \\ \dfrac{\mathrm{d}y}{\mathrm{d}t} = cxy - ey \end{cases} \tag{7-28}$$

式中，x 为未被占领的斑块在所有斑块中所占的比例；y 为已被占领的斑块在所有斑块中所占的比例，设置 $x + y = p$；p 为所有斑块中可利用斑块的比例，随着生境破坏程度的加剧，p 会变小；c 为种群的入侵率；e 为种群灭绝率。对于 x 来说，其增项为灭绝种群释放出的斑块，减项为被种群占据的斑块；对于 y 来说，其增项为被种群占据的斑块，减项为灭绝种群空出的斑块。将 $x + y = p$ 代入公式（7-28）第二项可知，被占领斑块 y 的变化率是 y 本身的二次函数。

（2）单物种的集合种群模型平衡点分析

令 $\mathrm{d}x/\mathrm{d}t = 0$，$\mathrm{d}y/\mathrm{d}t = 0$，由公式（7-28）可得两个非平凡解：

$$\text{平衡点 } A: \begin{cases} x' = p \\ y' = 0 \end{cases} \tag{7-29}$$

$$\text{平衡点 } B: \begin{cases} x' = e/c \\ y' = p - e/c \end{cases} \tag{7-30}$$

当 $e/c > p$ 时，即灭绝率大于入侵率时，系统收敛于平衡点 A，所有斑块均未被占领，物种灭绝；当 $e/c < p$ 时，系统收敛于平衡点 B，物种能够占领的斑块所占比率由灭绝率和入侵率的比值决定。

7.3.2　竞争物种的集合种群模型

（1）竞争物种的集合种群模型构建

假设两物种共同生活在同一地区，以集合种群的方式共存。竞争物种的共存来源于竞争的不对称性，处于劣势的种群要么在入侵能力上有优势，要么其灭绝率低于优势物种。假设竞争优势的物种在入侵某斑块后会立刻排除掉原有的劣势物种。两个竞争物种的 Levins 集合种群模型为：

$$\begin{cases} \dfrac{\mathrm{d}x}{\mathrm{d}t} = -c_s xy + e_s y - c_i xz + e_i z \\ \dfrac{\mathrm{d}y}{\mathrm{d}t} = c_s(x + z) - e_s y \\ \dfrac{\mathrm{d}z}{\mathrm{d}t} = c_i xz - c_s yz - e_s y \end{cases} \tag{7-31}$$

式中，x 为未被占领的斑块在所有斑块中所占的比例；y 为竞争优势的物种所占领的斑块的比例；z 为竞争劣势的物种所占领的斑块的比例；c 为种群的入侵率；e 为种群灭绝率。以脚标 s 表示竞争优势物种，脚标 i 表示竞争劣势物种。

对于 x 来说，其增项为两个物种灭绝所释放出的斑块，减项为被两个物种占据的斑块；

对于 y 来说，其增项为该物种新占据的空斑块和抢夺的竞争劣势物种的斑块，减项为该物种灭绝所空出的斑块；对于 z 来说，其增项为该物种新占据的空斑块，减项为该物种灭绝所空出的斑块以及被竞争优势物种抢夺的斑块。

（2）竞争物种的集合种群模型平衡点分析

令 $dx/dt=0$，$dy/dt=0$，$dz/dt=0$，由公式（7-31）可求得两个物种共存的平衡点为：

$$
\begin{cases}
x' = p - y' - z' \\
y' = p - \dfrac{e_s}{c_s} \\
z' = \dfrac{e_s(c_s + c_i)}{c_s c_i} - \dfrac{e_i}{c_i} - \dfrac{pc_s}{c_i}
\end{cases}
\tag{7-32}
$$

其共存的必要条件是：

$$
\frac{c_i}{e_i} > \frac{c_s}{e_s}
\tag{7-33}
$$

由此可以看出，竞争劣势的物种若能跟优势物种共存，则需要保证其入侵率高于优势物种，或灭绝率低于优势物种，从而使得 c/e 的值高于优势物种。

7.3.3 捕食者-猎物的集合种群模型

（1）捕食者-猎物的集合种群模型构建

简单的捕食者-猎物集合种群模型为：

$$
\begin{cases}
\dfrac{dx}{dt} = -c_v xy + e_v y + e_u z \\
\dfrac{dy}{dt} = c_v xy - c_u yz - e_v y \\
\dfrac{dz}{dt} = c_u yz - e_u z
\end{cases}
\tag{7-34}
$$

式中，x 为未被占领的斑块在所有斑块中所占的比例；y 为只有猎物的斑块的比例；z 为捕食者与猎物共存的斑块的比例，捕食者不能单独占据斑块；c 为种群的入侵率；e 为种群灭绝率。脚标 v 表示猎物；脚标 u 表示捕食者。

对于 x 来说，其增项为猎物和捕食者灭绝所释放出的斑块，减项为被猎物占据的斑块；对于 y 来说，其增项为猎物新占据的斑块，减项为该物种灭绝所空出的斑块以及由于捕食者的入侵而转为 z 的斑块；对于 z 来说，其增项为由于捕食者入侵而从 y 转为 z 的斑块，减项为两个物种共同灭绝所空出的斑块。

（2）捕食者-猎物的集合种群模型平衡点分析

令 $dx/dt=0$，$dy/dt=0$，$dz/dt=0$，由公式（7-34）可求得两个物种共存的平衡点为：

$$
\begin{cases}
x' = p - y' - z' \\
y' = \dfrac{e_u}{c_u} \\
z' = \dfrac{c_v}{c_v + c_u}\left(p - \dfrac{e_u}{c_u} - \dfrac{e_v}{c_v}\right)
\end{cases}
\tag{7-35}
$$

其共存的必要条件是：

$$
\frac{e_u}{c_u} + \frac{e_v}{c_v} < p
\tag{7-36}
$$

此外，生境的破坏程度（即 p 的大小）并不会影响平衡时的猎物数量（y'），但会影响平衡时捕食者的数量（z'）。生境破坏越严重，平衡时捕食者所占斑块比例越低。当捕食者灭绝后，猎物的数量也开始受到生境破坏程度的影响。

7.3.4 互利共生的集合种群模型

（1）互利共生的集合种群模型构建

假设存在这样的互利共生系统：物种 v（如植物）可独立生存，但需要借助物种 u（如传粉者）来侵占新的斑块。物种 u 不能独立地生存或繁殖，必须依赖于物种 v。该系统的集合种群模型形式如下：

$$\begin{cases} \dfrac{dx}{dt} = -c_v xz + e_v y + e_u z \\ \dfrac{dy}{dt} = c_v xz - c_u yz - e_v y \\ \dfrac{dz}{dt} = c_u yz - e_u z \end{cases} \tag{7-37}$$

式中，x 为未被占领的斑块在所有斑块中所占的比例；y 为只有物种 v 的斑块的比例；z 为两物种共存的斑块的比例；物种 u 不能单独占据斑块；c 为种群的入侵率；e 为种群灭绝率。

对于 x 来说，其增项为两物种灭绝所释放出的斑块，减项为被两物种同时占据的斑块（因为只有物种 v 的斑块不具备扩散的可能）；对于 y 来说，其增项为两物种共同新占据的斑块，减项为该物种灭绝所空出的斑块以及由于物种 u 的入侵而转为 z 的斑块；对于 z 来说，其增项为由于物种 u 入侵而从 y 转为 z 的斑块，减项为两个物种共同灭绝所空出的斑块。

（2）互利共生的集合种群模型平衡点

令 $dx/dt = 0$，$dy/dt = 0$，$dz/dt = 0$，由公式（7-37）可求得两个物种共存的平衡点为：

$$\begin{cases} x' = p - y' - z' \\ y' = \dfrac{e_u}{c_u} \\ z' = \dfrac{1}{2} \left[\alpha \pm (\alpha^2 - 4\beta)^{1/2} \right] \end{cases} \tag{7-38}$$

其中 $\alpha = p - \dfrac{e_u(c_v + c_u)}{c_v c_u}$，$\beta = \dfrac{e_v c_u}{c_v c_u}$。

7.3.5 集合种群模型的应用

当前，简单的集合种群模型已经研究得比较充分，研究人员开始尝试将集合种群模型与其他模型结合，从而研究群落中物种多样性的维持机制以及群落对生境破坏的响应。

案例 1：集合种群模型与食物链模型相结合。

人类活动引起的生境丧失和破碎化，是生物多样性丧失的首要原因。空间生态学模型是预测生境破坏的生态效应、制定生态保护管理政策的理论工具。然而，当前的空间模型大多假定生境是均质的（除计算机模拟模型外），因而难以预测自然界中异质生境下的物种多样性维持。为了解决这一问题，北京大学城市与环境学院王少鹏研究员课题组基于集合种群理论，发展了异质生境中的多物种动态模型，定量预测了食物链中的多样性维持及其对生境破坏的响应（Wang 等，2021）。

　　研究组发展了异质生境中的食物链模型，将集合种群承载力理论推广至多物种群落，定量预测了捕食者-猎物系统的共存条件以及异质景观所能支撑的最大食物链长度。模型预测：最大食物链长度随集合种群承载力增加而增加，随捕食者的下行调控（top-down control）的增强而降低。这一理论结果将非生物与生物调控作用整合至统一框架下。在特定假定下，该模型给出了一个"经验准则"（rule of thumb）：只有当猎物的生境占据比例＞2/3（或空缺比例＜1/3）时，其捕食者才能维持。这一预测得到了芬兰 Aland 群岛上蝴蝶-寄生蜂系统的验证（图 7-9）。该理论模型为定量预测生境破坏下的生物多样性变化提供了新的工具。

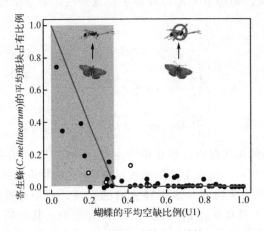

图 7-9　芬兰 Aland 群岛上寄生蜂（*Cotesia melitaearum*）的斑块占有比例与宿主蝴蝶的空缺比例的关系（Wang 等，2021）

注：点表示观测数据，线表示理论预测。

　　案例 2：集合种群模型与空间网络理论相结合。

　　探讨物种如何共存是生态学的核心议题。江西师范大学廖金宝研究员团队将经典集合种群模型与空间网络理论进行有机结合，研究了物种扩散网络异质性（即斑块间连接度的差异性）对群落多样性维持的影响（Zhang 等，2021）。研究表明，在没有竞争-扩散权衡的情况下，具有相同扩散网络（即共享网络）的竞争者无法稳定共存。在非共享异质性扩散网络（即各物种扩散路径不尽相同）下，相互竞争的物种却可以达到稳定共存。同时，随着扩散网络异质性的增加，更多的物种可以稳定共存，从而形成了特有的种-面积关系曲线（图 7-10）。因此，该扩散网络理论研究为解释物种共存机理提供了新的理论视角，进一步丰富了生物多样性的维持机制。

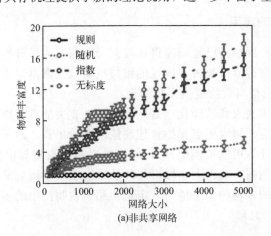

(a)非共享网络

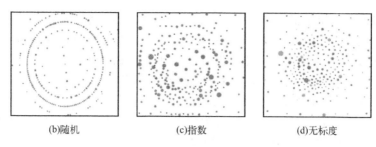

（b）随机　　　　　　　　　（c）指数　　　　　　　　　（d）无标度

图 7-10　四种不同空间网络的种-面积关系（a）以及物种共存示意图（b）～（d）（Zhang 等，2021）
注：在（b）～（d）中，斑块被不同物种占据。

 本节小结

集合种群指由空间上互相隔离但功能上又有联系的若干地方种群通过扩散和定居而组成的种群。集合种群模型重点关注物种在空间上的分布，即物种在不同斑块上的种群变化情况。集合种群模型大体可分为：源-汇集合种群（source-sink metapopulation）和 Levins 集合种群模型两类。

单物种的集合种群模型描述了在一定的入侵率和灭绝率下，某个物种占领和未占领的斑块所占比例的动态变化情况。根据平衡点分析，当灭绝率小于入侵率时物种能够占领的斑块所占比率由灭绝率和入侵率的比值决定。

竞争物种的集合种群模型描述了共同生活在同一个地区的两个物种，强势物种和弱势物种占领的斑块所占比例的动态变化情况。在同一斑块中，竞争优势物种能完全排除竞争劣势物种。根据平衡点分析，只有在保证竞争弱势物种入侵率高于优势物种，或灭绝率低于优势物种时，竞争劣势的物种才能跟优势物种共存。

捕食者-猎物的集合种群模型描述了共同生活在同一个地区的存在捕食关系的两个物种，捕食者和猎物占领的斑块所占比例的动态变化情况。在模型中，捕食者不能单独占据一个斑块，必须与猎物共同存活于某个斑块。根据平衡点分析，生境的破坏程度并不会影响平衡时的猎物数量，但会影响平衡时捕食者的数量。生境破坏越严重，平衡时捕食者所占斑块比例越低。当捕食者灭绝后，猎物的数量也开始受到生境破坏程度的影响。

互利共生的集合种群模型描述了共同生活在同一个地区的具有互利关系的两个物种，其占领的斑块所占比例的动态变化情况。在模型中，物种 1 可独立生存，但需要借助物种 2 来侵占新的斑块。物种 2 不能独立地生存或繁殖，必须依赖于物种 1。

7.4　生态动力学模型

生态系统是一个包含多种组分的复杂系统，要将所有因素完全地模型化或者进行综合的分析是很困难的（Begon，2006）。因此，多数的生态模型都将生态系统进行抽象化，抓住其中的最关键因素建立模型。这些生态学模型通常都包含物种关系中最基本的两种——竞争和捕食关系（Chesson 和 Kuang，2008；Fussmann 和 Heber，2002；McCann 等，1998）。然而，要描述食物网中每个物种的动力学行为，模型中通常要包含十几甚至几十个联立的动力学方程，而大量的参数使得参数赋值和率定工作极为艰难。另外，由于食物网的动力学系统是典型的非平衡态系统，可能包含有极限环和混沌行为（Fussmann 和 Heber，2002），对于低维非线性系统要给出解析解非常困难，而对于高维非线性系统则不可能求出解析解。因此，多数的食物网动力学研究都是通过数值模拟的方法来完成。在较早的研究中，理论生态学侧重于分析比较简单的食物网，并依据有限的实验数据人工拟定模型的参数值。例如，Huisman 等建立了多个生产者竞争多种资源的模型（Huisman 和 Weissing，1999；Huisman 等，2001），并给出了模型参数的取值范围。尽管该模型较为成功地解释了浮游生物悖论（plankton paradox，即有限种资源为什么能够支撑种类繁多的浮游生物），却因为其参数设置而受到一定的争议（Lundberg，2000）。

7.4.1 恒化器模型

恒化器模型是针对微生物或藻类在恒化器中的连续培养所构建的模型，用以模拟在不同参数下恒化器内物种的种群变化情况。

恒化器（chemostat）是指一种使培养液的流速保持不变，并使微生物始终在低于其最高生长速率的条件下进行生长繁殖的连续培养装置。培养液的流速 D 一般表示单位时间（如一天）内流入的培养液占恒化器容积的比率，也即系统的循环率（turnover rate）。同时，由恒化器流出的流速也是 D。例如 $D = 0.25 \mathrm{d}^{-1}$ 表示该恒化器在一天内流入的培养液或流出的溶液占总容积的 25%。通过控制流速 D，可以很方便地控制恒化器内物种的种群增长率。在恒化器中，搅拌是必要的，一方面消除环境异质性，保证培养条件一致；另一方面使得培养液能够充足地与生物个体混合，保证个体能够获得足够的培养液。

Monod 方程是描述微生物增殖速度与有机底物浓度之间的函数关系，由法国生物学家莫诺提出。莫诺用纯种的微生物在单一底物的培养基上进行了微生物增殖速度与底物浓度之间关系的试验，试验结果得出了如图 7-11 所示的曲线，这个结果与米凯利斯-门坦（Michaelis-Menten）于 1913 年通过试验所取得的酶促反应速度与底物浓度之间关系（米-门方程）的结果是相同的。因此，Monod 认为可以通过经典的米-门方程式来描述微生物生长速度与单一限制性底物存在的关系，即 Monod 方程，见下式：

$$\mu = \frac{rR}{H + R} \tag{7-39}$$

式中，μ 为微生物受底物浓度限制后的真实增长速度；r 为微生物的最大增长速度；R 为底物浓度；H 为半饱和常数（half-saturation constant），即当 $\mu = r/2$ 时的底物浓度。

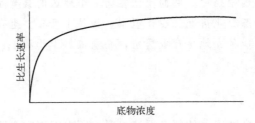

图 7-11　Monod 方程函数关系（仿 Michaelis-Menten，1913）

德国化学家利比希认为，每一种植物都需要一定种类和一定数量的营养元素，并阐述在植物生长所必需的元素中供给量最少（与需要量比相差较大）的元素决定着植物的产量，这就是利比希最小因子定律（Liebig's law of the minimum）。该定律可用下式来表示：

$$\mu = \min\left(\frac{rR_1}{H_1 + R_1},\ \cdots,\ \frac{rR_j}{H_j + R_j}\right) \tag{7-40}$$

式中，r 为物种的最大增长率；R_j 为第 j 种资源的密度；H_j 为当资源 j 为限制性资源时的半饱和常数。物种的实际增长率取决于几种资源下对应的增长率最低的值。

Huisman 和 Weissing（1999）在 Tilman 资源竞争模型的基础上，发展了用于描述多种藻类竞争多种资源的模型：

$$\begin{cases} \dfrac{dR_j}{dt} = D(S_j - R_j) - \sum_{i=1}^{n} c_{ij} \mu_i N_i \\ \dfrac{dN_i}{dt} = N_i(\mu_i - m_i) \end{cases} \tag{7-41}$$

式中，R_j 为第 j 种资源的浓度；N_i 为第 i 个物种的种群密度；μ_i 为物种 i 的实际增长率，由 Monod 公式和 Liebig 最小因子定律决定［即公式（7-40）］；D 为系统的循环率；S_j 为资源 j 的供给浓度；c_{ij} 为每个物种 i 个体中所含有的资源 j 的量；m_i 为物种 i 的死亡率；t 为时间。

根据模型模拟的结果，种间竞争本身就能够导致种群在时间上的波动性，进而促进物种共存。如果每个物种对自身最需求的资源的竞争能力都处于中等水平，就会出现竞争混沌现象。当环境拥有的资源种类为 3 种或 5 种时，尽管浮游植物的总生物量保持不变，但系统仍表现出混沌的动态性质（图 7-12）。

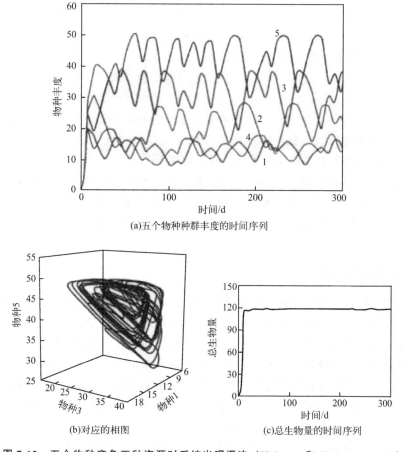

(a)五个物种种群丰度的时间序列

(b)对应的相图

(c)总生物量的时间序列

图 7-12　五个物种竞争五种资源时系统出现混沌（Huisman 和 Weissing，1999）

该模型以竞争过程的动态变化为基础，揭示了浮游植物多样性得以维持的原因。在竞争的作用下，种群陷入持续振荡中，进而阻碍了竞争排斥的产生，导致共存的物种数远超过限制性资源的种类。这在一定程度上解释了"浮游生物悖论"（paradox of the plankton）。

7.4.2　群落竞争动力学模型

群落竞争动力学模型是在 LV 竞争模型的基础上进行扩展（见 7.2.2 部分相关内容），容纳更多的竞争者构成一个群落，并利用模型来模拟群落内每个竞争者的种群变化。模型仅涉及同一营养级的种间竞争关系，而不涉及捕食或共生等互作。

在一个由 n 个物种组成的竞争群落中，每个物种的增长符合离散的逻辑斯蒂方程形式，并受到群落中其他物种的竞争影响。物种 i 在 $t+1$ 时刻的种群密度 $x_i(t+1)$ 由以下公式给出：

$$x_i(t+1) = x_i(t) \exp\left\{ r_i \left[1 - \frac{x_i(t) + \sum\limits_{j \neq i} \alpha_{ij}\, x_j(t)}{K_i} \right] + \varepsilon_i(t) \right\} \tag{7-42}$$

式中，r_i 为物种 i 的内禀增长率；α_{ij} 为物种 j 对物种 i 的竞争系数，描述了种间的竞争互作；K_i 为物种 i 的环境容纳量；$\varepsilon_i(t)$ 为环境的随机扰动。

该方程也可以写为连续形式：

$$\frac{\mathrm{d}x_i(t)}{\mathrm{d}t} = r_i x_i(t) \left[1 - \frac{x_i(t) + \sum\limits_{j \neq i} \alpha_{ij}\, x_j(t)}{K_i} \right] + x_i(t)\varepsilon_i(t) \tag{7-43}$$

根据方程，使用迭代法或龙格库塔法即可模拟群落内每个种群的变化情况。

案例 1：竞争强度对泰勒幂律的影响。

泰勒幂律描述了数据的均值 M 和方差 V 之间的关系，即 $V = aM^b$。其中 a 为常数，b 为泰勒幂指数。Kilpatrick 和 Ives（2003）利用群落竞争动力学模型模拟了相互竞争的物种在不同竞争强度下其种群动态情况，以探索竞争强度对泰勒幂指数的影响。根据结果，种间竞争强度越高，泰勒幂指数越低（图 7-13）。

案例 2：空间尺度生物多样性与生态系统稳定性关系。

王少鹏研究员团队将群落竞争动力学模型扩展到空间集合群落中，研究了物种在不同斑块内对环境扰动的相关性如何影响竞争群落动力学，并探索了局地群落的 α 多样性和集合群落的 β 多样性、γ 多样性如何影响局地群落稳定性和集合群落稳定性（图 7-14）（Wang 和 Loreau，2016）。

7.4.3　食物网动力学模型

食物网动力学模型是在双物种捕食模型的基础上发展而来的，描述群落中所有组成物种的种群变化。要模拟群落内所有物种的种群变化，需要解决 3 个主要问题：a. 群落结构如何确定？也就是说，如何界定群落内哪些物种之间存在捕食关系？b. 如何使用统一的少数方程来描述所有物种动力学？当群落内只有少数几个物种时（如 LV 模型中仅含有两个物种），可以对每个物种设置一个微分方程以描述其种群变化。但当群落内含有数十个物种时，如何使用少数方程来统一描述不同物种的动力学？c. 如何解决参数众多的问题？多数物种都会涉及增长率、死亡率、新陈代谢率、捕食率、竞争系数等参数中的 2~3 个，那么对于整个群落来说就涉及几十甚至几百个参数。如何设置这些参数的值是群落动力学模型构建中的一个重要问题。

（1）生物力能学模型

对于复杂食物网的动力学模拟，多数理论研究基于人工食物网结构进行模拟。概率模型

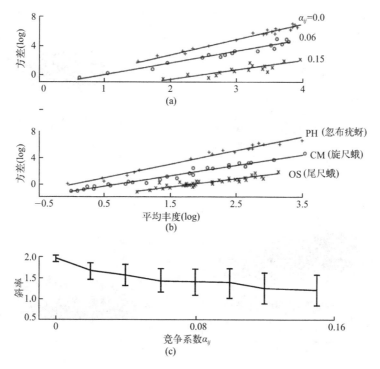

**图 7-13　模拟结果（a）与真实数据（b）的泰勒幂律，以及竞争
强度对泰勒幂指数的影响（c）（Kilpatrick 和 Ives，2003）**

（probabilistic model）能生成较为真实的食物网结构，给食物网的动力学模拟提供了一个较好的基础。例如，生态位模型能够生成与真实食物网特性一致的食物网结构。以这些拓扑结构为基础，结合生物力能学模型（bioenergetic model），能够较为准确地刻画食物网中的种群波动情况。生物力能学模型由 Yodzis 和 Innes 首次提出，巧妙地利用了生态代谢理论（metabolic theory of ecology，MTE 理论），通过物种的个体重量（body mass）来计算模型所需的生物学参数。基于生态代谢理论，物种的内禀增长率（intrinsic growth rate）、新陈代谢率（metabolic rate）、捕食率（feeding rate）等参数均符合个体重量的"四分之三定律"（Brown 等，2004；Gillooly 等，2001；Rall 等，2012），即生物学参数与个体重量的四分之三次方成正比（Brown 等，2004）。借助于生物力能学规律，该模型使用个体重量来率定各项生物学参数，进而模拟食物网中所有物种的种群变化。该模型解决了物种的动力学参数赋值问题，使得繁多的生物学参数能够得到基本合理的赋值。在 Yodzis 和 Innes 理论的基础上，Brose 等发展了生物力能学的最新形式（Brose 等，2005；Brose 等，2006；Brose，2008；Berlow 等，2009）：

$$\frac{\mathrm{d}B_i}{\mathrm{d}t} = G_i(N)\,B_i - x_i\,B_i - \sum_{j=\text{consumers}} x_j\,y\,B_j\,F_{ji}\,/\,e_{ji} \qquad (7\text{-}44)$$

$$\frac{\mathrm{d}B_i}{\mathrm{d}t} = -x_i\,B_i + \sum_{j=\text{resources}} x_i\,y\,B_i\,F_{ij} - \sum_{j=\text{consumers}} x_j\,y\,B_j\,F_{ji}\,/\,e_{ji} \qquad (7\text{-}45)$$

公式（7-44）描述了生产者物种的生物量变化，公式（7-45）描述了消费者物种的生物量变化。式中，B 为生物量；x 为新陈代谢率；y 为消费者对资源物种的最大消耗率；e_{ji} 为物种 j 捕食物种 i 时的同化率；$G_i(N)$ 为生产者的实际增长率，符合利比希最小因子定律，$G_i(N) = \min\left(\dfrac{r_i\,N_1}{H_{1i}+N_1},\ \dfrac{r_i\,N_2}{H_{2i}+N_2}\right)$，此处为简便起见，考虑了两个限制性营养盐；$r$ 为

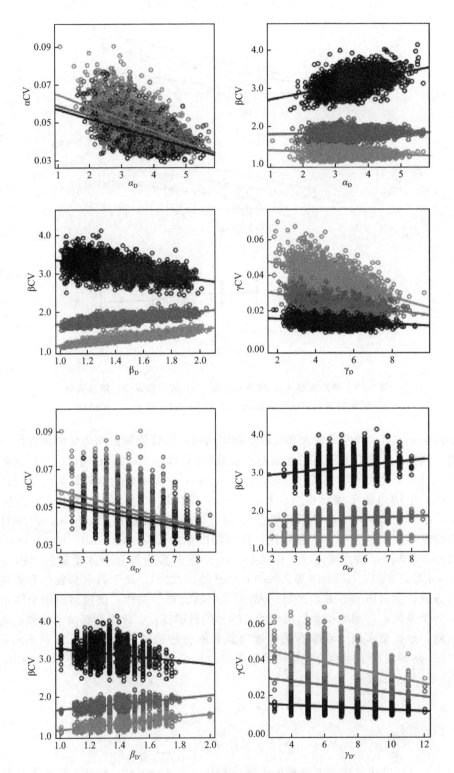

图 7-14　群落 α 多样性、β 多样性和 γ 多样性如何影响局地
群落稳定性和集合群落稳定性（Wang 和 Loreau，2016）

种群内禀增长率；N 为营养盐浓度；H 为半饱和常数；F_{ij} 为物种 j 捕食物种 i 时的功能反

应函数；F_{ji} 为物种 i 捕食物种 j 时的功能反应函数。

针对在本节开始提出的 3 个问题 Brose 等的模型一一做出解决：针对如何确定食物网结构，Brose 等采用了 niche model 来生成食物网（Williams 和 Martinez，2000）；针对如何统一方程，他们仅采用了两个方程来分别描述生产者和消费者的动力学行为；针对如何确定参数，引入 MTE 理论，将众多参数与物种的个体重量关联。

案例： 利用生物力能学模型研究关键种效应。

Brose 等（2005）利用生物力能学模型研究了简单食物网和由生态位模型生成的 100 个复杂食物网中的关键种效应。不同的物种按照营养级的高低被赋予不同的个体重量，因此生成了不同的生物学参数。利用这些参数，他们模拟了某个关键物种的移除对其他物种造成的影响，并发现目标物种在群落中所处的位置很大程度上决定了它们所受到的关键种效应。另外，他们还发现食物网的复杂结构能够缓冲关键种效应，使该效应大部分限制在两个连接以内（图 7-15）。

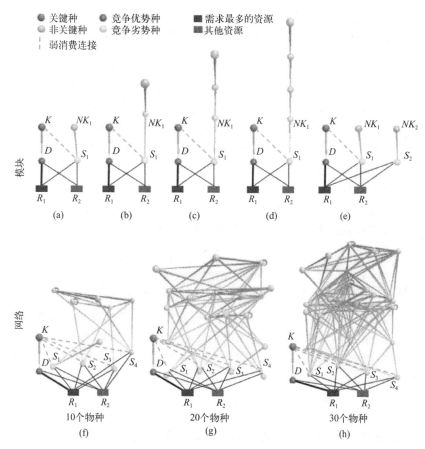

图 7-15　不同大小的食物网中关键种与非关键种示意图（Brose 等，2005）

（2）基于能量收支的食物网动力学模型

除了生物力能学模型外，另一类常用的食物网模型是能流模型（Barber，1978a；Barber，1978b）。能流模型以物种之间的物质、能量流动为基础，利用能量收支平衡（energy-budget）计算物种的物质或能量储存量的变化。能量模型既包含了食物网的结构信息，也包含了功能信息，因此能够直接分析食物网的拓扑和功能特性（Fath 和 Patten，1999）。

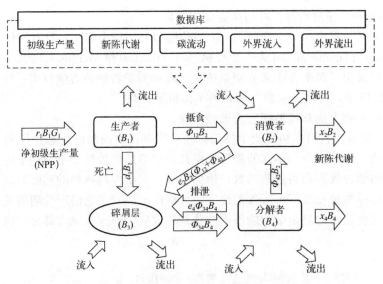

图 7-16　基于能量收支平衡的食物网动力学模型示意图

以能流模型为基础，Zhao 等（2016）建立了另一类的食物网动力学模型，即基于能量收支的食物网动力学模型。该模型首先将食物网中的物种分为四大类，即生产者、消费者、碎屑层、分解者，每一类建立一个通用动力学公式，之后通过物种间的碳流通量和物种本身的生物量来计算各物种的不同生物学参数，最后进行动力学方程的数值求解。该模型的优势是，参数由实际数据得出，能够精准地刻画物种生物量的变化，并且将碎屑层的生物量也纳入模型中，使食物网模型更为完整。其缺点是，模型的参数率定必须以大量的实测数据为依据，不适用于人工食物网的模拟。

生产者的生物量增加部分主要依赖光合作用，减小的部分则由生产者内部的竞争、初级消费者的摄食以及非捕食性的死亡三部分构成，用动力学方程表述为：

$$\frac{\mathrm{d}B_i}{\mathrm{d}t} = r_i B_i G_i - \sum_{j=\mathrm{herb}i} \Phi_{ij} B_j - d_i B_i \tag{7-46}$$

式中，herbi 表示食草者；r 为最大内禀增长率；G 为增长函数，表达为 $G_i = 1 - \sum_{j=\mathrm{pro}} B_j/K$；pro 表示生产者；$K$ 为环境容纳量；Φ_{ij} 为物种 j 捕食物种 i 时的功能反应函数，根据 Holling I 形式，$\Phi_{ij} = f_{ij} B_i$；f_{ij} 为功能种 j 捕食 i 时的捕食系数；d 为生产者的死亡率。

消费者（包括初级消费者及次级消费者）的生物量增加部分由捕食后对食物的同化作用产生，减小的部分则由被其他物种的捕食以及自身的新陈代谢构成，其动力学方程表述为：

$$\frac{\mathrm{d}B_i}{\mathrm{d}t} = \sum_{j=\mathrm{res}} a_i \Phi_{ji} B_i - \sum_{j=\mathrm{pred}} \Phi_{ij} B_j - x_i B_i \tag{7-47}$$

式中，res 表示资源物种；pred 表示捕食者；a 为同化效率（assimilation efficiency）；x 为新陈代谢率。

分解者的生物量增加部分由分解碎屑后的同化作用产生，减小的部分则由消费者的捕食作用及新陈代谢作用构成，其动力学方程表述为：

$$\frac{\mathrm{d}B_i}{\mathrm{d}t} = \sum_{j=\mathrm{det}} a_i \Phi_{ji} B_i - \sum_{j=\mathrm{pred}} \Phi_{ij} B_j - x_i B_i \tag{7-48}$$

式中，det 表示碎屑层。

每个碎屑层的生物量的增加部分由生产者的死亡残体、消费者的排泄物以及其他碎屑层的转化等三部分构成，其动力学方程表述为：

$$\frac{\mathrm{d}B_i}{\mathrm{d}t} = \sum_{j=\mathrm{pro}} p_i\, d_j\, B_j + \sum_{j=\mathrm{con}} (p_i\, e_j\, B_j \sum_{k=\mathrm{res}} \varPhi_{kj}) + \sum_{j=\mathrm{det}} c_{ji}\, B_j - \sum_{j=\mathrm{dec}} \varPhi_{ij}\, B_j - \sum_{j=\mathrm{det}} c_{ij}\, B_i$$

$$(7\text{-}49)$$

式中，con 为消费者；dec 为分解者；p_i 为转化为第 i 种碎屑的生物量所占转化为所有碎屑的生物量的比例；e 为排泄系数（egestion rate），符合平衡式 $e = 1 - a$；c_{ji} 为碎屑 j 转化为碎屑 i 时的转化系数。

在此模型中，排泄物的生物量大致认为是捕食作用中没被消化吸收的部分，因此与捕食作用的生物量成正比。

7.4.4　复杂网络与群落稳健性

稳定性是生态系统中生物群落功能中的一种。长期以来，生态学家对稳定性有多种定义。按照 Donohue 等（2013）的总结，稳定性可以分为六大类。第一类为时间变异性，指的是群落（或群落物种）的生物量或密度随着时间的波动程度。高的时间变异性通常意味着低的时间稳定性。第二类为空间变异性，指的是群落（或群落物种）的生物量或密度随着空间的变异性。第三类为组分周转（compositional turnover），指群落的组成成分随着时间的变化强度。不稳定的群落其组分周转率较高。第四类为灭绝数或稳健性（robustness），指的是由某个物种的灭绝引发的一系列次生灭绝的数目。第五类为入侵次数，越难被入侵的群落其稳定性越高。第六类为抵抗性（resistance），指群落抵抗外界扰动的能力。

20 世纪 50 年代 MacArthur 和 Elton 各自独立提出了群落的"多样性-稳定性"假说，认为物种多样性越高、种间互作关系越复杂的群落其稳定性越高。该假说自提出以来持续受到生态学家的关注，是生态学最重要的核心理论问题之一。至 20 世纪 70 年代，May 等（1976）对这一问题进行了模拟研究，通过模拟食物网内各物种种群变化，发现多样性和复杂性反而会导致不稳定性。直到最近，有关于多样性、复杂性和稳定性的关系及其背后的机制还在持续争论中。在这里，我们集中讨论稳定性的度量指标之一———稳健性，即群落对物种灭绝的抵抗能力。

（1）拓扑方法研究复杂网络与稳健性

Dunne 等人（2022）首先分析了 16 个常见食物网的拓扑特性，指出食物网与其他复杂网络在集聚系数（clustering coefficient）、度分布等方面的区别，之后他们开创性地把复杂网络理论的度中心性概念应用到这 16 个食物网中（Dunne 等，2022）。之后，Dunne 等（2004）研究了几个著名的海洋生态系统食物网的拓扑结构。他们发现海洋食物网的连接度较其他食物网较高，这一方面增加了食物网对度中心性序列移除和随机移除的抵抗能力，另一方面也使得过度捕捞等外界扰动能够在食物网中产生更广泛的影响。Dunne 和 Williams（2009）利用生态位模型生成了一系列具有不同物种丰富度和连接度的食物网，以研究这两项拓扑指标对食物网稳健性的影响。他们的研究表明具有较高物种丰富度或者较高连接度的食物网对物种灭绝的抵抗性也较强，因此具有较高的稳健性。

然而，另一些研究反对以物种连接数作为度量物种重要性的指标。例如，Allesina 等（2009）认为一个物种的连接数并不能真正反映物种的重要性，因为食物网中的连接有很大一部分是冗余（redundant）的。他们将所有连接分为功能性的和冗余的两部分，发现二者的数目具有强线性相关性，并且根据功能性连接重新计算的度中心性与用全部连接计算的结果并不一致，因此 hubs 并不一定是最重要的物种。Bellingeri 等（2013）从另一方面提出了质疑。他们认为物种并不会在所有资源都消失后才灭绝，而是在摄入能量低于某个阈值时就会灭绝。他们测试了 18 个真实食物网的稳健性，发现灭绝阈值的微小提高就能显著地降低食物网的稳健性。Allesina 等（2009）利用谷歌的网页排序算法（Page Rank）计算了能产生最大次生灭绝数的移除序列，并将之与其他中心性指标进行对比，发现度中心性并不能很好地刻画物种重要性，而特征值中心性对重要性的度量比较好。Curtsdotter（2011）研究了不同的灭绝序列对食物网稳健性的影响。他研究了人工生成的食物网在 10 种灭绝序列下的稳健性，包括最高与最低连接度（connectivity）、最高与最低脆弱性（vulnerability）、最高与最低泛化性（generality）、最大与最小个体重量、随机的消费者以及随机的生产者。随机生产者的灭绝序列必然使系统具有最低的稳健性，因为生产者全部移除后食物网就随之崩塌了。除了这个灭绝序列以外，由最脆弱物种开始的灭绝序列具有最低的稳健性，而从最大个体重量的物种开始的灭绝序列具有最高的稳健性，即此物种的灭绝对其他物种的影响最小。

拓扑结构分析的优势在于，由于不涉及物种的动力学行为，因此相对容易计算（2006）。另外，它只关注食物网的结构特性，而不涉及物种的生物学参数，因此相对容易操作。然而，拓扑结构分析也有一系列的不足之处。第一，只有与基层物种（basal species）连接中断的物种才被记录为灭绝。因此基层物种被认为是一直存活的。这与真实生态系统不符，因为生产者之间会因为对资源的竞争而互相排斥乃至灭绝。第二，消费者之间的利用竞争（exploitive competition）或似然竞争（apparent competition）关系，以及消费者的下行效应（top-down effect），也被拓扑分析忽略掉了（Dunne 和 Williams，2009）。为了解决这一问题，生态学家引入动力学模型的分析方法，通过二者的结合来得出更准确的结论。

案例：拓扑方法发现食物网稳健性与复杂度正相关。

Dunne 等（2002）提出了基于拓扑结构的序列移除实验方法。该方法按一定的指标移除某个物种，并计算物种移除后所带来的次生灭绝的发生数（即该物种的灭绝导致另一些物种失去了能量流入，也就是该节点入度变为 0，从而灭绝）。利用序列移除的方式，通过比较移除最大连接数节点、移除最小连接数节点和随机移除，他们发现：食物网对随机移除的稳健性要高于基于度中心性的序列移除；食物网的稳健性与其连接度成正相关，但与物种丰富度和杂食性比例（omnivory）无关；具有连接数最多的物种，即中心节点（hubs）的物种，即是最重要的物种。这项研究表明度中心性能够用来表征物种的拓扑重要性（topological importance）。

（2）动力学方法研究复杂网络与稳健性

利用食物网动力学模型，生态学家模拟了不同物种的灭绝对食物网稳健性的影响。Eklof 等（2006）构建了较为简单的食物网（含 12 个物种），利用 Lotka-Volterra 模型模拟了不同移除序列带来的次生灭绝。他们发现，越复杂的食物网对物种灭绝的抵抗力越高，即食物网的稳健性与其连接度正相关；连接数较多的物种和低营养级物种的灭绝能够带来大量的次生灭绝；拓扑分析预测的次生灭绝数要低于动力学分析的预测。Curtsdotter 等（2011）利用生物力能学模型模拟了由生态位模型生成的 1000 个食物网对不同移除序列的响应，包括度中心性、脆弱性（vulnerable）、范化性（generalist）、个体重量等。他们发现，自上而下的移除序列在拓扑分析中几乎不会影响食物网的稳健性，但在动力学分析中会有极大的影响；拓扑分析对食物网稳健性估计过高，尤其是对于某些特定的移除序列；食物网的稳健性受到度中心性较高的物种和低营养级物种的影响较大。Torres-Alruiz 等（2013）利用 Lotka-Volterra 模型模拟了人工食物网对物种移除的抵抗能力和物种的重要性，发现物种的平均重要性随着网络连接度和物种丰富度的提高而提高，而食物网对物种移除的抵抗能力随着连接度和物种丰富度的提高而降低。

案例：动力学方法发现食物网稳健性与多样性呈负相关而与复杂性呈正相关。

利用 7.4.3 介绍的基于能量收支的食物网动力学模型，Zhao 等（2016）模拟了不同移除序列下在不同食物网产生的稳健性，以 R_{50}（半数稳健性）和 SA（存活面积）度量。研究发现食物网稳健性随着多样性的增加而降低，但随着复杂程度（即加权连接度）的提升而提升。

本节小结

恒化器是指一种使培养液的流速保持不变，并使微生物始终在低于其最高生长速率的条件下进行生长繁殖的连续培养装置。恒化器模型是针对微生物或藻类在恒化器中的连续培养所构建的模型，用以模拟在不同参数下恒化器内物种的种群变化情况。

群落竞争动力学模型是在 LV 竞争模型的基础上进行扩展，容纳更多的竞争者构成一个群落，并利用模型来模拟群落内每个竞争者的种群变化。模型仅涉及同一营养级的种间竞争关系，而不涉及捕食或共生等互作。

食物网动力学模型是在双物种捕食模型的基础上发展而来的，描述群落中所有组成物种的种群变化。要模拟群落内所有物种的种群变化，需要解决 3 个主要问题：a. 群落结构如何确定？b. 如何使用统一的少数方程来描述所有物种动力学？c. 如何解决参数众多的问题？

稳定性是生态系统中生物群落功能中的一种。长期以来，生态学家对稳定性有多种定义，大体上可以分为六大类。第一类为时间变异性，指的是群落（或群落物种）的生物量或密度随着时间的波动程度。高的时间变异性通常意味着低的时间稳定性。第二类为空间变异性，指的是群落（或群落物种）的生物量或密度随着空间的变异性。第三类为组分周转，指群落的组成成分随着时间的变化强度。不稳定的群落其组分周转率较高。第四类为灭绝数或稳健性，指的是由某个物种的灭绝引发的一系列次生灭绝的数目，次生灭绝数越多，稳健性越低。第五类为入侵次数，越难被入侵的群落其稳定性越高。第六类为抵抗性，指群落抵抗外界扰动的能力。

思政知识点

培养打破传统、交叉融合、应用创新的科学精神。

知识点

1. 种群动力学模型、功能反应和种间互作网络。
2. 单一物种与双物种的种群动力学模型。
3. Levins 集合种群空间动力学。
4. 生态动力学模型。

重要术语

逻辑斯蒂种群动力学模型/logistic population dynamics model

龙格库塔法/Runge-Kutta method

功能反应/functional response	第二类功能反应/type Ⅱ functional response
处理时间/handling time	复杂网络/complex network
食物网/food web	二分网络/bipartite network
共现网络/co-occurrence network	逻辑斯蒂映射/logistic map
混沌/chaos	分岔图/bifurcation diagram
相平面/phase diagram	零增长等值线/zero net growth isoline
极限环/limit cycle	集合种群/metapopulation
斑块/patch	入侵率/invasion rate
灭绝率/extinction rate	恒化器/chemostat
循环率/turnover rate	莫诺方程/Monod equation
半饱和常数/half-saturation constant	利比希最小因子定律/Liebig's law of the minimum
浮游生物悖论/paradox of the plankton	食物网动力学/food web dynamics
生物力能学模型/bioenergetic model	能量收支/energy budget
稳健性/robustness	拓扑结构/topological structure

 思考题

1. 写出三种常见的功能反应函数，并思考其区别。
2. 简述生态学中三种常见的复杂网络及其主要区别。
3. 简述你对混沌现象的理解。
4. 写出 Lotka-Volterra 竞争模型和捕食模型，并思考二者的区别。
5. 根据自己的理解，描述单物种集合种群模型与单物种种群模型的区别。
6. 写出竞争物种、捕食者-猎物、互利共生的集合种群模型，并思考三者的区别。
7. 如何基于给定的生态系统进行模型构建？请提出你的思路。
8. 如何理解生态系统稳定性的不同定义？

 讨论与自主实验设计

1. 使用任何一种程序语言或者 Excel，通过迭代方式对逻辑斯蒂方程进行数值模拟，方程初始值取 0.5，环境容纳量取 1，增长率分别取 1、2、3、3.2、3.4、3.6。试讨论种群在不同的增长率下的变化情况。

2. 使用任何一种程序语言或者 Excel，通过迭代方式对逻辑斯蒂方程进行数值模拟，方程初始值分别取 0.5 和 0.51，环境容纳量取 1，增长率取 3.9。试讨论种群在不同初始值下的变化情况。

3. 使用程序语言，利用龙格库塔法模拟单物种的集合种群模型在不同参数下的斑块比例变化。

4. 阅读一篇理论生态学文献，理解作者所使用的动力学模型，尝试根据文章提供的参数模拟出原文的结果。

参考文献

［1］ Allesina S，Pascual M. 2009. Googling food webs：Can an eigenvector measure species' importance for coextinctions? PLoS Computational Biology，5（9）：e1000494.

［2］ Allesina S，Bodini A，Pascual M. 2009. Functional links and robustness in food webs. Philosophical Transactions of the Royal Society B：Biological Sciences，364（1524）：1701-1709.

［3］ Barabási A L，Albert R. 1999. Emergence of scaling in random networks. Science，286（5439）：509-512.

［4］ Barber M C. 1978a. A Markovian model for ecosystem flow analysis. Ecological Modelling，5（3）：193-206.

［5］ Barber M C. 1978b. A retrospective markovian model for ecosystem resource flow. Ecological Modelling，5（2）：125-135.

［6］ Begon M，Townsend C R，Harper J L. 2006. Ecology：From individuals to ecosystems（Edition 4）. Wiley-Blackwell.

［7］ Bellingeri M，Cassi D，Vincenzi S. 2013. Increasing the extinction risk of highly connected species causes a sharp robust-to-fragile transition in empirical food webs. Ecological Modelling，251：1-8.

［8］ Berlow E L，Dunne J A，Martinez N D，et al. 2009. Simple prediction of interaction strengths in complex food webs. Proceedings of the National Academy of Sciences，106（1）：187-191.

［9］ Borrett S R，Lau M K. 2014. enaR：An R package for ecosystem network analysis. Methods in Ecology and Evolution，5（11）：1206-1213.

［10］ Brose U. 2008. Complex food webs prevent competitive exclusion among producer species. Proceedings of the Royal Society B：Biological Sciences，275（1650）：2507-2514.

［11］ Brose U，Berlow E L，Martinez N D. 2005. Scaling up keystone effects from simple to complex ecological networks. Ecology Letters，8（12）：1317-1325.

［12］ Brose U，Williams R J，Martinez N D. 2006. Allometric scaling enhances stability in complex food webs. Ecology Letters，9（11）：1228-1236.

［13］ Brown J H，Gillooly J F，Allen A P，et al. 2004. Toward a metabolic theory of ecology. Ecology，85（7）：1771-1789.

［14］ Chesson P，Kuang J J. 2008. The interaction between predation and competition. Nature，456（7219）：235-238.

［15］ Csardi G，Nepusz T. 2006. The igraph software package for complex network research. InterJournal，Complex Systems，1695.

［16］ Curtsdotter A，Binzer A，Brose U，et al. 2011. Robustness to secondary extinctions：comparing trait-based sequential deletions in static anddynamic food webs. Basic and Applied Ecology，12（7）：571-580.

［17］ Donohue I，Petchey O L，Montoya J M，et al. 2013. On the dimensionality of ecological stability. Ecology letters，16（4）：421-429.

［18］ Dormann C F，Gruber B，Fruend J. 2008. Introducing the bipartite package：Analysing ecological networks. R News，8（2）：8-11.

［19］ Dunne J A，Williams R J. 2009. Cascading extinctions and community collapse in model food webs. Philosophical Transactions of the Royal Society B：Biological Sciences，364（1524）：1711.

［20］ Dunne J A，Williams R J，Martinez N D. 2002. Food-web structure and network theory：The role of connectance and size. Proceedings of the National Academy of Sciences，99（20）：12917-12922.

［21］ Dunne J A，Williams R J，Martinez N D. 2002. Network structure and biodiversity loss infood webs：Robustness increases with connectance. Ecology Letters，5（4）：558-567.

［22］ Eklöf A，Ebenman B O. 2006. Species loss and secondary extinctions in simple and complex model communities. Journal of Animal Ecology，75（1）：239-246.

［23］ Erdös P，Rényi A. 1960. On the evolution of random graphs. Publications of the Mathematical Institute of the Hungarian Academy of Sciences，5：17-60.

[24] Fath B D，Patten B C. 1999. Review of the foundations of network environ analysis. Ecosystems，2 (2)：167-179.

[25] Fussmann G F，Heber G. 2002. Food web complexity and chaotic population dynamics. Ecology Letters，5 (3)：394-401.

[26] Gillooly J F，Brown J H，West G B，et al. 2001. Effects of size and temperature on metabolic rate. Science，293 (5538)：2248-2251.

[27] Girvan M，Newman M E J. 2002. Community structure in social and biological networks. Proceedings of the national academy of sciences，99 (12)：7821-7826.

[28] Holling C S. 1959. The components of predation as revealed by a study of small-mammal predation of the European pine sawfly. The Canadian Entomologist，91 (5)：293-320.

[29] Hudson L N，Emerson R，Jenkins G B，et al. 2013. Cheddar：Analysis and visualisation of ecological communities in R. Methods in Ecology and Evolution，4 (1)：99-104.

[30] Huisman J，Weissing F J. 1999. Biodiversity of plankton by species oscillations and chaos. Nature，402 (6760)：407-410.

[31] Huisman J，Johansson A M，Folmer E O，et al. 2001. Towards a solution of the plankton paradox：The importance of physiology and life history. Ecology Letters，4 (5)：408-411.

[32] Kilpatrick A M，Ives A R. 2003. Species interactions can explain Taylor's power law for ecological time series. Nature，422 (6927)：65-68.

[33] Levins R. 1979. Coexistence in a Variable Environment. The American Naturalist，114 (6)：765-783.

[34] Lundberg P，Ranta E，Kaitala V，et al. 2000. Coexistence and resource competition. Nature，407 (6805)：694.

[35] May R M. 1976. Simple mathematical models with very complicated dynamics. Nature，261 (5560)：459-467.

[36] McCann K，Hastings A，Huxel G R. 1998. Weak trophic interactions and the balance of nature. Nature，395 (6704)：794-798.

[37] Pocock M J O，Evans D M，Memmott J. 2012. The robustness and restoration of a network of ecologicalnetworks. Science，335 (6071)：973-977.

[38] Press W H. 2007. Numerical recipes 3rd edition：The art of scientific computing. Cambridge university press.

[39] Rall B C，Brose U，Hartvig M，et al. 2012. Universal temperature and body-mass scaling of feeding rates. Philosophical Transactions of the Royal Society B：Biological Sciences，367 (1605)：2923-2934.

[40] Dunne J A，Williams R J，Martinez N D. 2004. Networkstructure and robustness of marine food webs. Marine Ecology Progress Series，273：291-302.

[41] Wang S P，Loreau M. 2016. Biodiversity and ecosystem stability across scales in metacommunities. Ecology Letters，19：510-518.

[42] Wang S P，Brose U，van Nouhuys S，et al. 2021. Metapopulation capacity determines food chain length in fragmented landscapes. Proceedings of the National Academy of Sciences，118 (34)：e2102733118.

[43] Watts D J，Strogatz S H. 1998. Collective dynamics of 'small-world' networks. Nature，393 (6684)：440-442.

[44] Williams R J，Martinez N D. 2000. Simple rules yield complex food webs. Nature，404 (6774)：180-183.

[45] Zhang H，Bearup D，Nijs I，et al. 2021. Dispersal network heterogeneity promotes species coexistence in hierarchical competitive communities. Ecology Letters，24 (1)：50-59.

[46] Zhao L，Zhang H Y，O'Gorman E J，et al. 2016. Weighting and indirect effects identify keystone species in food webs. Ecology Letters，19 (9)：1032-1040.

[47] Estrada E. 2015. Introduction to complex networks：structure and dynamics. In：Banasiak J，Mokhtar-Kharroubi M (eds). Evolutionary equations with applications in natural sciences. Lecture Notes in Mathematics，vol 2126. Springer，Cham.

第**8**章

全球生态学

地球是全人类及所有其他地球物种的共同家园，其生态环境是全体生命赖以生存和发展的基础。自工业革命以来，人口增长、科技进步和经济发展的同时，人类活动也在极大地影响和改变着地球生态系统。自然资源的不合理利用、污染物过度排放、环境治理监管不足以及自然因素等方面，给地球生态环境带来了诸多负面影响。人类的生存和发展需求仍在不断增长，而为人类提供生存发展环境和资源的地球却只有一个。因此，更加深入地了解人类和其他生物共同赖以生存的地球生态环境以及生态过程十分重要且兼具理论和实践价值。本章内容将对全球生态学、全球变化产生的原因及其影响展开介绍与讲解。

8.1 全球生态学概论

全球生态学（global ecology）是新兴的有关生物圈的科学，是研究涉及全球范围的生态问题包括全球变化的生态过程、生态关系、生态机制、生态后果以及生态对策的科学，也称全球变化生态学、生物圈生态学。

对全球生态学的研究需要将宏观与微观相结合、将生物学与地理学相融合。其研究对象是全球范围内的大气圈、水圈、岩石圈和生物圈组成的系统的结构、功能及变化，重点研究全球变化领域中的基本生态学问题以及它们之间的相互关系。

8.1.1 全球生态学的发展史

在产生"全球生态学"这一概念前，人们将生物与地球相关研究的重点放在"生物圈"，并相继出现了维氏的《生物圈》（*Биосфера*）、Jesssop 的《生物圈：生命的研究》（*Biosphere：A Study of Life*）以及 Wallace 等的《生物圈：生命的领域》（*Biosphere：The Realm of Life*）等杰出著作，这为"全球生态学"的诞生奠定了基础。

然而，生物圈的研究并不等于全球生态学的研究。1971 年 6 月在芬兰举行的第一届环境未来国际代表大会上，Polunin 教授首次提出生物圈的生态问题。该代表会的会议录《环境的未来》（*The Environmental Future*）（1972）中，有 Polunin 教授"生物圈的今天"（*The Biosphere Today*）一文，这是讨论全球生态问题的第一篇重要文献，这一文献标志着全球生态学的诞生（陈昌笃，1990）。

近年来，人们逐渐感受到了全球环境问题对人类生存发展的影响，例如臭氧层耗竭、大气二氧化碳和其他温室气体浓度增加、全球热带雨林面积不断减少、动植物种类以前所未有的速度消失等。以上问题促使人们认识到全球生态学研究的必要性和紧迫性，同时也推动着全球生态学的探索发展进程。

8.1.2　全球生态学的研究意义

相较于生态学，全球生态学的重点在于"全球"二字，生态学在全球各个地区、国家蓬勃发展，因为对全球现象的深入了解与探索需要全球共同研究。生态学重点研究的对象之一是环境，不同国家、地区的生态环境有很大的差异，并且这些差异会随时间而变化。这些差异是我们对自然深入了解的基础，例如热带和温带地区之间物种多样性的差异支撑了许多生态学理论，但这些差异同时也在一定程度上限制着生态学的发展，为科学家对全球生态的深入、全面探索带来了阻碍。据统计，大多数生态学著作来自少数国家和地区，这种现象和生态差异的并存在一定程度上限制了生态学理论的推广和应用，也限制了来自生态环境代表性不足地区的科研人员分享其研究成果的可能性，更有可能导致研究结果的区域局限性和片面性。而全球生态学将研究核心放在全球范围或整个生物圈的生态问题上，恰恰可以弥补上文所提到的问题，这也是全球生态学研究的重要意义（Nuñez 等，2021）。

8.1.3　全球生态学的研究方法

目前全球生态学常使用的研究方法和技术包括植物生理生态学方法、控制实验、样带和大样方调查、遥感分析、多尺度与尺度转化。

① 植物生理生态学主要结合了植物生理学和植物生态学两门学科的优势来分析生态学现象，解决所面临的环境问题，常用技术包括野外气体交换技术、同位素技术、根区观察窗和通量观测技术。

② 控制实验是全球变化重要的研究手段，随着全球生态学的发展，传统的控制实验逐渐趋于大规模的野外模拟，并且在全球不同国家的不同环境中可以同时进行控制实验。

③ 样带是从小尺度的过程研究到区域性水平研究的耦合，不同国家地区和不同研究领域的科研人员可以在同一样带进行研究，实现了学术的交流与融合。

④ 相较于传统的监测技术，遥感监测可以扩大监测范围，其覆盖的区域和面积更广，对于全球范围的监测，可以通过卫星遥感或飞机遥感快速获取信息。另外，通过遥感技术获取的信息量更加广泛，提高了工作效率。

⑤ 对于全球研究这样大尺度范围的研究，如何将样带的研究结果推广到全球范围是需要解决的关键问题，即尺度转化。目前集通量观测、模型模拟、遥感应用为一体的数据整合与尺度转化技术应用较广。

当然，要解决在全球范围内出现的生态问题，单靠某些国家的力量是远远不够的，因此，对于全球生态学的研究方法，其宗旨在于全球各个国家和地区联合起来。

20 世纪 90 年代，美国长期生态研究网络的研究模型引起了世界上诸多科研人员的兴趣，他们也开始在自己的国家开发长期生态研究网络，之后全球多个国家的长期生态研究网络开始松散地联合起来，形成了国际长期生态研究（ILTER）网络。

1993 年召开的第一届国际长期生态研究研讨会提出了 ILTER 的目标：

① 加强全世界长期生态研究工作者之间的信息交流；

② 建立全球长期生态研究站的指南，例如为野外站确定必备的装置和设备清单，明确存在的长期生态研究站的地点，并确定未来准备建立长期生态研究站的地点等；

③ 建立长期生态研究合作项目；

④ 解决尺度转换、取样和方法标准化等问题；

⑤ 发展长期生态研究方面的公众教育，并以长期生态研究的成果去影响决策人（赵士

洞，2001）。

国际长期生态研究网络的诞生与其目标的提出为全球各国科研人员对全球生态的研究提供了良好的思路与方法。现在，ILTER 网络已经从原来几个国家间松散的合作联盟转变成一个全球多个国家共同从事全球生态研究的机构，研究人员可以通过 ILTER 网络扩大自己的研究范围到全球众多研究站点中的任何一个。

 ## 本节小结

全球生态学（global ecology），是新兴的有关生物圈的科学，是研究涉及全球范围的生态问题包括全球变化的生态过程、生态关系、生态机制、生态后果以及生态对策的科学，也称全球变化生态学、生物圈生态学。对全球生态学的研究需要将宏观与微观相结合、将生物学与地理学相融合。其研究对象是全球范围内的大气圈、水圈、岩石圈和生物圈组成的系统的结构、功能及变化，重点研究全球变化领域中的基本生态学问题以及它们之间的相互关系。

目前全球生态学常使用的研究方法和技术包括植物生理生态学方法、控制实验、样带和大样方调查、遥感分析、多尺度与尺度转化。

8.2　全球生态学的研究内容

通过了解全球生态学的概念，可知全球生态学研究的是全球范围内的各种生态问题，其中重点研究对象是全球变化（global change）问题。

全球变化指由人类活动直接或间接造成的，出现在全球范围内异乎寻常的人类环境变化，即全球环境变化。全球环境变化包括全球变暖、降水格局变化、海洋酸化、极端气候等。全球变化事件频发严重影响着人类社会的生态安全和经济发展，带来的问题也日渐突出，环境污染、生态失衡等成为日益严重的全球性问题。

8.2.1　全球变化的表现

8.2.1.1　物质循环改变

生态系统中的物质，主要指生物为维持生命活动所需的各种营养元素，它们在各个营养级之间传递，形成物质流。物质从大气、水域或土壤中被绿色植物吸收进入食物链，然后转移到食草动物和食肉动物体内，最后被以微生物为代表的分解者分解转化回到环境中。这些释放出的物质又再一次被植物利用，重新进入食物链，参加生态系统的物质再循环。这便是物质循环。

生态系统的物质循环在三个层次上进行，即生物个体层次、生态系统层次和生物圈层次。全球变化中物质循环的改变主要发生在生物圈层次，即物质在整个地球各圈层之间的循环，也称生物地球化学循环，它叠加了物质的生物循环与地球化学循环过程，不仅维持着生态系统内部的稳定性，也促进了物质在生态系统之间的交流，但人类活动的局部影响也是通过生物圈层次的物质循环扩大到全球范围的。

案例：近些年人们密切关注的碳排放问题正属于全球变化中物质循环改变的范畴。以温室效应气体 CO_2 为例，植物作为生产者，用于光合作用的 CO_2 几乎全部从大气中获得，其浓度的高低是影响植物初级生产力的重要因素。在植物需要的各种资源中，CO_2 是唯一一种在全球尺度上增加的资源，大气中CO_2浓度已从1750年的0.028%增加到了2019年5月的历史最高平均值0.041%，这使生态系统的物质循环从生产者环节便开始改变。大气中CO_2浓度增加的主要原因是化石燃料燃烧和工业生产过程中CO_2的排放，经济和人口增长是其最重要的两个驱动因子；另外是来自林业和其他土地利用行业中CO_2的排放。

8.2.1.2　生态资源改变

在人类生态系统中，一切被生物和人类的生存、繁衍、发展所利用的物质、能量、信息、时间及空间，都可以视为生物和人类的生态资源。

生态资源是文明的基石，人类社会的发展需要生态资源不断为其提供动力，20世纪70年代，罗马俱乐部提出的"资源即将耗尽"引发了有关石油等重要能源的供需研究，进而导致社会对自然资源的关注。到90年代，"资源能否永续利用"这一问题则引起社会对资源的高度重视。"过完这一天，人类已经用完了地球2013年可再生的自然资源总量"，是2013年世界自然基金会上所提到的内容。8月20日是2013年的地球生态超载日，即在2013年8月20日后剩下的时间里，地球进入生态超额模式，在生态赤字的状态下透支自然和生态服务。此外，全球生态足迹数据显示，每个十年地球超载日就会提前一个月，倘若持续按此趋势发展，人类超额透支地球的程度会日益加剧。因此，不仅像人们传统观念中的那样，不可再生资源会枯竭，可再生资源同样也可能会被透支。

案例： 水资源对于人类的生存来说不可或缺。据2019年美国环保智库世界资源研究所警告，全球有1/4的人口正面临水资源短缺的困境，而印度更是面临水资源濒临枯竭的局面。全球人口快速增长是造成水资源短缺局面的重要原因之一，据估测，倘若水资源变化趋势不改变，到2030年全球可用水资源很可能会仅剩60%。缺水将会造成作物产量下降，贫困和疾病问题恶化，生态系统将会遭到严重影响。

8.2.1.3　基质特征改变

基质也称为景观背景、本地、模地、矩质等，是景观中面积最大、连通性最好、优势度最高的景观要素，可分为无机基质、有机基质和混合基质。常见的基质有森林基质、草原基质、农田基质、城市用地基质等。

生态基质在保持相对稳定特征的状态下孕育了地球上的生命，地球上的生命活动也同样反馈和影响着生态基质。

案例： 以土壤基质之一重金属为例。工业革命之后，世界各国工业和生活废水的排放量逐渐增多，排放物中的重金属随之进入土壤，导致水体和土壤中重金属的含量增多。例如汞，重金属汞是一种全球性污染物，土壤中汞的富集和污染情况与生态环境安全直接相关，土壤汞含量过高会影响植物生长和微生物活动，还会通过消化吸收、皮肤接触、呼吸和其他暴露途径进入人体，危害人类健康，特别是对孕妇和婴儿。随着交通业的发展，汽车尾气中大量污染物被排放，其中以铅为代表的重金属加剧了土壤的污染。

人类活动对地球生态基质的改变不仅可以是从少到多的改变，还可以是从无到有的改变。例如塑料，在生态基质中本没有塑料的存在，但如今塑料却是对生态环境危害程度巨大的污染物之一。联合国环境规划署将海洋垃圾定义为"任何在海洋和沿海环境中丢弃、处置或遗弃的持久性、人造的或加工的固体材料"。微塑料可经河流、污水、海上生产活动和大气沉降等多种途径进入海洋生态系统，并在海洋中通过物理、化学和生物作用漂浮、沉降或进一步降解。据调查，95%的海洋垃圾由塑料组成且其数量与人类经济生活中塑料的使用量成正相关，其中，80%的海洋塑料污染来自陆地活动，其余来自海洋活动，例如航运、捕鱼、水产养殖及海上石油发掘等（薛青青等，2021）。

8.2.2　全球变化的驱动力

全球变化驱动力是全球变化相关问题研究的核心之一。了解引起全球变化的驱动力，对于掌握地球发展规律、帮助建立全球变化预测的科学基础具有重要作用，并能够为人类提供趋利避害、积极应对的科学方略。按照全球变化驱动力的来源，可以将驱动因素分为三大类，即恒星周期性变化、地球地质运动和人类活动。

8.2.2.1　恒星周期性变化

太阳周期性活动能引起全球变化。太阳活动是太阳表面上一切扰动现象的总称。主要包括发生在光球层的黑子、光斑，发生在色球层的谱斑、耀斑，以及日珥、日冕等。

太阳黑子是太阳表面一种炽热气体形成的巨大旋涡，温度高达 3000～4500℃，并且由于它本身看上去就像是一些黑的斑点，所以被称为"太阳黑子"，是太阳活动中最常见的表现。黑子聚集较多的时候，其他太阳活动现象也会比较频繁，故一般用黑子活动代表太阳活动，黑子越多，太阳活动越强。太阳黑子周期性活动能引起太阳辐射质和量的周期变化，太阳活动高峰期能引起太阳紫外辐射和微粒辐射的极大增加。

太阳活动周期（solar cycle），又称为太阳磁活动周期（solar magnetic activity cycle），通过计算可见的太阳黑子出现的频率和位置，得出太阳活动周期大约为 11 年。

案例 1：太阳活动逐渐增加时，在太空运行的人造卫星、飞行器、宇宙飞船以及在高空飞行的飞机，受到来自太阳的高能带电粒子的袭击，会使一些零部件损坏，导致整个设备系统不能正常工作，飞行员和宇航员的身体也会受到来自太阳的高能带电粒子的伤害。此外，高能带电粒子和强烈的电磁辐射也在不断袭击地球空间，干扰地球磁场和高空电离层，使得短波无线通信信号中断，军用、民用航空通信，全球定位系统信号，甚至手机和银行自动取款机都有可能受到干扰，影响人们的正常生活和生产活动。

案例 2：美国国家大气研究中心发现，太阳活动的高峰期和活动的余波能够影响地球，导致地球太平洋热带出现类似拉尼娜和厄尔尼诺的现象。研究表明，在太阳活动高峰期，太阳加热太平洋上空无云的地区，导致该区域海水蒸发加剧，从而增强了降雨与刮风，进而导致东太平洋降低 1～2℉（1℉＝32＋1℃×1.8）。这种情况类似拉尼娜现象，只是其强度只有典型拉尼娜现象的 50%。在这种较弱的拉尼娜现象发生后 1～2 年间，由于洋流作用，水温较低的东热带太平洋海水被较温暖的海水取代，逐渐演变为类厄尔尼诺现象。同样，这种情况的强度也只有典型厄尔尼诺现象的 50%。

8.2.2.2　地球地质运动

地球地质运动对全球变化的驱动主要通过地球内部的板块运动起作用。板块运动所造成的海陆分布形式的变化、地形地貌变化、火山活动等，均对地球产生较大影响，导致全球变化。

（1）海陆分布变化

地壳局部拉张、挤压及走滑运动，引起了各种构造变动（康玉柱，2019），造成了海陆分布格局及海洋和陆地面积对比的变化。海洋与陆地的位置、形状及组合关系不同，会改变大气环流与洋流，对全球的温度和降水格局产生深远的影响。大陆解体之后切断了生物之间交流的通道，使得生物在各自的大陆上独立进化，促进了生物多样性的增加。

案例 1：距今 5000 万年前，澳大利亚大陆逐渐向北移动，使得南极大陆被海洋包围，西风带没有陆地阻挡，形成了一支强大的风生环流，让太平洋、印度洋与大西洋的洋流在西风带交汇，使南极洋流得以建立与发展，加剧了南极大陆的寒冷。

案例2：1.65亿年以前，马达加斯加岛从冈瓦纳大陆分离出来，由于岛与大陆分隔，岛上的动植物无法与岛外进行基因交流，形成了地理隔离，逐渐发展为新的物种，使得马达加斯加岛上有丰富而独特的生物资源。

（2）山地或高原的崛起

全球大致分为六大板块，各大板块处于不断运动之中。一般来说，板块内部地壳比较稳定；板块与板块交界的地带，地壳比较活跃。当两个板块逐渐分离时，在分离处即可出现新的凹地和海洋，例如大西洋与东非大裂谷的形成；当两个板块相互挤压时，板块隆起形成山地和高原。高原与山地显著改变了地面风系的运动和结构，主要表现为对大气的驻波作用与对反气旋运动的阻挡作用。并且高原与山地温度较低，提供了冰雪的积累场所，这些冰雪反射率较大，加剧了环境温度的下降，增强了气候变化的不稳定性，深刻影响全球大气环流。

案例：2.4亿年前，由于板块运动，印度板块以较快的速度向北移动，插入古洋壳以下，并发生挤压，产生了强烈的褶皱断裂和抬升，形成陆地；距今8000万年前，印度板块继续向北推移，再次引起了强烈的造山运动，逐渐形成了我国青藏高原的基本地貌格局；距今一万年前，印度板块继续俯冲，青藏高原以平均每年7cm的速度上升，成为当今地球上的"世界屋脊"。

通常来说，北纬20°~35°附近由于受到副热带高气压带的影响，大多是干旱或半干旱气候，但是在中国的江南与华南地区却是潮湿的，而中国北方却比同纬度的国家更加干旱。这便是由于平均海拔4500m的青藏高原作为一个巨大屏障，有效地抬升了夏季风，使得中国东部降水增加；同时也阻挡了印度洋暖湿气流的北进，加剧了中国西北地区的干旱。

（3）火山活动

火山活动对全球气候最显著的影响是会导致全球气温异常偏低。火山喷发出来的火山灰及二氧化硫会弥散在大气中，这些悬浮颗粒与气体上升高度可达16~32km，会进入平流层。而且会随着高层大气环流的带动作用开始蔓延，火山活动的影响因此由局部扩大至全球。火山灰与二氧化硫削弱了太阳辐射，还会增强云层对太阳辐射的反射作用，因而减少了到达地面的太阳辐射，进而导致温度降低，这个现象被称为"阳伞效应"。

在对流层中，降水可对大气起到净化作用，但在平流层中没有降水，二氧化硫气体得以长期飘浮，在阳光照耀和水汽作用下0.5~1年后逐渐转化为含有硫酸盐粒子的气溶胶层。这些硫酸气溶胶会吸收和反射一部分太阳短波辐射，削弱进入对流层的太阳短波辐射，使得地球平均气温降低。

案例：1991年6月中旬，菲律宾皮纳图博火山出现多次大爆发，强度达到六级，大约超过20Mt的SO_2进入18~30km的平流层，形成20世纪最大的一次火山云事件。该事件导致1992年的全球均温下降0.5℃左右，中国夏季和秋季亦出现了大范围的低温现象，东北至内蒙古地区和长江下游地区都出现了不同程度的冷害。据卫星资料显示，北半球1992年是近几十年来最冷的年份。爆发后的三四年间仍比火山爆发前低0.25℃左右。

8.2.2.3 人类活动

人类活动已经成为促进全球变化的重要驱动力之一。人类对地球的自然环境造成了严重的破坏与污染，使得地球表层系统的构成与性质均发生了显著的变化，这些变化又将反过来对人类自身产生影响。

（1）土地覆盖和土地利用

土地覆盖（land cover）指陆地表面生态系统类型及其生物的和地理的特征，如森林、草地、农田等。土地覆盖变化是指土地物理或生物覆盖物发生的变化，包括生物多样性的变化、实际和潜在的初级生产力的变化、土壤质量的变化、径流与沉积率的变化等（表 8-1）。

表 8-1 1700 年以来全球和各大洲主要土地类型的变化 单位：10^6 hm^2

地区	森林	草原	耕地
全球	−1162	−72	+1236
欧美	−18	−52	+70
北美	−74	−125	+200
前苏联和大洋洲	−218	−34	+253
非洲和中东	−308	+43	+265
拉丁美洲	−294	+159	+135
亚洲	−250	−63	+313

土地利用（land use）指对土地的利用方式。与农、林、牧业及城市交通建设密切相关，包括森林的采伐、牲畜放牧、土地垦殖、水体的利用、水生物的捕捞和城市扩张等。

土地覆盖是支撑地球生物圈和地圈的许多物质流、能量流的源和汇，所以，主要由人类的土地利用活动造成的土地覆盖改变必然对地球系统的气候、水文、生物地球化学循环及生物多样性等产生重大影响。

案例： 天堂雨林位于亚洲大陆和澳大利亚之间，是亚太地区最大的热带原始森林。工业采伐，特别是非法采伐是天堂雨林破坏的主要原因。据官方资料估计，印度尼西亚（简称印尼）76％～80％的木材来自非法采伐，在巴布亚新几内亚这一比例高达 90％。这些被非法砍伐的木材大多被出口到中国和日本，用于生产木地板、硬木家具、建材、纸张等产品。此外，在 2009 年，印尼利用棕榈油生产的生物燃料达到 $7×10^8$ L，巨大的需求引发了一些地区疯狂种植棕榈树。环保组织估计，印度尼西亚每年减少的热带雨林多达 $1×10^6$ hm^2，其中绝大多数都用来种植棕榈树。

（2）温室气体和人为气溶胶排放

温室气体指的是大气中能吸收地面反射的太阳辐射，并重新发射辐射的一些气体，如 CO_2、CH_4、N_2O、大部分制冷剂等。温室气体使太阳辐射到地球上的热量无法向外发散，地球气温上升，形成"温室效应"。

大气中的人为气溶胶主要由硫酸盐、黑炭、有机碳、硝酸盐等组成（张华等，2017）。气溶胶对太阳辐射具有散射和吸收作用，对地表表现为冷却效应（Ramanathan 等，2005），即人为排放的气溶胶可以在一定程度上抵消温室气体所导致的全球变暖。气溶胶亦可以增加云滴数浓度并降低云滴有效半径（Twomey，1974），增加云存在时间，降低降水效率（Albrecht 等，1989），进而通过气溶胶-云的反馈作用进一步影响大气能量平衡。同时，气溶胶还会通过其与全球水循环和能量循环之间的相互作用引起大尺度大气环流的变化（Kim 等，2006）。

人类活动所引起的大气中温室气体及气溶胶含量的增加是造成气候和环境显著变化的重要强迫因子。

案例： 从图 8-1 的 1000 多年来北半球平均温度变化曲线，可以看出在过去的千余年里温度一直处在微小的变化（稳态）中，但在 20 世纪的后半期温度发生剧烈上升。大量研究表明，如果没有人类向大气释放大量 CO_2 以及其他的温室气体，仅仅通过自然界过程不大可能造成这样的剧烈变化。

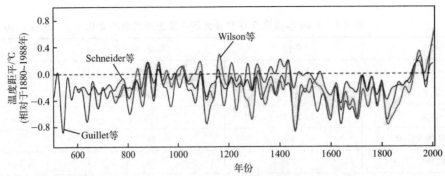

图 8-1　Schneider 等、Wilson 等、Guillet 等重建的北半球夏季温度距平变化（30 年滑动平均，相对于 1880～1988 年平均值）（Schneider 等，2015；Wilson 等，2016；Guillet 等，2017；王鑫和杨保，2018）

注：实线分别表示 Schneider 等、Wilson 等、Guillet 等重建的北半球夏季温度曲线；
虚线（----）表示 1880～1988 年平均温度。

（3）全球水循环过程的人为改变

由于快速增长的人口数量以及工业化进程的加快，全球水循环过程呈现非稳态特征，例如水灾害频发、冰冻圈退缩、地下水位下降、河流湖泊干涸、海水入侵、水环境恶化、水资源短缺等（汤秋鸿，2020）。这些问题尽管可能发生在区域尺度，但是其驱动因素或反馈往往是全球性的。

全球水循环变化的人为因素体现在气候变化、土地利用与覆盖变化、人类用水活动等各个方面。在气候变化方面，人类大量排放温室气体导致全球气候变暖，使得冰冻圈消融加速，冰冻圈退缩反馈给气候系统，带来更多的极端天气；在土地利用与覆盖变化方面，森林砍伐、草地开垦、围湖造田等措施会影响河川径流，导致河流湖泊干涸或者洪水灾害；在人类用水活动方面，大量使用地表和地下水导致河道生态流量不足，影响海平面上升速率，威胁水生态与水环境。

（4）海岸带系统的人为改变

海岸带指陆地与海洋的交接地带，是海岸线向陆、海两侧扩展一定宽度的带形区域，其宽度的界限尚无统一标准，随海岸地貌形态和研究领域不同而异。海岸带不仅受海洋、陆地、大气等自然环境的综合影响，也受人类活动的直接影响，并且人类活动在海岸带环境变化中所起的作用越来越大，已接近或超过了自然因素所起的作用（马龙等，2006）。

案例：人类通过港口建设和城市发展建设等活动，对海岸带地形地貌进行改造；在海岸带大范围进行工业化、交通运输、高强度农业生产、城市化发展等，造成海岸带大气污染；在农业种植过程中施用的大量氮肥、磷肥，这些污染物中的相当部分通过农田回水、雨水冲刷、水土流失等方式随地表径流进入海洋，污染海水；海上溢油事故频发，对海洋生态系统构成巨大威胁（王萌，2015）。

（5）生物灭绝和生物入侵

作为全球变化的重要现象，生物灭绝与生物入侵也受到全球变暖、微塑料污染、水循环改变等全球变化的影响。

案例 1：据专家们估计，从恐龙灭绝以来，当前地球上生物多样性损失的速度比历史上任何时候都快。如今鸟类和哺乳动物的灭绝速度或许是它们在未受干扰自然界中的 100～

1000 倍。从生态系统类型来看，最大规模的物种灭绝发生在热带森林，其中包括许多人们尚未调查和命名的物种。据科学家估计，按照每年砍伐 $1.7 \times 10^7 \, hm^2$ 的速度，在今后 30 年内，物种极其丰富的热带森林可能要毁在当代人手里，5%～10% 的热带森林物种可能面临灭绝。此外，整个北温带和北方地区，森林覆盖率并没有发生很大变化，但许多物种丰富的原始森林被次生林和人工林代替，许多物种濒临灭绝。海洋和淡水生态系统中的生物多样性也在不断丧失与严重退化，其中受到最严重冲击的是处于相对封闭环境中的淡水生态系统。当前大量物种灭绝或濒临灭绝，生物多样性不断减少的主要原因是人类各种活动（表 8-2）（王献溥等，1994）。

表 8-2　物种灭绝原因

类型	每一种原因所占比例/%					
	生境消失	过度开发	物种引进	捕食控制	其他	尚不清楚
哺乳类	19	23	20	1	1	36
鸟类	20	11	22	0	2	37
爬行类	5	32	42	0	0	21
鱼类	35	4	30	0	4	48

案例 2：全球气候变化一方面可能会导致更加频繁的水灾、干旱与病虫害等，使本土植物及其生态系统降低对外来物种的抗性，使得外来物种有机可乘。另一方面增温可能加快外来物种的生长与繁殖，激活外来物种的活性，但抑制本土植物的生长，使得入侵物种占据新领地（王静等，2012）。

 ## 本节小结

全球变化，又称全球环境变化，指由人类活动直接或间接造成的，出现在全球范围内异乎寻常的人类环境变化。

物质循环，物质从大气、水域或土壤中被绿色植物吸收进入食物链，然后转移到食草动物和食肉动物体内，最后被以微生物为代表的分解者分解转化回到环境中，这些释放出的物质又再一次被植物利用，重新进入食物链，参加生态系统的物质再循环的过程。

全球变化驱动力是全球变化相关问题研究的核心之一。了解引起全球变化的驱动力，对于掌握地球发展规律、帮助建立全球变化预测的科学基础具有重要作用，并能够为人类提供趋利避害、积极应对的科学方略。

按照全球变化驱动力的来源，可以将驱动因素分为三大类，即恒星周期性变化、地球地质运动、人类活动。

8.3　全球变化产生的影响

由于人类社会生产生活活动，特别是进入工业革命以后，全球变化正以前所未有的速度加快进行。大量化石能源的使用，排放出大量的温室气体和污染物，随之而来的温室效应和环境污染愈发严重。近百年来全球平均温度已经上升了 1℃，其中在南北极地区升温幅度达到 2℃，局地甚至突破 3℃，从而直接导致大量冰川融化，全球海平面上升，水资源在地球上的分布出现了根本性的变化。有人悲观地估计，当地球平均温度升高 6℃ 时，地球上将有90％以上的物种消失。根据 1992 年联合国环境规划署的估算，全球 2/3 的国家和地区受到荒漠化的危害，陆地面积的 1/4 即 35.92hm² 土地受到荒漠化的威胁。

8.3.1 全球气候变化

气候变化（climate change）是指温度和天气模式的长期变化。这些变化可能是自然的，例如通过太阳周期的变化。但自 19 世纪以来，人类活动一直是气候变化的主要驱动力，主要是由于燃烧煤炭、石油和天然气等化石燃料。

气候平均状态是指统计学意义上的巨大改变或者持续较长一段时间（典型的为 30 年或更长）的气候变动。气候变化不但包括平均值的变化，也包括变率的变化。通常用不同时期的温度和降水等气候要素的统计量的差异来反映。变化的时间长度从最长的几十亿年至最短的年际变化。

《联合国气候变化框架公约》（UNFCCC）第一款中，UNFCCC 将因人类活动而改变大气组成的"气候变化"与归因于自然原因的"气候变率"区分开来。气候变化主要表现为三方面，即全球气候变暖（global warming）、酸雨（acid deposition）、臭氧层破坏（ozone depletion），其中全球气候变暖是人类面临的最迫切的问题，关乎人类的未来。

8.3.1.1 气候变化及其趋势

温室气体是指水蒸气、二氧化碳、甲烷、臭氧等对长波辐射有强烈吸收作用的气体。它们的作用是使地球表面变得更暖，类似于温室截留太阳辐射，并加热温室内空气的作用。导致气候变化的温室气体排放的例子包括二氧化碳和甲烷来自使用汽油驾驶汽车或煤炭加热建筑物。清理土地和森林也会释放二氧化碳。垃圾填埋场是甲烷排放的主要来源。能源、工业、运输、建筑、农业和土地使用是主要的排放源。

温室效应（greenhouse effect），又称"花房效应"，是指由大气层的气体浓度变化引起的全球变暖。大气能使太阳短波辐射到达地面，但地表受热后向外放出的大量长波热辐射线却被大气吸收，这样就使地表与低层大气温度增高，因其作用类似于栽培农作物的温室，故名温室效应。

大气中能产生温室效应的气体已经发现近 30 种，其中二氧化碳起重要的作用，甲烷、氟利昂和氧化亚氮也起相当重要的作用（表 8-3）。从长期气候数据比较来看，在气温和二氧化碳之间存在显著的相关关系（刘植，2015）。目前国际社会所讨论的气候变化问题，主要是指温室气体增加产生的气候变暖问题。

表 8-3　主要温室气体及其特征

气体	大气中浓度 /10^{-6}	年增长率 /%	生存期 /a	温室效应 (CO_2=1)	现有贡献率 /%	主要来源
CO_2	355	0.4	50～200	1	55	煤、石油、天然气、森林砍伐
CFC	0.00085	2.2	50～102	3400～15000	24	发泡剂、气溶胶、制冷剂、清洗剂
CH_4	1.714	0.8	12～17	11	15	湿地、稻田、化石、燃料、牲畜
NO_x	0.31	0.25	120	270	6	化石燃料、化肥、森林砍伐

注：引自全球环境基金（GEF）：Valuing the Global Environment，1998。

案例 1：气候系统的综合观测和多项关键指标表明，全球变暖趋势仍在持续。2021 年，全球平均温度较工业化前水平（1850～1900 年平均值）高出 1.11℃，是有完整气象观测记录以来的七个最暖年份之一；最近 20 年（2002～2021 年）全球平均温度较工业化前水平高出 1.01℃。2021 年，亚洲陆地表面平均气温较常年值（本报告使用 1981～2010 年气候基准期）偏高 0.81℃，为 1901 年以来的第七高值。

我国升温速率高于同期全球平均水平，是全球气候变化的敏感区。1951～2021 年，我国地表年平均气温呈显著上升趋势，升温速率为 0.26℃/10 年，高于同期全球平均升温水平（0.15℃/10 年）。近 20 年是 20 世纪初以来我国的最暖时期；2021 年，我国地表平均气温较常年值偏高 0.97℃，为 1901 年以来的最高值。

案例 2：2022 年见证气象观测史上的最热夏天，或许没有之一。6 月中旬起，我国的大范围热浪渐成排山倒海之势，且一波更比一波广，一波更比一波强，8 月 12 日起，中央气象台连续发出之前从未发过的高温红色预警，有可能要连发 10d 以上。截至 8 月 19 日，这场旷日持久的高温已持续了 68d，除黑龙江外，全国其他所有省级行政区都出现了高温，28 个省级行政区出现了 40℃，26 个省级行政区出现了破全年纪录的气温实测，西北、青藏、华北、西南、中南、华东、华南的高温全部达到历史极端水平，堪称史无前例。

不仅是我国，中亚诸国、南亚诸国、西亚诸国、西欧北欧和南欧诸国、美国、格陵兰等也都出现了破纪录的极端高温，而且强度都非常大，像伊朗的 53.6℃、葡萄牙的 47℃、英国的 40.3℃、挪威北极圈内的 32.5℃以及芬兰的 31.7℃，都是有气象观测以来仅见的数据。

气候变化会影响我们的健康、种植粮食的能力、住房、安全和工作。人类中的一些人已经更容易受到气候影响，例如生活在小岛屿国家和其他发展中国家的人们。海平面上升和盐水入侵等条件已经发展到整个社区不得不搬迁的地步，旷日持久的干旱使人们面临饥荒的风险。未来，"气候难民"的数量预计将增加。

8.3.1.2 影响气候变化的因素

碳循环是指碳元素在地球上的生物圈、岩石圈、水圈及大气圈中交换，并随地球的运动循环不止的现象。

案例 1：迄今为止，发达国家消耗了全世界所生产的大部分化石燃料，其二氧化碳累积排放量达到了惊人的水平，如到 20 世纪 90 年代初，美国累积排放量达到近 1.7×10^{11} t，欧盟达到近 1.2×10^{11} t，苏联达到近 1.1×10^{11} t。目前，发达国家仍然是二氧化碳等温室气体的主要排放国，美国是世界上头号排放大国，包括中国在内的一些发展中国家的排放总量也在迅速增长，苏联解体后，中国的排放量位居世界第二，成为发达国家关注的一个国家。但就人均排放量和累计排放量而言，发展中国家还远远低于发达国家（表 8-4）。

表 8-4　15 个排放二氧化碳最多的国家

序号	国家	CO_2 排放量/10^6t	人均排放量/t
1	美国	4881	19.13
2	中国	2668	2.27
3	俄罗斯	2103	14.11
4	日本	1093	8.79
5	德国	878	10.96
6	印度	769	0.88

续表

序号	国家	CO_2排放量/10^6t	人均排放量/t
7	乌克兰	611	11.72
8	英国	566	9.78
9	加拿大	410	14.99
10	意大利	408	7.03
11	法国	362	6.34
12	波兰	342	8.21
13	墨西哥	333	3.77
14	哈萨克斯坦	298	17.48
15	南非	290	7.29

注：世界资源（World Resources），1996～1997。

案例2： 自然界本身排放着各种温室气体，也在吸收或分解它们。在地球的长期演化过程中，大气中温室气体的变化是很缓慢的，处于一种循环过程。碳循环就是一个非常重要的化学元素的自然循环过程，大气和陆生植被、大气和海洋表层植物及浮游生物每年都发生大量的碳交换。从天然森林来看，二氧化碳的吸收和排放基本是平衡的。人类活动极大地改变了土地利用形态，特别是工业革命后，大量森林植被迅速砍伐一空，化石燃料使用量也以惊人的速度增长，人为的温室气体排放量相应不断增加。从全球来看，从1975年到1995年，能源生产就增长了50%，二氧化碳排放量相应有了巨大增长。

案例3： 人为的温室气体排放的未来趋势，主要取决于人口增长、经济增长、技术进步、能效提高、节能、各种能源相对价格等众多因素的变化趋势。几个国际著名能源机构——国际能源局、美国能源部和世界能源理事会，根据经济增长和能源需求的不同情景，提出了人为二氧化碳排放的各种可能趋势。从这些情景和趋势来看，在经济增长平缓、对化石燃料使用没有采取强有力的限制措施的情况下，到2010年化石燃料仍将占世界商品能源的3/4左右，其消费量可能超过目前水平的35%，同能源使用相关的二氧化碳排放量可能增长30%～40%。发展中国家的能源消费和二氧化碳排放量增长相对较快，到2010年，可能要从20世纪90年代初的不足世界二氧化碳排放量的1/3增加到近1/2，其中中国和印度要占发展中国家排放量的1/2左右。即便如此，发展中国家人均排放量和累积排放量仍低于发达国家。到22世纪中叶，发达国家仍将是大气中累积排放二氧化碳的主要责任者。当然，如果世界各国采取更加适合环境要求的经济和能源发展战略，二氧化碳排放可能出现不同的前景（表8-5）。

表8-5 世界能源理事会预计的能源消费和二氧化碳排放情况（1990～2020年）

项目		高增长	修改的参考方案	参考方案	强化生态保护
经济年增长%	经合组织国家/苏联和中欧国家	2.4	2.4	2.4	2.4
	发展中国家	5.6	4.6	4.6	4.6

项目	高增长	修改的参考方案	参考方案	强化生态保护
世界能源需求的 增加比例/%	98	84	54	30
CO_2年排放量 超过 1990 年的比/%	93	73	42	50

注：世界资源（World Resources），1996～1997。

影响气候变化的主要因素有以下几个。

① 发电。通过燃烧化石燃料发电和供热造成了巨大的全球排放量。大部分电力仍旧是通过燃烧煤炭、石油或天然气产生，过程中会产生二氧化碳和一氧化二氮，这些强效的温室气体会包覆地球并吸收太阳的热量。在全球范围内，仅超过 1/4 的电力来自风能、太阳能和其他可再生能源，与化石燃料相比，这些能源几乎不或没有向空气中排放温室气体或污染物。

② 制造商品。制造业和工业产生的温室气体排放主要来自燃烧化石燃料为制造水泥、钢铁、电子产品、塑料制品、衣服和其他商品提供能源。采矿业和其他工业活动也会释放温室气体，建筑业也是如此。制造过程中使用的机器通常靠煤炭、石油或天然气供能运行；有些材料，如塑料，是由化石燃料中的化学物质制成的。制造业是全球温室气体排放的最大来源之一。

③ 砍伐森林。砍伐森林来建造农场或牧场，或出于其他原因砍伐森林，都会产生温室气体，因为树木被砍伐时会释放自身一直储存的碳。每年约有 $1.2 \times 10^7 hm^2$ 的森林被毁。因为森林可以吸收二氧化碳，所以毁坏森林也限制了大自然阻止二氧化碳排放到大气中的能力。砍伐森林，加上农业和其他土地使用的变化，这些活动产生的温室气体排放量约占全球总排放量的 1/4。

④ 使用交通工具。大部分汽车、卡车、轮船和飞机都靠化石燃料供能运行。这使得交通工具成为主要的温室气体，尤其是二氧化碳排放的主要来源。公路汽车由于其内燃机燃烧如汽油等石油基产品，因而其排放量最大。但船舶和飞机的排放量仍在继续增长。交通工具的二氧化碳排放量约占全球能源相关碳排放量的 1/4。趋势表明，未来几年交通工具的能源消耗量将大幅增加。

⑤ 生产粮食。生产粮食的过程中会以各种方式排放二氧化碳、甲烷和其他温室气体。这些方式包括为农耕和放牧而砍伐森林和开垦土地、牛羊消化食物、生产和使用肥料与粪肥来种植作物，以及通常使用化石燃料等能源来驱动农业设备或渔船。所有这些活动都使粮食生产成为气候变化的一个主要因素。此外，包装和分销粮食也会排放温室气体。

⑥ 供能建筑。民用住宅和商业建筑消耗了全球一半以上的电力。由于这些建筑仍使用煤炭、石油和天然气来供暖与制冷，它们排放了大量的温室气体。近年来，随着空调拥有量的增加，供暖和制冷的能源需求不断增长，以及照明、电器和联网设备的用电量增加，导致与建筑物的能源相关的二氧化碳排放量上升。

⑦ 过度消费。房子、用电、交通工具、食物和垃圾都会排放温室气体。服装、电子产品和塑料等商品的消费也会排放温室气体。全球温室气体排放量的一大部分都与个人家庭有关。人们的生活方式对星球有着深远的影响。最富有的人承担着最大的责任：全球最富有的 1% 人口的温室气体排放量大于全球最贫穷的 50% 人口的总排放量（基于联合国各

种信息来源）。

8.3.1.3　气候变化的影响和危害

气候变化产生的影响主要有如下几方面：

① 气温升高。随着温室气体浓度的升高，全球地表温度也在上升。过去十年，即 2011～2020 年，是有史以来最温暖的十年。自 20 世纪 80 年代以来，每十年都比前一个十年更温暖。几乎所有的陆地地区都正在经历更多炎热的天气和热浪。温度升高会引发更多的高温病，让户外工作更加困难。天气热时，野火更容易烧起来并更快地蔓延。北极地区气温变暖的速度至少是全球平均水平的 2 倍。

② 风暴肆虐。在许多区域，毁灭性风暴的破坏力变得更大，发生次数更频繁。随着温度的上升，更多的水分蒸发，加剧了极端的降雨和洪涝，引发更多的毁灭性风暴。热带风暴的发生频率和范围也受到了海洋变暖的影响。气旋、飓风和台风经常形成于海洋中温暖水域的表面。这样的风暴经常会摧毁房屋和社区，造成人员死亡并带来巨大的经济损失。

③ 干旱加剧。气候变化正在改变水资源的可获得性，让更多地区的水资源变得稀缺。全球变暖加剧了已缺水地区的缺水状况，还会增加农业干旱和生态干旱的风险。农业干旱会影响农作物的收成，而生态干旱将增加生态系统的脆弱性。干旱也会引发毁灭性的沙尘暴，沙尘暴可以将数十亿吨沙子带到各大洲。沙漠正在扩大，不断减少种植粮食的土地。现在许多人经常面临着无法获得足够水资源的威胁。

④ 海洋变暖，海平面上升。海洋吸收了全球变暖的大部分热量。在过去的 20 年里，无论深浅，整个海洋的变暖速度都在加剧。随着海洋变暖，它的体积也在增加，因为水会随着变暖而膨胀。冰盖融化也导致海平面上升，威胁沿海和岛屿社区。此外，海洋不断吸收二氧化碳以避免其排放到大气中。但是，吸收更多的二氧化碳使海洋变得更加酸化，从而危及海洋生物和珊瑚礁。

⑤ 物种灭绝。气候变化对陆地和海洋物种的生存带来了风险。这些风险随着温度的上升而增加。气候变化加剧了物种灭绝的速度，全球物种正在灭绝的速度比人类史上任何时候都要快 1000 倍。在未来几十年内，100 万个物种有灭绝的风险。森林火灾、极端天气、害虫入侵和疾病等威胁都与气候变化有关。有些物种能够迁徙并生存下来，但其他物种则没法做到。

⑥ 食物不足。气候变化和极端天气事件频发都是导致全球饥饿与营养不良现象增加的原因。渔业、农作物和牲畜可能会遭到破坏或产量降低。海洋酸化变得更加严重，为数十亿人提供食物的海洋资源正处于危险境地。许多北极地区冰雪层的变化已经破坏了畜牧、狩猎和捕鱼带来的食物供应。热应力会减少放牧所需的淡水和草地，导致作物产量下降并影响牲畜。

⑦ 健康风险增加。气候变化是人类面临的最大健康威胁。通过空气污染、疾病、极端天气事件、被迫流离失所、心理健康压力以及在人们无法种植或找到足够食物的地方饥饿和营养不良的加剧，气候变化已经损害了人类健康。每年，环境因素夺走约 1300 万人的生命。不断变化的天气形势会扩大疾病传播，极端天气事件也会增加死亡人数，这些因素使医疗系统难以随之升级。

⑧ 贫困和流离失所。气候变化增加了使人们陷入贫困的因素。洪水可能会冲毁城市贫民窟，摧毁家园和生计。炎热会使人们难以从事户外工作。缺水可能会影响农作物收成。在2010～2019 年中，平均每年约 2310 万人因天气相关的事件流离失所，许多人也因此更容易陷入贫困。大多数难民来自最脆弱且没做好准备适应气候变化影响的国家。

8.3.2　臭氧层破坏和损耗

臭氧（O₃）分子是由 3 个氧原子通过电子吸引结合形成的，是氧气（O_2）的同素异形体，在常温下，它是一种有特殊臭味的淡蓝色气体。高空中的氧气在紫外线的作用下从普通的氧气构型转变成了臭氧。臭氧层是指在离地球表面 10～50km 的大气平流层中集中了地球上 90％ 的臭氧气体，在离地面 25km 处臭氧浓度最大，形成了厚度约为 3mm 的臭氧集中层。

臭氧层在保护生态环境方面起着十分重要的作用，如以下几方面的作用。

① 加热作用。臭氧层吸收太阳紫外辐射把电磁能变为热能，使平流层大气因吸收太阳短波辐射而增温，使地球上的生命得以持续下去。

② 屏障作用。由于臭氧层有强烈吸收太阳紫外辐射的功能，特别是有效吸收对人类健康有害的 UV-B（波长为 290～315nm）段紫外线，使地球生命免受伤害。

③ 杀菌作用。臭氧层使对地球生命无害的紫外线和可见光等太阳辐射通过，支持各种生物生长，构成完整的食物链。同时，透过的少量紫外线可起到杀菌治病的作用。

臭氧层是一个很脆弱的大气层，如果进入一些破坏臭氧的气体，它们就会与臭氧发生化学作用，臭氧层就会遭到破坏。臭氧层被破坏，将使地面受到紫外线辐射的强度增加，给地球上的生命带来很大的危害。

案例：臭氧层变薄在 20 世纪 70 年代已经发现，但未引起重视。1984 年英国科学家法尔曼等人在分析南极哈雷湾观测站的资料时发现，南极上空的臭氧层浓度已经降低了 30％，臭氧的 95％ 被破坏，臭氧极其稀薄（火兴存，2001）。

为此，全球采取了一系列的措施。1985 年 3 月 22 日，28 个国家通过并签署了《保护臭氧层维也纳公约》，正式开始了关于臭氧层的保护。在此基础上，为了尽可能消减消耗臭氧物质，1987 年 9 月 16 日，《关于消耗臭氧层物质的蒙特利尔议定书》（以下简称《蒙特利尔议定书》）通过。1995 年，更是专门成立了国际保护臭氧层日，旨在纪念《蒙特利尔议定书》的签署，并唤起公众的环保意识。

《蒙特利尔议定书》规定参与条约的每个成员组织，依照淘汰时间表来冻结并减少消耗臭氧层物质的生产和消耗，如氯氟烃（亦称氟利昂）、哈龙等。如今，就剩下含氢氟氯烃还在进行，其余基本已经按计划达成目标。它还在 2007 年进行过一版调整，加速其生产消费的淘汰进程。2040 年，有望全部消灭此前规定的消耗臭氧物质。

2021 年 6 月 17 日，中国常驻联合国代表团向联合国秘书长交存了中国政府接受《〈关于消耗臭氧层物质的蒙特利尔议定书〉基加利修正案》（以下简称《基加利修正案》）的接受书。《基加利修正案》规定我国在内的第一组发展中国家应从 2024 年起将受控用途 HFCs（含氢氟烃）生产和使用冻结在基线水平，2029 年起 HFCs 生产和使用不超过基线的 90％，2035 年起不超过基线的 70％，2040 年起不超过基线的 50％，2045 年起不超过基线的 20％。该修正案于 2021 年 9 月 15 日对我国生效（暂不适用于中国香港特别行政区）（中华人民共和国生态环境部）。

8.3.2.1　臭氧层破坏及其成因

臭氧层空洞是指某些人工化合物如氯氟烃（CFC）、氮氧化物等排入大气层后，分解了臭氧（O₃），使大气的臭氧层变薄，甚至出现巨大的"空洞"，大量的有害紫外线长驱直入，直射地面，破坏动物和植物的生理机能，影响水生生态系统，严重危害人类健康。

（1）臭氧层破坏（臭氧层空洞的形成和扩大）

可以分为自然原因和人为原因。

① 自然原因：臭氧由 3 个氧原子组成，浓度最大的区域通常位于距离地面 20～25km 的地方。臭氧是一种化学性质非常不稳定的物质，在臭氧层中能够发生某种化学反应，从而将臭氧分解成氧分子和氧原子，从而破坏臭氧层。

② 人为原因：人类在生活中使用了大量的发泡剂、灭火剂、杀虫剂、制冷剂等，这些产品的使用过程中会产生氯氟烃，也就是我们常说的氟利昂。氯氟烃被排入空气中后会上升到臭氧层顶部，紫外线会将其中的氯原子分解出来，而被分解出来的氯原子会掠夺臭氧中的氧原子，使得臭氧变成氧，最终失去吸收紫外线的能力。此外，农业上无限制地使用化肥，这会产生大量的氧化氮，也是导致臭氧层变薄的主要原因之一。由此可见，臭氧层出现空洞的罪魁祸首其实还是人类自身。

（2）破坏臭氧层物质（ODS）

主要是人工合成的含氯和含溴的物质。

① 氟利昂（Freon）：又称氟里昂，分为 CFC、HCFC、HFC 等，在常温下都是无色气体或易挥发液体，无味或略有气体，无毒或低毒，化学性质稳定。

② 哈龙（Ha Lon）：1211 和 1301（商品名称），存在于一种称为卤代烷的化学品中，主要作为灭火药剂。排放到大气中可存留数十年，甚至是 100 年左右。

③ 四氯化碳：一种清洁剂，在大气中经过 42 年才会分解。

④ 甲基氯仿：一种清洁剂，需要 5.4 年时间才能分解。

（3）臭氧层被破坏的机制

氟利昂到达大气上层后，在紫外线照射下分解出自由氯原子，氯原子与臭氧发生反应，使臭氧分解。由于氯原子在发生上述反应后能重新分解出来，所以高空中即使有少量氯原子，也会使臭氧层受到严重破坏。另外，核爆炸和喷气式飞机在高空中的飞行都会使那里的臭氧减少（夏治强，1993）。

反应机理如下。

臭氧在紫外线作用下：

$$O_3 \longrightarrow O_2 + O$$

氯氟烃分解（以 CF_2Cl_2 为例）：

$$CF_2Cl_2 \longrightarrow CF_2Cl \cdot + \cdot Cl$$

自由基链反应：

$$Cl \cdot + O_3 \longrightarrow ClO \cdot + O_2$$
$$ClO \cdot + O \longrightarrow Cl \cdot + O_2$$

总反应：

$$O_3 + O \longrightarrow 2O_2$$

案例：1974 年，美国加州大学的寺和莫内首先提出利纳的理论，并敦促政府禁止使用 CFC。20 世纪 80 年代上半期，日本和英国的科学家先后发现南极上空臭氧层受损的现象。1985 年，美国"云雨-7 号"气象卫星观察到南极上空的臭氧层出现巨大的"空洞"，面积与美国国土相当，高如珠穆朗玛峰。之后，德国科学家发现北极上空的臭氧层也有"空洞"，面积为南极的 20%。随着对臭氧层探测的全面展开，科学研究进一步发现，全球各地上空都有臭氧层被破坏的现象，以南极最为严重。据世界气象组织报告，1992 年地球上空的臭氧层减少到百年来的最低点。年初，北欧、俄罗斯和加拿大上空的臭氧层比正常情况下的减薄 12％～20％；9～10 月，南极上空的臭氧层减薄 65％。1998 年臭氧层变薄至极点：层厚与 1970 年相比较，在冬季和春季减薄 12％～13％，在夏季和秋季减薄 6％～7％。

8.3.2.2　臭氧层破坏的危害

（1）对人体的危害

① 紫外线 UV-B 辐射的增加，会破坏包括 DNA 在内的生物分子，增加人类患皮肤癌、白内障的概率，而且和许多免疫系统疾病有关。

② 损伤眼角膜和晶状体，引发白内障。

③ 损害中枢神经系统，让人头痛、胸痛、思维能力下降。

④ 损害甲状腺功能。

⑤ 引发胸闷咳嗽、咽喉肿痛、哮喘、上呼吸道疾病恶化。

⑥ 阻碍血液输氧功能，造成组织缺氧。

（2）对生态系统的影响

① 对水生生态系统的影响。紫外线辐射的增加会直接引起浮游植物、浮游动物、幼体鱼类以及整个水生食物链的破坏。

② 对陆生生态系统的影响。UV-B 辐射增强将破坏植物和微生物组织。不同的物种对 UV-B 辐射的反应是不一样的，但植物对加剧的 UV-B 辐射的承受能力是有一定限度的。UV-B 辐射改变植物的生活活性和生物化学过程（但不一定是破坏），这种改变包括植物的生命周期和植物种的一些化学成分，某些化学成分可能是一些植物含有的关键成分，这些成分可以帮助植物防止病菌和昆虫的袭击，可以影响作为人类和动物食物的植物的质量。对长生命植物而言，UV-B 辐射效应具有积累效果。目前已经有较少的研究表明 UV-B 辐射存在积累效应，如果对大多数植物都有这类效应，对森林的影响后果将不堪设想。

（3）对农作物的影响

过量的紫外线辐射会使植物叶片变小，减少了植物进行光合作用的面积，从而影响作物的产量。同时，过量紫外线辐射还会影响部分农作物种子的质量，使农作物更易受杂草和病虫害的损害。一项对大豆的初步研究表明，臭氧层厚度减少 25％，大豆将会减产 20％～25％。

8.3.3　水资源短缺

水是地球生命起源之本，是生物生存所必需的物质。从外太空看地球，它是一颗蔚蓝色的星球，是一个大部分表面（约 74％）被水体覆盖的地方。但是看似不缺水的地球却也面临着水资源短缺的问题。地球上总的水体积大约为 $14 \times 10^8 \mathrm{km}^3$，其中只有 2.5％是淡水。大部分的淡水以永久性冰或雪的形式封存于南极洲和格陵兰岛，或成为埋藏很深的地下水。能被人类所利用的水资源主要是湖泊、河流、土壤湿气和埋藏相对较浅的地下水盆地。这些水资源中可用的部分仅有 $20 \times 10^4 \mathrm{km}^3$，不足淡水总量的 1％，仅为地球上水资源总量的 0.01％。并且这些能够利用的水很多都位于远离人类的地方，进而为水利用带来了复杂的问题。淡水补给依赖于海洋表面的蒸发。每年海洋要蒸发掉 $50.5 \times 10^4 \mathrm{km}^3$ 的海水，即 1.4m 厚的水层。此外，陆地表面还要蒸发 $7.2 \times 10^4 \mathrm{km}^3$。所有降水中有 80％降落到海洋中，其余 $11.9 \times 10^4 \mathrm{km}^3$ 降落于陆地。地表降水量和蒸发量之差（每年约 $11.9 \times 10^4 \mathrm{km}^3$ 减去 $7.2 \times 10^4 \mathrm{km}^3$ 的差额）就形成了地表径流和地下水的补给，大约 $4.7 \times 10^4 \mathrm{km}^3/\mathrm{a}$。

水资源短缺（water shortage）指水资源相对不足，不能满足人们生产、生活和生态需要的状况。随着经济发展和人口增加，人类对水资源的需求不断增加，加之对水资源的不合理开采和利用，很多国家和地区出现不同程度的缺水问题。

我国水资源总量为 $2.81 \times 10^{12} \, m^3$，占世界第 6 位，而人均占有量却居世界第 108 位，是世界上 21 个贫水和最缺水的国家之一，人均淡水占有量仅为世界人均的 1/4。基本状况是人多水少、水资源时空分布不均匀，如南多北少，沿海多内地少，山地多平原少，耕地面积占全国 64.6% 的长江以北地区仅为 20%，近 31% 的国土是干旱区（年降雨量在 250mm 以下），生产力布局和水土资源不相匹配，供需矛盾尖锐，缺口很大。600 多座城市中有 400 多个供水不足，严重缺水城市有 110 个。随着人口增长、区域经济发展、工业化城市化进程加快，城市用水需求不断增长，将使水资源供应不足、用水短缺，必然成为约束经济社会发展的主要阻力和障碍。

8.3.3.1 世界淡水资源短缺的基本状况

（1）全球性缺水问题

几千年来，人类将水视为取之不尽的免费商品，对水资源的不合理利用导致全球性缺水问题越来越严重，缺水也已成为危及世界粮食安全、人类健康和自然生态系统的最大问题。根据国际水资源管理学会（IWMI）的研究，2025 年世界总人口的 1/4 或发展中国家人口的 1/3 近 14 亿人将严重缺水。到 2025 年生活在干旱地区的 10 亿多人将面临极度缺水的情况，将没有足够的水资源用于灌溉来维持 1990 年水平的人均粮食产量（即使提高灌溉效率也达不到），也不能满足生活、工业和环境对水资源的要求。因此这些地区的人们必须减少农业用水，将其改作他用，减少国内粮食产量，进口更多的粮食。约 3.48 亿多人面临严重的经济缺水。这些地区的潜在水资源足以满足 2025 年的合理水需求，但是必须进行大规模的水利工程开发，为此需大量投资，可能对环境造成严重损害。

（2）水资源短缺的原因

水资源短缺的原因很多，包括：生态条件的破坏造成的水资源在时间和空间上分布的不均匀，造成时空短缺；工农业生产污染造成水资源可用总量减少；随着人口的增多，工农业生产的发展，用水总量加大等。主要原因是生态资源破坏水资源的时空短缺和水资源污染造成的可用量减少。

① 目前由于世界人口增多、过度放牧、毁林毁草、垦荒种田，导致生态失衡，水源得不到涵养，地下水得不到补充，水源下降。同时，生态资源的破坏也造成了水资源的时空短缺。

② 随着人口的增长，工农业生产的发展，生产和生活用水量急剧增加。

③ 水资源的污染更使水短缺雪上加霜。我国江河湖泊普遍遭受污染，全国 75% 的湖泊出现了不同程度的富营养化；90% 的城市水域污染严重，南方城市总缺水量的 60%～70% 是由水污染造成的；对我国 118 个大中城市的地下水调查显示，有 115 个城市地下水受到污染，其中重度污染约占 40%。水污染降低了水体的使用功能，加剧了水资源短缺。

（3）水污染的种类

水的污染有两类：一类是自然污染；另一类是人为污染；后者是主要的。人为污染包括工业污染、农业污染、生活污染三部分。

① 工业污染是水污染的主要构成部分，工业废水为水域的重要污染源。工业污染物主要包括汞、镉、铅等重金属和砷的化合物以及氰根离子、亚硝酸根离子。除此之外，工业污染还包括热污染。具有量大、面广、成分复杂、毒性大、不易净化、难处理等特点。

② 农业污染源包括牲畜粪便、农药、化肥等。农药污水中，一是有机质、植物营养物及病原微生物含量高；二是农药、化肥含量高。这种农业生产方式导致大量污染物排入水体，主要造成了水的富营养化，危害水体生态平衡，妨碍经济发展。同时，在我国农业生产

中，对于农作物的浇灌大多采取灌溉的方式，水的利用率极低，存在水资源的巨大浪费。

③ 生活污染源主要是指生活污水。生活污水是来自家庭、机关、商业和城市公用设施及城市径流的污水。生活污水的成分99％为水，固体杂质不到1％，大多为无毒物质。其中无机盐有氰化物、硫酸盐、磷酸盐、铵盐、亚硝酸盐、硝酸盐和一些碳酸氢盐等；有机物质有纤维素、淀粉、糖类、脂肪、蛋白质和尿素等；另外还有各种洗涤剂和微量金属，后者如锌、铜、铬、锰、镍和铅等；生活污水中还含有大量的杂菌，主要为大肠菌群。另外，生活污水中氮、磷的含量比较高，主要来源于商业污水、城市地面径流和粪便、洗涤剂等。生活污水正在成为一个巨大的污染源。城市化进程的加快，导致生活污水的排放空前增长。

8.3.3.2　淡水资源短缺造成的影响和危害

水资源的短缺可能引起不同程度、不同类型的影响，这些影响可能是非暴力、非军事性的，但如果水资源短缺再进一步地加剧，则可能会扩大、升级、演变为暴力或者军事行为。以下为几种个人认为比较重要的影响，在很多情况下，这些影响也是相互联系、相互制约、同时存在的。

① 历史遗留水的纠纷。在缺水的国家和地区，对水资源的争夺从历史上就已开始。尽管有关国家和当局就水争端达成过一些协议，但随着地理、政治版图的变化，随着有关国家国内的发展，这些协议不但不能为有关国家接受，还成为引起纠纷的历史原因。一些国家边界的划分没有考虑到水资源的分配和管理，形成国界与水界不相一致的情况，埋下后来水纠纷的种子。

② 水资源缺乏国家与其他国家争夺水资源导致的冲突。

③ 水资源危机引起的环境移民问题。水资源缺乏引起的灾难以及大规模水利工程都会导致移民问题。由环境恶化而产生的移民被称作"环境移民"或"环境难民"，这一问题已经引起国际社会的广泛关注。

④ 以水资源作为威胁手段或战争工具。从古至今，以水为战争手段的例子很多。

⑤ 水资源的开发、管理以及有关水利工程引发的冲突。在若干国家共有水资源的情况下，一个国家的水利工程或工农业发展计划往往会对邻国的水资源或其他方面产生影响，由此而引起的冲突是经常发生的。

⑥ 不利于工农业以及经济的发展。不论是工业运作还是农业耕种都离不开水，水资源的短缺在很大程度上会限制粮食的产量，影响到人类的生存。

案例1：英国统治时期，为确保埃及的用水，与上游各国签订协议，确定了埃及使用尼罗河水的优先地位。20世纪60年代以来，尼罗河上游国家纷纷独立，新独立的国家以及埃塞俄比亚表示不承认过去有关尼罗河的协议，他们称埃及得到了更多的尼罗河水资源，应该对其他国家给予补偿。他们坚持保留充分利用尼罗河水资源的权利。

案例2：1973～1974年，撒哈拉南部非洲因缺水干旱，导致10万人死亡，数以百万的人背井离乡，奔向大城市或邻国寻找出路。河水污染、干旱、沙漠化等与水有关的灾难都会导致环境难民的出现以及由移民、难民引起的动乱和冲突。

案例3：北京是种植业灌溉用水为农业用水大户，种植业历年平均用水量占农业年用水量的80％左右，北京市自20世纪80年代以来几次水源危机都反映在工业用水和自来水或生活用水和供水能力之间存在严重的供需不平衡。为缓解矛盾，将原农业用水转为工业服务，1983年后，农业主要依靠地下水，农业在节水中求得发展。自1980年以来，农业总用水量明显减少，而粮食产量却基本呈现持续增长的趋势；北京种植业的产值也一直呈上升趋势，但与水量充足情况下的种植业产值相比，仍有差距，水资源短缺使得产值的上升减缓，对农民收益造成了一定损失（王红瑞等，2004）。

8.3.4　酸雨

雨、雪、雾、雹和其他形式的大气降水，pH 值小于 5.6 的，统称为酸雨。酸雨是大气污染的一种表现。酸雨的形成是一种复杂的大气化学和大气物理变化。酸雨中含有多种无机酸、有机酸，主要是硫酸和硝酸。酸雨是煤炭、石油以及金属冶炼过程中产生的二氧化硫、氮氧化物，在大气中经过一系列反应而生成的。酸溶解在雨水中，降到地面即成为酸雨。

酸沉降（acid deposition）指大气中的酸性物质（主要是 H_2SO_4、HNO_3 及其前体物 SO_x、NO_x 等）通过降水（包括雨、雪、霜、雹、雾、露等形式）或在气流作用下直接迁移到地表造成污染的现象。前者称为湿沉降，后者称为干沉降。湿沉降习称酸雨，一般指 pH<5.6 的各种形式的降水。

自从 20 世纪 50 年代英国、法国发现酸雨以后，酸雨的范围逐渐扩大到世界各国。近年来我国上海、四川、贵州、湖南等地也降过酸雨。

8.3.4.1　酸雨及其分布

我国酸雨的分布情况较为复杂，在不同的地区酸雨的污染程度不同，即使是同一个地区但在不同的年份、不同的季节，酸雨的污染程度也不同。因此，我国酸雨的分布具有空间与时间的分布特性。

（1）我国酸雨的空间分布特征

当前我国的酸雨区主要分布在长江以南的广大地区、东北东南部、华北的大部以及西南和华南沿海等广大地区，酸雨分布区大致呈东北-西南走向（张新民等，2010）。我国的酸雨类型以硫酸型酸雨为主，我国三大酸雨区分别为：a. 西南酸雨分布区，仅次于华中酸雨分布区，降水污染严重。b. 华中酸雨分布区，已经成为全国酸雨污染中心强度最高、范围最大的酸雨污染区。c. 华东沿海酸雨分布区，该区域的污染强度较华中、西南酸雨分布区低。

我国的酸雨分布存在着显著的地域性差异，pH 值小于 5.6 的降水区域主要集中在秦岭、淮河以南，青藏高原以东等的广大地区；华中、西南等地区存在着污染严重的中心区域；北方地区仅在青岛、图们等局部地区出现酸雨情况。20 世纪 80 年代以来，以重庆市为代表的西南地区是我国酸雨污染危害最为严重的地区；以长沙等城市为中心的华中酸雨区的污染水平超过了西南地区，是全国酸雨污染最严重的地区；西南酸雨区酸雨污染危害有所缓和，但是仍然较为严重；华南酸雨分布区主要集中在珠江三角洲、广西东部等大部分地区，分布区域范围变化不大；华东酸雨分布区，主要是长江中下游地区以及往南至厦门的沿海地区，污染范围在小尺度上有所波动。我国的酸雨污染状况主要是城市局部污染，并且以城市为核心出现多个中心的分布（蔡朋程，2018）。

案例： 对于南方城市的酸雨分布，四川省 2007 年酸雨频率平均值为 39.6%，比 2005 年增加 11.3%，酸雨仍为硫酸型污染。重庆、长沙等污染区都是因为城市和厂矿企业污染物的排放，造成了附近的二氧化硫浓度相对较高、降水酸度较高，重庆市主城区 1993～2007 年酸雨的年平均 pH 值在 3.8～4.5 之间，各季节的酸雨频率大都在 80% 以上，且呈现增大趋势。安徽省 2007 年降水年平均 pH 值为 4.9，其酸雨频率为 65.5%。

对于北方城市的酸雨分布，北京市 2007 年的降水 pH 值在 3.48～7.90 之间变动，年平均 pH 值呈现逐年下降趋势，而酸雨污染的严重程度由南到北呈加重的趋势。其中强酸雨的频率为 20.2%，酸雨的频率为 45.3%，强酸雨、酸雨均集中出现在夏、秋两个季节。辽宁省在 2007 年共出现强酸雨情况 27 次，其中绝大部分区域的降水均呈中性，主要在以大连、阜新等城市为中心的多个区域，其中又以大连市的酸雨污染最为严重，酸雨的频率也达到了 30.2%。

（2）我国酸雨的时间分布特征

我国的酸雨危害总体上经历了两个大的发展变化阶段：一是从 20 世纪 80 年代初期到 90 年代中期为第一阶段，是我国酸雨现象发生的急剧发展时期；二是 20 世纪 90 年代中后期及其以后的很长一个阶段为第二阶段，我国酸雨情况总体进入相对稳定的时期，但从形势上看仍然不乐观。降水酸度、酸雨频率均有明显的季节性表现特征。例如，在夏季降水的酸度比较弱，而冬春两个季节降水酸度较强，且酸雨频率也相对较高（蔡朋程，2018）。

8.3.4.2 酸雨的成因

（1）自然因素

① 位于特殊的地形，如盆地，地形封闭，酸性气体不易扩散，容易造成部分区域酸雨严重。

② 我国季风气候显著，降水丰富，为酸雨提供了丰富的物质基础。

③ 气象条件等对酸雨的形成有特别的影响。

④ 天然污染物排放源的存在等。

（2）社会因素

① 工业生产与人民生活带来的影响。我国燃煤使用量高，在南方地区，煤矿的含硫量较高，燃烧过程中生成了大量的二氧化硫。此外，煤矿在燃烧过程中呈现的高温使空气中的氮气和氧气化合为一氧化氮，转化为二氧化氮，直接造成酸雨危害。

② 交通运输方式带来的影响。例如汽车排放的尾气，排放出的氮气变成二氧化氮，性能较差的或使用寿命已较长的发动机排出的尾气中的氮氧化物浓度相对较高。

（3）酸雨形成的原理

酸雨中的硫酸与硝酸是由人为排放的二氧化硫和氮氧化物转化而成的，形成酸雨的主要物质之一是 SO_2。SO_2 和 NO_x 可以是当地排放的，也可以是从远处迁移来的。酸雨是大气污染物排放、迁移、转化、成云和在一定气象条件下产生降雨的综合过程的产物。煤和石油燃烧以及金属冶炼等释放到大气中的 SO_2，通过气相或液相氧化反应而生成硫酸，这个化学过程可以简单表示如下：

气相反应：

$$2SO_2 + O_2 \longrightarrow 2SO_3$$
$$SO_3 + H_2O \longrightarrow H_2SO_4$$

液相反应：

$$SO_2 + H_2O \longrightarrow H_2SO_3$$
$$2H_2SO_3 + O_2 \longrightarrow 2H_2SO_4$$

降水 pH 值与大气中酸性气体的浓度成反比，大气中酸性气体的浓度升高时，降水的 pH 值降低，大气中酸性气体的浓度降低时，降水的 pH 值升高。虽然酸雨的形成与酸性物质 SO_2 和 NO_x 有直接的关系，但不仅取决于这一因素，还与酸性物质的迁移与扩散有关。酸性物质由污染源排放出来后会随空气的运动而传输和分散。因此，酸性物质既可能来自本地的污染，也可能是由于污染物的长距离运输所来的区域外围的污染物。但是 SO_2 和 NO_x 的排放量跟酸雨的污染情况不成绝对的正相关，我国的酸性降水不仅出现在城市和污染地区，也出现在乡村和清洁地区。

8.3.4.3 酸雨的危害

酸雨因为其液体的腐蚀性，对生物和环境都危害巨大，给地球生态系统和人类社会的经济发展都带来了严重的影响与破坏。酸雨使土壤酸化，矿质元素如钾、钠、钙、镁等流失，使得土壤的肥力降低；酸雨还会杀死水中的浮游生物，减少鱼类食物来源和影响鱼的繁殖与发育，破坏水生生态系统；酸雨污染河流、湖泊和地下水，降低水体的 pH 值，使流域土壤和底泥中的金属溶解进入水中，危害人体健康；酸雨对金属、石料、水泥、木材等建筑材料均有很强的腐蚀作用，对古建筑和石雕艺术作品、电线、铁轨、桥梁、房屋等均会造成严重损害。

案例： 20 世纪 50 年代到 70 年代美国酸雨问题十分严重。据调查，美国东部纽约等五个州酸雨引起玉米及饲料作物减产，农业经济损失每年为 6400 万美元，减产率 8.2%。美国纽约州阿第伦达克山区有 51% 湖泊的水呈酸性（pH＝5），90% 的湖泊里已经没有鱼生存。瑞典 10000 个淡水湖中，有 2000 个湖里的鱼和其他生物面临灭顶之灾。1974 年降落在英格兰地面上的酸雨，其酸性比食醋还强，pH 值达 2.4。

美国的铁轨损坏有 1/3 是与大气污染及酸雨有关。欧洲的许多文物古迹，如巴特农神殿、伦敦英王理查一世的塑像以及其他珍贵的古代纪念碑和雕像，都不同程度地遭受酸雨的腐蚀，面目皆非。

在加拿大东部，酸雨已经使成百个湖泊没有鱼生长。农作物和其他植物也受到影响。据报道，瑞典大约有 3000 个死湖。酸雨改变了土壤和湖泊的 pH 值，同时会导致有毒金属（例如铝和汞）从土壤和沉积物中释放出来，进入动植物体内，并逐步积累，通过食物链进入人体。

8.3.5 生物多样性减少

人类的生存与周围环境和其他生物群落密切相关。地球上多种多样的植物、动物和微生物为人类提供了必需的食物、纤维、木材、药物及工业原料。生物与周围环境之间相互作用所形成的生态系统，调节着地球上的能量流动，保证了物质循环，从而影响着大气构成，决定着土壤性质，控制着水文状况，构成了人类生存和发展所依赖的生命支持系统。由人类活动和自然因素导致的物种的灭绝与遗传多样性的丧失，已经引起人们的广泛关注。本节将对生物多样性价值、丧失原因和影响生物多样性的重要因素土壤荒漠化进行系统讲述。

8.3.5.1 生物多样性及其价值

（1）生物多样性

① 生物多样性（biodiversity）是指生物种的多样化和变异性以及物种生境的生态复杂性，包括遗传多样性、物种多样性和生态系统多样性三个组成部分。

在《保护生物学》一书中，蒋志刚等（1997）给生物多样性所下的定义为：生物多样性是生物及其环境形成的生态复合体以及与此相关的各种生态过程的综合，包括动物、植物、微生物和它们所拥有的基因以及它们与其生存环境形成的复杂的生态系统。

② 遗传多样性是生物多样性的重要组成部分。广义的遗传多样性是指地球上生物个体中所包含的遗传信息之总和。这些遗传信息储存在生物个体的基因之中。因此，遗传多样性也就是生物的遗传基因的多样性。狭义的遗传多样性主要是指生物种内基因的变化，包括种内显著不同的种群之间以及同一种群内的遗传变异。

③ 物种多样性是生物多样性的核心，指地球上生物有机体的多样化。物种多样性包括

两个方面：一是指一定区域内的物种丰富程度，可称为区域物种多样性；二是指生态学方面的物种分布的均匀程度，可称为生态多样性或群落物种多样性。物种多样性是衡量一定地区生物资源丰富程度的一个客观指标。

生态系统是各种生物与其周围环境所构成的自然综合体。所有的物种都是生态系统的组成部分。在生态系统之中，不仅各个物种之间相互依赖，彼此制约，而且生物与其周围的各种环境因子也是相互作用的。从结构上看，生态系统主要由生产者、消费者、分解者所构成。生态系统的功能是对地球上的各种化学元素进行循环和维持能量在各组分之间的正常流动。生态系统多样性主要是指生物圈中生物群落、生境与生态过程的多样化，包括生态环境的多样性、生物群落和生态过程的多样化等多个方面。

案例：同一物种水稻拥有的不同品种体现的是遗传基因多样性；不同的物种如桃、梨、苹果等体现的是物种多样性；自然界中的森林生态系统、草原生态系统等多种生态系统体现的是生态系统多样性。

（2）生物多样性的价值

生物多样性具有多种多样的价值，潜在的价值更是难以估量。从长远来看，它对人类的最大价值可能就在于它为人类提供了适应区域和全球环境变化的各种机会。

一般来说可以将生物多样性的价值分为直接价值和间接价值。生物多样性的直接价值是指对人类有食用、药用和工业原料等实用意义的价值，以及有旅游观赏、科学研究和文学艺术创作等非实用意义的价值。而间接价值是指对生态系统起到重要调节作用的价值，如森林和草地对水土的保持作用，湿地在蓄洪防旱、调节气候等方面的作用。

① 直接价值：消耗性利用价值（薪柴、食物、建材、药物等非市场价值）；生产性利用价值（木材、鱼等市场价值）。

案例：人类从野生的和驯化的生物物种中，得到了几乎全部食物、许多药物和工业原料与产品。就食物而言，据统计，地球上有 7 万～8 万种植物可以食用，其中可供大规模栽培的约有 150 多种，迄今被人类广泛利用的只有 20 多种，却已占世界粮食总产量的 90％。驯化的动植物物种基本上构成了世界农业生产的基础。野生物种方面，主要以野生物种为基础的渔业，1989 年向全世界提供了 1×10^8 t 食物。实际上，野生物种在全世界大部分地区仍是人们膳食的重要组成部分。

就药物而言，近代化学制药业产生前，差不多所有的药品都来自动植物，今天直接以生物为原料的药物仍保持着重要的地位。在发展中国家，以动植物为主的传统医药仍是 80％人口（超过 30 亿人）维持基本健康的基础。至于现代药品，在美国，所有处方中 1/4 的药品含有取自植物的有效成分，超过 3000 种抗生素都源于微生物。在美国，所有 20 种最畅销的药品中都含有从植物、微生物和动物中提取的化合物。

就工业生产而言，纤维、木材、橡胶、造纸原料、天然淀粉、油脂等来自生物的产品仍是重要的工业原料。生物资源同样构成娱乐和旅游业的重要支柱。

② 间接价值：非消耗性利用价值（科学研究、观鸟等）；选择价值（保留对工业有用的选择价值）；存在价值（野生生物存在的伦理感觉上的价值）。

案例：目前，生物育种学家们已经培育出了许多优良的品种，但还不断需要在野生物种中寻找基因，用于改良和培育新的品种，提高和恢复它们的活力。杂交育种者和农场主同样依靠作物与牲畜的多样性，以增加产量和适应不断变化的环境。从 1930 年到 1980 年，美国差不多一半的农业收入应归功于植物杂交育种。遗传工程学将进一步增加遗传多样性，创造提高农业生产力的机会。

8.3.5.2 生物多样性减少及其原因

据专家们估计，从恐龙灭绝以来，当前地球上生物多样性损失的速度比历史上任何时候都快，鸟类和哺乳动物现在的灭绝速度或许是它们在未受干扰的自然界中的 100～1000 倍。在 1600～1950 年间，已知的鸟类和哺乳动物的灭绝速度增加了 4 倍。自 1600 年以来，大约有 113 种鸟类和 83 种哺乳动物已经消失。在 1850～1950 年间，鸟类和哺乳动物的灭绝速度平均每年一种。20 世纪 90 年代初，联合国环境规划署首次评估生物多样性的一个结论是：在可以预见的未来，5%～20% 的动植物种群可能受到灭绝的威胁。国际上其他一些研究也表明，如果目前的灭绝趋势继续下去，在下一个 25 年间，地球上每 10 年有 5%～10% 的物种将要消失（徐世晓等，2002）。

生物多样性减少的原因有：自然栖息地的侵占和人为隔离；野生动植物资源的过度开发；外来种的侵入；土壤、空气和水污染；气候变化以及工业化农业和林业。

生物多样性丧失的根本原因还是在于人类，包括人口的增加、人类自身生态位的拓宽以及对地球上生物产品越来越多的占有、自然资源的过度消耗等（魏辅文等，2014）。当前大量物种灭绝或濒临灭绝，生物多样性不断减少主要是人类各种活动造成的，具体包括：

① 大面积森林受到采伐、火烧和农垦，草地遭受过度放牧和垦殖，导致了生境的大量丧失，保留下来的生境也支离破碎，对野生物种造成了毁灭性影响。

② 对生物物种的强度捕猎和采集等过度利用活动，使野生物种难以正常繁衍。

③ 工业化和城市化的发展，占用了大面积土地，破坏了大量天然植被，并造成大面积污染。

④ 外来物种的大量引入或侵入，大大改变了原有的生态系统，使原生的物种受到严重威胁。

⑤ 无控制的旅游，对一些尚未受到人类影响的自然生态系统造成破坏。

⑥ 土壤、水和空气污染，危害了森林，特别是对相对封闭的水生生态系统带来毁灭性影响。

⑦ 全球变暖，导致气候形态在比较短的时间内发生较大变化，使自然生态系统无法适应，可能改变生物群落的边界。

8.3.5.3 生物多样性丧失的危害

生物多样性的丧失，一方面会通过影响生物多样性的直接价值对人类食物、纤维、建筑和家具材料及其他生活、生产原料造成严重影响；另一方面丧失生物多样性的间接价值会导致生态系统的稳定性遭到破坏，人类的生存环境也受到影响，一些潜在价值也就不复存在了。

基因多样性的丧失会阻碍生物种内的遗传变异进化，这对生物来说打击无疑是巨大的，甚至会加快物种的灭绝。物种多样性的丧失，会导致生物系统物种数量大大降低，生态系统内食物链减少，从而降低整个系统的抗逆性和自我调节能力，同时也会对气候调节、土壤保持、水体净化等生态系统功能产生严重影响。生态系统多样性的丧失，会使得大量依赖该生境生存的动植物、微生物消失。

8.3.6 土地荒漠化

在全球干旱和半干旱地区发生的土地"荒漠化"，不仅造成了长期的农业和生态退化，还曾引发过严重的环境灾难。20 世纪 80 年代非洲撒哈拉地区发生的大灾荒，就是荒漠化所引起的最引人注目的一次环境灾难，难民的悲惨景象震惊了全世界。事实上，历史上一些繁盛一时的文明的神秘消失，往往同土地荒漠化有着直接或间接的联系。

8.3.6.1 世界土地荒漠化的基本状况

土地荒漠化是指在干旱、半干旱和某些半湿润、湿润地区，由气候变化和人类活动等各种因素所造成的土地退化，它使土地生物和经济生产潜力减少，甚至基本丧失。

土地荒漠化的类型有：a. 风力作用下，形成以风蚀地、粗化地表和流动沙丘为标志性形态的风蚀地貌；b. 流水作用下，形成以劣地和石质坡地作为标志性形态的水蚀地貌；c. 物理和化学作用下，主要表现为土壤板结、细颗粒减少、土壤水分减少所造成的土壤干化和土壤有机质的显著下降，结果出现土壤养分的迅速减少和土壤的盐渍化；d. 工矿开发造成的，主要表现为土地资源损毁和土壤严重污染，致使土地生产力严重下降甚至绝收。

案例1： 新疆塔里木河流域由于上游地区长期大量开荒造田，该河下游350km的河道已经断流。胡杨林面积锐减，由20世纪50年代的 $52 \times 10^4 hm^2$ 减至90年代的 $28 \times 10^4 hm^2$，阻隔塔克拉玛干沙漠和库木塔格沙漠的"绿色走廊"逐渐消失，218国道、塔里木油田面临严重威胁，罗布泊、台特马湖已经干枯沦为沙漠。

案例2： 20世纪50年代，内蒙古浑善达克沙地还是一片绿洲，被称为"沙漠花园"。60年代以来，土地退化和沙化现象逐步加剧。从50年代到90年代，这里沙漠化土地平均每年扩展 $103km^2$。沙漠化土地90年代前呈零星分布状态，90年代后许多已相连成片，并以每年 $143km^2$ 的速度吞噬着可利用的土地。

荒漠化是当今世界上最严重的环境与社会经济问题。联合国环境规划署曾三次系统评估了全球荒漠化状况。从1991年底为联合国环发大会所准备报告的评估结果来看，全球荒漠化面积已从1984年的 $34.75 \times 10^8 hm^2$ 增加到1991年的 $35.92 \times 10^8 hm^2$，约占全球陆地面积的1/4，已影响到了全世界1/6的人口（约9亿人）、100多个国家和地区。据估计，在全球 $35 \times 10^8 hm^2$ 受到荒漠化影响的土地中，水浇地有 $2.7 \times 10^7 hm^2$，旱地有 $1.73 \times 10^8 hm^2$，牧场有 $30.71 \times 10^8 hm^2$ （表8-6）。从荒漠化的扩展速度来看，全球每年有 $6.0 \times 10^6 hm^2$ 的土地变为荒漠，其中 $3.2 \times 10^6 hm^2$ 是牧场，$2.5 \times 10^6 hm^2$ 是旱地，$12.5 \times 10^4 hm^2$ 是水浇地。另外还有 $2.1 \times 10^7 hm^2$ 土地因退化而不能生长谷物。

非洲大陆有世界上最大的旱地，大约是 $20 \times 10^8 hm^2$，占非洲陆地总面积的65%。整个非洲干旱地区经常出现旱灾，目前非洲36个国家受到干旱和荒漠化不同程度的影响，估计将近 $5.0 \times 10^7 hm^2$ 土地半退化或严重退化，占全大陆农业耕地和永久草原的1/3。根据联合国环境规划署的调查，在撒哈拉南侧每年有 $1.5 \times 10^6 hm^2$ 的土地变成荒漠，在1958～1975年间，仅苏丹撒哈拉沙漠就向南蔓延了90～100km。亚太地区也是荒漠化比较突出的一个地区，共有 $8.6 \times 10^7 hm^2$ 的干旱地、半干旱地和半湿润地，$7.0 \times 10^7 hm^2$ 雨灌作物地和 $1.6 \times 10^7 hm^2$ 灌溉作物地受到荒漠化影响。这意味着亚洲总共有35%的生产用地受到荒漠化影响。遭受荒漠化影响最严重的国家依次是中国、阿富汗、蒙古、巴基斯坦和印度。从受荒漠化影响的人口的分布情况来看，亚洲是世界上受荒漠化影响的人口分布最集中的地区。

表8-6 世界荒漠化状况

类型	面积/$10^4 km^2$	占干地①的比例/%
退化的灌溉农地	43	0.8
荒废的依赖降雨农地	216	4.1

续表

类型	面积/10^4km^2	占干地①的比例/%
荒废的放牧地（土地和植被退化）	757	14.6
退化的放牧地（植被退还地）	2576	50.0
退化的干地（以上四种）	3592	69.5
尚未退化的干地	1580	30.0
除去极干旱沙漠的干地总面积	5172	100

① 干地指极干旱、干旱、半干旱、干性半湿润土地的总和。

注：引自《地球环境手册》，中国环境科学出版社 1995 年版。

8.3.6.2 土地荒漠化的成因及危害

（1）土地荒漠化的成因

土地荒漠化是自然因素和人为因素综合作用的结果。自然因素主要是指异常的气候条件，特别是严重的干旱条件，由此造成植被退化、风蚀加快，引起荒漠化。人为因素主要指过度放牧、乱砍滥伐、开垦草地并进行连续耕作等，由此造成植被破坏、地表裸露，加快风蚀或雨蚀。

案例：对于全世界大多数地区，干旱和半干旱地区发生荒漠化的主要原因是过度放牧和不适当的旱作农业；除此之外干旱和半干旱地区用水管理不善，引起大面积土地盐碱化，也是一个十分严重的问题。从亚太地区人类活动对土地退化的影响构成来看，植被破坏占37%，过度放牧占33%，不可持续农业耕种占25%，基础设施建设过度开发占5%。非洲的情况与亚洲类似，过度放牧、过度耕作和大量砍伐薪村是土地荒漠化的主要原因。

（2）土地荒漠化的主要危害

土地荒漠化造成土地生产力下降和随之而来的农牧业减产，相应带来巨大的经济损失和一系列社会恶果，在极为严重的情况下，甚至会造成大量生态难民。

案例：在 1984～1985 年的非洲大饥荒中，至少有 3000 万人处于极度饥饿状态，1000万人成了难民。据 1997 年联合国沙漠化会议估算，荒漠化在生产能力方面造成的损失每年接近 200 亿美元。1980 年，联合国环境规划署进一步估算了防止干旱土地退化工作失败所造成的经济损失，估计在未来 20 年总共约损失 5200 亿美元。1992 年，联合国环境规划署估计由全球土地退化每年所造成的经济损失约 423 亿美元（按 1990 年价格计算），如果在下一个 20 年里在防止土地退化方面继续无所作为，损失总共将高达 8500 亿美元。从各大洲损失比较来看，亚洲损失最大，其次是非洲、北美洲、大洋洲、南美洲、欧洲。从土地类型来看，放牧土地退化面积最大，损失也最大，灌溉土地和雨浇地受损失情况大致相同。从1980 年和 1990 年所作估算的比较来看，由于世界各国防治土地荒漠化的进展甚微，在1978～1991 年间，全世界的直接损失为 3000 亿～6000 亿美元。这尚不包括荒漠化地区以外的损失和间接经济损失。

 本节小结

气候变化指温度和天气模式的长期变化。这些变化可能是自然的，例如通过太阳周期的变化。但自 19 世纪以来，人类活动一直是气候变化的主要驱动力，主要是由于燃烧煤炭、石油和天然气等化石燃料。

温室效应又称"花房效应"，是指由大气层的气体浓度变化引起的全球变暖。大气能使太阳短波辐射到达地面，但地表受热后向外放出的大量长波热辐射线却被大气吸收，这样就使地表与低层大气温度增高，因其作用类似于栽培农作物的温室，故名温室效应。

臭氧层空洞是指某些人工化合物如氯氟烃（CFC）、氮氧化物等排入大气层后，分解了臭氧（O_3），使大气的臭氧层变薄，甚至出现巨大的"空洞"，大量的有害紫外线长驱直入，直射地面，破坏动物和植物的生理机能，影响水生生态系统，严重危害人类健康。

水资源短缺指水资源相对不足，不能满足人们生产、生活和生态需要的状况。随着经济发展和人口增加，人类对水资源的需求不断增加，加之对水资源的不合理开采和利用，很多国家和地区出现不同程度的缺水问题的现象。

酸雨的危害：酸雨使土壤酸化，矿质元素如钾、钠、钙、镁等流失，使得土壤的肥力降低；酸雨还会杀死水中的浮游生物，减少鱼类食物来源，影响鱼的繁殖和发育，破坏水生生态系统；酸雨污染河流、湖泊和地下水，降低水体的 pH 值，使流域土壤和底泥中的金属溶解进入水中，危害人体健康；酸雨对金属、石料、水泥、木材等建筑材料均有很强的腐蚀作用，对古建筑和石雕艺术作品、电线、铁轨、桥梁、房屋等均会造成严重损害。

生物多样性是指生物种的多样化和变异性以及物种生境的生态复杂性，包括遗传多样性、物种多样性和生态系统多样性三个组成部分。

荒漠化是指在干旱、半干旱和某些半湿润、湿润地区，由气候变化和人类活动等各种因素所造成的土地退化，它使土地生物和经济生产潜力减少，甚至基本丧失。

思政知识点

1. 人与自然是生命共同体，人类必须尊重自然、顺应自然、保护自然。
2. 合理利用、保护生态，绿色、可持续发展，人与自然和谐共生。

知识点

1. 全球生态学的概念和研究方法。
2. 全球变化的表现和驱动力。
3. 全球气候变化的影响因素、影响和危害。
4. 臭氧层破坏的成因和危害。
5. 水资源短缺的原因、影响和危害。
6. 酸雨的成因和危害。
7. 生物多样性减少的原因和危害。
8. 土地荒漠化的成因及危害。

重要术语

全球生态学/global ecology

国际长期生态研究/international long term ecological research

全球变化/global change

太阳活动周期/solar cycle

土地利用/land use

全球气候变暖/global warming

酸沉降/acid deposition

水资源短缺/water shortage

荒漠化/desertification

基质/matrix

土地覆盖/land cover

气候变化/climate change

温室效应/greenhouse effect

臭氧层破坏/ozone depletion

生物多样性/biodiversity

 思考题

1. 全球生态学的主要研究内容有哪些？
2. 全球生态学的研究技术和方法有哪些？
3. 全球变化的主要表现有哪些？
4. 全球变化的驱动力包括哪几个方面？
5. 人类活动如何对全球变化产生影响？
6. 全球变化的主要方面有哪些？
7. 简述世界淡水资源短缺的基本状况。
8. 酸雨对生态系统的危害有哪些？
9. 生物多样性减少的主要原因有哪些？

 讨论与自主实验设计

自选草甸草原1种、5种、10种草本植物，设计一个实验方案，探究增温对地上植物多样性和地下微生物多样性关系的影响。

参考文献

[1] Albrecht B A. 1989. Aerosols, cloud microphysics, and fractional cloudiness. Science, 245 (4923): 1227-1230.

[2] Guillet S, Corona C, Stoffel M, et al. 2017. Climate response to the Samalas volcanic eruption in 1257 revealed by proxy records. Natrue Geoscience, 10 (2): 123-128.

[3] Kim M K, Lau W K M, Chin K M, et al. 2006. Atmospheric teleconnection over Eurasia induced by aerosol radiative forcing during boreal spring. Climate, 19 (18): 4700-4718.

[4] Liu X D, Guo Q C, Guo Z T, et al. 2015. Where were themonsoon regions and arid zones in Asia prior to the Tibetan Plateau uplift? National Science Review, 2 (4): 403-416.

[5] Nuñez M A, Chiuffo M C, et al. 2021. Making ecology really global. Trends in Ecology and Evolution, 36 (9): 766-769.

[6] Ramanathan V, Chung C, Kim D, et al. 2005. Atmospheric brown clouds: impacts on South Asian climate and hydrological cycle. Proceedings of the National Academy of Sciences of the United States of America, 102 (15): 5326-5333.

[7] Schneider L, Smerdon J, Büntgen U, et al. 2015. Revisingmidlatitude summer temperatures back to A. D. 600 based on a wood density network. Geophysical Research Letters, 42: 4556-4562.

［8］Twomey S. 1974. Pollution and the planetary albedo. Atmospheric Environment，8（12）：1251-1256.

［9］Vanderbilt K，Gaiser E. 2017. The international long term ecological research network：A platform for collaboration. Ecosphere，8（2）：e01697.

［10］Wilson R，Anchukaitis K，Briffa K，et al. 2016. Last millennium northern hemisphere summer temperatures from tree rings part Ⅰ：The long term context. Quaternary Science Reviews，134：1-18.

［11］蔡朋程．2018. 浅析中国的酸雨分布现状及其成因．科技资讯，15：127-128.

［12］陈昌笃．1990. 全球生态学——生态学的新发展．生态学杂志，9（4）：38-40，42.

［13］陈孟玲，高菲，王新元，等．2021. 微塑料在海洋中的分布、生态效应及载体作用．海洋科学，45（12）：125-141.

［14］程术，石耀霖，张怀．2022. 基于神经网络预测太阳黑子变化．中国科学院大学学报，39（5）：615-626.

［15］戴维·塞克勒．2000. 21 世纪的水资源短缺．水利水电快报，21（8）：1-5.

［16］丁国安，徐晓斌，房秀梅，等．1997. 中国酸雨现状及发展趋势．科学通报，42（2）：169-173.

［17］郭久亦，于冰．2019. 二氧化碳排放和碳足迹．世界环境，4：65-70.

［18］胡洪营，王超，郭美婷．2005. 药品和个人护理用品（PPCPs）对环境的污染现状与研究进展．生态环境，14（6）：947-952.

［19］火兴存．2001. 臭氧层研究及其在地理教学中的几个问题．兰州教育学院学报，4：53-56，61.

［20］蒋志刚．1997. 保护生物学．杭州：浙江科学技术出版社．

［21］康玉柱．2019. 论全球海陆变迁的主要原因．中国地质，46（6）：1253-1258.

［22］李江海．2013. 全球古板块再造、岩相古地理及古环境图．北京：地质出版社．

［23］李平原，刘秀铭，刘植，等．2012. 火山活动对全球气候变化的影响．亚热带资源与环境学报，7（1）：83-88.

［24］刘植，黄少鹏．2015. 不同时间尺度下的大气 CO_2 浓度与气候变化．第四纪研究，35（6）：1458-1470.

［25］马龙，于洪军，王树昆，等．2006. 海岸带环境变化中的人类活动因素．海岸工程，25：29-34.

［26］牛建刚，牛荻涛，周浩爽．2008. 酸雨的危害及其防治综述．灾害学，23（4）：110-116.

［27］石璐，周雪飞，张亚雷，等．2008. 环境中药物及个人护理品（PPCPs）的分析测试方法．净水技术，27（5）：56-63.

［28］汤秋鸿．2020. 全球变化水文学：陆地水循环与全球变化．中国科学：地球科学，50（3）：436-438.

［29］王红瑞，刘昌明，毛广全，等．2004. 水资源短缺对北京农业的不利影响分析与对策．自然资源学报，19（2）：160-169.

［30］王静，黄正文，王寻．2012. 全球环境变化与生物入侵．成都大学学报（自然科学版），31（1）：29-34.

［31］王萌．2015. 人为因素主导下海岸带生态系统变迁探讨．绿色科技，6：13-14.

［32］王文兴．1994. 中国酸雨成因研究．中国环境科学，14（5）：321-329.

［33］王献溥，刘玉凯．1994. 生物多样性的理论与实践．北京：中国环境科学出版社．

［34］王鑫，杨保．2000. 过去中国和北半球温度变化及其外部强迫因子重建研究进展．中国沙漠，2018，38（4）：829-840.

［35］魏辅文，聂永刚，苗海霞，等．2014. 生物多样性丧失机制研究进展．科学通报，59（6）：430-437.

［36］夏治强．1993. 臭氧层破坏的起因危害及对策．城市环境与城市生态，6（4）：37-42.

［37］徐世晓，赵新全，孙平，等．2002. 生物资源面临的严重威胁：生物多样性丧失．资源科学，24（2）：6-11.

［38］薛青青，陈荣昌．2021. 船源微塑料海洋污染问题及对策研究．交通节能与环保，17（6）：33-36.

［39］杨昂，孙波，赵其国．1999. 中国酸雨的分布、成因及其对土壤环境的影响．土壤，1：13-18.

［40］张丰，胡狄瑞．2021. 碳达峰碳中和背景下的温室气体监测与减排研究．中国资源综合利用，39（11）：186-188.

［41］张华，安琪，赵树云，等．2017. 关于硝酸盐气溶胶光学特征和辐射强迫的研究进展．气象学报，75（4）：539-551.

［42］张新民，柴发合，王淑兰，等．2010. 中国酸雨研究现状．环境科学研究，23（5）：527-532.

［43］赵琦，何小娟，唐翀鹏，等．2010. 药物和个人护理用品（PPCPs）处理方法研究进展．净水技术，29（4）：5-10.

［44］赵士洞．2001. 国际长期生态研究网络（ILTER）——背景、现状和前景．植物生态学报，25（4）：510-512.

［45］中国气象局气候变化中心．2022. 中国气候变化蓝皮书．北京：科学出版社．

第9章
人与自然和谐共生

生态学是一门独立的学科，有其自己的理论方法，亦有其自己的任务和使命。当今世界，人口增加、环境污染、资源枯竭等问题正威胁着我们赖以生存的世界。为了拯救自然资源，合理开发利用资源；为了治理污染，保护生存环境；为了延续文明，维持生态平衡，赋予了生态学利用其基本原理揭示生物与环境间正常或失常的关系，并以此指导人类维护和改善环境，按自然规律进行可持续发展，实现人与自然和谐共生的客观使命。

在这一章节中，编者希望能够在字里行间融入一种生态意识、生态责任和生态文明，希望所有读者都能从历史和现实中那些人类或好或坏的生态实践中感悟人与自然的平衡所在。也希望在未来，读者能够从不同的角度，在各自的行业中关心全球环境，关心人类环境，关心生态健康，关心我们唯一的共同家园。当一个个烟筒冒出黑烟生产产品，当一辆辆汽车进入千家万户方便出行，当一片片热带雨林遭受砍伐做成桌椅，当一座座水坝在兴起产生电力，与此相关的每一个人都在为自然之怒做贡献，我们每一个人都有义务减少这些贡献。

9.1 人与自然的关系

在唯物主义辩证法看来，世界上的任何事物都是矛盾的统一体。我们面对的现实世界，就是人类社会和自然界双方组成的矛盾统一体，两者之间是辩证统一的关系。人与自然是相互联系、相互依存、相互渗透的，人由自然脱胎而来，其本身就是自然界的一部分。地球至少存在了数十亿年，人类有文字记载的历史只有几千年，然而人对自然的影响却是巨大的。

9.1.1 人与自然关系的发展史

自然是人的生活世界的一部分。人的生活世界由天、地、人所构成。其中，天地就是自然。自然并非远离人而孤立存在，而是与人发生关联而共同存在。可以说整个人类的发展史就是一部讲述人与自然相处的历史。因此，在漫长的人类历史中，人与自然的关系并不是一成不变的，而是呈螺旋状不断发展的。

人与自然的关系随着人类社会的发展阶段不同依次经历了从服从自然，到顺从自然，再到征服自然并最终达到和谐共存 4 个阶段。

（1）原始文明时期

刚刚脱离自然母体的人类，由于没有科学技术的支撑，人类的力量还十分弱小，几乎没有改造和控制自然的能力，只能抓住自然之母的直接馈赠，从总体上服从自然界，与自然界融为一体，此时人与自然的关系并未全面展开，其最基本的实践形式就是采集、渔猎活动。敬畏大自然的伟大，屈从于自然，受大自然的支配。他们唯有依赖自然条件，在自然条件允许的范围内维持群体的生存与繁衍。他们以仰天、颂天的观念来看待和处理自己与自然的关系。在这种原始人与自然的对立关系中，自然界处于一种非常重要的主导地位，而人类只是处于一种绝对被统治和服从的地位，人近乎自愿地敬畏与服从着自然。

（2）农耕文明时期

进入传统农业时期以后，科学技术有了较大的发展，人类的能动性得到了一定的提高，对自然的依赖有所减弱，逐渐从被动地依赖自然发展到开始主动、直接地改造自然，但生产力水平仍然相对较低，人类活动对自然界的影响较小，人类没有成为自然的主人。"天人合一"总体上仍是"天"（自然）迫使人顺从它，在"天"与人的混沌一体中，"天"是主，人是客。传统农业就是创造适当的条件优化动植物的生长条件或利用可再生的能源（如水利、风力、畜力……），人类开始对自然进行直接的改造作用，但这只是浅表利用，自然也较少受到深度破坏，人与自然处于低水平的平衡关系之中。

（3）工业文明时期

随着近代科学技术的发展，生产力迅速提高，工业革命使人类在自然界面前终于昂起征服者"高贵"的头颅，大自然不再被视为神秘莫测的崇拜对象。人们对自然不再采取尊重与敬畏的态度，由顺从者变为改造者和征服者，形成了主宰自然、奴役自然、支配自然的行为哲学，认为"人类对自然界具有支配的地位，人是'万物之灵'，是'万物的尺度'"。康德将人类中心主义观念扩张为"人是自然界的主人，人能主宰一切"的主体主义观念。结果是：人类毫无节制地向自然索取、掠夺，导致了人与自然关系的不和谐。一方面人类活动对自然造成一系列的难以修复的灾难性破坏；另一方面也招致自然对人类的报复与惩罚。

（4）生态文明时期

20 世纪以来，工业革命把人类改造自然的能力推到了前所未有的高度，人类对可再生资源的消耗率超过了自然的可再生能力，不可再生资源的耗竭速度超过了寻求作为代用品的可更新资源的速度，环境的污染程度超过了环境的自净能力，不可逆的环境退化程度超过了建设新环境的速度，从而严重扰乱和破坏了整个地球生命的自然支持系统。

案例：桑基鱼塘。

桑基鱼塘是我国长江三角洲、珠江三角洲地区常见的农业生产模式，是结合了我国古代人民劳动智慧和天人合一理念的一种充分利用土地方式的高效人工生态系统。"塘基种桑、桑叶喂蚕、蚕沙养鱼、鱼粪肥塘、塘泥壅桑"，与单一的传统种植农作物相比，不仅提高了蚕和鱼的收益，还有天然的肥料可以进一步提高农作物产量。收益高，而且保护生态环境，是世界传统循环生态农业的典范，堪称中国农耕社会最高级的农业形态，也是我国古人与自然和谐共处的生动写照。

桑基鱼塘和其他农业生产方式相比，具有如下优点：a. 经济效益高。通过发挥生态系统中物质循环、能量流动转化和生物之间的共生、相养规律的作用，达到了集约经营的效果，符合以最小的投入获得最大产出的经济效益原则。b. 生态效益好。桑基鱼塘内部食物链中各个营养级的生物量比例适量，物质和能量的输入与输出相平衡，并促进动植物资源的循环利用，生态维持平衡。

9.1.2　人与自然和谐共生的哲学意义

人与自然生命共同体是坚持人与自然和谐共生的理念基础和内在支撑。

大自然对人类社会的前提和基础意义。"自然是生命之母，人与自然是生命共同体""生态环境没有替代品，用之不觉，失之难存"。概括地说，这里强调的主要是如下两个观点：

一是人类生命存在及其延续首先是自然世界整体的长期与复杂运动演进的历史结果，而适宜的自然生态环境条件是人类作为生物物种繁衍生息的必需前提；二是人类的所有现实性活动——从个体的物质精神活动到社会的生产实践活动，都离不开所处其中的自然界，也就是马克思所说的"人靠自然界生活"——同时向人类提供着生活资料来源和生产资料来源。就此而言，大自然无疑是人类产生和生存的本原决定性因素，而人类不过是大自然的一个演进阶段或组成部分。综合考虑各种因素，地球仍是适宜人类生存发展的唯一家园。因而，从严格的科学意义上说，是人类离不开大自然，而不是大自然离不开人类。

现代文明社会中人与自然之间的共生共存关系。"自然物构成人类生存的自然条件，人类在同自然的互动中生产、生活、发展，人类善待自然，自然也会馈赠人类""当人类合理利用、友好保护自然时，自然的回报常常是慷慨的；当人类无序开发、粗暴掠夺自然时，自然的惩罚必然是无情的"。应该明确的是，这里强调的重点并不是一般意义上的哲学理论观点，即人类物质生产生活与自然界之间的相互联系、交互影响，而是我们迄今为止现代工业文明发展历程中所总结出的人与自然关系新知。一方面，人类文明发展尤其是长期由欧美国家主导的现代工业文明的兴起与扩展，在创造出巨大数量的物质经济财富的同时，也造成了自然生态环境的世界性破坏。另一方面，生态文明是人类社会进步的重大成果，是工业文明发展到一定阶段的必然产物，是实现人与自然和谐发展的时代新要求，因而建设生态文明所体现的是我们对中国特色社会主义建设规律、现代社会经济发展规律、自然生态内在规律的认识自觉。

"人与自然生命共同体""山水林田湖草沙生命共同体""人类命运共同体"三个共同体相互联系、互为支撑。这三个共同体概念分别从"人与自然关系""自然生态系统本身""人类社会整体"的层面阐明了广义的人与自然生命共同体理念的核心意涵，即二者之间相互依存、相互依赖的有机整体性质。无论是自然界内部的生态系统及其构成要素之间，还是人类与大自然之间或人类社会内部的不同国家社群之间，都是一个由自然生态整体性所贯穿或统摄的完整统一体。因而，虽然它们内部也会存在对立或矛盾意义上的辩证关系，但保持整体自身的完整性则是其中各个构成要素得以存在延续的前提条件。由此可以说，正是这些共同体作为一个整体构成了当代马克思主义生态哲学的本体论基础，也是习近平生态文明思想的本体论基础。另外，这三个共同体又是围绕着狭义的人与自然生命共同体理念而展开的。也就是说，讲"山水林田湖草沙生命共同体"所强调的是我们要在现实中将其视为一个统一整体进行系统保护治理，"全方位、全地域、全过程开展生态文明建设"，而讲"人类命运共同体"同样强调的是我们要从全人类或文明的整体性视野来理解生态环境保护治理中的问题与应对之策，"同世界各国一道，努力呵护好全人类共同的地球家园"。

案例：物我同舟，天人共泰。

早在 2000 多年前，庄子、老子等思想家就有天人合一的观点，我国第一代环保活动家唐锡阳先生更是把环保归为"物我同舟，天人共泰。尊重历史，还我自然"十六个字。"物我同舟"的"物"，是指动物、植物和一切生命，"我"是指我们人类。唐锡阳先生认为，我们人类和动物、植物等同舟共济，坐在一条船上。人和自然应该是"和谐""协调""共泰"的关系，而不应该是"我掠夺你，你报复我"的关系。

其他文明也都有类似尊重自然、和谐发展的思想。犹太教认为，在这个脆弱而美好的世界里，我们只是一个过客，应当共同保护我们的小船，一起划着向前航行。美国总统富兰克林曾给印第安人写信，要购买他们的土地，酋长西雅图回信说，土地是我们的母亲，动物和植物是我们的兄弟姐妹，我们怎么可以出卖他们呢？我们都生活在一个地球上，我们必须与自然和谐共处。

9.1.3 人与自然和谐共生的生态学价值

生态危机是人与自然对立冲突的必然结果，人与自然的关系不和谐，必将造成自然资源的枯竭，生态环境的污染和破坏，最终反向作用于人自身的生存和发展，引发严重的社会问题。

自然界是一个多样性的价值体系，包括生态价值、经济价值、科学价值、美学价值、多样性和统一性价值以及精神价值等。其中，生态价值才是最大最重要的价值，因为它为人类提供了诸如空气、水等生命要素和适宜的空间，由于它具有无形的、潜在的、永久性的特征，常被人们所忽视，不少人受功利主义的驱使，经常牺牲长远的生态价值去获取一时的经济利益，造成生态环境的日趋恶化。所以我们在评估自然的价值时，应把生态价值放在首位，在不削弱或破坏自然生态价值的基础上兼顾多维的价值利益，让自然得以正常发展。

此外，自然资源是有限的。对于非再生资源，由于人类的利用，只会逐渐减少，不会增加；自然生态系统的物质生产是有限的，它受到各种生态因素的影响，不可能无限地增长。因此，人类对自然资源不能任意索取，低效利用，随意遗弃；也不能盲目地、掠夺式地开发，造成资源的枯竭，应切实贯彻可持续发展的原则，把对资源的开发利用控制在维护生态潜力的范围内，以利持续利用；还必须认识到生态自然环境自我净化能力是有限的，如果人类把生态环境视为"垃圾场"，无节制地排放废弃物，将会造成环境的严重污染，导致生态平衡的破坏，人类将自食恶果；在生产时要坚决抛弃传统的高消耗、高污染、低效益的发展模式，走科技含量高、经济效益好、资源消耗低、环境污染少的新型工业化之路；要大力倡导清洁生产，实施循环经济，建设节约型社会，促进自然资源系统和社会经济系统的良性循环；在生活上要选择健康、文明、绿色的生活方式，倡导合理消费、适度消费和绿色消费，着眼于对物质的充分利用和精神生活的完善，追求一种超越物质消费的更高层次的目标，使精神文明不断升华和发展，为自然生态环境的不断优化创造条件。

随着人类进入信息社会，地球已成为越来越复杂的人类生态系统或人工生态系统。同时，人与自然的关系已经到了反思的交叉路口，是继续把自然界作为物质财富掠夺的对象，还是调整好人与自然生态系统的关系，与其和谐相处，在协调中维持其动态的生态平衡，在改造中建设新的生态平衡，这已成为决定人类能否可持续发展的重大战略性问题。当今人类面临严重的环境危机，为了人类的生存环境和生存质量，也为了后几代人能享用到充足的资源和环境，我们必须采取积极的方法和措施来应对这些危机，从而与自然和谐相处。

案例：玛雅文明的衰落（Charles，2021）。

玛雅文明和中国的华夏文明一样，是世界上早期的文明古国之一，但是这个文明却在最兴盛的时候突然消失了，关于玛雅文明的衰落，有很多传说。但是近些年科学家们发现，这个文明的衰落，根本原因是对土地的滥用。

玛雅文明发祥于中美洲的热带雨林，他们在热带雨林农业的耕作模式是砍伐-烧毁-种田-地力下降-废弃，而废弃的土地要经过十几年休耕，等土地恢复之后，再进行下一轮的循环。玛雅文明采用这种原始的刀耕火种种植方式，主要是因为热带雨林的营养主要集中在植物上，土地中营养物质较少，玛雅人便把周围的热带雨林全部砍倒、烧毁，烧出的草木灰作为农作物的肥料施于农田。但是这种种植模式的缺陷就是肥力支撑不到几年。当开辟为耕地时，农作物的生长耗费养分，同时失去了树木在上方遮挡雨水，土壤淋溶作用更加明显，养分流失得更快。于是玛雅人会换块地方，用新的土地来种粮食，以前那块地就不再管它，过一段时间这块土地就会再长出树木。

当社会规模小、人口密度低的时候，这种种植模式是可行的，但随着文明的发展，稳定的农业生产带来了人口的大幅增长。公元 300 年，玛雅人建立了各种小的城邦，整个文明呈现繁荣的景象，此时的玛雅文明也迎来了生育顶峰，人口达到 600 多万。土地完全无法养活数量如此巨大的人口，随着城邦周围森林全部改造为农田，每一块土地不再像以前一样可以休耕，持续种植，没有了草木灰作为补充，单位土地的粮食收入只能下降。在这种压力下，玛雅文明只能向四处扩张，那些原本不适合耕种的土地也被开发成农田。特别是那些山坡上的土地，农业生产将土地一遍又一遍地翻起来，导致越来越多的土壤被雨水冲走。大片的土地被冲到峡谷以及湖泊当中。大片的农田成了裸露的岩石，适合种植的土地越来越少。大量人口处在饥饿的阴影中。当农业生产满足不了人口增长的时候，会引发一系列的社会问题。抢夺土地引发的战争此起彼伏，战争毁坏了仅有的农田，让粮食危机变得更加严重。在 200 年时间里，玛雅文明由于战乱和饥荒人口锐减到不足 50 万人，繁华的城市退化成了一个个村落，文明的发展也出现了停滞。等到公元 1839 年的时候，玛雅古城已经荒芜一片，曾经辉煌的历史现在已经是断壁残垣，玛雅文明也再无力阻止西方文明的入侵和奴役。

 ## 本节小结

人与自然的关系是人类生存与发展的基本关系。自然为人类提供了生存和发展的条件，也制约着人类的行为，人类的生存发展依赖于自然，同时也影响着自然的结构、功能与演化过程。所以，人与自然的关系是对立统一的辩证关系。如果人类盲目地改造自然，一味索取和破坏，其结果只能是导致自然内部的平衡被破坏，进而导致人类社会的平衡被破坏，那么人类受自然的报复也就在所难免。

9.2 人类活动对生态环境的影响

人类是生态环境发展到一定阶段的必然产物，生态环境是人类生存的物质基础，因此人类只要还需要生活在地球上，势必会对生态环境产生影响和扰动。这时人类的行为是否符合生态学的基本原理就显得极为重要：当我们无视这些原理时，人类就可能在有意或无意间酿成严重的生态后果，并最终反噬人类自身；而当我们尊重这些原理，并有意识地合理利用和改善自然环境时，环境也会造福于人类。

9.2.1 环境污染

9.2.1.1 水体污染

水体污染主要是指当进入水体的污染物质超过了水体的环境容量或水体的自净能力时，水质会变坏，从而破坏了水体的原有价值和作用的现象。

在环境科学中，通常把水体作为一个完整的生态系统。污染物进入水体后，经过一系列极其复杂的物理、化学和生化的变化，污染物浓度或毒性逐渐降低，恢复到受污染前的洁净状态的过程称为水体的自净过程。但当污染物浓度超过了水体的自净能力时，污染物就会在水体里积存，随着浓度的升高，便会对环境产生负面的影响并可能危害人体健康。

水体污染物是指进入水体后使水体的正常组成和性质发生直接或间接有害于人类的变化的物质。这种物质有的是人类活动产生的，有的是天然的。

水体污染物通常可以分为如下 4 大类。

① 无机无毒物。主要是一些无毒的无机酸、碱、盐类物质和含氮、磷等无机营养物质。这些物质的过量排入会改变水体的正常生境，造成水体 pH 值等指标的非正常波动或水体富营养化，扰乱水生生物生长繁殖过程，严重时造成鱼虾绝迹。

② 无机有毒物。主要指各种重金属离子及其他有毒无机化合物，如汞、镉、砷、铅和氰化物等。这些物质进入水体后不能被微生物降解，经食物链的富集作用，能逐级在较高营养级生物体内千百倍地增加含量，最终进入人体。

③ 有机无毒物。主要指无毒且易溶解或易悬浮的有机物，如碳水化合物、蛋白质、油脂、木质素等有机物质。过多的这些物质在污水中，经微生物的生物化学作用而分解。在分解过程中要消耗氧气，因而也被称为耗氧污染物。这类污染物造成水中溶解氧减少，影响鱼类和其他水生生物的生长。水中溶解氧耗尽后，有机物将进行厌氧分解，产生 H_2S、NH_3 和一些有难闻气味的有机物，使水质进一步恶化。

④ 有机有毒物。主要指有毒且难溶于水的有机物，如苯、酚、部分含磷和含氯有机物等。这些污染物大多由工业废水未经妥善处理就排放或意外事故导致，经由水流的输送作用扩散到邻近江河湖海和地下水中造成严重的污染。严重时可造成整条流域水生生态系统动植物的大面积死亡。

水体污染的危害往往因污染物和水体环境的不同而有较大的差异，但其影响主要包括对环境、生产和人的危害：

① 对环境的危害。对水生生境的污染会导致生物的减少或灭绝，导致各类环境资源的价值降低，破坏生态平衡。

② 对生产的危害。被污染的水体由于达不到工业生产或农业灌溉的要求，而导致被迫增加净水设施，或造成工农业产品减产和品质下降。

③ 对人的危害。人如果饮用了污染水，会引起急性和慢性中毒、癌变、传染病及其他一些奇异病症。同时，污染的水体引起的感官恶化会给人的生活造成不便，情绪受到不良影响等。

案例 1： 日本水俣病事件（桥本道夫，2007）。

日本熊本县水俣湾海产丰富，是当地居民赖以生存的主要渔场和食物来源。20 世纪 20 年代，日本氮肥公司在这里建立了合成醋酸厂，后又开始生产氯乙烯。但工厂为了短期利益没有经过任何处理便将含有大量汞的废水排放到水俣湾中。到了 20 世纪 50 年代，水俣湾附近发现了一种奇怪的病。这种病症最初出现在猫身上，被称为"猫舞蹈症"。病猫步态不稳，抽搐、麻痹，甚至跳海死去，被称为"自杀猫"。随后不久，此地也发现了患这种病症的人。患者由于脑中枢神经和末梢神经被侵害，轻者口齿不清、步履蹒跚、面部痴呆、手足麻痹、感觉障碍、视觉丧失、震颤、手足变形，重者精神失常，或酣睡，或兴奋，身体弯弓高叫，直至死亡。这种"怪病"就是日后轰动世界的"水俣病"。水俣病是最早出现的由工业废水排放造成的水污染公害。事后经日本政府联合调查发现工厂长期排放的含汞废水污染了整个水俣湾。汞在水中被水生物食用后，会转化成甲基汞（CH_3Hg）。这种剧毒物质只要有挖耳勺的一半大小就可以致人死亡，而当时水俣湾的甲基汞含量达到了足以毒死日本全国人口的程度。这些被污染的鱼虾通过食物链又进入了动物和人类的体内。甲基汞通过鱼虾进入人体，被肠胃吸收，侵害脑部和身体其他部分。进入脑部的甲基汞会使脑萎缩，侵害神经细胞，破坏掌握身体平衡的小脑和知觉系统。据统计，至少有数十万人因误食了被甲基汞污染的鱼虾而终身怪病缠身。同时，废水中的汞不仅污染了水俣湾的水体，还在水底淤泥中大量沉积，造成了难以被清除的持续性污染。即便已经过去多年，当地鱼虾仍无法捕捞食用，大量家庭不仅要经受身体病痛的折磨，还要面对失去主要经济来源的困境。这次难以挽回的生态灾难也使日本社会和政府付出了高昂的治理、治疗与赔偿代价。直至今日，相关的赔偿诉讼从未停止，对当地居民的伤害也一直持续。

案例2：美国洛夫运河污染事件（Vianna 和 Polan，1984）。

1942年，胡克化学公司将洛夫运河作为公司工业废物的填埋场地。胡克公司先将洛夫运河中的水抽干，再用黏土将运河的底部与四壁进行防渗衬砌，然后将装有化学废料的金属桶置于运河中，最后用土将运河填埋。胡克化学公司一共向洛夫运河中填埋了2万多吨化学废料，这些化学物质包括大量生产染料、香水、人工合成树脂等具有腐蚀性、生物毒性或强酸性的化学物质。在用泥土封顶后，洛夫运河上不久就长出了青草，从外面看和普通的草地没有什么不同。一年后，尼亚加拉瀑布市在知道洛夫运河下埋有化学物质的情况下仍把该区域的土地用来建设学校。不久，小学学校建成，400多名小学生入学就读。与此同时，洛夫运河与附近街区也进行了大规模的房地产开发，新建了许多住宅区。在施工过程中，河道四壁原来用于防渗的黏土层被挖得千疮百孔，使得化学物质直接渗漏到周围的土地中，并污染了当地居民长期饮用的地下水。

直至1978年初，才有一家报纸记者发现了洛夫运河社区的异常：这个区域的妇女流产以及新生儿缺陷的比例远高出当地其他社区；大量儿童大脑发育迟缓；很多居民患有原因不明的怪病；1/3的居民存在不同程度的基因缺损。同年，美国政府确认洛夫运河存在着由地下水污染造成的极为严重的公共安全隐患，要求尼亚加拉县卫生局采取措施，移除有害化学物质，并隔离污染区。对紧邻洛夫运河的239户居民进行永久性搬迁。这成了美国历史上唯一一次以非自然灾害（如地震、洪水、飓风等）原因宣布进入紧急状态的公共事件。在之后的1983～2004年间，美国缓慢地对洛夫运河的污染进行清理工作，持续了21年，花费高达3.5亿美元。但在对污染最为严重的近100亩土壤的处理中，采用的依然是胡克化学公司几十年前的做法，用新型的衬砌材料进行填埋。在胡克公司封顶50多年后，洛夫运河上再次长出了青草，恢复了平静，但2万多吨有害化学物质仍然埋在地下，此事件带给洛夫运河居民的身体损害，以及未来可能的持续性的地下水污染阴影，也将伴随他们终身。

案例3：佛罗里达州坦帕湾赤潮。

赤潮在世界各地并不罕见，而美国的佛罗里达海岸几乎每个夏天都会有。赤潮通常在秋季开始并在次年1月结束，属于正常的自然现象。但在最近的几十年里，坦帕湾由于水体富营养化而暴发严重赤潮，并造成大量海洋生物死亡的记录越来越频繁。2021年6月，坦帕湾暴发了有史以来最严重的赤潮。原本美丽的海滩正散发着腐臭的味道，滩上到处都是死鱼、腐烂的海洋生物，原本蓝色的海水也变成了浑浊的颜色。短短一个多月就有超过1000t鱼类和其他海洋生物的尸体被冲上佛州海滩，甚至导致了周围海域至少850头海牛等海洋濒危动物的死亡，对当地海洋生态系统的负面影响触目惊心。

事后经研究发现，导致这次坦帕湾赤潮的是一种名为腰鞭毛藻（*Karenia brevis*）的浮游生物，它会产生神经毒素，一直存在于墨西哥湾。一般情况下，坦帕湾每升水中只有几百个到几千个腰鞭毛藻。然而，美国两个最大的污水处理厂持续将含有大量营养物质的废水排入墨西哥湾，超过了墨西哥湾水体的自净能力，使得水体中的营养物质急剧增加。而当腰鞭毛藻遇到过量的营养物质（氮和磷）时，它会以每升至少10万个个体到多达每升500万个个体的速度膨胀成赤潮。大量腰鞭毛藻会消耗水体中过多的氧气，从而造成其他水生生物因缺氧死亡或迁徙到别的地方。更为严重的是腰鞭毛藻还会产生一种称为短裸甲藻毒素的神经类毒素，可杀死还在这些海域的鱼类并影响鱼类和其他脊椎动物的中枢神经系统，使得海牛、海豚和海龟在原地转圈，失去协调性，继而搁浅死亡。另外，这种神经毒素也会影响人类，海风裹挟海水可将一些有毒物质吹到内陆1～2km外的地方，导致在这一范围内的部分存在慢性呼吸系统疾病的人群出现喉咙发痒、眼睛流泪和鼻子发炎等症状。

9.2.1.2　空气污染

空气污染又称为大气污染，通常是指由于人类活动或自然过程引起某些物质进入大气中，呈现出足够的浓度，达到足够的时间，并因此危害了人类的舒适、健康和福利或环境的现象。

大气是由一定比例的氮气、氧气、二氧化碳、水蒸气和固体杂质微粒组成的混合物。就干燥空气而言，按体积计算，在标准状态下，氮气占 78.08%，氧气占 20.94%，稀有气体占 0.93%，二氧化碳占 0.03%，而其他气体及杂质体积大约是 0.02%。但各种自然变化或人为干扰往往会引起大气成分的变化。只要大气中外来成分存在的量、性质及时间足够对人类或其他生物、财物产生影响者，就可以称其是空气污染。

空气污染物是由气态物质、挥发性物质、半挥发性物质和颗粒物质（PM）的混合物造成的，其组成成分变异非常明显。根据污染物粒径的大小可以将其主要分为烟尘、粉尘和光化学烟雾三种。

① 烟尘是指粒径为 $0.01 \sim 0.10 \mu m$ 的固体微粒或液滴所组成的飘浮污染物。通常金属冶炼、火力发电、石油化工、汽车尾气以及垃圾燃烧都会产生大量的烟尘污染。由于烟尘微粒沉降速度缓慢，在大气中停留时间长，经常能吹到很远的地方，所以烟尘引发的空气污染往往会波及很大的区域，甚至成为全球性的问题。

② 粉尘是常见的大颗粒（$>0.10 \mu m$）大气污染物，自然界火山爆发、森林火灾以及人类工业生产中对煤炭、水泥和矿物的粉碎、筛分、输送、爆破过程都会产生大量的粉尘污染。这些污染有些能够很快地降落到地面，危害较小；而有些则能在大气中持续飘浮，不断地积累，从而导致污染程度逐渐增大。

③ 光化学烟雾是汽车、工厂等通过对石油及其衍生物燃烧产生并排入大气的烃类化合物（$C_x H_y$）和氮氧化物（NO_x）等一次污染物在阳光（紫外线）作用下发生光化学反应生成二次污染物，后与一次污染物混合所形成的有害浅蓝色烟雾。光化学烟雾可随气流飘移数百公里，即便是远离城市的农作物也会受到损害。光化学烟雾多发生在阳光强烈的夏秋季节，随着光化学反应的不断进行，反应生成物不断蓄积，光化学烟雾的浓度不断升高，危害也会逐渐增大，直至适宜的天气条件出现才会慢慢消散。

由于空气极强的流动性和广泛的需求，空气污染相比于其他污染其危害程度往往更严重，危害范围也更大。

① 直接毒害。很多空气污染物本身既具有很强的刺激和毒性作用，对多数陆生生物特别是人类具有较大的危害，会对人类的眼、鼻、呼吸道和肺黏膜产生反复的刺激作用，导致恶心呕吐、呼吸困难、咳嗽哮喘、昏迷等不良症状，长期处于其中还有可能引发心肺功能异常、支气管炎甚至是肺癌等严重疾病。少数污染物还可以作为催化剂催化其他污染物进一步反应生成毒性更高的产物，进一步加剧空气污染的危害。

② 病毒、有害物载体。颗粒性大气污染物还具有载体的作用，这些颗粒可以吸附并富集空气中的有害微生物和有害金属，提高其在空气中的悬停时间，帮助其通过呼吸系统直接进入生物体内，使生物更容易被感染和中毒。

③ 气候影响。大气污染物对天气和气候的影响是十分显著的，首先大量的空气污染物会减少到达地面的太阳辐射量，这些从工厂、发电站、汽车、家庭取暖设备向大气中排放的大量烟尘微粒，会使空气变得非常浑浊，遮挡阳光，使得到达地面的太阳辐射量减少。其次，很多颗粒性大气污染物还可以作为凝结核，在适宜的天气条件下促进降水事件的发生。最后，CO_2 等温室气体作为比较特殊的大气污染物，人类对它们的过度排放会显著增加地球

的温室效应，提高全球平均温度，导致全球气候变化。

案例1：伦敦"杀人"烟雾事件。

1952年12月在伦敦发生了一次严重的烟尘型大气污染事件。开始的前4天内死亡人数就达4000多人。在此后两个月内，又有近8000人死于肺炎、肺癌、流行性感冒等呼吸系统疾病。由于毒雾的影响，公共交通、影院、剧院和体育场所都关门停业，大批航班取消。大雾一直持续到12月10日才渐渐散去。这次事件直接或间接导致12000人因为空气污染而丧生，是西方工业革命以来影响最大的一次大气污染公害事件。

伦敦烟雾事件属于烟尘型空气污染。当时的伦敦居民都用硫含量较高的烟煤取暖，且伦敦也有大量的工厂使用燃煤。燃煤产生的粉尘表面大量吸附水，形成烟雾的凝聚核，继而形成了浓雾。同时，燃煤粉尘中的三氧化二铁催化二氧化硫氧化生成三氧化硫，进而与吸附在粉尘表面的水化合生成硫酸雾滴。据统计，伦敦烟雾事件期间每天有将近1000t烟尘粒子、2000t二氧化碳、140t盐酸和14t氟化物被排放到已无力自我清洁的空气里。空气中还弥漫着由370t二氧化硫转换成的800t硫酸雾滴。在伦敦高湿无风的气象条件下，空气中这些大量的有毒烟尘蓄积，经久不散，这些有毒烟雾滴通过呼吸系统进入人体并产生强烈的刺激作用，引发严重的呼吸道疾病，甚至死亡。最终导致了这次震惊世界的"1952年伦敦大雾事件"。此后的1956年、1957年和1962年伦敦又连续发生了多达12次严重的烟雾事件，给当地居民的健康造成了难以估计的损伤。

案例2：日本石棉致癌公害事件。

石棉具有良好的易燃抗热属性、机械拉力和可纺织以及耐强酸或强碱的特性，因此一度在纺织、建筑构件、家电用品中被广泛应用。但微小的石棉纤维会污染空气并通过呼吸道和消化道侵入人体，对人体造成持续性的损伤，甚至会诱发癌症。所以世界卫生组织在1980年就认定石棉为致癌物质。

在日本，石棉因为价格较低广泛用于制造建筑及屋顶板瓦上的绝缘隔热材料。然而，尽管很多工厂都在生产石棉制品，但并未给工人提供足够的保护，也没有相关的防护培训，导致接触石棉的生产和建筑行业的工人，因为空气中残留飘浮的石棉纤维，都暴露在石棉污染的风险中。2005年6月，日本媒体揭露久保田公司员工因石棉集体罹癌事件。据报道截至2005年，该工厂的员工已有105人死于石棉相关疾病，死亡人数超过该工厂全体员工的10%。日本经济产业省的统计数据表明，2000～2005年五年间，日本因制造、接触石棉产品，吸入石棉尘埃，日本工矿企业中已有400多人死于由此引发的癌症或其他致死疾病。同时，由于价格便宜石棉制品大量充斥在日本的众多建筑中，例如最为常见的石棉瓦，隔热绝缘的石棉墙体，建筑物逃生通道处的门里也含有石棉材料。屋顶的一些保温层里也可能含有石棉材料，过去生产的下水槽的镀层内也含有石棉材料。此外，隔声板、保温砖、耐火砖等建筑用材中也含有石棉。随着这些材料的老化解体，其中所含的石棉纤维也存在混入空气中导致污染的可能。数以千万的居民的健康都面临建筑随时可能散发出的石棉纤维的隐形威胁。因此，2006年日本政府不得不宣布完全禁止制造和使用石棉类制品，并花费大量人力物力替换众多公共建筑中的石棉制品。然而，更多的石棉制品仍存在于许多日本普通居民家中，由于认知所限，他们甚至不知道自己正和死神共处一室。由于石棉污染的隐蔽性和伤害的滞后性，石棉纤维对人健康的危害也会持续下去。

案例3：洛杉矶光化学烟雾事件（朱蕾，2022）。

1940～1960年间在美国洛杉矶多次发生了有毒光化学烟雾污染大气的事件。造成这些事件的原因是洛杉矶汽车保有量极多，每天城市汽车的尾气和工厂的石油燃烧，排出1000

多吨烃类化合物、300 多吨氮氧化物（NO_x）和 700 多吨一氧化碳（CO）。同时，洛杉矶由于地理位置上三面环山，大气污染物不易扩散。这些污染物聚集在洛杉矶上空，在强烈的阳光（紫外线）的照射下发生反应产生臭氧、氮氧化物、醛、酮等有毒气体。这些经历二次反应生成的剧毒光化学烟雾比普通一次烟雾的危害更大，对人体健康产生严重的不良影响。

这种烟雾不仅使人眼睛发红、咽喉疼痛、呼吸憋闷、头昏、头痛，就连离洛杉矶 100km 的松林也因为有毒的烟雾而大批枯死。1955 年 9 月洛杉矶发生最严重的光化学烟雾事件，仅两天内因呼吸系统衰竭死亡的 65 岁以上的老人达 400 多人。持续多年的光化学烟雾引发了呼吸系统疾病、交通事故、航空事件、医疗事故、农作物的大量死亡等，造成了经济上的巨大损失和人们的心理恐慌。由于洛杉矶光化学烟雾事件的恶劣影响，美国政府也意识到在环境法规方面的缺失，先后出台了空气污染控制法（1955）、清洁空气法（1963）、空气质量法（1967）等多部法律法规，洛杉矶据此进行污染控制但成果有限。政府、工业界、环保组织、公民等利益相关者进行的相互博弈是主要原因。到了 20 世纪 60 年代末，越来越多的普通人也开始关注环境问题。1970 年 4 月 22 日这一天，在美国爆发了有 2000 万人参加的公民环境保护运动，这一草根行动最终推动了《清洁空气法案》的出台。后来这一天被命名为世界地球日，它还促成了 1972 年在瑞典斯德哥尔摩召开联合国第一次人类环境会议。

9.2.1.3　重金属污染

重金属污染指由重金属或其化合物造成的环境污染，主要由采矿、废气排放、污水灌溉和使用重金属超标制品等人为因素所致。

正常情况下，生物生理生化过程中的许多酶需要依赖蛋白质和特定微量元素如锰、硼、锌、铜等离子的络合作用才能真正发挥其作用。然而，如果这些元素含量过多，也可能会破坏蛋白和金属离子的平衡过程，削弱或终止某些蛋白的活性，影响生物正常的生理活动。通常而言，由于这些重金属的存在形式和自然分布的原因，环境中生物可摄入的量极为有限并不会产生危害。但由于人类对重金属的开采、冶炼、加工及商业制造活动日益增多，造成不少重金属如铅、汞、镉、钴等进入大气、水、土壤中，引起严重的环境污染。以各种化学状态或化学形态存在的重金属，在进入环境或生态系统后就会存留、积累和迁移，造成严重危害。

重金属污染物是指一些环境中可以通过食物等方式进入生物体，干扰生物体正常生理功能，危害生物体健康的有毒重金属及其化合物。这类金属元素主要有铅（Pb）、镉（Cd）、铬（Cr）、汞（Hg）、砷（As）等。

① 铅可以作为农药及汽油、涂料、家具、瓷器等的添加剂。燃煤也会释放出大量的铅。铅的生物稳定性很高，一旦摄入极难自然代谢排出。铅的危害主要是会引起儿童智力发育障碍。儿童处于发育阶段，机体对铅毒的易感性较高。另外，高浓度的铅尘大多距地面一米以下，这个高度恰好与儿童的呼吸带高度一致。因此，儿童通过呼吸进入体内的铅远远超过成人，加上某些儿童有吮吸手指的不洁行为，学习用具如铅笔、蜡笔、涂改笔及油漆桌椅中的铅，都可"趁机而入"。

② 镉用途很广，镉盐、镉蒸灯、颜料、合金、电镀、焊药、标准电池等，都要用到镉。镉是一种毒性很大的重金属，其化合物也大都属毒性物质。摄入过量的含镉化合物会导致高血压，引起心脑血管疾病，破坏骨骼和肝肾，并引起肾衰竭。

③ 汞是一种重要的化工产品，可以在采矿和相关的化工生产中流入环境而造成污染。另外，燃煤、化妆品、日光灯、温度计等都可能含有一定数量的汞。如果大量吸入和接触，汞被食入后直接沉入肝脏，对人的神经系统和肝脏、肾脏等器官产生严重的损坏。水中含

0.01mg，就会导致人中毒。

④ 砷的主要矿物有砷硫铁矿、雄黄、雌黄和砷石等，但多伴生于铜、铅、锌等的硫化物矿中。因此金属冶炼会把砷排入环境中。砷主要用于农药，少量用于有色玻璃、半导体和金属合金的制造。砷不是人体的必需元素，但是由于所处环境中含有砷而成为人和动、植物的构成元素。砷有剧毒会致人迅速死亡。长期接触少量会导致慢性中毒，引起皮肤病变，神经、消化和心血管系统障碍，有积累性毒性作用，破坏人体细胞的代谢系统，具致癌性。

⑤ 铬主要来源于劣质化妆品原料、皮革制剂、金属部件镀铬部分、工业颜料以及鞣革、橡胶和陶瓷原料等。如误食饮用，可致腹部不适及腹泻等中毒症状，引起过敏性皮炎或湿疹；呼吸进入，对呼吸道有刺激和腐蚀作用，引起咽炎、支气管炎等。

重金属污染的危害往往由重金属种类、浓度、存在形式以及持续时间等因素共同决定，是环境污染对人类危害最大的几类污染之一。重金属污染的特点是因其某些化合物的生产与应用的广泛，在局部地区可能出现高浓度污染。同时，部分重金属还可以在进入生物体后形成金属有机化合物（如有机汞、有机铅、有机砷、有机锡等），比相应的金属无机化合物毒性要强得多。另外，重金属污染物一般具有潜在危害性。它们与有机污染物不同，其具有很强的富集性，很难在环境中降解，经过"虾吃浮游生物，小鱼吃虾，大鱼吃小鱼"的水中食物链被富集，浓度逐级加大。而人正处于食物链的终端，通过食物或饮水，将有毒物摄入人体。若这些有毒物不易排泄，将会在人体内积蓄，引起慢性中毒。重金属离子对人体的伤害往往是持续的、不明显的，甚至隐藏的，所以人们似乎没有注意到它们。事实上，重金属进入人体同样很难移除，其在人体内代谢周期很长，主要聚集在人体各大器官，破坏正常生理代谢，浓度高时会对人和动物具有致癌、致畸、致突变的作用。例如，镉中毒的典型症状是肾功能受破坏，肾小管对低分子蛋白质再吸收功能发生障碍，糖、蛋白质代谢紊乱，尿蛋白、尿糖增加，引发尿蛋白症、糖尿病。

案例 1：日本富山骨痛病事件。

20 世纪初期开始，日本富山县神通川流域发生了令人震惊的"骨痛病"事件。因为富山县神通川上游的神冈矿山是铝矿、锌矿的生产基地，该矿产企业长期将没有处理的含有大量金属镉的废水排入神通川。两岸的居民用被污染的水源灌溉农田，金属镉在土壤里累积，造成严重的土壤污染，长出的稻米也重金属超标，变成"镉米"。人食用了有毒的稻米，致使镉在体内沉积，引起腰、手、脚等关节疼痛，病症持续几年后患者全身各部位会发生神经痛、骨痛现象，行动困难，甚至呼吸都会带来难以忍受的痛苦。到了患病后期，患者骨骼软化、萎缩，四肢弯曲，脊柱变形，骨质松脆，就连咳嗽都能引起骨折。患者不能进食，疼痛无比，有人甚至因无法忍受痛苦而自杀。此地十年间，因含镉废水污染土壤，导致近百人死亡。被镉污染后的土壤更是数十年难以恢复，种出的粮食也因为镉超标而无法食用，当地的居民陷入了失去健康土壤的悲痛之中，其带来了难以估计的伤害。

案例 2：罗马尼亚金矿溃坝事件。

2000 年 1 月在罗马尼亚北部城市奥拉迪亚，连续的大雨使镇上"乌鲁尔金矿"的氰化物废水大坝发生漫坝，10 万多立方米的含有剧毒的氰化物及铅、汞等重金属的污水流入多瑙河支流蒂萨河，再经多瑙河汇入黑海。

一时间河中氰化物含量最高超过 700 倍，还含有各种有毒有害的重金属，使美丽的蓝色多瑙河瞬间变为"死亡之水"。毒水流经之处，几乎所有水生生物迅速死亡，河流两岸的野猪、狐狸等陆地动物也难逃一死，两岸的植物大面积枯萎，一些特有生物物种濒临灭绝，引发居民终日恐慌，沿河地区进入紧急状态。氰化物和重金属的泄漏也使得当地的地下水遭到严重污染，河流沿岸 200 万居民没有可饮用的安全水源。

即使半年后，人们也不敢取食河中的水产品，不敢食用当地产出的农产品，农、林、牧、渔等产业也深受影响。渔民、牧民相继失业，严重影响了当地居民的生产生活。而该领域的生态系统更是数十年无法得到修复，过量的重金属杀死了包括罕见的鲟鱼在内的各种鱼类、鸟类、浮游生物和哺乳动物，对生物多样性造成了不可逆转的严重破坏。这场灾难被认为是自切尔诺贝利核熔毁事故以来欧洲最大的灾难性事件，引发了旷日持久的国际诉讼，被认定为全球六大毒物污染事件。

9.2.1.4　微塑料与持久性有机物污染

（1）微塑料污染

微塑料污染是指直径 <5mm 的塑料颗粒在水体、土壤和空气中大量存在造成的环境污染。主要由人类大量使用塑料制品以及对塑料废弃物处理不当所致。这些微塑料可以通过生物富集，对生物生长和人类健康安全产生难以估计的影响。

微塑料作为一种新兴污染物具有特殊性质。其粒径小，密度小，迁移性强。另外，微塑料比表面积大，表面疏水性强，易于富集微生物、重金属和有机污染物。除此之外，微塑料还会向水体释放自身有害添加剂。微塑料的来源主要分为两种：一种是初生微塑料，即生产之时的粒径就 <5mm 的塑料微珠，常被用在有清洁作用的洗漱用品中；第二种是次级微塑料，是指大块塑料经过物理、化学和生物作用最终形成的微小颗粒。大量生物短期暴露实验证明，微塑料体内累积会对生物体产生多方面的影响，包括代替食物影响营养吸收，造成营养不良，影响子代数量和质量，累积引起血栓，具有神经毒性等。细小的微塑料还可能穿过生物组织，进入循环系统，这部分微塑料难以从体内排出，具有潜在健康风险。然而，生物体在微塑料环境中暴露的实际情况往往更加复杂，暴露时间也更长，这种情况下的微塑料毒理效应尚不明确，亟待研究。

（2）持久性有机物污染

持久性有机物污染指的是那些能够持久存在于环境中的天然或人工合成的有机物造成的环境污染。这些有机物具有很长的半衰期，且能通过食物网积聚，会对人类健康及环境造成严重危害。

持久性有机污染物通常具有下列 4 个重要特征。

① 环境持久性。持久性有机污染物在自然环境中很难通过生物代谢、光降解、化学分解等方法进行降解，可以在环境中长期存在。

② 生物蓄积性。持久性有机污染物大部分具有低水溶性、高脂溶性的特点，容易在脂肪组织中发生生物蓄积，并沿着食物链浓缩放大，对人体危害巨大。

③ 半挥发性。持久性有机污染物能够从水体或土壤中挥发进入大气环境或通过大气颗粒物的吸附作用，在大气环境中可以远距离迁移；还可以重新沉降到地面，多次反复，造成全球范围内的污染。

④ 高毒性。持久性有机污染物大多具有致癌、致畸与致突变作用，对人类和动物的生殖、遗传、神经、内分泌等系统具有强烈的危害作用。

持久性有机污染物主要可以分为有机氯农药类、工业化学品和非故意生产的副产物三类。有机氯农药类主要包括艾氏剂、氯丹、滴滴涕、狄氏剂、异狄氏剂、七氯、灭蚁灵、毒杀芬和六氯苯等，主要是农业、牧业和林业防治虫害的杀虫剂以及生活中用于防治蚊蝇传播疾病的药剂的组成成分。工业化学品主要包括六氯苯、多氯联苯等。其中多氯联苯主要来源于变压器、电容器、充液高压电缆、油漆、复印纸的生产和塑料工业，以及有色金属生产、铸造和炼焦、发电、水泥、石灰、砖、陶瓷、玻璃等工业释放持久性有机污染物的事故。非故意生产的副产物包括多氯代二苯并-对二噁英、多氯代二苯并呋喃等。主要来源于不完全燃烧与热解、含氯化合物的使用、氯碱工业、纸浆漂白和食品污染等。这些持久性有机污染物一旦被排放到环境中即会通过全球蒸馏和蚂蚱效应长距离传输，在全球范围内迁移，导致包括水体、土壤和空气在内的环境大范围污染。基于持久性有机污染的这些特性，许多国家已立法禁止或削减持久性有机污染物质的排放，并禁止和逐步淘汰某些含有持久性有机污染物产品的生产。但是世界上已很难找到没有持久性有机污染物存在的净土了，相应地几乎人人体内都有或多或少种类、或高或低含量的持久性有机污染物，其后续的持续性危害也会在不久的未来逐渐展现。

案例1： 无处不在的微粒塑料（李珊等，2018）。

近年来，微塑料成为国际社会高度关注的环境问题。2016年，联合国环境大会将海洋塑料垃圾和微塑料问题等同于全球气候变化等全球性重大环境问题。由于人类社会大量地使用塑料制品，分解后产生的肉眼难以分辨的微塑料几乎渗透到日常生活的方方面面。瓶装水、塑料包装的食品以及浴露、牙膏、防晒霜等个人护理用品甚至洗衣机洗涤衣服产生的废水等都可能含有微塑料。

微塑料可以进入大气层随着气流传输，也可以在海洋中随波逐流，可以说微塑料在地球表面已经无处不在。近年来，科研人员从南极洲采集的样本中已经发现了微塑料。不仅在环境中，而且在人类血液、肺部甚至母乳中也已经发现了微塑料的痕迹。微塑料可通过吸入和摄入进入人体，对人体健康造成影响。暴露于大量塑料纤维粉尘和纺织业的工人会发生肺损伤，产生炎症、纤维化和过敏等症状。而微塑料中的极小颗粒，能够穿过细胞膜，从肠道转移到淋巴和循环系统，或随着血液系统循环到达全身各组织，在包括肝脏、肾脏和大脑在内的组织中积累，引发氧化应激和炎症，并增加癌症的死亡风险。同时，微塑料还可以作为载体，将颗粒中或颗粒上的化学污染物、蛋白质和毒素转移到体内，从而对人体产生损伤。

目前，由于其持久性、宽尺寸范围和复杂的特性，与其他环境颗粒相比，微塑料可能表现出不同的颗粒特性，具有不同和更广泛的有害性。对微塑料具体的危害，人们迫切需要进行更多的研究，以充分了解微塑料在现实生活条件下的潜在毒性、潜在机制和长期影响。

案例2： 日本米糠油事件与台湾台中市惠明盲校食物中毒事件（蒋可，1983）。

日本米糠油事件是由持久性有机物污染所造成的典型污染事件。1968年3月，在日本的九州、四国等地突然出现几十万只鸡死亡的现象，随后福岛县先后有十余人患有病因不明的皮肤病到医院就诊而引起了公众的注意。专家从病症的家族多发性了解到食用油的使用情况，怀疑与米糠油有关。

后经日本有关部门跟踪调查，发现九州大牟田市一家食用油工厂，在生产米糠油时，为了降低成本追求利润，在脱臭过程中使用了多氯联苯（PCBs）液体作导热油。因生产管理不善，多氯联苯混进了米糠油中。多氯联苯是一种化学性质极为稳定的脂溶性化合物，可以通过食物链富集于动物体内。多氯联苯被人畜食用后，多积蓄在肝脏等多脂肪的组织中，损害皮肤和肝脏，引起中毒。初期症状为眼皮肿胀，手掌出汗，全身起红疹，其后症状转为肝功能下降，全身肌肉疼痛，咳嗽不止，重者发生急性重型肝炎、肝昏迷等，甚至死亡。此外，多氯联苯受热生成了毒性更强的多氯代二苯并呋喃（PCDFs），会对人体造成更大的损伤。随着含有多氯联苯的米糠油销往各地，在当时造成了严重的生命和财产损失，因米糠油中毒而影响身体健康的达数万余人，死亡近百人。同时生产米糠油的副产品黑油被作为家禽饲料售出，也导致大量家禽死亡，造成了巨大的经济损失。

日本米糠油事件是由持久性有机物造成的典型污染事件，造成了较大的社会恐慌。为了警示世人，避免重蹈覆辙，人们将其列为"世界八大环境公害事件"之一。但仅仅隔了 11 年，在我国的台湾省同样的悲剧再次上演。台湾省的惠明盲校因官方资助经费十分有限，便决定采购较为便宜的米糠油作为学校食堂的食用油。几个月后，许多盲童和学校老师均开始出现皮肤变黑、浑身长满又痛又痒的痘痘的中毒迹象。后经调查发现，这同样是一起由多氯联苯污染米糠油而引起的中毒事件。有毒的米糠油造成两千多名受害者严重中毒，无药可医，余毒终生残留在体内。这次事件震惊了整个台湾社会，也引起了台湾当局和民间消费者组织的极大关注。由此，台湾社会开始构建日趋严密的食品安全网络，加强食品安全监管，取得了一定的效果。从 30 多年的整体情况来看，虽然最近台湾省在食品安全方面也发生过塑化剂、瘦肉精等问题，但自 1979 年以来，台湾省的确未再发生过食用"毒油"的安全危机。

9.2.1.5　噪声污染与光污染

（1）噪声污染

噪声污染是发声体做无规则振动时发出声音造成的无形污染，这些污染大都是人为造成的。从广义上讲，一切人们所不需要的声音都可以称为噪声，当噪声对人及周围环境造成不良影响时，就形成噪声污染。适合人类生存工作的最佳声环境为 15～45dB。当噪声超过 60dB 时就会感到喧闹；在 90dB 以上，就使人烦躁；到 120dB，已能令人耳痛，听力受损。产业革命以来，各种机械设备的创造和使用，给人类带来了繁荣和进步，但同时也产生了越来越多而且越来越强的噪声。噪声不但会对听力造成损伤，还能诱发多种致癌致命的疾病，也对人们的生活工作有所干扰。城市噪声来自多个方面，大体可以分为交通噪声、工业噪声、生活噪声和其他噪声。在任何城市，交通噪声都是城市噪声的主要方面，但昼夜不停的高分贝工业噪声往往会给周围的工作人员、居民和游人造成极大的影响。

噪声最明显的危害是妨碍人们的睡眠和休息。人即使在睡眠中，听觉也要承受噪声的刺激。噪声会导致多梦、易惊醒、睡眠质量下降等，突然的噪声对睡眠的影响更为突出。噪声会干扰人的谈话、工作和学习。实验表明，当人受到突然而至的噪声一次干扰，就要丧失 4s 的思想集中。据统计，噪声会使劳动生产率降低 10%～50%，随着噪声的增加，差错率上升。由此可见，噪声会分散人的注意力，导致反应迟钝，容易疲劳，工作效率下降，差错率上升。噪声还会掩蔽安全信号，如报警信号和车辆行驶信号等，以致造成事故。除了对人类的影响外，噪声也能对动物的听觉器官、视觉器官、内脏器官及中枢神经系统造成病理性变化。噪声对动物的行为有一定的影响，可使动物失去行为控制能力，出现烦躁不安、失去常态等现象，强噪声会引起动物死亡。鸟类在噪声中会出现羽毛脱落、影响产卵率等。由于噪声属于感觉公害，所以它与其他有害有毒物质引起的公害不同。首先，它没有污染物，即噪声在空中传播时并未给周围环境留下什么毒害性的物质；其次，噪声对环境的影响不积累、不持久，传播的距离也有限；最后，噪声声源分散，而且一旦声源停止发声，噪声也就消失。因此，噪声不能集中处理，需用特殊的方法进行控制。

（2）光污染

光污染是指由人工光源导致的违背人生理与心理需求或有损于生理与心理健康的感觉污染现象。广义的光污染包括一些可能对人的视觉环境和身体健康产生不良影响的事物，包括生活中常见的书本纸张、墙面涂料的反光甚至是路边彩色广告的"光芒"亦可算在此列，光污染所包含的范围之广由此可见一斑。在日常生活中，人们常见的光污染的状况多为由镜面建筑反光所导致的行人和司机的眩晕感，以及夜晚不合理灯光给人体造成的不适。

光污染主要可以分为 3 类：

① 白亮污染，指白天阳光照射强烈时，城市里建筑物的玻璃幕墙、釉面砖墙、磨光大理石和各种涂料等装饰反射光线引起的光污染，日常生活中的镜面、水面反射就是白亮污染。

② 彩光污染，指舞厅、夜总会、夜间游乐场所的黑光灯、旋转灯、荧光灯、激光灯和闪烁的彩色光源发出的彩光所形成的光污染，其紫外线强度远远超出太阳光中的紫外线。经常"蹦迪"的人一直被这种污染干扰。

③ 人工白昼，指夜幕降临后，商场、酒店上的广告灯、霓虹灯闪烁夺目，令人眼花缭乱。有些强光束甚至直冲云霄，使得夜晚如同白天一样，即所谓人工白昼。生活在大都市的人们对这种污染深有感受。

多数光污染都会对长期处于其中的人类的心理、身体以及生活产生负面的影响。特别是夜间的光污染会导致人们难以入眠，扰乱人体正常的生物钟，使人白天精神不振，工作效率低下，工作和交通安全事故发生概率升高。过强或持续时间过长的光污染也会对人身体带来危害，长期暴露在白亮污染下会显著提高白内障的发病率，彩光污染可诱发鼻血、脱牙甚至是白血病等病变。除此之外，光污染还能影响动物的自然生活规律，受影响的动物昼夜不分，使得其活动能力出现问题。此外，其辨位能力、竞争能力、交流能力及心理皆会受到影响，更甚的是猎食者与猎物的位置互调。有研究指出光污染使得湖里的浮游生物的生存受到威胁，如水蚤，因为光害会帮助藻类繁殖，制造赤潮，结果杀死了湖里的浮游生物及污染水质。光污染还会破坏植物体内的生物钟节律，有碍其生长，导致其茎或叶变色，甚至枯死；对植物花芽的形成造成影响，并会影响植物休眠和冬芽的形成。

案例 1：中华人民共和国噪声污染防治法。

2021 年 12 月 24 日，第十三届全国人大常委会第三十二次会议通过了《中华人民共和国噪声污染防治法》（即"新噪声法"），自 2022 年 6 月 5 日起施行。

新《中华人民共和国噪声污染防治法》除了明确噪声污染内涵、科学精准依法治污、强化噪声源头防控、强化各级政府责任外，针对常见的工业噪声、建筑施工噪声、交通运输噪声和社会生活噪声进行分类防控，对症下药。还规定了噪声污染防治标准体系、环境振动控制标准、产品噪声限值、规划环境影响等内容的噪声污染标准，噪声污染防治责任、噪声监测、项目环境影响评估等制度的噪声污染防治的监督管理以及对违反噪声污染防治法的各种行为所应承担的法律责任。

"新噪声法"还特别聚焦了噪声扰民的一些难点领域，比如机动车轰鸣"炸街"扰民、酒吧等商业场所噪声扰民以及广场舞噪声扰民等，针对有些产生噪声的领域没有噪声排放标准的情况，在"超标＋扰民"基础上，将"未依法采取防控措施"产生噪声干扰他人正常生活、工作和学习的现象界定为噪声污染。同时该法律明确了有关职能部门的管理职责，同样也对违法者提出了明确罚则。比如禁止广场舞噪声扰民，要求规定在公共场所组织或者开展活动，要遵守公共场所管理者有关活动区域、时段、音量等规定，采取有效措施，防止噪声污染。同时，要求公共场所管理者要规定娱乐、健身等活动的区域、时段、音量，采取设置噪声自动监测和显示设施等措施来加强监督管理。如果违反规定的，首先是说服教育，责令改正；拒不改正的，给予警告，对个人可以处 200 元以上 1000 元以下的罚款，对单位可以处 2000 元以上 20000 元以下的罚款。同时，还鼓励创建宁静区域，在举行中考、高考时，对可能产生噪声影响的活动，做出时间和区域的限制性规定等。

这部法律的实施在噪声污染防治工作中具有重要意义，标志着我国噪声污染防治工作进入更高发展水平，切实回应了习近平总书记"还自然以宁静、和谐、美丽"的生态文明思想。

案例 2：迷途的候鸟。

鸟类迁徙是一个壮观的自然现象。候鸟会飞行成百上千公里，以寻找觅食和繁殖的最佳生态条件与栖息地。然而，人类社会的光污染却对候鸟迁徙构成重大威胁，每年导致数以百万计的鸟类死亡。

人类社会夜间的光污染改变了生态系统中光和暗的自然模式。它可以改变鸟类的迁徙模式、觅食行为和声音交流，可能导致候鸟在夜间飞行时迷失方向、与建筑物相撞，扰乱它们的生物钟或干扰它们进行长途迁徙的能力。夜间迁徙的鸟类受到人造光的吸引，会失去方向感，在有灯光的区域一直盘旋，逐渐耗尽能量储备，精疲力竭地被捕食或与建筑物发生致命碰撞。一些海鸟被陆地上的人造灯光吸引，错误地降落在陆地，成为老鼠和猫的猎物。同时，光污染对鸟类的孵化和筑巢时间也有一定的影响。

2022 年世界候鸟日的主题定为"熄灯，让候鸟安全回家"，重点探讨光污染及其对候鸟的影响。希望借此呼吁国际各国重视光污染对候鸟迁徙的影响，为避免候鸟受光污染影响，全球越来越多的城市已采取行动，减少光污染对候鸟迁徙的影响。例如在春季和秋季候鸟迁移阶段调暗建筑物灯光。由于候鸟迁徙常跨越国界，有关各方正在研究如何在多边环境协定框架下更好地采取全球行动，以帮助候鸟安全迁徙。

9.2.2　生态破坏

9.2.2.1　栖息地破坏

栖息地破坏是自然栖息地变得无法供其本土物种生长的过程。在这个过程中，以前在这个地方生存的种群被迫生活在不适合的环境中或转移到其他地方，使得当地生物数量和多样性显著减少。

人类活动破坏生境主要是为了获取自然资源用于工业生产和城市化建设。规划农田是栖息地破坏的主要原因。栖息地破坏的其他重要原因包括采矿、伐木、拖网捕鱼和城市扩张。栖息地破坏目前被列为物种灭绝的全球主要原因。这是一个自然环境变化的过程，可能由栖息地碎片化、地质变化和气候变化引起；或通过人类活动，如入侵物种的引入、生态系统养分耗竭等引起。科学家估计，在陆地上至少有 2/3 以上的物种正在或即将面临由人类活动导致的环境突变的影响，这会使许多物种失去赖以生存的生境。目前，有至少 3300 种已知陆生脊椎动物和 1900 种已知无脊椎动物的生存受到严重的威胁，迁徙能力差的两栖和爬行动物以及岛屿上无处迁徙的种类受到的威胁首当其冲。

栖息地破坏的危害是多方面的，不仅体现在对生物和生态环境的危害上，还会对全人类社会产生深远的负面影响。

栖息地破坏的危害最直观的是，当一个栖息地被破坏时，占据该栖息地的植物、动物和其他生物的承载能力降低，因此种群数量减少和灭绝的可能性变得更大。也许对生物和生物多样性最大的威胁是栖息地丧失的过程。坦普尔发现 82% 的濒危鸟类物种受到栖息地丧失的严重威胁。大多数两栖动物物种也受到栖息地丧失的威胁，一些物种现在只在改变过的栖息地繁殖。生活范围有限的地方性特有生物受生境破坏的影响最大，主要是因为这些生物在世界其他地方找不到，因此种群得到恢复的机会较小。许多地方性生物的生存条件非常苛刻，只能在特定的生态系统中找到，因此也更易灭绝。灭绝也可能发生在栖息地被破坏后很久，这种现象被称为灭绝债务。栖息地的破坏也会减小某些生物种群的生活范围。这可能导致遗传多样性减少，并可能产生不育后代，因为这些生物与它们种群中的相关生物或不同物种交配的可能性更高。最著名的例子之一是其对中国大熊猫的影响，大熊猫曾经在中国全境被发现。但现在，由于 20 世纪大规模的森林砍伐，它只出现在中国西南部支离破碎的和孤立的地区。

此外，栖息地的破坏还会直接或间接地影响人类社会的正常发展。栖息地的破坏会极大地增加一个地区面对自然灾害的脆弱性，如洪水和干旱、作物歉收、疾病传播和水污染。另外，随着周边栖息地的破坏，农业用地会越来越多地受到不利环境因素的影响。在过去的 50 年中，由于侵蚀、盐碱化、压实、养分耗竭、污染和城市化，农业用地周围生境的破坏已经使全世界约 40% 的农业用地退化。当其被破坏时，人类也失去了对自然栖息地的直接利用。此外，栖息地破坏对人类最深远的影响可能是许多有价值的生态系统服务功能的丧失。栖息地的破坏改变了氮、磷、硫和碳的循环，增加了酸雨、藻类大量繁殖以及河流和海洋鱼类死亡的频率与严重程度，并要对全球气候变化付巨大责任。有一项生态系统服务的重要性正在得到更好的理解，那就是气候调节。在当地范围内，树木提供防风林和遮阴；在区域范围内，植物蒸腾作用回收雨水并保持恒定的年降雨量；在全球范围内，来自世界各地的植物（尤其是热带雨林中的树木）通过光合作用隔离二氧化碳来对抗大气中温室气体的积累。由于栖息地破坏而减少或完全丧失的其他生态系统服务包括流域管理、固氮、产氧、授粉、废物处理（即分解和固定有毒污染物），以及污水或农业径流的营养物再循环。

案例 1：美国红顶啄木鸟减少（Costanza 等，2013）。

红顶啄木鸟是美国东南部原始松林中的一种特有鸟类，曾因美国动画"啄木鸟伍迪"在美国被熟知。它们通常在成熟的长叶松上开凿树洞，并在其中筑巢。由于美国东南部原始松林大规模的丧失和破坏，其不得不生存在相互隔离的生境碎片中，正面临着灭绝的风险。

在红顶啄木鸟的栖息地美国东南部滨海平原，曾经每 1~3 年就会有一次林火，长叶松生态系统是优势生境，植被丰富度大约每平方米 40 种。但随着人口的增加，以及森林防火的举措，使得生态系统的植物进行了演替，栎属之类的阔叶树成功定植在这里，这些阔叶树及其掉落的枯枝落叶改变了森林的组成成分，使得适合长叶松的生境逐渐退化；更为严重的是大面积的木材砍伐使得长叶松数量进一步变少，农业的开发使得很多松林变成了农田，长叶松生态系统已严重退化和破碎化，面积大幅下降到欧洲人殖民前的 3%，原来的松林生境日趋破碎化，成为一系列的孤岛。依赖长叶松生存的红顶啄木鸟也在逐渐消失。红顶啄木鸟的种群数量已不足 1 万只，被列为濒危物种。目前美国正在通过人工调整林火频率、增加人工巢址数量来优化现有的交叉的生境，把红顶啄木鸟从灭绝边缘拯救了回来，栖息地的改善使得红顶啄木鸟的数量逐渐恢复。

案例 2：北极熊的悲剧。

北极熊是世界上最大的陆地食肉动物，身体大且粗壮，但它们现在的生存却举步维艰。石油泄漏、污染和过度捕猎都可能对北极熊的生存带来一些风险。但这些风险都无法与北极地区海冰面积萎缩造成的影响相比。

北极熊生存在海冰区域，研究表明，当北极地区的冰面覆盖率低于 50% 时，便不能支撑北极熊的存活。北极熊依赖海冰休息、繁殖，并且用它作为平台捕猎海豹。海冰减少后北极海冰变得稀疏，海豹分散到更广的范围，导致北极熊很难找到海豹。近年来，由于全球气候变暖，北极温度上升，冰面覆盖率一直在降低，北极熊的所有栖息地都面临着巨大的压力，北极熊长期处于困境之中，没有足够的立足之地，也没有足够的食物，很多北极熊甚至为找寻陆地长途游泳，体力不支溺水而亡，而更多的北极熊则长期处于极度饥饿状态，死亡率显著升高，导致北极熊种群大幅度减小。同时，栖息地环境的改变也使得部分北极熊种群结构和行为发生了变化。和过去相比，老年和幼年的北极熊生存率逐渐变低，即使是壮年的北极熊，身体状况也更差，生长速度也更慢，体型更小。而在加拿大海域附近的北极熊甚至在缺乏足够海豹等食物的条件下，慢慢学会了诱捕小型白鲸，这种改变对北极圈内生态系统的影响还有待观察。

9.2.2.2　过度开发

过度开发是指人类对现有生物资源的不合理利用导致环境中生存的某种生物种群不足以靠自身繁殖补充种群数量，造成种群数量显著下降和生态系统退化的现象。

从人类诞生伊始，人类就一直以动植物为食，随着人口的扩张，人类的捕猎、采收活动也日益加剧。当人口尚处于低密度分散状态的时候，猎捕、采收对环境的影响很轻微，而且人类会在生物资源变少时转移到其他未被涉足的区域寻找猎物，所以不会对被猎捕、采收的物种产生任何影响。但随着技术的不断发展和人口数量的增长，高强度的猎捕、采收日益频繁，加之人类活动范围的增加也使更多的区域受到影响，最终导致人类如今对地球上几乎所有生物资源都存在着不同程度的过度开发的问题。

任何被人类猎捕、采收的种群的丰度必然会下降。因猎捕、采收而导致的损失，通常可以通过种群的增长、繁殖以及自然死亡率的降低来补偿。但这需要足够的时间、资源和种群基数才能实现。过于频繁或强度过大的猎捕、采收将会导致短时间内生物资源耗尽，从而导致物种的灭绝。除此之外，过度开发也会影响被猎捕、采收生物的遗传特性。由于人类尤其喜欢猎捕、采收种群中体型最大、健康程度最好的个体，而这就违背了自然选择倾向于让体型大、生长率高的个体存活的规律。当这种人为选择压力高于自然选择的时候，就可能导致种群留下的基因型具有更小的体型和更弱的健康状况，从而对这个种群产生更为长期的不利影响。

生物种群一旦被过度猎捕、采收就有可能灭绝，从而损害人类的长远利益。因此，关键是要找到最理想的利用强度，实现产量长期最大化。许多实验阐明了种群开发的 4 项原则：a. 种群开发会降低种群的丰度，开发强度越大，种群丰度越小；b. 低于一定阈值的开发强度下，种群是能够恢复的；c. 当开发强度高于某一阈值时，将导致种群的灭绝；d. 在不开发和过度开发之间，存在着持续产量的最大值。因此，只要开发利用适当，生物资源就可以不断自我更新，持续地向人类提供所需要的产量。传统的管理办法是通过高猎捕、采收量和低利润的方法使开发作业最大化。更为可持续的管理办法则是降低猎捕、采收量，并使利润和生态系统健康最大化。然而在现实中会碰到的问题是，我们很难从传统目标转移到可持续目标。这主要是因为过度猎捕、采收在短期内对人类是有益的，而社会和政治因素也会迫使资源的管理者难以有效地评估与控制传统目标的长期危害。短视、数据不足和监管缺失或不明经常造成与生物资源过度开发联系在一起的经济及社会灾难。

案例 1：国际捕鲸对鲸鱼种群的影响（Edgar 等，2014）。

人类的捕鲸活动可追溯到史前时代，当时北极区的人们利用石具来捕鲸。但当时捕鲸数量相比于鲸鱼的种群数量来说只占很小的部分，所以对鲸类的种群数量未造成很大的影响。随着科技的发展和捕鲸工具的进步，特别是工业革命初期鲸鱼油作为当时最好的工业润滑剂而被大量需求。在巨大经济利益的驱动下，人类开始了大规模的商业捕鲸，1900～1911 年间鲸鱼的年捕杀量从 2000 头增加到 20000 头以上。1962 年世界最高年捕获量达 6.6 万余头。到 20 世纪 70 年代，各国捕鲸队在南半球共捕获了超过 200 万头鲸。

高速扩张的捕鲸业让南半球的鲸类种群迅速奔溃，很多母鲸同它们未成年的幼仔一起被无情捕杀，造成了主要大型鲸类种群的迅速奔溃。短短 30 年不到的光阴，南半球鲸类已经被屠杀殆尽。其中蓝鲸数量从捕鲸业开始前的 20 万～30 万头，到 1966 年已经锐减到了仅仅 2000～3000 头。蓝鲸的种群崩溃后，捕鲸队已经很难捕到蓝鲸了，于是他们把目标转向那些经济价值较低稍微常见的鲸类。于是在蓝鲸之后，长须鲸、座头鲸、抹香鲸等鲸类也遭到了大规模屠杀，种群数量骤减。到了 20 世纪中末期，由于更加廉价的鲸油替代品的出现，以及事实上大洋中已基本无鲸可捕的困境，很多捕鲸公司都纷纷倒闭。

1982 年，国际捕鲸委员会通过了《禁止商业捕鲸公约》，绝大多数成员国在此之后都停止了捕鲸行为。禁令对鲸类的种群恢复有积极显著的意义。然而，后来有少数国家退出了捕鲸委员会，重新开始了捕鲸活动。目前，挪威、冰岛和日本还在进行商业捕鲸活动。同时，作为鲸类主要食物的磷虾，现在也是各国商业捕捞的对象。磷虾的过度捕捞对南大洋滤食性鲸类种群恢复已经产生了一系列不利的影响，相对于如今已基本不具商业价值的捕鲸业，想要在国际上限制全球重要饲料来源磷虾的捕捞可谓是困难重重。鲸类何时能恢复正常的种群数量，海洋里何时可以重新充满美妙的鲸歌，仍任重而道远。

案例 2： 过度放牧导致草原退化。

我国草原总面积为 392.8 万平方公里，约占国土面积的 40.9%，是国家生态安全的重要绿色屏障，也是农牧民赖以生存的主要生产资料。然而，20 世纪 80 年代开始，我国草原发生了大面积、不同程度的退化。迄今，"局部好转、整体恶化"的态势没有得到根本扭转，这已成为制约我国生态文明建设和社会经济发展的主要瓶颈。

草原退化是全球性的生态问题，造成的原因也十分多样，但最主要的原因是人们长时间的不合理利用甚至是掠夺式利用，这使得草原被带走了大量的物质，并且草原又得不到相应的物质补充，这违背了生态系统中能量与物质平衡的基本原理，从而导致草原生态系统的紊乱与崩溃。我国新疆、内蒙古等地的草原面积十分广阔，但许多频繁的不合理的人为活动给当地带来了严重的危害。首先，过度放牧导致草群变矮变稀，牲畜能吃的牧草变得越来越少，而那些有毒的或者牲畜不喜采食的植物就得以保存下来，并且疯长，这对当地畜牧业的冲击很大。另外，长期大量的过度牲畜践踏，也使土壤变得紧实，导致透气透水能力降低，土壤性状恶化。其次，由于草原上的草本植物受到大面积破坏，其草地的土壤生态条件也发生了巨变，土壤的物理、化学、生物学性状都发生变化，其结果是土壤贫瘠，物理性状恶劣，粗粒化，这对草原植物的生长极其不利，植物不可能从土壤中吸取丰富的营养，从而使其矮化、生产力下降。

时至今日，草原退化的恶果已经逐渐显现。草原在失去了原有植被的保护后，土壤持水保水能力下降、风沙及沙尘暴等自然灾害的发生都与此有很大关系。同时，草原退化还引起当地动物种群发生变化，原有的一些珍贵野生动物由于食物来源短缺，数量逐年减少甚至绝迹，而老鼠、蝗虫等有害动物却变得更加猖獗，这使得原本退化的草群遭到更大的破坏，草原生态系统原来丰富的生物多样性也因此降低。此外，由于退化草地植被初级生产力的降低，牲畜能吃的牧草越来越少，加之一些有毒的植物或者牲畜不喜采食的植物的泛滥，也对当地畜牧业发展造成很大的冲击。

9.2.2.3 外来物种入侵

外来物种入侵是指某种生物从外地自然传入或人为引种后成为野生状态，并对本地生态系统造成了一定危害。

自然界中的物种总是处在不断迁移、扩散的动态中。而人类活动的频繁又进一步加剧了物种的扩散，使得许多生物得以突破地理隔绝，拓展至其他环境当中。对于此类原来在当地没有自然分布，因为迁移扩散、人为活动等因素出现在其自然分布范围之外的物种，统称为外来种。在外来种中，一部分物种是因为其用途，被人类有意地从一个地方引进到另外一个地方，这些物种被称为引入种，如加州蜜李、美国樱桃、野生大豆等。这些物种大多需要在人为照管下才能生存，对环境并没有危害。

　　然而，在外来种（包括引入种）中，也有一些在移入后逸散到环境中成为野生状态。若新环境没有天敌的控制，加上旺盛的繁殖力和强大的竞争力，外来种就会变成入侵者，排挤环境中的原生种，破坏当地生态平衡，甚至对人类经济造成危害性影响。此类外来种则通称为入侵种，如红火蚁、福寿螺、布袋莲、非洲大蜗牛、巴西红耳龟、松材线虫等。

　　外来物种入侵对环境和生物多样性是一个极其严重的威胁。外来物种进入新的生态系统，由于没有天敌，极易造成生长失控，改变生态系统结构，并影响到生物赖以生存的生态系统的能量流动和生物地化循环平衡，造成长期的威胁。同时，外来物种在新的生态系统中成了优势种后，原生态系统中某些生活力弱的物种将会加速消失或灭绝，从而影响到生态系统的能量流动，并间接地影响到捕食者所获得的能量。据分析，外来物种入侵是除生境破坏外造成当地大量生物减少甚至灭绝，导致生物多样性丧失的第二大主要因素。例如，作为进出口贸易大国的美国，其非本土物种的竞争和捕食已经危及近一半的美国受威胁或濒危物种。此外，外来物种入侵所带来的经济损失也十分巨大，每年对美国农林业造成的直接损失可高达数千亿美元。而因外来物种改变生态系统所带来的一系列水土、气候等不良影响，从而产生的间接损失以及后期生态修复的费用更是难以估计。

　　外来物种入侵的途径主要有自然扩散、人为有意引进和人类无意传播三种，其中多数外来物种入侵都是通过人为途径被引入的。

　　① 自然扩散。这种入侵不是人为原因引起的，而是通过风媒、水体流动或由昆虫、鸟类的传带，使得植物种子或动物幼虫、卵或微生物发生自然迁移而造成生物危害所引起的外来物种的入侵。如豚草就是因为修建铁路、公路时造成周围植被的破坏，逐步从朝鲜扩散至中国的。然而，由于多数生物自然迁徙距离有限，这一途径导致外来物种入侵往往发生频率较低。

　　② 人为有意引进。这种入侵是指人类有意实行的引种，将某个物种有目的地转移到其自然分布范围及扩散潜力以外的地方引起的。人类从外地或国外引入优良品种有着悠久的历史。早期的引入常常通过民族的迁移和地区之间的贸易实现。种植、养殖单位几乎都在从外地或外国引种。这些部门或单位包括农业、林业、园林、水产、畜牧、特种养殖业以及各种饲养繁殖基地等。其中大部分引种是以提高经济收益、观赏、环保等为主要目的的，但是也有部分种类由于引种不当，成为有害物种。在我国已知的外来有害植物中，超过 50% 的种类是人为引种的结果。

　　③ 人类无意传播。是指某个物种利用人类或人类传送系统为媒介，扩散到其自然分布范围以外的地方，从而形成的非有意的引入。很多外来入侵生物是随人类活动而无意传入的。通常是随人及其产品通过飞机、轮船、火车、汽车等交通工具，作为偷渡者或"搭便车"被引入新的环境。随着国际贸易的不断增加，对外交流的不断扩大，国际旅游业的快速升温，外来入侵生物借助这些途径越来越多地传入我国。除交通工具外，建设开发、军队转移、快件服务、信函邮寄等也会无意引入外来物种。许多外来物种随着交通路线进入和蔓延，加上公路和铁路周围植被通常遭到破坏而退化，因此这些地方通常是外来物种最早或经常出现的地方。如豚草多发生于铁路、公路两侧，最初是随火车从朝鲜传入的；新疆的褐家鼠和黄胸鼠也是通过铁路从内地传入的。

　　案例 1：薇甘菊入侵亚洲（Clarles，2021）。

　　薇甘菊是原产于中南美的菊科多年生藤本植物。1949 年，印度尼西亚从巴拉圭引入薇甘菊，作为垃圾填埋场的覆盖植物，后扩散到整个东南亚、太平洋地区。我国在 20 世纪 80 年代早期于广东南部发现，并逐年扩散到长江三角洲一带的诸多地区。目前在广东地区的路边树林等地，随处都能看见薇甘菊的身影。多亏薇甘菊并不耐冷，这才暂时阻挡住了它向北方的入侵。

薇甘菊在广东沿海地区主要入侵对象是天然次生林、水源保护林、耕荒地、海岸滩涂、红树林林缘滩地等。薇甘菊生长快速，茎节随时能长出不定根并繁殖，种子量大，能快速覆盖生境，一株薇甘菊的所有枝条，其一天之中蔓延的长度总和可超过 1km，外国民间因为这种恐怖的蔓延速度把它叫作 "Mile-a-minute Weed"（一分钟一英里）。薇甘菊可以攀援缠绕于乔灌木植物，重压于其冠层顶部，阻碍附主植物的光合作用继而导致附主死亡，还可以通过竞争和化感作用抑制其他植物的生长，对本土植物危害严重。在马来西亚，由于薇甘菊的覆盖，橡胶树种子发芽率可降低 25% 以上，而另一类经济作物油棕的产量，也会降低约20%，每年造成的经济损失高达上千万美元。

薇甘菊入侵深圳的内伶仃岛，一时间横向 40%～60% 的地区几乎都被它覆盖，大片林木死亡，六七米高的大树也被它覆盖绞杀而死，岛上 600 多只猕猴因为失去食物来源需要人工喂食。薇甘菊是中国首批外来入侵物种，已列入世界上最有害的 100 种外来入侵物种之一。

案例 2：紫翅椋鸟横扫美国（桥本道夫，2007）。

紫翅椋鸟是椋鸟科椋鸟属动物。原始分布区位于地中海到挪威，东至西伯利亚的欧亚大陆。因为紫翅椋鸟不但会学人说话，还能学习其他鸟类的鸣唱，模仿红尾鹭的叫声，羽色又抢眼，当时欧洲人喜欢将其作为宠物在笼中饲养，又名欧洲八哥。

1980 年 4 月，以将所有欧洲鸟类引入美国为宗旨的美国驯化协会将 80 只紫翅椋鸟在中央公园放飞，因为这个组织想让"莎士比亚作品中提到的每一种鸟都在美国的上空飞翔"。次年该组织又放飞 80 余只紫翅椋鸟。10 年后，紫翅椋鸟成功地在纽约定居，同时开始向整个北美洲扩张领地。由于没有天敌，紫翅椋鸟在美国数量增长很快。它们体型壮硕，肌肉发达，喙比其他鸟类更为强大，一般的本土鸟类打不过椋鸟，只能灰溜溜地逃走，对本土的紫崖燕和蓝知更鸟等鸟类的数量下降造成了很大的影响。此外，紫翅椋鸟还喜欢把人类埋在土地里的种子啄出来，作物成熟后还要再去饱餐一顿，对农作物的产量造成很大影响。同时，它们还啃食水果，偷吃奶牛的饲料，造成水果和牛奶的减产。据统计，紫翅椋鸟每年对美国农业造成的损失约 10 亿美元。同时，由于紫翅椋鸟喜欢成群活动，给机场安全也带来了很大隐患。1960 年，一架飞机从波士顿起飞不久与椋鸟群相遇，几只椋鸟卷进了引擎里，造成飞机坠毁，机上 62 人全部遇难，成为美国航空史上最严重的鸟类撞击飞机事件。

现在的紫翅椋鸟在美国的数量达 2 亿只，成为北美地区种群最庞大的外来入侵鸟种。名列全球入侵物种组织所发表的全球危害最严重的一百种入侵物种名单。尽管美国政府大力捕杀，通过电网、毒药、超声波等多种手段对椋鸟进行大力捕杀，但收效甚微。

9.2.3 生态保护与可持续发展

9.2.3.1 保护生态学与生物多样性保护

保护生态学是解决由人类干扰或其他因素引起的物种、群落和生态系统问题的学科，其目的在于提供生物多样性保护的原理和工具。

生物多样性是人类赖以生存的物质基础。保护生物多样性，保护丰富的生物资源，保护人类的生存环境，已成为人类急需解决的重大问题之一。因此，保护生态学就应运而生，其主要研究目标在于了解人类活动对物种、群落和生态系统的影响，发展实用的方法来阻止物种的灭绝，恢复濒危野生物种在生态系统中的正常功能。当今，保护生态学较活跃的研究领域主要包括：a. 小种群生存概率；b. 确定保护生物多样性的关键热点地区；c. 物种濒危灭绝机制；d. 生境破碎问题；e. 自然保护区理论；f. 立法与公共教育等方面。

生物多样性保护的主要途径包括就地保护和迁地保护。

就地保护是指为了保护生物多样性，在生物的原产地对生物及其栖息地开展保护的方式。就地保护的对象，主要包括有代表性的自然生态系统和珍稀濒危植物的天然集中分布区等。就地保护的主要方式是建立自然保护区。就地保护将有价值的自然生态系统和珍稀濒危野生动植物集中分布的天然栖息地保护起来，限制人类活动的影响，确保保护区域内生态系统及其物种的演化和繁衍，维持系统内的物质循环和能量流动等生态过程。

迁地保护是指为了保护生物多样性，把因自然生存条件不复存在、物种个体数量极少等原因而导致其生存和繁衍受到严重威胁的物种迁出原地，移入动物园、植物园、水族馆和濒危动物繁殖中心或建立种子库等，进行特殊的保护和管理的方式。迁地保护是为即将灭绝的生物提供了生存的最后机会。一般情况下，当物种的种群数量极少，或者物种原有生存环境被自然或者人为因素破坏甚至不复存在时，迁地保护成为保护物种的重要手段。通过将濒危物种迁出原栖息地，在植物园、动物园、水族馆、畜牧场或专门的保护中心建立野生生物库，靠人工饲养和繁殖保存等方式增加濒危物种的数量，而不是用人工种群取代野生种群。

案例：5·22 国际生物多样性日。

每年的 5 月 22 日是国际生物多样性日（International Day for Biological Diversity）。1992 年 12 月 29 日，《生物多样性公约》正式生效。为了纪念这一有意义的日子，根据公约缔约方大会第一次会议的建议，1994 年联合国大会通过议案，决定将每年的 12 月 29 日定为"国际生物多样性日"。为了更好地开展宣传纪念活动，根据公约缔约方大会第五次会议的建议，联合国大会通过决议，从 2001 年起将"国际生物多样性日"由 12 月 29 日改为 5 月 22 日。这一天是《生物多样性公约》案文通过的日期。

生物多样性与人类生活密切相关，联合国《生物多样性公约》秘书处每年都会提出一个主题，表明生物多样性与全球热点问题的关系。

2023 年："从协议到协力：复元生物多样性"

2022 年："为所有生命构建共同的未来"

2021 年："我们是自然问题的解决方案"

2020 年："答案在自然"

2019 年："我们的生物多样性，我们的粮食，我们的健康"

2018 年："纪念生物多样性保护行动 25 周年"

2017 年："生物多样性与旅游可持续发展"

2016 年："生物多样性主流化，可持续的人类生计"

2015 年："生物多样性助推可持续发展"

2014 年："岛屿生物多样性"

2013 年："水和生物多样性"

2012 年："海洋生物多样性"

2011 年："森林生物多样性"

2010 年："生物多样性、发展和减贫"

2009 年："外来入侵物种"

2008 年："生物多样性与农业"

2007 年："生物多样性和气候变化"

2006 年："旱地生物多样性保护"

2005 年："生物多样性——不断变化之世界的生命保障"

2004 年："生物多样性——全人类的食物、水和健康"

2003 年："生物多样性和减贫——可持续发展面临的挑战"

2002 年："专注于森林生物多样性"

9.2.3.2　全球碳排放控制

碳排放是温室气体排放的简称，由于温室气体中最主要的组成部分是二氧化碳，因此用碳排放指代温室气体排放。

碳排放是造成气候变化的主要原因，IPCC 指出，工业化以来，大气中二氧化碳的浓度已增加了 40%，罪魁祸首当属化石燃料的排放，其次是土地利用改变导致的碳净排放。二氧化碳对工业革命以来地表升温的贡献约占 70%。研究表明，地球历史时期大气二氧化碳浓度与全球温度具有显著正相关性。从二氧化碳的排放总量数据来看，全球排放总量显著增加。我国的碳排放在 20 世纪 90 年代初期呈现明显的上升趋势，而 1995 年以后，受国家关停高耗能中小企业的举措及当时亚洲金融危机的影响，碳排放上涨趋势几近停滞，部分年份甚至出现小幅下降。2002 年以后，碳排放量又开始急剧上涨。与我国同属发展中国家的印度，其碳排放基数较小，但涨幅较快。美国的碳排放量一直较高，波动幅度不大，近年来略有下降。发达国家近年来碳排放量比较稳定，主要是因为他们已完成了工业化过程。

从碳排放的人均数据来看，我国二氧化碳人均排放从 1992 年的 2.3t 上涨到 2008 年的 5.3t，远低于美国、德国、俄罗斯和日本的人均水平，但上涨势头却很明显。美国人均二氧化碳排放量一直维持在 18t 左右，近年来有所下降，但下降势头并不明显。印度的人均二氧化碳排放量最少，2008 年只有 1.52t，但涨幅较大，与 1992 年相比增长近一倍。中国和印度这两个发展中国家近年来经济发展势头良好，人均碳排放量增速较大，但仍远低于发达国家的平均水平。碳排放的快速增长是工业化进程的显著后果，发达国家在发展早期同样也经历了这一过程。虽然后来通过调整发展思路、采取相关治理措施，人均碳排放量开始下降，但发达国家不能借此否认他们对世界碳排放产生的影响和应负的责任。

大气二氧化碳浓度的升高打破了地球原有各圈层之间的平衡，导致气候带变化、陆地生态系统演变及海洋酸化等生态环境效应的产生，而这些生态环境效应又进一步影响着人类生产、生活的方方面面。由此可见，碳排放问题已经不仅仅是一个科学问题，更是一个涉及气候谈判、环境政策、生态文明、经济社会乃至国际政治的全球性问题。

碳中和一般是指国家、企业、产品、活动或个人在一定时间内直接或间接产生的二氧化碳或温室气体排放总量，通过植树造林、节能减排等形式，以抵消自身产生的二氧化碳或温室气体排放量，实现正负抵消，达到相对"零排放"。

目前大量国家与地区提出了碳中和目标，如美国、欧盟、英国等提出要在 2050 年实现碳中和，我国提出要在 2060 年实现碳中和目标。大部分国家以调整能源结构为基础，对各产业制定了碳中和实现路径，力图通过能源结构调整与产业结构调整来实现碳中和。现实中实现碳中和的有效途径主要有两条：一是从源头上减少碳排放；二是从末端增加碳吸收。前者主要通过调整能源结构、减少化石燃料使用量、增加可再生能源的使用、提高能源使用效率等途径实现；后者主要依靠植树造林和采用固碳储碳技术来实现。全球国家实现碳中和的主要措施有：a. 调整能源结构，发展清洁高效能源；b. 降低城市生活碳排放，促进低碳绿色城市发展；c. 提高生物碳吸收，发展低碳农牧业；d. 完善碳交易机制，发展碳汇产业。而作为世界上最大的发展中国家，我国正处于经济高速发展阶段，硬性减排有可能付出沉重的经济代价。因此现阶段在保障经济发展的同时，增加二氧化碳的吸收和储藏（碳汇），即"增汇"，是我国实现二氧化碳减排目标的一个重要决策和有力措施。"增汇"实质上是不制约发展的减排方式，我国政府也已明确提出"把积极应对气候变化作为经济社会发展的重大战略""努力增加森林碳汇""探索建立碳交易市场"等举措。

案例：哥本哈根协议。

哥本哈根世界气候大会，全称是《联合国气候变化框架公约》缔约方第 15 次会议，于 2009 年 12 月 7～18 日在丹麦首都哥本哈根召开。来自 193 个缔约方大约 4 万名各界代表出席，119 名国家领导人和国际机构负责人出席。目的是商讨《京都议定书》一期承诺到期后的后续方案，就未来应对气候变化的全球行动签署新的协议。

哥本哈根会议的谈判过程可谓一波三折，扣人心弦。围绕最终成果的文件形式，全球应对气候变化的长期目标，发达国家的中期减排目标，发展中国家的自主减缓行动，适应、资金、技术、透明度等一系列关键议题，发达国家与发展中国家两大阵营之间，以及不同阵营内部矛盾错综复杂，各方在谈判中展开复杂的利益博弈和激烈的政治较量。2009 年 12 月 19 日，会议以决定附加文件方式通过了"哥本哈根协议"。尽管这一协议不具约束力，但它第一次明确认可 2℃温升上限，而且明确了可以预期的资金额度。尽管"哥本哈根协议"是一项不具法律约束力的政治协议，但它表达了各方共同应对气候变化的政治意愿，锁定了已经达成的共识和谈判取得的成果，推动谈判向正确方向迈出了第一步。其积极意义表现在：坚定维护了《联合国气候变化框架公约》及其《京都议定书》，坚持"共同但有区别的责任"原则，维护了"巴厘路线图"授权；在发达国家实行强制减排和发展中国家采取自主减缓行动方面迈出了新的坚实步伐；在全球长期目标、资金和技术支持、透明度等焦点问题上达成广泛共识。

同时，我国为推动谈判进程发挥了积极和建设性的重要作用，不仅提出了我国减缓的行动目标，还联合发展中国家，协同维护发展中国家利益，同时为促进国际合作积极斡旋，政策更具有灵活性；积极推动哥本哈根会议取得积极成果；坚持"共同但有区别的责任"原则，全球合作保护气候是"哥本哈根协议"的内核所在。"哥本哈根协议"是巴厘路线图的一个里程碑，是全球合作保护气候的新起点，尽管这一框架性的政治协议远不足以解决全球气候变化问题，但达成协议本身就意味着巩固成果。哥本哈根会议将成为全球气候合作的坚实基础和新的起点，具有积极而深远的意义。

9.2.3.3　生态旅游

生态旅游是以有特色的生态环境为主要景观的旅游。是指以可持续发展为理念，以保护生态环境为前提，以统筹人与自然和谐发展为准则，并依托良好的自然生态环境和独特的人文生态系统，采取生态友好方式，开展的生态体验、生态教育、生态认知并获得身心愉悦的旅游方式。

旅游产业已经成了一个重要的国际性产业。对于许多国家来说，旅游既是外汇的来源也是国民生产总值的重要贡献者。随着旅游业规模的日益扩大，过去被低估的生态环境影响正受到重视。旅游者的衣食住行、旅游相关基础设施和交通设施往往会对周边景观与环境产生不同程度的不利影响。因此，传统旅游业往往存在着成长的上限：对景区的过度开发，不仅降低了旅游品质，还会对当地社会产生过多的负面影响，最重要的是许多观光游憩资源遭到了不易复原的破坏，全球的旅游事业蒙上了难以持续发展的隐忧。随着全球提倡保护环境、崇尚自然的潮流逐渐兴起，生态旅游也就应运而生。

生态旅游发展的终极目标是可持续，"可持续发展"是判断生态旅游的决定性标准，这在国内外的旅游研究者中均已经达成了共识。按照可持续发展的含义，生态旅游的可持续发展可以概括为，以可持续发展的理论和方式管理生态旅游资源，保证生态旅游地的经济效益、社会效益、生态效益的可持续发展，在满足当代人开展生态旅游的同时，不影响后代人满足其对生态旅游需要的能力，具体而言，生态旅游可持续发展主要包括以下几方面的含义与要求：一是回归大自然，即到生态环境中去观赏、旅行、探索，目的在于享受清新、轻松、舒畅的自然与人的和谐气氛，探索和认识自然，增进健康，陶冶情操，接受环境教育，享受自然和文化遗产等；二是要促进自然生态系统的良性运转。不论是生态旅游者，还是生态旅游经营者，甚至包括得到收益的当地居民，都应当在保护生态环境免遭破坏方面做出贡献。也就是说，只有在旅游和保护均有保障时，生态旅游才能显示其真正的科学意义。

生态旅游是以生态学为原理，充分利用某地自然优势，在保持其生态平衡的基础上，适当开展各种游憩活动，实现保护-利用-增值-保持的良性循环的旅游活动。生态旅游一般具有以下特点：a. 促进积极的环境道德观；b. 不能使资源退化；c. 关注资源的内在价值；d. 围绕环境问题的规划策略；e. 旅游活动应对野生动物与环境有益；f. 为旅游者提供亲身面对自然环境和原始文化的旅游经历；g. 与当地社区的互动程度增加。生态旅游不仅是指在旅游过程中欣赏美丽的景色，更强调的是一种行为和思维方式，即保护性的旅游。不破坏生态、认识生态、保护生态、达到永久的和谐，是一种层次性的渐进行为。生态旅游以旅游促进生态保护，以生态保护促进旅游，准确点说就是有目的地前往自然地区了解环境的文化和自然历史，它不会破坏自然，还会使当地从保护自然资源中得到经济收益。

案例：黄石国家公园自然保护区（吴承照等，2014）。

黄石国家公园简称黄石公园，坐落于美国怀俄明州、蒙大拿州和爱达荷州的交界处，大部分位于美国怀俄明州境内。1872 年 3 月 1 日被正式命名为保护野生动物和自然资源的国家公园，是世界上第一个国家公园。

黄石国家公园也是世界上最壮观的国家公园之一。占地面积约为 9000km²，其中包括湖泊、峡谷、河流和山脉。公园内最大的湖泊是位于黄石火山中心的黄石湖，是整个北美地区最大的高海拔湖泊之一。黄石火山是北美最大且仍处于活跃状态的超级火山，在过去两百万年中它曾数次以巨大的力量爆发，喷出的熔岩和火山灰也覆盖了公园内的绝大部分地区，有超过 10000 个温泉、300 多个间歇泉和 290 多个瀑布。得益于其持续的活跃状态，世界上的地热资源有半数位于黄石公园地区。黄石公园内地貌丰富，气候多变，坡上白雪皑皑，间歇泉附近热气腾腾。公园内分五个区：西北的猛犸象温泉区以石灰石台阶为主，故也称热台阶区；东北为罗斯福区，仍保留着老西部景观；中间为峡谷区，可观赏壮丽的黄石大峡谷和瀑布；东南为黄石湖区，主要是湖光山色；西及西南为间歇喷泉区，遍布间歇泉、温泉、蒸气池、热水潭、泥地和喷气孔。园内设有历史古迹博物馆。

此外，作为全美最大的野生动物保护区，黄石公园居住着大量的野生动物，包括 7 种有蹄类动物，2 种熊和 67 种其他哺乳动物，322 种鸟类，18 种鱼类和跨境的灰狼。有超过 1100 种原生植物，200 余种外来植物，园内森林茂密，是世界上最成功的野生动物保护区。

本节小结

地球是人类赖以生存的唯一家园。然而，随着人类社会的迅速发展，人类活动正成为影响地球生态环境的主要因素。人类活动对生态的影响有两大方面：一是有利于或改善其他生物的生存环境；二是不利于或破坏其他生物的生存环境。从目前看，大多活动都是破坏性的。这种破坏又可分为两大类：一是直接破坏，如过度的砍伐、开垦、放牧、狩猎、捕捞等。二是间接破坏，如化工泄漏、汽车尾气、城市污水、矿山废渣等。这些人类的活动对地球环境产生了持续且显著的负面作用，使这个星球上许多生物生存受到了严重的威胁，最终也必将危及人类自身的发展和延续。在对待环境的问题上，人类再也不能只知索取，不知保护；更不能只顾眼前利益，不顾长远利益。只有正确处理人与环境的关系，走可持续发展之路，才是人类唯一正确的选择。

9.3　生态文明建设

9.3.1　生态文明建设的概念与内涵

生态文明建设是人类文明发展的一个新的阶段，即工业文明之后的文明形态；生态文明是人类遵循人、自然、社会和谐发展这一客观规律而取得的物质与精神成果的总和。

生态文明的核心问题是正确处理人与自然的关系。人与自然的关系是人类社会最基本的关系。大自然本身是极其富有和慷慨的，但同时又是脆弱和需要平衡的；人口数量的增长和人类生活质量的提高不可阻挡，但人类归根结底也是自然的一部分，人类活动不能超过自然界容许的限度，即不能使大自然不可逆转地丧失自我修复的能力，否则必将危及人类自身的生存和发展。生态文明所强调的就是要处理好人与自然的关系，获取有度，既要利用又要保护，促进经济发展，促进人口、资源、环境的动态平衡，不断提升人与自然和谐相处的文明程度。

生态文明的本质要求是尊重自然、顺应自然和保护自然。尊重自然，就是要从内心深处老老实实地承认人是自然之子而非自然之主宰，对自然怀有敬畏之心、感恩之情、报恩之意，决不能有凌驾于自然之上的狂妄想法。顺应自然，就是要使人类的活动符合而不是违背自然界的客观规律。当然，顺应自然不是任由自然驱使、停止发展甚至重返原始状态，而是在按客观规律办事的前提下，充分发挥人的能动性和创造性，科学合理地开发利用自然。保护自然，就是要求人类在向自然界获取生存和发展之需的同时，要呵护自然、回报自然，把人类活动控制在自然能够承载的限度之内，给自然留下恢复元气、休养生息、资源再生的空间，实现人类对自然获取和给予的平衡，多还旧账，不欠新账，防止出现生态赤字和人为造成的不可逆的生态灾难。

9.3.2　我国生态文明建设的背景和意义

2013 年，习近平总书记在海南考察工作时指出，良好生态环境是最公平的公共产品，是最普惠的民生福祉。党的十九届五中全会通过的《中共中央关于制定国民经济和社会发展第十四个五年规划和二〇三五年远景目标的建议》提出，推动绿色发展，促进人与自然和谐共生。习近平总书记指出，我们要建设的现代化是人与自然和谐共生的现代化，既要创造更多物质财富和精神财富以满足人民日益增长的美好生活需要，也要提供更多优质生态产品以满足人民日益增长的优美生态环境需要。

生态环境没有替代品，用之不觉，失之难存。随着我国经济社会发展和人民生活水平不断提高，生态环境在群众生活幸福指数中的地位不断凸显，环境问题日益成为重要的民生问题。从提出"良好生态环境是最公平的公共产品，是最普惠的民生福祉"，到指出"发展经济是为了民生，保护生态环境同样也是为了民生"，再到强调"环境就是民生，青山就是美丽，蓝天也是幸福"，习近平生态文明思想聚焦人民群众感受最直接、要求最迫切的突出环境问题，积极回应人民群众日益增长的优美生态环境需要，深刻阐明了一系列新思想、新理念、新观点。

从原始文明、农业文明、工业文明到生态文明，这是人类社会不断发展的必然结果。传统的发展观把经济增长看作是社会发展的根本目的，不考虑资源的有限性和环境的承载能力，导致资源浪费和环境恶化。这样的发展观是一种线性的、不可持续的发展观。在传统发展观的影响下，西方国家走上了一条先污染、后治理的发展道路。中国特色生态文明建设注重经济发展与环境保护相协调，超越了西方国家先污染、后治理的发展模式。它"在发展理念上主张以公平的姿态和饱满的人文情怀尊重和改善人与自然的关系，实现生态环境与经济社会的可持续发展"。

中国特色生态文明建设是对马克思主义生态文明思想的继承发展。用发展着的马克思主义指导新的实践，是党的鲜明特点。"在马克思的整个理论体系中，马克思、恩格斯历来认为，在人类文明发展中人与自然和谐统一的协调发展关系，不仅是人类文明发展的一个重要规律，而且是人类文明发展到社会主义、共产主义文明必不可少的前提条件"。马克思强调自然界存在的先在性和对人的制约性，指出人具有自然属性，人是自然界的产物。自然界为物质资料的生产和再生产以及人类自身的生产和再生产提供前提条件。无论在物质方面还是精神方面，人类都依赖于自然界。自然界对人的先在性和制约性决定了人类必须尊重自然和善待自然，实现人与自然的和谐发展。人的全面发展是同自然的发展密不可分的，是人与自然的协调发展。人类只有正确地认识了自然规律，并按照自然规律办事，才能真正得到大自然的馈赠，否则就会受到大自然的报复。中国特色生态文明建设思想，既继承了马克思主义生态文明思想，又有创新性的发展。

因此，中国特色生态文明建设是对人类社会发展规律认识的深化，是构建社会主义和谐社会的本质所在，是实现中华民族永续发展的根本大计（齐振宏和黄炜虹，2017）。

生态文明是人民群众共同参与、共同建设、共同享有的事业，要把建设美丽中国转化为全体人民的自觉行动。应当清醒地看到，过去多年高增长积累的环境问题，具有复合型、综合性、难度大的特点，解决起来绝非一朝一夕之功，必须保持加强生态文明建设的战略定力，坚持方向不变、力度不减。爬过这个坡，迈过这道坎，要动员全民参与生态文明建设，形成人人、事事、时时崇尚生态文明的社会氛围。一个人的力量或许有限，但只要乘以14亿多人口这个基数，就能迸发出建设美丽中国的磅礴伟力。近年来，全国地级及以上城市空气质量优良天数比率达到87%以上，我国已成为世界上空气质量改善最快的国家；地表水Ⅰ～Ⅲ类优良水体断面比例达到84.9%，已接近发达国家水平；涵盖8万个点位的国家土壤环境监测网络已建成，土壤污染加重的趋势得到有效遏制……这些变化和每个人的生活息息相关，成为"良好生态环境是最普惠的民生福祉"的生动注脚。

案例：习近平总书记的生态五喻。

习近平总书记对生态文明建设高度重视。2012年11月15日至2016年3月期间，总书记的有关重要讲话、论述、批示已经超过60次。人民日报全媒体平台梳理了习近平总书记巧论生态环境的五大比喻。

① 民生福祉。2013年，习近平总书记在海南考察工作时指出：良好生态环境是最公平的公共产品，是最普惠的民生福祉。

② 绿色银行。2013年，习近平总书记在海南考察工作时指出，希望海南处理好发展和保护的关系，着力在"增绿"、"护蓝"上下功夫，为全国生态文明建设当个表率，为子孙后代留下可持续发展的"绿色银行"。

③ 金山银山。2013 年，习近平总书记在哈萨克斯坦纳扎尔巴耶夫大学回答学生问题时指出，我们既要绿水青山，也要金山银山。宁要绿水青山，不要金山银山，而且绿水青山就是金山银山。2016 年，习近平总书记参加黑龙江代表团审议时强调，要加强生态文明建设，划定生态保护红线，为可持续发展留足空间，为子孙后代留下天蓝地绿的家园。

④ 生命共同体。2013 年，习近平总书记在党的十八届三中全会上作关于《中共中央关于全面深化改革若干重大问题的决定》的说明时指出，我们要认识到，山水林田湖是一个生命共同体，人的命脉在田，田的命脉在水，水的命脉在山，山的命脉在土，土的命脉在树。

⑤ 眼睛和生命。2015 年，习近平总书记在参加十二届全国人大四次会议青海代表团审议时强调，一定要生态保护优先，扎扎实实推进生态环境保护，像保护眼睛一样保护生态环境，像对待生命一样对待生态环境，推动形成绿色发展方式和生活方式，保护好三江源，保护好"中华水塔"，确保"一江清水向东流"。习近平生态文明思想是确保党和国家生态文明建设事业发展的强大思想武器、根本遵循和行动指南。

9.3.3　我国生态文明建设的实践

9.3.3.1　森林资源保护

森林资源是林地及其所生长的森林有机体的总称，以林木资源为主，还包括林中和林下植物、野生动物、土壤微生物及其他自然环境因子等资源。森林作为地球上可再生自然资源及陆地生态系统的主体，在人类生存和发展的历史中起着不可替代的作用。随着国际环境的变化和城市进程的推进，不断增长的经济和人口对森林造成的压力越来越大。我国的森林类型多样，物种繁多，在世界植物宝库中占有重要的位置。随着森林乱砍滥伐现象的频频发生，我国的森林资源受到了极大的威胁，使本来就较为稀少的森林受到了非常严重的破坏，因此森林资源的保护工作是当前急需解决的问题。森林与人类的生活息息相关，人类离不开森林，森林同样也需要人类的守护。

案例： 塞罕坝机械林场治沙止漠（自然资源部国土空间生态修复司，2021）。

历史上，塞罕坝曾是森林茂密、古木参天、水草丰沛的皇家猎苑，属"木兰围场"的一部分。清末实行开围募民、垦荒伐木，加之连年战火，到新中国成立初期，塞罕坝已经退化为"飞鸟无栖树，黄沙遮天日"的高原荒丘，林草植被稀少。由于塞罕坝机械林场与北京直线距离仅 180km，平均海拔相差 1500 多米，塞罕坝及周边的浑善达克沙漠成为京津地区主要的沙尘起源地和风沙通道。

近年来，在习近平生态文明思想的指引下，塞罕坝人在坚持尊重自然规律、依靠科学技术、攻克高寒地区育苗技术难关的基础上，进一步攻克造林技术难关，探索创造了"三锹半人工缝隙植苗法""苗根蘸浆保水法"等技术，科学开展大规模造林，绿化近百万亩。近年来，为进一步增林扩绿，塞罕坝实施了荒山"清零"行动，把全场范围内的坡度大（15°以上）、土层瘠薄、岩石裸露的"硬骨头"地块作为绿化重点，又探索出苗木选择与运输、整地客土、幼苗保墒、防寒越冬等一整套的造林技术，进一步提升造林成效。三年来，累计完成攻坚造林 10.1 万余亩，平均造林保存率 95% 以上。同时，塞罕坝机械林场从自然保护、经营利用和观赏游憩三大功能一体化经营出发，采取疏伐、定向目标伐、块状皆伐、引阔入针等作业方式，营造樟子松、云杉块状混交林和培育复层异龄混交林，在调整资源结构、低密度培育大径材、实现林苗一体化经营的同时，促进林下灌、草生长，全面发挥人工林的经济和生态双重效能，提升森林质量。自 20 世纪 80 年代林场转入营林阶段以来，累计抚育森林 258 万亩次，塞罕坝森林结构不断优化，森林质量不断提升。

经过多年的建设和保护，与建场初期相比，林场有林地面积由 24 万亩增加到 115 万亩，林木蓄积量由 33 万立方米增加到 1036.8 万立方米，森林覆盖率由 11.4% 提高到 82%；近十年与建场初期十年相比，无霜期由 52 天增加至 64 天，年均大风日数由 83 天减少到 53 天，年均降水量由不足 410mm 增加到 479mm。每年可涵养水源、净化水质 $2.84×10^8 m^3$，固碳 $86.03×10^4 t$，释放氧气 $59.84×10^4 t$，释放萜烯类物质约 $1.05×10^4 t$，空气负离子最大含量是北京市市区最大量的 112 倍，平均含量是北京市区的 6 倍。此外，塞罕坝森林的恢复，也为当地带来了显著的经济效益。林场依托百万亩森林资源积极发展生态旅游、绿化苗木、林业碳汇等绿色生态产业，形成了良性循环发展链条，已经形成了木材生产、森林旅游、种苗花卉三大支柱产业，年实现经营收入 5000 多万元。建场以来，累计向财政上缴利税超过 5000 万元，为社会提供造林绿化苗木 2 亿多株，为当地群众提供劳务收入 15000 多万元，有力地拉动了地方经济的增长。每年带动当地实现社会总收入超过 6 亿元，带动 1200 余户贫困户、1 万余贫困人口脱贫致富。2021 年 2 月被党中央、国务院授予"脱贫攻坚楷模"荣誉称号。

2017 年 8 月，习近平总书记对塞罕坝机械林场建设者感人事迹做出重要指示，称赞林场的建设者们创造了荒原变林海的人间奇迹，用实际行动诠释了绿水青山就是金山银山的理念，铸就了牢记使命、艰苦创业、绿色发展的塞罕坝精神。他们的事迹感人至深，是推进生态文明建设的一个生动范例。

9.3.3.2 湖泊湿地生态系统保护

湖泊与湿地作为地球重要且独特的生态系统，具有维护生态多样性、提供生物栖息地、调蓄洪水、休闲旅游等多种功能。它作为一种比较重要的自然资源，在调节气候、防洪排涝、提供水资源、改善生态环境、维护本地区的生态平衡、自然界的物质循环过程中和社会经济的发展等方面有着极其重要的作用。湖泊与湿地及其周边流域是人类文明的重要发祥地，是人类生产、生活和生态相融合的重要单元，也是"宜居地球"和"美丽中国"建设以及"山水林田湖草沙生命共同体"综合治理的基础。但是在以经济发展为中心的时期，人们忽视对环境的保护，我国的湖泊面临着水体污染、面积萎缩、生态环境因素恶化等一系列问题，加强对湖泊生态的研究和保护成了现在人们急需解决的问题和关注的焦点。四湖流域湖泊近年来在经济的快速发展下，受到了较为严重的污染，其生态环境遭到了破坏，失去了其具有的生态功能。

案例：华北河湖生态补水（自然资源部国土空间生态修复司，2021）。

华北地区多年平均水资源总量为 $1.085×10^{11} m^3$，仅占全国的 4%，水资源开发利用严重超载，引发了地下水资源衰减、地面沉降、海咸水入侵、河湖萎缩等一系列生态环境问题。截至 2016 年，海河流域湖泊、湿地水面面积减少 50% 以上，27 条主要河流中，有 23 条出现不同程度的断流或干涸，断流河长超过 3600km。曾一度"有河皆干、有水皆污"。

按照《华北地区地下水超采综合治理行动方案》"一增一减"的治理思路，水利部于 2018 年 9 月～2019 年 8 月选择滹沱河、滏阳河、南拒马河作为试点河段实施补水 $13.2×10^8 m^3$。在生态补水试点取得积极成效和宝贵经验的基础上，2019 年之后，水利部逐步将补水河湖扩展到京津冀三省市的 21 条（个）河湖。截至 2021 年 7 月底，华北地区累计实施生态补水 $113.9×10^8 m^3$。2021 年 6～7 月，水利部组织启动了夏季集中补水，利用汛前丹江口水库以及河北当地水库汛前腾出库容的冗余水量，向滹沱河、大清河（白洋淀）两条线路补水 $2.21×10^8 m^3$，贯通河长 627km。

生态补水后，河湖沿线水生态环境状况明显改善，各水质监测断面水质较补水前明显好转，并且给各地河湖生态环境带来了显著的变化：a. 河床变水面。21 条（个）河湖补水后形成最大有水河长 1964km，最大水面面积 558km²。滹沱河、南拒马河、七里河、汦河、南运河、瀑河 6 条河流全线通水，华北地区不再"有河皆干"。b. 死水变活水。生态补水进入河道，显著提高河流流量，增加了河流的水动力，改善了水质。根据 2020 年 11 月底水质检测数据，37 个地表水水质监测断面中，26 个监测断面水质达到Ⅲ类及以上标准（比例为 70.3%），较补水前明显好转，不再"有水皆污"。c. 亏空变积蓄。生态补水通过河床下渗进入地下，回补地下水，增加地下水储量，抬高水位。地下水动态监测数据显示，补水河道周边 10km 范围内浅层地下水水位平均回升 0.42m，80% 的监测井地下水水位呈回升或保持稳定。15 条实施补水河流中，12 条河流周边地下水水位呈回升态势，另外 2 条河流周边地下水水位维持稳定，有效增加地下水储量。d. 无鱼变有鱼。生态调查显示，补水期间河流水质明显改善，底栖动物、鱼类多样性较 2019 年有所提高，浮游植物密度降低。尤其是 2018 年率先实施生态补水的滹沱河、滏阳河、南拒马河三条河流，水生态状况改善明显。

我国湖泊与湿地保护是一项长期的工作，必须进一步提升对湖泊与湿地的保护意识，加强湖泊与湿地保护的法治建设和有效管理；强化湖泊、湿地的流域综合管理，针对不同湖泊与湿地的问题和成因，开展分类分层次保护；启动实施国家湖泊与湿地生态保护和修复工程，推进生态文明建设。

9.3.3.3　草原生态系统保护

我国是一个草原资源大国，草原是我国陆地生态系统的重要主体，也是重要的自然资源和生态屏障。首先，草原像皮肤一样覆盖着山川大地，占据了约 40% 的国土空间，发挥着保持水土、涵养水源、固碳释氧、维护生物多样性的生态服务功能。在我国天然草地上，有野生植物 1.5 万种，占世界植物种类总数的 10% 以上，有雪莲等珍稀濒危植物数百种，还分布着 2000 多种野生动物。因此，草原承担着重要的生态服务功能，是生态文明建设的主阵地。其次，在我国草原既是生态屏障区和偏远边疆区，也是少数民族聚居区和贫困人口集中分布区。我国少数民族人口的 70% 生活在草原地区，牧区和半牧区牧民 90% 的收入来自草原。因此，现阶段我国草原工作的主要任务还是加强生态保护。长期的过度放牧与气候变化导致北方温带草原 91.2% 处于退化状态。2003 年与 2011 年我国相继实施退牧还草工程和草原生态保护补助奖励政策后，草原已由"局部改善、总体恶化"呈现"整体退化得到基本遏制"的向好态势。但我国草原生态系统脆弱的状况尚未得到根本改变，加强草原生态保护仍然任重道远。从根本上说，草原于人类的"三生价值"（生产-生态-生活）的实现也是以"生态"为前提，保护草原生态的突出地位毋庸置疑。

案例：锡林浩特退化草原生态修复（自然资源部国土空间生态修复司，2021）。

习近平总书记多次对草原生态保护修复做出重要指示，他在参加十三届全国人大二次会议内蒙古代表团审议时强调，保持加强生态文明建设的战略定力，探索以生态优先、绿色发展为导向的高质量发展新路子，加大生态系统保护力度，打好污染防治攻坚战，守护好祖国北疆这道亮丽风景线。

内蒙古自治区锡林浩特市位于首都北京正北方，是距离京津地区最近的草原牧区。全市草原面积 2095 万亩，2009 年划定基本草原 2054 万亩，以温性典型草原为主（包括隐域性典型草原浑善达克和乌珠穆沁两大沙地 125.9 万亩）。长期以来，因放牧场和打草场过度利用，同时受极端气候的影响，锡林浩特草原生态系统存在植被退化、土壤沙化较严重的突出问题。2000 年以来，由于连续干旱、人口增加、过度利用、气候原因，以及草原鼠虫害频发等因素，天然放牧场退化沙化严重，出现零散分布的风蚀坑。打草场过早刈割、留茬高度低、过度搂耙、不轮刈、不留隔离带等问题，导致植物种子未能成熟落地、地表无枯落物、地表水分蒸发量大和腐殖质减少、土壤贫瘠、植被盖度和种类减少、产草量逐年下降等现象。

为贯彻习近平生态文明思想，践行"绿水青山就是金山银山"理念，坚持生态优先、绿色发展之路，国家林业和草原局启动实施了退化草原人工种草生态修复试点项目，锡林浩特市作为典型草原试点地区，实施了三项建设内容：一是严重沙化草地生态治理 1 万亩；二是退化打草场生态修复治理 6.5 万亩；三是野生优良乡土草种抚育 0.1 万亩。通过治理修复，锡林浩特周边地区退化放牧场植被盖度增加 40%～60%，干草产量提高 50% 以上；退化打草场植被盖度平均提高 15%～20%，干草产量平均提高 20%～40%，草群中多年生优良牧草比例增加，土壤有机质增加 10% 以上；严重沙化草地植被盖度增加 40%～50% 或以上，治理区域植被盖度、植被高度和植被密度随着治理年限的增加而明显增加，风蚀得以控制，周边环境得到明显好转。补播增加了植被的多样性，对于沙化草地植物群落结构起到了稳定作用。经监测，切根处理显著提高植被盖度、密度和产草量。切根可以促进羊草复壮与自我繁殖，使羊草的个体数量增加、盖度提高，不同深度之间没有显著差异。试验数据表明，施不同肥料的打草场平均每亩增产 20%～40%，打草场禾本科和豆科植物占比有了较大提高。同时，由于实行了全程禁牧和补播施肥措施，草地生产力明显提高。项目建成后，7.6 万亩生态修复区，年累计可实现增收 141 万元以上；野生优良草种抚育可采集种子 1.5 年，累计可实现增收 84 万元以上，每年共计可实现增收 225 万元以上。提高了草地的家畜承载力，牧户和国有农牧场的收入增加 20%～30%，提高草原可持续发展能力。此外，本项目的实施不仅改变牧民群众的靠天生存观念，也使他们认识目前退化草原的严峻问题和保护的重要性，提高牧民生态保护和修复的主动性，带动周围牧民群众改变思路，转变牧民的生产经营方式，调动项目区牧民治理生态环境的积极性，使项目区牧民生产生活条件得到改善，为实现草原生态可持续发展提供有力的保障。

9.3.3.4　生态农业

生态农业（ecological agriculture）是遵循生态学、生态经济学原理进行集约经营管理的综合农业生产体系。它要求把发展粮食与多种经济作物生产，发展大田种植与林、牧、副、渔业，发展大农业与第二、第三产业结合起来，利用传统农业精华和现代科技成果，通过人工设计生态工程，协调发展与环境之间、资源利用与保护之间的矛盾，形成生态上与经济上两个良性循环，经济、生态、社会三大效益的统一。其目的在于提高太阳能的利用率、生物能的转化率和农副业废弃物的再生循环利用，因地制宜地充分利用自然资源，提高农业生产力，以获得更多的农产品，满足人类社会的需要，达到持续发展。

农业农村环境保护是我国环境保护事业发展的重要组成部分。中国的耕地只占世界面积的 70%，但要养活的人口却占世界人口的 22%，每年将增加 700 多万人。农业作为国民经济的基础，其任务极艰巨。由于长期盲目追求高产、掠夺性经营和其他乡镇企业的发展，农业生态环境受到了污染和破坏，尤其是化工企业。资源的过度使用导致了严重的环境退化和资源短缺，对农业的可持续发展构成了威胁。因此，如果继续采用高投资、环境污染和生态破坏的传统农业生产模式，农业生产将是不可持续的。只有在生态与经济协调发展思想指导下，依据生态学原理，应用现代科学技术方法建立起一套多层次、多结构、多功能的集约化综合农业生产体系，走生态农业之路，才能改善这种状况。

案例：北京留民营生态村（李文华，2010）。

北京留民营生态村位于大兴区长子营镇境内，在永定河冲积平原地区，地势较低，全村占地 146hm²，耕地面积 110hm²。在 20 世纪 80 年代，生产结构单一，农村发展受阻。随着生态农业的提出，在专家指导下，留民营建立了生态农业试点，对生产结构进行了大幅度调整，林、粮、果齐头并进，种、养、加工同步发展，形成了多种物质循环和重复利用的立体生态结构。同时大力开展生态旅游、民俗旅游，提高村民的收入。

留民营生态村有无公害有机蔬菜示范区、沼气太阳能综合利用示范区、国际生态农业学术研究培训中心、民俗旅游观光区、北京青少年绿色文明素质教育基地、全国蒲公英农村儿童文化园、国际生态学术研究培训中心等，并建有生态庄园旅游度假村、动物园、庄园酒楼等设施，开展生态农业观光旅游，是集种植、养殖、采摘、垂钓、烧烤、住宿、农业观光为一体的生态旅游度假村。

留民营的生态农业建设不仅得到了国内外专家学者的高度评价，也得到很多国际组织的充分肯定，在 1986 年被联合国环境规划署正式承认为中国生态农业第一村并命名为"全球环境保护 500 佳"之一。1989 年被联合国环境规划署评为世界环境保护先进单位。2000 年被国家环保总局评为有机农业示范基地。留民营在已取得生态效益、经济效益和社会效益的基础上，开始了更深入、更大规模的生态农业建设。

9.3.3.5　生态文明建设的政策法律实践

完善的生态制度是生态文明建设的保障。完善的生态制度主要包括要制定体现生态文明要求的目标体系，努力形成生态文明建设的长效机制；完善环境法律法规，提高违法处罚标准；积极创新环境经济政策，推进现有税制的绿色化，研究开征环境税，建立健全生态补偿机制；建立绿色信贷、绿色保险、绿色证券；完善环保收费制度，提高重金属、持久性有机物污染等排放收费标准。而法律与政策则是保障生态文明建设顺利进行的最有力的武器。

案例：我国生态文明建设法律保障体系。

在科学发展观指导下的生态文明建设，其法律保障体系需要建立在生态文明理念、生态规律、生态道德的基础之上。其法律体系框架起码应当包括生态文明建设基本法、污染防治法、自然资源保护法、生态保护法、能源法、气候变化法、专项环境管理制度法七大部分。

① 生态文明建设基本法。在我国的现有环境法律体系中，学者们普遍认为存在一个"环境保护基本法"，也就是《中华人民共和国环境保护法》。该法规定了环境保护的基本原则和基本制度，是环境保护领域的基础性、综合性法律。环境保护法的修订和颁布实施，是生态文明制度建设的一项重要内容，有利于促进我国环境保护事业的发展，有利于解决严重的环境污染问题、切实改善环境质量，有利于推进依法治国方略的实施。我们一定要充分认识环境保护法的重大意义，切实抓好、贯彻落实，为了人民福祉，为在经济发展新常态下促进经济社会可持续发展、建设美丽中国提供法治保障。

② 污染防治法。污染防治法是环境污染预防和治理领域有关法律规范的总称。污染防治法内部具有污染介质与污染因子两个基本划分标准。根据污染介质不同，污染防治法可以划分为大气污染防治法、水（包括河流、湖泊等地表水与地下水等）污染防治法、土壤污染防治法和海洋污染防治法四大子类型；根据污染因子不同，污染防治法则可以划分为固体废物污染、化学物质污染等物质性污染防治法和放射性污染（包括核污染等）、噪声污染、电磁辐射污染、光污染、振动污染等能量性污染防治法两大子类型。从现实层面看，土壤污染防治法、核污染防治法、电磁污染防治法、化学品管理法、光污染防治法等亟待起草制定，《大气污染防治法》《环境噪声污染防治法》《水污染防治法》亟须修订与完善。

③ 自然资源保护法。自然资源保护法是自然资源开发、利用、管理和保护领域有关法

律规范的总称。根据自然资源固有属性不同，自然资源保护法内部可以划分为可再生资源（包括土地资源、水资源、海洋资源、森林资源、草原资源、渔业资源、气候资源、地热资源等）保护法和不可再生资源（主要是各种矿产资源）保护法两大子类型。从现实层面看，土地资源保护法、水资源保护法、森林资源保护法、气候资源保护法等亟待根据生态文明建设的要求制定、修订与完善。

④ 生态保护法。生态保护法是生物多样性保护领域有关法律规范的总称。生态保护法内部以生物多样性层次不同为主要标准，可以划分为野生动植物保护法（针对物种多样性）、转基因生物安全保护法（针对遗传多样性）和特定自然区域（包括自然遗迹、人文遗迹、自然保护区、风景名胜区、国家公园、湿地、海域、海岛、饮用水水源保护区、城市景观与绿地、基本农田等）保护法（针对生态系统多样性）三大子类型。与此同时，根据特定生态破坏问题应对方法不同，生态保护法还可以划分为水土保持法、防沙治沙法、退耕还林还草法等子类型。从现实层面看，自然保护区法、转基因生物安全法、自然遗迹保护法、人文遗迹保护法、国家公园法、湿地保护法、生态红线划定和管理条例等亟待起草与制定，使生态保护法律体系尽快健全起来。

⑤ 能源法。能源法是调整在能源开发、利用、管理过程中产生的社会关系的法律规范的总称。本来能源法可以单独成为一个体系，它与环境法虽有联系，但其在法律原则、管理制度、理论基础方面也有许多不同，但如果从生态文明建设的角度来看，将其纳入生态文明建设的法律保障体系却是非常合适的。因为能源的开发、利用、管理每一个方面都与生态保护密切相连。能源的开发会扰动原有的生态系统，甚至破坏生态平衡；能源的利用会改变原有生态系统的能量流动，直接影响到生态系统；能源的节约和新能源的开发与利用会非常有利于生态保护和减少污染。从根本上说，能源革命是生态文明建设的重要保障之一。没有能源革命的成功，生态文明建设最终也会落空。因此，能源法应当且必须成为生态文明建设法律保障体系的重要组成部分。能源法可以由能源基本法、节约能源法、石油法、煤炭法、天然气法、电力法、原子能法、可再生能源法等法律组成。目前我国最亟须出台能源基本法、原子能法、石油和天然气法。

⑥ 气候变化法。适宜的气候是人类和其他生物生存的必要条件。气候的改变必然影响亿万年来所形成的地球生态系统，甚至会危及人类的正常生存和生活。工业革命以来，由于人类活动的加剧，向环境中排放了大量的温室气体，导致地球呈现出升温趋势。为了应对全球气温上升所导致的气候变化，国际社会制定了《气候变化框架公约》《京都议定书》等国际法律文件。我国作为温室气体排放大国，在全球应对气候变化进程中有着举足轻重的地位，同时也面临着温室气体减排、应对气候变化的巨大挑战。如果不能把气候变化限定在一定的范围内，就不可能保持基本的生态平衡，也就不可能有起码的生态文明。因此，将应对气候变化法纳入生态文明建设的法律保障体系是十分必要的，也是可行的。气候变化法作为调整在减缓和适应气候的变化过程中所产生的社会关系的法律规范的总称，与环境保护法、自然资源法、能源法、防灾减灾法等法律都有着密切的关系。其立法应当包括气候变化基本法、气候变化减缓法、气候变化适应法等。我国目前最亟须的是要制定气候变化基本法或者称为应对气候变化法。

⑦ 专项环境管理制度法。它是专门调整某一特定方面环境管理关系法律规范的总称。这些立法既具有一定的综合性，又有特别具体的适用范围。其目的是把有关立法中规定的法律制度具体化。现行我国有关生态文明建设的法律中最典型的专项环境管理制度法有《环境影响评价法》《建设项目环境管理条例》《规划环境影响评价条例》《中国人民解放军环境保

护条例》《中国人民解放军环境影响评价条例》《清洁生产促进法》《循环经济促进法》。这方面需要制定的法律法规很多，今后需要制定的相关法律法规包括《环境教育法》《环境信息公开条例》《公众参与环境保护条例》《环境监测条例》《环境标准条例》《排污许可证条例》《环境监察条例》《环境税法》《环境纠纷处理法》《环境责任法》等法律法规。

 ## 本节小结

　　全球性的生态问题已经对我们的生存环境造成了严重的威胁，也同时威胁着人类的生存和可持续发展。在这个大背景下，我国政府大力发展生态保护产业，倡导生态文明建设，将"全面协调可持续发展"作为基本国策。近年来，我国采取了一系列环境保护和恢复的措施并取得了诸多成果，彻底扭转了过去用环境换发展的错误思想，使整体生态环境得到了明显改善。这些成功的案例不仅证明了人类活动也可以使环境朝着改善的方向演变，也用实践诠释了"绿水青山就是金山银山"的科学理念。随着我国重点生态恢复工程在全国有序展开，绿色发展也日益深入人心，成为全党全社会的共识，进而指引我国生态文明建设取得显著成就。

 ## 思政知识点

　　1. 尊重自然、顺应自然、保护自然，构建人与自然和谐共生的地球家园。
　　2. 树立生态意识，践行生态责任。以生态文明建设为引领，协调人与自然关系；以绿色转型为驱动，助力可持续发展。

 ## 知识点

　　1. 人与自然和谐共生的哲学意义和生态学价值。
　　2. 生态保护与可持续发展。
　　3. 生态文明建设的内涵和特征。

重要术语

桑基鱼塘/mulberry fish pond

生态破坏/ecological damage

光化学烟雾/photochemical smog

栖息地破碎化/habitat fragmentation

生态旅游/ecotours

环境污染/environmental pollution

富营养化/eutrophication

持续性有机污染物/persistent organic pollutants

碳排放/carbon emission

就地保护/in situ conservation

迁地保护/ex-situ conservation   生态农业/ecological agriculture

 思考题

1. 如何理解"我们不要过分陶醉于我们人类对自然界的胜利。对于每一次这样的胜利，自然界都对我们进行报复"？
2. 造成城市空气污染的主要来源，如何降低它们的危害程度？
3. 生物多样性枯竭的后果如何？如何进行生物多样性的保护？
4. 生态文明与工业文明相比有什么特征？
5. 协调农村城镇化与环境保护的对策有哪些？

 讨论与自主实验设计

1. 在数月前由国家有关部门举办的一次大型科普展中，有一个别具匠心的设计，三扇门上各有一个问题："污染环境的是谁？""饱受环境恶化之苦的是谁？""保护环境的是谁？"拉开门，里面各是一面镜子，照出的是参观者自己。请试讨论这一精巧的设计反映了人类实践活动中的什么基本关系。

2. 据我国史料记载，现在植被稀少的黄土高原、渭河流域、太行山脉也曾森林遍布、山清水秀、水草丰美。由于毁林开荒、乱砍滥伐，这些地方生态环境遭到了严重的破坏，难以恢复。2015年3月6日，习近平总书记在参加江西代表团审议时强调："环境就是民生，青山就是美丽，蓝天也是幸福。要着力推动生态环境保护，像保护眼睛一样保护生态环境，像对待生命一样对待生态环境。"请理论联系实际讨论你对这句话的理解。

3. 试讨论人类污染环境的原因。
4. 试讨论发展生态旅游有何意义。你的家乡在发展生态旅游时有哪些优势和制约因素？
5. 讨论大学生在生态文明建设中应如何积极参与。

参考文献

[1] Charles J K. 2021. 生态学通识. 何鑫，呈翊欣，译. 北京：北京大学出版社.

[2] Costanza J K，Weiss J，Moody A. 2013. Examining the knowing-doing gap in the conservation of a firedependent ecosystem. Biological Conservation，158：107-115.

[3] Edgar G，Stuart-Smith R，Willis T，et al. 2014. Global conservation outcomes depend on marine protected areas with five key features. Nature，506：216-220.

[4] Vianna N J，Polan A K. 1984. Incidence of low birth weight amonglove canal residents. Science，226：1217-1236.

[5] 蒋可. 1983. PCB污染及其治理综述. 环境污染与防治，4：16-18.

[6] 李珊，叶必雄，张岚. 2018. 水环境中塑料微粒污染现状及危害. 环境与健康杂志，35（12）：1100-1103.

[7] 李文华. 2010. 中国生态农业的发展与展望. 资源科学，6：1015-1021.

[8] 齐振宏，黄炜虹. 2017. 习近平生态文明建设思想的时代背景、时代应答和实践路径. 前沿，2：79-84.

[9] [日] 桥本道夫. 2007. 日本环保行政亲历记. 冯叶，译. 北京：中信出版社.

[10] 吴承照，周思瑜，陶聪. 2014. 国家公园生态系统管理及其体制适应性研究——以美国黄石国家公园为例. 中国园林，30（8）：21-25.

[11] 朱蕾. 2022. 19世纪后期至20世纪前期美国城市空气污染与治理研究. 重庆：西南大学.

[12] 自然资源部国土空间生态修复司. 2021. 中国生态修复典型案例集. 北京：中华人民共和国自然资源部.